AF666127

EUL
VERLAG

STEUER, WIRTSCHAFT UND RECHT

Herausgegeben von vBP StB Prof. Dr. Johannes Georg Bischoff, Wuppertal, Dr. Alfred Kellermann, Vorsitzender Richter am BGH (a. D.), Karlsruhe, Prof. (em.) Dr. Günter Sieben, Köln, und WP StB Prof. Dr. Norbert Herzig, Köln

Band 293
Rolf Faulhaber
Praktikanten und Volontäre zwischen Ausbildungs- und Arbeitsrecht
Lohmar – Köln 2008 • 256 S. • € 57,- (D) • ISBN 978-3-89936-746-1

Band 294
Guido Hausen
Modifizierte Einnahmen-Überschussrechnung – Praktikable Konzeption einer vereinfachten steuerlichen Gewinnermittlung für einen erweiterten Anwenderkreis
Lohmar – Köln 2009 • 504 S. • € 73,- (D) • ISBN 978-3-89936-768-3

Band 295
Jan Wendland
Finanzierung durch Cash Pooling im Kapitalgesellschaftskonzern – Ertragsteuerliche Analyse und Handlungskonsequenzen
Lohmar – Köln 2009 • 440 S. • € 68,- (D) • ISBN 978-3-89936-770-6

Band 296
Bernd Heining
Funktionsverlagerung ins Ausland – Entscheidungsfindung aus investitionstheoretischer Sicht
Lohmar – Köln 2009 • 276 S. • € 58,- (D) • ISBN 978-3-89936-772-0

Band 297
Hendrik Jacobsen
Steuerliche Gestaltungssuche im Rahmen der Unternehmensumstrukturierung
Lohmar – Köln 2009 • 480 S. • € 72,- (D) • ISBN 978-3-89936-778-2

JOSEF EUL VERLAG

Fachbereich Wirtschaftswissenschaft

Steuerliche Gestaltungssuche im Rahmen der Unternehmensumstrukturierung

Dissertation
zur Erlangung der Doktorwürde
durch den
Promotionsausschuss Dr. rer. pol.
der Universität Bremen

2009

vorgelegt
von

Hendrik Jacobsen

aus
Bremen

Erstgutachter:	Prof. Dr. Franz Jürgen Marx
Zweitgutachter:	Priv.-Doz. Dr. Christoph Löffler, LL.M.
Tag der Promotion:	09.02.2009

Reihe: Steuer, Wirtschaft und Recht · Band 297

Herausgegeben von vBP StB Prof. Dr. Johannes Georg Bischoff, Wuppertal, Dr. Alfred Kellermann, Vorsitzender Richter (a. D.) am BGH, Karlsruhe, Prof. (em.) Dr. Günter Sieben, Köln, und WP StB Prof. Dr. Norbert Herzig, Köln

Dr. Hendrik Jacobsen

Steuerliche Gestaltungssuche im Rahmen der Unternehmens-umstrukturierung

Bibliographische Information der Deutschen Bibliothek

Die Deutsche Bibliothek verzeichnet diese Publikation in der Deutschen Nationalbibliothek; detaillierte bibliographische Daten sind im Internet über <http://dnb.ddb.de> abrufbar.

Dissertation, Universität Bremen, 2009

ISBN 978-3-89936-778-2
1. Auflage März 2009

JOSEF EUL VERLAG GmbH
Brandsberg 6
53797 Lohmar
Tel.: 0 22 05 / 90 10 6-6
Fax: 0 22 05 / 90 10 6-88
E-Mail: info@eul-verlag.de
http://www.eul-verlag.de

Bei der Herstellung unserer Bücher möchten wir die Umwelt schonen. Dieses Buch ist daher auf säurefreiem, 100% chlorfrei gebleichtem, alterungsbeständigem Papier nach DIN 6738 gedruckt.

Vorwort

Mein herzlicher Dank für die Begleitung und Unterstützung der vorliegenden Arbeit gilt der FIDES Treuhandgesellschaft Bremen, insbesondere Herrn Helmut Kramer, dem Lehrstuhl für Betriebliche Steuerlehre und Wirtschaftsprüfung an der Universität Bremen, vor allem Herrn Prof. Dr. Franz Jürgen Marx, sowie Alesya Khalaimova, Christiane Kuhlmann, Guido Möller, Sabine Holtkotte, Melanie Buchwald und Axel Jacobsen.

Über Anregungen und Hinweise freue ich mich (h.jacobsen.bremen@gmail.com).

Hendrik Jacobsen

Inhaltsübersicht

Inhaltsverzeichnis

Abbildungsverzeichnis

Abkürzungsverzeichnis

a. Ans.	andere Ansicht
a. E.	am Ende
a. M.	am Main
Abb.	Abbildung
Abs.	Absatz
Abschn.	Abschnitt
abstr.-gen.	abstrakt-generell
AG	Aktiengesellschaft
akt.	aktualisiert
AktG	Aktiengesetz
Alt.	Alternative
Anh.	Anhang
Anm.	Anmerkung
AO	Abgabenordnung
ArbeitssicherheitsG	Arbeitssicherheitsgesetz
Art.	Artikel
AStG	Außensteuergesetz
Aufl.	Auflage
B/B	Bordewin/Brandt (Kommentar)
B/F/F/K	Breithecker/Förster/Förster/Klapdor (Kommentar)
B/S	Blumenberg/Schäfer (Monographie)
BB	Betriebs-Berater (Zeitschrift)
Bd.	Band
Beil.	Beilage
Beschl.	Beschluss
BewG	Bewertungsgesetz
BFH	Bundesfinanzhof
BFH/NV	Sammlung amtlich nicht veröffentlichter Entscheidungen des Bundesfinanzhofs (Zeitschrift)
BFuP	Betriebwirtschaftliche Forschung und Praxis (Zeitschrift)
BGB	Bürgerliches Gesetzbuch
BGBl.	Bundesgesetzblatt
BMF	Bundesminister(ium) der Finanzen

BMG	Bemessungsgrundlage
bspw.	beispielsweise
BStBl.	Bundessteuerblatt
BT-Drucks.	Bundestags-Drucksache
BW	Buchwert
C/K/S/S	Carlé/Korn/Stahl/Strahl (Monographie)
D/J/P/W	Dötsch/Jost/Pung/Witt (Kommentar)
D/P/P/M	Dötsch/Patt/Pung/Möhlenbrock (Monographie)
DB	Der Betrieb (Zeitschrift)
DBA	Doppelbesteuerungsabkommen
ders.	derselbe
DStR	Deutsches Steuerrecht (Zeitschrift)
DStRE	DStR-Entscheidungsdienst (Zeitschrift)
DStZ	Deutsche Steuer-Zeitung (Zeitschrift)
E&Y	Ernst & Young
EFG	Entscheidungen der Finanzgerichte (Zeitschrift)
Einf.	Einführung
Einl.	Einleitung
Entst.	Entstehung
EnWG	Energiewirtschaftsgesetz
ErbSt	Erbschaftsteuer
ErbStB	Der Erbschaft-Steuerberater (Zeitschrift)
ErbStG	Erbschaft- und Schenkungsteuergesetz
ErbStR	Erbschaftsteuerrichtlinien
Erl.	Erlass
ESt	Einkommensteuer
EStB	Der Ertrag-Steuerberater (Zeitschrift)
EStG	Einkommensteuergesetz
EStH	Einkommensteuerhinweise
EStR	Einkommensteuerrichtlinien
EuGH	Europäischer Gerichtshof
evtl.	eventuell
F.	Fach
F/M	Frotscher/Maas (Kommentar)
FG	Finanzgericht

FinSen	Finanzsenator
FM	Finanzministerium
Fn.	Fußnote
FR	Finanz-Rundschau Ertragsteuerrecht (Zeitschrift)
G/G	Glanegger/Güroff (Kommentar)
GestStB	Gestaltende Steuerberatung (Zeitschrift)
GewSt	Gewerbesteuer
GewStG	Gewerbesteuergesetz
GewStR	Gewerbesteuerrichtlinien
GG	Grundgesetz
ggf.	gegebenenfalls
GHV	Gesamthandsvermögen
gl. Ans.	gleiche Ansicht
GmbH	Gesellschaft mit beschränkter Haftung
GmbHR	GmbH-Rundschau (Zeitschrift)
GmbH-StB	Der GmbH-Steuerberater (Zeitschrift)
GrESt	Grunderwerbsteuer
GrEStG	Grunderwerbsteuergesetz
GrS	Großer Senat
GR	Gewinnrealisierung
GRP	Gewinnrealisierungspflicht
GRW	Gewinnrealisierungswahlrecht
H	Hinweis
H/B	Haritz/Benkert (Kommentar)
H/H/R	Herrmann/Heuer/Raupach (Kommentar)
HGB	Handelsgesetzbuch
Hrsg.	Herausgeber/herausgegeben
Hs.	Halbsatz
i. V. m.	in Verbindung mit
IDW-HFA	Hauptfachausschuss des Instituts der Wirtschaftsprüfer
INF	Die Information über Steuer und Wirtschaft (Zeitschrift)
InvZulG	Investitionszulagegesetz
IStR	Internationales Steuerrecht (Zeitschrift)
JbFfSt	Jahrbuch der Fachanwälte für Steuerrecht
K/K/K	Kessler/Kröner/Köhler (Monographie)

K/P/R/K	Klingebiel/Patt/Rasche/Krause (Monographie)
K/S/M	Kirchhof/Söhn/Mellinghoff (Kommentar)
Kap.	Kapitel
KapG	Kapitalgesellschaft
KG	Kommanditgesellschaft
Kompl.	Komplementärin
konkr.-ind.	konkret-individuell
KSt	Körperschaftsteuer
KStG	Körperschaftsteuergesetz
L/B/P	Littmann/Bitz/Pust (Kommentar)
L/S/B	Lademann/Söffing/Brockhoff (Kommentar)
L/S	Lenski/Steinberg (Kommentar)
LfSt	Landesamt für Steuern
M	Muttergesellschaft
Nr.	Nummer
NWB	Neue Wirtschafts-Briefe (Zeitschrift)
o. Az.	ohne Aktenzeichen
OFD	Oberfinanzdirektion
P/F	Pahlke/Franz (Kommentar)
PersG	Personengesellschaft
Pers. Stpfl.	persönliche Steuerpflicht
PublG	Publizitätsgesetz
PwC	PricewaterhouseCoopers (Monographie)
R/H/L	Rödder/Herlinghaus/van Lishaut (Kommentar)
Rev.	Revision
rkr.	rechtskräftig
Rn.	Randnummer
Rz.	Randziffer
S.	Seite, Satz
S/B/B	Sagasser/Bula/Brünger (Monographie)
S/H/S	Schmitt/Hörtnagl/Stratz (Kommentar)
Sachl. Stpfl.	Sachliche Steuerpflicht
Schr.	Schreiben

SEStEG	Gesetz über steuerliche Begleitmaßnahmen zur Einführung der Europäischen Gesellschaft und zur Änderung weiterer steuerrechtlicher Vorschriften
SfF	Senator für Finanzen
sog.	so genannt
Sp.	Spalte
SSW	Sekundärsteuerwirkungen
Stat. BA	Statistisches Bundesamt
Stbg	Die Steuerberatung (Zeitschrift)
StbJb.	Steuerberater-Jahrbuch
StBp	Steuerliche Betriebsprüfung (Zeitschrift)
StEK	Steuererlass-Kartei
Stpfl.	Steuerpflichtiger
Stsch.	Steuerschuldner
StuB	Steuern und Bilanzen (Zeitschrift)
StuW	Steuer und Wirtschaft (Zeitschrift)
T1, T2	Tochtergesellschaft 1, 2
T/G/J	Troll/Gebel/Jülicher (Kommentar)
T/L	Tipke/Lang (Monographie)
Tz.	Textziffer
u.	und
u. U.	unter Umständen
Ubg	Die Unternehmensbesteuerung (Zeitschrift)
UmwG	Umwandlungsgesetz
UmwStG	Umwandlungssteuergesetz
Urt.	Urteil
USt	Umsatzsteuer
UStG	Umsatzsteuergesetz
UVR	Umsatzsteuer- und Verkehrsteuer-Recht (Zeitschrift)
v.	vom
vE	verdeckte Einlage
Vfg.	Verfügung
vgl.	vergleiche
W/M	Widmann/Mayer (Kommentar)
WPg	Die Wirtschaftsprüfung (Zeitschrift)

z.	zum
ZfB	Zeitschrift für Betriebswirtschaft (Zeitschrift)
ZfbF	Zeitschrift für betriebswirtschaftliche Forschung

Teil 1: Grundlegung

Kapitel 1: Problemstellung, Zielsetzung und Ablauf der Untersuchung

Unternehmen entwickeln insbesondere im Hinblick auf ihre Organisation, ihre Standorte, ihre Rechts- und Beteiligungsverhältnisse, ihre Finanzierung und ihr Personal individuelle Strukturen.[1] Ein solcher Unternehmensaufbau dient dazu, sich der Umgebung der Unternehmung anzupassen und die Ziele der Unternehmung zu realisieren. Im Laufe der Zeit verändern sich Umwelt und Ziele der Unternehmung kontinuierlich.[2] Technische Standards erfahren eine Fortentwicklung. Der Betrieb erschließt neue Absatzmärkte. Konkurrenzunternehmen etablieren sich.[3] Um diesen stets neuen Rahmenbedingungen angemessen Rechnung zu tragen, ist es erforderlich, den ursprünglichen Unternehmensaufbau mit Hilfe von **Umstrukturierungsmaßnahmen** zu modifizieren.[4] Die Organisationsstruktur bedarf einer Anpassung nach Maßgabe der aktuellen technischen Möglichkeiten. Die Standortstruktur benötigt eine Erweiterung zur Bewirtschaftung der jungen Märkte. Zur Abwehr von Mitbewerbern geht die Unternehmung Kooperationen ein und ändert ihre Rechts- und Beteiligungsstruktur.

Solche Reorganisationen können **Steuerwirkungen** auslösen. Bspw. ist die Verlagerung von Wirtschaftsgütern zwischen Unternehmen einer Gruppe grundsätzlich als gewinnrealisierende Entnahme einzuordnen,[5] es sei denn, sie erfüllt einen Privilegierungstatbestand, der eine Buchwertfortführung vorsieht[6] oder ein Gewinnrealisierungswahlrecht[7] begründet. Die Neuordnung der Beteiligungsstruktur eines Konzerns bewirkt eventuell eine Beeinträchtigung von Personen- und Anteilsidentitäten, so dass vorhandene Verlust- respektive Zinsvorträge vollständig oder teilweise untergehen.[8] Die Übertragung von Grundstücken oder Anteilen an grundbesitzenden Tochtergesellschaften zwischen unterschiedlichen Einheiten einer Gruppe ist ungeachtet einer unverändert mittelbar beteiligten Mutterunternehmung unter Umständen grunderwerbsteuerpflichtig.[9] Etwas anderes gilt nur, sofern die Übertragung tatsächlich oder grunderwerbsteuerlich unterstellt zwischen einer Gesamthand und deren Gesellschafter stattfindet.[10]

---

1 Vgl. Förster (1991), S. 14; Tinner (1984), S. 40.

2 Vgl. Brähler (2006), S. 1; Rödder, StbJb. 1994/95, S. 295 (297); Förster (1991), S. 1.

3 Vgl. Roth (2003), S. 21; Bea (2004), S. 345; Psarski (2004), S. 10; Picot (2005), S. 106; Förster (1991), S. 20.

4 Vgl. Brähler (2006), S. 1; Herzig, DB 2000, S. 2236; Herzig/Förster, StuW 1998, S. 99; Förster (1991), S. 14; Tinner (1984), S. 183.

5 Vgl. § 6 Abs. 1 Nr. 4 EStG; Brähler (2006), S. 3; Sauter/Heurung/Babel, DB 2002, S. 1177; Menner/Broer, DB 2003, S. 1075.

6 Vgl. §§ 6 Abs. 5 und 16 Abs. 3 S. 2 EStG.

7 Vgl. §§ 3, 9, 11, 15, 16, 20, 21, 24, 25 UmwStG.

8 Vgl. Djanani/Brähler/Zölch, BB 2000, S. 1497; Eilers/Wienands, FR 1998, S. 828; Fey/Neyer, GmbHR 2000, S. 705.

9 Vgl. Beckmann, GmbHR 1999, S. 217; Eder, DStR 1994, S. 735-739; Götz, GmbHR 2001, S. 277; Kroschewski, GmbHR 2001, S. 707; Salzmann/Loose, DStR 2004, S. 1941-1948; Storg, UVR 2001, S. 139; Teiche, UVR 2003, S. 258 u. S. 300.

10 Vgl. §§ 5, 6 GrEStG.

Diese Steuerwirkungen vermögen im Einzelfall für die Unternehmung derart nachteilig zu sein, dass ein Verzicht des maßgeblichen Entscheidungsträgers auf die geplante Modifikation der Unternehmensstruktur denkbar ist. Überdies ist vorstellbar, dass der Entscheidungsträger einer Veränderung der beabsichtigten Reorganisationsmaßnahme zustimmt, sofern unvorteilhafte Steuerwirkungen dadurch eine Vermeidung oder Milderung erfahren. Deshalb ist eine **Integration der Steuerwirkungen in die Entscheidung**, ob, und wenn ja, auf welche Art und Weise die Umstrukturierungsmaßnahme realisiert werden soll, sinnvoll.[11]

Zur Durchführung einer solchen Integration benötigt der Entscheidungsträger eine **steuerliche Information**, die insbesondere drei Aspekte berücksichtigt. Zunächst bedarf es einer detaillierten Erläuterung der Steuerwirkungen, die die Verwirklichung der momentan beabsichtigten Unternehmensumstrukturierung auslösen würde. Diese Auskunft ermöglicht dem Entscheidungsträger die Wahrnehmung des Status quo. Mit ihr wird er in die Lage versetzt, den Umfang der gegenwärtig zu erwartenden Steuerbelastung bei seiner Entscheidung mit einzubeziehen. Darüber hinaus ist für ihn von zentraler Relevanz, welche Steuerwirkungen unter Berücksichtigung der Gesamtsituation der Unternehmung optimal wären. Eine entsprechende Darstellung vermittelt ihm eine Vorstellung davon, welche steuerlichen Nachteile vermeidbar sind. Gleichzeitig erfährt er, ob im Zuge der anstehenden Umstrukturierung auch vorteilhafte Steuerwirkungen realisiert werden können. Schließlich ist ihm zu erklären, mit welchen tatsächlichen Modifikationen des bisherigen Umstrukturierungsplans diese günstigen Steuerwirkungen erreichbar sind. Auf diese Weise kann er den potenziellen Vorteil aus der Optimierung der Steuerwirkungen in Relation zu eventuellen außersteuerlichen Nachteilen aus der Veränderung seines eigentlichen Reorganisationsentwurfs setzen. Diese Verhältnisbildung erlaubt ihm, letztlich eine Wahl zwischen der Inkaufnahme der Steuerbelastung und der Umgestaltung der ursprünglichen Umstrukturierungsmaßnahme zu treffen.

Eine solche steuerliche Information des maßgeblichen Entscheidungsträgers setzt zweierlei voraus. In methodischer Hinsicht bedarf es einer konsistenten, theoretisch fundierten Konzeption zur Annäherung an das Entscheidungsproblem. Ein solcher Plan stellt sicher, dass der individuelle Entscheidungsprozess sämtliche relevanten Gesichtspunkte der Unternehmensumstrukturierung geordnet und vollständig berücksichtigt. Außerdem gewährleistet er, dass die Information des Entscheidungsträgers zeitnah erfolgen kann. Daneben ist in steuerplanerischer Hinsicht erforderlich, dass die Erläuterung sämtliche wesentlichen steuerlichen Relevanzbereiche der Unternehmensumstrukturierung einbezieht. Fokussiert sie sich lediglich auf ein Gebiet der Besteuerung, so versetzt sie den Entscheidungsträger zwar in die Lage, dessen Steuerwirkungen in seine Entscheidung zu integrieren. Gleichwohl lässt sie ihn im Ungewissen über etwaige sonstige Steuerwirkungen, die die Vorteilhaftigkeit der in-

---

11 Vgl. Brähler (2006), S. 8; Rödder, StbJb. 1994/95, S. 295; Herzig, DB 2000, S. 2236-2245.

dividuellen Handlungsoption beeinflussen können. Dieser Umstand macht ihm eine finale Entscheidung unmöglich.

Im Hinblick auf die **Methodik** ist in der Realität vielfach ein intuitives oder induktives Vorgehen zu beobachten.[12] Intuitiv wird sich dem Entscheidungsproblem angenähert, indem bereits in der Vergangenheit bewährte Gestaltungsmuster verwendet werden. Induktiv wird der Problemlösungsprozess dadurch initiiert, dass Handlungsoption für Handlungsoption einzeln eine Erprobung erfährt. Beide Strategien führen in der Regel auch zum Ziel. Ungeachtet dessen beinhalten sie bestimmte Defizite. Die Verwendung des intuitiven Ansatzes birgt die Gefahr, einen für die steuerliche Beurteilung der individuellen Umstrukturierung relevanten Umstand zu übersehen. Diese Problemlösungstechnik bewegt sich auf einer konkreten Ebene und vergleicht den aktuell zu gestaltenden Sachverhalt mit dem Sachverhalt, der einem bereits verwendeten Gestaltungsmuster zugrunde lag. Diese Sachverhaltsbezogenheit kann dazu führen, dass ein Detail des im Einzelfall relevanten Steuertatbestandes, das eventuell auf einen minimalen tatsächlichen Unterschied zwischen beiden Situationen reagiert, nicht wahrgenommen wird. Dieser Nachteil wohnt dem induktiven Ansatz nicht inne, da er jede in Betracht kommende Gestaltungsalternative individuell untersucht. Gleichwohl ist er mit erheblichem Aufwand verbunden. Bei einer Entscheidung für ihn sind sämtliche Steuerwirkungen aller denkbaren Handlungsoptionen zu analysieren. Hierzu bedarf es eines beträchtlichen Arbeitseinsatzes, der wiederum ein entsprechendes Zeit- und Vergütungskontingent notwendig macht.[13] Deshalb muss der Entscheidungsprozess zeitlich begrenzt werden. An seinem Ende kann dann verlässlich nur ausgesagt werden, dass die ausgewählte Gestaltungsalternative von allen bis dahin erprobten Handlungsoptionen die steuerlich günstigste ist. Ob sie auch bei Berücksichtigung aller denkbaren Gestaltungsmaßnahmen die optimale Lösung wäre, bleibt ungeklärt.[14]

Im Hinblick auf die **steuerplanerische Aufarbeitung** der Unternehmensumstrukturierung hat sich die bisherige Forschung ausschließlich mit einzelnen Relevanzbereichen beschäftigt. Eine Untersuchung, die alle essenziellen Steuerwirkungen umfassend und konsistent aufarbeitet, fehlt. Im Hinblick auf **stille Reserven** kommt hinzu, dass sich die vorhandenen Arbeiten ausschließlich mit erheblich eingegrenzten Bereichen auseinandersetzen. Teilweise erfolgt eine Fokussierung auf den Transfergegenstand, so dass nur Einzelwirtschaftsgüter,[15] nur Sachgesamtheiten[16] oder noch stärker eingegrenzte Komplexe[17] untersucht werden. Teilweise vollzieht sich die Be-

---

12 Vgl. Meyer-Scharenberg (1990), S. 99; Rödder, BB 1988 Beilage 19, S. 9.

13 Vgl. Wollseiffen (1998), S. 61; Brauchlin (1990), S. 151.

14 Vgl. aber den methodischen Ansatz von Brähler (2006), S. 38-73.

15 Vgl. Bergsteiner (2002); Röhner (2003); Engl, DStR 2002, S. 119-122; Forst, EStB 2004, S. 217-220.

16 Vgl. Meyer-Scharenberg (1990); Herzig, DB 2000, S. 2236-2245; Herzig/Förster, StuW 1998, S. 98-113.

17 Vgl. Strahl, FR 2005, S. 797-800; Kraft/Trübenbach, StB 2004, S. 337-342; Korn/Strahl,

schränkung nach Maßgabe des Transferweges[18] mit der Folge, dass bspw. Spaltungen,[19] Anwachsungen[20] oder Übertragungen zwischen Schwesterpersonengesellschaften[21] jeweils eine isolierte Erläuterung erfahren. Schließlich sind Darstellungen vorhanden, die sich ausschließlich auf bestimmte Wertansätze fokussieren. Sie analysieren jeweils allein Buchwert-,[22] Teilwert-[23] oder Zwischenwertübertragungen.[24] Eine Aufarbeitung der Materie unter Berücksichtigung aller wesentlicher Transfergegenstände, Transferwege und Wertansätze existiert nicht.

Daneben hat bereits eine Reihe von Untersuchungen zu **Verlust- und Zinsvorträgen** stattgefunden. Aber auch diese Arbeiten fokussieren sich ausschließlich auf Partialbereiche. So werden Verlustvorträge entweder aus der isolierten Perspektive einer Personengesellschaft[25] oder aus der einer Kapitalgesellschaft[26] dargestellt. Andere Analysen beschränken sich jeweils auf die Erläuterung körperschaftsteuerlicher,[27] gewerbesteuerlicher[28] oder verrechenbarer[29] Verlustvorträge sowie auf die Erörterung von Zinsvorträgen.[30] Schließlich sind Beiträge vorhanden, die sich lediglich mit ausgewählten Gestaltungen[31] oder Transferwegen[32] sowie mit allgemeiner

Stbg 2002, S. 300-311; Düll/Fuhrmann/Eberhard, DStR 2001, S. 1773-1782; Förster (1991).

18 Vgl. Förster/Wendland, BB 2007, S. 631-639; Benz/Rosenberg, BB 2006, Special 8/06, S. 51-77; Middendorf/Stegemann, DStR 2005, S. 1082-1086; Winkeljohann/Stegemann, DStR 2004, S. 544-547; Schmidt (1999).

19 Vgl. Binz/Hagedorn, DB 2007, S. 765-769; Nagel/Thies, GmbHR 2004, S. 83-88; Esters/Marenbach, GmbHR 2003, S. 979-985; Menner/Broer, DB 2003, S. 1075-1080; Herzig/Förster, DB 1995, S. 338-349.

20 Vgl. Lauermann/Protzen, DStR 2001, S. 647-649; Breiteneicher, DStR 2004, S. 1405-1409.

21 Vgl. Ostermayer/Riedel, BB 2003, S. 1305-1309; Reiche, StuB 2006, S. 626-630.

22 Vgl. Brähler (2006); Korn (2002).

23 Vgl. Schaum, (1994); Schiffers (1994); Groh, DB 2003, S. 1403-1409; Sauter/Heurung/Babel, DB 2002, S. 1177-1184; Hoffmann, GmbH-StB 2006, S. 341-342; Herzig/Rieck/Gehring, BB 1999, S. 575-579.

24 Vgl. Dörfler/Wittkowski, GmbHR 2007, S. 352-357.

25 Vgl. Schiffers, GmbH-StB 2003, S. 353-359; Baumhoff, StbJb. 1993/94, S. 267-302.

26 Vgl. Kessler/Weber/Aberle, Ubg 2008, S. 209-213; Dörfler/Rautenstrauch/Adrian, BB 2006, S. 1657-1661; Fußbroich, DStR 2002, S. 697-705; Noll (1999).

27 Vgl. Roser, DStR 2008, S. 77-81; Lenz, Ubg 2008, S. 24-30; Pohl, DB 2008, S. 1531-1533; Sistermann/Brinkmann, DStR 2008, S. 897-903; Benz/Rosenberg (2007); Beußer, DB 2007, S. 1549-1553; Djanani/Brähler/Zölch, BB 2000, S. 1497-1504.

28 Vgl. Prinz/Hick, GmbHR 2006, S. 841-845; Behrendt/Arjes/Nogens, BB 2008, S. 367-369; Herzig/Förster/Förster, DStR 1996, S. 1025-1033.

29 Vgl. Carlé/Carlé, FR 2001, S. 829-832; Grantz, GestStB 2006, S. 202; Grantz/Günther, GestStB 2005, S. 409; Funke, EStB 1999, S. 220-222; Butz-Seidl, GestStB 1998, S. 15; Natschke, GestStB 1998, S. 9; Geerling, DStR 1996, S. 1715-1719; Bitz, GmbHR 1992, S. 285-287.

30 Vgl. Prinz, FR 2008, S. 441-448; Eilers, Ubg 2008, S. 197-201; Kußmaul/Ruiner/Schnappe, GmbHR 2008, S. 505-514; Blumenberg/Lechner (2007); Hahne, DStR 2007, S. 1947-1950; Köhler, DStR 2007, S. 597-604; Middendorf/Stegemann, INF 2007, S. 305-313; Rupp, EStB 2007, S. 419-421.

31 Vgl. Prinz, FR 1996, S. 769-777; Prinz, GmbHR 2004, S. 921-928; Hoffmann, DStR 1998, S. 196-198; Rosenbach (1997), S. 163-203.

32 Vgl. Thill, FR 2006, S. 407-412; Rautenstrauch/Adrian, DStR 2006, S. 359-362; Rödder/Schumacher, DB 1998, S. 99-103.

Verlustpolitik[33] beschäftigen. Eine Untersuchung, die sich spezifisch und erschöpfend mit Verlust- und Zinsvorträgen bei der Planung von Unternehmensumstrukturierungen auseinandersetzt und dabei die für den Entscheidungsträger essenziellen Aspekte erläutert, existiert nicht.

In **grunderwerbsteuer**licher Hinsicht ist eine Vielzahl von Publikationen vorhanden, die sich mit der rechtlichen Erläuterung von Umstrukturierungen beschäftigen.[34] Dabei haben insbesondere Untersuchungen einzelner Erwerbsvorgänge,[35] bestimmter Privilegierungen[36] sowie der grunderwerbsteuerlichen Bemessungsgrundlage[37] stattgefunden. Außerdem beschäftigt sich eine Fülle von Beiträgen mit ausgewählten Gestaltungen.[38] Ungeachtet dessen fehlt es an einer Untersuchung, die sich parallel mit Einzelwirtschaftsgütern und Sachgesamtheiten beschäftigt, sowohl Erwerbsvorgänge als auch Privilegierungen und Bemessungsgrundlagen berücksichtigt sowie die denkbaren Gestaltungen systematisch deduziert.

Ähnlich stellt sich die Situation im Hinblick auf **Übernahmeergebnisse** und **Rückbezugswahlrechte** dar. Auch zu diesen Relevanzbereichen existieren jeweils Beiträge, die rechtliche Zusammenhänge erklären[39] und ausgesuchte Gestaltungen[40] vorstellen. Gleichwohl fehlt es auf beiden Gebieten an einer grundlegenden steuergestalterischen Aufarbeitung.

Über diese individuellen Defizite der einzelnen Relevanzbereichsplanungen hinaus beinhaltet der Umstand, dass noch keine Arbeit alle wesentlichen Steuerwirkungen von Unternehmensumstrukturierungen umfassend analysiert hat, als weiteren Nach-

---

33 Vgl. Fußbroich (2001); Wollseiffen (1998); Kröner (1986); Olbing, GmbH-StB 2005, S. 178.

34 Vgl. Verweyen (2005); Behrens, StbJb. 2005/06, S. 317-353; Behrens, DStR 2003, S. 2093-2099; Götz, GmbHR 2005, S. 615-617; Götz, GmbHR 2001, S. 277-282; Kroschewski, GmbHR 2001, S. 707-712; Beckmann, GmbHR 1999, S. 217-225; Grotherr, BB 1994, S. 1970-1982.

35 Vgl. Behrens/Hofmann, UVR 2004, S. 27-34; Teiche, DStR 2005, S. 49-52; Teiche, UVR 2003, S. 258-269; Teiche, UVR 2003, S. 300-303; Götz, BB 2006, S. 578-582; Voßkuhl, UVR 2005, S. 51-57; Heine, INF 2000, S. 389-394; Heine, INF 2003, S. 817-820.

36 Vgl. Hofmann, UVR 2007, S. 222-224; Hofmann, BB 2000, S. 2605-2609; Fuhrmann/Demuth, UVR 2006, S. 26-29; Behrens/Schmitt, UVR 2004, S. 270-276; Heine, INF 2005, S. 63-66; Heine, INF 2001, S. 449-454; Schiessl, BB 2003, S. 1867-1875.

37 Vgl. Teiche, UVR 2005, S. 115-121; Heine, UVR 2000, S. 209-218; Stöckel, NWB Fach 8, S. 1561-1566.

38 Vgl. Kaiser (2008); Rupp, EStB 2007, S. 225-227; Salzmann/Loose, DStR 2004, S. 1941-1948; Wischott/Schönweiß/Fröhlich, DStR 2007, S. 833-839; Heine, INF 2007, S. 386-387; Heine, INF 2006, S. 506-512; Fleischer, DStR 1996, S. 1390-1397; Viskorf, DStR 1994, S. 6-11.

39 Vgl. zu **Übernahmeergebnissen**: Krohn/Greulich, DStR 2008, S. 646-656; Lemaitre/Schönherr, GmbHR 2007, S. 173-183; Ley/Bodden, FR 2007, S. 265-280; Olbing, GmbH-StB 2007, S. 51-57; Perwein, GmbHR 2008, S. 747-754; Schaflitzl/Widmayer, BB 2006 Special 8/06, S. 36-51; vgl. zu **Rückbezugswahlrechten**: Benz/Rosenberg, BB 2006, Special 8/06, S. 51-77; Schönherr/Lemaitre, GmbHR 2005, S. 912-917; Mahlow/Franzen, GmbHR 2000, S. 12-27.

40 Vgl. zu **Übernahmeergebnissen**: Blumenberg/Schäfer (2007); C/K/S/S (2007); Müller/Maiterth, WPg 2007, S. 249-259; Schwetlik, GmbHR 2007, S. 574-579; Förster/Felchner, DB 2006, S. 1072-1080; vgl. zu **Rückbezugswahlrechten**: Kowallik/Merklein/Scheipers, DStR 2008, S. 173-178; Schmid/Dietel, DStR 2008, S. 529-533; Hoffmann, GmbH-StB 2007, S. 257-259; Breiteneicher, DStR 2004, S. 1405-1409; Watermeyer, GmbH-StB 2003, S. 96-101.

teil, dass bisher auch **eine Untersuchung der Wechselwirkungen** individuell erforderlicher Gestaltungen fehlt. Die Generierung von Handlungsalternativen zur Optimierung eines steuerlichen Relevanzbereichs kann zu Konflikten mit den Gestaltungsoptionen anderer Relevanzbereiche führen. Zu einer umfassenden steuerlichen Vorbereitung der Umstrukturierungsentscheidung zählt daher auch eine Darstellung der Auswirkungen der einzelnen Gestaltungsalternativen auf die übrigen steuerlichen Relevanzbereiche sowie die Vorstellung zusätzlicher Handlungsoptionen zur Koordination miteinander konfligierender Gestaltungen.

Angesichts dieser Forschungslücken zielt die vorliegende Untersuchung darauf ab, aus den relevanten Steuertatbeständen aller wesentlicher Relevanzbereiche sowie den damit korrespondierenden Eventualsachverhalten ein konsistentes und systematisch fundiertes **Problemlösungskonzept** zu entwickeln, mit dem die steuerliche Information zur Vorbereitung der Umstrukturierungsentscheidung zuverlässig und zeitnah erarbeitet werden kann. Dabei verwendet die Arbeit in methodischer Hinsicht den Ansatz der steuerlichen Gestaltungssuche.[41] Sie beschränkt sich daher nicht allein darauf, die einzelnen steuerlichen Problembereiche der Unternehmensumstrukturierung vorzustellen und individuelle Handlungsalternativen zu beschreiben. Sie antizipiert vielmehr einen zusammenhängenden Denkprozess, mit dem sich der steuerliche Berater dem komplexen Entscheidungsproblem Schritt für Schritt erfolgreich annähern kann. Dabei endet sie nicht jeweils mit der isolierten Aufarbeitung des einzelnen steuerlichen Relevanzbereichs. Vielmehr führt sie die für die jeweiligen Teilgebiete generierten Handlungsalternativen in einer abschließenden steuerlichen Gestaltungskoordination zusammen.

In steuerplanerischer Hinsicht behandelt die vorliegende Arbeit mit stillen Reserven, Verlust- und Zinsvorträgen, dem Übernahmeergebnis, dem steuerlichen Rückbezug und der Grunderwerbsteuer die essenziellen Relevanzbereiche der nationalen[42] Unternehmensumstrukturierung. Sie verzichtet lediglich auf eine Erörterung der Umsatzsteuer, der Organschaft und des Übernahmefolgegewinns, weil die durch Umstrukturierungsmaßnahmen auf diesen Gebieten aufgeworfenen Schwierigkeiten begrenzt sind. Daneben sieht sie von einer Integration schenkungs- und erbschaftsteuerlicher Konsequenzen ab, da dieser Bereich als besondere Konstellation unternehmerischer Veränderung qualifiziert und daher nicht zur kontinuierlich notwendigen Unternehmensumstrukturierung zählt.

Die Untersuchung behandelt in allen Relevanzbereichen sowohl Unternehmensumstrukturierungen mit Einzelwirtschaftsgütern als auch solche mit Sachgesamtheiten. Dabei versucht sie auf sämtlichen Ebenen des Gestaltungsprozesses, Parallelen zwischen der Übertragung beider Transfergegenstände zu identifizieren, um auf diese Weise einen verdichteten systematischen Ansatz zu generieren. Außerdem berücksichtigt sie die grundlegenden Transferrichtungen sowie mit Personen- und Kapi-

41 Vgl. Jacobsen (2007), S. 31-95; Rödder (1991), S. 95-206.
42 Vgl. zu grenzüberschreitenden Umstrukturierungen: Brähler (2006).

talgesellschaften die zentralen Rechtsformen, die das abgebende und das aufnehmende Betriebsvermögen annehmen können. Ein solcher umfassender und deduktiv entwickelter Ansatz vermag immer wiederkehrende Muster in der Methode der Problemlösung, in der Konzeption der relevanten Steuertatbestände und in den denkbaren Sachverhaltseventualitäten zu identifizieren. Auf diese Weise kann eine Strategie entwickelt werden, die eine prompte und akkurate Analyse der wesentlichen Zusammenhänge jedes Umstrukturierungssachverhalts und damit die zuverlässige und zeitnahe Erarbeitung der steuerlichen Information des Entscheidungsträgers ermöglicht.

Angesichts dieser Zielsetzung ist die vorliegende Untersuchung in das Forschungsgebiet der Betriebswirtschaftlichen Steuerlehre einzuordnen. Gegenstand der **Betriebswirtschaftlichen Steuerlehre**[43] ist insbesondere die Erklärung steuerlicher Wirkungen sowie die Erarbeitung von Kriterien und Entscheidungen für rational begründbare einzelwirtschaftliche Gestaltungsmaßnahmen unter Berücksichtigung der Besteuerung. Daneben besteht ihre Aufgabe u. a. darin, bestehendes oder geplantes Steuerrecht aus einzelwirtschaftlicher Sicht zu analysieren und Verbesserungsvorschläge zu entwickeln.[44] Diese Zwecke verfolgt auch die vorliegende Untersuchung. Ihr Schwerpunkt liegt in der Herausarbeitung der tatsächlichen Steuerwirkungen von Unternehmensumstrukturierungen, der individuell als vorteilhaft zu definierenden Steuerwirkungen sowie der Modifikationen des eigentlichen Reorganisationsplans, mit denen eine Realisierung dieser vorteilhaften Steuerwirkungen erreichbar wird. Am Rande analysiert sie zusätzlich das vorhandene Recht der Besteuerung von Umstrukturierungen auf Optimierungspotenzial.

Die Untersuchung gliedert sich in einen Grundlagenteil und zwei Hauptteile. Im Grundlagenteil erfahren die Unternehmensumstrukturierung und die steuerliche Gestaltungssuche eine Erläuterung. Was dabei die **Unternehmensumstrukturierung** betrifft, geht es darum, die wesentlichen Unternehmensstrukturen und Umstrukturierungsmotivationen zu ordnen, ihre steuerlichen Relevanzbereiche vorzustellen sowie ein Grundsystem der Unternehmensumstrukturierung zu entwickeln, das darauf folgend der steuerlichen Analyse in den beiden Hauptteilen zugrunde gelegt werden kann.[45] Daneben dient die Darstellung des Prozesses **steuerlicher Gestaltungssuche** der Erläuterung des methodischen Problemlösungsansatzes, mit dem die steuerlichen Entscheidungsprobleme von Unternehmensumstrukturierungen anschließend in den beiden Hauptteilen erfolgreich bewältigt werden können.[46]

43 Vgl. zur **betriebswirtschaftlichen Steuerlehre**: Haberstock/Breithecker (2008); Schreiber (2008); Kußmaul (2008); Hundsdoerfer/Kiesewetter/Sureth, ZfB 2008, S. 61-139; Wagner, StuW 2008, S. 97-116; Kaminski/Strunk (2007); Homburg (2007); Scheffler (2007); Wagner (2005), S. 407-477; Schneeloch (2005), S. 251-274; König/Wosnitza (2004); Schneider (2002); Schult (2002).

44 Vgl. Kaminski/Strunk (2007), S. 3; Kaminski (2001), S. 40; Brähler (2006), S. 14-18.

45 Vgl. Teil 1, Kap. 2.

46 Vgl. Teil 1, Kap. 3.

Aufbauend auf den Erkenntnissen des Grundlagenteils werden im ersten Hauptteil die wesentlichen steuerlichen Relevanzbereiche der Unternehmensumstrukturierung, **stille Reserven**,[1] **Verlust- und Zinsvorträge**,[2] **Übernahmeergebnis**,[3] **steuerlicher Rückbezug**[4] und **Grunderwerbsteuer**,[5] zunächst isoliert untersucht. Hierzu wird in methodischer Hinsicht das zuvor im Rahmen des Prozesses steuerlicher Gestaltungssuche entwickelte Muster immer gleich angewendet. Zunächst werden die Gestaltungsmittel respektive Gestaltungsgrenzen beschrieben. Anschließend wird unter Zugrundelegung des vorher erarbeiteten Grundsystems der Unternehmensumstrukturierung der steuerliche Ist-Zustand des jeweiligen Partialsystems erarbeitet. Darauf folgend wird diesem Ist-Zustand als Kontrapunkt der individuelle steuerliche Soll-Zustand gegenüber gestellt. Abschließend werden für die Konstellationen, in denen sich zwischen Ist- und Soll-Zustand Inkongruenzen ergeben, Gestaltungsalternativen generiert.

Sind so im ersten Hauptteil für jedes steuerliche Partialsystem individuelle Lösungen entwickelt worden, wird im zweiten Hauptteil eine **Koordination dieser Teilgestaltungen** mit den übrigen steuerlichen Relevanzbereichen vorgenommen. Hierzu werden die weiteren Steuerwirkungen der alternativen Handlungsoptionen herausgearbeitet, Konflikte zwischen diesen Handlungsoptionen und den übrigen Teilgestaltungsbereichen transparent gemacht sowie Lösungsansätze zur Abstimmung der Partialgestaltungen entwickelt.[6] Abgeschlossen wird die Untersuchung mit einer Zusammenfassung ihrer Ergebnisse. Dabei werden auch der deutlich gewordene Gesetzgebungsbedarf sowie weitere Forschungsmöglichkeiten dargelegt.[7]

Kapitel 2: Unternehmensumstrukturierung

A. Der Begriff der Unternehmensumstrukturierung

I. Unternehmensstruktur

1. Organisationsstruktur

Die Unternehmensstruktur beschreibt den relativ langsam veränderbaren Aufbau einer Unternehmung.[8] Wie ein solcher Aufbau im Einzelfall ausgestaltet wird, variiert von Betrieb zu Betrieb. Typischerweise gibt sich aber jedes Unternehmen eine Orga-

---

1 Vgl. Teil 2, Kap. 1.
2 Vgl. Teil 2, Kap. 2.
3 Vgl. Teil 2, Kap. 3.
4 Vgl. Teil 2, Kap. 4.
5 Vgl. Teil 2, Kap. 5.
6 Vgl. Teil 3, Kap. 2-6.
7 Vgl. Teil 4.
8 Vgl. Förster (1991), S. 14; Breithecker (2005), S. 1.

nisationsstruktur, eine Standortstruktur,[9] eine Rechts- und Beteiligungsstruktur,[10] eine Personalstruktur[11] und eine Finanzierungsstruktur.[12]

Dabei qualifiziert als Organisationsstruktur die operationale Formation einer Unternehmung zur Gewährleistung einer effizienten Leistungserstellung und Leistungsverwertung. Sie schafft eine Ordnung des arbeitsteiligen Prozesses, die die Erledigung regelmäßig wiederkehrender Arbeitsvorgänge lenkt.[13] In diesem Zusammenhang dient die **Aufbauorganisation** der Regelung der Beziehung zwischen Personen, Betriebsmitteln und Abteilungen.[14] Sie erfordert die Zerlegung des Gesamtkomplexes der unternehmerischen Aktivität nach der Art der Verrichtung, nach individuellen Produkten, nach der jeweiligen unternehmerischen Phase oder nach den betrieblichen Zwecken.[15] Die dadurch transparent werdenden Elementaraufgaben erfahren anschließend eine Bündelung zu Arbeitsstellen als kleinste organisatorische Einheiten des Unternehmens.[16] Diese in Linien-, Stabs- und Zentralstellen[17] zu unterscheidenden Arbeitsstellen werden so definiert, dass eine Erledigung der unternehmerischen Aufgaben mit dem geringst möglichem Faktoreinsatz gelingt. Abschließend werden aus diesen Arbeitsstellen nach Maßgabe der funktionalen Organisation, der divisionalen Organisation oder der Matrixorganisation[18] Abteilungen gebildet.[19]

In Abgrenzung zur statischen Aufbauorganisation fokussiert die **Ablauforganisation** den unternehmerischen Organismus in dynamischer Hinsicht. Ihr obliegt es, die zeitliche und räumliche Gestaltung der betrieblichen Arbeitsabläufe zu strukturieren.[20]

2. Standortstruktur

Die Standortstruktur beschreibt die geographisch-räumliche Positionierung eines Unternehmens, seiner Unternehmensteile und seiner Produktionsfaktoren.[21] Bei ihrer Festlegung sind insbesondere Gesichtspunkte des Gütereinsatzes, des Güterabsatzes und der Besteuerung zu berücksichtigen.[22] Dabei kommt im Hinblick auf den **Gütereinsatz** vor allem der Verfügbarkeit erforderlicher Anlagegüter Bedeutung zu. Werden zur Produkterzeugung Grundbesitz, Bodenschätze oder bestimmte Lagen

---

9 Vgl. Abschn. A. I. 2.
10 Vgl. Abschn. A. I. 3.
11 Vgl. Abschn. A. I. 4.
12 Vgl. Abschn. A. I. 5.
13 Vgl. Wöhe/Döring (2008), S. 114; Picot (2005), S. 64.
14 Vgl. Breithecker (2005), S. 66.
15 Vgl. Picot (2005), S. 65-66; Krüger (2005), S. 144.
16 Vgl. Krüger (2005), S. 153.
17 Vgl. Picot (2005), S. 70-74.
18 Vgl. Krüger (2005), S. 193-202.
19 Vgl. Picot (2005), S. 70.
20 Vgl. Krüger (2005), S. 144.
21 Vgl. Steiner (2005), S. 61; Bea (2004), S. 343.
22 Vgl. Wöhe/Döring (2008), S. 274; Steiner (2005), S. 64.

benötigt, definiert dies im Wesentlichen die Struktur des Standorts.[23] Ist die Produkterzeugung des Unternehmens arbeitsintensiv, besitzt hingegen die Verfügbarkeit geeigneter Arbeitskräfte essenzielle Relevanz. Geht es dabei darum, einfache Tätigkeiten verrichten zu lassen, qualifiziert vor allem das jeweilige Lohnniveau unter Berücksichtigung der jeweiligen Arbeitsproduktivität als maßgeblich. Sind hingegen Aktivitäten geplant, die besondere Fähigkeiten oder Ausbildungen voraussetzen, fokussiert sich die Standortwahl auf Gebiete, in denen Arbeitskräfte diese Qualifikationen aufweisen.[24]

Was daneben den **Güterabsatz** anbetrifft, kann es zunächst wesentlich sein, die Standortstruktur kundenorientiert auszugestalten. Um die gewünschte Nachfrage nach den vom Unternehmen angebotenen Gütern zu erzeugen, ist von besonderer Bedeutung, die mit Absatz beschäftigten Unternehmensteile nah am Kunden zu positionieren.[25] Simultan ist die Existenz von Konkurrenzunternehmen zu berücksichtigen. Typischerweise kommt es dabei darauf an, einen Platz zu finden, an dem sich noch keine oder lediglich wenige Mitbewerber niedergelassen haben.[26] Die **Besteuerung** der Unternehmung stellt schließlich nicht nur im internationalen,[27] sondern auch im nationalen Zusammenhang ein bedeutsames Kriterium der Standortwahl dar. Zum einen gilt dies angesichts des Hebesatzrechts der Gemeinden im Hinblick auf Gewerbe- und Grundsteuer. Zum anderen erfahren Investitionen in bestimmten Gebieten eine besondere steuerliche Förderung. Dies gilt insbesondere für die neuen Bundesländer, in denen das Investitionszulagegesetz Anwendung findet.[28]

3. Rechts- und Beteiligungsstruktur

Die Rechts- und Beteiligungsstruktur einer Unternehmung bildet ab, welche gesellschaftsrechtlichen Beziehungen zwischen den Unternehmenseignern und dem Unternehmen einerseits sowie zwischen dem Unternehmen und seinen Teilbereichen andererseits bestehen. Dem Unternehmenseigner bieten sich eine Reihe **gesellschaftsrechtlicher Optionen** zur Verwirklichung seines betrieblichen Engagements.[29] Als einfachste Alternative eröffnet sich ihm die Möglichkeit, ein Einzelunternehmen zu gründen, für das er allerdings mit seinem gesamten Vermögen haftet.[30] In dieser Rechtsform firmieren rund 70 % aller Betriebe in Deutschland.[31] Beabsichtigen mehrere Personen, sich gemeinsam zu engagieren, haben sie die Möglichkeit, eine Gesellschaft bürgerlichen Rechts oder eine offene Handelsgesellschaft (OHG)

---

[23] Vgl. Bea (2004), S. 346; Haberstock/Breithecker (2008), S. 202.
[24] Vgl. Haberstock/Breithecker (2008), S. 202 .
[25] Vgl. Steiner (2005), S. 72; Bea (2004), S. 349.
[26] Vgl. Wöhe/Döring (2008), S. 278; Steiner (2005), S. 72.
[27] Vgl. Haberstock/Breithecker (2008), S. 204-210; Bea (2004), S. 350.
[28] Vgl. Breithecker (2005), S. 18-21; Bea (2004), S. 350.
[29] Vgl. Haberstock/Breithecker (2008), S. 181; Steiner (2005), S. 77.
[30] Vgl. Bea (2004), S. 367; Schierenbeck (2003), S. 30.
[31] Vgl. Stat. BA (2007), S. 617.

zu gründen.[32] Ca. 9 % aller deutschen Unternehmen sind offene Handelsgesellschaften.[33]

Wünschen die Unternehmenseigner, ihre Haftung für Verbindlichkeiten der Unternehmung zu begrenzen, stehen ihnen als gesellschaftsrechtliche Vehikel insbesondere die Gesellschaft mit beschränkter Haftung (GmbH) und die Kommanditgesellschaft (KG) mit einer GmbH als Komplementärin (GmbH & Co. KG) zur Verfügung. Die von ca. 15 % aller Betriebe in Deutschland verwendete[34] GmbH qualifiziert als juristische Person. Sie besitzt daher eigenes Vermögen und eigene Verbindlichkeiten.[35] Bei der GmbH & Co. KG handelt es sich um eine besondere Form der von rund 4 % der deutschen Unternehmen eingesetzten KG,[36] die ihrerseits eine Variante der OHG darstellt.[37] Geht es schließlich darum, größere Eigenkapitalbeträge am Kapitalmarkt einzuwerben, bietet sich die Aktiengesellschaft an, die wie die GmbH als Kapitalgesellschaft eine eigene Rechtspersönlichkeit besitzt.[38] Von dieser Möglichkeit machen jedoch lediglich 0,24 % aller Unternehmen Gebrauch.[39] Bei der Entscheidung für eine dieser Rechtsformen spielen neben der oben erläuterten Haftungsbegrenzung insbesondere die Organisationsart, die Leitungsbefugnis, die Publizitätspflicht sowie die Besteuerung eine zentrale Rolle.[40]

Daneben bestehen zur gesellschaftsrechtlichen Regelung des **Verhältnisses zwischen der Unternehmung und ihren Teilbereichen** insbesondere drei Gestaltungsalternativen. Die betriebliche Aktivität des Unternehmens kann zunächst in der Form einer Einheitsunternehmung geführt werden. Kennzeichen eines solchen Betriebes ist die Bündelung sämtlicher Bereiche des operativen Geschäfts innerhalb einer einzigen Gesellschaft. Alternativ besteht die Möglichkeit, das geschäftliche Engagement als Stammhauskonzern zu betreiben. Dabei handelt es sich typischerweise um eine ursprünglich als Einheitsunternehmung firmierende Gesellschaft, die zur Sicherung oder Diversifikation ihrer wirtschaftlichen Aktivitäten Beteiligungen an anderen Unternehmen erwirbt. Ungeachtet dessen behält ihr Kerngeschäft seine zentrale Funktion. Die erworbenen Beteiligungen dienen lediglich seiner Unterstützung.[41]

Qualifiziert das ursprüngliche Kernengagement schließlich nur noch als eines von mehreren gleichberechtigten Geschäftsfeldern, bietet sich an, die Unternehmung in einer Holdingstruktur zu organisieren. Hierzu wird ihr operatives Geschäft in Tochtergesellschaften ausgegliedert und damit vollständig rechtlich verselbständigt. Diese

---

32 Vgl. Steiner (2005), S. 81; Bea (2004), S. 369-372.
33 Vgl. Stat. BA (2007), S. 617.
34 Vgl. Stat. BA (2007), S. 617.
35 Vgl. Bea (2004), S. 381-383; Haberstock/Breithecker (2008), S. 183.
36 Vgl. Stat. BA (2007), S. 617.
37 Vgl. Wöhe/Döring (2008), S. 231; Steiner (2005), S. 82.
38 Vgl. Haberstock/Breithecker (2008), S. 183; Steiner (2005), S. 84.
39 Vgl. Stat. BA (2007), S. 617.
40 Vgl. Bea (2004), S. 358; Haberstock/Breithecker (2008), S. 185-186.
41 Vgl. Krüger (2005), S. 207.

organisatorische Trennung bewirkt eine erhöhte Flexibilität bei Führungsentscheidungen, eine deutlichere Ergebnisabgrenzung innerhalb der Unternehmung und eine Vereinfachung von Kooperationsaktivitäten.[42] In dieser Konstellation verbleibt der Obergesellschaft die Aufgabe der strategischen Unternehmensführung sowie ggf. der Finanzierung und Verwaltung der Gruppengesellschaften.[43]

4. Personalstruktur

Die Personalstruktur verdeutlicht, mit welchen Arbeitskräften die Unternehmung ihre Ziele zu verwirklichen sucht. Diese Personalstruktur ergibt sich, indem die jeweilige Gesellschaft zunächst ihren **Personalbedarf** definiert.[44] Übersteigt dieser Personalbedarf den aktuellen Personalbestand in quantitativer oder qualitativer Hinsicht, gilt es, zur Verwirklichung der Personalstruktur eine **Personalbeschaffung** zu initiieren. Dies gelingt durch die Neueinstellung oder zeitlich begrenzte Ausleihe von Mitarbeitern.[45] Ist der Personalbedarf hingegen geringer als der Personalbestand, kann die gewünschte Personalstruktur nur durch **Personalabbau** erreicht werden. Ein solcher gelingt durch die Beendigung von Arbeitsverhältnissen, Arbeitszeitverkürzung, Überstundenabbau oder im Wege eines Verzichts auf Leiharbeitskräfte.[46]

5. Finanzierungsstruktur

Die Finanzierungsstruktur beschreibt letztlich, mit welchen finanziellen Mitteln die Unternehmung ihre Leistungserstellung und –Verwertung realisiert.[47] Dabei ist nach der Herkunft der Finanzmittel (**Innen- und Außenfinanzierung**) und nach der Rechtsstellung des Kapitalgebers (**Eigen- und Fremdfinanzierung**) zu unterscheiden.[48] Wie ein Unternehmen seine Finanzierungsstruktur gestaltet, hängt vor allem von seiner wirtschaftlichen Situation ab. Eine Selbstfinanzierung ist nur möglich, sofern die Gesellschaft überhaupt Gewinne erzielt. Die Verwirklichung einer Kreditfinanzierung ist lediglich vorstellbar, sofern sie über eine ausreichende Kreditwürdigkeit verfügt.[49] Daneben grenzt auch der spezifische Zweck der Finanzierung die Gestaltungsalternativen der Unternehmung ein. Während mit Eigenkapital jedes denkbare Projekt finanziert werden kann, erfährt die Aufnahme von Fremdkapital typischerweise eine vertraglich determinierte Nutzungsbegrenzung. Mit Risiko behaftete Aktivitäten können daher regelmäßig nur im Wege der Eigenfinanzierung realisiert werden.[50]

---

42 Vgl. Bea (2004), S. 410; Tinner (1984), S. 41.

43 Vgl. Krüger (2005), S. 210; Tinner (1984), S. 41.

44 Vgl. Kossbiel (2002), S. 492; Domsch (2005), S. 431.

45 Vgl. Wöhe/Döring (2008), S. 139; Kossbiel (2002), S. 496.

46 Vgl. Domsch (2005), S. 434; Kossbiel (2002), S. 495.

47 Vgl. Haberstock/Breithecker (2008), S. 227; Drukarczyk (2002), S. 352.

48 Vgl. Schierenbeck (2003), S. 422; Haberstock/Breithecker (2005), S. 229.

49 Vgl. Drukarczyk (2002), S. 354; Breithecker (2005), S. 29.

50 Vgl. Breithecker (2005), S. 30.

Relevanz für die Finanzierungsstruktur besitzt im Übrigen auch die Besteuerung. Eine Selbstfinanzierung über offene Rücklagen setzt die Akzeptanz vorherigen Steueraufwands voraus, während stille Rücklagen zunächst steuerfrei generiert werden können. Die Entscheidung für eine Beteiligungsfinanzierung impliziert, dass etwaige Ausschüttungen weder die gewerbe- noch die körperschaftsteuerliche Bemessungsgrundlage vermindern und bei Kapitalgesellschaften auf Ebene des Gesellschafters noch einmal der Besteuerung unterliegen. Bei einer Kreditfinanzierung hängen die Steuerwirkungen insbesondere davon ab, welche Rechtsform die Unternehmung aufweist und ob Kreditgeber ein Gesellschafter oder eine dritte Person ist.[51]

Organisationsstruktur
- Aufbauorganisation
- Ablauforganisation

Personalstruktur
- Personalbedarf
- Personalbeschaffung
- Personalabbau

Standortstruktur
- Gütereinsatz
- Güterabsatz
- Besteuerung

Finanzierungsstruktur
- Innenfinanzierung
- Außenfinanzierung
- Eigenfinanzierung
- Fremdfinanzierung

Rechts- und Beteiligungsstruktur
- Gesellschaftsr. Optionen
- Konzernstruktur

Abb. 1: Unternehmensumstrukturierung - Unternehmensstrukturen

II. Veränderung der Unternehmensstruktur

1. Betriebswirtschaftlich motivierte Veränderungen

Veränderungen der Unternehmensstruktur[52] können vor allem betriebswirtschaftlich, rechtlich[53] oder steuerlich[54] motiviert sein. Dabei kann es in betriebswirtschaftlicher Hinsicht zunächst notwendig werden, Mängel der **Organisationsstruktur** zu beseitigen. Denkbar ist in diesem Zusammenhang, unrentable Aktivitäten zu beenden, Effizienzen zu erhöhen, Doppelspurigkeiten zu eliminieren[55] oder Aufgabenkomplexe

51 Vgl. Haberstock/Breithecker (2008), S. 230-233.
52 Vgl. Roth (2003), S. 24; Förster (1991), S. 14; Tinner (1984), S. 183.
53 Vgl. Abschn. A. II. 2.
54 Vgl. Abschn. A. II. 3.
55 Vgl. Brähler (2008), S. 5; Roth (2003), S. 15, 19, 22; Förster (1991), S. 28.

zur Generierung positiver Synergien zusammenzufassen.[56] Möglich ist auch, dass eine Reaktion auf technische Entwicklungen, veränderte Kunden- und Konkurrenzsituationen,[57] oder Veränderungen der Unternehmensgröße[58] erforderlich sind. Schließlich ist vorstellbar, dass das Unternehmen beabsichtigt, sein betriebswirtschaftliches Konzept durch den Zukauf weiterer Unternehmen, durch den Verkauf einzelner Unternehmensteile[59] oder durch Kooperationen mit anderen Betrieben[60] grundlegend zu modifizieren. Was daneben die **Standortstruktur** betrifft, wird eine Modifikation erforderlich, sofern sich die Nachfrage nach Produkten der Unternehmung an bestimmten Plätzen erheblich verändert. Nichts anderes gilt, falls sich die Möglichkeit bietet, für die Produktion notwendige Rohstoffe günstig an neuen Orten zu erwerben.[61]

Eine Änderung der **Rechts- und Beteiligungsstruktur** der Unternehmung kann insbesondere vorteilhaft sein, um betriebliche Bereiche in Tochtergesellschaften auszugliedern oder umgekehrt Tochtergesellschaften mit der Muttergesellschaft wieder zusammenzufassen. Vorstellbar ist aber auch, dass das Bedürfnis, separate Unternehmen für einzelne Produktgruppen oder einzelne Standorte zu schaffen, Anlass der Modifikation ist.[62] Dies gilt insbesondere bei der Erweiterung des Leistungsprogramms, bei der Erschließung neuer Absatzmärkte sowie bei Flexibilisierungsbestrebungen.[63] Daneben zielen betriebswirtschaftlich motivierte Veränderungen der **Personalstruktur** typischerweise darauf ab, Personalkosten durch Entlassungen, Pensionierungen oder Versetzungen einzusparen.[64]

Modifikationen der **Finanzierungsstruktur** kommen letztlich in Betracht, um den Verschuldungsgrad der Unternehmung zu modifizieren.[65] Beabsichtigt die Unternehmung, einen erhöhten Leverage-Faktor zu nutzen, nimmt sie verstärkt Fremdkapital auf. Plant sie hingegen ihre Kreditwürdigkeit zu verbessern, fokussiert sie sich auf die Erhöhung ihres Eigenkapitalanteils. Außerdem ist denkbar, dass eine ent-

---

56 Vgl. Bea (2004), S. 399; Förster (1991), S. 24; S/B/B-Sagasser/Ködderitzsch, S. 131; Bühner/Spindler, DB 1986, S. 601 (605); zur Verschmelzung der Allianz AG und der Dresdner Bank AG vgl. Fleischmann, DB 2001, S. 1528-1533; zur Verschmelzung der Daimler Benz AG und der Chrysler Corp. vgl. Fleischmann, DB 1998, S. 1883-1886; Herzig, DB 2000, S. 2236 (2240).

57 Vgl. Roth (2003), S. 21; Bea (2004), S. 345; Psarski (2004), S. 10; Picot (2005), S. 106; Förster (1991), S. 20.

58 Vgl. Herzig/Förster, StuW 1998, S. 99; Förster (1991), S. 22-24.

59 Vgl. Krüger (2005), S. 164-165; Psarski (2004), S. 11; Tinner (1984), S. 45; Förster (1991), S. 26.

60 Vgl. Brähler (2008), S. 196; Bea (2004), S. 355.

61 Vgl. Bea (2004), S. 344; Förster (1991), S. 19.

62 Vgl. K/P/R/K (2008), S. 7.

63 Vgl. Psarski (2004), S. 11; Förster (1991), S. 23.

64 Vgl. Roth (2003), S. 18, 23; Psarski (2004), S. 11.

65 Vgl. Psarski (2004), S. 9; Roth (2003), S. 16.

sprechende Restrukturierung der Vorbereitung eines Börsengangs[66] oder der sonstigen Beschaffung von Eigenkapital dient.[67]

2. Rechtlich motivierte Veränderungen

Rechtlich motivierte Änderungen der **Organisationsstruktur** können sich zur Vermeidung der Liquidation einer Tochtergesellschaft ergeben. Da dieses Verfahren erhöhten Arbeits-, Zeit- und Kostenaufwand verursacht, bietet sich an, die betroffene Tochtergesellschaft auf eine andere Unternehmung der Gruppe zu verschmelzen.[68] Eine Änderung kann aber auch erforderlich werden, um verschärften Arbeits-, Verbraucher- oder Umweltschutzanforderungen zu entsprechen.[69] Daneben sind Modifikationen der **Standortstruktur** denkbar, um optimale regionale Wirtschaftsförderung in Anspruch nehmen zu können.[70]

Besondere Relevanz haben rechtlich motivierte Veränderungen für die **Rechts- und Beteiligungsstruktur** der Unternehmung. Ihre Modifikation kann insbesondere erforderlich werden, um Haftungsrisiken zu minimieren. Durch die Generierung separater rechtlicher Teileinheiten ist es möglich, die Unternehmung vor Gefahren einzelner Partialbereiche zu schützen.[71] Dies gilt vor allem, wenn ein neu entwickeltes Produkt vermarktet werden soll, mit dem erhebliche Garantierisiken verbunden sind.[72] Außerdem sind Korrekturen der Rechts- und Beteiligungsstruktur zur Vermeidung von Arbeitnehmermitbestimmung oder Publizitätspflichten vorstellbar.[73] Veränderungen der **Personalstruktur** können daneben als Reaktion auf steigende Sozialversicherungsbeiträge notwendig werden. Sie bewirken eine Vergrößerung des Lohnaufwands, so dass die Freisetzung von Arbeitnehmern oder die Verlagerung von Arbeitsplätzen in Staaten mit niedrigeren Lohnnebenkosten in Betracht kommt.[74]

Was schließlich die **Finanzierungsstruktur** der Unternehmung betrifft, können Veränderungen insbesondere notwendig werden, um der Initiierung eines Insolvenzverfahrens zuvorzukommen.[75] Denkbar ist dabei, dass die Anteilseigner der gefährdeten Gesellschaft neue finanzielle Mittel zur Verfügung stellen und so ihr Eigenkapital stärken. Darüber hinaus sind angesichts der Eigenkapitalvorschriften des Bankaufsichtsrechts vielfach Modifikationen erforderlich, um Bankkredite überhaupt und zu

---

66 Vgl. Brähler (2008), S. 5; Förster (1991), S. 28.

67 Vgl. K/P/R/K (2008), S. 6.

68 Vgl. Brähler (2008), S. 5.

69 Vgl. bspw. das Gesetz zur Änderung kraftfahrzeugsteuerlicher und autobahnmautrechtlicher Vorschriften vom 17.08.2007 (BGBl. 2007, S. 1958).

70 Vgl. bspw. www.big-bremen.de für die Wirtschaftsförderung in Bremen.

71 Vgl. Madl (2008), S. 5; Brähler (2008), S. 343; Herzig/Förster, StuW 1998, S. 99.

72 Vgl. K/P/R/K (2008), S. 7; S/B/B-Sagasser/Sickinger, S. 462; Roth (2003), S. 23; Förster (1991), S. 25.

73 Vgl. Madl (2008), S. 4; Bea (2004), S. 355; Förster (1991), S. 22; Roth (2003), S. 23.

74 Vgl. Roth (2003), S. 23.

75 Vgl. K/P/R/K (2008), S. 8; Madl (2008), S. 6.

günstigen Zinsbedingungen zu erhalten. Das in diesem Zusammenhang obligatorische Rating der Unternehmung beeinflusst die Entscheidung der Bank maßgeblich.[76] Deshalb ist sogar vorstellbar, Umwandlungen allein zur Verbesserung der handelsrechtlichen Eigenkapitalposition durchzuführen.[77]

3. Steuerlich motivierte Veränderungen

Steuerlich motivierte Veränderungen in der **Organisationsstruktur** sind zur Begründung einer Organschaft denkbar. Voraussetzung hierfür ist u. a. die Ausübung einer eigenen gewerblichen Aktivität durch die Organträgerin.[78] Zur Implementierung einer solchen bietet sich eine Verlagerung zentral erbringbarer Dienstleistungen (Buchführung, EDV-Unterstützung) auf die Obergesellschaft an.[79] Eine solche Verschiebung betrieblichen Engagements kann auch zur Nutzung bestehender Verlust- oder Zinsvorträge erforderlich werden. Besitzt eine gewinnlose Gesellschaft der Gruppe entsprechende Vorträge, ist es sinnvoll, ihr Gewinnpotenzial aus anderen Konzernunternehmungen zuzuführen.[80] Vergleichbare Modifikationen der **Standortstruktur** sind national insbesondere zur Nutzung eines gewerbesteuerliches Gefälles vorstellbar.[81] International können erhebliche Unterschiede in der Einkommens- und Körperschaftsbesteuerung Motiv sein.[82] Dies gilt sowohl für den europäischen Wirtschaftsraum als auch für nichteuropäische Staaten.[83]

Steuerlich motivierte Änderungen der **Rechts- und Beteiligungsstruktur** zielen insbesondere darauf ab, eine günstigere laufende Besteuerung zu erreichen. Das deutsche Steuerrecht ist insoweit nicht rechtsformneutral.[84] Entsprechende Korrekturen können auch zur Optimierung einer beabsichtigten Betriebs- oder Anteilsveräußerung[85] oder Unternehmensübertragung im Wege der vorweggenommenen Erbfolge[86] sinnvoll sein. Daneben ist eine Modifikation der **Personalstruktur** steuerlich bspw. zur Generierung einer privilegierten Sachgesamtheit denkbar. Der Transfer eines Teilbetriebs ist nur begünstigt, sofern ein mit einer gewissen Selbständigkeit ausgestatteter, organisch geschlossener Teil des Gesamtbetriebs, der für sich allein lebensfähig ist, übergeht.[87] Um die Existenz einer solchen Teileinheit zu gewährleisten,

---

76 Vgl. Deloitte (2004), S. 21; Roth (2003), S. 21.

77 Vgl. Schmitt, DStR 2004, S. 936-940; kritisch angesichts des Konzepts der phasenverschobenen Wertaufholung: Teiche, DStR 2008, S. 1757 (1760).

78 Vgl. § 14 S. 1 Nr. 2 KStG.

79 Vgl. BMF, Tz. D. II. 2. d. Schr. v. 10.11.2005 – IV B 7 – S 2770 – 24/05, BStBl. I 2005, S. 1038.

80 Vgl. Teil 2, Kap. 2, Abschn. E. II. 2. 2.

81 Vgl. Herzig, DB 2007, S. 1541 (1543); Bergemann/Markl/Althof, DStR 2007, S. 693 (696).

82 Vgl. Schreiber/Overesch, DB 2007, S. 813 (814); Spengel/Wiegard, DB 2005, S. 516 (517).

83 Vgl. Baumhoff/Ditz/Greinert, DStR 2007, S. 1649 (1650); Ditz, DStR 2006, S. 1625 (1626).

84 Vgl. Rauenbusch, DB 2008, S. 656 (660); Brähler (2008), S. 34; Madl (2008), S. 4; K/P/R/K (2005), S. 8; S/B/B-Sagasser/Sickinger, S. 681; kritisch hierzu: Herzig, Stbg 1996, S. 49 (50).

85 Vgl. §§ 16 Abs. 1 EStG, 7 GewStG; S/B/B-Sagasser/Sickinger, S. 681.

86 Vgl. Madl (2008), S. 8; Brähler (2008), S. 34; Herzig, Stbg 1996, S. 49 (52).

87 Vgl. Schmidt-Wacker, § 16 Rn. 143; Blumers, DB 2001, S. 722; Rogall, DB 2006, S. 66.

kann es auch erforderlich werden, die personale Besetzung der Unternehmung so zu modellieren, dass eine autonome betriebliche Aktivität möglich ist.

Die **Finanzierungsstruktur** einer Unternehmung kann schließlich steuerlich motivierte Veränderungen erfahren, sofern sich im Einzelfall eine verstärkte Fremdkapital- oder eine erhöhte Eigenkapitalfinanzierung als günstig erweist. Dies kann bspw. im Hinblick auf die Regelungen der Zinsschranke der Fall sein.[88]

B. Die steuerlichen Relevanzbereiche der Unternehmensumstrukturierung

I. Stille Reserven

In steuerlicher Hinsicht können Unternehmensumstrukturierungen zunächst Auswirkungen auf in Wirtschaftsgütern enthaltene stille Reserven haben.[89] Dabei beschreiben stille Reserven die Teile des unternehmerischen Eigenkapitals, deren Vorhandensein aus der bilanziellen Gegenüberstellung von Aktiva und Passiva nicht erkennbar sind. Sie ergeben sich aus dem Unterschiedsbetrag zwischen dem Buchwert eines einzelnen Wirtschaftsguts und seinem höheren respektive niedrigeren Teilwert.[90] Solche Wertdifferenzen entstehen, indem aktive Wirtschaftsgüter eine Unterbewertung oder passive Wirtschaftsgüter eine Überbewertung erfahren. Auf diese Weise kommt es zu einer Nichtbesteuerung bestimmter Gewinnanteile.[91]

Diese stillen Reserven darf die Unternehmung, abgesehen von einzelnen Wertaufholungsgeboten,[92] grundsätzlich auf unbegrenzte Zeit beibehalten.[93] Etwas anderes gilt u. a., sofern sich die personale Zuordnung eines Wirtschaftsguts durch Entnahmen und Einlagen verändert.[94] Grund hierfür ist, dass im Ertragsteuerrecht das Prinzip der Subjektverhaftung gilt. Danach sind die von einem individuellen Steuersubjekt zu Lasten seines Gewinns gebildeten stillen Rücklagen zu irgendeiner Zeit bei dieser Person der Besteuerung zu unterwerfen.[95] Unternehmerische Reorganisationen verändern diese personale Zuordnung von Wirtschaftsgütern in einer Vielzahl von Fällen. Deshalb qualifizieren stille Reserven als steuerlicher Relevanzbereich der Unternehmensumstrukturierung.

---

88 Vgl. § 4h Abs. 1 S. 1 EStG; vgl. zur Kritik an der Regelung: Dörfler/Vogl, BB 2007, S. 1084 (1086-1087); Schaden/Käshammer, BB 2007, S. 2317; Wagner/Fischer, BB 2007, S. 1811 (1816).

89 Vgl. Kraft, DStR 2000, S. 94 (95); Kraft, DStR 1999, S. 1499 (1500); Herzig/Förster, StuW 1998, S. 99 (100); Herzig, DB 2000, S. 2236 (2239); Förster (1991), S. 49.

90 Vgl. Schaum (1994), S. 26; Förster (1991), S. 49; Schmidt-Heinicke, § 4 Rn. 50; L/S/B-Plewka/Schmidt, § 5 Anm. 1514-1517; Knobbe-Keuk (1993), S. 102, Fn. 203.

91 Vgl. Schmidt-Heinicke, § 4 Rn. 50; L/S/B-Plewka/Schmidt, § 5 Anm. 1527; Thiele (1999), S. 8.

92 Vgl. bspw. § 6 Abs. 1 Nr. 1 S. 4 EStG oder § 6 Abs. 1 Nr. 2 S. 3 EStG.

93 Vgl. § 252 Abs. 1 Nr. 4 HGB; Schmidt-Heinicke, § 4 Rn. 50.

94 Vgl. § 4 Abs. 1 S. 2 EStG, § 6 Abs. 1 Nr. 4 S. 1 EStG; Schmidt-Weber-Grellet § 5 Rn. 651; L/S/B-Meurer, § 4 Anm. 87; Blümich-Schreiber, § 5 Rn. 931.

95 Vgl. Schaum (1994), S. 31; Schmidt-Heinicke, § 4 Rn. 53; Frotscher-Frotscher, § 5 Rn. 154.

II. Verlust- und Zinsvorträge

Unternehmensumstrukturierungen können außerdem Verlust- und Zinsvorträge beeinträchtigen.[96] Dabei versteht man unter einem Verlustvortrag die Summe der negativen Ergebnisse einer Unternehmung, die steuerlich noch keine Berücksichtigung erfahren haben.[97] Grund ihrer Nichtberücksichtigung kann das ertragsteuerliche Prinzip der Abschnittsbesteuerung sein, das die steuerliche Einkommensermittlung stets auf einzelne Veranlagungszeiträume bezieht.[98] Als Anlass kommt aber auch eine fehlende tatsächlich-aktuelle Belastung des Steuerpflichtigen durch Verluste in Betracht, die zur Wahrung des Prinzips der steuerlichen Leistungsfähigkeit die steuerliche Außerachtlassung solcher Ergebnisse erforderlich macht.[99] Daneben kennzeichnet der Zinsvortrag Zinsaufwendungen, die sich angesichts der Zinsschranke bisher nicht gewinnmindernd ausgewirkt haben.[100]

Solche Verlust- und Zinsvorträge beinhalten einen ökonomischen Wert,[101] weil sie unter bestimmten Voraussetzungen mit zukünftigen Einkünften respektive Gewinnen ausgeglichen werden können.[102] Den Verlust- und Zinsvorträgen wohnt daher ein Steuerminderungspotenzial inne. Zentrale Voraussetzung eines solchen Ausgleichs ist allerdings die Existenz bestimmter Personen- oder Beteiligungsidentitäten. Reorganisationsmaßnahmen können diese Identitäten beseitigen. Daher sind auch Verlust- und Zinsvorträge als steuerlicher Relevanzbereich der Unternehmensumstrukturierung einzuordnen.

III. Übernahmeergebnis

Außerdem können Unternehmensumstrukturierungen ein Übernahmeergebnis auslösen. Ein solches entsteht unter bestimmten Voraussetzungen beim Übergang von Vermögen einer Kapitalgesellschaft nach den Vorschriften des UmwG. In dieser Konstellation tritt der übernehmende Rechtsträger vollständig oder partiell in die steuerliche Rechtsstellung der Kapitalgesellschaft ein.[103] Dadurch geht das Betriebsvermögen der Kapitalgesellschaft ganz (bei einer Verschmelzung) oder teilweise (bei einer Ab- oder Aufspaltung) im Wege der Gesamt- oder Sonderrechtsnachfolge auf den übernehmenden Rechtsträger über.[104] Simultan erlischt die Beteiligung an der übertragenden Kapitalgesellschaft. In Höhe der Differenz zwischen beiden Ansätzen

96 Vgl. Kraft, DStR 2000, S. 94 (95); Herzig, DB 2000, S. 2236 (2238); Kraft, DStR 1999, S. 1499 (1500); Förster (1991), S. 97.

97 Vgl. Wacker, StbJb. 1975/76, S. 389 (393); Baumhoff, StbJb. 1993/94, S. 267 (268).

98 Vgl. §§ 10d EStG, 10a GewStG.

99 Vgl. § 15a EStG.

100 Vgl. § 4h EStG.

101 Vgl. Kupke/Nestler, BB 2003, S. 2279 (2285); Popp (1997), S. 122.

102 Vgl. Marx, DB 2001, S. 2364 (2365); K/K/K-Orth, § 11 Rn. 40; König/Zeidler, DStR 1996, S. 1098 (1102); Kupke/Nestler, BB 2003, S. 2279 (2281).

103 Vgl. §§ 4 Abs. 2 S. 1, 12 Abs. 3, 15 Abs. 1 S. 1 UmwStG.

104 Vgl. § 20 Abs. 1 Nr. 1 UmwG.

ergibt sich ein Übernahmegewinn, der partiell der Besteuerung unterliegt, oder ein Übernahmeverlust, der eventuell nicht abziehbar ist und damit Anschaffungskosten vernichtet. Angesichts dieser denkbaren Steuernachteile stellt das Übernahmeergebnis einen weiteren steuerlichen Relevanzbereich der Unternehmensumstrukturierung dar.

IV. Rückbezug

Unternehmensumstrukturierungen wirken steuerlich grundsätzlich nur ex nunc ab dem Zeitpunkt des Übergangs des wirtschaftlichen Eigentums, bei Umwandlungen nach dem UmwG also ab der Eintragung im Handelsregister und bei Übertragungen im Wege der Einzelrechtsnachfolge ab dem Übergang von Besitz, Nutzen und Lasten.[105] Würde man diese Grundsätze auch auf Unternehmensrestrukturierungen mit Sachgesamtheiten ausnahmslos anwenden, müsste die erforderliche Übertragungsbilanz zwingend auf den Tag des Übergangs des wirtschaftlichen Eigentums, also eventuell auf einen Zeitpunkt mitten im Wirtschaftsjahr, erstellt werden. Außerdem wäre bei Transfers im Wege der Gesamtrechtsnachfolge Umwandlungsstichtag der Tag der Eintragung der Umwandlung im Handelsregister, also ein nicht vorhersehbarer, zufälliger Zeitpunkt. Angesichts dieser Nachteile normiert das UmwStG für bestimmte Vermögensübertragungen die Option eines auf acht Monate begrenzten Rückbezuges.[106] Da dieser Rückbezug aber nicht für sämtliche Reorganisationsmaßnahmen gilt und außerdem in bestimmten Konstellationen unvorteilhaft sein kann, qualifiziert auch er als steuerlicher Relevanzbereich der Unternehmensumstrukturierung.

V. Grunderwerbsteuer

Schließlich können Unternehmensumstrukturierungen Grunderwerbsteuer auslösen.[107] Voraussetzung hierfür ist eine Änderung der Zuordnung inländischer Grundstücke.[108] Hierzu kann es nicht nur bei der Übertragung einzelner Grundstücke und grundbesitzender Sachgesamtheiten, sondern auch beim Transfer von Beteiligungen und Mitunternehmeranteilen an grundbesitzenden Gesellschaften kommen.[109] Da in all diesen Konstellationen zusätzlicher Steueraufwand entsteht,[110] ist

---

[105] Vgl. BMF, Tz. 20.18 d. Schr. v. 25.03.1998 – IV B 7 – S 1978 – 21/98, BStBl. I 1998, S. 268; R/H/L-Herlinghaus, § 20 Rn. 223; Hoffmann, GmbH-StB 2007, S. 257; C/K/S/S-Strahl (2007), S. 89.

[106] Vgl. §§ 2 Abs. 1, 20 Abs. 5 u. 6, 24 Abs. 4 Hs. 2 UmwStG.

[107] Vgl. zur Kritik an der Grunderwerbsbesteuerung bei Umstrukturierungsmaßnahmen: Herzig, DB 2000, S. 2236 (2238); Ehlermann/Löhr, DStR 2003, S. 1509 (1511); Salzmann/Loose, DStR 2004, S. 1941.

[108] Vgl. Bea (2004), S. 355; P/F-Pahlke, Einl. Rn. 7; Herzig, DB 2000, S. 2236 (2237).

[109] Vgl. § 1 Abs. 2a, 3 GrEStG.

[110] Vgl. K/K/K-Fleischer, § 5 Rn. 3.

schließlich auch die Grunderwerbsteuer als steuerlicher Relevanzbereich der Unternehmensumstrukturierung zu qualifizieren.

Stille Reserven

- Vollständige Aufdeckung
- Partielle Aufdeckung
- Fortführung

Rückbezugswahlrecht

- Ex nunc
- Acht Monate Rückwirkung

Verlust- und Zinsvorträge

- Aufrechterhaltung
- Nutzung

Grunderwerbsteuer

- Erwerbsvorgang
- Privilegierung
- Bemessungsgrundlage

Übernahmeergebnis

- Stpfl. Übernahmegewinn
- N. abzugsf. Übernahmeverlust

Abb. 2: Unternehmensumstrukturierung – Steuerliche Relevanzbereiche

C. Das steuerliche Grundsystem der Unternehmensumstrukturierung

Angesichts der Vielzahl denkbarer Unternehmensumstrukturierungen und Fülle vorstellbarer Steuerwirkungen kann es sinnvoll sein, der vorliegenden Untersuchung ein immer gleiches Grundsystem denkbarer Strukturveränderungen zugrunde zu legen. Dadurch können die Steuerwirkungen der einzelnen Reorganisationsmaßnahmen für alle Relevanzbereiche systematisch analysiert werden. Dabei kann es unter Berücksichtigung der oben vorgestellten steuerlichen Relevanzbereiche hilfreich sein, insbesondere drei Differenzierungsparametern Rechnung zu tragen.

Zunächst besteht die Möglichkeit, dass der jeweilige **Gegenstand** einer Umstrukturierung unterschiedliche Steuerwirkungen auslöst.[111] Einzelne Wirtschaftsgüter erfahren bspw. im Hinblick auf die Fortführung stiller Reserven eine andere Behandlung als Betriebe oder Teilbetriebe.[112] Deshalb ist zwischen Umstrukturierungsmaßnahmen mit Einzelwirtschaftsgütern und solchen mit Sachgesamtheiten zu differenzieren. Darüber hinaus ist denkbar, dass die **Richtung** einer Umstrukturierungsmaßnahme für ihre steuerliche Einordnung ausschlaggebend ist.[113] Bspw. ergibt sich ein Übernahmeergebnis nur bei Vermögensübergängen aus Tochter- auf Mutterkapitalgesellschaften, nicht aber bei solchen aus Mutter- auf Tochterkapitalgesellschaften

---

111 Vgl. Förster (1991), S. 31.

112 Vgl. §§ 6 Abs. 5 S. 3 und 16 Abs. 3 S. 2 EStG im Vergleich zu den Vorschriften des UmwStG.

113 Vgl. Herzig/Förster, StuW 1998, S. 99 (100-105); Förster (1991), S. 35.

respektive zwischen Schwesterkapitalgesellschaften.[114] Nach dem Wortlaut des Gesetzes ist die Fortführung stiller Reserven auch nur bei der abwärts gerichteten Einbringung einer privilegierten Sachgesamtheit in eine Kapitalgesellschaft, nicht aber bei einer aufwärts gerichteten Ausbringung möglich.[115] Daher ist auch ein Unterschied zwischen abwärts, aufwärts und seitwärts gerichteten Restrukturierungsvorgängen zu machen.

Schließlich können sich abhängig von der **Rechtsform** des übertragenden und das aufnehmenden Betriebsvermögen voneinander abweichende Steuerwirkungen ergeben. Grundstücksübertragungen sind bspw. grunderwerbsteuerlich nur privilegiert, sofern sie in oder aus einer Personenunternehmung erfolgen.[116] Das Gleiche gilt für die ertragsteuerliche Begünstigung des Transfers einzelner Wirtschaftsgüter.[117] Aus diesem Grund ist zwischen Restrukturierungsvorgängen aus Personenunternehmungen in Personenunternehmungen, aus Personenunternehmungen in Kapitalgesellschaften, aus Kapitalgesellschaften in Personenunternehmungen und aus Kapitalgesellschaft in Kapitalgesellschaften zu unterscheiden.

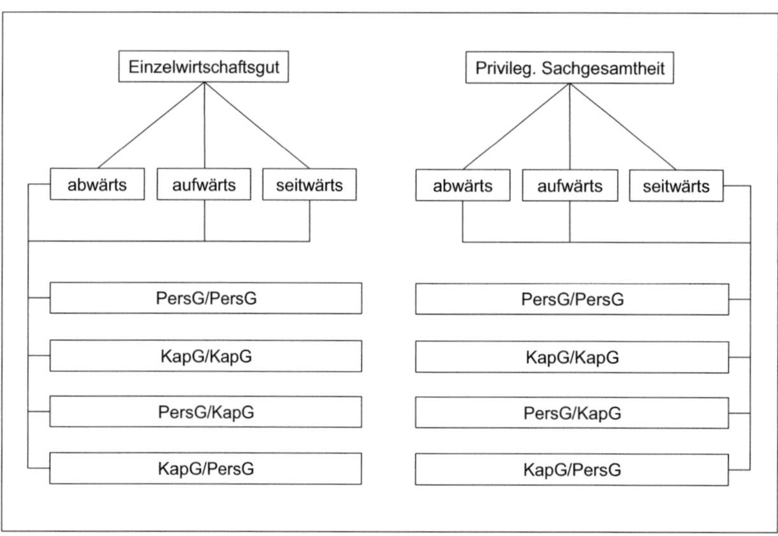

Abb. 3: Unternehmensumstrukturierung - Grundsystem

114 Vgl. R/H/L-Rödder, § 12 Rn. 71; PwC-Klingberg, S. 197; Ley/Bodden, FR 2007, S. 265 (273).

115 Vgl. Herzig/Förster, StuW 1998, S. 99 (103).

116 Vgl. §§ 5, 6 GrEStG.

117 Vgl. § 6 Abs. 5 S. 3 EStG.

Kapitel 3: Steuerliche Gestaltungssuche

A. Überblick

Der Prozess steuerlicher Gestaltungssuche[1] vollzieht sich fünfstufig. Er beginnt mit der (B.) Rezeption der Gestaltungsgrenzen und -mittel sowie der (C.) Ermittlung des steuerlichen Ist-Zustandes. Letzterem wird anschließend (D.) der steuerliche Soll-Zustand gegenübergestellt. Zeigen sich dabei Inkongruenzen zwischen beiden, werden der Gestaltungsauftrag geformt und die entsprechenden (E.) Teilgestaltungen generiert. Ist dies im Hinblick auf jede einzelne Inkongruenz geschehen, erfahren die Teilgestaltungen zum Abschluss des Gestaltungsvorgangs (F.) eine Koordination zur Gesamtgestaltung.

B. Rezeption der Gestaltungsgrenzen und -mittel

Zur Aufnahme des steuerlichen Status quo ist es erforderlich, sich zu vergegenwärtigen, unter welchen abstrakten Voraussetzungen die Gesetze Steuern entstehen lassen. Auch die Generierung einer Gestaltung zur Verwirklichung des im Einzelfall angestrebten Soll-Zustandes ist nur möglich, wenn man sich Kenntnis von den Steuertatbeständen verschafft hat, die jeweils realisiert oder vermieden werden sollen. Daher beginnt der Prozess der steuerlichen Gestaltungssuche mit der Wahrnehmung der Gestaltungsgrenzen und -mittel.[2] Wie oben dargestellt,[3] qualifizieren im vorliegenden Fall die Regeln über stille Reserven,[4] Verlust- und Zinsvorträge,[5] Übernahmeergebnisse,[6] Rückbezugswahlrechte[7] und Grunderwerbsteuer[8] als steuerliche Relevanzbereiche. Deshalb gilt es, sich vorab klar zu machen, welche Steuerwirkungen auf diesen Gebieten unter welchen Voraussetzungen ausgelöst werden.

---

1 Vgl. ausführlich zur **steuerlichen Gestaltungssuche**: Jacobsen (2007); Rödder (1991); Rödder, BB 1988, Beilage 19; ders. (1991), S. 20-207; ders., FR 1988, S. 355; Kröner (1986), S. 340-369; ders., DB 1983, S. 2375; Kessler (1989), S. 12-16; vgl. zur **Interdependenz zwischen Sachverhaltsgestaltung und Steuerrecht**: Marx (1990); ders., StuW 1990, S. 151; vgl. zur **Steuerplanung**: Haberstock/Breithecker (2008), S. 109-111; Kaminski/Strunk (2007), S. 9-13; Schreiber (2007), Sp. 1679-1688; Knirsch, ZfbF 2007, S. 487-507; Schneeloch (2006), S. 95-123; Knirsch (2005); Wagner (2005), S. 413-420, 445-476; Schmidt/Sigloch/Henselmann (2005); König/Wosnitza (2004); Grotherr (2003), S. 3-28; Jacobs (2002), S. 501-661; Wagner, BFuP 1984, S. 201-223; Wagner/Dirrigl (1980); Wacker (1979); Wehmeyer (1967).

2 Vgl. Teufel (2002), S. 8; Rödder (1991), S. 62 .

3 Vgl. Kap. 2, Abschn. B.

4 Vgl. Teil 2, Kap. 1, Abschn. B.

5 Vgl. Teil 2, Kap. 2, Abschn. B.

6 Vgl. Teil 2, Kap. 3, Abschn. A.

7 Vgl. Teil 2, Kap. 4, Abschn. A.

8 Vgl. Teil 2, Kap. 5, Abschn. B.

C. Ermittlung des steuerlichen Ist-Zustandes

I. Ist-Sachverhalt

Im Anschluss an die Wahrnehmung der Gestaltungsgrenzen erfolgt die Feststellung des steuerlichen Status quo. Dies geschieht zweigeteilt. Zunächst erfährt der Ist-Sachverhalt der Unternehmung eine Aufnahme. Im Rahmen seiner Feststellung bedürfen insbesondere drei Umstände der Illustration. Zum einen ist es erforderlich, den Gesamtzusammenhang der Unternehmung zu beschreiben. Er bildet den äußeren Rahmen des Betriebes und gibt der Suche eine sachliche Abgrenzung. Zu ihm zählen insbesondere die gesellschaftsrechtliche Struktur der Unternehmung respektive Unternehmensgruppe (einschließlich Handelsregisterauszüge, Satzungen, Gesellschaftsverträge sowie Ergebnisabführungsverträge),[9] die Beziehungen zu ihren Eigentümern,[10] ihr Betriebsvermögen (einschließlich Grundstücke),[11] ihr leistungswirtschaftlicher Prozess,[12] ihre Finanzierung sowie ihre testierten Jahres- respektive Konzernabschlüsse[13] der jüngsten Vergangenheit.[14]

Zum anderen ist es hilfreich, die spezifischen Sektoren der Unternehmung, denen im Rahmen der jeweiligen Suche voraussichtlich eine zentrale Rolle zukommen wird, detailliert zu erfassen. Dabei ist nicht nur der aktuelle Ist-Zustand abzubilden. Sofern bereits tatsächliche Entwicklungen der Zukunft unabhängig von der Gestaltung selbst mit einer gewissen Wahrscheinlichkeit prognostiziert werden können, sind auch diese als Sachverhalt aufzunehmen.[15]

Zum Dritten sind für die Ermittlung des Ausgangszustandes spezifisch steuerliche Informationen erforderlich. Hierzu zählen insbesondere der Bericht über die letzte Außenprüfung samt dazugehöriger Steuerbescheide, Steuerbescheide für darauf folgende Veranlagungszeiträume, Steuererklärungen für noch nicht veranlagte Perioden, die entsprechenden Steuerbilanzen, Angaben zu Organschaftsverhältnissen und Verlustvorträgen, Hinweise auf Sperr- und Behaltefristen sowie Erläuterungen im Hinblick auf vorhandene stille Reserven und andere bereits identifizierte Steuerrisiken.[16]

Vorliegend qualifiziert das oben erläuterte Grundsystem der Unternehmensumstrukturierung als Ist-Sachverhalt.[17] Die dort vorgestellten Übertragungsmöglichkeiten

---

9 Vgl. Scott (2002), S. 24; Kneip/Jänisch-Hogh (2005), S. 37.

10 Vgl. Scott (2002), S. 101.

11 Vgl. Kneip/Jänisch-Hogh (2005), S. 38.

12 Vgl. Kneip/Jänisch-Hogh (2005) , S. 39.

13 Vgl. Löffler (2002), S. 140; Kneip/Jänisch-Hogh (2005), S. 36.

14 Ähnlich: Rödder (1991), S. 111.

15 Vgl. Rödder (1991), S. 111; Kratz (1986), S. 124-125; Rehbinder (1993), S. 12.

16 Vgl. Löffler (2002), S. 142; Rödder/Hötzel/Müller-Thuns (2003), S. 55; Berens/Hoffjan/Strauch (2005), S. 124.

17 Vgl. Kap. 2, Abschn. C.

werden im Folgenden den fünf steuerlichen Relevanzbereichen der Unternehmensumstrukturierung zugrunde gelegt.[18]

II. Steuerwirkungen des Ist-Sachverhaltes

Auf Basis des so aufgenommenen Sachverhaltes können im Anschluss die qualitativen und quantitativen Steuerwirkungen des Ist-Sachverhaltes der Unternehmung ermittelt werden.[19] Ihre Beschreibung fasst zusammen, welche Steuerwirkungen die Unternehmung fortan akzeptieren muss, falls sie keinerlei Gestaltungsmaßnahmen ergreift.[20]

Dabei ist Gegenstand der Feststellung der qualitativen Steuerwirkungen der Entstehungsvorgang jeder einzelnen Steuerwirkung des Ist-Zustandes. Mit ihm kann erläutert werden, wie sich der Steuerentstehungsprozess unter den tatsächlichen Voraussetzungen des Ist-Sachverhaltes für jede einzelne in Betracht kommende Steuerart dem Grunde nach vollzieht.[21] Damit wird freigelegt, welcher Zusammenhang zwischen dem Ist-Sachverhalt und dem Steuertatbestand der einzelnen Steuerwirkung des Ist-Zustandes zugrunde liegt.[22] Die exakte Höhe der einzelnen Steuerbelastung und der Steuerwirkungsdifferenz wird zunächst außer Acht gelassen.

Die Identifikation des einzelnen Steuerentstehungsvorganges vollzieht sich in drei Schritten. Im ersten Schritt wird für jedes auf Basis des Ist-Sachverhalts in Betracht kommende Steuergesetz dessen vollständiger, im Einzelfall relevanter Tatbestand herausgearbeitet. Dies erfordert für jeden Steuertatbestand zum einen die Ermittlung aller relevanten Tatbestandsvoraussetzungen und zum anderen die Konkretisierung derselben im Hinblick auf den Ist-Sachverhalt.[23] Daran anschließend erfährt der Ist-Sachverhalt im zweiten Schritt eine Präzisierung, mit der er auf die Subsumtion unter die einzelnen konkretisierten Steuertatbestände vorbereitet wird. Schließlich erfolgt im dritten Schritt für jedes einzelne Tatbestandsmerkmal die Subsumtion.

Ergibt die Subsumtion, dass der Ist-Sachverhalt dem einzelnen steuergesetzlichen Tatbestand zuordenbar ist und daher dem Grunde nach eine Steuer als Rechtsfolge auslöst, ist der jeweilige Entstehungsprozess exakt zu beschreiben. Abzubilden ist dabei, welche einzelnen Sachverhaltsbestandteile welche spezifischen Tatbestandsvoraussetzungen verwirklichen. Hierzu muss insbesondere präzise erfasst werden, welche gesetzlichen, finanzgerichtlichen oder finanzbehördlichen Konkretisierungen

---

18 Vgl. für **stille Reserven**: Teil 2, Kap. 1, Abschn. D.; für **Verlust- und Zinsvorträge**: Teil 2, Kap. 2, Abschn. C.; für ein **Übernahmeergebnis**: Teil 2, Kap. 3, Abschn. B.; für ein **Rückbezugswahlrecht**: Teil 2, Kap. 4, Abschn. B. und für **Grunderwerbsteuer**: Teil 2, Kap. 5, Abschn. D.

19 Ähnlich: Kratz (1986), S. 124-127; Watrin (1997), S. 156; Mense (1999), S. 72; Sontheimer (2001), S. 4; Rödder (1991), S. 147; Rödder, BB 1988 Beilage 19, S. 3.

20 Ähnlich: Kratz (1986), S. 124; Mense (1999), S. 72.

21 Ähnlich: Kratz (1986), S. 270.

22 Ähnlich: Rödder (1991), S. 146.

23 Vgl. Rödder (1991), S. 138-145.

des jeweiligen Tatbestandes die Subsumtion des Sachverhaltes ermöglichen. Führt man diesen Subsumtionsprozess für alle denkbaren steuergesetzlichen Tatbestände im Hinblick auf den Ist-Sachverhalt durch und werden anschließend sämtliche daraus resultierende Steuerentstehungsvorgänge detailliert beschrieben, ergibt sich ein Bild, das die Gesamtheit der Steuerwirkungen des Ist-Zustandes exakt erfasst.[24]

Im Anschluss an die Ermittlung der qualitativen Steuerwirkungen des Ist-Zustandes sind die so gefundenen Ergebnisse zu quantifizieren.[25] Eine solche Quantifizierung ist zum einen im Hinblick auf die Definition des Gestaltungsauftrages und zum anderen im Hinblick auf die abschließend erfolgende Gestaltungskoordination sinnvoll. Ergibt die Quantifizierung, dass der Ist-Zustand im Vergleich zum Soll-Zustand trotz einer qualitativen Steuerabweichung tatsächlich gar keine zahlenmäßige Belastung für die Unternehmung auslöst, so kann auf eine Suche nach steuerlicher Gestaltung verzichtet werden. Stellt sich bei einer Steuerwirkung heraus, dass zwischen Ist- und Soll-Zustand nur eine marginale Steuerabweichung besteht, so kommt ihr im Gesamtzusammenhang der Gestaltungsaufgabe unter Umständen lediglich eine begrenzte Bedeutung zu. Dies kann zur Folge haben, dass sie bei der Definition des Gestaltungsauftrages keine Berücksichtigung findet.

Im Hinblick auf die sich anschließende Gestaltungskoordination spielt das Quantifizierungsergebnis eine zentrale Rolle bei der Auflösung von Zielkonkurrenzen. Um für zwei konkurrierende Teilgestaltungen einen Zielkompromiss zu finden, vergleicht man die Eigenschaften beider Teilgestaltungen miteinander. Da im Rahmen dieses Vergleiches die Höhe der Steuerwirkungen eine zentrale Eigenschaft darstellt, muss zuvor eine Quantifizierung derselben erfolgen.

Diese Quantifizierung vollzieht sich im Wege der Kapitalwertmethode. Hierzu ist der Nettokapitalwert des Ist-Sachverhaltes anhand des Standardmodells zur steuerlichen Rangfolgeermittlung zu errechnen. Im Rahmen dieses Konzeptes werden die von einer spezifischen Handlungsoption ausgelösten Ein- und Auszahlungen einschließlich der periodischen Steuerzahlungen diskontiert.[26] Neben den Bemessungsgrundlagen- und Steuersatzeffekten finden so auch die dazugehörigen Zinswirkungen Berücksichtigung.[27] Die einzelne Bemessungsgrundlage wird dabei aus den nichtsteuerlichen Zahlungsgrößen unter Zugrundelegung vereinfachender Annahmen abgeleitet. Je nachdem, welche Steuern der Einzelfall adressiert, sind Bemessungsgrundlage und Steuersatz darüber hinaus weiteren Modifikationen zu unterwerfen.[28] Der an-

24 Vgl. Jacobsen (2007), S. 41.

25 Vgl. Rödder, BB 1988 Beilage 19, S. 4.

26 Vgl. Schreiber (2007), Sp. 1680; Wagner (2005), S. 456; Wagner/Dirrigl (1980), S. 24; Schneider (1992), S. 77; Selg (1998), S. 158; ähnlich: Schult (2002), S. 250; Haberstock/Breithecker (2008), S. 125; Schneeloch (2002), S. 194.

27 Vgl. Wagner (2005), S. 455-456; Wagner, BFuP 1984, S. 201 (212-213); Selg (1998), S. 157.

28 Vgl. Wagner (2005), S. 458-459; Wagner/Dirrigl (1980), S. 34-42.

zuwendende Kalkulationszinsfuß ist individuell im Hinblick auf das einzelne Gestaltungsproblem festzulegen.[29]

D. Definition des steuerlichen Soll-Zustandes

Den so ermittelten Steuerwirkungen des Ist-Zustandes sind die im Rahmen der Suche nach steuerlicher Gestaltung anzustrebenden Steuerwirkungen des Soll-Zustandes gegenüberzustellen.[30] Diese Gegenüberstellung ermöglicht es, die Steuerwirkungen beider Zustände im Anschluss miteinander zu vergleichen. Anhand dieses Vergleichs erfolgt schließlich die Definition des Gestaltungsauftrages. Dabei definiert der Soll-Zustand in Abgrenzung zum Ist-Zustand das Zukunftsszenario, das aus steuerlicher Sicht optimal für die Unternehmung und deshalb mit der Unterstützung steuerlicher Gestaltungsmaßnahmen anzustreben ist.[31] Abstrakt fällt eine solche Zielbestimmung leicht. Der Suche nach steuerlicher Gestaltung geht es mit bestimmten Einschränkungen darum, die unternehmerische Handlungsalternative zu ermitteln, die die Gesamtsteuerbelastung mit dem geringst möglichen Barwert auslöst.[32] Diese Beschreibung gilt jedoch für sämtliche denkbaren Szenarien einer solchen Suche und besitzt daher einen hohen Abstraktionsgrad. Aus diesem Grund kann es hilfreich sein, sie im Hinblick auf die jeweilige Art der steuerlichen Gestaltungssuche einer Konkretisierung zuzuführen.

Bei der sachlich angezeigten Gestaltungssuche entspricht der anzustrebende Soll-Zustand den Steuerwirkungen des Ausgangszustandes der Unternehmung. Sie will zwar ihren außersteuerlichen Aktionsplan seinem wirtschaftlichen Gehalt nach realisieren. Gleichwohl strebt sie eine Gesamtsteuerbelastung mit dem geringst möglichen Barwert an. Daher ist sie daran interessiert, durch die Veränderung ihres Ausgangszustandes keine steuerlichen Nachteile im Vergleich zu ihrer bisherigen steuerlichen Situation zu erfahren.[33]

Bei der rechtlich angezeigten Gestaltungssuche variiert die Definition des Soll-Zustandes nach der Art der jeweiligen Rechtsänderung. Löst die Einführung oder Modifikation eines Steuertatbestandes Steuerwirkungen aus, die die Steuerwirkungen der Unternehmung vor der Rechtsänderung übersteigen, so ist das Interesse der Unternehmung darauf gerichtet, nach dem Inkrafttreten dieser Tatbestandsänderung steuerlich nicht stärker belastet zu werden als vorher. Der Soll-Zustand, der mit Hilfe der steuerlichen Gestaltungssuche verwirklicht werden soll, entspricht in diesem Fall den Steuerwirkungen des Ausgangszustandes vor der Rechtsänderung. Eröffnet die Modifikation eines Steuertatbestandes der Unterneh-

---

29 Vgl. Wagner (2005), S. 457; Wagner/Dirrigl (1980), S. 30.

30 Vgl. Kratz (1986), S. 128-154; Watrin (1997), S. 16; Mense (1999), S. 72; Brauchlin/Heene (1995), S. 141; Tinner, (1984), S. 54.

31 Vgl. Jacobsen (2007), S. 47.

32 Vgl. Jacobsen (2007), S. 29.

33 Vgl. Jacobsen (2007), S. 48.

mung hingegen die Chance, einzelne Steuerwirkungen zu vermindern, so begehrt die Unternehmung, den modifizierten, ihr günstigen Steuertatbestand zu verwirklichen. In diesem Fall wird der Soll-Zustand also von den Steuerwirkungen eines fiktiven Zielzustandes verkörpert, der den geänderten Steuertatbestand verwirklicht.[34]

Bei der steuerlich angezeigten Gestaltungssuche schließlich fehlt es zunächst an einem konkreten Soll-Zustand. Ein solcher ist weder sachlich noch rechtlich vorgegeben. Daher kann er lediglich abstrakt anhand der Zieldefinition steuerlicher Gestaltungssuche entwickelt werden. Soll-Zustand ist danach die Situation der Unternehmung, die die Gesamtsteuerbelastung mit dem geringst möglichen Barwert auslöst und entweder den Gehalt der außersteuerlich definierten Unternehmensplanung wirtschaftlich nicht essenziell beeinträchtigt oder im Verhältnis zur bisherigen außersteuerlichen Planung eine bedeutende Steuerentlastung bewirkt.[35]

Ergänzt wird der Soll-Zustand in allen drei Konstellationen von dem Ziel, den Transfer vom Ausgangs- in den Zielzustand der Unternehmung ohne jede steuerliche Belastung zu verwirklichen. Der Transfer darf daher in der Regel keine Steuertatbestände auslösen (bspw. Realisierung stiller Reserven, Grunderwerbsteuer) und auch keine anderen ungünstigen Steuerfolgen hervorrufen (bspw. Vernichtung von Verlustvorträgen).[36]

Bei der Beschreibung des Soll-Zustandes kommt wie bei der Ermittlung der Steuerwirkungen des Ist-Zustandes zwei Aspekten besondere Bedeutung zu. Zum einen ist es sinnvoll, soweit möglich, den fiktiven Entstehungsvorgang jeder einzelnen Steuerwirkung des Soll-Zustandes herauszuarbeiten. Anhand dieses fiktiven Entstehungsvorganges wird sichtbar, welche Beziehung zwischen einem Zukunftssachverhalt und dem jeweils relevanten Steuertatbestand die einzelne angestrebte Steuerwirkung des Soll-Zustandes dem Grunde nach verursachen würde. Zum anderen ist es auch hier hilfreich, die Höhe der potenziellen Steuerwirkungen zu quantifizieren.[37]

Unternehmensumstrukturierungen können, wie oben erläutert,[38] sachlich, rechtlich und steuerlich motiviert sein. Unabhängig davon fokussiert sich die vorliegende Untersuchung ausschließlich auf den Transfer vom Ausgangszustand der Unternehmung zum jeweiligen Zielzustand. Der für diesen Übergang optimale Soll-Zustand variiert in den einzelnen steuerlichen Relevanzbereichen.[39]

---

34 Vgl. Jacobsen (2007), S. 50.

35 Vgl. Jacobsen (2007), S. 52.

36 Vgl. Jacobsen (2007), S. 49.

37 Vgl. Jacobsen (2007), S. 48.

38 Vgl. Teil 1, Kap. 2, Abschn. B.

39 Vgl. für **stille Reserven**: Teil 2, Kap. 1, Abschn. E.; für **Verlust- und Zinsvorträge**: Teil 2, Kap. 2, Abschn. D.; für ein **Übernahmeergebnis**: Teil 2, Kap. 3, Abschn. C.; für ein **Rückbezugswahlrecht**: Teil 2, Kap. 4, Abschn. C. und für **Grunderwerbsteuer**: Teil 2, Kap. 5, Abschn. E.

E. Generierung der Teilgestaltungen

I. Überblick

Hat man so auf Basis der Sachverhaltsaufnahme die Steuerwirkungen des Ist-Zustandes und die des Soll-Zustandes qualitativ und quantitativ ermittelt, kann die einzelne Teilgestaltung entwickelt werden.[40] Hierzu ist zunächst der individuelle (II.) Gestaltungsauftrag zu formen.[41] Auf Basis dieses Gestaltungsauftrages kann im Anschluss definiert werden, welche (III.) kritischen Detailvoraussetzungen eines Steuertatbestandes es zu vermeiden oder zu erfüllen gilt. Anhand dieser Definition ist abschließend (IV.) ein Sachverhalt zu modellieren, der gerade diese kritischen Detailvoraussetzungen umgeht respektive verwirklicht.[42]

II. Formung des Gestaltungsauftrages

Dabei fällt die abstrakte Formulierung des Gestaltungsauftrages leicht. Sofern die Steuerwirkungen des Ist-Zustandes die des Soll-Zustandes übersteigen, ist es Aufgabe der Gestaltung, den Sachverhalt des Ist-Zustandes derart zu verändern, dass sich seine Steuerwirkungen auf das Maß der Steuerwirkungen des Soll-Zustandes reduzieren.[43] Gegenstand des Gestaltungsauftrages ist also, auf die Sachverhaltsbestandteile des Ist-Zustandes, die ursächlich für die Steuerwirkungsdifferenz zwischen Ist- und Soll-Zustand sind, so einzuwirken, dass fortan nur noch die Steuerwirkungen des Soll-Zustandes ausgelöst werden. Um diese allgemeine Definition des Gestaltungsauftrages im Einzelfall einer Konkretisierung zuführen zu können, ist es erforderlich, die für die Steuerwirkungsdifferenz ursächlichen Sachverhalts- und Tatbestandskomponenten zu identifizieren. Diese Identifikation gelingt durch einen vierstufigen Vergleich der zuvor ermittelten Steuerwirkungen von Ist- und Soll-Zustand.[44]

Da ein solcher Steuerwirkungsvergleich in seiner Gesamtheit regelmäßig eine erhebliche Komplexität aufweist, ist es sinnvoll, ihn für jede einzelne Steuerwirkung isoliert durchzuführen.[45] Durch eine solche Isolation wird das Gesamtgestaltungsproblem operabel. Auf diese Weise kann jedes einzelne Teilproblem separat fokussiert werden.[46] Ist- und Soll-Zustand sind daher im ersten Schritt in ihre einzelnen Steuerwirkungen zu zerlegen.[47] Die einzelne Steuerwirkung des Ist-Zustandes ist ihrer korres-

---

40 Ähnlich: Kratz (1986), S. 232; Watrin (1997), S. 17; Rödder, BB 1988 Beilage 19, S. 3.

41 Ähnlich: Kratz (1986), S. 174-176; Rittershaus/Teichmann (2003), S. 98.

42 Vgl. Jacobsen (2007), S. 61.

43 Ähnlich: Watrin (1999), S. 16.

44 Vgl. Jacobsen (2007), S. 54.

45 Vgl. Schmittat (2005), S. 44; Mense (1999), S. 75; Watrin (1999), S. 16; Brauchlin/Heene (1995), S. 41-45; Linneweh (1973), S. 49; Kirsch (1971), S. 184; Kratz (1986), S. 100, 179-221.

46 Vgl. Brauchlin/Heene (1995), S. 89; Linneweh (1973), S. 49; Kirsch (1971), S. 185; Eisenführ/Weber (2003), S. 9.

47 Ähnlich: Rödder (1991), S. 100-103; Kratz (1986), S. 100.

pondierenden Steuerwirkung des Soll-Zustandes (Schwester-Steuerwirkung) gegenüberzustellen.

Stehen sich die isolierten Schwester-Steuerwirkungen so gegenüber, kann man die für die Steuerwirkungsdifferenz ursächlichen Sachverhalts- und Tatbestandskomponenten durch Rückverfolgung ermitteln.[48] Dabei setzt man an der Steuerwirkung als Rechtsfolge eines steuergesetzlichen Obersatzes an und macht sich die Erkenntnis vom immer gleichen Entstehungsvorgang des Steueranspruchs zunutze. Mit ihr wird klar, dass beide Schwester-Steuerwirkungen als Rechtsfolge unveränderbar mit einem bestimmten Steuertatbestand verbunden sind und immer dann eintreten, wenn dieser Tatbestand verwirklicht wird.[49] Insofern muss die Ursache für die Steuerwirkungsdifferenz zwischen ihnen im Bereich der Subsumtion des Sachverhalts unter den jeweiligen Steuertatbestand, der sie auslöst, liegen.

Dieser Steuertatbestand basiert auf einer nahezu immer gleichen, in sich logischen Gliederung und weist auf seiner obersten Ebene in der Regel fünf Tatbestandsmerkmale auf (Steuersubjekt, Steuerobjekt, Bemessungsgrundlage, Steuersatz und Zeitpunkt der Steuerentstehung), denen sämtliche Detailvoraussetzungen untergeordnet sind. Dieser Umstand impliziert, dass jede einzelne Differenz zwischen zwei Schwester-Steuerwirkungen nur fünf Ursachen haben kann. Entweder (1) der Ist-Zustand unterliegt im Gegensatz zum Soll-Zustand der persönlichen Steuerpflicht eines Steuergesetzes, oder (2) der Ist-Zustand unterliegt im Gegensatz zum Soll-Zustand der sachlichen Steuerpflicht eines Steuergesetzes, oder (3) der Ist-Zustand führt zu einer im Verhältnis zum Soll-Zustand erhöhten Steuerbemessungsgrundlage, oder (4) auf die Steuerbemessungsgrundlage des Ist-Zustandes ist ein höherer Steuersatz als auf die des Soll-Zustandes anzuwenden, oder (5) eine Steuerwirkung des Ist-Zustandes entsteht zeitlich vor der des Soll-Zustandes. Im zweiten Schritt ist daher festzustellen, welche der fünf Primärtatbestandsvoraussetzungen die einzelne Steuerwirkung des Ist-Zustandes von der des Soll-Zustandes abweichen lässt und daher für die Gestaltungssuche die kritische Primärtatbestandsvoraussetzung ist.

Ist so die kritische Primärtatbestandsvoraussetzung entdeckt, bedarf ihre Konkretisierung einer Überprüfung.[50] Ein solches Primärtatbestandsmerkmal besitzt in der Regel einen so hohen Abstraktionsgrad, dass es im Wege der Definition durch den Gesetzgeber oder der Auslegung durch die Finanzgerichte respektive Finanzbehörden zu konkretisieren ist. Dieser Konkretisierungsprozess kann sich bei einzelnen Merkmalen des Primärtatbestands mehrfach wiederholen, bis sich letztendlich eine so exakt wie möglich definierte Primärtatbestandsvoraussetzung ergibt. Aus diesem Grund sind im dritten Schritt die dem einzelnen Primärtatbestandsmerkmal untergeordneten Sekundär-, Tertiär- oder noch tiefer gelegenen Tatbestände Ebene für E-

48 Ähnlich: Rödder (1991), S. 124.

49 Vgl. Jacobsen (2007), S. 17.

50 Ähnlich: Rödder (1991), S. 135.

bene zu durchlaufen. Dieser Prozess wird solange fortgesetzt, bis die kritische Detailtatbestandsvoraussetzung gefunden ist, deren Verwirklichung oder Nichtverwirklichung ursächlich für die Realisierung der jeweiligen Primärtatbestandsvoraussetzung und damit auch ursächlich für die Steuerwirkungsdifferenz zwischen Ist- und Soll-Zustand ist.[51]

Für die Verwirklichung oder Nichtverwirklichung der kritischen Detailtatbestandsvoraussetzung zeichnet letztlich die Existenz eines bestimmten Sachverhalts verantwortlich. Nur aufgrund des Umstandes, dass eine spezifische Realität dem jeweiligen Tatbestandsmerkmal im Wege der Subsumtion zugeordnet oder gerade nicht zugeordnet werden kann, entsteht letztlich die Steuerwirkungsdifferenz. Deshalb ist es im vierten und letzten Schritt erforderlich, den kritischen Sachverhaltsbestandteil zu identifizieren, dessen Zuordenbarkeit oder fehlende Zuordenbarkeit zur spezifischen Detailvoraussetzung des jeweiligen Steuertatbestandes letztlich die Steuerwirkungsdifferenz zwischen Ist- und Soll-Zustand auslöst. Diesen Sachverhaltsbestandteil des Ist-Zustandes so zu modifizieren, dass er fortan nur noch die Steuerwirkungen des Soll-Zustandes auslöst, ist Gegenstand des Gestaltungsauftrages.[52]

III. Festlegung der kritischen Detailvoraussetzungen

Bei der Herausarbeitung der im Einzelfall kritischen Detailtatbestandsvoraussetzungen sind zwei Ausgangszenarien denkbar. Entweder konnte im Rahmen der Definition des Gestaltungsauftrages bereits ein konkreter Soll-Zustand festgelegt werden oder nicht. Ist ein konkreter Soll-Zustand vorhanden, besteht die Möglichkeit, die kritischen Detailvoraussetzungen anhand des Vergleichs der qualitativen Steuerwirkungen von Ist- und Soll-Zustand zu identifizieren. Eine solche Festlegung des Soll-Zustandes ist im Rahmen der Suche nach steuerlicher Gestaltung überwiegend gegeben. Bei der sachlich angezeigten Gestaltungssuche gilt dies zum einen für die Detailvoraussetzungen, die entscheidend für die Steuerwirkungsdifferenz zwischen Ziel- und Ausgangszustand sind, und zum anderen für die Detailvoraussetzungen der ungünstigen Steuerwirkungen eines eventuellen Transfers vom Ausgangs- in den Zielzustand.[53] Bei der rechtlich angezeigten Gestaltungssuche besteht ein Soll-Zustand für die Detailvoraussetzung, die angesichts einer nachteiligen Modifikation des Steuertatbestandes eine ungünstigere Steuerwirkung für die Unternehmung bewirkt, für die Detailvoraussetzung, die in Anbetracht einer vorteiligen Änderung des Steuertatbestandes eine günstigere Steuerwirkung für die Unternehmung hervorruft sowie für den Transfer vom Ausgangs- in den Zielzustand.[54] Bei der steuerlich angezeigten Gestaltungssuche ist die maßgebliche Detailvoraussetzung im Regelfall noch

51 Vgl. Jacobsen (2007), S. 56.
52 Ähnlich: Rödder (1991), S. 142.
53 Vgl. Jacobsen (2007), S. 57.
54 Vgl. Jacobsen (2007), S. 58.

nicht bekannt. Etwas anderes gilt nur, sofern ihr bereits ein Beratungsprodukt zugrunde liegt. In diesem Fall sind die Detailvoraussetzungen der Steuerwirkungsdifferenz zwischen Ziel- und Ausgangszustand sowie die Detailvoraussetzungen der Steuerwirkungen eines eventuellen Transfers vom Ausgangs- in den Zielzustand zumindest skizzenhaft deutlich.[55]

Was diese Teilbereiche der Suche nach Gestaltung betrifft, genügt es, wenn die zuvor für die einzelne Steuerwirkung herausgearbeiteten Steuerentstehungsvorgänge von Ist- und Soll-Zustand nebeneinander positioniert und miteinander verglichen werden. Wie im Rahmen der Definition des Gestaltungsauftrages beschrieben, können dann ansetzend an der Steuerwirkungsdifferenz die maßgeblichen Detailvoraussetzungen des Steuertatbestandes durch Rückverfolgung ermittelt werden.

Fehlt es hingegen an einem konkreten Soll-Zustand, muss dieser zuvor noch definiert werden.[56] Bei der sachlich und der rechtlich angezeigten Gestaltungssuche gilt dies jeweils für die ergänzende Untersuchung von Zielzustand und Transfer daraufhin, ob, und wenn ja, wie aus der geänderten Sachverhaltssituation noch andere steuerliche Vorteile realisiert werden können. Bei der steuerlich angezeigten Gestaltungssuche gilt dies für ihren Regelfall.[57] In diesen Teilbereichen der Suche nach Gestaltung ist zunächst zu ermitteln, welche Detailvoraussetzungen im Einzelfall als Grundlage einer Gestaltung in Betracht kommen. Dabei sind zwei Szenarien denkbar. Entweder der Sachverhalt der Unternehmung kann so verändert werden, dass eine für sie ungünstige Tatbestandsvoraussetzung zukünftig nicht mehr erfüllt ist, oder eine Modifikation der unternehmerischen Situation ist möglich, mit der fortan eine der Unternehmung günstige Tatbestandsvoraussetzung verwirklicht werden kann.[58]

Basis für die Identifikation dieser zu vermeidenden oder zu realisierenden Detailvoraussetzungen ist der zuvor ermittelte Entstehungsvorgang der jeweiligen Steuerwirkung des Ist-Zustandes. Der im Rahmen dieses Entstehungsvorganges maßgebliche Steuertatbestand bildet in diesen Fällen den Gegenstand der Suche. Er ist auf zweierlei zu untersuchen. Zum einen ist zu analysieren, bei welcher seiner Detailvoraussetzungen im Falle ihrer Vermeidung eine günstigere Steuerwirkung erreicht würde. Zum anderen ist zu prüfen, bei welchen diesem Steuertatbestand nahe liegenden, aber nicht erfüllten Detailvoraussetzungen im Falle ihrer Verwirklichung ein steuerlicher Vorteil realisiert würde.

Im Rahmen dieser Untersuchung ist es angesichts der Komplexität steuerlicher Regelungen sinnvoll, jede Primärvoraussetzung des Steuertatbestandes separat zu untersuchen. Die ihnen untergeordneten Tatbestände sind detailliert auszubreiten. Günstige Detailvoraussetzungen, die sich in der Umgebung der jeweiligen Primär-

---

55 Vgl. Jacobsen (2007), S. 59.
56 Vgl. Jacobsen (2007), S. 62.
57 Vgl. Jacobsen (2007), S. 65.
58 Vgl. Eisenach (1974), S. 113.

voraussetzung befinden, sind zu identifizieren. Dabei ist allerdings das integrierte Partialziel der Unternehmung zu berücksichtigen.[59] Sie wird voraussichtlich nur solche Gestaltungsvorschläge berücksichtigen, die entweder den Gehalt der außersteuerlichen Planung wirtschaftlich nicht essenziell beeinträchtigen oder im Verhältnis zur außersteuerlichen Planung eine bedeutende Steuerentlastung bewirken. Um insofern erfolglose Gestaltungsvorschläge zu vermeiden, ist bei der Analyse jeder für eine Gestaltung in Betracht kommenden Detailvoraussetzung simultan zumindest überschlägig zu überprüfen, ob eine Sachverhaltsmodifikation zu ihrer Vermeidung respektive Verwirklichung im Hinblick auf die außersteuerliche Planung der jeweiligen Unternehmung realisierbar erscheint.

IV. Modellierung des Sachverhaltes

Im Anschluss kann der Sachverhalt der Unternehmung entlang der kritischen Detailvoraussetzungen des Steuertatbestandes so gestaltet werden, dass die gewünschte Steuerwirkung erzielt wird.[60] Im Rahmen dieser Gestaltung sind korrespondierend zu den beiden oben beschriebenen Szenarien zwei Gestaltungsmuster denkbar. Entweder man modelliert einen Sachverhalt, der eine für die Unternehmung nachteilige Detailvoraussetzung vermeidet, oder man formt eine tatsächliche Situation, die eine für die Unternehmung vorteilhafte Detailvoraussetzung verwirklicht.[61] Zur Realisierung dieser Gestaltungen werden Gestaltungsmittel verwendet. Unter Gestaltungsmitteln versteht man Instrumente, deren Einsatz die jeweils relevante Steuerwirkung beeinflussen.[62] Drei solcher Instrumente stehen der Gestaltungsgenerierung zur Verfügung, die Sachverhaltsgestaltung im engeren Sinne,[63] die rechtliche Gestaltung eines Sachverhaltes[64] und die Ausübung eines Wahlrechtes.[65]

Mit diesen Werkzeugen ist der Sachverhalt der Unternehmung so zu verändern, dass er mit den zuvor definierten kritischen Detailvoraussetzungen des Steuertatbestandes wunschgemäß korrespondiert. Soll das jeweilige Tatbestandsmerkmal vermieden werden, darf der unternehmerische Sachverhalt der Detailvoraussetzung im Wege der Subsumtion nicht mehr zuordenbar sein. Soll das relevante Tatbestandsdetail erfüllt werden, muss der unternehmerische Sachverhalt der Tatbestandsvoraussetzung im Wege der Subsumtion gerade zugeordnet werden können. Wie oben dargestellt, ist Voraussetzung einer solchen Zuordnung, dass der Sach-

---

59 Vgl. Jacobsen (2007), S. 2.

60 Ähnlich: Rödder (1991), S. 170; Kröner (1986), S. 352.

61 Vgl. Eisenach (1974), S. 113.

62 Ähnlich: Rödder (1991), S. 62.

63 Vgl. Brähler (2006), S. 17; Schneeloch (2002), S. 3; Schaum (1994), S. 21; Eisenach (1994), S. 101; Bauer, StbJb. 1988/89, S. 95 (97); Bader (2007), S. 27.

64 Vgl. Wagner, BFuP 1984, S. 201 (204); Kratz (1986), S. 233-234; Rödder (1991), S. 63; Rödder, BB 1988 Beilage 19, S. 6; Rödder, FR 1988, S. 355 (356); Grotherr (2003), S. 3 (18).

65 Vgl. Eisenach (1974), S. 99; Wagner, BFuP 1984, S. 201 (204); Rödder (1991), S. 64; Rödder, BB 1988 Beilage 19, S. 6; Kröner, DB 1984, S. 1409 (1410); Rose, StbJb. 1979/80, S. 49 (53).

verhalt in der Realität alle Merkmale der jeweiligen kritischen Detailvoraussetzung aufweist.[66] Aus diesem Grund setzt man zur Entwicklung des Gestaltungsmittels an der abstrakten Beschreibung der Detailvoraussetzung an und bildet korrespondierend zu ihr unter Berücksichtigung der tatsächlichen Situation der Unternehmung einen konkreten Sachverhalt. Dieser sollte zunächst dem Normalfall der Detailvoraussetzung entsprechen. Die Entwicklung eines solchen Normalfall-Sachverhaltes ist sinnvoll, weil sie ein Höchstmaß an Sicherheit im Rahmen der Gestaltung gewährt.

Die Realisierung respektive die Vermeidung eines solchen typischen Sachverhaltes werden im Einzelfall häufig angesichts der Partialzielsetzung der Unternehmung nicht möglich sein.[67] In diesem Fall müssen der Normalfall-Sachverhalt und der reale Sachverhalt der Unternehmung einander angenähert werden. Diese Annäherung erfolgt zweigliedrig. Zum einen ist im Verhältnis zwischen Normalfall-Sachverhalt und realem Sachverhalt zu untersuchen, wie weit die einzelnen Merkmale des realen Sachverhaltes in Anbetracht der unternehmerischen Totalplanung in die Richtung des Normalfall-Sachverhaltes respektive vom Normalfall-Sachverhalt weg verändert werden können, ohne eine Kollision mit übergeordneten Teilplanungen der Unternehmung zu riskieren. Zum anderen ist im Verhältnis zwischen den kritischen Detailvoraussetzungen des Steuertatbestandes und dem Normalfall-Sachverhalt zu untersuchen, wie weit der Normalfall-Sachverhalt im Hinblick auf den realen Sachverhalt modifiziert werden kann, ohne seine Zuordenbarkeit respektive Nicht-Zuordenbarkeit zu den kritischen Detailvoraussetzungen zu verlieren.

Im Rahmen dieser Annäherung, kann es notwendig werden, den Normalfall-Sachverhalt und den realen Sachverhalt in eine Vielzahl von Richtungen zu dehnen. Unter Umständen braucht es eine Reihe von Versuchen, um die Sachverhaltsgestaltung zu identifizieren, der die Gratwanderung zwischen abstrakter Detailvoraussetzung und unternehmerischer Realität gelingt. Unterstützt werden kann dieser Prozess auch von spezifischen Kreativitäts- und Ideenfindungstechniken.[68] An seinem Ende steht schließlich die Teilgestaltung, die den für die einzelne Steuerwirkung maßgeblichen Gestaltungsauftrag bestmöglich erfüllt.[69]

---

66 Vgl. Larenz/Canaris (1995), S. 95; Zippelius (2006), S. 93.

67 Ähnlich: Kratz (1986), S. 280.

68 Vgl. ausführlich zu einsetzbaren Ideenfindungstechniken: Brauchlin/Heene (1995), S. 184-207; Linneweh (1973), S. 50-52; Schlicksupp (2004), S. 57-156; Eisenführ/Weber (2003), S. 72-87; Rödder (1991), S. 170–177.

69 Vgl. für **stille Reserven**: Teil 2, Kap. 1, Abschn. F.; für **Verlust- und Zinsvorträge**: Teil 2, Kap. 2, Abschn. E.; für ein **Übernahmeergebnis**: Teil 2, Kap. 3, Abschn. D.; für ein **Rückbezugswahlrecht**: Teil 2, Kap. 4, Abschn. D. und für **Grunderwerbsteuer**: Teil 2, Kap. 5, Abschn. F.

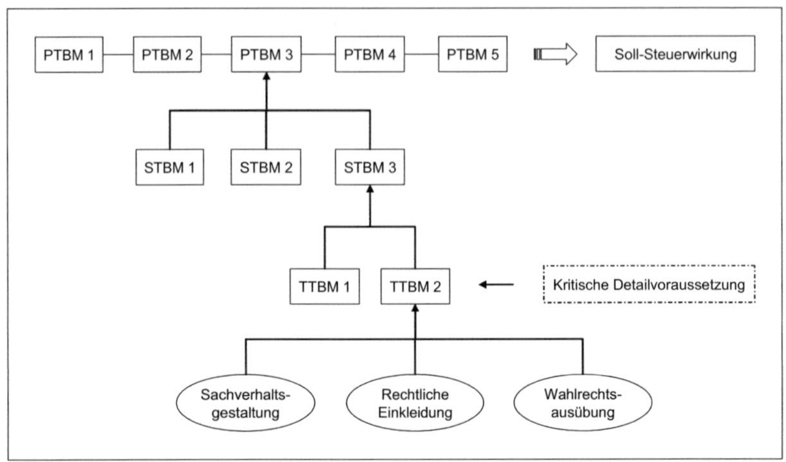

Abb. 4: Steuerliche Gestaltungssuche - Entwicklung der Teilgestaltungen
PTBM, STBM, TTBM = Primär-, Sekundär, und Tertiärtatbestandsmerkmal

F. Koordination der Teilgestaltungen

Angesichts der Komplexität steuerlicher Regelungen ist es sinnvoll, bei jedem Gestaltungsauftrag Ist- und Soll-Zustand in ihre einzelnen Steuerwirkungen zu zerlegen und für jede individuelle Steuerwirkungsdifferenz eine Teilgestaltung zu entwickeln. Aufgrund dieser Zerlegung wird im Rahmen der Teilgestaltungsentwicklungen aber immer nur ein isoliertes Gestaltungsproblem fokussiert. Unbeachtet gelassen wird zunächst, ob die für das einzelne Gestaltungsproblem entwickelte Sachverhaltsmodifikation andere Teilgestaltungen oder die Steuerwirkungen des übrigen, bisher unverändert gebliebenen Unternehmenssachverhalts beeinträchtigt. Insofern ist es nach Abschluss aller Teilgestaltungsentwicklungen erforderlich, ihre Interdependenzen untereinander sowie ihre Auswirkungen auf den Restsachverhalt zu koordinieren.[70] Dies gilt für die Teilgestaltungen des Zielzustandes genauso wie für die des Transfers vom Ausgangs- in den Zielzustand.

Zu diesem Zweck ist es sinnvoll, eine Folgegestaltungssuche durchzuführen. Für diese Folgegestaltungssuche gelten die oben dargestellten Grundsätze entsprechend. Im Verhältnis zur originär durchgeführten Suche wird lediglich eine Modifikation vorgenommen. Als Ist-Sachverhalt fungiert jetzt der fiktive Zukunftssachverhalt der Unternehmung, der sich ergeben würde, wenn man alle entwickelten Teilgestaltungen ohne vorherige Koordination umsetzen würde (fiktiver Ist-Sachverhalt).[71] Unter Berücksichtigung dieses fiktiven Ist-Sachverhaltes ist der Gestaltungsauftrag er-

---

[70] Vgl. Schild-Plininger (1998), S. 380; Schlicksupp (2004), S. 149.

[71] Ähnlich: Rittershaus/Teichmann (2003), S. 103, 107; Junker/Kamanabrou (2007), S. 56-59.

neut zu definieren. Hierzu ist zu ermitteln, welche qualitativen und quantitativen Steuerwirkungen er auslöst.[72] Die Ergebnisse dieser Prüfung werden den Steuerwirkungen des Soll-Zustandes gegenübergestellt. Zeigt sich dabei eine Steuerwirkungsdifferenz zwischen fiktivem Ist- und Soll-Zustand, besteht ein Konflikt zwischen einzelnen Teilgestaltungen untereinander oder zwischen einer Teilgestaltung und dem übrigen unverändert gebliebenen Unternehmenssachverhalt. Um diesen Konflikt aufzulösen, sind wieder die kritischen Detailtatbestandsvoraussetzungen und Sachverhaltsbestandteile zu identifizieren. Hierzu sind erneut die Steuerentstehungsvorgänge des fiktiven Ist- und des Soll-Zustandes Tatbestandsebene für Tatbestandsebene zurückzuverfolgen, bis die Ursache des Gestaltungskonfliktes gefunden ist. Dabei sind drei Ursachen denkbar.[73] Entweder besteht ein Konflikt innerhalb des fiktiven Zielzustandes oder innerhalb des Transfers vom Ausgangs- in den Zielzustand oder zwischen dem fiktiven Zielzustand und dem Transfer. In der Eliminierung der jeweiligen Konfliktursache besteht der Folgegestaltungsauftrag.

Hat der Folgegestaltungsauftrag auf diese Weise eine Definition erfahren, ist zu prüfen, inwieweit die einzelnen Teilgestaltungen sowie die übrige unternehmerische Situation einander so angenähert werden können, dass schließlich die Steuerwirkungen des Soll-Zustandes erreicht werden. Für diese Annäherung gelten die oben dargestellten Grundsätze zur Modellierung des Sachverhalts entsprechend. Insbesondere ist also zu prüfen, mit welchen Gestaltungsmitteln die durch die Teilgestaltungsinterdependenzen ausgelösten ungünstigen Steuerwirkungen innerhalb der steuerlichen Partialzieldefinition vermieden werden können. Nicht ausgeschlossen ist in diesem Zusammenhang, dass es mehrerer Versuche bedarf, bis die adäquate Teilgestaltungskombination erkannt ist.[74] Eventuell müssen einzelne Konflikte auch hingenommen werden, falls sich keine vollständig zufrieden stellende Lösung finden lässt. In einem solchen Fall ist grundsätzlich der konfligierenden Teilgestaltung der Vorzug zu gewähren, die im Vergleich die höchste Steuerbarwertminimierung hervorruft. Resultat aller Koordinationsanstrengungen ist schließlich eine Gesamtgestaltung, die den Gestaltungsauftrag bestmöglich realisiert.[75]

---

72 Ähnlich: Wehmeyer (1967), S. 84.

73 Ähnlich: Wehmeyer (1967), S. 90-91.

74 Ähnlich: Wehmeyer (1967), S. 91.

75 Vgl. für **stille Reserven**: Teil 3, Kap. 2.; für **Verlust- und Zinsvorträge**: Teil 3, Kap. 3; für ein **Übernahmeergebnis**: Teil 3, Kap. 4; für ein **Rückbezugswahlrecht**: Teil 3, Kap. 5, und für **Grunderwerbsteuer**: Teil 3, Kap. 6.

Abb. 5: Steuerliche Gestaltungssuche - Prozess

Teil 2: Teilgestaltungssysteme der Unternehmensumstrukturierung

Kapitel 1: Stille Reserven

A. Überblick

Umstrukturierungsmaßnahmen können zunächst Einfluss auf in Wirtschaftsgütern enthaltene stille Reserven entfalten. Zu klären ist deshalb, welche für Restrukturierungen relevanten (B.) Gestaltungsmittel das Ertragsteuerrecht zur Auslösung einer vollständigen, einer partiellen oder gar keiner Gewinnrealisierung (Primärsteuerwirkungen) bereithält. Im Anschluss gilt es, die (C.) Sekundärsteuerwirkungen dieser Gestaltungsmittel zu erfassen und zu ordnen. Das Ertragsteuerrecht knüpft eine Reihe von Folgeentscheidungen an das Vorliegen eines gewinnrealisierenden, eines partiell gewinnrealisierenden oder eines steuerneutralen Transfers. Daher darf sich die Gestaltungssuche nicht auf die Herbeiführung von Primärsteuerwirkungen beschränken. Haben so Gestaltungsmittel und Sekundärsteuerwirkungen eine abstrakte Offenlegung erfahren, ist anschließend (D.) der steuerliche Ist-Zustand vor eventuellen Gestaltungsmaßnahmen zu ermitteln. Ihm sind darauf folgend die im Sachzusammenhang der stillen Reserven optimalen Steuerwirkungen als (E.) Soll-Zustand gegenüberzustellen. Abhängig davon, ob dieser Soll-Zustand dem zuvor herausgearbeiteten Ist-Zustand entspricht, ist abschließend nach einer individuellen (F.) Gestaltung zu suchen, mit der der vorteilhafte Soll-Zustand realisiert werden kann.

B. Steuerliche Gestaltungsmittel

I. Einzelwirtschaftsgüter

1. Gestaltungsmittel zur Erzielung einer vollständigen Gewinnrealisierung

Um als Primärsteuerwirkung eine vollständige Gewinnrealisierung herbeizuführen, muss eine Umstrukturierungsmaßnahme grundsätzlich als Veräußerung des Einzelwirtschaftsguts an das aufnehmende Betriebsvermögen gegen ein fremdübliches Entgelt ausgestaltet werden. Eine solche liegt vor, sofern sich die Übertragung bei wirtschaftlicher Betrachtung wie eine im Geschäftsverkehr zwischen unabhängigen Dritten übliche Übertragung darstellt und sich das Entgelt in Form von Bar- oder Sachwerten nach dem Wert des gesamten Wirtschaftsguts bemisst.[1] Dies gilt auch bei Veräußerungsgeschäften zwischen Personenhandelsgesellschaften und ihren Gesellschaftern[2] sowie zwischen verbundenen Unternehmen.[3]

---

1 Vgl. BFH, Urt. v. 11.12.2001 – VIII R 58/98, BStBl. II 2002, S. 420; BFH, Urt. v. 19.07.1984 – IV R 198/81, BFH/NV 1986, S. 77; BFH, Urt. v. 31.03.1977 – IV R 54/72, BStBl. II 1977, S. 415; H/H/R-Niehus/Wilke, § 6 Anm. 1450, 1458a.

2 Vgl. H 6.15 EStH „Übertragung von Einzelwirtschaftsgütern“; BMF, Tz. 3 d. Schr. v. 07.06.2001 – IV A 6 – S 2241 – 52/01, BStBl. I 2001, S. 367; Schmidt-Glanegger, § 6 Rn. 543; L/S/B-Richter/Markl, § 15 Anm. 728; Korn-Korn/Strahl, § 6 Rn. 134; Söffing, BB 2008, S. 1771.

3 Vgl. Schmidt-Weber-Grellet, § 5 Rn. 675.

Darüber hinaus können Umstrukturierungsmaßnahmen mit Einzelwirtschaftsgütern in drei Konstellationen auch ohne eine solche Veräußerung eine vollständige Gewinnrealisierung bewirken. Zum einen ist dies der Fall, sofern die Übertragung des Wirtschaftsguts unentgeltlich oder teilentgeltlich aus einer Kapitalgesellschaft an einen Gesellschafter oder eine diesem nahe stehende Person erfolgt. Bei einer solchen verdeckten Gewinnausschüttung[4] werden Gesellschaft und Gesellschafter so behandelt, als ob das Wirtschaftsgut zu einem Preis wie zwischen Dritten übertragen worden wäre (Fiktionstheorie).[5] Daher kommt es auch in dieser Konstellation zu einer Aufdeckung sämtlicher stiller Reserven im transferierten Wirtschaftsgut. Zum anderen ergibt sich eine Gewinnrealisierung ohne Veräußerung bei offenen oder verdeckten Einlagen in Kapitalgesellschaften. Offene Einlagen gegen Gewährung von Gesellschaftsrechten werden steuerlich als Tausch behandelt.[6] Verdeckte Einlagen, also Vermögenszuführungen, die nicht offen als Einlage bezeichnet werden,[7] bewirken zwar nicht die Annahme eines Tauschs,[8] gleichwohl führen auch sie zur Aufdeckung aller stiller Reserven,[9] sofern die Anschaffung oder Herstellung des jeweiligen Wirtschaftsguts beim übertragenden Betriebsvermögen schon länger als drei Jahre zurückliegt.[10] Zum Dritten kommt es zu einer vollständigen Gewinnrealisierung bei einer Entnahme des Wirtschaftsguts, ohne dass ein Privilegierungstatbestand der §§ 6 Abs. 5 S. 3, 16 Abs. 3 S. 2 EStG erfüllt ist. Dies ist insbesondere der Fall, sofern ein nicht begünstigter Transferpfad gewählt wird, eine der Körperschaftsklauseln greift[11] oder der Übertragung nach den Grundsätzen des § 42 AO die Anerkennung zu versagen ist.

Bei diesen drei Steuertatbeständen ist im Hinblick auf die von ihnen ausgelösten Steuerwirkungen zu beachten, dass ihre Verwirklichung wie eine Veräußerung des Wirtschaftsguts zu behandeln ist. Obwohl tatsächlich keine Übertragung gegen ein fremdübliches Entgelt vorliegt, wird angesichts des gewinnrealisierenden Charakters aller Vorgänge ein vollentgeltlicher Transfer fingiert. Daher verursachen Sachverhalte, die einen dieser drei Tatbestände verwirklichen, im Übrigen grundsätzlich die gleichen Sekundärsteuerwirkungen wie eine echte Veräußerung des Wirtschaftsguts.[12]

---

4 Vgl. § 8 Abs. 3 S. 2 KStG.

5 Vgl. Wassermeyer, DB 1987, S. 1113 (1119); a. Ans.: Knobbe-Keuk, S. 647.

6 Vgl. § 6 Abs. 6 EStG; Schmidt-Glanegger, § 6 Rn. 441 „Gesellschaftsrechtl. Einlagen" (3); Groh, FR 1990, S. 528 (529); a. Ans.: Schmidt/Hageböke, DStR 2003, S. 1813 (1815).

7 Vgl. Schmidt-Heinicke, § 4 Rn. 360 „Verdeckte Einlage".

8 Vgl. Schmidt-Weber-Grellet, § 5 Rn. 639.

9 Vgl. Schmidt-Glanegger, § 6 Rn. 441 „Verdeckte Einlagen" (1).

10 Vgl. § 6 Abs. 1 Nr. 5a EStG; Schmidt-Glanegger, § 6 Rn. 568.

11 Vgl. §§ 6 Abs. 5 S. 5; 16 Abs. 3 S. 4 EStG.

12 Vgl. zur **offenen Einlage**: Schmidt-Weber-Grellet, § 5 Rn. 636; Korn-Korn/Strahl, § 6 Rn. 527; Blümich-Schlenker, § 6b Rn. 49; L/S/B-Welbers, § 6b Anm. 50; L/B/P-Hoffmann, § 6b Rn. 41; K/S/M-Heger, § 6b Rn. B 123; B/B-Mayer-Wegelin, § 6 Rn. 96; Frotscher-Frotscher, § 6b Rn. 12; Freikamp, BB 2001, S. 2618 (2619); zur **verdeckten Einlage**: L/S/B-Welbers, § 6b Anm. 50a; Korn-Strahl, § 6b Rn. 14; L/B/P-Hoffmann, § 6b Rn. 41; Groh, DB 1997, S. 1683

2. Gestaltungsmittel zur Vermeidung einer Gewinnrealisierung

2.1. Überblick

Sofern die einzelne Umstrukturierungsmaßnahme steuerneutral vollzogen werden soll, stehen hierzu vier Gestaltungsmittel zur Verfügung. Die Übertragung kann (2.2.) als nach § 6 Abs. 5 S. 3 EStG privilegierter Transfer, (2.3.) als Realteilung ohne Spitzenausgleich, (2.4.) als verdeckte Einlage innerhalb eines Dreijahreszeitraums nach Anschaffung oder Herstellung sowie (2.5.) als Transfer im Rahmen des so genannten Treuhandmodells ausgestaltet werden. Die in diesem Zusammenhang vielfach ebenfalls erörterten Vorschriften der §§ 6b EStG und 8b KStG erlauben keine echte Buchwertfortführung. In den von ihnen geregelten Fällen kommt es zunächst zu einer vollständigen Gewinnrealisierung, die lediglich durch die simultane Rücklagenbildung respektive Steuerbefreiung wieder eliminiert wird. Dies ist in qualitativer und in vielen Fällen auch in quantitativer Hinsicht ein Unterschied.

2.2. Übertragungen gemäß § 6 Abs. 5 S. 3 EStG

Um den auf der finalen Entnahmelehre[13] beruhenden Tatbestand des § 6 Abs. 5 S. 3 EStG zu verwirklichen, muss eine Übertragung so strukturiert werden, dass sie drei Voraussetzungen erfüllt. Zunächst bedarf es eines privilegierten **Transferpfades**. § 6 Abs. 5 S. 3 EStG begünstigt insoweit drei Hin- und Rückwege.[14] Privilegiert ist die Übertragung eines Wirtschaftsguts aus dem Betriebsvermögen eines Mitunternehmers in das Gesamthandsvermögen einer Mitunternehmerschaft,[15] an der er beteiligt ist, oder umgekehrt.[16] Dabei zählen zum Gesamthandsvermögen der Mitunternehmerschaft nicht nur die Wirtschaftsgüter ihres Betriebsvermögens, sondern auch die eines Sonderbetriebsvermögens, das sie bei einer Untergesellschaft unterhält.[17] Daneben ist steuerneutral die Übertragung eines Wirtschaftsguts aus dem Sonderbetriebsvermögen eines Mitunternehmers in das Gesamthandsvermögen derselben oder einer anderen Mitunternehmerschaft, an der er beteiligt ist oder im Zuge der Übertragung beteiligt wird,[18] oder umgekehrt, möglich.[19] Schließlich ist ein

---

(1687); Förster, DStR 2001, S. 1913 (1914); a. Ans.: H/H/R-Eckstein, § 6 Anm. 1488d; Schmidt-Glanegger, § 6b Rn. 66; Blümich-Schlenker, § 6b Rn. 49; K/S/M-Heger, § 6b Rn. B 179; B/B-Eversloh, § 6b Rn. 162; zur **nicht privilegierten Übertragung**: Schmidt-Glanegger, § 6 Rn. 537, 539, 544, u. § 6b Rn. 66; Korn-Strahl, § 6b Rn. 14; Frotscher-Frotscher, § 6b Rn. 12; a. Ans.: Freikamp BB 2001, S. 2618 (2620); Jachmann, DStZ 02, S. 203 (209); zur **verdeckten Gewinnausschüttung**: H/H/R-Winkeljohann, § 6 Anm. 404; Korn-Strahl, § 6b Rn. 14; a. Ans.: K/S/M-Heger, § 6b Rn. B 177; B/B-Eversloh, § 6b Rn. 160; L/S/B-Welbers, § 6b Anm. 49.

13 Vgl. Schmidt-Heinicke, § 4 Rn. 326; L/B/P-Hoffmann, § 6 Rn. 1121; K/S/M-Werndl, § 6 Rn. L 1.

14 Vgl. Wehrheim/Nickel, BB 2006, S. 1361 (1362).

15 Vgl. zum Begriff der Mitunternehmerschaft: H/H/R-Niehus/Wilke, § 6 Anm. 1452; hierzu zählt u. a. auch die atypisch stille Gesellschaft, obwohl diese kein Gesamthandsvermögen besitzt (vgl. Schmidt-Wacker, § 15 Rn. 684).

16 Vgl. § 6 Abs. 5 S. 3 Nr. 1 EStG.

17 Vgl. H/H/R-Niehus/Wilke, § 6 Anm. 1456.

18 Vgl. Wendt, FR 2002, S. 53 (63); Winkeljohann/Stegemann, DB 2003, S. 2033; a. Ans.: Schulze zur Wiesche, DStZ 2002, S. 740 (743).

Transfer des Wirtschaftsguts zwischen den jeweiligen Sonderbetriebsvermögen verschiedener Mitunternehmer derselben Mitunternehmerschaft zum Buchwert zulässig.[20]

Darüber hinaus muss die **Übertragung unentgeltlich oder gegen Gewährung von Gesellschaftsrechten**[21] vorgenommen werden. Unentgeltlich erfolgt sie, sofern der Übertragungsempfänger keine Gegenleistung an den Übertragenden erbringt. Eine Schuldübernahme qualifiziert in diesem Zusammenhang als Gegenleistung.[22] Gegen Gewährung oder Minderung von Gesellschaftsrechten findet die Übertragung statt, sofern sich der Gesellschaftsanteil des Mitunternehmers als Konvolut seiner mitgliedschaftlichen Rechte um den Teilwert des übertragenen Wirtschaftsguts erhöht oder vermindert.[23]

Maßgeblich für die Abgrenzung beider Übertragungsarten ist, auf welchem Kapitalkonto die Korrespondenzbuchung zum Zu- oder Abgang des Wirtschaftsguts erfolgt. In Betracht kommen typischerweise vier Kapitalkonten, das Kapitalkonto I, das Kapitalkonto II mit Verlustbuchung, das Kapitalkonto II ohne Verlustbuchung und das gesamthänderisch gebundene Rücklagenkonto.[24] Eine Übertragung gegen Gewährung oder Minderung von Gesellschaftsrechten liegt vor, sofern sich infolge der Übertragung des Wirtschaftsguts ein Kapitalkonto des Mitunternehmers verändert, das für seine Beteiligung am Gesellschaftsvermögen maßgeblich ist.[25] Dies ist nur beim Kapitalkonto I sowie beim Kapitalkonto II mit Verlustbuchung der Fall.[26] Das Kapitalkonto II ohne Verlustbuchung qualifiziert als Darlehenskonto und stellt damit eine Schuld gegenüber dem jeweiligen Gesellschafter dar. Seine Erhöhung oder Verminderung hat daher die Annahme eines entgeltlichen Geschäfts zur Folge.[27] Unentgeltlich erfolgt der Transfer, sofern die dem Wirtschaftsgut korrespondierende Gutschrift respektive Belastung bei der Mitunternehmerschaft auf einem gesamthänderisch gebundenen Rücklagekonto erfolgt.[28]

---

19 Vgl. § 6 Abs. 5 S. 3 Nr. 2 EStG.

20 Vgl. § 6 Abs. 5 S. 3 Nr. 3 EStG.

21 Im Rahmen des § 6 Abs. 5 S. 3 Nr. 3 EStG ist lediglich eine unentgeltliche Einbringung möglich.

22 Vgl. BFH, Urt. v. 11.12.2001 – VIII R 58/98, BStBl. 2002, S. 420; BMF, Tz. 5 d. Schr. v. 07.06.2001 – IV A 6-S 2241-52/01, BStBl. I 2001, S. 367; H/H/R-Niehus/Wilke, § 6 Anm. 1452b; Schmidt-Glanegger, § 6 Rn. 544; a. Ans.: Groh, DB 2002, S. 1904 (1906); Schulze zur Wiesche, DB 2004, S. 1388 (1389).

23 Vgl. Röhrig/Doege, DStR 2006, S. 489 (494); Crezelius, DB 2004, S. 397 (400).

24 Vgl. H/H/R-Niehus/Wilke, § 6 Anm. 1453b; Röhrig/Doege, DStR 2006, S. 489 (494).

25 Vgl. BMF, Schr. v. 29.03.2000 – IV C 2 – S 2178 – 4/00, BStBl. I 2000, S. 462; Wendt, FR 2002, S. 53 (59); Siegmund/Ungemach, DStZ 2008, S. 762 (763).

26 Vgl. BMF, Schr. v. 26.11.2004 – IV B 2 – S 2178 – 2/04, BStBl. I 2004, S. 1190; H/H/R-Niehus/Wilke, § 6 Anm. 1453b; Frystatzki, EStB 2006, S. 342 (344).

27 Vgl. Crezelius, DB 2004, S. 397 (400); Carlé/Bauschatz, FR 2002, S. 1153 (1162).

28 Vgl. BMF, Schr. v. 26.11.2004 – IV B 2 – S 2178 – 2/04, BStBl. I 2004, S. 1190; Neu/Stamm, DStR 2005, S. 141 (148); Bergsteiner (2002), S. 176; Schmidt-Wacker, § 15 Rn. 665; kritisch: BFH, Urt. v. 24.01.2008 – IV R 37/06, DB 2008, S. 900 (903); dazu: Röhrig, EStB 2008, S. 216-220.

Eine quotale Veränderung der Gesellschaftsrechte ist in diesem Zusammenhang nicht erforderlich. An einer solchen fehlt es typischerweise, wenn der Gesellschafter einer Einpersonen-GmbH & Co. KG Übertragungen zwischen seinem (Sonder-) Betriebsvermögen und dem Gesamthandsvermögen der Gesellschaft vornimmt oder alle Mitunternehmer in gleicher Höhe Wirtschaftsgüter übertragen.[29]

Die bilanzielle Abbildung der Übertragung erfolgt typischerweise durch den Ansatz des Wirtschaftsguts mit seinem Teilwert in der Gesamthandsbilanz und die Bildung einer negativen Ergänzungsbilanz für den einbringenden Mitunternehmer. Alternativ ist aber auch eine Aktivierung des Wirtschaftsguts zum Buchwert verbunden mit einer entsprechenden Kapitalkontenanpassung sowie den erforderlichen positiven oder negativen Ergänzungsbilanzen zulässig.[30]

Schließlich darf der **Anteil[31] einer Kapitalgesellschaft am Wirtschaftsgut mit der Übertragung weder unmittelbar oder mittelbar begründet noch erhöht** werden.[32] Auf diese Weise soll eine Verlagerung stiller Reserven auf Kapitalgesellschaften zur Nutzung der Privilegierungsvorschriften der §§ 8b Abs. 2 KStG und § 3 Nr. 40 EStG verhindert werden.[33] Dabei ist die Begründung eines Anteils gegeben, sofern eine Kapitalgesellschaft an einer Mitunternehmerschaft beteiligt ist und ein Dritter, eventuell auch eine andere Kapitalgesellschaft,[34] ein Wirtschaftsgut mit stillen Reserven in die Mitunternehmerschaft einbringt. Überträgt die Kapitalgesellschaft selbst das Wirtschaftsgut auf die Mitunternehmerschaft, wird ihr Anteil weder unmittelbar noch mittelbar begründet. Ihr Alleineigentum wandelt sich lediglich in eine Beteiligung am Gesamthandseigentum der Mitunternehmerschaft um.[35] Dies gilt unabhängig von der Höhe ihrer Beteiligung, es sei denn, an der Mitunternehmerschaft ist eine weitere Kapitalgesellschaft beteiligt.[36] Daneben ergibt sich der Sonderfall einer mittelbaren Begründung allein bei mehrstöckigen Personengesellschaften.[37] Die Stellung von Kapitalgesellschaften als Komplementärin kann im Übrigen keine Anteilsbegründung auslösen, solange sie nicht am Vermögen der Personenhandelsgesellschaft beteiligt sind.[38]

Die Erhöhung des Anteils einer Kapitalgesellschaft liegt insbesondere vor, sofern die Mitunternehmerschaft ein Wirtschaftsgut auf die Kapitalgesellschaft als ihre Gesell-

---

29 Vgl. Roser, FR 2002, S. 309 (312); Kraft/Trübenbach, StB 2004, S. 337 (338).

30 Vgl. Campenhausen, DB 2004, S. 1282; Mayer, DStR 2003, S. 1553.

31 Vgl. zum Begriff des Anteils: Schmidt-Wacker, § 15 Rn. 687.

32 Vgl. § 6 Abs. 5 S. 5 EStG.

33 Vgl. Schmidt-Glanegger, § 6 Rn. 539; Blümich-Ehmcke, § 6 Rn. 1361; K/S/M-Werndl, § 6 Rn. L 47; kritisch hierzu: Schroer/Starke/Unterberg, FR 2002, S. 875 (876).

34 Vgl. Korn-Korn/Strahl, § 6 Rn. 503.4.

35 Vgl. Groh, DB 2002, S. 1904 (1907); nur für den Fall einer hundertprozentigen Beteiligung: BMF, Schr. v. 07.02.2002 – IV A 6 – S 2241 – 94-01, DStR 2002, S. 635.

36 Vgl. OFD Frankfurt/Main, Schr. v. 03.09.2004 – S 2170 A – 109 – St II 2-01, BB 2004, S. 2407 (2408).

37 Vgl. Korn-Korn/Strahl, § 6 Rn. 503.4.

38 Vgl. Schmidt-Glanegger, § 6 Rn. 540.

schafterin transferiert und soweit die Kapitalgesellschaft entsprechend ihrer Vermögensbeteiligungsquote bisher nicht an der Mitunternehmerschaft und damit auch nicht am Eigentum am betreffenden Wirtschaftsgut beteiligt war. An einer Erhöhung fehlt es im Rahmen eines solchen Vorgangs, sofern die Kapitalgesellschaft bereits zu hundert Prozent an der Mitunternehmerschaft beteiligt ist.[39] Die Vermeidung einer Anteilserhöhung durch Bildung einer Ergänzungsbilanz ist in diesem Zusammenhang nicht möglich.[40]

2.3. Realteilungen ohne Spitzenausgleich

Eine Buchwertfortführung kann alternativ mit der Verwirklichung des Tatbestandes der Realteilung erreicht werden. Diese Regelung stellt eine Spezialvorschrift zum Transfer gemäß § 6 Abs. 5 S. 3 EStG dar[41] und beruht ebenfalls auf der finalen Entnahmelehre.[42] Um die Steuerneutralität einer solchen Realteilung zu gewährleisten, ist eine Umstrukturierungsmaßnahme so zu gestalten, dass sie vier Tatbestandsvoraussetzungen erfüllt.

Zunächst muss tatsächlich die **Realteilung einer Mitunternehmerschaft** vorliegen. Hierunter versteht man die Aufteilung des Vermögens einer Personengesellschaft unter den Gesellschaftern als „andere Art der Auseinandersetzung“, grundsätzlich verbunden mit der Aufgabe des Betriebes der Mitunternehmerschaft.[43] Erforderlich ist also, dass die Unternehmung alle ihre wesentlichen Betriebsgrundlagen auf ihre Gesellschafter überträgt und ihre gewerbliche Tätigkeit endgültig einstellt.[44] An einer solchen Betriebsaufgabe fehlt es, falls lediglich ein Gesellschafter gegen Sachwertabfindung mit einzelnen Wirtschaftsgütern ausscheidet. In dieser Konstellation findet § 6 Abs. 5 S. 3 Nr. 1 EStG Anwendung.[45] Eine Realteilung liegt ebenfalls nicht vor, wenn einer von zwei Gesellschaftern einer Mitunternehmerschaft ohne Übernahme von Wirtschaftsgütern ausscheidet und der verbleibende Gesellschafter die Unternehmung fortführt.[46] Gleiches gilt für die Auseinandersetzung zweier beteiligungsidentischer Mitunternehmerschaften, durch die der eine Gesellschafter den Betrieb der einen und der andere Gesellschafter den Betrieb der anderen übernimmt.[47] Ausnahmsweise liegt eine Realteilung auch ohne Betriebsaufgabe vor, wenn eine Gruppe von Mitunternehmern ausscheidet und einen Teil des Betriebsvermögens in eine

39 OFD Frankfurt/Main, Schr. v. 03.09.2004 – S 2170 A – 109 – St II 2-01, BB 2004, S. 2407 (2408).

40 Vgl. Schmidt-Glanegger, § 6 Rn. 539.

41 Ähnlich: Korn-Stahl, § 16 Rn. 298; L/B/P-Hörger/Rapp, § 16 Rn. 188.

42 Vgl. BT-Drucks. 14/6882, S. 34; Schmidt-Wacker, § 16 Rn. 532.

43 Vgl. BMF, Tz. I. d. Schr. v. 28.02.2006 – IV B 2 – S 2242 – 6/06, DStR 2006, S. 426; H/H/R-Kulosa, § 16 Anm. 440; L/B/P-Hörger/Rapp, § 16 Rn. 188b; kritisch: Korn-Stahl, § 16 Rn. 296.

44 Vgl. L/B/P-Hörger/Rapp, § 16 Rn. 188b; Schmidt-Wacker, § 16 Rn. 535.

45 Vgl. H/H/R-Kulosa, § 16 Anm. 441; Schmidt-Wacker, § 16 Rn. 536.

46 Vgl. BMF, Tz. II. d. Schr. v. 28.02.2006 – IV B 2 – S 2242 – 6/06, DStR 2006, S. 426 (427).

47 Vgl. BFH, Urt. v. 20.02.2003 – III R 34/01, FR 2003, S. 658.

parallel gegründete neue Gesellschaft überträgt.[48] Teilweise wird die Auffassung vertreten, dass nichts anderes gilt, sofern Teile des Gesellschaftsvermögens auf eine zweite beteiligungs- und gesellschafteridentische Personengesellschaft übertragen werden.[49] Die Finanzverwaltung hat sich dieser Einschätzung aber nicht angeschlossen.[50]

Darüber hinaus ist erforderlich, dass das Wirtschaftsgut im Zuge der Realteilung in das jeweilige Betriebsvermögen des einzelnen Mitunternehmers **übertragen** wird. Zivilrechtlich geschieht dies typischerweise im Wege der Einzelrechtsnachfolge.[51] Möglich ist aber auch die Spaltung der Personengesellschaft.[52] Ausreichend ist in diesem Zusammenhang, wenn die Übertragung in ein Sonderbetriebsvermögen des übernehmenden Mitunternehmers oder in ein erst im Zusammenhang mit der Realteilung gegründetes Betriebsvermögen erfolgt.[53]

Weiterhin darf **kein Spitzenausgleich** stattfinden. Ein solcher kann notwendig werden, falls die Summe der Verkehrswerte der von einzelnen Mitunternehmern übernommenen Wirtschaftsgüter ihren Anteil am Gesamthandsvermögen übersteigt. Findet ein Spitzenausgleich statt, bewirkt dies eine partielle Gewinnrealisierung.[54] Dabei ist zu beachten, dass die Übernahme betrieblicher Schulden keinen Spitzenausgleich darstellt, da Verbindlichkeiten gleichermaßen (negative) Wirtschaftsgüter darstellen und so Gegenstand einer beliebigen Aufteilung sind.[55] Insofern ist es im Wege der Realteilung möglich, Wirtschaftsgüter samt wirtschaftlich zu ihnen gehörenden Verbindlichkeiten zu transferieren. Eine solche Übernahme von Schuldpositionen kann auch beteiligungsinkongruent geschehen.[56]

Schließlich darf sich der **Anteil einer Kapitalgesellschaft** am Wirtschaftsgut aufgrund der Realteilung weder unmittelbar noch mittelbar erhöhen, es sei denn, eine privilegierte Sachgesamtheit ist Gegenstand des Transfers.[57] Insoweit gelten die Ausführungen zu § 6 Abs. 5 S. 5 EStG grundsätzlich entsprechend.[58]

---

48 Vgl. BFH, Urt. v. 08.07.1992 – XI R 51/89, BStBl. II 1992, S. 946; Schmidt-Wacker, § 16 Rn. 535.

49 Vgl. BFH, Urt. v. 08.07.1992 – XI R 51/89, BStBl. II 1992, S. 946; Reiche, StuB 2006, S. 626 (627); Ostermayer/Riedel, BB 2003, S. 1305 (1307); Winkemann, BB 2004, S. 130 (133).

50 Vgl. BMF, Tz. IV. 1. d. Schr. v. 28.02.2006 – IV B 2 – S 2242 – 6/06, DStR 2006, S. 426 (427).

51 Vgl. H/H/R-Kulosa, § 16 Anm. 440.

52 Vgl. § 124 Abs. 1 i.V.m. § 3 Abs. 1 UmwG.

53 Vgl. Stuhrmann, DStR 2005, S. 1355 (1357); Paus, FR 2002, S. 866 (868).

54 Vgl. H/H/R-Kulosa, § 16 Anm. 452; Korn-Stahl, § 16 Rn. 320.

55 Vgl. L/B/P-Hörger/Rapp, § 16 Rn. 189b; H/H/R-Kulosa, § 16 Anm. 451.

56 Vgl. Schmidt-Wacker, § 16 Rn. 545; Ostermayer/Riedel, BB 2003, S. 1305 (1308).

57 Vgl. § 16 Abs. 3 S. 4 EStG; BMF, Tz. I. d. Schr. v. 28.02.2006 – IV B 2 – S 2242 – 6/06, DStR 2006, S. 426 (427); Brandenberg, DStZ 2002, S. 594 (595).

58 Vgl. zur bilanziellen Abbildung der Realteilung: Röhner, StuW 2008, S. 144 (146).

2.4. Verdeckte Einlagen

Als weiteres Gestaltungsmittel zur Vermeidung einer Gewinnrealisierung kommt die verdeckte Einlage in Betracht.[59] Sie dient der Erfassung stiller Reserven in einer aufnehmenden Kapitalgesellschaft[60] und setzt lediglich zweierlei voraus. Zum einen muss eine verdeckte Einlage in eine Kapitalgesellschaft gegeben sein. Ein entsprechender Transfer in eine Personenhandelsgesellschaft ist nicht begünstigt.[61] Zum anderen muss dieser Vorgang innerhalb von drei Jahren nach Anschaffung oder Herstellung des übertragenen Wirtschaftsguts im abgebenden Betriebsvermögen stattfinden.[62]

2.5. Übertragungen im Rahmen des Treuhandmodells

Als viertes Gestaltungsinstrument eröffnet sich die Möglichkeit, Vermögensbestandteile im Rahmen des Treuhandmodells zu bewegen. Unter dem Treuhandmodell versteht man eine Gruppenstrukturierung, in der das abgebende Betriebsvermögen sich unmittelbar als Komplementärin zu 99 % an einer Tochtergesellschaft in der Rechtsform einer GmbH & Co. KG beteiligt ist und einen zweiten Gesellschaftsanteil in Höhe von 1 % mittelbar über eine treuhänderisch tätige Beteiligungs-GmbH hält.[63] Da in dieser Konstellation lediglich das abgebende Betriebsvermögen als Mitunternehmer qualifiziert, stellt die Tochtergesellschaft ertragsteuerlich keine Mitunternehmerschaft, sondern lediglich eine Betriebsstätte des abgebenden Betriebsvermögens dar. Die Übertragung des Einzelwirtschaftsguts entspricht deshalb nur der Verbringung in eine andere Betriebsstätte, so dass es zu keiner Aufdeckung stiller Reserven kommt.[64] Dies gilt einkommen- und körperschaftsteuerlich genauso wie gewerbesteuerlich. Gleichwohl ist zu beachten, dass die Finanzverwaltung im Hinblick auf die laufende Besteuerung dieser Struktur für gewerbesteuerliche Zwecke von separaten Steuersubjekten ausgeht.[65] Sollte sich diese unzutreffende Beurteilung[66] durchsetzen, könnten sich im Einzelfall insbesondere im Hinblick auf Kürzungen und Hinzurechnungen steuerliche Nachteile ergeben.

---

59 Vgl. § 6 Abs. 6 S. 3 EStG.

60 Vgl. Schmidt-Glanegger, § 6 Rn. 568.

61 Vgl. Schmidt-Glanegger, § 6 Rn. 552; a. Ans.: Strahl, FR 1999, S. 628 (630).

62 Vgl. L/S/B-Ortmann-Babel, § 6 Anm. 1056; Maiterth/Müller (2001), S. 26.

63 Vgl. BFH, Urt. v. 01.10.1992 – IV R 130/90, BStBl. II 1993, S. 574; OFD Magdeburg, Vfg. v. 04.04.2005 – G 1400-13-St 213, DStR 2005, S. 867; OFD Münster, Vfg. v. 13.02.2004, akt. 16.03.2005, DStR 2005, S. 744; Wild/Reinfeld, DB 2005, S. 69 (70); Kromer, DStR 2000, S. 2157 (2160); Berg/Trompeter, FR 2003, S. 903; Stegemann, INF 2003, S. 629 (632); Forst, EStB 2004, S. 217; Rödder, DStR 2005, S. 955 (956).

64 Vgl. H/H/R-Niehus/Wilke, § 6 Anm. 1466.

65 Vgl. OFD Münster, Vfg. v. 13.02.2004, akt. 16.03.2005, DStR 2005, S. 744.

66 Vgl. Rödder, DStR 2005, S. 955 (957); Wild/Reinfeld, DB 2005, S. 69 (71); Stegemann, INF 2003, S. 629 (631); Kromer, DStR 2000, S. 2157 (2161).

3. Gestaltungsmittel zur Erzielung einer partiellen Gewinnrealisierung

Um die Primärsteuerwirkung einer partiellen Gewinnrealisierung auszulösen, muss der Transfer eines Einzelwirtschaftsguts die oben erläuterten Steuertatbestände eines vollentgeltlichen und eines unentgeltlichen Transfers jeweils teilweise erfüllen. Dies ist insbesondere der Fall, wenn eine Übertragung partiell als Veräußerung gegen Vergütung und partiell als privilegiert behandelt wird. Hierzu kommt es, wenn das aufnehmende Betriebsvermögen dem abgebenden Betriebsvermögen für das transferierte Wirtschaftsgut eine nicht fremdübliche Vergütung zahlt und simultan die Voraussetzungen einer begünstigenden Vorschrift erfüllt sind.[67] Bei den Transfers gemäß § 6 Abs. 5 S. 3 EStG ist dies neben der offen teilentgeltlichen Übertragung bspw. in den Situationen des Buchwertverkaufs[68] oder der simultanen Übernahme von Verbindlichkeiten[69] gegeben. Bei Übertragungen im Rahmen von Realteilungen kommt es hierzu, falls ein Spitzenausgleich vereinbart wird.[70] Bei einer verdeckten Einlage in eine Kapitalgesellschaft liegt eine teilentgeltliche Übertragung vor, sofern sie innerhalb von drei Jahren nach Anschaffung oder Herstellung des individuellen Wirtschaftsguts erfolgt und die Kapitalgesellschaft eine nicht fremdübliche Gegenleistung erbringt.

Vollständige Gewinnrealisierung

- Fremdübliche Veräußerung
- Verdeckte Gewinnausschüttung
- Offene Einlage/Verdeckte Einlage nach Ablauf der Drei-Jahres-Frist
- Nicht privilegierte Entnahme

Vermeidung jeder Gewinnrealisierung

- Übertragung gemäß § 6 Abs. 5 S. 3 EStG
- Realteilung ohne Spitzenausgleich
- Verdeckte Einlage während der Drei-Jahres-Frist
- Übertragung im Rahmen des Treuhandmodells

Partielle Gewinnrealisierung

- Kombination

Abb. 6: Stille Reserven – Steuerliche Gestaltungsmittel beim Transfer von Einzelwirtschaftsgütern

67 Vgl. H/H/R-Niehus/Wilke, § 6 Anm. 1453; Schmidt-Wacker, § 15 Rn. 664.

68 Vgl. Schmidt-Wacker, § 15 Rn. 665; L/B/P-Hoffmann, § 6 Rn. 1190; K/S/M-Werndl, § 6 Rn. L 36.

69 BMF, Tz. 5 d. Schr. v. 07.06.2001 – IV A 6 – S 2241 – 52/01, BStBl. I 2001, S. 367; L/B/P-Hoffmann, § 6 Rn. 1190; K/S/M-Werndl, § 6 Rn. L 36; Niehus/Wilke, FR 2005, S. 1012 (1014).

70 Vgl. Schmidt-Wacker, § 16 Rn. 548; L/B/P-Hörger/Rapp, § 16 Rn. 187i; H/H/R-Kulosa, § 16 Anm. 452; Blümich-Stuhrmann, § 16 Rn. 293.

4. Systematischer Zusammenhang der Gestaltungsmittel

Analysiert man den systematischen Zusammenhang der oben vorgestellten Gestaltungsmittel, so sind aus ihm bereits abstrakt die vier denkbaren Ausgangspositionen steuerlicher Gestaltung ableitbar. Zum einen kann ein uneingeschränktes Gewinnrealisierungswahlrecht bestehen. Voraussetzung hierfür ist, dass ein Restrukturierungsvorgang sämtliche Voraussetzungen eines Privilegierungstatbestandes erfüllt. Zwar sehen diese Vorschriften ihrem Wortlaut nach zwingend einen Buchwertansatz vor, gleichwohl kann in diesen Fällen eine vollständige Gewinnrealisierung durch eine reguläre vollentgeltliche Veräußerung herbeigeführt werden, bei der die Gegenleistung nicht in Gesellschaftsrechten besteht.[71] Alternativ ist eine partielle Gewinnrealisierung erreichbar, indem beide Übertragungsoptionen miteinander kombiniert werden. In dem Maße, wie eine Gewinnrealisierung gewünscht wird, erfolgt der Transfer gegen reguläres Entgelt. Im Übrigen findet er unentgeltlich oder gegen Gewährung von Gesellschaftsrechten statt. Insofern ist in diesen Situationen der Wertansatz faktisch frei wählbar. Sofern Liquiditätsgründe es bei einer voll- oder teilentgeltlichen Übertragung erforderlich machen, dass der zu entrichtende Kaufpreis beim aufnehmenden Betriebsvermögen verbleibt, kann dies im Wege einer Darlehensvereinbarung oder Wiedereinlage respektive –entnahme des Kaufpreises gewährleistet werden.[72]

Zum anderen kann sich ein eingeschränktes Gewinnrealisierungswahlrecht ergeben, sofern eine Umstrukturierungsmaßnahme eigentlich alle Voraussetzungen eines Privilegierungstatbestandes erfüllt, jedoch gezwungen ist, zumindest einen Zwischenwert anzusetzen. Eine solche Pflicht zur partiellen Gewinnrealisierung besteht insbesondere hinsichtlich der Körperschaftsklausel der §§ 6 Abs. 5 S. 5, 16 Abs. 3 S. 4 EStG sowie im Hinblick auf Transfers mit simultaner Übernahme von Verbindlichkeiten. Ungeachtet dessen ist in diesen Konstellationen auch eine vollentgeltliche Veräußerung möglich, mit der sämtliche stillen Reserven realisiert werden können. Insofern besteht hier ein Gewinnrealisierungswahlrecht für einen Wertansatz im Bereich zwischen der zwingenden Teilaufdeckung und einer vollständigen Auflösung aller Reserven.

Während im Übrigen für Übertragungen im Rahmen des Treuhandmodells ein Zwang zur Buchwertfortführung besteht, gilt schließlich für alle ansonsten verbleibenden Übertragungen eine Gewinnrealisierungspflicht. Bei ihnen sind ohne eine Gestaltungsaktivität alle stillen Reserven zwingend aufzudecken.

---

71 Vgl. L/B/P-Hoffmann, § 6 Rn. 1182; Korn-Korn/Strahl, § 6 Rn. 513.4; Bergsteiner (2002), S. 104; Hoffmann, GmbHR 2002, S. 125 (130); Groh, DB 2003, S. 1403; Forst, EStB 2004, S. 217; ähnlich: Röhrig, EStB 2008, S. 216 (219).

72 Vgl. H/H/R-Niehus/Wilke, § 6 Anm. 1458a.

II. Sachgesamtheiten

1. Gestaltungsmittel zur Erzielung einer vollständigen Gewinnrealisierung

Wird nicht ein Einzelwirtschaftsgut, sondern eine Sachgesamtheit übertragen, kann eine vollständige Gewinnrealisierung zunächst ebenfalls mit einer vollentgeltlichen Veräußerung erreicht werden. Insoweit gelten die Ausführungen zu Einzelwirtschaftsgütern entsprechend.[73] Darüber hinaus bestehen zwei weitere Gestaltungsmittel. Zum einen kann man den Transfer der Sachgesamtheit so strukturieren, dass er einen der unten dargestellten Privilegierungstatbestände des UmwStG verwirklicht, und den Ansatz des Betriebsvermögens mit dem Teilwert wählen.[74] Zum anderen kann die Übertragung so gestaltet werden, dass sie gerade keinen dieser Privilegierungstatbestände erfüllt. In diesem Fall finden die allgemeinen Grundsätze zur Entnahme respektive Betriebsaufgabe Anwendung.

2. Gestaltungsmittel zur Vermeidung einer Gewinnrealisierung

2.1. Überblick

Will man die einzelne Umstrukturierungsmaßnahme hingegen steuerneutral verwirklichen, so stehen hierfür neben den bereits oben beschriebenen Instrumenten der Realteilung ohne Spitzenausgleich[75] und des Treuhandmodells[76] noch vier weitere Gestaltungsmittel zur Verfügung. Zunächst kann die Übertragung als (2.2.) Einbringung in eine Kapital- oder Personengesellschaft nach dem UmwStG ausgestaltet werden. Alternativ kann sie mit den Instrumenten des UmwG als (2.3.) Vermögensübergang aus einer Kapitalgesellschaft auf eine Kapitalgesellschaft oder (2.4.) auf eine Personengesellschaft erfolgen. Schließlich ist denkbar, eine (2.5.) verdeckte Einlage respektive Entnahme gemäß § 6 Abs. 3 EStG als Transferinstrument einzusetzen.

2.2. Einbringungen in Kapital- oder Personengesellschaften

Um die Einbringung in eine Kapital- oder Personengesellschaft zum Buchwert zu realisieren, ist der individuelle Umstrukturierungsvorgang so zu strukturieren, dass er insbesondere drei Kriterien erfüllt. Transfergegenstand muss eine (1) privilegierte Sachgesamtheit sein, die (2) als Ganzes in eine Kapital- oder Personengesellschaft (3) gegen Gewährung neuer Anteile respektive einer Mitunternehmerstellung eingebracht wird.

Als **privilegierte Sachgesamtheit** qualifiziert ein Betrieb, ein Teilbetrieb, ein (Teil-) Mitunternehmeranteil oder im Rahmen des § 21 UmwStG eine mehrheitsvermittelnde

---

[73] Vgl. Abschn. B. I. 1.

[74] Vgl. Abschn. B. II. 2.2.-2.4.

[75] Vgl. Abschn. B. I. 2.3.

[76] Vgl. Abschn. B. I. 2.5.

Beteiligung. Dabei versteht man unter einem **Betrieb** einen selbständigen Organismus, der im Zeitpunkt seiner Einbringung besteht und dem aufnehmenden Betriebsvermögen eine Fortführung erlaubt.[77] Ob die aufnehmende Gesellschaft den Betrieb im Anschluss tatsächlich fortführt, ist nicht von Bedeutung.[78] Notwendig ist allerdings, dass das abgebende Betriebsvermögen seine spezifische Aktivität nach der Übertragung beendet. Privilegiert ist darüber hinaus auch bereits ein entstehender Betrieb, sofern schon wesentliche Betriebsgrundlagen vorhanden sind und bei beharrlicher Verfolgung des Unternehmensentwurfs eine selbständig lebensfähige Ganzheit antizipiert werden kann.[79] Enthält der Betrieb Anteile an einer Kapitalgesellschaft, so sind diese grundsätzlich Bestandteil desselben. Jeweils selbständige Einbringungen liegen nur vor, sofern die Anteile keine wesentliche Betriebsgrundlage des Betriebes darstellen, eine Mehrheit vermitteln, die für sie im Gegenzug gewährten Gesellschaftsanteile genau identifizierbar sind und das Verhältnis zwischen den Nennwerten der für die Beteiligung erhaltenen und der insgesamt erworbenen Anteile dem Verhältnis zwischen den Verkehrswerten der übertragenen Anteile und dem insgesamt transferierten Betriebsvermögen entspricht.[80] Gehört hingegen ein Mitunternehmeranteil zum Vermögen des Betriebes, sind stets mehrere Sacheinlagen gegeben.[81] Ist der Betrieb einer Personengesellschaft Gegenstand einer Übertragung, so gilt nach überwiegender Meinung[82] die Personengesellschaft als Einbringende.[83] Die Einschätzung der Finanzverwaltung, in dieser Konstellation würden vielmehr die Mitunternehmeranteile der Gesellschafter an der Personengesellschaft eingebracht, überzeugt nicht.[84]

Ein **Teilbetrieb** muss grundsätzlich auch den wesentlichen Merkmalen eines Betriebes entsprechen. Er bedarf allerdings keiner vollkommen selbständigen Organisation mit eigener Buchführung.[85] Erforderlich ist allein das Vorhandensein eines mit einer gewissen Selbständigkeit ausgestatteten, organisch geschlossenen Teils des Gesamtbetriebs, der für sich allein lebensfähig ist.[86] Eine solche individuelle Lebensfä-

77 Vgl. W/M-Widmann, § 20 Rn. 3; D/J/P/W-Patt, § 20 Rn. 22; H/B-Friederichs, § 20 Rn. 53.

78 Vgl. S/H/S-Schmitt, § 20 Rn. 10; W/M-Widmann, § 20 Rn. 11.

79 Vgl. W/M-Widmann, § 20 Rn. 7; D/J/P/W-Patt, § 20 Rn. 25.

80 Vgl. BMF, Schr. v. 05.01.2004 – IV A 2 – S 2750a-35/03, BStBl. I 2004, S. 44; S/H/S-Schmitt, § 20 Rn. 159; Reiche, DStR 2006, S. 1205 (1208).

81 Vgl. BMF, Tz. 20.14 d. Schr. v. 25.03.1998 – IV B 7 – S 1978 – 21/98/IV B 2 – S 1909 – 33/98, BStBl. I 1998, S. 268; D/J/P/W-Patt, § 20 Rn. 34; Reiche, DStR 2006, S. 1205 (1210).

82 Vgl. W/M-Widmann, § 20 Rn. R 49; Blümich-Nitzschke, § 20 UmwStG Rn. 66; Kerssenbrock/Rundshagen, BB 2004, S. 2490 (2495); Patt, DStR 1995, S. 1081 (1086).

83 Bauernschmitt/Blöchle, BB 2007, S. 743 (745), betrachten diesen Streit mit der Kodifikation des § 1 Abs. 4 UmwStG zugunsten der überwiegenden Meinung als entschieden.

84 Vgl. BMF, Tz. 20.05 d. Schr. v. 25.03.1998 – IV B 7 – S 1978 – 21/98/IV B 2 – S 1909 – 33/98, BStBl. I 1998, S. 268; gl. Ans.: H/H/R-Hübl, § 20 UmwStG Anm. 61; L/S/B-Söffing, § 20 UmwStG Rn. 40.

85 Vgl. W/M-Widmann, § 20 Rn. 80; Rogall, DB 2006, S. 66 (67); Haarmann (2000), S. 375 (378); zum Teilbetrieb bei Banken vgl. Oho/Remmel, BB 2003, S. 2539 (2540).

86 Vgl. W/M-Widmann, § 20 Rn. 80; Schmidt-Wacker, § 16 Rn. 143; L/B/P-Hörger/Rapp, § 16 Rn. 44-55; Blumers, DB 2001, S. 722; Rogall, DB 2006, S. 66; zur Kritik am Teilbetriebsbegriff

higkeit ist gegeben, wenn in der jeweiligen unternehmerischen Teileinheit ihrer Struktur nach autonom betriebliche Aktivität verrichtet werden kann. Dass die betreffende Einheit Gewinn erzielt, ist nicht erforderlich. Es müssen in der Regel aber eigene Kunden- und Einkaufsbeziehungen vorhanden sein.[87] Selbständig ist ein solcher Teil des Gesamtbetriebs, wenn sich seine Betätigung vom übrigen gewerblichen Engagement des Unternehmens abhebt. Ob dies der Fall ist, hängt vom Gesamtbild der bestehenden Verhältnisse ab. Gradmesser dieser Beurteilung sind insbesondere das Vorhandensein einer getrennten Verwaltung, die Existenz einer gesonderten Betriebs-, insbesondere Kostenabrechnung, die räumliche Trennung von anderen Betriebsteilen, der Einsatz unterschiedlichen Personals, die Nutzung verschiedener Betriebsmittel sowie die eigene Preisgestaltung.[88] Liegt im Einzelfall eine solche selbständige und allein lebensfähige Teileinheit des Gesamtunternehmens vor, besitzt das Merkmal der organischen Geschlossenheit der Teileinheit keine eigenständige Bedeutung mehr.[89]

Maßgeblicher Zeitpunkt für die Beurteilung, ob ein Teilbetrieb vorliegt, ist der Abschluss des Einbringungsvertrages,[90] maßgebliche Verhältnisse sind die des Einbringenden.[91] Die 100 %-ige Beteiligung an einer Kapitalgesellschaft gilt nur für Zwecke des § 24 UmwStG als Teilbetrieb.[92] Grundstücke sind grundsätzlich keine Teilbetriebe, sondern wesentliche Betriebsgrundlagen.[93] Innerbetriebliche Organisationseinheiten, die keine Leistungen am Markt anbieten, stellen ebenfalls in der Regel keinen Teilbetrieb dar, wohl aber Filialen und Zweigniederlassungen.[94] Ein Teilbetrieb im Aufbau gilt ebenfalls als Teilbetrieb.[95] Überträgt eine Personengesellschaft einen Teilbetrieb, so ist sie selbst entgegen der Auffassung der Finanzverwaltung[96] Einbringende.[97]

---

vgl. Haarmann (2000), S. 375 (385); Rödder/Beckmann, DStR 1999, S. 751; zur Definition des Teilbetriebs durch den EuGH vgl. Weier, DStR 2008, S. 1002 (1005); Schumacher/Neumann, DStR 2008, S. 325 (327); Blumers, BB 2008, S. 2041 (2042).

87 Vgl. S/H/S-Hörtnagl, § 15 Rn. 51; D/J/P/W-Patt, § 20 Rn. 87.

88 Vgl. D/J/P/W-Patt, § 20 Rn. 82-86; Rogall, DB 2006, S. 66 (67); Haarmann (2000), S. 375 (377).

89 Vgl. S/H/S-Hörtnagl, § 15 Rn. 53; H/B-Benkert, Einf. Rn. 372.

90 Vgl. S/H/S-Schmitt, § 20 Rn. 69; D/J/P/W-Patt, § 20 Rn. 113.

91 Vgl. D/J/P/W-Patt, § 20 Rn. 111; Blumers, DB 2001, S. 722 (723).

92 Vgl. BMF, Tz. 24.03 d. Schr. v. 25.03.1998 – IV B 7 – S 1978 – 21/98/IV B 2 – S 1909 – 33/98, BStBl. I 1998, S. 268; a. Ans.: BFH, Urt. v. 17.07.2008 – I R 77/06, DStR 2008, S. 2001 (2003).

93 Vgl. W/M-Widmann, § 20 Rn. 81.

94 Vgl. S/H/S-Schmitt, § 20 Rn. 106; a. Ans.: W/M-Widmann, § 20 Rn. 81.

95 Vgl. Rogall, DB 2006, S. 66 (67); Blumers, BB 1995, S. 1821 (1822); a. Ans.: D/J/P/W-Patt, § 20 Rn. 106.

96 Vgl. BMF, Tz. 20.05 d. Schr. v. 25.03.1998 – IV B 7 – S 1978 – 21/98/IV B 2 – S 1909 – 33/98, BStBl. I 1998, S. 268; H/H/R-Hübl, § 20 UmwStG Anm. 61; L/S/B-Söffing, § 20 UmwStG Rn. 40.

97 Vgl. W/M-Widmann, § 20 Rn. R 49; a. Ans.: D/J/P/W-Patt, § 20 Rn. 169.

Der (Teil-)[98] **Mitunternehmeranteil** bezeichnet die Beteiligung einer natürlichen Person, juristischen Person oder Personengesellschaft an einer Mitunternehmerschaft. Eine solche Mitunternehmerschaft stellen nicht nur GbRs, OHGs und KGs, sondern insbesondere auch Innengesellschaften wie die atypisch stille Gesellschaft und die Unterbeteiligung dar.[99] Zum Mitunternehmeranteil zählt dabei nicht nur die Beteiligung des Gesellschafters am Gesamthandsvermögen, sondern auch sein dazugehöriges Sonderbetriebsvermögen.[100] Mitunternehmer sind in diesem Zusammenhang nicht nur die unmittelbar beteiligten Gesellschafter der Mitunternehmerschaft, sondern auch die mittelbar über eine oder mehrere Personengesellschaften beteiligten Anteilseigner.[101]

Eine **mehrheitsvermittelnde Beteiligung** liegt vor, sofern die erwerbende Kapitalgesellschaft nach der Einbringung auf Grund ihrer Beteiligung einschließlich der eingebrachten Anteile nachweislich unmittelbar die Mehrheit der Stimmrechte an der Kapitalgesellschaft besitzt, deren Anteile eingebracht wurden.[102] Maßgeblich sind insoweit der Zeitpunkt des Spaltungsbeschlusses respektive der des Abschlusses des Einbringungsvertrages. Geht die Stimmenmehrheit im Anschluss wieder verloren, ist dies unschädlich.[103] Mehrheitsvermittelnd im Sinne des § 21 UmwStG ist eine Beteiligung darüber hinaus auch dann noch, wenn die erwerbende Kapitalgesellschaft bereits vor der Einbringung die Mehrheit der Stimmrechte innehat. In dieser Situation können auch stimmrechtslose Anteile eingebracht werden. Ausreichend ist ebenfalls, wenn die erwerbende Kapitalgesellschaft die Stimmrechtsmehrheit durch Anteilserwerbe von mehreren Personen erlangt, sofern alle Übertragungen auf einem einheitlichen Gründungs- oder Kapitalerhöhungsvorgang beruhen. Das Erfordernis der unmittelbaren Mehrheit der Stimmrechte verlangt, dass der erwerbenden Kapitalgesellschaft die Mehrheit direkt aufgrund ihres Anteilsbesitzes zusteht. Die Einschränkung von Stimmrechten durch Stimmbindungsverträge, Konsortialverträge oder Vetoverträge ist unbeachtlich.[104]

Eine solche privilegierte Sachgesamtheit muss **als Ganzes** eingebracht werden. Unter Einbringung versteht man in diesem Zusammenhang die Verschaffung des wirtschaftlichen Eigentums am Vermögen des Betriebes, Teilbetriebes oder (Teil-) Mitunternehmeranteiles.[105] Unerheblich ist, ob dies im Wege der Einzel- oder Gesamt-

---

98 Vgl. zur Privilegierung des Teilmitunternehmeranteils: BMF, Tz. 20.13 d. Schr. v. 25.03.1998 – IV B 7 – S 1978 – 21/98/IV B 2 – S 1909 – 33/98, BStBl. I 1998, S. 268; S/H/S-Schmitt, § 20 Rn. 126; W/M-Widmann, § 20 Rn. 94; D/J/P/W-Patt, § 20 Rn. 142.

99 Vgl. W/M-Widmann, § 20 Rn. 87; L/B/P-Hörger/Rapp, § 16 Rn. 139.

100 Vgl. BFH, Urt. v. 16.02.1996 – I R 183/94, BStBl. II 1996, S. 342; W/M-Widmann, § 20 Rn. 98.

101 Vgl. S/H/S-Schmitt, § 20 Rn. 119-120; a. Ans.: Behrens/Quatmann, DStR 2002, S. 481 (485).

102 Vgl. § 21 Abs. 1 S. 2 UmwStG.

103 Vgl. BMF, Tz. 20.19 d. Schr. v. 25.03.1998 – IV B 7 – S 1978 – 21/98/IV B 2 – S 1909 – 33/98, BStBl. I 1998, S. 268; D/J/P/W-Patt, § 21 Rn. 40; Milatz/Lütticken, GmbHR 2001, S. 560 (561).

104 Vgl. S/H/S-Schmitt, § 20 Rn. 158; H/B-Friederichs, § 20 Rn. 130; W/M-Widmann, § 21 Rn. 127-143.

105 Vgl. OFD Hannover, Vfg. v. 30.01.2007 – S 1978c – 56 – StO 243, DB 2007, S. 888;

rechtsnachfolge geschieht.[106] Bei der Einbringung in eine Personenhandelsgesellschaft muss der Transfer der Wirtschaftsgüter nicht zwingend in das Gesamthandsvermögen der aufnehmenden Unternehmung erfolgen. Es genügt auch eine Übertragung in ihr Sonderbetriebsvermögen durch Nutzungsüberlassung, sofern daneben zumindest eine wesentliche Betriebsgrundlage in das Gesamthandsvermögen übertragen wird.[107] Diese Möglichkeit besteht bei der Einbringung in eine Kapitalgesellschaft nicht.[108] Bei ihr fehlt es außerdem an einer Einbringung, sofern der Transfer im Rahmen einer verdeckten Sachgründung oder Sachkapitalerhöhung vollzogen wird.[109]

Die Einbringung der Sachgesamtheit als Ganzes erfordert, dass sämtliche wesentlichen Betriebsgrundlagen des Betriebs, Teilbetriebs oder (Teil-) Mitunternehmeranteils übertragen werden. Hieran fehlt es, sofern nur eine Betriebsgrundlage im sachlichen und zeitlichen Zusammenhang[110] mit der Einbringung einen Transfer in ein anderes Betriebsvermögen erfährt, unabhängig davon, ob dies zum Buchwert oder unter Aufdeckung der stillen Reserven geschieht.[111]

Welche Wirtschaftsgüter zu den wesentlichen Betriebsgrundlagen zählen, entscheidet eine funktionale Betrachtungsweise im Zeitpunkt des Einbringungsvertragsabschlusses oder Umwandlungsbeschlusses.[112] Da es beim Transfer einer Sachgesamtheit gerade nicht um ihre Veräußerung oder Aufgabe, sondern um ihre Fortführung geht, besitzen eventuell in den Wirtschaftsgütern vorhandene stille Reserven in diesem Zusammenhang keine Relevanz.[113] Insofern qualifizieren als wesentliche Betriebsgrundlagen alle Wirtschaftsgüter, die nach ihrer Funktion und organisatorischen Zusammengehörigkeit zur Erreichung des Betriebszwecks erforderlich sind und für die Führung des Betriebes ein wirtschaftliches Gewicht besitzen.[114] Hierzu zählen neben der für die Fortführung des Betriebes unentbehrlichen oder nicht ersetzbaren Betriebseinrichtung insbesondere Beteiligungen, sofern sie den Betrieb des Anteilsinhabers fördern oder ergänzen und gleichsam eine unselbständige Betriebsabtei-

---

Benz/Rosenberg, BB Special 8/2006, S. 51 (52); Herlinghaus, FR 2007, S. 286 (290); Kutt, DB 2006, S. 1132 (1134).

106 Vgl. W/M-Widmann, § 20 Rn. R 82; H/B-Friederichs, § 20 Rn. 140-141.

107 Vgl. BMF, Tz. 24.06 d. Schr. v. 25.03.1998 – IV B 7 – S 1978 – 21/98/IV B 2 – S 1909 – 33/98, BStBl. I 1998, S. 268; W/M-Widmann, § 24 Rn. 100; Fichtelmann, GestStB 2003, S. 259; differenzierend: D/J/P/W-Patt, § 24 Rn. 16; zur Einbringung in ein Darlehenskonto vgl. Rogall, DB 2007, S. 1215 (1219).

108 Vgl. D/J/P/W-Patt, § 20 Rn. 164.

109 Vgl. S/H/S-Schmitt, § 20 Rn. 202; H/B-Friederichs, § 20 Rn. 139.

110 Vgl. D/J/P/W-Patt, § 20, Rn. 40; a. Ans.: H/B-Friederichs, § 20 Rn. 77.

111 Vgl. BFH, Urt. v. 16.12.2004 – IV R 3/03, DStR 2005, S. 554.

112 Vgl. BMF, Schr. v. 16.08.2000 – IV C 2 – S 1909 – 23/00, BStBl. I 2000, S. 1253; Herzig, DB 2000, S. 2236 (2239); a. Ans.: Patt, DStR 1998, S. 190 (191); Patt/Rasche, FR 2000, S. 1328 (1329).

113 Vgl. BMF, Schr. v. 16.08.2000 – IV C 2 – S 1909 – 23/00, BStBl. I 2000, S. 1253; S/H/S-Schmitt, § 20 Rn. 12; H/B-Friederichs, § 20 Rn. 60.

114 Vgl. S/H/S-Schmitt, § 20 Rn. 12; D/J/P/W-Patt, § 20 Rn. 43; H/B-Friederichs, § 20 Rn. 55.

lung verkörpern,[115] sowie Grundstücke, auch Büro- und Verwaltungsgebäude, es sei denn, sie besitzen für den Betrieb nach ihrer tatsächlichen Nutzung nur geringe Bedeutung.[116] Darüber hinaus gehören auch der Kundenstamm, der Geschäftswert und andere immaterielle Wirtschaftsgüter zu den wesentlichen Betriebsgrundlagen, nicht aber Forderungen und Verbindlichkeiten.[117] Bleibt bei der einbringenden Unternehmung Vermögen zurück, muss dieses, anders als bei der Abspaltung, nicht als Teilbetrieb qualifizieren.[118] Bringt eine Personengesellschaft eine Sachgesamtheit ein und hat ein Gesellschafter dieser Personengesellschaft der betreffenden Sachgesamtheit eine wesentliche Betriebsgrundlage zur Nutzung überlassen, so ist deren Mitübertragung zum Erhalt der Privilegierung gleichermaßen erforderlich.[119]

Über diese allgemeinen Grundsätze hinaus gelten im Hinblick auf die Übertragung als Ganzes zwei Besonderheiten, sofern ein **Teilbetrieb** Gegenstand des Transfers ist. Zum einen kann in dieser Konstellation zum Betriebsvermögen der einbringenden Unternehmung auch neutrales Vermögen gehören. Hierunter versteht man Wirtschaftsgüter, die weder für den einzubringenden Teilbetrieb noch für den zurückbleibenden Teilbetrieb eine Funktion besitzen, wie bspw. liquide Mittel, sonstige Vermögensgegenstände des Umlaufvermögens, Verbindlichkeiten und eventuell der Warenbestand.[120] Dieses neutrale Vermögen kann frei zugeordnet werden.[121] Qualifiziert zum anderen ein Wirtschaftsgut sowohl beim einzubringenden Teilbetrieb als auch beim verbleibenden Teilbetrieb als eine wesentliche Betriebsgrundlage, so ist es nach überwiegender Einschätzung in Literatur und Rechtsprechung zur Erhaltung der Privilegierung mit zu übertragen.[122] Anders als bei Spaltungen fordert das UmwStG bei Einbringungen ausdrücklich nicht, dass ein Teilbetrieb zurückbleiben muss. Unklar ist allerdings, ob in einer solchen Konstellation überhaupt Teilbetriebe vorliegen. Zumindest aus der Perspektive der Finanzverwaltung müsste in dieser Situation angesichts der Anweisung zur gleich gelagerten Situation bei Spaltungen vielmehr von einem einheitlichen Betrieb auszugehen sein.[123]

Daneben ist bei der Einbringung eines **Mitunternehmeranteils** zu beachten, dass auch sämtliche wesentlichen Betriebsgrundlagen des Sonderbetriebsvermögens zur

---

115 Vgl. BMF, Tz. 20.08 d. Schr. v. 25.03.1998 – IV B 7 – S 1978 – 21/98/IV B 2 – S 1909 – 33/98, BStBl. I 1998, S. 268; D/J/P/W-Patt, § 20 Rn. 60; Reiche, DStR 2006, S. 1205 (1208).

116 Vgl. OFD Münster, Schr. v. 25.10.2004 – o. Az., HaufeIndex 1257741; D/J/P/W-Patt, § 20 Rn. 52-59.

117 Vgl. D/J/P/W-Patt, § 20 Rn. 49, 63; W/M-Widmann, § 20 Rn. 56; H/B-Friederichs, § 20 Rn. 66.

118 Vgl. S/H/S-Schmitt, § 20 Rn. 12.

119 Vgl. D/J/P/W-Patt, § 20, Rn. 124; W/M-Widmann, § 20 Rn. 30; H/B-Friederichs, § 20 Rn. 67.

120 Vgl. BMF, Tz. 15.08 d. Schr. v. 25.03.1998 – IV B 7 – S 1978 – 21/98/IV B 2 – S 1909 – 33/98, BStBl. I 1998, S. 268; S/H/S-Hörtnagl, § 15 Rn. 70-71.

121 Vgl. S/H/S-Schmitt, § 20 Rn. 67; W/M-Widmann, § 20 Rn. 82.

122 Vgl. BFH, Urt. v. 13.02.1996, BStBl. II 1996, S. 409; D/J/P/W-Patt, § 20 Rn. 110; H/B-Friederichs, § 20 Rn. 61.

123 Vgl. BMF, Tz. 15.07 d. Schr. v. 25.03.1998 – IV B 7 – S 1978 – 21/98/IV B 2 – S 1909 – 33/98, BStBl. I 1998, S. 268; W/M-Widmann, § 20 Rn. 80; D/J/P/W-Patt, § 20 Rn. 110.

Erlangung der Privilegierung mit zu übertragen sind.[124] Dabei kann zur Orientierung davon ausgegangen werden, dass Wirtschaftsgüter des Sonderbetriebsvermögens I in der Regel nach ihrer Funktion und organisatorischen Zusammengehörigkeit zur Erreichung des Betriebszwecks erforderlich sind, Wirtschaftsgüter des Sonderbetriebsvermögens II, mit Ausnahme der Anteile an einer Komplementär-GmbH oder einer wirtschaftlich verflochtenen anderen Kapitalgesellschaft, hingegen typischerweise nicht.[125] Diese Pflicht zur Einbringung der wesentlichen Betriebsgrundlagen des Sonderbetriebsvermögens gilt auch für die Übertragung des Mitunternehmeranteils (Untergesellschaft) in eine weitere Personengesellschaft (Obergesellschaft).[126] Erfolgt die Einbringung eines solchen Mitunternehmeranteils nach den Vorschriften des UmwG, so wird die Sachgesamtheit nur dann als Ganzes übertragen, wenn das Sonderbetriebsvermögen zum selben Stichtag und in einem einheitlichen Übertragungsakt transferiert wird.[127]

Erfährt lediglich der **Teil eines Mitunternehmeranteils** eine Einbringung, so sind die wesentlichen Betriebsgrundlagen des dazugehörenden Sonderbetriebsvermögens quotal mit zu übertragen. Wird das Sonderbetriebsvermögen in einem solchen Zusammenhang überquotal transferiert, so sind die stillen Reserven im übersteigenden Teil des Sonderbetriebsvermögens aufzudecken. Findet seine Übertragung hingegen unterquotal statt, ist der gesamte Transfer des Mitunternehmeranteils nur im Maße des unterquotalen Transfers als Teilanteilseinbringung begünstigt.[128]

Schließlich ist darauf zu achten, dass die aufnehmende Gesellschaft dem Einbringenden, veranlasst durch die Einbringung der Sachgesamtheit,[129] eine **gesellschaftsrechtliche Gegenleistung** gewährt. Im Rahmen der Sacheinlage in eine Kapitalgesellschaft und beim Anteilstausch geschieht dies durch Einräumung **neuer Anteile**.[130] Unter neuen Anteilen versteht man in diesem Zusammenhang solche, die erstmals bei der Sachgründung der aufnehmenden Kapitalgesellschaft, bei einer Kapitalerhöhung durch Sacheinlagen oder bei einem entsprechenden Vorgang nach dem UmwG ausgegeben werden. Nicht mehr als neu gelten hingegen schon bestehende Anteile, die die Kapitalgesellschaft bereits ausgegeben, zurück erworben oder eingezogen hat, unabhängig davon, ob ein Gesellschafter oder die Gesellschaft selbst sie hält.[131] Ausreichend ist in diesem Zusammenhang, wenn einem Gesellschafter der von ihm übernommene Kapitalerhöhungsbetrag auf seinen bereits bestehenden Geschäftsanteil zugeschlagen wird, da auf diesem Weg ein Besteue-

---

124 Vgl. Schwedhelm/Wollweber, BB 2008, S. 2208.

125 Vgl. D/J/P/W-Patt, § 20 Rn. 135-141.

126 Vgl. D/J/P/W-Patt, § 24 Rn. 94; a. Ans.: H/B-Friederichs, § 20 Rn. 20; W/M-Widmann, § 24 Rn. 6.2.

127 Vgl. S/H/S-Schmitt, § 20 Rn. 125; D/J/P/W-Patt, § 20 Rn. 167.

128 Vgl. Rogall, DB 2005, S. 410 (412).

129 Vgl. D/J/P/W-Patt, § 20 Rn. 170; H/B-Friederichs, § 20 Rn. 136.

130 Vgl. § 20 Abs. 1 UmwStG.

131 Vgl. S/H/S-Schmitt, § 20 Rn. 206; D/J/P/W-Patt, § 20 Rn. 173; W/M-Widmann, § 20 Rn. 469.

rungsrepräsentant in Form neuen Nennkapitals entsteht. Die neuen Anteile müssen keinem Mindestnennbetrag entsprechen. Es genügt jede noch so geringe Beteiligung.[132] Der Differenzbetrag zwischen dem Buchwert des eingebrachten Vermögens und dem Nennwert der neuen Anteile kann daher auch den offenen Rücklagen zugewiesen werden.[133] Unschädlich ist auch die Gewährung anderer Wirtschaftsgüter, sofern deren gemeiner Wert den Buchwert des eingebrachten Vermögens nicht übersteigt.[134]

Bei der Einbringung in eine Personengesellschaft muss der Einbringende **Mitunternehmer** der aufnehmenden Personengesellschaft werden. Erforderlich ist insoweit die Gutschrift der Betriebsvermögenserhöhung auf einem Kapitalkonto, das für die Beteiligung des Einbringenden maßgebend ist.[135] Die Gutschrift auf einem Darlehenskonto respektive die Gewährung anderer Gegenleistung als Gesellschaftsrechte sind nicht zulässig.[136] Auch in diesem Zusammenhang bedarf es keiner Mindestbeteiligung.[137] Ausreichend ist ebenfalls die schlichte Beteiligungserhöhung, falls der Einbringende bereits zuvor Mitunternehmer der aufnehmenden Personengesellschaft war.[138]

Neben diesen drei zentralen Tatbestandsvoraussetzungen fordern einzelne Privilegierungsvorschriften noch die **Erfüllung spezifischer Merkmale**. Bei der Sacheinlage in eine Kapitalgesellschaft erfordert ein Buchwertansatz, dass die **Aktivposten** des einzubringenden Betriebsvermögens zumindest seinen **Passivposten entsprechen**.[139] Dabei ist im Rahmen der Übertragung eines Mitunternehmeranteils auf das Kapitalkonto des einzelnen Mitunternehmers einschließlich Ergänzungs- und Sonderbilanzen abzustellen.[140] Entsprechen die Aktivposten nicht wenigstens den Passivposten der jeweiligen Sachgesamtheit, so müssen die Wirtschaftsgüter mit Zwischenwerten angesetzt werden, die in ihrer Summe ein Gleichgewicht zwischen Aktiva und Passiva bewirken. Ein solcher Zwischenwertansatz hat die Entstehung eines Einbringungsgewinns zur Folge.[141]

Während bei der Einbringung in eine Personengesellschaft keine weiteren Besonderheiten zur Erlangung der Steuerneutralität zu beachten sind, weist auch der **Formwechsel** Eigenarten auf.[142] Bei ihm müssen nicht nur alle oben dargestellten

---

132 Vgl. D/J/P/W-Patt, § 20 Rn. 170; W/M-Widmann, § 20 Rn. 471.

133 Vgl. W/M-Widmann, § 20 Rn. 480; S/H/S-Schmitt, § 20 Rn. 209.

134 Vgl. §§ 20 Abs. 2 S. 4, 21 Abs. 1 S. 3 UmwStG; D/J/P/W-Patt, § 20 Rn. 187.

135 Vgl. BMF, Schr. v. 26.11.2004 – IV B 2 – S 2178 – 2/04, BStBl. I 2004, S. 1190.

136 Vgl. BMF, Tz. 24.08 d. Schr. v. 25.03.1998 – IV B 7 – S 1978 – 21/98/IV B 2 – S 1909 – 33/98, BStBl. I 1998, S. 268; D/J/P/W-Patt, § 24 Rn. 108; a. Ans.: W/M-Widmann, § 24 Rn. 101.3.

137 Vgl. S/H/S-Schmitt, § 24 Rn. 127; H/B-Schlößer, § 24 Rn. 60.

138 Vgl. D/J/P/W-Patt, § 24 Rn. 109; H/B-Schlößer, § 24 Rn. 59.

139 Vgl. § 20 Abs. 2 Nr. 2 UmwStG.

140 Vgl. D/J/P/W-Patt, § 20 Rn. 217; H/B-Friederichs, § 20 Rn. 194.

141 Vgl. S/H/S-Schmitt, § 20 Rn. 260; D/J/P/W-Patt, § 20 Rn. 216.

142 Vgl. zur Vorteilhaftigkeit eines postakquisitorischen Formwechsels in eine Kapitalgesellschaft: Winkeljohann/Stegemann, DStR 2004, S. 544 (545).

Tatbestandsvoraussetzungen des § 20 UmwStG angesichts der in § 25 UmwStG normierten Rechtsgrundverweisung erfüllt werden.[143] Zur Realisierung des Buchwertprivilegs ist zusätzlich eine handelsrechtlich ordnungsgemäße Durchführung des Formwechsels erforderlich.[144] Eine solche ist unwiderlegbar anzunehmen, sofern eine entsprechende Eintragung in das Handelsregister erfolgt ist.[145] Außerdem ist zu beachten, dass im Rahmen des Formwechsels nicht die Personengesellschaft, sondern ihre Gesellschafter als Einbringende gelten. Da die Personengesellschaft nach Vollzug ihrer Umwandlung nicht mehr existiert, können Anteile am neuen Rechtsträger nur ihren Gesellschaftern gewährt werden.[146]

2.3. Vermögensübergänge aus Kapitalgesellschaften auf Kapitalgesellschaften

Alternativ kann die Umstrukturierungsmaßnahme auch als Vermögensübergang aus einer Kapitalgesellschaft auf eine andere Kapitalgesellschaft nach dem UmwG gestaltet werden. Hierzu bedarf es zunächst eines **ordnungsgemäßen Umwandlungsvorganges**. Zu gewährleisten ist daher, dass eine Verschmelzung den Regeln der §§ 2-122 UmwG und eine Auf- oder Abspaltung den Vorschriften der §§ 123-173 UmwG entspricht. Zu beachten ist in diesem Zusammenhang, dass das Finanzamt zwar grundsätzlich im Einzelfall prüfen darf, ob die individuelle Verschmelzung ordnungsgemäß durchgeführt wurde, gleichwohl ist es nach Eintragung der Verschmelzung in das Handelsregister an die Beurteilung des Registergerichts gebunden.[147]

Darüber hinaus dürfen **keine Gegenleistungen** mit Ausnahme von Gesellschaftsrechten an der übernehmenden Körperschaft gewährt werden.[148] In diesem Zusammenhang versteht man unter einer Gegenleistung ausschließlich Zahlungen der übernehmenden Gesellschaft an die verbleibenden Anteilseigner der übertragenden Gesellschaft zur Verbesserung des Umtauschverhältnisses.[149] Zahlungen an die übertragende Körperschaft sind entgegen der Auffassung der Finanzverwaltung wirtschaftlich sinnvoll nicht denkbar.[150] Zahlungen an ausscheidende oder widersprechende Gesellschafter finden entgegen der Einschätzung der Finanzverwaltung auf der Ebene der Gesellschafter statt und stellen daher Gegenleistungen für Anteilsübertragungen und nicht für das Vermögen der übertragenden Gesellschaft dar.[151]

---

143 Vgl. W/M-Widmann, § 25 Rn. 4; Schröder/Pickhardt-Poremba, DB 2007, S. 2166-2172; kritisch: Boorberg/Boorberg, DB 2007, S. 1777 (1780).

144 Vgl. §§ 190-304 UmwG.

145 Vgl. S/H/S-Schmitt, § 25 Rn. 6; D/J/P/W-Patt, § 25 Rn. 4.

146 Vgl. D/J/P/W-Patt, § 25 Rn. 4; W/M-Widmann, § 25 Rn. 3.

147 Vgl. S/H/S-Schmitt, § 11 Rn. 8.

148 Vgl. § 11 Abs. 2 Nr. 3 UmwStG; S/H/S-Schmitt, § 11 Rn. 92; D/J/P/W-Dötsch, § 11 Rn. 32; H/B-Bärwaldt, § 11 Rn. 30; S/H/S-Hörtnagl, § 15 Rn. 242.

149 Vgl. S/H/S-Schmitt, § 11 Rn. 92; D/J/P/W-Dötsch, § 11 Rn. 36; H/B-Bärwaldt, § 11 Rn. 35.

150 Vgl. D/J/P/W-Dötsch, § 11 Rn. 43; a. Ans.: BMF, Tz. 11.05 d. Schr. v. 25.03.1998 – IV B 7 – S 1978 – 21/98/IV B 2 – S 1909 – 33/98, BStBl. I 1998, S. 268; W/M-Widmann, § 11 Rn. 68.

151 Vgl. S/H/S-Schmitt, § 11 Rn. 92; D/J/P/W-Dötsch, § 11 Rn. 48; a. Ans.: BMF, Tz. 11.05 d. Schr. v. 25.03.1998 – IV B 7 – S 1978 – 21/98/IV B 2 – S 1909 – 33/98, BStBl. I 1998, S. 268.

Zahlungen der übertragenden Unternehmung selbst oder der Gesellschafter einer der beteiligten Gesellschaften besitzen für § 11 UmwStG keine Relevanz.[152] Die Aufgabe von Anteilen an der übertragenden Gesellschaft, wie sie bei der aufwärts gerichteten Verschmelzung geschieht, bedeutet ebenfalls keine Gegenleistung.[153] Die zu gewährenden Gesellschaftsrechte müssen, anders als im Rahmen des § 20 UmwStG, nicht neu sein. Auch bereits bestehende eigene Anteile der Gesellschaft können ausgegeben werden. Dabei kommt es beim übernehmenden Rechtsträger auch nicht zur Realisierung stiller Reserven in diesen eigenen Anteilen.[154]

Während § 11 Abs. 2 UmwStG bei Verschmelzungen die Gewährung des Buchwertprivileges an keine weiteren Tatbestandsmerkmale knüpft, macht § 15 Abs. 1 UmwStG diese Begünstigung bei Spaltungen außerdem davon abhängig, dass auf die übernehmenden Gesellschaften nicht nur einzelne Wirtschaftsgüter, sondern **Teilbetriebe** übergehen. Bei der Abspaltung eines solchen Teilbetriebes kommt hinzu, dass auch das bei der übertragenden Kapitalgesellschaft zurückbleibende Vermögen als Teilbetrieb qualifizieren muss.[155] Auf diese Weise stellt der Gesetzgeber sicher, dass das bisher in der übertragenden Unternehmung entfaltete betriebliche Engagement bei den übernehmenden Kapitalgesellschaften seine Fortführung erfährt.[156]

Da die Definition des Teilbetriebs sowie seiner Übertragung als Ganzes im gesamten UmwStG grundsätzlich gleich ist,[157] gelten die Erläuterungen im Zusammenhang der Einbringungstatbestände entsprechend. Zu beachten sind lediglich vier Spezifika, die sich darüber hinaus bei Spaltungen ergeben. Zunächst ist auch im Rahmen des § 15 UmwStG unklar, ob überhaupt Teilbetriebe dem Grunde nach vorliegen, sofern ein Wirtschaftsgut für zwei Teilbereiche der Unternehmung eine wesentliche Betriebsgrundlage darstellt. Die Finanzverwaltung verneint dies und geht in dieser Konstellation vielmehr von einem einheitlichen Betrieb aus.[158] Allerdings anerkennt sie simultan die Möglichkeit, bis zum Spaltungsbeschluss Teilbetriebe durch zivilrechtliche Teilung des betreffenden Wirtschaftsgutes zu schaffen. Ist dies nicht möglich oder nicht zumutbar, so lässt sie auch eine Teilung in Bruchteilseigentum nach dem Maß der tatsächlichen Nutzung zu.[159] Nach zutreffender Einschätzung in der Li-

152 Vgl. BMF, Tz. 11.08-11.11 d. Schr. v. 25.03.1998 – IV B 7 – S 1978 – 21/98/IV B 2 – S 1909 – 33/98, BStBl. I 1998, S. 268; S/H/S-Schmitt, § 11 Rn. 90; D/J/P/W-Dötsch, § 11 Rn. 51-52.

153 Vgl. S/H/S-Schmitt, § 11 Rn. 83; D/J/P/W-Dötsch, § 11 Rn. 32.

154 Vgl. D/J/P/W-Dötsch, § 11 Rn. 34; W/M-Widmann, § 11 Rn. 107.

155 Vgl. § 15 Abs. 1 S. 2 UmwStG.

156 Vgl. S/H/S-Hörtnagl, § 15 Rn. 43; Herzig (1998), S. 85 (98).

157 Vgl. BMF, Tz. 23.01 d. Schr. v. 25.03.1998 – IV B 7 – S 1978 – 21/98/IV B 2 – S 1909 – 33/98, BStBl. I 1998, S. 268; D/J/P/W-Dötsch/Pung, § 15, Rn. 64.

158 Vgl. BMF, Tz. 15.07 d. Schr. v. 25.03.1998 – IV B 7 – S 1978 – 21/98/IV B 2 – S 1909 – 33/98, BStBl. I 1998, S. 268; a. Ans.: Sächsisches FG, Urt. v. 09.09.2008 – 3 K 1996/06, BB 2008, S. 2679 (Rev.: I R 96/08); H/B-Haritz, § 15 Rn. 37; Blumers, DB 1995, S. 496 (497).

159 Vgl. BMF, Tz. 15.07 d. Schr. v. 25.03.1998 – IV B 7 – S 1978 – 21/98/IV B 2 – S 1909 – 33/98, BStBl. I 1998, S. 268.

teratur sollte zusätzlich die Einräumung wirtschaftlichen Eigentums zur Herstellung spaltbarer Teilbetriebe zulässig sein.[160]

Außerdem gelten auch (Teil-) Mitunternehmeranteile sowie 100 %-ige Beteiligungen an Kapitalgesellschaften als (fiktive) Teilbetriebe.[161] Sie können also grundsätzlich durch Ab- oder Aufspaltung aus dem Vermögen der abgebenden Kapitalgesellschaft bewegt werden. Dabei entsprechen die Begriffe des (Teil-) Mitunternehmeranteils sowie der 100 %-igen Beteiligung vollumfänglich denen im übrigen UmwStG.[162] Anders als im Rahmen des § 21 UmwStG ist allerdings nur die vollständige Übertragung einer 100 %-igen Beteiligung begünstigt.

Weiterhin müssen alle Einheiten, die übergehen oder zurückbleiben, als „Nur-Teilbetrieb" qualifizieren. Der Übergang oder Verbleib eines Teilbetriebes zusammen mit einem nicht zuordnungsfähigen neutralen Wirtschaftsgut ist nicht zulässig. Sofern echte Teilbetriebe gegeben sind, ist diese Voraussetzung unproblematisch. In dieser Konstellation können die Wirtschaftsgüter des neutralen Vermögens mit Ausnahme von Pensionsrückstellungen beliebig den einzelnen Teilbetrieben zugeordnet werden.[163] Anders verhält es sich allerdings, sofern auch ein fiktiver Teilbetrieb vorhanden ist. Ihm kann eine solche nicht wesentliche Betriebsgrundlage nur zugeordnet werden, falls ein unmittelbarer wirtschaftlicher Zusammenhang zwischen beiden besteht. Dies ist insbesondere bei den Wirtschaftsgütern, die für die Verwaltung der Beteiligung erforderlich sind, der Fall.[164] Angesichts dieser Einschränkung ist zu beachten, dass Holdinggesellschaften, zu deren Betriebsvermögen auch nicht 100 %-ige Beteiligungen gehören, ohne entsprechende Gestaltungsmaßnahmen nicht spaltbar sind.[165]

Außerdem sieht § 15 Abs. 2 UmwStG bei Spaltungen zwei **gesetzliche Missbrauchsfälle** vor, die eine steuerneutrale Übertragung von Anfang an verhindern.[166] Zunächst ist der steuerneutrale Transfer eines Mitunternehmeranteils oder einer Beteiligung nicht möglich, sofern letztere innerhalb eines Zeitraums von drei Jahren vor dem steuerlichen Übertragungsstichtag durch Übertragung von Wirtschaftsgütern, die kein Teilbetrieb sind, erworben oder aufgestockt worden sind.[167] Ohne diese Einschränkung könnten Gesellschaften mit nicht zuordnungsfähigen neutralen Wirt-

---

160 Vgl. S/H/S-Hörtnagl, § 15 Rn. 68; D/J/P/W-Dötsch/Pung, § 15 Rn. 85; H/B-Haritz, § 15 Rn. 54.

161 Vgl. § 15 Abs. 1 S. 3 UmwStG.

162 Vgl. D/J/P/W-Dötsch/Pung, § 15 Rn. 71-77; H/B-Haritz, § 15 Rn. 54.

163 Vgl. OFD Hannover, Vfg. v. 30.01.2007 – S 1978 – 43 – StO 243; BMF, Tz. 15.08 d. Schr. v. 25.03.1998 – IV B 7 – S 1978 – 21/98/IV B 2 – S 1909 – 33/98, BStBl. I 1998, S. 268; D/J/P/W-Dötsch/Pung, § 15 Rn. 86; W/M-Widmann, § 15 Rn. 69; H/B-Haritz, § 15 Rn. 39.

164 Vgl. BMF, Tz. 15.09 d. Schr. v. 25.03.1998 – IV B 7 – S 1978 – 21/98/IV B 2 – S 1909 – 33/98, BStBl. I 1998, S. 268; BMF, Schr. v. 28.09.1998 – IV B 7 – S 1978 – 47/98, HaufeIndex 151056; a. Ans.: Blumers/Siegels, DB 1996, S. 7 (8); Krebs, BB 1998, S. 2082.

165 Vgl. D/J/P/W-Dötsch/Pung, § 15 Rn. 88; kritisch: Blumers/Siegels, DB 1996, S. 7.

166 Der dritte Missbrauchstatbestand des § 15 Abs. 2 S. 2-4 UmwStG greift erst rückwirkend bei seiner Verwirklichung und qualifiziert daher aus der Perspektive der Gestaltung nicht als Tatbestandsmerkmal der Primärsteuerwirkung, sondern als selbständige Sekundärsteuerwirkung.

167 Vgl. § 15 Abs. 2 S. 1 UmwStG.

schaftsgütern gespalten oder nicht privilegierte Einzelwirtschaftsgüter durch Einbringung in eine Mitunternehmung oder Beteiligung und anschließender Spaltung steuerneutral bewegt werden.[168]

Unter Erwerb ist in diesem Zusammenhang die erstmalige Begründung eines Mitunternehmeranteils oder einer Beteiligung und unter Aufstockung der Hinzuerwerb weiterer Anteile zu verstehen. Dabei setzt eine Aufstockung nicht voraus, dass die Beteiligungsquote des Einbringenden eine Erhöhung erfährt. Auch Transfers in bereits bestehende 100 %-ige Beteiligungen können schädlich sein.[169] Durch Übertragung von Wirtschaftsgütern erfolgt ein solcher Erwerb oder eine solche Aufstockung, sofern der Einbringende im Gegenzug neue Gesellschaftsrechte an der aufnehmenden Gesellschaft erhält.[170] Bei Mitunternehmerschaften ist diese Voraussetzung sowohl für offene als auch für verdeckte Einlagen in das Gesamthands- oder Sonderbetriebsvermögen erfüllt,[171] bei Kapitalgesellschaften hingegen allein für offene Einlagen, da verdeckte Einlagen hier keine Erhöhung der gesellschaftsrechtlichen Beteiligung bewirken.[172] Ob die Einlagen unter Aufdeckung der stillen Reserven erfolgen, ist ohne Bedeutung.[173]

Da die faktische Veräußerung eines Teilbetriebes auch dadurch erreicht werden kann, dass der potenzielle Erwerber zunächst eine Beteiligung an der übertragenden Kapitalgesellschaft erwirbt und im Anschluss die dann vorhandenen Gesellschafterstämme dieser Kapitalgesellschaft im Wege einer Spaltung getrennt werden,[174] legt § 15 Abs. 2 S. 5 UmwStG darüber hinaus fest, dass bei einem solchen Vorgang das Bewertungswahlrecht nur dann gegeben ist, sofern die Gesellschafterstämme der übertragenden Kapitalgesellschaft vor dem steuerlichen Übertragungsstichtag bereits mindestens fünf Jahre an ihr beteiligt gewesen sind. Dabei versteht man unter einem Gesellschafterstamm entweder eine einzelne Person oder eine Gruppe von Personen, die sich entweder selbst als einander zugehörig begreifen oder von anderen Personen als Einheit angesehen werden. Dies ist der Fall, sofern gleichgerichtete Interessen sie miteinander verbinden.[175] Mehrere Gesellschafterstämme können daher nur gegeben sein, falls mindestens zwei Anteilsinhaber oder Gesellschaftergruppierungen vorhanden sind, die unterschiedliche Interessen im Hinblick auf die gemeinsame Fortsetzung der betrieblichen Aktivität verfolgen. Daran fehlt es bspw., wenn

---

168 Vgl. BT-Drucks. 12/6885, S. 23; Brähler (2008), S. 369.

169 Vgl. S/H/S-Hörtnagl, § 15 Rn. 120.

170 Vgl. D/J/P/W-Dötsch/Pung, § 15 Rn. 95; H/B-Haritz, § 15 Rn. 85.

171 Vgl. BMF, Tz. 15.17 d. Schr. v. 25.03.1998 – IV B 7 – S 1978 – 21/98/IV B 2 – S 1909 – 33/98, BStBl. I 1998, S. 268; Krebs, BB 1997, S. 2078 (2079); a. Ans.: S/H/S-Hörtnagl, § 15 Rn. 123-124; W/M-Widmann, § 15 Rn. 182, die verdeckte Einlagen in Mitunternehmerschaften und Überführungen in Sonderbetriebsvermögen für unschädlich halten.

172 Vgl. BMF, Tz. 15.18 d. Schr. v. 25.03.1998 – IV B 7 – S 1978 – 21/98/IV B 2 – S 1909 – 33/98, BStBl. I 1998, S. 268.

173 Vgl. D/J/P/W-Dötsch/Pung, § 15 Rn. 103; a. Ans.: S/H/S-Hörtnagl, § 15 Rn. 125.

174 Vgl. S/H/S-Hörtnagl, § 15 Rn. 216; Esters/Marenbach, GmbHR 2003, S. 979 (980); Thies, DB 1999, S. 2179 (2182).

175 Vgl. D/J/P/W-Dötsch/Pung, § 15 Rn. 149; Brähler (2008), S. 380; H/B-Haritz, § 15 Rn. 135.

die scheinbar getrennten Anteile auf einer übergeordneten Ebene nach wie vor denselben Personen gehören.[176]

Eine Trennung solcher Gesellschafterstämme liegt nach dem Wortlaut des Umwandlungssteuererlasses nur vor, sofern nach einer Aufspaltung an den übernehmenden Gesellschaften und nach einer Abspaltung an der übernehmenden und der übertragenden Kapitalgesellschaft nicht mehr alle Gesellschafter der übertragenden Gesellschafter beteiligt sind.[177] Dies bedeutet im Umkehrschluss eigentlich, dass die Aufrechterhaltung zumindest minimaler Beteiligungen an den gespaltenen Unternehmungen nicht als schädlich qualifiziert.[178] Gleichwohl wird in der Literatur die Auffassung vertreten, eine vollständige Entflechtung sei nicht erforderlich. Zur Annahme einer Trennung von Gesellschafterstämmen genüge bereits, dass die Gesellschafterstämme an der jeweils anderen Nachfolgegesellschaft nur zu einem geringen Prozentsatz beteiligt seien, ohne nennenswerte eigene Mitwirkungs- oder Widerspruchsrechte zu besitzen.[179] Daneben sind Anteilsveräußerungen im Anschluss an eine ordnungsgemäße Spaltung nach dem Wortlaut der Regelung eigentlich nicht zu beanstanden. Allerdings ergibt sich bei einer solchen Gestaltung in einem zeitlichen und sachlichen Zusammenhang die Gefahr eines Gestaltungsmissbrauchs oder Gesamtplans.[180]

In welcher Höhe die Beteiligungen der einzelnen Anteilseigner an der übertragenden Kapitalgesellschaft während der Fünf-Jahres-Frist bestanden, ist unerheblich.[181] Existiert die zu spaltende Kapitalgesellschaft noch keine fünf Jahre, soll nach Auffassung der Finanzverwaltung keine Möglichkeit zu einer Spaltung bestehen.[182] Zutreffend ist allerdings in diesem Fall darauf abzustellen, ob die Gesellschafter seit der Gesellschaftsgründung beteiligt sind.[183] Ist die zu spaltende Kapitalgesellschaft durch den Formwechsel einer Personengesellschaft entstanden, ist bei der Berechnung der Fünf-Jahres-Frist die Zeit der Beteiligung an der Personengesellschaft mit zu berücksichtigen.[184]

---

176 Vgl. S/H/S-Hörtnagl, § 15 Rn. 224; a. Ans.: BMF, Tz. 15.36 d. Schr. v. 25.03.1998 – IV B 7 – S 1978 – 21/98/IV B 2 – S 1909 – 33/98, BStBl. I 1998, S. 268; W/M-Widmann, § 15 Rn. 460.

177 Vgl. BMF, Tz. 15.36 d. Schr. v. 25.03.1998 – IV B 7 – S 1978 – 21/98/IV B 2 – S 1909 – 33/98, BStBl. I 1998, S. 268; H/B-Haritz, § 15 Rn. 139; Brähler (2008), S. 380.

178 Vgl. S/H/S-Hörtnagl, § 15 Rn. 232; D/J/P/W-Dötsch/Pung, § 15 Rn. 152; H/B-Haritz, § 15 Rn. 140

179 Vgl. D/J/P/W-Dötsch/Pung, § 15 Rn. 154; Herzig/Förster, DB 1995, S. 338 (346).

180 Vgl. S/H/S-Hörtnagl, § 15 Rn. 228-231; H/B-Haritz, § 15 Rn. 140.

181 Vgl. BMF, Tz. 15.35 d. Schr. v. 25.03.1998 – IV B 7 – S 1978 – 21/98/IV B 2 – S 1909 – 33/98, BStBl. I 1998, S. 268.

182 Vgl. BMF, Tz. 15.37 d. Schr. v. 25.03.1998 – IV B 7 – S 1978 – 21/98/IV B 2 – S 1909 – 33/98, BStBl. I 1998, S. 268.

183 Vgl. W/M-Widmann, § 15 Rn. 490; H/B-Haritz, § 15 Rn. 146.

184 Vgl. S/H/S-Hörtnagl, § 15 Rn. 235; D/J/P/W-Dötsch/Pung, § 15 Rn. 157.

2.4. Vermögensübergänge aus Kapitalgesellschaften auf Personengesellschaften

Auch der Vermögensübergang von einer Kapitalgesellschaft auf eine Personengesellschaft nach dem UmwG kann steuerneutral vollzogen werden.[185] Voraussetzung hierfür ist, dass ein ordnungsgemäßer Umwandlungsvorgang gegeben ist, mit Ausnahme von Gesellschaftsrechten keine sonstige Gegenleistung gewährt wird, und dass bei Spaltungen Teilbetriebe vorliegen.

Zivilrechtlich ordnungsgemäß ist der Umwandlungsvorgang, wenn er den jeweils anzuwendenden Vorschriften des UmwG entspricht. Maßgeblich sind insoweit für Verschmelzungen die §§ 2-122 UmwG, für Formwechsel die §§ 190-304 UmwG und für Spaltungen die §§ 123-173 UmwG. Ob die individuelle Umwandlung ordnungsgemäß durchgeführt wurde, kann das Finanzamt grundsätzlich im Einzelfall überprüfen. Gleichwohl ist es nach Eintragung der Verschmelzung in das Handelsregister an die Beurteilung des Registergerichts gebunden.[186] Was die Gewährung von Gegenleistungen und das Vorliegen von Teilbetrieben betrifft, gelten die Ausführungen zum Vermögensübergang auf Kapitalgesellschaften entsprechend.[187]

2.5. Verdeckte Einlagen/Entnahmen gemäß § 6 Abs. 3 EStG

§ 6 Abs. 3 EStG erlaubt eine Fortführung der Buchwerte, sofern ein Betrieb, Teilbetrieb oder Mitunternehmeranteil unentgeltlich übertragen wird. Obwohl diese Regelung eigentlich auf die Unternehmensnachfolge zugeschnitten ist,[188] kommt ihr im Zusammenhang mit der Unternehmensumstrukturierung zumindest in zweierlei Hinsicht Bedeutung zu. Zum einen wird zutreffend die Auffassung vertreten, dass die Norm als Parallelvorschrift zu § 24 UmwStG fungiert. Während letztere zu ihrer Anwendung die Gewährung einer Gegenleistung in Form von Gesellschaftsrechten fordert, erlaubt § 6 Abs. 3 EStG in direkter oder analoger Anwendung einen Sachgesamtheitstransfer in die Kapitalrücklage der aufnehmenden Personengesellschaft.[189] Zu beachten ist allerdings, dass diese Einschätzung bisher weder von der Rechtsprechung noch von der Finanzverwaltung eine Bestätigung erfahren hat.

Zum anderen soll § 6 Abs. 3 EStG anzuwenden sein, sofern eine Sachgesamtheit unentgeltlich aus einer Personengesellschaft aufwärts in das Betriebsvermögen eines ihrer Gesellschafter transferiert wird. Zu einer solchen Übertragung kommt es insbesondere bei einer Anwachsung des Betriebsvermögens infolge des Austritts

---

185 Vgl. §§ 3, 9, 16 UmwStG.

186 Vgl. BMF, Tz. 01.07 d. Schr. v. 25.03.1998 – IV B 7 – S 1978 – 21/98/IV B 2 – S 1909 – 33/98, BStBl. I 1998, S. 268.

187 Vgl. Abschn. B. II. 2. 3.

188 Vgl. Frotscher-Herrmann, § 6 Rn. 463; L/S/B-Ortmann-Babel, § 6 Anm. 1006.

189 Vgl. Schmidt-Glanegger, § 6 Rn. 480; L/B/P-Hoffmann, § 6 Rn. 1005; H/H/R-Gratz, § 6 Anm. 1376; Blümich-Ehmcke, § 6 Rn. 1225.

des vorletzten Gesellschafters[190] und bei einer Verschmelzung der Tochterpersonengesellschaft auf ihre Muttergesellschaft.[191]

Für Übertragungen in Kapitalgesellschaften hat die Regelung im Übrigen keine Bedeutung, da das Rechtsinstitut der verdeckten Einlage insoweit als lex specialis Vorrang genießt.[192]

3. Gestaltungsmittel zur Erzielung einer partiellen Gewinnrealisierung

Bei der Übertragung privilegierter Sachgesamtheiten ist die Primärsteuerwirkung der bloß partiellen Aufdeckung stiller Reserven grundsätzlich denselben Tatbeständen wie bei der Buchwertfortführung zugeordnet. Die oben vorgestellten Privilegierungsregeln des UmwStG sehen ein Wahlrecht vor, das prinzipiell beliebig ausgeübt werden kann. Bei Übertragungen gemäß § 6 Abs. 3 EStG kann unter Berücksichtigung der so genannten Einheitstheorie eine partielle Gewinnrealisierung erreicht werden, indem als Gegenleistung ein Entgelt zwischen Buchwert und Verkehrswert der Sachgesamtheit vereinbart wird.[193] Bei Realteilungen kann eine partielle Gewinnrealisierung schließlich durch die Generierung eines Spitzenausgleichs erreicht werden.[194]

4. Systematischer Zusammenhang der Gestaltungsmittel

Untersucht man beim Transfer privilegierter Sachgesamtheiten den systematischen Zusammenhang der Gestaltungsmittel, werden vier denkbare Ausgangspositionen steuerlicher Gestaltung deutlich. Zum einen ist ein Gewinnrealisierungswahlrecht vorstellbar. Ein solches besteht, sofern die konkrete Umstrukturierungsmaßnahme einen Tatbestand des UmwStG verwirklicht.[195] In diesen Fällen können die Beteiligten frei wählen, ob sie steuerlich die Buchwerte fortführen oder die stillen Reserven partiell respektive vollständig aufdecken. Die gleiche Option besteht parallel bei Übertragungen gemäß § 6 Abs. 3 EStG. Zwar gilt nach dem Wortlaut dieser Vorschrift eigentlich ein Zwang zur Buchwertfortführung, gleichwohl besteht in dieser Situation alternativ die Möglichkeit einer fremdüblichen Veräußerung. Außerdem kann eine

---

190 Vgl. BFH, Urt. v. 10.03.1998 - VIII R 76/96, BFH/NV 1998, S. 1412; L/B/P-Hoffmann, § 6 Rn. 1007; H/H/R-Gratz, § 6 Anm. 1377; Neu/Watermeyer, DStR 2002, S. 2101 (2108); Rogall/Stangl, DStR 2005, S. 1073 (1075); Hoffmann, GmbHR 2002, S. 236; zur erweiterten Anwachsung vgl. Ettinger/Schmitz, GmbHR 2008, S. 1089-1092; Suchanek/Herbst, Ubg 2008, S. 669-674.

191 Vgl. D/J/P/W-Patt, § 24 Rn. 76.

192 Vgl. BMF, Tz. 2 d. Schr. v. 03.03.2005 – IV B 2 – S 2241 – 14/05, BStBl. I 2005, S. 458; Blümich-Ehmcke, § 6 Rn. 1216; a. Ans.: L/B/P-Hoffmann, § 6 Rn. 1005; L/B/P-Hörger/Rapp, § 16 Rn. 18b.

193 Vgl. BMF, Tz. 35-38 d. Schr. v. 13.01.1993 – IV B 3 – S 2190 – 37/92, BStBl. I 1993, S. 80; H/H/R-Gratz, § 6 Anm. 1382, 1387; Blümich-Ehmcke, § 6 Rn. 1224.

194 Vgl. Korn-Stahl, § 16 Rn. 319.1; L/B/P-Hörger/Rapp, § 16 Rn. 187i; Schmidt-Wacker, § 16 Rn. 548

195 Vgl. §§ 3-25 UmwStG.

Vollständige Gewinnrealisierung

- Fremdübliche Veräußerung
- Ausübung eines Gewinnrealisierungswahlrechts
- Nicht privilegierte Übertragung

Vermeidung jeder Gewinnrealisierung

- Einbringung gemäß den §§ 20-25 UmwStG
- Vermögensübergang gemäß den §§ 11, 15 UmwStG
- Vermögensübergang gemäß den §§ 3, 9, 16 UmwStG
- Verdeckte Einlage gemäß § 6 Abs. 3 EStG
- Realteilung ohne Spitzenausgleich
- Übertragung im Rahmen des Treuhandmodells

Partielle Gewinnrealisierung

- Ausübung eines Gewinnrealisierungswahlrechts
- Kombination

Abb. 7: Stille Reserven - Steuerliche Gestaltungsmittel beim Transfer von Sachgesamtheiten

partielle Gewinnrealisierung erreicht werden, indem als Gegenleistung ein Entgelt zwischen Buchwert und Verkehrswert der Sachgesamtheit vereinbart wird.[196] Daher besteht ein faktisches Gewinnrealisierungswahlrecht.

Zum anderen kann ein eingeschränktes Gewinnrealisierungswahlrecht gegeben sein. Dies ist der Fall, sofern die Übertragung einer privilegierten Sachgesamtheit alle Voraussetzungen einer Einbringung in eine Kapitalgesellschaft erfüllt, jedoch die Passivposten ihres Vermögens dessen Aktivposten übersteigen (§ 20 Abs. 2 Nr. 2 UmwStG). In dieser Konstellation bedarf es eines ausgeglichenen Wertansatzes, so dass eine partielle Aufdeckung stiller Reserven erforderlich ist. Gleiches kann gelten, falls die übernehmende Gesellschaft im Rahmen eines Transfers Zuzahlungen an das abgebende Betriebsvermögen oder Ausgleichszahlungen an dessen Gesellschafter zu leisten hat. Dann sind stille Reserven zumindest insoweit aufzulösen, als sie diesen Gegenleistungen zuzuordnen sind.

Während im Übrigen für Übertragungen im Rahmen des Treuhandmodells ein Zwang zur Buchwertfortführung besteht, gilt für alle anderen Konstellationen schließlich eine Gewinnrealisierungspflicht.

C. Sekundärsteuerwirkungen der Gestaltungsmittel

Die Verwirklichung eines der oben vorgestellten Gestaltungsmittel bewirkt nicht nur den Eintritt einer der drei Primärsteuerwirkungen. Unmittelbar mit der Realisierung dieser Tatbestände verknüpft sind darüber hinaus eine Reihe anderer steuerlicher

[196] Vgl. BMF, Tz. 35-38 d. Schr. v. 13.01.1993 – IV B 3 – S 2190 – 37/92, BStBl. I 1993, S. 80; H/H/R-Gratz, § 6 Anm. 1382, 1387; Blümich-Ehmcke, § 6 Rn. 1224.

Konsequenzen. Bspw. hängen die zukünftige Abschreibung eines Wirtschaftsguts sowie der Eintritt des aufnehmenden Betriebsvermögens in steuerliche Behaltefristen vom Maß der Gewinnrealisierung ab. Solche steuerliche Nebenfolgen kann man als Sekundärsteuerwirkungen bezeichnen.[197] Ihnen kommt bei der Ermittlung des Ist-Zustandes und der Definition des Soll-Zustandes Bedeutung zu. Grund hierfür ist ihr Einfluss auf die Vorteilhaftigkeit der ihnen zugrunde liegenden Primärsteuerwirkung. Auch wenn im Einzelfall eine der drei Primärsteuerwirkungen isoliert betrachtet als die günstigste erscheint, kann sich unter Berücksichtigung aller Sekundärsteuerwirkungen ein anderes Resultat ergeben.

Deshalb ist es erforderlich, die Sekundärsteuerwirkungen der einzelnen Steuertatbestände zu identifizieren. Dabei ist zwischen entscheidungsrelevanten und -irrelevanten Steuerwirkungen zu unterscheiden. Das Teilplanungskonzept der Gewinnrealisierung mündet in eine Entscheidung, ob vorhandene stille Reserven ganz, teilweise oder gar nicht aufgedeckt werden sollen. Mit einzubeziehen in diesen Entscheidungsprozess sind daher nur solche Steuerwirkungen, die angesichts des Maßes der Gewinnrealisierung zu unterschiedlichen Ergebnissen führen. Löst ein Transfer Steuerwirkungen unabhängig davon aus, ob stille Reserven realisiert werden, wie bspw. die Verwirklichung eines Grunderwerbsteuertatbestandes,[198] oder die Vernichtung eines Verlustvortrages,[199] sind diese Steuerwirkungen für die Partialplanung stiller Reserven nicht entscheidungserheblich. Sie stellen dann keine Sekundärsteuerwirkungen der Gewinnrealisierung, sondern eigenständige Primärsteuerwirkungen dar, die ihrerseits Gegenstand einer parallel verlaufenen Partialplanung sind.

I. Einzelwirtschaftsgüter

1. Allgemeine Grundsätze

Angesichts der Vielzahl an Steuertatbeständen, die durch Umstrukturierungen eine Berührung erfahren, ergibt sich eine Fülle entscheidungsrelevanter Sekundärsteuerwirkungen. Diese Sekundärsteuerwirkungen gleichen sich überwiegend, sofern die sie auslösenden Tatbestände dieselbe Primärsteuerwirkung nach sich ziehen. Grund dieser Uniformität ist die wirtschaftliche Betrachtungsweise des Ertragsteuerrechts.[200] Sie reduziert die Beurteilung eines Vermögenstransfers im Wesentlichen auf drei Grundkonzepte. Die Übertragung eines Wirtschaftsguts kann entweder vollentgeltlich, unentgeltlich oder teilentgeltlich erfolgen. Geschieht sie vollentgeltlich,

---

197 Ähnlich: Schmidt (1999), S. 63-64, der den Begriff allerdings zur zeitlichen Abgrenzung von Steuerwirkungen verwendet. Schiffers (1994), S. 25, differenziert in diesem Zusammenhang zwischen Haupt- und Nebeneffekten.

198 Vgl. §§ 1, 5, 6 GrEStG; P/F-Pahlke, Einl. Rn. 9.

199 Vgl. § 8c KStG; § 15a EStG; § 10a GewStG; Fey/Neyer, GmbHR 2000, S. 705.

200 Vgl. Schmidt-Seeger, § 2 Rn. 40; H/H/R-Ruppe, Einf. ESt, Anm. 650; besonderen Ausdruck findet diese Sichtweise auch im Schreiben des BMF zur Auseinandersetzung der Erbengemeinschaft (BMF, Schr. v. 14.03.2006 – IV B 2-S 2242-7/06, BStBl. I 2006, S. 253).

wird auf der Seite des übertragenden Betriebsvermögens in der Regel eine Veräußerung und auf der Seite des aufnehmenden Betriebsvermögens eine Anschaffung angenommen.[201] Wird die Übertragung hingegen unentgeltlich ausgestaltet, gilt das Wirtschaftsgut nicht als veräußert und angeschafft. Das aufnehmende Betriebsvermögen tritt bezüglich des Transfergegenstandes vielmehr in die steuerliche Rechtsstellung des abgebenden Betriebsvermögens ein.[202] Erfolgt die Vermögensverlagerung schließlich teilentgeltlich, erfährt der Vorgang grundsätzlich eine Aufteilung in einen entgeltlichen und einen unentgeltlichen Transfer. Dies hat zur Folge, dass jeweils partiell ein Veräußerungs- respektive Anschaffungsgeschäft sowie ein Eintritt in die steuerliche Rechtsstellung angenommen werden.[203]

Diese drei steuerlichen Grundkonzeptionen stellen im Anschluss an die Übertragung des Wirtschaftsguts typischerweise die Basis für die Beurteilung aller steuerlichen Folgefragen dar. Je nachdem, welche Primärsteuerwirkung das individuell verwirklichte Gestaltungsmittel auslöst, ist für Abschreibungsregelungen, für die Verletzung von Behaltefristen und eine Vielzahl anderer Thematiken grundsätzlich entweder von einem Veräußerung- respektive Anschaffungsgeschäft oder von einem Eintritt in die steuerliche Rechtstellung oder von einer Kombination beider Konzepte auszugehen. Angesichts dieses systematischen Zusammenhangs ist es sinnvoll, zwischen den Sekundärsteuerwirkungen bei (2.) vollständiger Gewinnrealisierung, bei (3.) keiner Gewinnrealisierung und bei (4.) partieller Gewinnrealisierung zu unterscheiden.

2. Sekundärsteuerwirkungen einer vollständigen Gewinnrealisierung

2.1. Abschreibung

Bei vollständiger Gewinnrealisierung ist AfA-Bemessungsgrundlage das größtmögliche Abschreibungspotenzial in Form des Veräußerungspreises oder Einlagewertes.[204] Abschreibungszeitraum und -satz sind neu nach der betriebsgewöhnlichen

---

201 Vgl. zur **offenen Einlage**: Schmidt-Weber-Grellet, § 5 Rn. 636; Korn-Korn/Strahl, § 6 Rn. 527; Blümich-Schlenker, § 6b Rn. 49; L/S/B-Welbers, § 6b Anm. 50; L/B/P-Hoffmann, § 6b Rn. 41; K/S/M-Heger, § 6b Rn. B 123; B/B-Eversloh, § 6b Rn. 101; Frotscher-Frotscher, § 6b Rn. 12; Freikamp, BB 2001, S. 2618 (2619); zur **verdeckten Einlage**: L/S/B-Welbers, § 6b Anm. 50a; Korn-Strahl, § 6b Rn. 14; L/B/P-Hoffmann, § 6b Rn. 41; Groh, DB 1997, S. 1683 (1687); Förster, DStR 2001, S. 1913 (1914); a. Ans.: H/H/R-Eckstein, § 6 Anm. 1488d; Schmidt-Glanegger, § 6b Rn. 66; Blümich-Schlenker, § 6b Rn. 49; K/S/M-Heger, § 6b Rn. B 179; B/B-Eversloh, § 6b Rn. 162; zur **nicht privilegierten Übertragung**: Schmidt-Glanegger, § 6 Rn. 537, 539, 544, u. § 6b Rn. 66; Korn-Strahl, § 6b Rn. 14; Frotscher-Frotscher, § 6b Rn. 12; a. Ans.: Freikamp BB 2001, S. 2618 (2620); Jachmann, DStZ 02, S. 203 (209); zur **verdeckten Gewinnausschüttung**: H/H/R-Winkeljohann, § 6 Anm. 404; Korn-Strahl, § 6b Rn. 14; a. Ans.: K/S/M-Heger, § 6b Rn. B 177; B/B-Eversloh, § 6b Rn. 160; L/S/B-Welbers, § 6b Anm. 49.

202 Vgl. Schmidt-Wacker, § 16 Rn. 547; H/H/R-Niehus/Wilke, § 6 Anm. 1462; L/B/P-Handzik, § 7 Rn. 167; Hoffmann, GmbHR 2002, S. 125 (130) ; a. Ans.: Korn-Korn/Strahl, § 6 Rn. 513.5.

203 Vgl. BFH, Urt. v. 11.12.2001 – VIII R 58/98, BStBl. 2002, S. 420; BMF, Tz. 4 d. Schr. v. 07.06.2001 – IV A 6 – S 2241 – 52/01, BStBl. I 2001, S. 367; H/H/R-Niehus/Wilke, § 6 Anm. 1453; L/B/P-Hoffmann, § 6 Rn. 1191; van Lishaut, DB 2001, S. 1519 (1520); Brandenberg, DStZ 2002, S. 551 (558); a. Ans.: Böhme/Forster, BB 2003, S. 1979 (1987).

204 Vgl. R 7.3 Abs. 1 EStR; Schmidt-Glanegger, § 6 Rn. 81; H/H/R-Stobbe, § 6 Anm. 283.

Nutzungsdauer des Wirtschaftsguts zu bestimmen.[205] Falls der Transfergegenstand als geringwertiges Wirtschaftsgut qualifiziert,[206] stellen seine Anschaffungskosten im Wirtschaftsjahr der Anschaffung in voller Höhe Betriebsausgaben dar.[207] Ist Gegenstand der Umstrukturierung ein bewegliches Wirtschaftsgut, kann eine degressive Abschreibung gewählt werden.[208]

Daneben lässt die Anschaffung eine Bewertungsobergrenze entstehen.[209] Dadurch wird eine vom übertragenen Betriebsvermögen vorgenommene Teilwertabschreibung, die im Zeitpunkt des Transfers nicht oder nur partiell aufzuholen war, endgültig. Steigt der Teilwert des Wirtschaftsguts nach der Übertragung über die Anschaffungskosten des aufnehmenden Betriebsvermögens, besteht keine Zuschreibungspflicht.[210]

2.2. § 6b EStG-Rücklagen

Die Veräußerung ermöglicht dem übertragenden Betriebsvermögen die Bildung einer Rücklage in Höhe der aufgedeckten stillen Reserven, sofern ein § 6b EStG-fähiges Wirtschaftsgut, insbesondere ein Grundstück oder eine Kapitalgesellschaftsbeteiligung, Gegenstand der Übertragung ist.[211] Gleichzeitig entsteht im aufnehmenden Betriebsvermögen eine Übertragungsmöglichkeit für eine zuvor in Anspruch genommene § 6b EStG-Rücklage. Eine solche muss im Regelfall innerhalb von vier Wirtschaftsjahren nach ihrer Bildung auf ein neu angeschafftes Wirtschaftgut übertragen werden.[212] Erfolgt der Transfer eines entsprechenden Reinvestitionsobjektes gewinnrealisierend, wird hierfür die Grundlage geschaffen.[213]

2.3. Gefahr eines Gesamtplans

Die Gewinnrealisierung kann sich darüber hinaus günstig oder ungünstig auswirken, sofern das abgebende Betriebsvermögen im zeitlichen und sachlichen Zusammenhang mit der Übertragung des Einzelwirtschaftsguts eine Sachgesamtheit transferiert und das Einzelwirtschaftsgut eine wesentliche Betriebsgrundlage dieser Sachgesamtheit darstellt. Erfolgt der Transfer der Sachgesamtheit ebenfalls unter Aufdeckung sämtlicher stiller Reserven, sichert die Gewinnrealisierung die Vergünstigun-

---

205 Vgl. R 7.3 Abs. 4 EStR; Schmidt-Kulosa, § 7 Rn. 101; H/H/R-Nolde, § 7 Anm. 170.

206 Vgl. § 6 Abs. 2 EStG.

207 Vgl. R 6.13 EStR; Schmidt-Glanegger, § 6 Rn. 455; Schiffers (1994), S. 90.

208 Vgl. § 7 Abs. 2 EStG

209 Vgl. § 253 Abs. 1 S. 1 HGB.

210 Vgl. BMF, Tz. 34 d. Schr. v. 25.02.2000 – IV C 2 – S 2171b – 14/00, BStBl. I 2000, S. 372.

211 Vgl. OFD Karlsruhe, Tz. 4.3 d. Schr. v. 20.06.2006 – S 2241/27-St 111, ESt-Kartei BW § 6 EStG Fach 5 Nr. 4.1; Korn/Strahl, Stbg 2002, S. 300; Jachmann, DStZ 2002, S. 203 (204); Bahrs, BB 2003, S. 568; Meyer/Ball, GestStB 2004, S. 427; Stollenwerk/Scherff, GmbH-StB 2006, S. 71.

212 Vgl. § 6b Abs. 3 S. 2 EStG.

213 Vgl. R 6b.2 Abs. 1 EStR; Cordes, StBp 2003, S. 113; Strahl, FR 2001, S. 1154 (1155).

gen der §§ 16 Abs. 4 und 34 EStG sowie die Gewerbesteuerfreiheit.[214] Ist hingegen eine steuerneutrale Übertragung der Sachgesamtheit gewünscht, konterkariert der Transfer des Einzelwirtschaftsguts unter Aufdeckung der stillen Reserven dieses Ziel. Da in dieser Konstellation nicht alle wesentlichen Betriebsgrundlagen auf einen Erwerber übergehen, verhindert der parallele Übergang des Einzelwirtschaftsguts die Übertragung einer privilegierten Sachgesamtheit.[215]

2.4. Fristverletzungen

Aufgrund der Gewinnrealisierung kann die Umstrukturierungsmaßnahme außerdem Behaltefristen verletzen. Dabei ist zunächst denkbar, dass für das übertragene Wirtschaftsgut nach einem vorangegangenen privilegierten Transfer die dreijährigen Sperrfristen der §§ 6 Abs. 5 S. 4 EStG oder 16 Abs. 3 S. 3 EStG noch laufen. Ihre Missachtung hat zur Folge, dass die vorhergehende Übertragung des Wirtschaftsguts rückwirkend mit dem Teilwert oder dem gemeinen Wert anzusetzen ist.[216] Die ohnehin beabsichtigte Gewinnrealisierung wird damit vorgezogen.

Außerdem besteht die Gefahr, dass der Transfer die siebenjährige Frist der §§ 13a Abs. 5, 19a Abs. 5 ErbStG verletzt. Eine solche Missachtung hat den anteiligen[217] Wegfall des Verschonungs- und des Entlastungsbetrages einer vorangegangenen Betriebsvermögensübertragung zur Folge.[218] Betroffen sind in diesem Zusammenhang Einzelwirtschaftsgüter, die als wesentliche Betriebsgrundlage einer zuvor begünstigt erworbenen Sachgesamtheit qualifizieren,[219] sowie aus einer solchen Sachgesamtheit gebildete einbringungsgeborene Beteiligungen.[220] Daneben ist die vollständige oder partielle Veräußerung begünstigt erworbener Anteile an einer Kapitalgesellschaft oder wesentlicher Betriebsgrundlagen dieser Kapitalgesellschaft schädlich.[221]

Ist Gegenstand des Transfers die Beteiligung an einer Kapitalgesellschaft, besteht das Risiko weiterer Fristverletzungen. Zunächst kommt in Betracht, dass das abgebende Betriebsvermögen diese Beteiligung im Rahmen einer Sacheinlage oder eines

---

214 Vgl. H/H/R-Niehus/Wilke, § 6 Anm. 1464b; Schmidt-Wacker, § 16 Rn. 188, zum zusätzlichen Erfordernis der Betriebseinstellung vgl. BFH, Urt. v. 16.12.2004 – IV R 3/03, DStR 2005, S. 554.

215 Vgl. D/J/P/W-Patt, § 20 Rn. 40; S/H/S-Schmitt, § 20 Rn. 60; a. Ans.: Behrens/Schmitt, FR 2002, S. 549 (554).

216 Vgl. R 6.15 EStR; BMF, Tz. VIII. d. Schr. v. 28.02.2006 – IV B 2-S 2242-6/06; BStBl. I 2006, S. 228; Schmidt-Glanegger, § 6 Rn. 537; Paus, FR 2002, S. 866 (868); kritisch: Spiegelberger/Wälzholz, DStR 2001, S. 1093 (1095); vgl. zum Überwachungsverfahren: OFD Chemnitz, Schr. v. 20.10.2003 – S2241-61/3-St21.

217 Vgl. § 13a Abs. 5 S. 2 ErbStG

218 Vgl. T/G/J-Jülicher, § 13a Rn. 243-364; Meincke, § 13a Rn. 21-25; Fuhrmann, ErbStB 2003, S. 186-189; Wachter, ErbStB 2003, S. 20 (23).

219 Vgl. § 13a Abs. 5 S. 1 Nr. 1 S. 2 Alt. 1 ErbStG.

220 Vgl. § 13a Abs. 5 S. 1 Nr. 1 S. 2 Alt. 2 ErbStG.

221 Vgl. § 13a Abs. 5 S. 1 Nr. 4 S. 1, 2 ErbStG; T/G/J-Jülicher, § 13a Rn. 323; Meincke, § 13a Rn. 25; Fuhrmann, ErbStB 2003, S. 186; Wachter, ErbStB 2003, S. 20 (23).

Anteilstausches unter dem gemeinen Wert der eingebrachten Wirtschaftsgüter erworben hat.[222] Veräußert das abgebende Betriebsvermögen eine solche im Wege der Sacheinlage erhaltene Beteiligung oder veräußert die aufnehmende Kapitalgesellschaft eine im Wege des Anteilstausches erhaltene Beteiligung innerhalb eines Sieben-Jahres-Zeitraums nach der Sacheinlage oder dem Anteilstausch, findet eine rückwirkende Besteuerung der Einbringung in Höhe des Einbringungsgewinns I oder II statt.[223] Einbringungsgewinn ist dabei der Betrag, um den der gemeine Wert des eingebrachten Betriebsvermögens (Einbringungsgewinn I) respektive der eingebrachten Anteile[224] (Einbringungsgewinn II) im Einbringungszeitpunkt nach Abzug der Kosten für den Vermögensübergang den Wert, mit dem die übernehmende Gesellschaft das eingebrachte Betriebsvermögen angesetzt hat, übersteigt. Der sich so ergebende Gewinn vermindert sich um jeweils ein Siebtel für jedes seit dem Einbringungszeitpunkt abgelaufene Zeitjahr. Soweit er sich mindert, gelten für die Anteilsveräußerung die allgemeinen Regeln.[225] Bei der aufnehmenden Kapitalgesellschaft bewirkt ein solcher Einbringungsgewinn eine wirtschaftsgutbezogene Erhöhung der Anschaffungskosten, soweit der Einbringende die auf den Einbringungsgewinn entfallende Steuer entrichtet hat.[226]

Darüber hinaus ist die Veräußerung einer Beteiligung auch schädlich, sofern sie innerhalb eine siebenjährigen Zeitraums nach einer Realteilung stattfindet, bei der die Anteile unmittelbar oder mittelbar im Rahmen eines Teilbetriebes von einem nicht gemäß § 8b Abs. 2 KStG privilegierten Steuerpflichtigen auf einen gemäß § 8b Abs. 2 KStG privilegierten Mitunternehmer übertragen worden sind.[227] Erfährt diese Frist eine Verletzung, kommt es zum rückwirkenden Ansatz des gemeinen Werts im Rahmen der Realteilung. Auch hier wird eine ohnehin geplante Gewinnrealisierung vorgezogen.

Stammt die Beteiligung aus einer vorangegangenen Ab- oder Aufspaltung, ist daneben eine Verletzung des § 15 Abs. 2 S. 4 UmwStG möglich.[228] Konsequenz ist

---

222 Vgl. §§ 20, 21 UmwStG.

223 Vgl. BT-Drucks. 16/2710, S. 46; Dötsch/Pung, DB 2006, S. 2763 (2765); Olbing, GmbH-StB 2007, S. 51 (55, 57); zur Nicht-Vereinbarkeit der Regelung mit Art. 11 der Fusionsrichtlinie vgl. Förster/Wendland, BB 2007, S. 631 (635); Rödder/Schumacher, DStR 2006, S. 1525 (1537).

224 Bei Anteilstausch gilt die Sieben-Jahres-Frist nicht für Kapitalgesellschaften als Einbringende (§ 22 Abs. 2 S. 1 UmwStG).

225 Vgl. § 3 Nr. 40 EStG, § 8b Abs. 2 KStG; BT-Drucks. 16/2710, S. 47; Paus, EStB 2007, S. 180 (183); Ley, FR 2007, S. 109 (115).

226 Vgl. § 23 Abs. 2 S. 3 UmwStG; Förster/Wendland, BB 2007, S. 631 (636); Ley, FR 2007, S. 109 (116); qualifiziert eine solche Beteiligung noch als alt-einbringungsgeboren, gelten lediglich die Einschränkungen der §§ 3 Nr. 40 S. 3 EStG 2006 und 8b Abs. 4 KStG 2006 (vgl. § 27 Abs. 3 Nr. 3 UmwStG; § 52 Abs. 4b S. 2 EStG; § 34 Abs. 7a KStG; Dötsch/Pung, DB 2006, S. 2763 (2764); Haritz, GmbHR 2007, S. 169 (170)).

227 Vgl. § 16 Abs. 5 EStG; Nagel/Thies, GmbHR 2008, S. 479 (482); Benecke/Schnitger, IStR 2007, S. 22 (27).

228 Vgl. in diesem Zusammenhang zur Forderung nach einer Börsenklausel: Rödder/Wochinger, FR 2000, S. 1 (17).

der rückwirkende Verlust des Bewertungswahlrechts für die zuvor erfolgte Spaltung.[229] Eine solche Fristverletzung setzt voraus, dass innerhalb von fünf Jahren nach dem steuerlichen Übertragungsstichtag der Spaltung Anteile an einer an der Spaltung beteiligten Körperschaft, die mehr als 20 % der vor Wirksamwerden der Spaltung an der Körperschaft bestehenden Anteile ausmachen, an außenstehende Personen veräußert werden. Dabei versteht man unter einer Veräußerung sowohl unmittelbare als auch mittelbare Anteilsübertragungen gegen Entgelt.[230] Der Transfer einzelner Wirtschaftsgüter oder Teilbetriebe durch eine spaltungsbeteiligte Gesellschaft ist hingegen nicht nachteilig.[231]

Da die Veräußerung an eine außenstehende Person erfolgen muss, führen Anteilsübertragungen auf bisherige Anteilseigner oder verbundene Unternehmen nicht zum Verlust des Bewertungswahlrechts.[232] Bisherige Anteilseigner sind dabei die Gesellschafter der gespaltenen Unternehmung im Zeitpunkt des Wirksamwerdens der Spaltung. Als verbundene Unternehmen qualifizieren jeweils alle Gesellschaften, die zum Konzern des veräußernden Anteilseigners gehören. Dies gilt rechtsform- und ansässigkeitsunabhängig.[233] Allerdings kann sich ein Gestaltungsmissbrauch ergeben, sofern kurz vor der Spaltung, neue Gesellschafter mit einem Zwerganteil hinzutreten und im Anschluss an die Spaltung die Beteiligungen der Altgesellschafter erwerben.[234] Um bei Publikumsgesellschaften zumindest ein gewisses Maß an Fluktuation ohne steuerliche Nachteile zuzulassen, sind nur Anteilsveräußerungen schädlich, die den Wert von 20 % der Anteile an der ursprünglichen Kapitalgesellschaft übersteigen.[235] Maßstab dieser Quote ist dabei der jeweilige Verkehrswert der Anteile respektive das Umtauschverhältnis der Anteile im Spaltungsvertrag.[236] In diesem Zusammenhang sind sämtliche Anteilsübertragungen aller spaltungsbeteiligten Kapitalgesellschaften innerhalb der Fünf-Jahres-Frist zusammenzurechnen.[237] Werden einzelne Anteile mehrfach veräußert, wird lediglich die erste Veräußerung berücksichtigt.[238]

Besonderes ist schließlich zu beachten, sofern eine Grundstücksgesellschaft Grundbesitz veräußert. Hat sie diesen Grundbesitz innerhalb von drei Jahren vor der Veräußerung zu einem unter dem Teilwert liegenden Wert erworben, findet die erweiter-

---

229 Vgl. BMF, Tz. 15.22 d. Schr. v. 25.03.1998 – IV B 7-S 1978-21/98, BStBl. I 1998, S. 268.

230 Vgl. D/J/P/W-Dötsch/Pung, § 15 Rn. 112; a. Ans.: Schumacher, DStR 2002, S. 2066 (2067).

231 Vgl. Schumacher, DStR 2002, S. 2066; Thies, DB 1999, S. 2179.

232 Vgl. BMF, Tz. 15.26 d. Schr. v. 25.03.1998 – IV B 7 – S 1978 – 21/98/IV B 2 – S 1909 – 33/98, BStBl. I 1998, S. 268; Brähler (2008), S. 374; D/J/P/W-Dötsch/Pung, § 15 Rn. 114.

233 Vgl. S/H/S-Hörtnagl, § 15 Rn. 201-205.

234 Vgl. D/J/P/W-Dötsch/Pung, § 15 Rn. 119.

235 BT-Drucks. 12/6885, S. 23; S/H/S-Hörtnagl, § 15 Rn. 174.

236 Vgl. BMF, Tz. 15.28 d. Schr. v. 25.03.1998 – IV B 7 – S 1978 – 21/98/IV B 2 – S 1909 – 33/98, BStBl. I 1998, S. 268; Brähler (2008), S. 376.

237 Vgl. S/H/S-Hörtnagl, § 15 Rn. 190; D/J/P/W-Dötsch/Pung, § 15 Rn. 139.

238 Vgl. D/J/P/W-Dötsch/Pung, § 15 Rn. 136; W/M-Widmann, § 15 Rn. 317.

te Kürzung auf den durch die Veräußerung entstehenden Gewinn keine Anwendung.[239]

2.5. Vorbesitzzeiten und Fristinitiierungen

Die Vorbesitzzeiten des übertragenden Betriebsvermögens werden dem aufnehmenden Betriebsvermögen nicht angerechnet. Daher beginnt mit der Anschaffung der Lauf neuer Fristen. Dies gilt insbesondere im Hinblick auf die Sechs-Jahres-Frist für die Bildung einer § 6b EStG-Rücklage,[240] für die Drei-Jahres-Frist bei Aufwendungen für Instandsetzungs- und Modernisierungsmaßnahmen an einem Gebäude,[241] und die Drei-Jahres-Frist für die Bewertung einer anschließenden verdeckten Einlage.[242] Wird die Beteiligung an einer Kapitalgesellschaft übertragen, erfahren auch die Fristen der §§ 14 Abs. 1 Nr. 3 KStG, 9 Nr. 2a GewStG und § 9 Nr. 7 GewStG eine Ingangsetzung.[243] Die Drei-Jahres-Frist des § 15 Abs. 2 S. 1 UmwStG ist hingegen angesichts der Aufdeckung sämtlicher stiller Reserven nicht betroffen.[244]

AfA-Potenzial, Bewertungsobergrenze

Rücklagenbildung und –übertragung

Gefahr eines Gesamtplans

- Zusammenhang mit tarifbegünstigtem Vorgang: vorteilhaft
- Zusammenhang mit steuerneutralem Vorgang: nachteilig

Fristverletzungen

- §§ 6 Abs. 5 S. 4, 16 Abs. 3 S. 3 EStG
- §§ 13a Abs. 5, 19a Abs. 5 ErbStG
- §§ 22 UmwStG, 16 Abs. 5 EStG
- § 15 Abs. 2 S. 2-4 UmwStG
- § 9 Nr. 1 S. 5 Nr. 2 GewStG

Fristinitiierungen

- § 6b Abs. 4 Nr. 2 EStG
- §§ 6 Abs. 1 Nr. 1a EStG, 6 Abs. 1 Nr. 5 EStG
- §§ 14 Abs. 1 Nr. 3 KStG, 9 Nr. 2a GewStG und 9 Nr. 7 GewStG

Abb. 8: Stille Reserven - Sekundärsteuerwirkungen vollständiger Gewinnrealisierung beim Transfer von Einzelwirtschaftsgütern

239 Vgl. § 9 Nr. 1 S. 5 Nr. 2 GewStG; G/G-Güroff, § 9 Nr. 1 Rn. 33a.
240 Vgl. § 6b Abs. 4 Nr. 2 EStG; R 6b.3 EStR; Schmidt-Glanegger, § 6b Rn. 42.
241 Vgl. § 6 Abs. 1 Nr. 1a EStG; Schmidt-Glanegger, § 6 Rn. 112.
242 Vgl. Schmidt-Glanegger, § 6 Rn. 433.
243 Vgl. S/H/S-Schmitt, § 22 Rn. 28; D/J/P/W-Patt, § 22 Rn. 67.
244 Vgl. S/H/S-Hörtnagl, § 15 Rn. 122; W/M-Widmann, § 15 Rn. 185.

3. Sekundärsteuerwirkungen bei Vermeidung einer Gewinnrealisierung

3.1. Abschreibung

Vermeidet ein Umstrukturierungsvorgang jede Gewinnrealisierung, so gilt der in diesem Zusammenhang vorzunehmende Buchwertansatz gleichermaßen für das abgebende und das aufnehmende Betriebsvermögen sowie für Einkommen-, Körperschaft- und Gewerbesteuer. Es besteht eine notwendige Wertverknüpfung.[245] Das übernehmende Betriebsvermögen tritt, abgesehen von der als steuerliches Nullum zu qualifizierenden Übertragung im Rahmen des Treuhandmodells, in die steuerliche Rechtsstellung des abgebenden Betriebsvermögens ein.[246] Aus diesem Grund ist das aufnehmende Betriebsvermögen an dessen AfA-Methode, AfA-Zeitraum, AfA-Satz sowie AfA-Bemessungsgrundlage gebunden.[247] Die Vereinfachungsregel des § 6 Abs. 2 EStG findet mangels Anschaffung keine Anwendung.[248] Die Inanspruchnahme degressiver AfA ist nicht zulässig.[249] Eine Wertaufholungspflicht trifft auch das übernehmende Betriebsvermögen, so dass eine vom übertragenden Betriebsvermögen zuvor vorgenommene Teilwertabschreibung im Falle einer späteren Werterhöhung gewinnwirksam bis zur Höhe der für das übertragende Betriebsvermögen geltenden Wertobergrenze rückgängig zu machen ist.[250]

3.2. § 6b EStG-Rücklagen

Da das abgebende Betriebsvermögen aufgrund des Buchwertansatzes keinen Gewinn realisiert, ist eine Rücklagenbildung gemäß § 6b EStG naturgemäß nicht möglich. Simultan erhält das aufnehmende Betriebsvermögen angesichts seines Eintritts in die steuerliche Rechtsstellung des übertragenden Betriebsvermögens keine Übertragungsmöglichkeit für eine eventuell bei ihm zuvor gebildete § 6b EStG-Rücklage.[251]

3.3. Gefahr eines Gesamtplans

Transferiert das abgebende Betriebsvermögen im zeitlichen und sachlichen Zusammenhang mit der Übertragung des Einzelwirtschaftsguts auch eine Sachgesamtheit und stellt das Einzelwirtschaftsgut eine wesentliche Betriebsgrundlage dieser Sachgesamtheit dar, ist die Steuerneutralität des Vermögensübergangs stets nachteilig. Erfolgt der Transfer der Sachgesamtheit gewinnrealisierend, konterkariert die Buchwertfortführung die Vergünstigungen der §§ 16 Abs. 4 und 34 EStG sowie die Ge-

---

245 Vgl. H/H/R-Niehus/Wilke, § 6 Anm. 1450; Wendt, EStB 2002, S. 137 (141).
246 Vgl. L/B/P-Handzik, § 7 Rn. 167.
247 Vgl. H/H/R-Niehus/Wilke, § 6 Anm. 1450.
248 Vgl. Schmidt-Glanegger, § 6 Rn. 459; H/H/R-Kleinle, § 6 Anm. 1264.
249 Vgl. § 7 Abs. 2 EStG.
250 Vgl. H/H/R-Niehus/Wilke, § 6 Anm. 1462.
251 Vgl. Schmidt-Glanegger, § 6b Rn. 79.

werbesteuerfreiheit, da nicht sämtliche stillen Reserven der Sachgesamtheit gleichzeitig aufgedeckt werden.[252] Ist eine steuerneutrale Übertragung der Sachgesamtheit beabsichtigt, bewirkt der parallele Transfer des Einzelwirtschaftsguts, dass nicht alle wesentlichen Betriebsgrundlagen auf einen Erwerber übergehen.[253]

3.4. Fristverletzungen

Auch wenn ein Umstrukturierungsvorgang jede Gewinnrealisierung vermeidet, kann er Behaltefristen verletzen. Dabei kommen zunächst die dreijährigen Fristen nach einer vorangegangenen steuerneutralen Übertragung in Betracht.[254] Erfolgt während ihres Laufes ein Transfer des Einzelwirtschaftsguts im Rahmen einer unentgeltlichen Übertragung gemäß § 6 Abs. 5 S. 3 EStG oder einer Realteilung zu Buchwerten, ist dies unschädlich.[255] Gleiches gilt eigentlich auch für eine erneute Buchwertübertragung gemäß § 6 Abs. 5 S. 3 EStG gegen Gewährung von Gesellschaftsrechten. In dieser Konstellation tritt das aufnehmende Betriebsvermögen in die steuerliche Rechtsstellung des abgebenden Betriebsvermögens ein. Die übernommenen stillen Reserven erfahren keine Realisierung.[256] Gleichwohl vertritt die Finanzverwaltung im Hinblick auf Realteilungen die Auffassung, dass eine sich anschließende Übertragung gemäß § 6 Abs. 5 S. 3 EStG als Veräußerung zu beurteilen ist, sofern sie gegen Gewährung von Gesellschaftsrechten erfolgt.[257] Sollte sich diese systematisch unzutreffende Einschätzung[258] durchzusetzen, müsste für entsprechende Vorgänge nach einer zuvor erfolgten Übertragung gemäß § 6 Abs. 5 S. 3 EStG das gleiche gelten.

Daneben kann ein Restrukturierungsvorgang zum Buchwert die siebenjährige Frist des § 6 Abs. 5 S. 6 missachten. Während dieses Zeitraums darf sich der Anteil einer Kapitalgesellschaft am jeweiligen Wirtschaftsgut weder unmittelbar noch mittelbar begründen oder erhöhen. Da die steuerneutrale Verlagerung eines Wirtschaftsguts auch unmittelbar oder mittelbar auf eine solche Kapitalgesellschaft erfolgen kann, ist diesem Risiko Rechnung zu tragen.[259]

Erfolgt die Übertragung einer wesentlichen Betriebsgrundlage oder einer einbringungsgeborenen Beteiligung gemäß § 6 Abs. 5 S. 3 EStG gegen Gewährung von Gesellschaftsrechten während des Sieben-Jahres-Zeitraums der §§ 13a Abs. 5,

---

252 Vgl. H 16 Abs. 4 EStH „Buchwertübertragung von wesentlichen Betriebsgrundlagen".

253 Vgl. D/J/P/W-Patt, § 20 Rn. 40; S/H/S-Schmitt, § 20 Rn. 60.

254 Vgl. §§ 6 Abs. 5 S. 4, 16 Abs. 3 S. 3 EStG.

255 Vgl. BMF, Tz. VIII. d. Schr. v. 28.02.2006 – IV B 2-S 2242-6/06; BStBl. I 2006, S. 228.

256 Vgl. H/H/R-Niehus/Wilke, § 6 Anm. 1469a-b; Korn (2002), S. 44; Wendt, EStB 2002, S. 137 (141).

257 Vgl. BMF, Tz. VIII. d. Schr. v. 28.02.2006 – IV B 2-S 2242-6/06; BStBl. I 2006, S. 228.

258 Gl. Ans.: H/H/R-Niehus/Wilke, § 6 Anm. 1469b; Schmidt-Glanegger, § 6 Rn. 485, 537; L/B/P-Hörger/Rapp, § 16 Rn. 194; a. Ans.: Röhrig/Doege, DStR 2006, S. 489 (497).

259 Vgl. zu mittelbaren Beteiligungsänderungen und § 6 Abs. 5 S. 6 EStG: Ehlermann/Löhr, DStR 2003, S. 1509 (1510).

19a Abs. 5 ErbStG, besteht nach dem Wortlaut der Regelungen die Gefahr, dass der Verschonungs- und der Entlastungsbetrag anteilig[260] wegfallen.[261] Allerdings ist es in dieser Konstellation zutreffend, trotz des vorliegenden Tausches die Vorschriften teleologisch insoweit zu reduzieren, als ihr Zweck nicht darin besteht, Buchwerttransfers im Rahmen ökonomisch erforderlicher Umstrukturierungen zu verhindern.[262] Ob die Finanzverwaltung sich dieser Beurteilung anschließt, ist allerdings nicht gesichert. Unentgeltliche Übertragungen sowie Transfers im Rahmen von Realteilungen zum Buchwert sind unschädlich, da sie keine Veräußerungen darstellen.[263] Das Gleiche gilt für steuerneutrale verdeckte Einlagen innerhalb des Drei-Jahres-Zeitraums, da § 13a Abs. 5 S. 1 Nr. 1 ErbStG sie im Gegensatz zu § 13a Abs. 5 S. 1 Nr. 4 ErbStG nicht erwähnt. Entsprechende Anwendung finden diese Grundsätze, sofern begünstigt erworbene Anteile an einer Kapitalgesellschaft oder wesentliche Betriebsgrundlagen dieser Kapitalgesellschaft Gegenstand des Transfers sind.[264] Eine Besonderheit besteht in diesem Zusammenhang lediglich für verdeckte Einlagen in Kapitalgesellschaften, die das Gesetz explizit als schädlich benennt.[265]

Handelt es sich beim zu übertragenden Einzelwirtschaftsgut um die Beteiligung an einer Kapitalgesellschaft und ist die Sieben-Jahres-Frist seit einer vorangegangenen Einbringung noch nicht abgelaufen,[266] bewirkt die Übertragung trotz ihrer Steuerneutralität eine Nachversteuerung der ursprünglichen Einbringung, sofern sie unentgeltlich auf eine Kapitalgesellschaft erfolgt.[267] Ob dies auch für die aufwärts gerichtete unentgeltliche Verlagerung gemäß § 6 Abs. 5 S. 3 EStG sowie die Übertragung im Wege einer Realteilung zum Buchwert gilt, erscheint zweifelhaft, da in dieser Situation die schon bestehende mittelbare Beteiligung der Kapitalgesellschaft lediglich zu einer unmittelbaren Beteiligung wird. Sonstige Transfers im Rahmen von Realteilungen sowie andere unentgeltliche Übertragungen gemäß § 6 Abs. 5 S. 3 EStG sind mangels Veräußerung unschädlich. Findet der Transfer gemäß § 6 Abs. 5 S. 3 EStG gegen Gewährung von Gesellschaftsrechten statt, ist angesichts der Entgeltlichkeit eines solchen Vorgangs eigentlich eine Nachversteuerung vorzunehmen. Gleichwohl ist es unter Berücksichtigung der Vergleichbarkeit des Vorgangs mit den in diesem Zusammenhang privilegierten Transfers gemäß den §§ 20 und 21 UmwStG angebracht, von einer Nachversteuerung abzusehen.[268] Da aber das Einverständnis der Finanzverwaltung mit dieser Einschätzung nicht gesichert ist, besteht in dieser Kons-

---

260 Vgl. § 13a Abs. 5 S. 2 ErbStG

261 Vgl. § 13a Abs. 5 Nr. 1 S. 2 ErbStG; T/G/J-Jülicher, § 13a Rn. 243-364; Meincke, § 13a Rn. 21-25; Fuhrmann, ErbStB 2003, S. 186-189; Wachter, ErbStB 2003, S. 20 (23).

262 Gl. Ans.: T/G/J-Jülicher, § 13a Rn. 299b.

263 Vgl. Abschn. 63 Abs. 3 S. 2 ErbStR; a. Ans.: FG Rheinland-Pfalz, Urt. v. 25.02.2005 – 4 K 1777/02; EFG 2005, S. 1144

264 Vgl. § 13a Abs. 5 S. 1 Nr. 4 ErbStG; T/G/J-Jülicher, § 13a Rn. 323; Meincke, § 13a Rn. 25.

265 Vgl. T/G/J-Jülicher, § 13a Rn. 334; Meincke, § 13a Rn. 25.

266 Vgl. § 22 Abs. 1, 2 UmwStG.

267 Vgl. § 22 Abs. 1 S. 6 Nr. 1 UmwStG; Bauernschmitt/Blöchle, BB 2007, S. 743 (745).

268 Vgl. § 22 Abs. 1 S. 6 Nr. 2-5 UmwStG.

tellation ein Risiko. Entsprechendes gilt für die Gefahr einer Verletzung der siebenjährigen Frist des § 16 Abs. 5 EStG nach einer vorangegangenen Realteilung.[269]

Bei einer Beteiligung als Transfergegenstand besteht außerdem das Risiko einer Verletzung der fünfjährigen Frist des § 15 Abs. 2 S. 4 UmwStG nach einer vorangegangenen Ab- oder Aufspaltung. Dies gilt allerdings nur für Übertragungen gemäß § 6 Abs. 5 S. 3 EStG gegen Gewährung von Gesellschaftsrechten.[270] Unentgeltliche Transfers, Realteilungen und verdeckte Einlagen qualifizieren nicht als Veräußerung.[271] Eine solche Übertragung gegen Gewährung von Gesellschaftsrechten ist schädlich, sofern sie an eine außenstehende Person erfolgt. Insoweit gelten die Ausführungen zum gewinnrealisierenden Transfer einer Beteiligung entsprechend.[272]

Nicht auszuschließen ist letztlich, dass die Übertragung von Grundstücken gemäß § 6 Abs. 5 Nr. 3 EStG gegen Gewährung von Gesellschaftsrechten als schädliche Veräußerung im Sinne des § 9 Nr. 1 S. 5 GewStG eingeordnet wird. Geschieht dies innerhalb der Drei-Jahres-Frist nach einem Erwerb unter dem Teilwert, findet die erweiterte Kürzung keine Anwendung.[273]

3.5. Vorbesitzzeiten und Fristinitiierungen

Vorbesitzzeiten des übertragenden Betriebsvermögens werden dem aufnehmenden Betriebsvermögen angerechnet.[274] Dies gilt insbesondere im Hinblick auf die sechsjährige Zugehörigkeitsfrist zur Bildung einer § 6b EStG-Rücklage[275] sowie die dreijährigen Fristen für die Umqualifikation nachträglicher Instandsetzungsaufwendungen an Gebäuden in Herstellungskosten[276] und die Bewertung anschließender verdeckter Einlagen.[277] Wird die Beteiligung an einer Kapitalgesellschaft übertragen, laufen Vorbesitzzeiten des übertragenen Betriebsvermögens im Sinne der §§ 14 Abs. 1 Nr. 3 KStG, 9 Nr. 2a GewStG und § 9 Nr. 7 GewStG beim aufnehmenden Betriebsvermögen ebenfalls weiter.[278]

Darüber hinaus kann der Transfer selbst neue Fristen in Gang setzen. Zunächst beginnt im Anschluss an einen Transfer gemäß § 6 Abs. 5 S. 3 EStG sowie an eine Realteilung ein dreijähriger Zeitraum, in dem eine Veräußerung oder Entnahme des Wirtschaftsguts die rückwirkende Bewertung der vorangegangenen Übertragung zum

---

269 Vgl. Benecke/Schnitger, IStR 2007, S. 22 (27).

270 Vgl. BFH, Urt. v. 19.08.1998 – VIII R 69/95, BStBl. II 2000, S. 230; BMF, Tz. II.1. d. Schr. v. 29.03.2000 – IV C 2-S 2178-4/00, BStBl. I 2000, S. 462; S/H/S-Hörtnagl, § 15 Rn. 157.

271 Vgl. D/J/P/W-Dötsch/Pung, § 15 Rn. 112; S/H/S-Hörtnagl, § 15 Rn. 153-155; W/M-Widmann, § 15 Rn. 395, 401; H/B-Haritz, § 15 Rn. 117.

272 Vgl. Abschn. C. I. 2. 4.

273 Vgl. § 9 Nr. 1 S. 5 Nr. 2 GewStG; G/G-Güroff, § 9 Nr. 1 Rn. 33a.

274 Vgl. L/S/B-Welbers, § 6b Anm. 91; Jachmann, DStZ 2002, S. 203 (209).

275 Vgl. § 6b Abs. 4 Nr. 2 EStG.

276 Vgl. § 6 Abs. 1 Nr. 1a S. 1 EStG.

277 Vgl. § 6 Abs. 6 S. 3 EStG.

278 Vgl. S/H/S-Schmitt, § 22 Rn. 28; D/J/P/W-Patt, § 23 Rn. 38-39.

Teilwert zur Folge hat.[279] Läuft im Zeitpunkt des Transfers noch eine dreijährige Frist aus einer vorangegangenen Übertragung, erfährt diese durch die erneute Verlagerung zum Buchwert eine faktische Verlängerung.[280] Im Hinblick auf § 6 Abs. 5 S. 4 EStG ist nicht vollständig geklärt, ob eine interpersonelle Verlagerung stiller Reserven zur Fristinitiierung erforderlich ist. Teilweise wird die Auffassung vertreten, dass allein eine solche Verschiebung den Eingriff der Sperrfrist rechtfertigt, da der Übertragende ohne eine entsprechende Verlagerung die stillen Reserven schließlich selbst aufdeckt.[281] Im Hinblick auf Realteilungen findet die Frist lediglich auf Grund und Boden, Gebäude[282] oder wesentliche Betriebsgrundlagen Anwendung. Andere als diese explizit aufgeführten Wirtschaftsgüter dürfen jederzeit veräußert oder entnommen werden. Für die Frage, ob ein Wirtschaftsgut sich als wesentliche Betriebsgrundlage qualifiziert, ist in diesem Zusammenhang eine quantitativ-funktionale Betrachtung maßgeblich.[283]

Daneben folgt auf einen Transfer gemäß § 6 Abs. 5 S. 3 EStG eine siebenjährige Frist, während der sich der Anteil einer Kapitalgesellschaft am Wirtschaftsgut nicht erhöhen darf, ohne dass es ebenfalls zu einem rückwirkenden Teilwertansatz kommt.[284] Dies gilt insbesondere für den Eintritt und die Beteiligungserhöhung einer Kapitalgesellschaft sowie die Umwandlung der Mitunternehmerschaft oder einer ihrer Obergesellschaften in eine Kapitalgesellschaft.[285]

Schließlich läuft ab der Übertragung eine dreijährige Frist, während der einer aufnehmenden Mitunternehmerschaft oder Kapitalgesellschaft bei einer anschließenden Auf- oder Abspaltung unter bestimmten Voraussetzungen das Bewertungswahlrecht des § 11 Abs. 1 UmwStG verwehrt werden kann.[286]

4. Sekundärsteuerwirkungen einer partiellen Gewinnrealisierung

Löst eine Umstrukturierungsmaßnahme eine partielle Gewinnrealisierung aus, erfährt der Transfer eine Zerlegung in einen voll entgeltlichen und einen voll unentgeltlichen Teil.[287] Maßstab dieser Aufteilung ist das Verhältnis zwischen Veräußerungspreis und Verkehrswert des übertragenen Wirtschaftsguts. Im gleichen Umfang wird der

---

279 Vgl. §§ 6 Abs. 5 S. 4, 16 Abs. 3 S. 3 EStG.

280 Vgl. H/H/R-Niehus/Wilke, § 6 Anm. 1469b.

281 Vgl. H/H/R-Niehus/Wilke, § 6 Anm. 1467.

282 Nach dem Wortlaut der Vorschrift wird bei Grund und Boden sowie Gebäuden unwiderlegbar vermutet, dass sie wesentliche Betriebsgrundlagen darstellen; kritisch hierzu: Schmidt-Wacker, § 16 Rn. 553; L/B/P-Hörger/Rapp, § 16 Rn. 194; Engl, DStR 2002, S. 119 (120).

283 Vgl. BMF, Tz. VIII. d. Schr. v. 28.02.2006 – IV B 2 – S 2242 – 6/06, DStR 2006, S. 426 (428); Röhrig, EStB 2002, S. 231 (233); a. Ans.: Rödder/Schumacher, DStR 2002, S. 105 (107).

284 Vgl. § 6 Abs. 5 S. 6 EStG.

285 Vgl. Schmidt-Wacker, § 15 Rn. 688; Korn-Strahl, § 6 Rn. 503.08.

286 Vgl. § 15 Abs. 2 S. 1 UmwStG und Abschn. B. II. 2. 3.

287 Vgl. BFH, Urt. v. 11.12.2001 – VIII R 58/98, BStBl. II 2002, S. 420; BMF, Tz. 4 d. Schr. v. 07.06.2001 – IV A 6 – S 2241 – 52/01, BStBl. I 2001, S. 367; van Lishaut, DB 2001, S. 1519 (1520); Brandenberg, DStZ 2002, S. 551 (558); Niehus/Wilke, FR 2005, S. 1012 (1015).

AfA-Potenzial, Bewertungsobergrenze

Rücklagenbildung und –übertragung

Gefahr eines Gesamtplans

- Zusammenhang mit tarifbegünstigtem Vorgang: nachteilig
- Zusammenhang mit steuerneutralem Vorgang: nachteilig

Fristverletzungen

- §§ 6 Abs. 5 S. 4 u. 6, 16 Abs. 3 S. 3 EStG
- §§ 13a Abs. 5, 19a Abs. 5 ErbStG
- § 22 UmwStG
- § 15 Abs. 2 S. 2-4 UmwStG
- § 9 Nr. 1 S. 5 S. 2 GewStG

Vorbesitzzeiten und Fristinitiierungen

- Anrechnung von VBZ (§§ 6b Abs. 4 Nr. 2 EStG, 6 Abs. 1 Nr. 1a EStG, 6 Abs. 1 Nr. 5 EStG, 14 Abs. 1 Nr. 3 KStG, 9 Nr. 2a GewStG, 9 Nr. 7 GewStG)
- Fristinitiierungen: §§ 6 Abs. 5 S. 4 u. 6, 16 Abs. 3 S. 3 EStG; 15 Abs. 2 S. 1 UmwStG

Abb. 9: Stille Reserven - Sekundärsteuerwirkungen der Reservenfortführung beim Transfer von Einzelwirtschaftsgütern

Buchwert des Wirtschaftsguts den beiden Teilübertragungen zugeordnet.[288] Soweit sich nach dieser Verteilung eine voll entgeltliche Teilübertragung ergibt, kommt es beim übertragenen Betriebsvermögen zu einer Gewinnrealisierung und beim übernehmenden Betriebsvermögen zu einem Anschaffungsvorgang. Im selben Ausmaß ergeben sich für beide die Sekundärsteuerwirkungen einer Veräußerung respektive Anschaffung.[289] Soweit es hingegen zu einer voll unentgeltlichen Teilübertragung kommt, findet beim übertragenen Betriebsvermögen keine Gewinnrealisierung statt. Das übernehmende Betriebsvermögen tritt insoweit in die Rechtsstellung des übertragenden Betriebsvermögens ein. Im Maße des unentgeltlichen Teiltransfers entstehen die Sekundärsteuerwirkungen einer unentgeltlichen Übertragung.[290]

II. Sachgesamtheiten

1. Allgemeine Grundsätze

Dieses für den Transfer von Einzelwirtschaftsgütern maßgebliche Sekundärsteuerwirkungskonzept gilt für die Übertragung von Sachgesamtheiten prinzipiell im gleichen Umfang. Grund hierfür ist, dass das Ertragsteuerrecht die Verlagerung einer Sachgesamtheit grundsätzlich als zusammengefassten Transfer der in ihr befindlichen Einzelwirtschaftsgüter behandelt. Erfährt die Sachgesamtheit eine Übertragung

288 Vgl. BMF, Tz. 4 d. Schr. v. 07.06.2001 – IV A 6 – S 2241 – 52/01, BStBl. I 2001, S. 367.

289 Vgl. Abschn. C. I. 2.

290 Vgl. Abschn. C. I. 3.

unter Aufdeckung aller stillen Reserven, liegt daher im Normalfall eine entgeltliche Veräußerung aller in ihr enthaltener Wirtschaftsgüter vor.[291] Wird ein solcher Transfer hingegen zu Buchwerten vorgenommen, tritt das aufnehmende Betriebsvermögen bezüglich aller Wirtschaftsgüter in die steuerliche Rechtsstellung des abgebenden Betriebsvermögens ein.[292] Werden stille Reserven partiell aufgedeckt, erfolgt im Allgemeinen eine Aufteilung in ein Veräußerungs- respektive Anschaffungsgeschäft und in einen Eintritt in die steuerliche Rechtsstellung.[293]

Diese grundsätzliche Gleichbehandlung mit dem Transfer von Einzelwirtschaftsgütern erfährt lediglich in dreierlei Hinsicht Ergänzungen oder Modifikationen. Zum einen ergeben sich Besonderheiten angesichts des Sachgesamtheitscharakters des Übertragungsgegenstands. Grund hierfür ist, dass sich einzelne Fragestellungen wie die Gewährung von Steuervergünstigungen, die Beibehaltung steuerfreier Rücklagen oder die Einordnung eines originären Geschäftswerts in der Regel nur in diesem Zusammenhang, nicht aber im Rahmen des Transfers eines Einzelwirtschaftsguts ergeben.[294]

Zum anderen ist bei Vorgängen nach dem UmwG dem Umstand Rechnung zu tragen, dass das aufnehmende Betriebsvermögen zivilrechtlich Gesamt- oder Teilrechtsnachfolger des übertragenden Betriebsvermögens wird. Deshalb nimmt das UmwStG in diesen Konstellationen auch bei einer vollständigen oder partiellen Gewinnrealisierung stets den Eintritt des aufnehmenden Betriebsvermögens in die steuerliche Rechtsstellung des abgebenden Betriebsvermögens an.[295] Ob diese Differenzierung sinnvoll ist, erscheint angesichts des steuerlichen Prinzips der wirtschaftlichen Betrachtungsweise zweifelhaft. Gerade im Hinblick auf das allgemein angestrebte Ziel einer Vereinfachung des Steuerrechts, könnte es hilfreich sein, auf diese Unterscheidung zu verzichten und auch hier die allgemeinen Regeln zur Anwendung zu bringen.

Zum Dritten ordnet das UmwStG für die Fälle des Zwischenwertansatzes im Rahmen der Einzelrechtsnachfolge ebenfalls den Eintritt des übernehmenden Betriebsvermögens in die steuerliche Rechtsstellung des abgebenden Betriebsvermögens an.[296] Diese Sonderregelung ist ungeachtet des Umstands, dass auch sie als verzichtbar erscheint, systemwidrig. § 23 Abs. 4 UmwStG sieht für eine vollständig Gewinn realisierende Übertragung im Wege der Einzelrechtsnachfolge die Annahme einer Anschaffung beim aufnehmenden Betriebsvermögen vor. Konsequent wäre daher, bei einer partiellen Gewinnrealisierung die Trennungstheorie anzuwenden und den Transfer in eine entgeltliche und eine unentgeltliche Übertragung aufzuteilen.

---

291 Vgl. § 23 Abs. 4 Hs. 1 UmwStG; S/H/S-Schmitt, § 22 Rn. 72; D/J/P/W-Patt, § 23 Rn. 67.

292 Vgl. §§ 23 Abs. 1, 4 Abs. 2 S. 3 UmwStG; S/H/S-Schmitt, § 22 Rn. 20; D/J/P/W-Patt, § 23 Rn. 30.

293 Vgl. § 16 Abs. 3 S. 2 EStG; Schmidt-Wacker, § 16 Rn. 547-548; H/H/R-Kulosa, § 16 Anm. 452.

294 Vgl. S/H/S-Schmitt, § 20 Rn. 370, 381.

295 Vgl. § 4 Abs. 2 S. 1 UmwStG; S/H/S-Schmitt, § 4 Rn. 39.

296 Vgl. § 22 Abs. 2 UmwStG; S/H/S-Schmitt, § 22 Rn. 39.

Angesichts dieser weitgehend vorhandenen Kongruenz zwischen Einzelwirtschaftsgut- und Sachgesamtheitsübertragung bedürfen nur die abweichenden Sekundärsteuerwirkungen einer Erläuterung. Dabei ist wiederum zwischen (2.) vollständiger, (3.) keiner sowie (4.) partieller Gewinnrealisierung zu unterscheiden.

2. Abweichende Sekundärsteuerwirkungen einer vollständigen Gewinnrealisierung

Bei der gewinnrealisierenden Übertragung einer Sachgesamtheit ist zunächst die **Auflösung sämtlicher stiller Reserven** erforderlich. Auf der Aktivseite sind nicht nur die bilanziell bereits erfassten Wirtschaftsgüter, sondern auch halbfertige Arbeiten, selbständig abrechenbare Teilleistungen,[297] selbst geschaffene immaterielle Wirtschaftsgüter und ein eventuell vorhandener originärer Geschäftswert mit ihren gemeinen Werten anzusetzen.[298] Auf der Passivseite erfahren insbesondere stille Reserven in Verbindlichkeiten und steuerfreien Rücklagen eine Auflösung.[299] Bei Mitunternehmerschaften gelten diese Grundsätze auch für eventuelle Ergänzungs- oder Sonderbilanzen.[300] Rückstellungen, insbesondere solche für Pensionsverpflichtungen, sowie Verbindlichkeiten sind mit ihren gemeinen Werten anzusetzen.[301]

Angesichts des Sachgesamtheitscharakters des Transfergegenstands kann der Gewinn aus der Übertragung gemäß den **§§ 16 Abs. 4, 34 EStG** begünstigt und von der Gewerbesteuer befreit sein. Voraussetzung hierfür ist, dass er einer natürlichen Person zuzurechnen ist,[302] beim Transfer weder eine wesentliche Betriebsgrundlage zurückbehalten noch für eine solche eine Rücklage gemäß § 6b EStG gebildet wird,[303] und der Gewinn nicht als laufend gilt.[304] Zu beachten ist in diesem Zusammenhang allerdings das Risiko einer Verletzung des § 18 Abs. 3 UmwStG. Erfolgt die Veräußerung des Betriebes, Teilbetriebes oder Mitunternehmeranteils innerhalb von fünf Jahren nach der Umwandlung einer Kapitalgesellschaft in eine Personengesellschaft, unterliegt der Veräußerungsgewinn trotzdem der Gewerbesteuer. Der entsprechende Teil des Gewerbesteuer-Messbetrags findet bei der Ermäßigung der Einkommensteuer gemäß § 35 EStG ebenfalls keine Berücksichtigung. Zusätzlich verliert auch der Gewinn aus der Veräußerung des vor der Umstrukturierung bei der aufnehmenden Personenunternehmung vorhandenen Betriebsvermögens seine gewerbesteuerliche Privilegierung.[305]

---

297 Vgl. BFH, Urt. v. 10.07.2002 – I R 79/01, BStBl. II 2002, S. 784; H/B-Schlößer, § 24 Rn. 109.

298 Vgl. BMF, Tz. 22.11 d. Schr. v. 25.03.1998 – IV B 7 – S 1978 – 21/98/IV B 2 – S 1909 – 33/98, BStBl. I 1998, S. 268.

299 Vgl. S/H/S-Schmitt, § 20 Rn. 307.

300 Vgl. S/H/S-Schmitt, § 24 Rn. 187.

301 Vgl. S/H/S-Schmitt, § 22 Rn. 77.

302 Vgl. S/H/S-Schmitt, § 20 Rn. 370-386.

303 Vgl. L/B/P-Hoffmann, § 6b Rn. 33; Blümich-Schlenker, § 6b Rn. 61; D/J/P/W-Patt, § 20 Rn. 278.

304 Vgl. §§ 16 Abs. 2 S. 3 EStG, 24 Abs. 3 S. 3 UmwStG; Kanzler, FR 2003, S. 1 (4).

305 Kritisch hierzu: Wernsmann/Desens, DStR 2008, S. 221 (224); a. Ans.: Bartelt, DStR 2006, S. 1109 (1114).

Im Hinblick auf **Fristverletzungen** bewirkt der Sachgesamtheitscharakter des Transfergegenstands neben den oben erläuterten Risiken[306] drei Besonderheiten. Zum einen gilt die Gefahr des anteiligen Wegfalls des Verschonungs- und des Entlastungsbetrages gemäß §§ 13a Abs. 5, 19a Abs. 5 ErbStG nur für die Veräußerung der jeweiligen Sachgesamtheit.[307] Jede gewinnrealisierende Einbringung ist hingegen unabhängig vom individuellen Wertansatz unschädlich und führt lediglich zu einer Ausweitung der Sperrfrist auf die im Gegenzug erworbenen Gesellschaftsanteile.[308] Zum anderen kann nicht nur die Veräußerung einer Beteiligung, sondern auch ihre (Ketten-) Einbringung zum gemeinen Wert die siebenjährige Frist des § 22 Abs. 1 S. 6 Nr. 2, 4, 5 UmwStG und die dreijährige Frist des § 9 Nr. 1 S. 5 Nr. 2 GewStG verletzen. Hat zuvor die vorweggenommene Erbfolge ertragsteuerlich zu Buchwerten stattgefunden, kann zum Dritten die fünfjährige Frist des § 6 Abs. 3 S. 2 EStG betroffen sein.[309]

Daneben ergeben sich weitergehende Besonderheiten, falls der Transfer nicht im Wege der Einzelrechtsnachfolge, sondern als **Gesamtrechtsnachfolge** stattfindet. In dieser Konstellation tritt das aufnehmende Betriebsvermögen trotz der Aufdeckung sämtlicher stillen Reserven in die **steuerliche Rechtsstellung** des abgebenden Betriebsvermögens ein.[310] Die Wirtschaftsgüter erfahren deshalb keine Anschaffung, sondern die Steuerwirkungen eines Buchwerttransfers.[311] Daher entsteht keine Bewertungsobergrenze.[312] Das aufnehmende Betriebsvermögen ist an AfA-Methoden, AfA-Zeiträume und AfA-Sätze des abgebenden Betriebsvermögens gebunden.[313] Allein die AfA-Bemessungsgrundlagen der Wirtschaftsgüter werden angesichts der vorgenommenen Gewinnrealisierung einer Modifikation unterzogen.[314] § 6 Abs. 2 EStG findet keine Anwendung.[315] Pensionsrückstellungen sind lediglich nach den Grundsätzen des § 6a EStG zu bewerten.[316] Im Übrigen kann aufgrund des Eintritts in die steuerliche Rechtsstellung mangels Veräußerung eine Rücklage gemäß § 6b EStG weder gebildet noch übertragen werden.[317] Angesichts der Gesamtrechtsnachfolge darf das aufnehmende Betriebsvermögen auch **Vorbesitzzeiten** des übertragenden Betriebsvermögens fortführen.[318]

---

306 Vgl. Abschn. C. I. 2. 4.

307 Vgl. T/G/J-Jülicher, § 13a Rn. 243-364; Meincke, § 13a Rn. 21-25.

308 Vgl. § 13a Abs. 5 Nr. 1 S. 2 ErbStG; T/G/J-Jülicher, § 13a Rn. 286; Meincke, § 13a Rn. 22.

309 Vgl. BMF, Tz. 10-13 d. Schr. v. 03.03.2005 – IV B 2 – S 2241 – 14/05, BStBl. I 2005, S. 458; Förster, FR 2002, S. 649 (655).

310 Vgl. § 4 Abs. 2, § 12 Abs. 3, § 23 Abs. 4, Hs. 2 UmwStG.

311 Vgl. D/J/P/W-Patt, § 23 Rn. 70-72; H/B-Friederichs, § 22 Rn. 51.

312 Vgl. § 253 Abs. 1 S. 1 HGB.

313 Vgl. S/H/S-Schmitt, § 22 Rn. 49.

314 Vgl. §§ 4 Abs. 3, 12 Abs. 3, 23 Abs. 4 Hs. 2 UmwStG; D/J/P/W-Pung, § 4 Rn. 33-38.

315 Vgl. R 6.13 EStR; Schmidt-Glanegger, § 6 Rn. 455.

316 Vgl. D/J/P/W-Dötsch/Pung, § 3 Rn. 66; H/B-Benkert, § 4 Rn. 33-37.

317 Vgl. §§ 4 Abs. 2 S. 1, 12 Abs. 3 UmwStG.

318 Vgl. §§ 4 Abs. 2 S. 3, 12 Abs. 3 UmwStG.

Was die **Verletzung** bereits **laufender Fristen** betrifft, ist nicht abschließend geklärt, ob Übertragungen im Wege der Gesamtrechtsnachfolge in diesem Zusammenhang als Veräußerung qualifizieren. Hieran bestehen erhebliche Zweifel, weil die Finanzverwaltung im Hinblick auf die allgemeinen umwandlungssteuerlichen Folgen solcher Transfers bisher die Auffassung vertritt, dass es insoweit an einer Veräußerung fehlt. Stattdessen sei ein Eintritt in die steuerliche Rechtsstellung des übertragenden Betriebsvermögens gegeben.[319] Sofern die Finanzverwaltung diese Einschätzung auch in Zukunft beibehält, kann für die Verletzung von Fristen nichts anderes gelten. Anderenfalls ergäbe sich eine gravierende systematische Inkonsistenz. Nach der hier vertretenen Ansicht beinhalten Übertragungen im Wege der Gesamtrechtsnachfolge daher für sämtliche Fristverletzungen, die eine Veräußerung voraussetzen, kein Risiko.[320] Dass die Finanzverwaltung dieser methodischen Notwendigkeit Rechnung trägt, ist allerdings nicht gesichert.[321]

Besondere SSW bei Gewinnrealisierung:
Sachgesamtheitscharakter des Transfergegenstands

- Auflösung aller stiller Reserven in der Sachgesamtheit
- Steuerbegünstigung - §§ 16 Abs. 4, 34 EStG, 18 Abs. 3 UmwStG
- Fristverletzungen - §§ 13a Abs. 5, 19a Abs. 5 ErbStG, 22 Abs. 1 S. 6 Nr. 2, 4, 5 UmwStG, 9 Nr. 1 S. 5 Nr. 2 GewStG, 6 Abs. 3 S. 2 EStG

Art der Übertragung - Gesamtrechtsnachfolge

- Eintritt in die steuerliche Rechtsstellung trotz Aufdeckung sämtlicher Reserven
- Keine Bewertungsobergrenze; Bindung an Vor-AfA; kein § 6b EStG
- Fristverletzungen (streitig)
- Vorbesitzzeiten werden fortgeführt

Abb. 10: Stille Reserven - Sekundärsteuerwirkungen vollständiger Gewinnrealisierung beim Transfer von Sachgesamtheiten

319 Vgl. BMF, Tz. 04.07 d. Schr. v. 25.03.1998 – IV B 7 – S 1978 – 21/98/IV B 2 – S 1909 – 33/98, BStBl. I 1998, S. 268; a. Ans.: S/H/S-Schmitt, § 4 Rn. 7.

320 Gl. Ans. im Hinblick auf die §§ 6 Abs. 5 S. 4, 16 Abs. 3 S. 3 EStG: H/H/R-Niehus/Wilke, § 6 Anm. 1469b; Korn-Korn/Strahl, § 6 Rn. 502.2.

321 Vgl. im Hinblick auf § 22 UmwStG die Gesetzesbegründung (BT-Drucks. 16/2710, S. 47) und im Hinblick auf § 15 Abs. 2 S. 4 UmwStG: BMF, Tz. 15.24 d. Schr. v. 25.03.1998 – IV B 7 – S 1978 – 21/98/IV B 2 – S 1909 – 33/98, BStBl. I 1998, S. 268; OFD Nürnberg, Schr. v. 09.02.2000 – S 1978 b – 3/St 31, Haufelndex: 320241; S/H/S-Hörtnagl, § 15 Rn. 156; zur Anwendbarkeit des § 8b Abs. 2 KStG auf Übertragungsgewinne, soweit sie auf Beteiligungen entfallen, vgl. BMF, Tz. 23 d. Schr. v. 28.03.2003 – IV A 2 – S 2750a – 7/03, FR 2003, S. 528; Haritz/Wisniewski, FR 2003, S. 549 (550); Nagel/Thies, GmbHR 2004, S. 83 (88).

3. Abweichende Sekundärsteuerwirkungen bei Vermeidung einer Gewinnrealisierung

Wird eine Sachgesamtheit steuerneutral übertragen, gelten die oben dargestellten Sekundärsteuerwirkungen eines ebensolchen Einzelwirtschaftsgutstransfers grundsätzlich entsprechend.[322] Dabei ist es unerheblich, ob die Übertragung im Wege der Einzel- oder Gesamtrechtsnachfolge stattfindet. Besonderheiten ergeben sich lediglich angesichts des Sachgesamtheitscharakters des Transfergegenstands. Dieser Umstand kann Auswirkungen auf den Umfang des übergehenden Betriebsvermögens, auf das Risiko eventueller Fristverletzungen sowie auf die Ingangsetzung neuer Fristläufe haben.

Was den **Umfang des übergehenden Betriebsvermögens** betrifft, ist zu beachten, dass nicht nur alle aktiven Wirtschaftsgüter, sondern auch steuerfreie Rücklagen, Rückstellungen und Verbindlichkeiten des abgebenden Betriebsvermögens auf das übernehmende Betriebsvermögen übergehen.[323] Im Hinblick auf steuerfreie Rücklagen gilt dies sogar, falls das aufnehmende Betriebsvermögen aufgrund seiner Rechtsform oder Unternehmensart, bspw. bei § 6b Abs. 10 EStG und einer Kapitalgesellschaft, hierzu eigentlich nicht berechtigt wäre.[324] Pensionsrückstellungen sind dabei mit ihrem Wert gemäß § 6a EStG anzusetzen.[325]

Darüber hinaus besteht im Hinblick auf **bereits laufende Fristen** die Gefahr, dass die Finanzverwaltung Einbringungen gemäß den §§ 20-25 UmwStG sowie Vorgänge nach dem UmwG unzutreffend als Verletzung der dreijährigen Fristen der §§ 6 Abs. 5 S. 4, 16 Abs. 3 S. 3 EStG beurteilt, da sie gegen Gewährung von Gesellschaftsrechten erfolgen.[326] Verdeckte Einlagen und Entnahmen gemäß § 6 Abs. 3 EStG sowie Realteilungen ohne Spitzenausgleich sind hingegen in jedem Fall unschädlich, da sie sich unentgeltlich vollziehen.[327] Unabhängig von der Art der Vermögensübertragung ist aber stets die Erhöhung des Anteils einer Kapitalgesellschaft an einem zuvor zum Buchwert übertragenen Einzelwirtschaftsgut denkbar.[328]

Ist dem Sachgesamtheitstransfer eine unentgeltliche Übertragung vorangegangen, sind Vermögensübergänge gemäß den §§ 3-16 UmwStG, Einbringungen und Realteilungen im Hinblick auf die siebenjährige Frist der §§ 13a Abs. 5, 19a Abs. 5

322 Vgl. §§ 4 Abs. 2, 12 Abs. 3, 23 Abs. 1 UmwStG, S/H/S-Schmitt, § 22 Rn. 20; D/J/P/W-Pung, § 4 Rn. 18; § 12 Rn. 44-46.

323 Vgl. Schmidt-Glanegger, § 6b Rn. 48; S/H/S-Schmitt, § 22 Rn. 23; D/J/P/W-Pung, § 4 Rn. 45.

324 Vgl. S/H/S-Schmitt, § 22 Rn. 23.

325 Vgl. Schaflitzl/Widmayer, BB 2006 Special 8/2006, S. 36 (39); Benecke/Schnitger, IStR 2007, S. 22 (26).

326 Vgl. BMF, Tz. VIII. d. Schr. v. 28.02.2006 – IV B 2 – S 2242 – 6/06, DStR 2006, S. 426; D/J/P/W-Patt, § 20 Rn. 242; Patt, EStB 2005, S. 106 (108); a. Ans.: H/H/R-Niehus/Wilke, § 6 Anm. 1469b; Korn (2002), S. 44; Wendt, EStB 2002, S. 137 (141).

327 Vgl. H/H/R-Niehus/Wilke, § 6 Anm. 1469a; Korn-Korn/Strahl, § 6 Rn. 502.2.

328 Vgl. § 6 Abs. 5 S. 6 EStG; D/J/P/W-Patt, § 20 Rn. 242.

ErbStG grundsätzlich unschädlich.[329] Etwas anderes gilt nur, sofern sie Entnahmen bewirken, die als Verstoß gegen die Begrenzung des § 13a Abs. 5 S. 1 Nr. 3 ErbStG qualifizieren.[330] Der fünfjährige Zeitraum des § 6 Abs. 3 S. 2 EStG ist von steuerneutralen Umwandlungsvorgängen überhaupt nicht betroffen, es sei denn, die im Gegenzug erworbenen Anteile erfahren im Anschluss noch vor Ablauf der Frist eine Veräußerung.[331] Eine steuerneutrale Einbringung dieser Anteile in eine Personengesellschaft qualifiziert dabei nicht als Veräußerung.[332]

Enthält die Sachgesamtheit auch die Beteiligung an einer Kapitalgesellschaft, ist im Hinblick auf die Gefahr einer Fristverletzung gemäß § 22 UmwStG zu differenzieren. In den Fällen der Umwandlung nach dem UmwG, bei der Realteilung sowie bei verdeckten Einlagen oder Entnahmen gemäß § 6 Abs. 3 EStG fehlt es nach der hier vertretenen Auffassung bereits an einer Veräußerung.[333] Allerdings ist die Zustimmung der Finanzverwaltung insoweit nicht gesichert. Für Einbringungsvorgänge gemäß den §§ 20-25 UmwStG greifen hingegen in jedem Fall die Ausnahmevorschriften des § 22 Abs. 1 S. 6 Nr. 2, 4 u. 5 UmwStG.[334] Entsprechendes gilt für die Gefahr einer Verletzung der siebenjährigen Frist des § 16 Abs. 5 EStG nach einer vorangegangenen Realteilung.[335]

Die Mitverlagerung der Beteiligung an einer Kapitalgesellschaft birgt darüber hinaus nach Auffassung der Finanzverwaltung das Risiko eine Verletzung der fünfjährigen Frist nach einer vorangegangenen Spaltung.[336] Diese Einschätzung ist nach der hier vertretenen Ansicht mangels Veräußerung unzutreffend. Nichts anderes gilt für eine potenzielle Verletzung der dreijährigen Frist des § 9 Nr. 1 S. 5 Nr. 2 GewStG.

Was schließlich die **Ingangsetzung neuer Fristen** anbelangt, sind vier Regelungen zu beachten. Wird die Übertragung im Wege einer Ausgliederung in eine Kapitalgesellschaft vorgenommen,[337] beginnt im Einbringungszeitpunkt der Lauf der siebenjährigen Frist des § 22 Abs. 1, 2 UmwStG, während der die erworbenen Anteile nicht

---

329 Vgl. T/G/J-Jülicher, § 13a Rn. 286; Meincke, § 13a Rn. 25; D/J/P/W-Patt, § 20 Rn. 242.

330 Vgl. FM Baden-Württemberg, Schr. v. 07.12.2000 – S 3812a/3, ErbSt-Kartei BW § 13a ErbStG Karte 3.

331 Vgl. BMF, Tz. 10-13 d. Schr. v. 03.03.2005 – IV B 2 – S 2241 – 14/05, BStBl. I 2005, S. 458; D/J/P/W-Patt, § 20, Rn. 242; H/H/R-Gratz, § 6 Anm. 1369a; Korn-Korn/Strahl, § 6 Rn. 475.13; Schmidt-Glanegger, § 6 Rn. 485.

332 Vgl. OFD Rheinland, Schr. v. 18.12.2007 – 001/2008, DStR 2008, S. 775.

333 Gl. Ans.: Benz/Rosenberg, BB 2006 Special 8/2006, S. 51 (62); a. Ans.: Bauernschmitt/Blöchle, BB 2007, S. 743 (745).

334 Einbringungsgeborene Anteile nach altem Umwandlungssteuerecht behalten im Übrigen auch im aufnehmenden Betriebsvermögen ihren Status (vgl. S/H/S-Schmitt, § 21 Rn. 20; W/M-Widmann, § 20 Rn. R 1127; Schmitt/Schlossmacher, DStR 2008, S. 2242-2247).

335 Vgl. Benecke/Schnitger, IStR 2007, S. 22 (27).

336 Vgl. § 15 Abs. 2 S. 2-4 UmwStG; BMF, Tz. 15.24 d. Schr. v. 25.03.1998 – IV B 7 – S 1978 – 21/98/IV B 2 – S 1909 – 33/98, BStBl. I 1998, S. 268; OFD Nürnberg, Schr. v. 09.02.2000 – S 1978 b – 3/St 31, HaufeIndex: 320241.

337 Vgl. §§ 20, 21 UmwStG.

veräußert werden dürfen.[338] Dies gilt auch für Anteile anderer Anteilseigner, auf die im Zuge der Einbringung stille Reserven verlagert werden.[339] Innerhalb des Sieben-Jahres-Zeitraums muss der Einbringende jährlich bis zum 31. Mai nachweisen, wem die Anteile zuzurechnen sind.[340]

Erfahren Anteile an einer Kapitalgesellschaft im Rahmen einer Realteilung eine unmittelbare oder mittelbare Übertragung von einem nicht gemäß § 8b Abs. 2 KStG privilegierten Steuerpflichtigen auf einen gemäß § 8b Abs. 2 KStG privilegierten Mitunternehmer, so beginnt der Lauf der siebenjährigen Frist des § 16 Abs. 5 EStG.[341] Erfolgt der Transfer als Auf- oder Abspaltung, beginnt mit ihr die fünfjährige Frist des § 15 Abs. 2 S. 2-4 UmwStG, während der Anteilsveräußerungen an außenstehende Personen schädlich sein können.

Schließlich ist die eventuelle Ingangsetzung der fünfjährigen Frist des § 18 Abs. 3 UmwStG zu beachten. Vollzieht sich die Verlagerung der Sachgesamtheit in Form eines Vermögensübergangs von einer Kapitalgesellschaft auf eine Personengesellschaft gemäß den §§ 3-16 UmwStG, so unterliegt der Gewinn aus einer anschließenden Veräußerung des übergegangenen Betriebes, Teilbetriebes oder Anteils an einer Personengesellschaft während dieses Fünf-Jahres-Zeitraums der Gewerbesteuer. Außerdem findet der entsprechende Teil des Gewerbesteuer-Messbetrags bei der Ermäßigung der Einkommensteuer gemäß § 35 EStG keine Berücksichtigung.[342]

4. Abweichende Sekundärsteuerwirkungen einer partiellen Gewinnrealisierung

Werden stille Reserven beim Transfer einer Sachgesamtheit lediglich partiell aufgedeckt, so hängen die damit verbundenen Steuerwirkungen davon ab, ob eine Übertragung im Sinne des UmwStG oder ein Transfer im Sinne des EStG (Realteilung mit Spitzenausgleich oder verdeckte Einlage respektive Entnahme gemäß § 6 Abs. 3 EStG) gegeben ist.[343] Bei einem Vorgang nach dem EStG gelten die Grundsätze für Einzelwirtschaftsgüter. Der Vorgang wird gleichfalls in einen voll entgeltlichen und einen voll unentgeltlichen Teil mit entsprechenden Sekundärsteuerwir-

---

338 Vgl. Abschn. C.I.2.5.; Forst/Schaaf, EStB 2007, S. 458 (459); zur schädlichen Einlagenrückgewähr bei Organschaft vgl. Rödder/Stangl, Ubg 2008, S. 39 (41); Hans, BB 2008, S. 26 (29).

339 Vgl. § 22 Abs. 7 UmwStG; BT-Drucks. 16/2710, S. 47.

340 Vgl. § 22 Abs. 3 UmwStG; BMF, Schr. v. 04.09.2007 – IV B 2 – S 1909/07/0001, BStBl. I 2007, S. 698; OFD Frankfurt/M., Schr. v. 09.01.2008 – S 1978 A – 43 – St 52, DStR 2008, S. 408; OFD Koblenz, Schr. v. 05.11.2007 – S 1978 A – St 33 2, DStR 2008, S. 408; Rödder/Schumacher, DStR 2006, S. 1525 (1537); Förster/Wendland, BB 2007, S. 631 (638); Ley, FR 2007, S. 109 (116); dabei handelt es sich allerdings nicht um eine Ausschlussfrist (vgl. BT-Drucks. 16/2710, S. 49).

341 Vgl. Benecke/Schnitger, IStR 2007, S. 22 (27).

342 Vgl. D/J/P/W-Patt, § 20 Rn. 242.

343 Die teilentgeltliche Betriebsübertragung im Rahmen der vorweggenommenen Erbfolge wird vorliegend nicht behandelt. Vgl. hierzu BMF, Tz. 35 d. Schr. v. 13.01.1993 – IV B 3-S 2190-37/92, BStBl. I 1993, S. 80.

Besondere SSW bei Reservenfortführung:

Übergang steuerfreier Rücklagen

Fristverletzungen

- §§ 6 Abs. 5 S. 4 u. 6, 16 Abs. 3 S. 3 EStG
- §§ 13a Abs. 5, 19a Abs. 5 ErbStG (bei den §§ 3-16 UmwStG)
- § 15 Abs. 2 S. 2-4 UmwStG
- § 22 UmwStG (streitig)
- § 9 Nr. 1 S. 5 Nr. 2 GewStG (streitig)

Fristinitiierungen

- § 22 UmwStG
- § 16 Abs. 5 EStG
- § 15 Abs. 2 S. 2-4 UmwStG
- § 18 Abs. 3 UmwStG

Abb. 11: Stille Reserven - Sekundärsteuerwirkungen der Reservenfortführung beim Transfer von Sachgesamtheiten

kungen zerlegt.[344] Bildet hingegen ein nach dem UmwStG privilegierter Vorgang die Grundlage der teilweisen Reservenaufdeckung, so tritt das aufnehmende Betriebsvermögen in die steuerliche Rechtsstellung des abgebenden Betriebsvermögens ein.[345] Es gelten insoweit die Ausführungen zum Buchwerttransfer entsprechend. In diesem Fall gilt Besonderes lediglich für die Aufstockung der Wertansätze der Wirtschaftsgüter. Sie ist in zwei Schritten vorzunehmen.[346] Zunächst sind alle Reserven der bereits aktivierten Wirtschaftsgüter um einen gleichmäßigen Prozentsatz bis zur Höhe ihres Teilwertes aufzudecken. Verbleibt im Anschluss noch Aufstockungspotenzial können Reserven in selbst hergestellten immateriellen Wirtschaftsgütern und zuletzt in einem originären Geschäftswert realisiert werden.[347] Steuerfreie Rücklagen sind ebenfalls nur anteilig aufzulösen.[348] In Höhe der Summe der Aufstockungsbeträge realisiert das abgebende Betriebsvermögen einen nicht begünstigten Veräußerungsgewinn. Angesichts dieser partiellen Aufdeckung stiller Reserven erfahren die

344 Vgl. BMF, Tz. VI. d. Schr. v. 28.02.2006 – IV B 2 – S 2242-6/06, BStBl. I 2006, S. 228; H/H/R-Kulosa, § 16 Anm. 452; Schmidt-Wacker, § 16 Rn. 549.

345 Vgl. §§ 4 Abs. 2 S. 1, 12 Abs. 3, 23 Abs. 3 UmwStG; D/J/P/W-Patt, § 23 Rn. 50.

346 Vgl. BMF, Tz. 22.08 d. Schr. v. 25.03.1998 – IV B 7 – S 1978 – 21/98/IV B 2 – S 1909 – 33/98, BStBl. I 1998, S. 268; a. Ans.: H/B-Friederichs, § 20 Rn. 174.

347 Vgl. BMF, Tz. 22.08 d. Schr. v. 25.03.1998 – IV B 7 – S 1978 – 21/98/IV B 2 – S 1909 – 33/98, BStBl. I 1998, S. 268; D/J/P/W-Dötsch/Pung, § 3 Rn. 51; D/J/P/W-Patt, § 20 Rn. 207; a. Ans.: S/H/S-Schmitt, § 20 Rn. 319; H/B-Brinkaus, § 3 Rn. 64; Haritz/Slabon, FR 1997, S. 168, die eine selektive Aufstockung für zulässig halten.

348 Vgl. BMF, Tz. 22.08 d. Schr. v. 25.03.1998 – IV B 7 – S 1978 – 21/98/IV B 2 – S 1909 – 33/98, BStBl. I 1998, S. 268; S/H/S-Schmitt, § 20 Rn. 320.

AfA-Bemessungsgrundlagen der übertragenen Wirtschaftsgüter beim aufnehmenden Betriebsvermögen eine entsprechende Modifikation.[349]

D. Steuerlicher Ist-Zustand

I. Überblick

Unter Berücksichtigung der Gestaltungsmittel sowie deren Sekundärsteuerwirkungen kann der steuerliche Ist-Zustand festgestellt werden. Dabei ist es zu beachten, dass angesichts der abstrakten Betrachtungsweise der vorliegenden Untersuchung lediglich eine Beurteilung nach Umstrukturierungstypen möglich ist, bei der die Erfüllung aller spezifischen Tatbestandsmerkmale vorausgesetzt wird. Naturgemäß kann dies im Einzelfall anders sein. Daneben ist zu berücksichtigen, dass das Ertragsteuerrecht nur Regeln für isolierte und einstufige Vorgänge kennt. Werden mehrere Umstrukturierungsvorgänge zeitnah durchgeführt oder erfährt ein Wirtschaftsgut eine Übertragung durch mehrere Betriebsvermögen, wird grundsätzlich jeder Einzelschritt für sich beurteilt, es sei denn die besonderen Grundsätze des Gesamtplans finden ausnahmsweise Anwendung. Deshalb ist es sinnvoll, zwischen (II.) isolierten einstufigen Umstrukturierungsmaßnahmen mit Einzelwirtschaftsgütern, (III.) isolierten einstufigen Umstrukturierungsmaßnahmen mit privilegierten Sachgesamtheiten sowie (IV.) simultanen respektive mehrstufigen Umstrukturierungsmaßnahmen zu unterscheiden.

II. Isolierte einstufige Umstrukturierungsmaßnahmen mit Einzelwirtschaftsgütern

1. Abwärts gerichtete Übertragungen

Bei einem abwärts gerichteten Transfer aus einer Personen- oder Kapitalobergesellschaft in eine Personengesellschaft besteht grundsätzlich ein uneingeschränktes Gewinnrealisierungswahlrecht. Auf einen Transfer in das Gesamthandsvermögen der Personenuntergesellschaft findet § 6 Abs. 5 S. 3 Nr. 1 EStG Anwendung.[350] Wird das Einzelwirtschaftsgut aus dem Sonderbetriebsvermögen der Obergesellschaft bei der untergeordneten Personengesellschaft in deren Gesamthandsvermögen übertragen, ist § 6 Abs. 5 S. 3 Nr. 2 EStG einschlägig. Diese Gewinnrealisierungswahlrechte erfahren eine Einschränkung, soweit an der untergeordneten Gesellschaft eine (andere) Kapitalgesellschaft vermögensmäßig beteiligt ist. In diesem Fall greift die Pflicht zur Gewinnrealisierung, soweit sich der Anteil der Kapitalgesellschaft an ihm begründet oder erhöht.[351]

---

349 Vgl. §§ 4 Abs. 3, 12 Abs. 3, 23 Abs. 3 Nr. 1, 2 UmwStG; S/H/S-Schmitt, § 4 Rn. 64-78; D/J/P/W-Patt, § 23 Rn. 53-60.

350 Vgl. BMF, Schr. v. 07.02.2002 – IV A 6 – S 2241 – 94-01, DStR 2002, S. 635.

351 Vgl. § 6 Abs. 5 S. 5 EStG.

Bei einem abwärts gerichteten Transfer aus einer Personen- oder Kapitalgesellschaft in eine untergeordnete Kapitalgesellschaft besteht grundsätzlich eine Gewinnrealisierungspflicht.[352] Ausnahmsweise ist ein Gewinnrealisierungswahlrecht gegeben, sofern die Übertragung des Wirtschaftsguts innerhalb von drei Jahren nach Anschaffung oder Herstellung erfolgt.[353]

2. Aufwärts gerichtete Übertragungen

Bei einem aufwärts gerichteten Transfer aus einer Personengesellschaft in eine übergeordnete Personen- oder Kapitalgesellschaft gilt grundsätzlich ein uneingeschränktes Gewinnrealisierungswahlrecht.[354] Es erfährt lediglich eine Verengung, soweit die Obergesellschaft an der Untergesellschaft zu weniger als 100 % beteiligt ist und der Transfer deshalb die unmittelbare oder mittelbare Erhöhung des Anteils einer Kapitalgesellschaft am Wirtschaftsgut bewirkt.[355]

Bei einem aufwärts gerichteten Transfer aus einer Kapitalgesellschaft ist unabhängig von der Rechtsform des Zielbetriebsvermögens stets eine Gewinnrealisierungspflicht gegeben. Soweit in diesem Zusammenhang zwischen den beiden Gesellschaften weder eine fremdübliche Veräußerung noch eine ordentliche Gewinnausschüttung in Form einer Sachdividende vorgenommen wird, erfolgt die Aufdeckung der stillen Reserven durch die Annahme einer verdeckten Gewinnausschüttung. Sie fingiert einen Transfer des Wirtschaftsguts zu einem angemessenen Entgelt verbunden mit einer darauf folgenden Ausschüttung dieser fiktiven Vergütung.[356]

3. Seitwärts gerichtete Übertragungen

Bei einem seitwärts gerichteten Transfer zwischen zwei Schwesterpersonengesellschaften besteht für Transfers aus dem Gesamthandsvermögen der abgebenden Schwestergesellschaft 1 in das Sonderbetriebsvermögen der Obergesellschaft bei der aufnehmenden Schwestergesellschaft 2 grundsätzlich ein uneingeschränktes Gewinnrealisierungswahlrecht.[357] Übertragungen aus dem Sonderbetriebsvermögen der Obergesellschaft bei der abgebenden Schwestergesellschaft 1 in das Gesamthandsvermögen der aufnehmenden Schwestergesellschaft 2 sind ebenfalls generell Gegenstand eines uneingeschränkten Gewinnrealisierungswahlrechts.[358] Eine Einschränkung gilt allein für die Fälle, in denen an der aufnehmenden Schwesterge-

352 Vgl. § 6 Abs. 6 EStG; Schmidt-Glanegger, § 6 Rn. 441 „Verdeckte Einlagen“ (1).
353 Vgl. § 6 Abs. 6 S. 3 i. V. m. Abs. 1 Nr. 5 a) EStG.
354 Vgl. § 6 Abs. 5 S. 3 Nr. 1 u. 2 EStG.
355 Vgl. §§ 6 Abs. 5 S. 5, 16 Abs. 3 S. 4 EStG; L/B/P-Hörger/Rapp, § 16 Rn. 195.
356 Vgl. § 8 Abs. 3 S. 2 KStG.
357 Vgl. § 6 Abs. 5 S. 3 Nr. 2 EStG.
358 Vgl. § 6 Abs. 5 S. 3 Nr. 2 EStG.

sellschaft neben dem Gesellschafter auch eine Kapitalgesellschaft vermögensmäßig beteiligt ist, deren Anteil am transferierten Wirtschaftsgut dann begründet wird.[359]

Für Übertragungen zwischen den Gesamthandsvermögen beider Schwestergesellschaften ist hingegen nach dem Wortlaut des Gesetzes prinzipiell eine Gewinnrealisierungspflicht gegeben.[360] Teilweise wird in diesem Zusammenhang die Auffassung vertreten, ein steuerneutraler Transfer sei möglich, sofern Teile des Gesellschaftsvermögens auf eine zweite beteiligungs- und gesellschafteridentische Personengesellschaft übertragen würden.[361] Die Finanzverwaltung teilt diese Einschätzung allerdings nicht.[362]

Für seitwärts gerichtete Transfers zwischen zwei Schwesterkapitalgesellschaften sowie zwischen einer Schwesterpersonengesellschaft und einer Schwesterkapitalgesellschaft gibt es keine unmittelbare Privilegierungsvorschrift. Es besteht daher grundsätzlich eine Gewinnrealisierungspflicht.

Isolierte und einstufige Transfers von Einzelwirtschaftsgütern

- Übertragungen aus Kapitalgesellschaften
    - o Grundsatz: Gewinnrealisierungspflicht
    - o GRW 1: vE vor Ablauf der Drei-Jahres-Frist nach Anschaffung
    - o GRW 2: abwärts gerichtet in eine Personengesellschaft
- Übertragungen aus Personengesellschaften
    - o Grundsatz: Gewinnrealisierungswahlrecht
    - o GRP 1: seitwärtiger Transfer in KapG
    - o GRP 2: vE im Anschluss an die dreijährige Frist
    - o GRP 3: seitwärtiger Transfer aus GHV in GHV
    - o Verengung, soweit
        - Gegenleistung
        - Anteilserhöhung einer Kapitalgesellschaft
        - Realteilung mit Spitzenausgleich

Abb. 12: Stille Reserven - Steuerlicher Ist-Zustand – Einzelwirtschaftsgüter

GRW = Gewinnrealisierungswahlrecht
GRP = Gewinnrealisierungspflicht

359 Vgl. § 6 Abs. 5 S. 5 EStG.

360 Vgl. OFD Koblenz, Schr. v. 23.12.2003, DStR 2004, S. 314; OFD Münster, Schr. v. 02.04.2004, DStR 2004, S. 1041; Schmidt-Wacker, § 15 Rn. 683; Bergsteiner (2002), S. 109; Brandenberg, DStZ 2002, S. 552 (555); Brandenberg, Stbg 2004, S. 65 (70); a. Ans.: Schmidt-Glanegger, § 6 Rn. 536; Förster, StbJb. 2004/2005, S. 227 (248-249).

361 Vgl. BFH, Urt. v. 08.07.1992 – XI R 51/89, BStBl. II 1992, S. 946; L/B/P-Hörger/Rapp, § 16 Rn. 191; Schmidt-Wacker, § 16 Rn. 535, 546; Reiche, StuB 2006, S. 626 (627); Ostermayer/Riedel, BB 2003, S. 1305 (1307); Winkemann, BB 2004, S. 130 (133).

362 Vgl. BMF, Tz. IV. 1. d. Schr. v. 28.02.2006 – IV B 2 – S 2242 – 6/06, DStR 2006, S. 426 (427); OFD Karlsruhe, Tz. 4. 1 d. Schr. v. 20.06.2006 – S 2241/27-St 111, ESt-Kartei BW § 6 EStG Fach 5 Nr. 4.1.

III. Isolierte einstufige Umstrukturierungsmaßnahmen mit privilegierten Sachgesamtheiten

Im Hinblick auf den Transfer privilegierter Sachgesamtheiten ist es hilfreich, sich vorweg die wesentlichen ökonomischen Zielsetzungen klarzumachen, die Umstrukturierungsmaßnahmen zugrunde liegen können. Während es beim Transfer von Einzelwirtschaftsgütern lediglich darum geht, einen Bestandteil des Betriebsvermögens unter Beibehaltung der übrigen ökonomischen und gesellschaftsrechtlichen Realität aus einer Gesellschaft in eine andere Gesellschaft zu transferieren, sind beim Übergang von Sachgesamtheiten verschiedene Zwecke denkbar. Dabei ergibt sich die erste Weichenstellung aus der Beantwortung der Frage, ob das abgebende Betriebsvermögen fortbestehen oder eliminiert werden soll. Ist seine Beseitigung gewünscht, muss im Anschluss die Entscheidung getroffen werden, ob in diesem Zusammenhang das gesamte Vermögen auf eine einzige aufnehmende Gesellschaft übergehen oder auf mehrere Unternehmungen verteilt werden soll.

Berücksichtigt man diese Umstände, kommen bis zu drei spezifische Zielsetzungen in Betracht. Zum einen kann sich die Umstrukturierung darauf fokussieren, die abgebende Unternehmung unter Aufteilung ihres Vermögens auf die aufnehmende Gesellschaft sowie andere Gesellschafter zu beseitigen. So verhält es sich bei der Realteilung und der Aufspaltung nach dem UmwG. Zum anderen kann die Übertragung darauf gerichtet sein, die abgebende Gesellschaft unter Verlagerung ihres gesamten Vermögens auf die aufnehmende Gesellschaft zu eliminieren. Dies ist in den Fällen der Verschmelzung nach dem UmwG sowie der Anwachsung der Fall. Zum Dritten kann Ziel der Umstrukturierungsmaßnahme der Transfer einer im abgebenden Betriebsvermögen befindlichen Sachgesamtheit (Betrieb, Teilbetrieb, Mitunternehmeranteil) unter Aufrechterhaltung der abgebenden Gesellschaft sein. In diesem Zusammenhang verwendete Instrumente sind die Einbringung im Wege der Einzelrechtsnachfolge sowie die Abspaltung und die Ausgliederung nach dem UmwG. Diese drei Zielsetzungen sind bei der steuerlichen Beurteilung der einzelnen Umstrukturierungsoptionen zu berücksichtigen.

1. Abwärts gerichtete Übertragungen

Bei abwärts gerichteten Übertragungen aus einer Personen- oder Kapitalgesellschaft in eine Personengesellschaft, besteht grundsätzlich ein umfassendes Gewinnrealisierungswahlrecht. Soll die Obergesellschaft eine Eliminierung erfahren, kann dieses Ziel mit einer Verschmelzung auf die Personengesellschaft erreicht werden.[363] In diesem Fall ergibt sich das Gewinnrealisierungswahlrecht bei einer Personengesellschaft als Obergesellschaft aus § 24 Abs. 2 UmwStG und bei einer Kapitalgesellschaft als Obergesellschaft aus § 3 Abs. 1, 2 UmwStG.[364] Sofern die Aufrechterhal-

363 Vgl. § 2 UmwG.

364 Vgl. D/J/P/W-Dötsch/Pung, § 3 Rn. 21; Hannemann, DB 2000, S. 2497.

tung der Obergesellschaft gewünscht wird, können ihr Betrieb, ein in ihr befindlicher Teilbetrieb oder ein (Teil-) Mitunternehmeranteil im Wege der Einzelrechtsnachfolge durch Einbringung oder im Wege der Gesamt- oder Sonderrechtsnachfolge durch Ausgliederung[365] auf die Untergesellschaft übertragen werden.[366] Das Gewinnrealisierungswahlrecht gewährt in dieser Konstellation unabhängig von der Rechtsform des abgebenden Betriebsvermögens § 24 Abs. 2 UmwStG, sofern die Übertragung gegen Gewährung von Gesellschaftsrechten erfolgt. Alternativ ist nach der hier vertretenen Auffassung auch im Rahmen einer unentgeltlichen Übertragung der Sachgesamtheit ein Gewinnrealisierungswahlrecht gegeben, sofern der Transfer in der gesamthänderischen Rücklage der Untergesellschaft abgebildet wird (§ 6 Abs. 3 EStG).[367] Ob die Finanzverwaltung die zuletzt genannte Einschätzung teilt, ist allerdings nicht gesichert.

Vollzieht sich der Transfer einer privilegierten Sachgesamtheit aus einer Personen- oder Kapitalgesellschaft abwärts in eine Kapitalgesellschaft, ist ebenfalls ein Gewinnrealisierungswahlrecht gegeben. Soll die Obergesellschaft beseitigt werden, kann dieses Ziel wiederum durch eine Verschmelzung erreicht werden.[368] In dieser Konstellation ergibt sich das Gewinnrealisierungswahlrecht bei einer Personengesellschaft als Obergesellschaft aus § 20 Abs. 2 UmwStG und bei einer Kapitalgesellschaft als Obergesellschaft aus § 11 Abs. 1, 2 UmwStG.[369] Ist lediglich die Ausgliederung eines Betriebs, Teilbetriebs, (Teil-) Mitunternehmeranteils oder einer mehrheitsvermittelnden Beteiligung unter Aufrechterhaltung der Obergesellschaft beabsichtigt, gelingt dies durch Einbringung im Wege der Einzelrechtsnachfolge oder durch Ausgliederung im Wege der Sonderrechtsnachfolge.[370] In diesen Fällen gewähren die §§ 20, 21 UmwStG ein Gewinnrealisierungswahlrecht, sofern im Gegenzug neue Anteile an der Untergesellschaft gewährt werden.[371] Zu einer Verengung dieser Bewertungsoption kommt es nur, soweit der bilanzielle Wert der übertragenen Aktiva den der Passiva unterschreitet.[372]

---

365 Vgl. § 123 Abs. 3 UmwG.

366 Vgl. BMF, Tz. 24.01 d. Schr. v. 25.03.1998 – IV B 7 – S 1978 – 21/98/IV B 2 – S 1909 – 33/98, BStBl. I 1998, S. 268; Kerssenbrock/Rundshagen, BB 2004, S. 2490 (2492).

367 Vgl. Schmidt-Glanegger, § 6 Rn. 480; S/H/S-Schmitt, § 24 Rn. 32; L/B/P-Hoffmann, § 6 Rn. 1005; D/J/P/W-Patt, § 24 Rn. 41; H/H/R-Gratz, § 6 Anm. 1376; Blümich-Ehmcke, § 6 Rn. 1225; a. Ans.: F/M-Herrmann, § 24 UmwStG Rn. 43, 62.

368 Vgl. § 2 UmwG.

369 Vgl. BMF, Tz. 11.24 d. Schr. v. 25.03.1998 – IV B 7 – S 1978 – 21/98/IV B 2 – S 1909 – 33/98, BStBl. I 1998, S. 268; Rödder/Schumacher, DStR 2006, S. 1525 (1532); Middendorf/Stegemann, DStR 2005, S. 1082 (1083); Rödder/Wochinger, FR 1999, S. 1; Dreissig, DB 1997, S. 1301.

370 Vgl. § 123 Abs. 3 UmwG.

371 Vgl. BMF, Tz. 20.02 d. Schr. v. 25.03.1998 – IV B 7 – S 1978 – 21/98/IV B 2 – S 1909 – 33/98, BStBl. I 1998, S. 268; S/H/S-Schmitt, § 20 Rn. 196-199.

372 Vgl. § 20 Abs. 2 Nr. 2 UmwStG.

2. Aufwärts gerichtete Übertragungen

Besteht der Zweck einer aufwärts gerichteten Übertragung in der Eliminierung einer Personengesellschaft verbunden mit einem partiellen Vermögensübergang jeweils auf eine Obergesellschaft (Kapital- oder Personengesellschaft) und andere fremde Gesellschafter, so ist ein faktisches Gewinnrealisierungswahlrecht gegeben.[373] Dies kann technisch entweder im Wege der Einzelrechtsnachfolge als tatsächliche Aufteilung von Teilbetrieben und Mitunternehmeranteilen unter den Gesellschaftern[374] oder im Wege der Gesamtrechtsnachfolge als Aufspaltung vollzogen werden.[375] Sind die den Gesellschaftern zugewiesenen Vermögensteile dabei ausnahmsweise wertgleich, ist eine steuerneutrale Übertragung möglich. Wird ein Gesellschafter hingegen verpflichtet, zur Herstellung eines Wertausgleichs eine Zuzahlung zu leisten, so sind die stillen Reserven partiell im Verhältnis dieser Zuzahlung zum Wert der übernommenen Wirtschaftsgüter aufzudecken.[376] Die Körperschaftsklausel des § 16 Abs. 3 S. 4 EStG findet keine Anwendung, da privilegierte Sachgesamtheiten verlagert werden.

Ist die Umstrukturierungsmaßnahme dagegen auf die Beseitigung der Personengesellschaft mit ausschließlichem Vermögensübergang auf die Obergesellschaft gerichtet, so kann dies technisch im Rahmen einer Anwachsung oder Verschmelzung realisiert werden. Wie diese beiden Vermögensübergänge steuerlich einzuordnen sind, ist nicht vollständig geklärt. Überwiegend wird die Auffassung vertreten, dass sich in dieser Konstellation die zunächst gegebene gesellschaftsrechtliche Mitberechtigung der Obergesellschaft an den Wirtschaftsgütern der Personengesellschaft durch die Übertragung lediglich in Alleineigentum umwandelt. Es soll sich daher entweder um ein steuerliches Nullum[377] oder um einen unentgeltlichen Transfer (§ 6 Abs. 3 EStG analog) handeln, so dass die Buchwerte in jedem Fall fortzuführen sind.[378]

Nach der hier vertretenen Ansicht hängt die steuerliche Behandlung einer aufwärts gerichteten Übertragung von ihrer bilanziellen Einordnung ab.[379] Erfolgt der Transfer unter Verminderung der gesamthänderischen Rücklage, erfüllt dieser Vorgang angesichts seiner Unentgeltlichkeit tatsächlich die Voraussetzungen des § 6 Abs. 3 EStG.

---

373 Vgl. § 16 Abs. 3 S. 2 EStG.

374 Vgl. § 738 BGB.

375 Vgl. § 123 Abs. 1 UmwG; Schmidt-Wacker, § 16 Rn. 542; Korn-Stahl, § 16 Rn. 291-292.

376 Vgl. BMF, Tz. VI. d. Schr. v. 28.02.2006 – IV B 2 – S 2242 – 6/06, DStR 2006, S. 426; Hörger/Mentel/Schulz, DStR 1999, S. 565 (568); Heß, DStR 2006, S. 777 (780).

377 Vgl. OFD Berlin, Vfg. v. 11.11.2002 – St 122 – S 2241 – 2/02, DB 2002, S. 1966; SfF Bremen, Erl. v. 25.10.2002 – S-2241 – 5788 – 110, GmbHR 2002, S. 1264; Neu/Watermeyer, DStR 2002, S. 2101 (2108); Brandenberg, DStZ 2002, S. 511 (514); Breiteneicher, DStR 2004, S. 1405 (1406).

378 Vgl. D/J/P/W-Patt, § 24 Rn. 76; S/H/S-Schmitt, § 24 Rn. 32; Schmidt-Glanegger, § 6 Rn. 473; H/H/R-Gratz, § 6 Anm. 1377; L/B/P-Hoffmann, § 6 Rn. 1007; Hörger/Mentel/Schulz, DStR 1999, S. 565 (567); Orth, DStR 1999, S. 1053 (1059); Korn-Korn/Strahl, § 6 Rn. 136.2; Lauermann/Protzen, DStR 2001, S. 647 (648); Hoffmann, GmbHR 2002, S. 236.

379 Kritisch zur Abhängigkeit steuerlicher Beurteilungen von der Art der Verbuchung eines Geschäftsvorfalls: Reiß, DB 2005, S. 358 (361).

Es besteht also ein faktisches Gewinnrealisierungswahlrecht. Geschieht die Übertragung der privilegierten Sachgesamtheit jedoch gegen Minderung von Gesellschaftsrechten, wie bei der Anwachsung oder der Verschmelzung, so liegt das Spiegelbild einer Einbringung vor. Während die Einbringung den Tausch der Sachgesamtheit gegen Gesellschaftsrechte zum Gegenstand hat, gibt der Gesellschafter bei der Ausbringung seine Gesellschaftsrechte an die Gesellschaft zurück und erhält dafür im Gegenzug die Sachgesamtheit. Angesichts dieser Parallelität der Vermögensverlagerungen sollte in dieser Situation das Gewinnrealisierungswahlrecht des § 24 Abs. 2 UmwStG entweder unmittelbar oder analog gewährt werden.[380]

Besonderes gilt, sofern die Obergesellschaft im Zusammenhang mit dem exklusiven Vermögensübergang auf sie weitere Gesellschafter abzufinden hat. In dieser Konstellation gestaltet sich der Vermögensübergang zweigeteilt. Soweit das übernommene Betriebsvermögen auf die abgefundenen Gesellschafter entfällt, liegt die Anschaffung deren Mitunternehmeranteile vor.[381] Die in den übergehenden Wirtschaftsgütern befindlichen stillen Reserven sind daher anteilig aufzudecken. Soweit das erhaltene Betriebsvermögen auf die Obergesellschaft entfällt, besteht nach der hier vertretenen Auffassung ein Gewinnrealisierungswahlrecht gemäß § 24 Abs. 2 UmwStG. Nach der überwiegend vertretenen Ansicht ergibt es sich aus § 6 Abs. 3 EStG analog. Der gesamte Vorgang ist das Spiegelbild zur Einbringung mit Zuzahlungen.[382]

Schließlich kann das wirtschaftliche Ziel der aufwärts gerichteten Umstrukturierungsmaßnahme darin bestehen, die Personengesellschaft zu erhalten und lediglich eine in ihr befindliche Einheit (Betrieb, Teilbetrieb oder Mitunternehmeranteil) auf die Obergesellschaft zu transferieren. Technisch kann dies entweder im Wege der Einzelrechtsnachfolge oder im Rahmen einer Abspaltung verwirklicht werden. Welche steuerliche Einordnung ein solcher Vermögensübergang erfährt, ist bisher nicht geklärt. Nach der hier vertretenen Einschätzung gelten die oben vorgestellten Regeln zur Anwachsung und Verschmelzung entsprechend. Erfolgt die Übertragung der Sachgesamtheit daher gegen Minderung von Gesellschaftsrechten, sollte ein Gewinnrealisierungswahlrecht gemäß § 24 Abs. 2 UmwStG eingeräumt werden. Geschieht der Transfer hingegen unter Verminderung der gesamthänderischen Rücklage, ergibt sich das Gewinnrealisierungswahlrecht angesichts der Unentgeltlichkeit des Vermögensübergangs aus § 6 Abs. 3 EStG.

Eine aufwärts gerichtete Übertragung kann nicht nur in einer Personengesellschaft, sondern auch in einer Kapitalgesellschaft beginnen. Hat ein solcher aufwärts gerich-

---

380 Gl. Ans.: Lauermann/Protzen, DStR 2001, S. 647 (648).

381 Vgl. OFD Berlin, Vfg. v. 11.11.2002 – St 122 – S 2241 – 2/02, DB 2002, S. 1966; Neu/Watermeyer, DStR 2002, S. 2101 (2108); Orth, DStR 1999, S. 1011 (1015); Breiteneicher, DStR 2004, S. 1405.

382 Vgl. BFH, Urt. v. 10.03.1998 - VIII R 76/96, BFH/NV 1998, S. 1412; OFD Berlin, Vfg. v. 11.11.2002 – St 122 – S 2241 – 2/02, DB 2002, S. 1966; BMF, Tz. 24.09 d. Schr. v. 25.03.1998 – IV B 7 – S 1978 – 21/98/IV B 2 – S 1909 – 33/98, BStBl. I 1998, S. 268; Orth, DStR 1999, S. 1011 (1016).

teter Transfer zum Ziel, diese Kapitalgesellschaft zu beseitigen und ihr Vermögen auf die Obergesellschaft und fremde Gesellschafter zu verteilen, so gelingt dies im Wege einer Aufspaltung nach dem UmwG.[383] In dieser Konstellation ergibt sich das Gewinnrealisierungswahlrecht bei einer aufnehmenden Kapitalgesellschaft aus § 15 Abs. 1 UmwStG und bei einer aufnehmenden Personengesellschaft aus § 16 UmwStG.[384] Es erfährt allerdings eine Einschränkung, sofern die Übertragung einen der Missbrauchstatbestände des § 15 Abs. 2 UmwStG erfüllt. Außerdem verengt es sich nach Auffassung der Finanzverwaltung, soweit die Obergesellschaft fremden Gesellschaftern einen Spitzenausgleich gewährt. Insoweit soll eine Wertaufstockung erforderlich sein.[385] Dies ist nach hier vertretener Auffassung nicht zutreffend, da es sich bei einer solchen Ausgleichszahlung um einen Vorgang auf der Gesellschafterebene und nicht auf der Gesellschaftsebene handelt.[386]

Soll das Vermögen der Kapitalgesellschaft ausschließlich auf die Obergesellschaft übergehen, so ist eine Verschmelzung angezeigt.[387] Hierfür gewähren § 3 Abs. 1, 2 UmwStG bei einer aufnehmenden Kapitalgesellschaft und § 11 Abs. 1, 2 UmwStG bei einer aufnehmenden Personengesellschaft jeweils ein Gewinnrealisierungswahlrecht.[388] Eine Einschränkung erfährt diese Bewertungsoption wiederum nach unzutreffender Auffassung der Finanzverwaltung, sofern die Obergesellschaft einem verbleibenden Gesellschafter eine bare Zuzahlung oder einem ausscheidenden Gesellschafter eine Barabfindung gewährt.[389]

Dient die Umstrukturierungsmaßnahme schließlich dazu, eine in der Kapitalgesellschaft befindliche Sachgesamtheit (Teilbetrieb, Mitunternehmeranteil) in die Obergesellschaft zu verlagern, so gelingt dies durch eine Abspaltung nach dem UmwG.[390] In dieser Situation stammt das Gewinnrealisierungswahlrecht wiederum aus den §§ 15 Abs. 1, 16 UmwStG,[391] erneut beschränkt durch die Missbrauchstatbestände des § 15 Abs. 2 UmwStG[392] und die vermeintliche Aufstockungspflicht bei Ausgleichszahlungen.[393]

Für aufwärts gerichtete Transfers privilegierter Sachgesamtheiten im Wege der Einzelrechtsnachfolge besteht nach dem Wortlaut des § 20 Abs. 1, 2 UmwStG nur dann

---

383 Vgl. § 123 Abs. 2 UmwG.

384 Vgl. D/J/P/W-Dötsch/Pung, § 15 Rn. 25; W/M-Widmann, § 15 Rn. 520; H/B-Haritz, § 15 Rn. 5.

385 Vgl. BMF, Tz. 11.05 d. Schr. v. 25.03.1998 – IV B 7 – S 1978 – 21/98/IV B 2 – S 1909 – 33/98, BStBl. I 1998, S. 268.

386 Gl. Ans.: S/H/S-Schmitt, § 11 Rn. 92; D/J/P/W-Dötsch, § 11 Rn. 44; H/B-Bärwaldt, § 11 Rn. 36.

387 Vgl. § 2 UmwG.

388 Vgl. BMF, Tz. 11.13 d. Schr. v. 25.03.1998 – IV B 7 – S 1978 – 21/98/IV B 2 – S 1909 – 33/98, BStBl. I 1998, S. 268; S/H/S-Schmitt, § 11 Rn. 18; D/J/P/W-Dötsch, Vor §§ 11-13 Rn. 8.

389 Vgl. BMF, Tz. 11.05 d. Schr. v. 25.03.1998 – IV B 7 – S 1978 – 21/98/IV B 2 – S 1909 – 33/98, BStBl. I 1998, S. 268; a. Ans.: S/H/S-Schmitt, § 11 Rn. 92; D/J/P/W-Dötsch, § 11 Rn. 44.

390 Vgl. § 123 Abs. 2 UmwG.

391 Vgl. S/H/S-Hörtnagl, § 15 Rn. 22; W/M-Widmann, § 15 Rn. 520.

392 Vgl. S/H/S-Hörtnagl, § 15 Rn. 130; H/B-Haritz, § 15 Rn. 179.

393 Vgl. BMF, Tz. 11.05 d. Schr. v. 25.03.1998 – IV B 7 – S 1978 – 21/98/IV B 2 – S 1909 – 33/98, BStBl. I 1998, S. 268; a. Ans.: S/H/S-Schmitt, § 11 Rn. 92; D/J/P/W-Dötsch, § 11, Rn. 44.

ein Gewinnrealisierungswahlrecht, sofern der Kapitalgesellschaft als Gegenleistung neue Anteile an der Obergesellschaft eingeräumt werden.[394] Eine solche wechselseitige Beteiligungsstruktur ist aber typischerweise nicht gewünscht, so dass in diesen Fällen grundsätzlich eine Gewinnrealisierungspflicht besteht.[395] Diese steuerliche Einschränkung von Umstrukturierungen im Wege der Einzelrechtsnachfolge erscheint aus zwei Gründen zweifelhaft. Zum einen ist zu beachten, dass das UmwStG für die Realisierung der oben beschriebenen ökonomischen Zielsetzungen ein umfassendes Gewinnrealisierungswahlrecht eröffnet, sofern das Instrumentarium des UmwG eingesetzt wird. Dass die Verwirklichung derselben Ziele im Wege der Einzelrechtsnachfolge allein aufgrund der im Einzelfall verwendeten zivilrechtlichen Technik von der steuerlichen Begünstigung ausgeschlossen sein soll, ist angesichts der im Ertragsteuerrecht maßgeblichen wirtschaftlichen Betrachtungsweise[396] nicht überzeugend.

Zum anderen ist nicht nachvollziehbar, warum der Richtung einer Umstrukturierungsmaßnahme eine entscheidende Rolle im Hinblick auf ihre steuerliche Privilegierung zukommen soll. § 20 Abs. 2 UmwStG sieht eine Ausnahme vom Grundsatz der Gewinnrealisierungspflicht vor, sofern ein Betrieb, Teilbetrieb oder Mitunternehmeranteil eine Bewegung erfährt. Plausible Gründe für eine Beschränkung dieser Privilegierung allein auf abwärts gerichtete Transfers sind nicht erkennbar. Deshalb sollte § 20 Abs. 2 UmwStG nach der hier vertretenen Auffassung für aufwärts gerichtete Übertragungen privilegierter Sachgesamtheiten im Wege der Einzelrechtsnachfolge entsprechend gelten, sofern die gesellschaftsrechtliche Beteiligung der aufnehmenden Obergesellschaft an der übertragenden Kapitalgesellschaft eine entsprechende Verminderung erfährt. Simultan sollte eine Gesetzesänderung angestrebt werden, die die Indifferenz des UmwStG bezüglich der Richtung von Umstrukturierungsmaßnahmen klarstellt.

3. Seitwärts gerichtete Übertragungen

Bei seitwärts gerichteten Übertragungen ist ebenso zwischen Transfers aus einer Personengesellschaft und solchen aus einer Kapitalgesellschaft zu unterscheiden. Dient ein seitwärts gerichteter Transfer dazu, eine abgebende Personengesellschaft unter Aufteilung ihres Vermögens auf eine Schwestergesellschaft (Personen- oder Kapitalgesellschaft) sowie andere Gesellschafter zu eliminieren, so kann auch dies technisch durch eine tatsächliche Aufteilung des Vermögens[397] oder eine Aufspaltung realisiert werden.[398] Da die Teilbetriebe oder Mitunternehmeranteile der Personengesellschaft in dieser Konstellation nicht in das Betriebsvermögen der Oberge-

394 Vgl. S/H/S-Schmitt, § 20 Rn. 180; W/M-Widmann, § 20 Rn. 419; D/J/P/W-Patt, § 20 Rn. 170.

395 Vgl. Herzig/Förster, StuW 1998, S. 99 (103).

396 Vgl. Schmidt-Seeger, § 2 Rn. 40; H/H/R-Ruppe, Einf. EStG, Anm. 650.

397 Vgl. § 738 BGB.

398 Vgl. § 123 Abs. 1 UmwG.

sellschaft, sondern unmittelbar in das der Schwestergesellschaft übertragen werden, liegt nach der hier vertretenen Auffassung keine Realteilung vor. Vielmehr besteht ein Gewinnrealisierungswahlrecht, das sich bei einer aufnehmenden Schwesterkapitalgesellschaft aus den §§ 20, 21 UmwStG[399] und bei einer aufnehmenden Schwesterpersonengesellschaft entweder aus § 24 Abs. 2 UmwStG[400] oder aus § 6 Abs. 3 EStG ergibt, je nachdem, ob der Obergesellschaft im Gegenzug Gesellschaftsrechte gewährt werden oder der Erwerb der Sachgesamtheit in der gesamthänderischen Rücklage eine Abbildung erfährt.

Zielt die Übertragung auf die Beseitigung der Personengesellschaft mit exklusivem Vermögensübergang auf die aufnehmende Schwestergesellschaft ab, kann dies im Wege einer Verschmelzung beider Gesellschaften erreicht werden.[401] Da in dieser Situation wirtschaftlich der gesamte Betrieb der Personengesellschaft in die Schwestergesellschaft eingebracht wird und die Gewährung von Gesellschaftsrechten an die nach Ansicht der Finanzverwaltung als Einbringende[402] geltende Obergesellschaft erfolgt, besteht nach der hier vertretenen Ansicht ebenfalls ein Gewinnrealisierungswahlrecht. Rechtsgrundlage desselben ist bei einer aufnehmenden Schwesterkapitalgesellschaft § 20 Abs. 2 UmwStG[403] und bei einer aufnehmenden Schwesterpersonengesellschaft § 6 Abs. 3 EStG oder § 24 Abs. 2 UmwStG.[404]

Fokussiert sich die Umstrukturierungsmaßnahme schließlich darauf, lediglich eine in der Personengesellschaft befindliche Sachgesamtheit im Wege der Einzelrechtsnachfolge oder Abspaltung auf die Schwestergesellschaft zu übertragen, ohne die Personengesellschaft zu beseitigen, kann nach der hier vertretenen Ansicht nichts anderes gelten als bei ihrer Eliminierung. Da auch in dieser Situation eine privilegierte Sachgesamtheit und die Obergesellschaft nach Auffassung der Finanzverwaltung als Einbringende gilt,[405] ergibt sich das Gewinnrealisierungswahlrecht bei einer aufnehmenden Schwesterkapitalgesellschaft wiederum aus § 20 Abs. 1, 2 UmwStG[406]

---

399 Vgl. BMF, Tz. 20.02 d. Schr. v. 25.03.1998 – IV B 7 – S 1978 – 21/98/IV B 2 – S 1909 – 33/98, BStBl. I 1998, S. 268; S/H/S-Schmitt, § 20 Rn. 196; Heß, DStR 2006, S. 777 (779); Winkemann, BB 2004, S. 130 (133); tendenziell auch, aber zu § 24 UmwStG sowie zur Rechtslage vor der Kodifikation des § 16 Abs. 3 S. 2 EStG: BFH, Urt. v. 04.05.2004 – XI R 7/03, BStBl. II 2004, S. 893.

400 Gl. Ans.: S/H/S-Schmitt, § 24 Rn. 99, 273; W/M-Engl, Anh. 10 Rn. 379; L/B/P-Hörger/Rapp, § 16 Rn. 191; Franz/Wegener, Ubg 2008, S. 608 (610); Heß, DStR 2006, S. 777 (779); Winkemann, BB 2004, S. 130 (133); a. Ans.: Schulze zur Wiesche, DStZ 2004, S. 366 (368); ders., WPg 2006 S. 448 (450).

401 Vgl. § 2 UmwG.

402 Vgl. BMF, Tz. 24.04 i. V. m. 20.05 d. Schr. v. 25.03.1998 – IV B 7 – S 1978 – 21/98/IV B 2 – S 1909 – 33/98, BStBl. I 1998, S. 268.

403 Vgl. BMF, Tz. 20.02 d. Schr. v. 25.03.1998 – IV B 7 – S 1978 – 21/98/IV B 2 – S 1909 – 33/98, BStBl. I 1998, S. 268; S/H/S-Schmitt, § 20 Rn. 196; H/B-Schlößer, Vor § 20 Rn. 12.

404 Vgl. S/H/S-Schmitt, § 24 Rn. 98, 273; W/M-Widmann, § 24 Rn. 110; D/J/P/W-Patt, § 24 Rn. 12; Franz/Wegener, Ubg 2008, S. 608 (610); Heß, DStR 2006, S. 777 (779).

405 Vgl. BMF, Tz. 24.04 i. V. m. 20.05 d. Schr. v. 25.03.1998 – IV B 7 – S 1978 – 21/98/IV B 2 – S 1909 – 33/98, BStBl. I 1998, S. 268.

406 Vgl. BMF, Tz. 20.02 d. Schr. v. 25.03.1998 – IV B 7 – S 1978 – 21/98/IV B 2 – S 1909 – 33/98, BStBl. I 1998, S. 268; S/H/S-Schmitt, § 20 Rn. 196; H/B-Schlößer, Vor § 20 Rn. 12.

und bei einer aufnehmenden Schwesterpersonengesellschaft entweder aus § 24 Abs. 2 UmwStG (bei Gewährung von Gesellschaftsrechten an die Obergesellschaft)[407] oder aus § 6 Abs. 3 EStG (bei Abbildung in der gesamthänderischen Rücklage der Schwestergesellschaft). Zu beachten ist bei allen drei Konstellationen allerdings, dass die vorgestellte rechtliche Einordnung nicht gesichert ist.

Bei seitwärts gerichteten Transfers aus einer Kapitalgesellschaft in eine andere Schwestergesellschaft gelten die Grundsätze für aufwärts gerichtete Übertragungen entsprechend. Bei der Verschmelzung der Kapitalgesellschaft auf eine Schwestergesellschaft bestehen Gewinnrealisierungswahlrechte gemäß § 3 Abs. 2 UmwStG (Personengesellschaft) und § 11 Abs. 1, 2 UmwStG (Kapitalgesellschaft).[408] Bei Auf- und Abspaltungen privilegierter Sachgesamtheiten aus der Kapitalgesellschaft auf eine Schwestergesellschaft ergibt sich ein solches aus § 15 Abs. 1 UmwStG (Personengesellschaft) und aus § 16 UmwStG (Personengesellschaft).[409] Nach der hier vertretenen Ansicht sollten bei seitwärts gerichteten Transfers auch Übertragungen im Wege der Einzelrechtsnachfolge privilegiert werden, sofern sie bei der abgebenden Kapitalgesellschaft gegen Minderung von Gesellschaftsrechten und bei einer aufnehmenden Kapitalgesellschaft gegen Gewährung von Gesellschaftsrechten (§ 20 Abs. 2 UmwStG) sowie bei einer aufnehmenden Personengesellschaft unentgeltlich (§ 6 Abs. 3 EStG) oder gegen Gewährung von Gesellschaftsrechten (§ 24 Abs. 2 UmwStG) erfolgen. Die Ausführungen zu aufwärts gerichteten Verlagerungen gelten insoweit entsprechend.

Isolierte und einstufige Transfers von Sachgesamtheiten

- Grundsatz: Gewinnrealisierungswahlrecht
- GRP 1: Aufwärts u. seitwärts gerichteter Transfer aus KapG i. W. d. Einzelrechtsnachfolge
- GRP 2: Ab- und Aufspaltung von KapG, die § 15 Abs. 2 UmwStG erfüllen
- Verengung des Gewinnrealisierungswahlrechts bei
    - Realteilung bei Zahlung eines Spitzenausgleichs
    - Einbringung in Kapitalgesellschaften (§ 20 Abs. 2 Nr. 2 UmwStG)

Abb. 13: Stille Reserven - Steuerlicher Ist-Zustand - Sachgesamtheiten
GRP = Gewinnrealisierungspflicht

[407] Gl. Ans.: S/H/S-Schmitt, § 24 Rn. 100, 273; H/H/R-Kulosa, § 16 Rn. 441; Heß, DStR 2006, S. 777 (779); Winkemann, BB 2004, S. 130 (133); Ostermayer/Riedel, BB 2003, S. 1305 (1306); Schulze zur Wiesche, DStZ 2004, S. 366 (370); kritisch: Reiche, StuB 2006, S. 626 (628).

[408] Vgl. S/H/S-Schmitt, § 11 Rn. 74; D/J/P/W-Dötsch, Vor §§ 11-13 Rn. 19.

[409] Vgl. D/J/P/W-Dötsch/Pung, § 15 Rn. 25; W/M-Widmann, § 15 Rn. 520.

IV. Simultane und mehrstufige Umstrukturierungsmaßnahmen

Erfolgt eine Umstrukturierung in mehreren Teilübertragungen, so ist im Grundsatz jede einzelne Partialbewegung steuerlich separat einzuordnen. Daher gilt für mehrstufige und mehrgliedrige Restrukturierungsmaßnahmen die oben vorgenommene Beschreibung des steuerlichen Ist-Zustandes für jede ihrer Teilbewegungen im Regelfall entsprechend.

Eine Ausnahme von diesem Grundsatz ergibt sich lediglich, sofern eine Abfolge von Partialübertragungen als missbräuchlich einzustufen ist. Ein solcher Missbrauch liegt vor, sofern der Steuerpflichtige eine unangemessene rechtliche Gestaltung wählt, die bei ihm oder einem Dritten im Vergleich zu einer angemessenen Gestaltung zu einem gesetzlich nicht vorgesehenen Steuervorteil führt, es sei denn, der Steuerpflichtige weist außersteuerliche Gründe nach, die nach dem Gesamtbild der Verhältnisse beachtlich sind.[410] Als eine solche unangemessene rechtliche Gestaltung qualifiziert insbesondere ein Vorgehen, das auf einem vorherigen, zielgerichteten Gesamtplan beruht, dessen Teilschritte der Steuerpflichtige beherrscht und dessen Endziel er tatsächlich verwirklicht.[411] Erfüllen mehrere Verlagerungen gemeinsam diese Tatbestandsmerkmale, so erfahren sie ungeachtet ihrer zivilrechtlichen Selbständigkeit eine Zusammenfassung zu einem einheitlichen wirtschaftlichen Vorgang. Statt der einzelnen Teilübertragungen wird dann dieser homogene Transfer der Besteuerung zugrunde gelegt.[412]

In diesem Zusammenhang sind im Hinblick auf Umstrukturierungen zwei Konstellationen von besonderer Bedeutung. Zum einen kann ein und derselbe Transfergegenstand (Einzelwirtschaftsgut oder privilegierte Sachgesamtheit) unter Nutzung steuerlicher Privilegierungen durch mehrere (Sonder-) Betriebsvermögen übertragen werden.[413] Motiv einer solchen mehrstufigen Übertragung ist in der Regel eine spezifisch ökonomische Zielsetzung. Als Beweggrund ist aber auch die Verwandlung einer unmittelbar nicht privilegierten in eine mittelbar begünstigte Bewegung denkbar. Zeichnet eine solche Abfolge von Transfers dabei einen Übertragungspfad, den das Ertragsteuerrecht nach Maßgabe der Gesamtplanrechtsprechung gerade nicht privilegieren will, kommt es zu einer Zusammenfassung der einzelnen Übertragungsschritte. Die Steuerneutralität der einzelnen Übertragungen geht daher verloren.

---

410 Vgl. § 42 Abs. 2 AO; Mack/Wollweber, DStR 2008, S. 182 (184); Drüen, StuW 2008, S. 154 (161); Drüen, Ubg 2008, S. 31 (35); Lenz/Gerhard, BB 2007, S. 2429 (2432); Leisner-Egensperger, DStZ 2008, S. 358 (361).

411 Vgl. Förster, StbJb. 2004/2005, S. 227 (229); Förster/Schmidtmann, StuW 2003, S. 114 (120-123); Strahl, FR 2004, S. 929 (934); Kugelmüller-Pugh, FR 2007, S. 1139 (1140); Damas/Ungemach, DStZ 2007, S. 552 (555).

412 Vgl. § 42 Abs. 1 S. 3 AO; Spindler, DStR 2005, S. 1; Förster/Schmidtmann, StuW 2003, S. 114; Ley/Strahl, DStR 2003, S. 2145 (2148); Mutscher, DB 2005, S. 2096 (2099); Heuermann, BB 2003, S. 1465 (1466); Böckli (1990), S. 289 (310).

413 Vgl. Förster, StbJb. 2004/2005, S. 227 (248-249); Strahl, FR 2004, S. 929 (932).

Zum anderen kann der Transfer einer privilegierten Sachgesamtheit in mehrere Teilübertragungen aufgespalten werden. Solche Strukturierungen dienen insbesondere der Vorbereitung von entgeltlichen oder unentgeltlichen (Teil-) Betriebsübertragungen, Betriebsaufgaben sowie anschließenden Unternehmensauf- und -abspaltungen.[414] Ihre Aufgabe besteht regelmäßig darin, zunächst einzelne Wirtschaftsgüter ohne Aufdeckung stiller Reserven aus einer privilegierten Sachgesamtheit zu separieren und im Anschluss die verbliebene Sachgesamtheit steuerneutral oder unter Inanspruchnahme der Vergünstigungen der §§ 16, 34 EStG zu übertragen.[415] Beruht ein solches Vorgehen auf einem Gesamtplan, erfahren die einzelnen Teilübertragungen ebenfalls eine Zusammenfassung, so dass die jeweils angestrebte Privilegierung verloren geht.

Simultane oder mehrstufige Restrukturierungsmaßnahmen

- Grundsatz: Jede einzelne Partialbewegung separat
- Ausnahme: Zusammenfassung mehrerer Transferbewegungen, sofern Gesamtplan
  - o Übertragung durch mehrere Betriebsvermögen
  - o Aufspaltung in mehrere Teiltransfers

Abb. 14: Stille Reserven - Steuerlicher Ist-Zustand – Simultane oder mehrstufige Maßnahmen

V. Zusammenfassung des steuerlichen Ist-Zustandes

Unter Berücksichtigung dieser Einzelergebnisse lässt sich der steuerliche Ist-Zustand bei Umstrukturierungsmaßnahmen zusammenfassen. Beim isolierten einstufigen Transfer von Einzelwirtschaftsgütern unterliegen alle Übertragungen aus Kapitalgesellschaften grundsätzlich einer Gewinnrealisierungspflicht. Ein Gewinnrealisierungswahlrecht ist nur ausnahmsweise gegeben, sofern ein Transfer als verdeckte Einlage vor Ablauf der Drei-Jahres-Frist nach Anschaffung oder abwärts gerichtet in eine Personengesellschaft erfolgt. Bei der Übertragung von Einzelwirtschaftsgütern aus Personengesellschaften besteht grundsätzlich ein Gewinnrealisierungswahlrecht. Es weicht ausnahmsweise einer Gewinnrealisierungspflicht bei einem seitwärtigen Transfer in eine Kapitalgesellschaft, bei einer verdeckten Einlage im Anschluss an die dreijährige Frist nach Anschaffung sowie bei einem seitwärtigen Transfer aus einem Gesamthandsvermögen in ein anderes.

---

414 Vgl. H/H/R-Niehus/Wilke, § 6 Anm. 1466; Kerssenbrock/Rundshagen, BB 2004, S. 2490 (2493); Damas/Ungemach, DStZ 2007, S. 552 (553).

415 Vgl. Förster, StbJb. 2004/2005, S. 227 (236-247); Strahl, FR 2004, S. 929; Ley/Strahl, DStR 2003, S. 2145 (2148); Kugelmüller-Pugh, FR 2007, S. 1139 (1147).

Sofern nach diesen Grundsätzen ein Gewinnrealisierungswahlrecht gegeben ist, erfährt dieses in drei Fällen eine Verengung. Zum einen sind stille Reserven zwingend aufzudecken, soweit für die Übertragung des Einzelwirtschaftsguts eine Gegenleistung gewährt, insbesondere eine Verbindlichkeit übernommen wird. Zum anderen ist Gewinn zu realisieren, soweit der Transfer die Anteilserhöhung einer Kapitalgesellschaft am jeweiligen Einzelwirtschaftsgut bewirkt. Erfordert eine Umstrukturierungsmaßnahme aus außersteuerlichen Gründen eine Realteilung mit Spitzensausgleich, so bedarf es schließlich zumindest nach dem Maßstab der Ausgleichszahlung eine Auflösung stiller Reserven.

Bei der isolierten einstufigen Übertragung privilegierter Sachgesamtheiten besteht grundsätzlich ein Gewinnrealisierungswahlrecht. Eine Gewinnrealisierungspflicht ist lediglich für aufwärts und seitwärts gerichtete Transfers aus Kapitalgesellschaften im Wege der Einzelrechtsnachfolge sowie für Ab- und Aufspaltungen von Kapitalgesellschaften gegeben, die einen der Missbrauchstatbestände des § 15 Abs. 2 UmwStG erfüllen. Ein eingeschränktes Gewinnrealisierungsrecht liegt darüber hinaus bei Einbringungen in Kapitalgesellschaften, bei denen der Buchwert der Aktiva den der Passiva übersteigt[416] sowie bei Gegenleistungen des aufnehmenden Betriebsvermögens an das abgebende Betriebsvermögen oder dessen Gesellschafter vor.

Bei simultanen oder mehrstufigen Restrukturierungsmaßnahmen ist an sich jede einzelne Partialbewegung steuerlich separat einzuordnen, so dass die oben dargestellten Ergebnisse grundsätzlich entsprechend gelten. Ausnahmsweise erfolgt jedoch eine Zusammenfassung mehrerer Transferbewegungen, sofern sie in ihrer Verbindung nach Maßgabe der Gesamtplan-Rechtsprechung als missbräuchlich einzustufen sind.

E. Steuerlicher Soll-Zustand

I. Überblick

Hat man so den steuerlichen Ist-Zustand ermittelt, gilt es anschließend, als Kontrapunkt den individuell vorteilhaften Soll-Zustand festzulegen. Anknüpfungspunkte dieser Festlegung sind die oben herausgearbeiteten Primär- und Sekundärsteuerwirkungen. Vergleicht man alle drei Primärsteuerwirkungen ohne Berücksichtigung irgendwelcher Sachverhaltsbesonderheiten miteinander, so zeigt sich, dass grundsätzlich (II.) ein Transfer zum Buchwert steuerlich optimal ist und so den regulären Soll-Zustand verkörpert. Ausgehend von dieser Grundkonstellation kann man im Anschluss aus den Sekundärsteuerwirkungen der Gestaltungsmittel Sachverhaltsszenarien generieren, bei denen die Ausgestaltung der Übertragung als (III.) vollständig gewinnrealisierend oder (IV.) partiell gewinnrealisierend ausnahmsweise vorteilhafter ist und damit zum steuerlichen Soll-Zustand wird.

---

[416] Vgl. § 20 Abs. 2 Nr. 2 UmwStG.

II. Grundsätzliche Präferenz einer Gewinnrealisierungsvermeidung

Weist der individuelle Sachverhalt einer Unternehmensumstrukturierung keinerlei Besonderheiten auf, so entspricht sein steuerlicher Soll-Zustand einer Übertragung, die jede Aufdeckung stiller Reserven vermeidet.[417] Mit einer solchen umgeht das abgebende Betriebsvermögen die Realisierung steuerpflichtigen Gewinns. Simultan erfährt das aufnehmende Betriebsvermögen weder günstige noch ungünstige Steuerwirkungen. Dass eine solche steuerneutrale Gestaltung der Vorgabe der Steuerbarwertminimierung entspricht, wird deutlich, wenn man sich die Steuerwirkungen einer Aufdeckung stiller Reserven in der Normalfall-Konstellation vergegenwärtigt. Mit ihr realisiert das abgebende Betriebsvermögen einen steuerpflichtigen laufenden Gewinn in Höhe der stillen Reserven.[418] Diesem Nachteil steht beim aufnehmenden Betriebsvermögen der Vorteil eines um die aufgedeckten stillen Reserven erhöhten AfA-Potenzials gegenüber. Der Barwert dieses Vorteils ist in der Regel aber geringer, da sich die Geltendmachung der zusätzlichen AfA typischerweise über mehrere Wirtschaftsjahre erstreckt.[419] Dadurch wird eine entsprechende Abzinsung erforderlich. Selbst wenn in der günstigsten Konstellation das gesamte zusätzliche AfA-Potenzial bereits im Wirtschaftsjahr der Übertragung geltend gemacht werden kann, ist aus der Sicht der Gesamtunternehmung im Regelfall maximal eine Nivellierung des steuerlichen Nachteils beim abgebenden Betriebsvermögen erreichbar.[420] Die Generierung von AfA-Potenzial allein kann einen steuerlichen Vorteil nur ausnahmsweise aufgrund von Bemessungsgrundlagen- oder Steuersatzeffekten hervorrufen.[421]

Dieser grundsätzliche Soll-Zustand einer Umstrukturierungsmaßnahme erschöpft sich allerdings nicht in der bloßen Vermeidung einer Gewinnrealisierung. Angesichts der oben erläuterten Vielzahl von Sekundärsteuerwirkungen, die der Steuertatbestand eines Buchwerttransfers auslösen kann, umfasst der Soll-Zustand auch das Gebot, sonstige durch die Steuerneutralität der Übertragung ausgelöste Steuernachteile zu vermeiden. Es gilt daher, die Übertragung so zu strukturieren, dass sie nach Maßgabe der Erläuterungen zu den Sekundärsteuerwirkungen steuerneutraler Transfers weder einen Gesamtplan verwirklicht, noch eine Frist verletzt oder in Gang setzt.[422]

---

417 Vgl. Schaum (1994), S. 111; S/H/S-Schmitt, § 3 Rn. 53; Herzig/Momen, DB 1994, S. 2157 (2159).

418 Vgl. S/H/S-Schmitt, § 3 Rn. 53.

419 Vgl. Schaflitzl/Widmayer, BB 2006 Special 8/2006, S. 36 (41); Schiffers (1994), S. 74; Schaum (1994), S. 112; C/K/S/S-Strahl, S. 54.

420 Vgl. zur Bedeutung der Qualität stiller Reserven für die Vorteilhaftigkeit der Generierung von AfA-Potenzial: Schiffers (1994), S. 229; Schaum (1994), S. 66-71.

421 Vgl. Abschn. E. III. 1. 5.

422 Vgl. Abschn. C. I. 2. (Einzelwirtschaftsgüter) u. Abschn. C. II. 2. (Sachgesamtheiten).

Steuerlicher Soll-Zustand der Unternehmensumstrukturierung - Grundsatz

- **Primärsteuerwirkung: Buchwertfortführung**
- **Vermeidung ungünstiger Sekundärsteuerwirkungen**
  - Kein Gesamtplan
  - Keine Verletzung bereits laufender Fristen
  - Keine Initiierung neuer Fristen

Abb. 15: Stille Reserven - Steuerlicher Soll-Zustand - Grundsatz

III. Ausnahmsweise Präferenz einer vollständigen Gewinnrealisierung

1. Szenarien einer steueroptimalen vollständigen Gewinnrealisierung

Aus der oben erläuterten Normalfall-Konstellation[423] lässt sich im Umkehrschluss ableiten, dass eine gewinnrealisierende Übertragung immer dann steuerlich optimal ist, wenn sie, anders als ein Buchwerttransfer, neben der Generierung von AfA-Potenzial mindestens einen weiteren Steuervorteil generiert, dessen Barwert zusammen mit dem des zusätzlichen AfA-Potenzials den durch die Gewinnrealisierung ausgelösten Steuernachteil im abgebenden Betriebsvermögen übersteigt.[424] Dabei ist es aus der Perspektive der Gesamtunternehmung grundsätzlich unerheblich, ob dieser weitere Steuervorteil auf besondere Umstände im abgebenden oder im aufnehmenden Betriebsvermögen zurückzuführen ist. Dieser Grundsatz kann allerdings eine Einschränkung erfahren, sofern auch gruppenfremde Personen Anteile an einer der beteiligten Unternehmungen halten.

1.1. Nutzung von Verlust- und Zinsvorträgen

Zunächst ist denkbar, dass das abgebende Betriebsvermögen Verlust- oder Zinsvorträge aufweist. Zur optimalen Nutzung solcher Verlust- oder Zinsvorträge im Zuge einer Unternehmensumstrukturierung bieten sich insbesondere zwei Handlungsoptionen an. Zum einen kommt in Betracht, die Vorträge nach Durchführung des Restrukturierungsvorganges mit zukünftigen Gewinnen derselben oder der aufnehmenden Unternehmung auszugleichen.[425] Zum anderen ist denkbar, die Vorträge noch vor oder mit dem Restrukturierungsvorgang steuerlich zu nutzen.[426] Dabei kann ein Verlustvortrag insbesondere durch Gewinnrealisierung in zusätzliches Abschreibungspo-

---

423 Vgl. Abschn. E. II.

424 Ähnlich: Schaum (1994), S. 172; Schmidt (1999), S. 261; Herzig/Momen, DB 1994, S. 2157 (2159); König/Sureth/Magerkurth, StuB 2001, S. 785 (787).

425 Vgl. Prinz, GmbHR 2004, S. 921 (922).

426 Vgl. Prinz, GmbHR 2004, S. 921 (922); Honert/Geimer, EStB 2007, S. 421 (424); Dörfler/Wittkowski, GmbHR 2007, S. 352 (355).

tenzial transformiert oder durch Verlagerung von Gewinnpotenzial in die verlustträchtige Gesellschaft verbraucht werden. Ein Zinsvortrag kann u. a. durch Gewinnrealisierung eine Umwandlung in Zinsaufwand erfahren.

Welche dieser Optionen im Einzelfall als steuerlich optimal qualifiziert, ist mit Hilfe eine Steuervergleichsrechnung aus der Perspektive der Gesamtunternehmung zu ermitteln. Dies geschieht im Rahmen des Teilgestaltungssystems der Verlust- und Zinsvorträge.[427] Dabei ist für jede Gestaltungsoption unter Berücksichtigung von Bemessungsgrundlagen-, Steuersatz- und Zinseffekten festzustellen, wie hoch der Barwert der von ihr vermittelten Steuerentlastung für die Gruppe ist. Indiziert diese Steuervergleichsrechnung, dass eine Aufdeckung sämtlicher stiller Reserven im zu übertragenden Einzelwirtschaftsgut oder in der zu übertragenden Sachgesamtheit steuerlich optimal ist, so qualifiziert eine vollständige Gewinnrealisierung als Soll-Zustand.[428]

1.2. Vermeidung einer Wertaufholung

Daneben kann sich ein zusätzlicher Vorteil aus der Vermeidung einer zukünftigen Wertaufholung im aufnehmenden Betriebsvermögen ergeben. Hat das abgebende Betriebsvermögen auf das zu übertragende Wirtschaftsgut eine Teilwertabschreibung vorgenommen und ist im Zeitpunkt der Übertragung ernsthaft damit zu rechnen, dass sich der Wert des Wirtschaftsguts in der Zukunft wieder erholen wird, so besteht das Risiko einer späteren Pflicht zur Wertaufholung.[429] Wird der Transfer nun zum Buchwert vorgenommen, tritt das aufnehmende Betriebsvermögen auch im Hinblick auf diese Wertaufholungspflicht in die steuerliche Rechtsstellung des abgebenden Betriebsvermögens ein.[430]

Erfolgt die Übertragung des Wirtschaftsguts hingegen gewinnrealisierend im Wege der Einzelrechtsnachfolge,[431] handelt es sich aus der Sicht des aufnehmenden Betriebsvermögens um ein Anschaffungsgeschäft. Dieser Umstand hat zur Folge, dass die Wertaufholungspflicht beim abgebenden Betriebsvermögen erlischt und beim aufnehmenden Betriebsvermögen eine Bewertungsobergrenze in Höhe des Kaufpreises installiert wird.[432] Letztere verhindert eine spätere Wertaufholung bei der auf-

---

427 Vgl. Teil 2, Kap. 2, Abschn. D.

428 Vgl. Schiffers (1994), S. 84-85; Förster (1991), S. 56; Förster/Felchner, DB 2006, S. 1072 (1073); Schwedhelm (2008), Tz. 264; Sauter/Heurung/Babel, DB 2002, S. 1177 (1181); Blumers/Beinert, DB 1995, S. 1043 (1044); Herzig/Momen, DB 1994, S. 2157 (2159); Kessler/Schmidt, DStR 1997, S. 1506; Dötsch/Pung, DB 2006, S. 2704 (2708).

429 Vgl. § 6 Abs. 1 Nr. 1 S. 4 u. Nr. 2 S. 3 EStG.

430 Vgl. S/H/S-Schmitt, § 22 Rn. 22.

431 Vgl. Hoffmann, GmbH-StB 2006, S. 341 (342); Neu, GmbH-StB 1999, S. 284; Korn-Korn/Strahl, § 6 Rn. 227; L/B/P-Hoffmann, § 6 Rn. 495.

432 Vgl. § 253 Abs. 1 S. 1 HGB; Herzig/Rieck/Gehring, BB 1999, S. 575 (576), zu Beteiligungen an Kapitalgesellschaften: Hoffmann, GmbH-StB 2006, S. 341.

nehmenden Teileinheit.[433] Denkbar ist in diesem Zusammenhang, dass angesichts der vorgenommenen Teilwertabschreibung aktuell keine stillen Reserven vorhanden sind, die aufgedeckt werden könnten. Ungeachtet dessen ist es auch dann von zentraler Bedeutung, die Übertragung als Veräußerung und nicht als Buchwerttransfer auszugestalten.

Zusammenfassend kann festgestellt werden, dass in einem solchen Sachverhaltsszenario ein Gewinn realisierender Transfer vorteilhaft ist, sofern der Barwert aus der Vermeidung der Wertaufholung zusammen mit dem Barwert der Generierung von AfA-Potenzial beim aufnehmenden Betriebsvermögen den Steuernachteil aus der Entstehung laufenden Gewinns im abgebenden Betriebsvermögen übersteigt. Dabei ist beim Transfer einer Sachgesamtheit zu beachten, dass die vollständige Aufdeckung aller stillen Reserven nicht nur beim wertgeminderten Wirtschaftsgut, sondern bei sämtlichen Wirtschaftsgütern der Sachgesamtheit Gewinn generiert.

1.3. Übertragung einer Rücklage

Außerdem kann mit einer Gewinnrealisierung im aufnehmenden Betriebsvermögen ein zusätzlicher Vorteil erzielt werden, sofern dort zuvor eine Rücklage gemäß § 6b Abs. 3 EStG gebildet worden ist und die Frist zur Übertragung dieser Rücklage auf ein Reinvestitionsobjekt abzulaufen droht. In dieser Konstellation besteht die Gefahr, dass die Rücklage gewinnerhöhend aufzulösen und mit 6 % für jedes volle Wirtschaftsjahr ihres Bestehens zu verzinsen ist.

Der Eintritt dieses Nachteils kann verhindert werden, indem das aufnehmende Betriebsvermögen ein geeignetes Reinvestitionsobjekt erwirbt. Ist nun im Rahmen der Unternehmensumstrukturierung die Übertragung eines solchen geplant, so bewirkt der in der Normalfall-Konstellation steueroptimale Buchwerttransfer den Eintritt des aufnehmenden Betriebsvermögens in die steuerliche Rechtsstellung des abgebenden Betriebsvermögens. Es kommt also zu keiner Anschaffung. Wird die Übertragung hingegen als Veräußerung ausgestaltet, ergibt sich beim aufnehmenden Betriebsvermögen ein Erwerb, der eine Übertragung der bestehenden Rücklage ermöglicht und damit eine Rücklagenauflösung und –verzinsung vermeidet.[434]

Zusammenfassend lässt sich daher feststellen, dass in dieser Konstellation eine Aufdeckung der stillen Reserven vorteilhaft ist, sofern der Barwert des Vorteils aus der Rücklagenübertragung zusammen mit dem Barwert der Generierung von AfA-Potenzial beim aufnehmenden Betriebsvermögen größer ist als der Steuernachteil angesichts der Gewinnrealisierung im abgebenden Betriebsvermögen. Beim Transfer einer Sachgesamtheit ist dabei wiederum zu beachten, dass die vollständige Aufdeckung aller stillen Reserven nicht nur beim Reinvestitionsobjekt, sondern bei sämtlichen Wirtschaftsgütern der Sachgesamtheit Gewinn entstehen lässt.

---

433 Ähnlich: Zieren, DB 2006, S. 299 (302).

434 Vgl. R 6b.2 Abs. 1 EStR; Cordes, StBp 2003, S. 113; Strahl, FR 2001, S. 1154 (1155).

1.4. Nutzung eines Übernahmeverlusts

Weiterhin bewirkt eine Gewinnrealisierung bei einem Vermögensübergang aus einer Kapitalgesellschaft nach dem UmwG einen Vorteil, sofern die Entstehung eines Übernahmeverlusts droht und keine offenen Rücklagen vorhanden sind. In dieser Konstellation ist der Übernahmeverlust insgesamt nicht abziehbar.[435] Dadurch werden die den Wert des übergehenden Betriebsvermögens übersteigenden Anschaffungskosten der Beteiligung an der Kapitalgesellschaft vernichtet, ohne dass sich diese vollständig steuermindernd ausgewirkt haben.

Zur Minimierung eines solchen Übernahmeverlusts müssten daher Gestaltungsmaßnahmen ergriffen werden, die den Wert des übergehenden Betriebsvermögens so erhöhen, dass er nach Abzug der offenen Rücklagen die Anschaffungskosten der Beteiligung erreicht. Dieses Ziel konnte nach altem Umwandlungssteuerrecht realisiert werden, indem die Kapitalgesellschaft im Zuge ihrer Umwandlung stille Reserven aufdeckte.[436] Seit der Implementierung des SEStEG ist dies nicht mehr möglich, da eine solche Aufstockung des Betriebsvermögens notwendig mit einer entsprechenden Erhöhung der offenen Rücklagen einhergeht. Da der Wert des übergehenden Betriebsvermögens aber im Anschluss immer noch um diese offenen Rücklagen zu mindern ist, erfährt er letztlich nie eine Erhöhung.

Sinnvoll ist eine solche Reservenaufdeckung allerdings, sofern die übertragende Unternehmung keine offenen Rücklagen ausweist.[437] Dadurch kann der Wert des Betriebsvermögens, nach Abzug der auf Ebene der übertragenden Kapitalgesellschaft anfallenden Steuern, so aufgestockt werden, dass er exakt die Summe aus dem Buchwert der Beteiligung und den Kosten des Vermögensübergangs erreicht.[438] Simultan werden offene Rücklagen generiert, die genau dem Übernahmeverlust entsprechen. Auf diesem Weg wird eine steuerfreie Ausschüttung dieser Rücklagen erreicht.

Zusammenfassend lässt sich daher konstatieren, dass in dieser Konstellation eine Aufdeckung der stillen Reserven vorteilhaft ist, sofern der Barwert des Vorteils aus der steuerfreien Rücklagenausschüttung zusammen mit dem Barwert der Generierung von AfA-Potenzial beim aufnehmenden Betriebsvermögen größer ist als der Steuernachteil angesichts der Gewinnrealisierung im abgebenden Betriebsvermögen.

---

[435] Vgl. § 4 Abs. 6 S. 4 UmwStG.

[436] Vgl. S/H/S-Schmitt, § 4 Rn. 108.

[437] Vgl. R/H/L-van Lishaut, § 4 Rn. 109; S/H/S-Schmitt, § 4 Rn. 108; D/P/P/M-Pung, § 4 Rn. 125; Müller/Maiterth, WPg 2007, S. 249 (255).

[438] Ähnlich Müller/Maiterth, WPg 2007, S. 249 (255); C/K/S/S-Strahl, S. 52; Bodden, FR 2007, S. 66 (76).

1.5. Nutzung von Steuersatzdifferenzen

Darüber hinaus kann sich ein zusätzlicher Vorteil durch Steuersatzdifferenzen ergeben. Denkbar ist, dass die aufgedeckten stillen Reserven beim übertragenden Betriebsvermögen einem niedrigeren Steuersatz unterliegen als der Gewinn des aufnehmenden Betriebsvermögens. Eine solche Konstellation hat zur Folge, dass die erhöhte AfA beim aufnehmenden Betriebsvermögen eine Steuerentlastung bewirkt, die angesichts des geringeren Steuersatzes beim abgebenden Betriebsvermögen dessen Steuernachteil zumindest nominal übersteigt.[439]

Ein solcher Steuersatzeffekt kann sich insbesondere in zwei Situationen ergeben. Zum einen ist denkbar, dass das abgebende Betriebsvermögen mit seinem zu versteuernden Einkommen einschließlich des Übertragungsgewinns einer niedrigeren Progressionsstufe erreicht als der des aufnehmenden Betriebsvermögens. Grund hierfür kann die unterschiedliche Rechtsform der Gesellschaften oder bei einkommensteuerpflichtigen Unternehmungen die Höhe ihres Gewinns sein. Zum anderen ist vorstellbar, dass das abgebende Betriebsvermögen eine privilegierte Sachgesamtheit überträgt und die Vergünstigungen der §§ 16 Abs. 4 und 34 EStG[440] sowie Gewerbesteuerfreiheit beanspruchen kann. Dies ist bei der Veräußerung privilegierter Sachgesamtheiten sowie bei den Einbringungstatbeständen der §§ 20, 24 UmwStG möglich, soweit der Gewinn natürlichen Personen zuzurechnen ist[441] und nicht als laufend gilt.[442]

Zusammenfassend lässt sich daher feststellen, dass eine Aufdeckung stiller Reserven in den oben erläuterten Konstellationen vorteilhaft, sofern die angesichts eines Steuersatzeffekts verminderte Steuerbelastung im abgebenden Betriebsvermögen geringer ist als der Barwert des Steuervorteils aus der Generierung von AfA-Potenzial beim aufnehmenden Betriebsvermögen.

1.6. Sicherung einer steuerprivilegierten Sachgesamtheitsveräußerung oder Sachgesamtheitsaufgabe

Schließlich kann die Aufdeckung stiller Reserven einen Nachteil für das abgebende Betriebsvermögen verhindern, sofern der Transfer eines Einzelwirtschaftsguts in einem zeitlichen und sachlichen Zusammenhang mit der begünstigten Veräußerung oder Aufgabe einer privilegierten Sachgesamtheit steht und dieses Wirtschaftsgut als wesentliche Betriebsgrundlage der Sachgesamtheit qualifiziert. In einer solchen Konstellation würde ein gewinnneutraler Transfer des Wirtschaftguts die Gefahr eines Verlustes der Steuervergünstigungen der §§ 16, 34 EStG sowie der Gewerbe-

---

439 Vgl. Herzig/Momen, DB 1994, S. 2157 (2159).

440 Vgl. Schmidt-Wacker, § 16 Rn. 575-588; Rödder, StbJb. 1994/95, S. 295 (298); Schulze zur Wiesche, FR 2002, S. 667 (669); Paus, EStB 2007, S. 180 (182); zur flankierenden Reduzierung laufender Einkünfte vgl. Klümpen-Neusel, GestStB 2004, S. 125.

441 Vgl. S/H/S-Schmitt, § 20 Rn. 370-386; D/J/P/W-Patt, § 20 Rn. 273.

442 Vgl. § 24 Abs. 3 S. 3 UmwStG.

steuerfreiheit im Hinblick auf den Gewinn bei der Sachgesamtheit bergen.[443] Eine gewinnrealisierende Veräußerung des Wirtschaftsguts bewirkt hingegen die Verwirklichung des Tatbestandes einer begünstigten Betriebsaufgabe.

Kann der zeitliche und sachliche Zusammenhang der beiden Übertragungen aus außersteuerlichen Gründen nicht vermieden werden, ist daher ein Gewinn realisierender Transfer vorteilhaft, sofern der Barwert der Steuerprivilegierung bei der Sachgesamtheit zusammen mit dem Barwert der Generierung zusätzlichen AfA-Potenzials beim aufnehmenden Betriebsvermögen aus der Übertragung des Einzelwirtschaftsguts den Steuernachteil aus der zusätzlichen Gewinngenerierung im abgebenden Betriebsvermögen übersteigt.

2. Nebenbedingungen einer steueroptimalen vollständigen Gewinnrealisierung

Auch in den oben beschriebenen Sachverhaltsszenarien besteht der steuerliche Soll-Zustand nicht allein aus der Anordnung der Gewinnverwirklichung. Da ein Transfer unter Aufdeckung stiller Reserven eine Vielzahl anderer Steuerwirkungen auslösen kann, besteht die Möglichkeit, dass die Gewinnrealisierung weitere Nachteile für eines der beteiligten Betriebsvermögen hervorruft. Deshalb umfasst der Soll-Zustand auch das Gebot, sonstige durch die Aufdeckung stiller Reserven ausgelöste Steuernachteile zu vermeiden. Daher ist der Transfer so zu gestalten, dass er nach Maßgabe der Ausführungen zu den Sekundärsteuerwirkungen vollständig gewinnrealisierender Übertragungen weder einen nachteiligen Gesamtplan verwirklicht, noch eine Frist verletzt oder in Gang setzt.[444]

Steuerlicher Soll-Zustand der Unternehmensumstrukturierung – Ausnahme 1

- **Primärsteuerwirkung: Vollständige Gewinnrealisierung**
  - Nutzung von Verlust- oder Zinsvorträgen
  - Generierung einer Bewertungsobergrenze
  - Generierung einer Reinvestitionsoption gemäß § 6b EStG
  - Nutzung eines Übernahmeverlusts
  - Steuersatzdifferenzen (insb. §§ 16, 34 EStG)
  - Sicherung einer steuerbegünstigten Sachgesamtheitsveräußerung oder – aufgabe
- **Vermeidung ungünstiger Sekundärsteuerwirkungen**
  - Kein Gesamtplan
  - Keine Verletzung bereits laufender Fristen
  - Keine Initiierung neuer Fristen

Abb. 16: Stille Reserven - Steuerlicher Soll-Zustand – Ausnahme 1

443 Vgl. H/H/R-Niehus/Wilke, § 6 Anm. 1450.

444 Vgl. Abschn. C. I. 2.3.-2.5. (Einzelwirtschaftsgüter) u. Abschn. C. II.2. (Sachgesamtheiten).

IV. Ausnahmsweise Präferenz einer partiellen Gewinnrealisierung

1. Szenarien einer steueroptimalen partiellen Gewinnrealisierung

Eine partielle Gewinnrealisierung ist schließlich optimal, wenn sie neben der Generierung von AfA-Potenzial mindestens einen weiteren Steuervorteil hervorbringt, dessen Barwert zusammen mit dem des zusätzlichen AfA-Potenzials den durch die Gewinnrealisierung ausgelösten Steuernachteil im abgebenden Betriebsvermögen übersteigt.[445] Grund für die Partialität der Gewinnrealisierung ist dabei, dass der in Betracht kommende Steuervorteil für seine Wirksamkeit lediglich einen begrenzten Betrag an stillen Reserven erfordert. Eine darüber hinausgehende Aufdeckung würde Gewinn realisieren, ohne dass sich ein korrespondierender Vorteil ergäbe.

1.1. Nutzung von Verlust- und Zinsvorträgen

Ein zusätzlicher Vorteil kann mit einer partiellen Gewinnrealisierung zunächst erreicht werden, sofern das abgebende Betriebsvermögen Verlust- oder Zinsvorträge aufweist, die geringer sind als die im zu transferierenden Wirtschaftsgut befindlichen stillen Reserven.[446] In dieser Situation gelten die Ausführungen zur vollständigen Gewinnrealisierung beim Vorhandensein steuerlicher Verlustvorträge grundsätzlich entsprechend.[447] Maßgeblich ist also auch in diesem Zusammenhang die im Rahmen des Teilgestaltungssystems der Verlust- und Zinsvorträge anzufertigende Steuervergleichsrechnung. Indiziert sie, dass eine teilweise Aufdeckung stiller Reserven steuerlich optimal ist, qualifiziert eine partielle Gewinnrealisierung als Soll-Zustand.[448]

Besonderes gilt, sofern sich das Maß stiller Reserven zwischen den Beträgen zweier simultan verrechenbarer Verlustvorträge befindet.[449] Zu solchen voneinander abweichenden Verlustvorträgen kommt es insbesondere im Zusammenhang mit dem gewerbesteuerlichen Fehlbetrag, da bei dessen Berechnung auch Hinzurechnungen und Kürzungen zu berücksichtigen sind.[450] In einer solchen Konstellation ist zu ermitteln, ob der übersteigende Verlustvortrag in Höhe der Differenz zwischen dem niedrigeren Verlustvortrag und dem Betrag der stillen Reserven genutzt und dadurch die Entstehung eines steuerpflichtigen Gewinns in derselben Höhe in Kauf genommen oder ob auf eine solche Nutzung des übersteigenden Verlustvortrages verzichtet werden soll. Zu diesem Zweck ist der Barwert des steuerlichen Vorteils in Form der zusätzlichen Generierung von Abschreibungspotenzial in der einen Steuerart mit dem Barwert des steuerlichen Nachteils in Form der steuerpflichtigen Gewinnrealisierung in der anderen Steuerart zu vergleichen. Dabei ist im Hinblick auf die Ermittlung des Vorteils aus der Nutzung eines gewerbesteuerlichen Verlustvortrages insbeson-

---

445 Ähnlich: Schmidt (1999), S. 261.

446 Vgl. auch Nagel, EStB 2007, S. 105 (106); Paus, GestStB 2003, S. 19.

447 Vgl. Abschn. E. III. 1. 1.

448 Vgl. Dörfler/Wittkowski, GmbHR 2007, S. 352 (356).

449 Vgl. Ley/Bodden, FR 2007, S. 265 (276).

450 Vgl. Sauter/Heurung/Babel, DB 2002, S. 1177 (1181); Honert/Geimer, EStB 2007, S. 421 (424).

dere die Anrechnung der Gewerbesteuerschuld auf die Einkommensteuer der Gesellschafter einer Personengesellschaft zu berücksichtigen.[451]

1.2. Übertragung einer Rücklage

Darüber hinaus bewirkt die partielle Gewinnrealisierung einen Vorteil, sofern beim erwerbenden Betriebsvermögen eine Frist zur Übertragung einer Rücklage gemäß § 6b EStG abläuft. Falls die im zu transferierenden Wirtschaftsgut befindlichen stillen Reserven den für die Übertragung dieser Rücklage erforderlichen Anschaffungskostenbetrag übersteigen, bedarf es lediglich zum Teil eines Veräußerungsgeschäftes. Im Übrigen ist eine Aufdeckung stiller Reserven nicht sinnvoll. Was die Vorteilhaftigkeit einer solchen Maßnahme betrifft, gelten die Ausführungen zur vollständigen Gewinnrealisierung entsprechend.[452]

1.3. Nutzung eines Übernahmeverlusts

Nichts anderes gilt für die Generierung offener Rücklagen zur Nutzung eines Übernahmeverlusts.[453] Falls die in der zu übertragenden Sachgesamtheit befindlichen stillen Reserven die Höhe des Übernahmeverlusts übersteigen, ist nur eine teilweise Aufdeckung stiller Reserven erforderlich. Eine weitergehende Gewinnrealisierung ist nachteilig. Im Hinblick auf die Vorteilhaftigkeit einer solchen Maßnahme, finden die Erläuterungen zur vollständigen Gewinnrealisierung entsprechende Anwendung.[454]

2. Nebenbedingungen einer steueroptimalen partiellen Gewinnrealisierung

Auch bei der partiellen Gewinnrealisierung erschöpft sich der steuerliche Soll-Zustand nicht in dem Gebot einer teilweisen Reservenaufdeckung. In dieser Konstellation besteht vielmehr im gleichen Maße die Notwendigkeit, ungünstige Nebenwirkungen der Umstrukturierungsmaßnahme zu vermeiden. Wie oben dargestellt, gilt beim Transfer von Einzelwirtschaftsgütern sowie bei der Realteilung mit Sachgesamtheiten und bei Übertragungen gemäß § 6 Abs. 3 EStG die Trennungstheorie. Die Übertragung wird daher in einen voll entgeltlichen und einen voll unentgeltlichen Vorgang aufgeteilt. In dieser Situation kommt es partiell zu einem Veräußerungs- respektive Anschaffungsgeschäft und partiell zu einem Eintritt in die steuerliche Rechtsstellung des abgebenden Betriebsvermögens. Dies gilt auch für die Sekundärsteuerwirkungen, die ein solcher Vorgang auslöst. Entsprechend dem Umfang der Teilentgeltlichkeit zieht die Übertragung jeweils die Risiken eines Anschaffungsgeschäfts sowie die eines Buchwerttransfers nach sich. Insofern gelten die Ausführun-

---

451 Vgl. § 35 EStG; Sauter/Heurung/Babel, DB 2002, S. 1177 (1182).

452 Vgl. Abschn. E. III. 1. 3.

453 Vgl. R/H/L-van Lishaut, § 4 Rn. 109; S/H/S-Schmitt, § 4 Rn. 108; D/P/P/M-Pung, § 4 Rn. 125; Müller/Maiterth, WPg 2007, S. 249 (255).

454 Vgl. Abschn. E. III. 1. 4.

gen zu den Nebenbedingungen des Soll-Zustandes einer Gewinnrealisierungsvermeidung und denen des Soll-Zustandes einer vollständigen Gewinnrealisierung anteilig entsprechend.[455]

Besonderes gilt für die Übertragung privilegierter Sachgesamtheiten nach dem UmwStG. Bei ihnen tritt das aufnehmende Betriebsvermögen immer in die steuerliche Rechtsstellung des abgebenden Betriebsvermögens ein. Für sie gelten daher ausschließlich die Erläuterungen zu den Nebendingungen des Soll-Zustandes einer Gewinnrealisierungsvermeidung.[456]

Steuerlicher Soll-Zustand der Unternehmensumstrukturierung – Ausnahme 2

- **Primärsteuerwirkung: Partielle Gewinnrealisierung**
  - Nutzung von Verlust- oder Zinsvorträgen
  - Generierung einer Reinvestitionsoption gemäß § 6b EStG
  - Nutzung eines Übernahmeverlusts
- **Vermeidung ungünstiger Sekundärsteuerwirkungen**
  - Einzelwirtschaftsgüter - Zerlegung
  - Privilegierte Sachgesamtheiten
    - Transfers nach dem EStG (Realteilungen, § 6 Abs. 3 EStG) - Zerlegung
    - Transfers nach dem UmwStG (Einbringungen, Umwandlungen) – wie Buchwerttransfer
      - Kein Gesamtplan
      - Keine Verletzung bereits laufender Fristen
      - Keine Initiierung neuer Fristen

Abb. 17: Stille Reserven - Steuerlicher Soll-Zustand – Ausnahme 2

F. Gestaltungen bei Inkongruenzen zwischen Ist- und Soll-Zustand

I. Überblick

Hat man so den Ist-Zustand ermittelt, ihm den individuellen Soll-Zustand gegenübergestellt und dabei eine Inkongruenz zwischen beiden vorgefunden, kann im Anschluss der Gestaltungsauftrag definiert und eine Gestaltung entwickelt werden. Was dabei die drei Primärsteuerwirkungen betrifft, ist eine Abweichung des Ist-Zustandes vom Soll-Zustand lediglich bei (II.) Präferenz einer Gewinnrealisierungsvermeidung oder bei (III.) Präferenz einer partiellen Gewinnrealisierung denkbar. Die Primärsteuerwirkung einer vollständigen Gewinnrealisierung kann stets mit einer fremdüblichen Veräußerung oder der entsprechenden Ausübung eines Ansatzwahlrechts erreicht werden. Darüber hinaus lösen alle drei Primärsteuerwirkungen potenziell (IV.) un-

455 Vgl. Abschn. E. II. 2. und E. III. 2.
456 Vgl. Abschn. E. III. 2.

günstige Sekundärsteuerwirkungen und damit weitere Diskrepanzen zwischen Ist- und Soll-Zustand aus, die ebenfalls eine entsprechende Gestaltungsaktivität herausfordern.

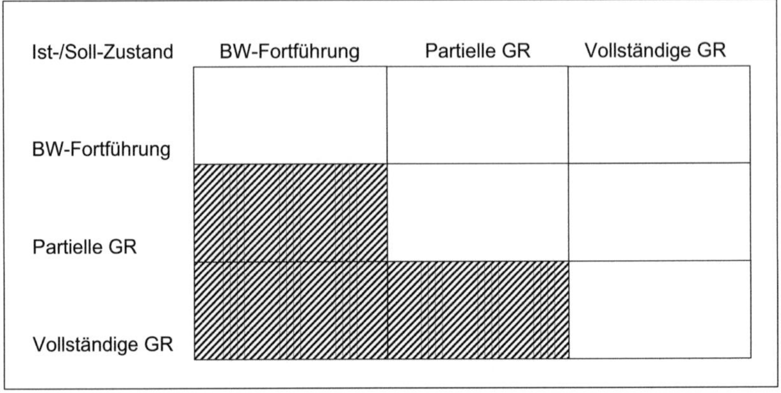

Abb. 18: Stille Reserven - Inkongruenzbereiche im Hinblick auf Primärsteuerwirkungen
BW = Buchwert
GR = Gewinnrealisierung

II. Gestaltungen bei Präferenz einer Gewinnrealisierungsvermeidung

1. Allgemeine Grundsätze

Zielt der Soll-Zustand eines Umstrukturierungsvorgangs darauf ab, die Maßnahme ohne jede Gewinnrealisierung zu vollziehen, so kann die Gestaltungssuche mit drei Arten von Ist-Zuständen konfrontiert werden. Zum einen ist denkbar, dass ein Umstrukturierungssachverhalt von vorneherein so beschaffen ist, dass er den Tatbestand einer begünstigenden Regelung erfüllt. In dieser Konstellation besteht kein Bedürfnis nach steuerlicher Gestaltung im engeren Sinne. Die Aktivität der Gestaltungssuche beschränkt sich in diesem Fall darauf, die Verwirklichung aller Tatbestandsvoraussetzungen sicherzustellen, den Vorgang entsprechend zu dokumentieren und zutreffend zu deklarieren. Es handelt sich daher um eine **privilegierungsrealisierende Gestaltung**.

Zum anderen ist möglich, dass das Ertragsteuerrecht für die jeweilige Umstrukturierungsmaßnahme nach der Art des Transfergegenstandes, der beteiligten Gesellschaften sowie der Transferrichtung zwar grundsätzlich eine Privilegierung bereithält, die geplante Übertragung eine der Tatbestandsvoraussetzungen dieser Begünstigung jedoch nicht oder nicht vollständig erfüllt. In dieser Konstellation fokussiert sich die Gestaltungsarbeit darauf, den Sachverhalt der Umstrukturierungsmaßnahme so zu modellieren, dass die Verwirklichung des jeweiligen Tatbestandsmerkmals doch noch erreicht wird. Es müssen also entsprechend der individuellen Begünstigungsvorschrift vor Durchführung der Übertragung noch Änderungen am Status quo der Unternehmenssituation oder der Übertragungsart vorgenommen werden. Aufgabe des steuerplanerischen Engagements ist hier also eine **privilegierungs-adaptive Gestaltung**.

Zum Dritten kann die Herausforderung des steuerlichen Ist-Zustandes darin bestehen, dass eine Übertragung nach der Art des Transfergegenstandes, der beteiligten Gesellschaften sowie der Transferrichtung unmittelbar eigentlich keine Begünstigung erfahren soll. In einer solchen Situation genügt es nicht, den ursprünglich geplanten Sachverhalt an einen vorgegebenen Privilegierungstatbestand anzupassen. Da ein solcher gerade nicht besteht, ist zunächst eine begünstigende Abfolge von Regelungen zu generieren, die überhaupt eine steuerneutrale Übertragung ermöglicht. Erst im Anschluss geht es darum, die konkrete Umstrukturierungsmaßnahme an den so gefundenen Obersatz anzupassen. Der Fokus der Gestaltungssuche richtet sich also hier darauf, eine **privilegierungs-kreative Gestaltung** zu generieren.

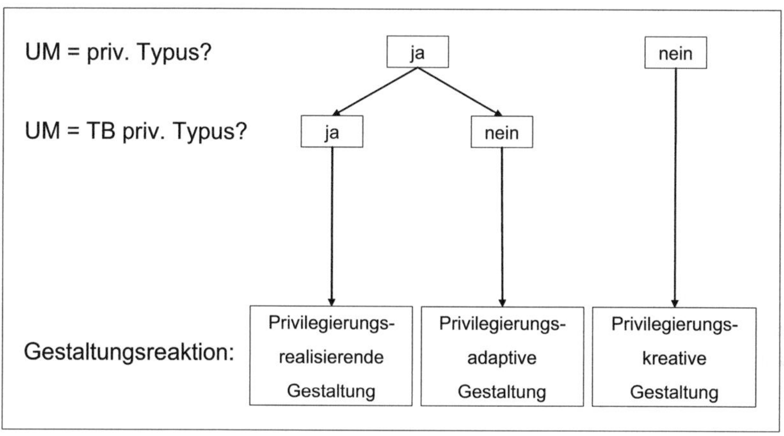

Abb. 19: Stille Reserven - Denkbare Sachverhaltskonstellationen und Gestaltungsreaktionen

UM = Umstrukturierungsmaßnahme
TB = Tatbestand

Angesichts dieser Ausgangssituation kann zwischen (2.) privilegierungs-adaptiven Gestaltungen bei Einzelwirtschaftsgütern, (3.) privilegierungs-adaptiven Gestaltungen bei Sachgesamtheiten sowie (4.) privilegierungs-kreativen Gestaltungen bei Einzelwirtschaftsgütern und Sachgesamtheiten unterschieden werden.

2. Privilegierungs-adaptive Gestaltungen bei Einzelwirtschaftsgütern

2.1. Überblick

Will man alle denkbaren privilegierungs-adaptiven Gestaltungen im Hinblick auf Einzelwirtschaftsgüter aufführen, scheint dies angesichts der Fülle möglicher Sachverhaltskonstellationen eigentlich nicht möglich. Unternehmensumstrukturierungen kommen in einer Vielzahl unterschiedlicher Ausgangs- und Zielsituationen vor, die in ihrer Gesamtheit weder vollständig antizipierbar noch umfassend darstellbar ist. Gleichwohl ist allen in diesen Zusammenhang relevanten Realitätseventualitäten eines gemeinsam. Um die gewünschte Steuerneutralität zu erlangen, muss jede von ihnen durch das Nadelöhr einer der oben vorgestellten Privilegierungsvorschriften. Ein Übergang zum Buchwert ist lediglich realisierbar, wenn sämtliche Tatbestandsmerkmale einer solchen begünstigenden Regelung verwirklicht werden.

Deshalb bietet es sich an, die denkbaren privilegierungs-adaptiven Gestaltungen nicht induktiv durch Analyse sämtlicher vorstellbarer Umstrukturierungen zu ermitteln, sondern deduktiv retrograd aus den Tatbestandsvoraussetzungen der Privilegierungsvorschriften und Sekundärsteuerwirkungen zu entwickeln. Auf diese Weise können die Sachverhaltsszenarien abgeleitet werden, in denen Reorganisationen einzelne Tatbestandsmerkmale gerade nicht verwirklichen. Genau diese Sachverhalte bilden den steuerlichen Ist-Zustand ab, der privilegierungs-adaptive Gestaltungen herausfordert. Zu unterscheiden sind daher Gestaltungen im Rahmen von (2.2.) Übertragungen gemäß § 6 Abs. 5 S. 3 EStG, (2.3.) Realteilungen ohne Spitzenausgleich sowie (2.4.) verdeckten Einlagen innerhalb der dreijährigen Frist nach Anschaffung. Eine Ergänzung erfahren sie durch Gestaltungen mit (2.5.) Rücklagen nach § 6b EStG sowie durch solche, die (2.6.) Einzelwirtschaftsgüter in privilegierte Sachgesamtheiten transformieren.

2.2. Gestaltungen bei Übertragungen gemäß § 6 Abs. 5 S. 3 EStG

§ 6 Abs. 5 S. 3 EStG setzt zunächst voraus, dass bei einem abwärts gerichteten Transfer das aufnehmende Betriebsvermögen, bei einem aufwärts gerichteten Transfer das abgebende Betriebsvermögen und bei einem seitwärts gerichteten Transfer zwischen zwei Schwesterpersonengesellschaften beide Betriebsvermögen als **Mitunternehmerschaft** qualifizieren. Vorstellbar ist daher, dass in einer dieser Situationen das betroffene Betriebsvermögen als Kapitalgesellschaft oder vermögensverwaltende Personenunternehmung einzuordnen ist. Um in einer solchen Situation trotzdem eine Privilegierung der Übertragung zu generieren, kann eine Kapitalgesellschaft entsprechend formgewechselt oder auf eine andere Mitunternehmerschaft verschmolzen respektive partiell abgespalten werden. Bei einer vermögensverwaltenden Personenunternehmung besteht die Möglichkeit, eine gewerbliche Prägung der Gesellschaft durch Aufnahme einer Kapitalgesellschaft als persönlich haftende Gesellschafterin vorzunehmen.[457] Alternativ kann die Gesellschaft auch eine begrenzte gewerbliche Tätigkeit aufnehmen, die dann ihre gesamten Einkünfte infiziert.[458]

Darüber hinaus fordert die Regelung, dass der Transfer entweder **unentgeltlich oder gegen Gewährung von Gesellschaftsrechten** stattfindet. Ein Gestaltungsprob-

457 Vgl. § 15 Abs. 3 Nr. 2 EStG.

458 Vgl. § 15 Abs. 3 Nr. 1 EStG.

lem ergibt sich daher, falls die Übertragung des Wirtschaftsguts eigentlich gegen ein Entgelt, insbesondere gegen Übernahme einer mit dem Wirtschaftsgut zusammenhängenden Verbindlichkeit,[459] stattfinden soll. Vermieden werden kann ein solcher entgeltlicher Transfer grundsätzlich, indem er durch eine wirtschaftlich weitgehend gleichwertige, aber zeitlich verschobene Liquiditätsentnahme ersetzt wird. Dabei überträgt man das Wirtschaftsgut zunächst entsprechend dem Privilegierungstatbestand unentgeltlich oder gegen Gewährung von Gesellschaftsrechten. Erst mit einem zeitlichen Abstand, der so groß ist, dass kein sachlicher und zeitlicher Zusammenhang zur Einbringung des Wirtschaftsgutes mehr angenommen werden kann, erfolgt die korrespondierende Verlagerung von Liquidität in das abgebende Betriebsvermögen.[460] Sind im Einzelfall auch unternehmensfremde Personen am aufnehmenden Betriebsvermögen beteiligt, muss zusätzlich gesellschaftsrechtlich sichergestellt werden, dass die Liquiditätsentnahme wirtschaftlich auch anteilig zu Lasten dieser Personen geschieht. Denkbar ist insoweit die Bildung einer Rücklage, die allein dem übertragenden Betriebsvermögen zusteht.

Im Hinblick auf die Übernahme von Verbindlichkeiten, die mit dem Wirtschaftsgut zusammenhängen, besteht die Möglichkeit, die Schuld alternativ im abgebenden Betriebsvermögen zu belassen und zusätzlich eine erweiterte Entnahmeberechtigung respektive Einlageverpflichtung zu vereinbaren.[461] Erfolgt der Transfer abwärts gerichtet, so verbleibt die Schuld bei der Obergesellschaft und wird zu Sonderbetriebsvermögen.[462] Als Ausgleich erhält sie einen erhöhten Gewinnvorab, mit dem sie die Verbindlichkeit tilgen und ihre Sonderbetriebsausgaben in Form der Schuldzinsen ausgleichen kann. Findet die Übertragung aufwärts gerichtet statt, so behält die Untergesellschaft die Verbindlichkeit. Simultan erfährt der Gewinnvorab der Obergesellschaft eine Verminderung um den Betrag des Kapitaldienstes. Erhält die Obergesellschaft keinen Gewinnvorab, so sind ihr die Schuldzinsen von ihrem Gewinnanteil abzuziehen.

Schließlich darf sich aufgrund des Transfers der **Anteil einer Kapitalgesellschaft** am übertragenen Wirtschaftsgut weder begründen noch erhöhen.[463] Eine entsprechende Inkongruenz zwischen steuerlichem Ist- und Soll-Zustand besteht deshalb, falls beim abwärts gerichteten Transfer am aufnehmenden Betriebsvermögen eine (andere) Kapitalgesellschaft beteiligt ist oder beim aufwärts gerichteten Transfer das Wirtschaftsgut auf eine Kapitalgesellschaft übergeht, deren bisheriger Anteil am

---

459 Vgl. L/B/P-Hoffmann, § 6 Rn. 1191; Korn-Korn/Strahl, § 6 Rn. 498.2; H/H/R-Niehus/Wilke, § 6 Anm. 1452b; L/S/B-Richter/Markl, § 15 Anm. 713; Bergsteiner (2002), S. 106; Korn (2002), S. 50.

460 Vgl. BMF, Tz. 24.12 d. Schr. v. 25.03.1998 – IV B 7 – S 1978 – 21/98/IV B 2 – S 1909 – 33/98, BStBl. I 1998, S. 268; Bergsteiner (2002), S. 160; Meyer/Scharenberg (1990), S. 357; Schmidt-Wacker, § 16 Rz. 563.

461 Vgl. L/B/P-Hoffmann, § 6 Rn. 1192.

462 Vgl. Korn-Strahl, § 6 Rn. 498.2; Korn (2002), S. 48.

463 Vgl. § 6 Abs. 5 S. 5 EStG.

Wirtschaftsgut geringer als 100 % war.[464] Nach der hier vertretenen Auffassung kann eine solche Anteilserhöhung durch einen Teilwertansatz des Wirtschaftsguts in der Gesamthandsbilanz verbunden mit der Bildung einer negativen Ergänzungsbilanz für den Einbringenden verhindert werden.[465] Diese Option ist aber nicht gesichert.[466] Denkbar ist daneben, diesem Gestaltungsproblem mit einem Formwechsel der jeweiligen Kapitalgesellschaft zu begegnen.[467] Beim aufwärts gerichteten Transfer kommt außerdem in Betracht, die Beteiligung der Kapitalgesellschaft an der Mitunternehmerschaft noch vor der Übertragung zumindest temporär auf 100 % zu erhöhen, es sei denn, im Zeitpunkt der Erhöhung läuft in Bezug auf das betroffene Wirtschaftsgut noch eine siebenjährige Frist gemäß § 6 Abs. 5 S. 6 EStG .

2.3. Gestaltungen bei Realteilungen

Im Rahmen einer Realteilung ohne Spitzenausgleich können vier Konstellationen eine privilegierungs-adaptive Gestaltungsaktivität herausfordern. Zunächst ist auch in diesem Zusammenhang die Existenz einer **Mitunternehmerschaft** erforderlich. Denkbar ist daher, dass es sich beim real zu teilenden Betriebsvermögen um eine Kapitalgesellschaft oder vermögensverwaltende Personengesellschaft handelt. Ist dies der Fall, können die oben beschriebenen Gestaltungsmittel entsprechend eingesetzt werden.[468]

Darüber hinaus setzt die Privilegierungsvorschrift des § 16 Abs. 3 S. 2 EStG eine **Realteilungssituation** voraus. Das Vermögen der betreffenden Personengesellschaft muss also unter mehreren Gesellschaftern aufgeteilt werden.[469] Hieran fehlt es, wenn einer von zwei Gesellschaftern einer Mitunternehmerschaft ohne Übernahme von Wirtschaftsgütern ausscheidet und der verbleibende Gesellschafter die Unternehmung fortführt.[470] Soll in einer solchen Situation trotzdem ein begünstigter Vorgang nach § 16 Abs. 3 S. 2 EStG erreicht werden, muss die Auseinandersetzung zumindest so gestaltet werden, dass der ausscheidende Gesellschafter ein Mindestmaß an Wirtschaftsgütern und im Übrigen liquide Mittel erhält.[471] Dabei kommt auch in Betracht, vor der Realteilung Barvermögen in kursstabile Wertpapiere zu

464 Vgl. OFD Frankfurt/Main, Schr. v. 03.09.2004, BB 2004, S. 2407; FM Saarland, Schr. v. 19.05.2003, DStR 2003, S. 1120.

465 Gl. Ans.: Groh, DB 2003, S. 1403 (1407).

466 Vgl. Schmidt-Glanegger, § 6 Rn. 539; Rödder/Schumacher, DStR 2001, S. 1634 (1637).

467 Ähnlich zur gleich gelagerten Problemstellung bei der Realteilung: Paus, GestStB 2003, S. 424.

468 Vgl. Abschn. F. II. 2. 2. zu § 6 Abs. 5 S. 3 EStG.

469 Vgl. BMF, Tz. I. d. Schr. v. 28.02.2006 – IV B 2 – S 2242 – 6/06, DStR 2006, S. 426; H/H/R-Kulosa, § 16 Anm. 440; L/B/P-Hörger/Rapp, § 16 Rn. 189b; Schmidt-Wacker, § 16 Rn. 535.

470 Vgl. BMF, Tz. II. d. Schr. v. 28.02.2006 – IV B 2 – S 2242 – 6/06, DStR 2006, S. 426 (427); H/H/R-Kulosa, § 16 Anm. 441.

471 Vgl. Rogall, DStR 2006, S. 731 (735); kritisch: Wacker, StbJb. 2003/04, S. 81 (91); Stuhrmann, DStR 2005, S. 1355 (1356); Paus, GestStB 2003, S. 424.

transformieren und im Anschluss diese als Teil der Auseinandersetzungsmasse zu verwenden.[472]

Eine Realteilung ist auch nicht gegeben, sofern zwei beteiligungsidentische Mitunternehmerschaften sich dadurch auseinandersetzen, dass der eine Gesellschafter den Betrieb der einen und der andere Gesellschafter den Betrieb der anderen übernimmt.[473] Hier kann der Realteilung als Gestaltungsreaktion eine steuerneutrale Verschmelzung beider Mitunternehmerschaften vorausgehen. Eine solche Maßnahme versetzt die Gesellschafter in die Lage, im Anschluss zwei Teilbetriebe eines einheitlichen Unternehmens unter sich aufzuteilen.

Schließlich besteht auch in der typischen Konstellation einer GmbH & Co. KG keine Realteilungssituation, sofern ein Kommanditist sämtliche Anteile an der Gesellschaft hält und eine Kapitalgesellschaft als Komplementärin nicht am Vermögen beteiligt ist.[474] Um in einer solchen Situation eine Realteilungsmöglichkeit zu generieren, muss der persönlich haftenden Gesellschafterin vorab zumindest ein Zwerganteil eingeräumt werden, mit dem sie dann am Vermögen der Mitunternehmerschaft beteiligt ist.

Daneben ist bei einer Realteilung die Zahlung eines **Spitzenausgleich**s zu vermeiden. Ein solcher kann notwendig werden, falls die Summe der Verkehrswerte der von einzelnen Mitunternehmern übernommenen Wirtschaftsgüter ihren Anteil am Gesamthandsvermögen übersteigt.[475] In einer solchen Situation gilt es daher, die Realteilung so zu gestalten, dass sich kein Spitzenausgleichsbedarf ergibt. Hierzu bieten sich mehrere Wege an. Zum einen besteht die Möglichkeit, liquide Mittel und Verbindlichkeiten der Gesellschaft frei zu verteilen. Insofern kann eine entsprechende Aufteilung dieser Betriebsvermögensbestandteile zwischen den Mitunternehmern vorgenommen werden, die zusätzliche Ausgleichszahlungen entbehrlich macht.[476] Zum anderen können vorab genau diese liquiden Mittel und Verbindlichkeiten unter Vermeidung eines zeitlichen und sachlichen Zusammenhanges mit der anschließenden Realteilung aufgestockt werden. Dabei kann entweder der jeweilige Gesellschafter eine Einlage in die Personengesellschaft leisten oder die Gesellschaft nimmt ein entsprechendes Darlehen auf.[477] Schließlich ist denkbar, dass das in den überge-

---

472 Vgl. Rogall, DStR 2006, S. 731 (735).

473 Vgl. BFH, Urt. v. 20.02.2003 – III R 34/01, FR 2003, S. 658; H/H/R-Kulosa, § 16 Anm. 441.

474 Vgl. Korn-Stahl, § 16 Rn. 291; Schmidt-Wacker, § 16 Rn. 535.

475 Vgl. H/H/R-Kulosa, § 16 Anm. 452; Korn-Stahl, § 16 Rn. 319.

476 Vgl. Schmidt-Wacker, § 16 Rn. 545; H/H/R-Kulosa, § 16 Anm. 452; Korn-Stahl, § 16 Rn. 325; Rogall, DStR 2005, S. 992 (996).

477 Vgl. BFH, BStBl. II 1994, S. 607 (613); Röhner (2003), S. 284; Stahl, DStZ 2006, S. 548 (553); Groh, WPg 1991, S. 620 (623); Hörger, DStR 1993, S. 37 (43); Winkemann, BB 2004, S. 130 (135); Paus, GestStB 2003, S. 19; a. Ans.: Schmidt-Wacker, § 16 Rn. 550; Wacker, StbJb. 2003/04, S. 81 (95); BMF, Tz. 25 d. Schr. v. 11. 01.2006 - IV B 2 - S 2242 - 2/04, BStBl. I 2006, S. 253.

henden stillen Reserven enthaltene zukünftige Steuerbelastungspotenzial mit in die Auseinandersetzung der Gesellschafter einbezogen wird.[478]

Letztlich darf sich der **Anteil einer Kapitalgesellschaft** am Wirtschaftsgut aufgrund der Realteilung weder unmittelbar noch mittelbar erhöhen.[479] Kommt es im Einzelfall jedoch dazu, kann darauf zunächst mit den gleichen Mitteln wie im Rahmen von § 6 Abs. 5 S. 3 EStG reagiert werden.[480] Daneben bieten sich im Zusammenhang der Realteilung zwei weitere Gestaltungsoptionen an. Zum einen können der Kapitalgesellschaft im Rahmen der Vermögensaufteilung ausschließlich Wirtschaftsgüter zugewiesen werden, die keine stillen Reserven enthalten.[481] Zum anderen ist denkbar, um das betreffende Wirtschaftsgut herum einen Teilbetrieb zu gestalten oder es in eine Tochterpersonengesellschaft des real zu teilenden Betriebsvermögens zu transferieren. Die anschließende Übertragung eines solchen Teilbetriebs oder Mitunternehmeranteils auf eine Kapitalgesellschaft ist steuerneutral möglich.[482]

2.4. Gestaltungen bei verdeckten Einlagen

Soll der Transfer eines Wirtschaftsguts steuerneutral als verdeckte Einlage in eine Kapitalgesellschaft vollzogen werden, kann sich das Bedürfnis nach einer privilegierungs-adaptiven Gestaltung aus zwei Umständen ergeben. Zum einen ist denkbar, dass das aufnehmende Betriebsvermögen gerade keine Kapital-, sondern eine Personengesellschaft ist.[483] Dieser Herausforderung kann insbesondere mit einem Formwechsel oder einer Verschmelzung des aufnehmenden Betriebsvermögens auf eine Kapitalgesellschaft begegnet werden.

Zum anderen besteht die Möglichkeit, dass sich das zu übertragene Wirtschaftsgut im Zeitpunkt des geplanten Transfers schon länger als drei Jahre im abgebenden Betriebsvermögen befindet.[484] In dieser Konstellation muss zunächst ein Anschaffungsgeschäft vorgenommen werden, um einen weiteren Drei-Jahres-Zeitraums zu initiieren. Steuerneutral ist dies realisierbar, sofern der durch die Veräußerung entstehende Gewinn gemäß § 8b Abs. 2 KStG oder durch Bildung und simultane Übertragung einer § 6b EStG-Rücklage eliminiert werden kann.

2.5. Gestaltungen durch Übertragung gemäß § 6b EStG

Daneben kann mit Hilfe der Vorschrift des § 6b EStG im Hinblick auf die in diesem Zusammenhang privilegierten Wirtschaftsgüter zumindest ein faktischer Buchwert-

478 Vgl. Korn-Stahl, § 16 Rn. 324.

479 Vgl. BMF, Tz. I. d. Schr. v. 28.02.2006 – IV B 2 – S 2242 – 6/06, DStR 2006, S. 426 (427).

480 Vgl. Abschn. F. II. 2. 2.

481 Vgl. Paus, GestStB 2003, S. 19; Paus, GestStB 2003, S. 424.

482 Vgl. § 16 Abs. 3 S. 4 EStG; Korn-Stahl, § 16 Rn. 318; Bergsteiner (2002), S. 160; Strahl, FR 1999, S. 628 (638); Paus, GestStB 2003, S. 424.

483 Vgl. Schmidt-Glanegger, § 6 Rn. 552; a. Ans.: Strahl, FR 1999, S. 628 (630).

484 Vgl. L/S/B-Ortmann-Babel, § 6 Anm. 1056.

transfer durchgeführt werden. Zwar ist es mit dieser Begünstigung nicht möglich, eine Gewinnrealisierung dem Grunde nach zu vermeiden, eine solche kann aber durch Bildung einer entsprechenden Rücklage neutralisiert werden.[485] Dabei ist die Übertragung dieser Rücklage nach der Rückkehr zur gesellschafterbezogenen Beurteilung nicht auf das abgebende Betriebsvermögen beschränkt.[486] Sie kann auch auf ein Reinvestitionsobjekt in einem anderen Betriebsvermögen der Gesellschafter des abgebenden Betriebsvermögens erfolgen.[487] Handelt es sich bei einem aufnehmenden Betriebsvermögen um eine Personengesellschaft, ist es daher möglich, die zunächst im abgebenden Betriebsvermögen gebildete Rücklage anschließend beim erwerbenden Betriebsvermögen vom selben Wirtschaftsgut abzuziehen.[488] Auf diese Weise wird jede Gewinnrealisierung vermieden.[489]

2.6. Gestaltungen durch Transformation in eine privilegierte Sachgesamtheit

Über den Einsatz dieser explizit für Einzelwirtschaftsgüter vorgesehenen Vorschriften hinaus ist es auch beim Transfer eines einzelnen Wirtschaftsguts denkbar, sich die Privilegierungen für Sachgesamtheiten zu Nutze zu machen.[490] Zwar sind diese gerade nur anwendbar, sofern Betriebe, Teilbetriebe oder Mitunternehmeranteile eingebracht oder Unternehmungen verschmolzen, gespalten oder formgewechselt werden, gleichwohl schließt dieser Umstand nicht aus, den individuellen Sachverhalt so zu modellieren, dass er schließlich genau diese Tatbestandsvoraussetzungen erfüllt.

Dabei ist zunächst denkbar, das zu bewegende Wirtschaftsgut in einen Teilbetrieb des abgebenden Betriebsvermögens zu verwandeln und im Anschluss nicht das Wirtschaftsgut isoliert, sondern den gesamten Teilbetrieb zu übertragen.[491] Ein solches Vorgehen erweitert die im Einzelfall anwendbaren Begünstigungsvorschriften um die §§ 15, 16, 20 und 24 UmwStG sowie § 6 Abs. 3 EStG. Dabei bestehen insbesondere drei Gestaltungsmöglichkeiten. Zum einen kann das zu übertragende Wirtschaftsgut mit einem bereits bestehenden Teilbetrieb so in einen wirtschaftlichen Zusammenhang zusammengebracht werden, dass es schließlich ihm steuerlich zuzurechnen ist. Auf welchem Weg ein solcher Zusammenhang herzustellen ist, hängt von der individuellen Qualifikation des Wirtschaftsguts ab. Stellt es bisher eine we-

---

485 Vgl. zur Berechnung des Vorteilhaftigkeitsmaßes: Bahrs, BB 2003, S. 568.

486 Vgl. OFD Karlsruhe, Tz. 4.3 d. Schr. v. 20.06.2006 – S 2241/27-St 111, ESt-Kartei BW § 6 EStG Fach 5 Nr. 4.1; Meyer/Ball, GestStB 2004, S. 427; Strahl, FR 2005, S. 797.

487 Vgl. Strahl (2002), S. 61; Cordes, StBp 2003, S. 113 (117).

488 Vgl. Schmidt-Wacker, § 15 Rn. 661; Bergsteiner (2002), S. 165; Strahl, FR 2001, S. 1154; Brandenberg, Stbg 2004, S. 65 (71); Korn/Strahl, Stbg 2002, S. 300 (301); Stollenwerk/Scherff, GmbH-StB 2006, S. 71 (72); Niehus, FR 2005, S. 278 (283).

489 Vgl. zur umgekehrten Maßgeblichkeit: BMF, Schr. v. 29.02.2008 – IV B 2 – S 2139/07/0003, DStR 2008, S. 506 (507); Freikamp, DB 2008, S. 781 (784); Roser, EStB 2008, S. 177 (178); Ortmann-Babel, DB 2008, S. 202 (203).

490 Vgl. Blumers, DB 1992, S. 1317 (1319).

491 Vgl. Bergsteiner (2002), S. 143; Menner/Broer, DB 2003, S. 1075 (1076); Böhme/Forster, BB 2003, S. 1979 (1985).

sentliche Betriebsgrundlage eines anderen Teilbetriebes dar, so ist seine Verwendung so zu modifizieren, dass es zukünftig für die Erreichung des Betriebszwecks des Teilbetriebs, der bewegt werden soll, funktional erforderlich wird.[492] Qualifiziert es hingegen als neutrales Vermögen, so genügt es, seine Zugehörigkeit zum jeweiligen Teilbetrieb im Einbringungs- oder Spaltungsvertrag festzulegen.[493]

Zum anderen kann um das zu bewegende Wirtschaftsgut auch ein neuer Teilbetrieb generiert werden.[494] Hierzu ist das Wirtschaftsgut mit anderen Wirtschaftsgütern so zusammen zu führen, dass die sich auf diese Weise ergebende Einheit die Tatbestandsvoraussetzungen des Teilbetriebsbegriffs erfüllt. In diesem Zusammenhang ist es typischerweise erforderlich, eine separate Verwaltung und eine gesonderte Betriebsabrechnung für diesen Teilbereich zu implementieren.[495] Außerdem müssen ihm in der Regel ein räumlich abgetrennter Bereich[496] sowie eigenes Personal zugewiesen werden.[497] Schließlich bedarf er auch spezifischer Betriebsmittel, die ausschließlich von ihm genutzt werden.[498] Zu beachten ist dabei, dass die so generierte Unternehmenseinheit bereits die Bewegungsprivilegien des UmwStG in Anspruch nehmen darf, sofern sie als Teilbetrieb im Aufbau qualifiziert. Erforderlich ist also nicht, mit dem Transfer bis zur Existenz eines selbständig lebensfähigen Organismus oder gar bis zur tatsächlichen Aufnahme einer eigenen gewerblichen Tätigkeit zu warten. Die Übertragung kann bereits stattfinden, nachdem die wesentlichen Betriebsgrundlagen der Teileinheit erworben worden sind und bei zielgerichteter Weiterverfolgung des Aufbauplanes ein selbständig lebensfähiger Organismus zu erwarten ist.[499]

Zum Dritten ist denkbar, dass das abgebende Betriebsvermögen noch vor der Übertragung des Einzelwirtschaftsguts einen fremden, eventuell lediglich kleinen Teilbetrieb dazu erwirbt. Dies ermöglicht ihm im Anschluss, das zu transferierende Wirtschaftsgut diesem neuen Teilbetrieb zuzuordnen. Auf diese Weise kann dann statt des Einzelwirtschaftsguts, der hinzu erworbene Teilbetrieb übertragen werden.[500]

Darüber hinaus ist die Möglichkeit gegeben, das zu bewegende Wirtschaftsgut in einen Mitunternehmeranteil des abgebenden Betriebsvermögens umzuformen und anschließend nicht das Wirtschaftsgut, sondern den Mitunternehmeranteil zu transferie-

---

492 Vgl. Schmidt-Wacker, § 16 Rn. 101; S/H/S-Hörtnagl, § 15 Rn. 59; Blumers, DB 2001, S. 722 (724).

493 Vgl. S/H/S-Hörtnagl, § 15 Rn. 72; Rogall, DB 2006, S. 66 (69).

494 Vgl. Behrens/Schmitt, FR 2002, S. 549 (552).

495 Vgl. Menner/Broer, DB 2003, S. 1075 (1076); S/H/S-Hörtnagl, § 15 Rn. 52.

496 Vgl. S/H/S-Schmitt, § 20 Rn. 65; Oho/Remmel, BB 2003, S. 2539 (2541).

497 Vgl. S/H/S-Schmitt, § 20 Rn. 65; Oho/Remmel, BB 2003, S. 2539 (2541).

498 Vgl. S/H/S-Hörtnagl, § 15 Rn. 51; Rogall, DB 2005, S. 410.

499 Vgl. BFH, Urt. v. 01.02.1989 – VIII R 33/85, BStBl. II 1989, S. 458; S/H/S-Hörtnagl, § 15 Rn. 51; Blumers, BB 1995, S. 1821 (1823).

500 Vgl. D/J/P/W-Dötsch/Pung, § 15, Rn. 94; Wassermeyer, DStR 1993, S. 589 (592); Blumers, DB 1992, S. 1317 (1319); Herzig/Momen, DB 1994, S. 2157 (2160).

ren.[501] Eine solche Gestaltung eröffnet der Übertragung des Wirtschaftsguts zusätzlich die Privilegien der §§ 15, 16, 20, 24 und 25 UmwStG sowie § 6 Abs. 3 EStG. Um sich diese weitergehenden Begünstigungen zu eigen zu machen, muss das Wirtschaftsgut zunächst in eine bereits bestehende oder in diesem Zusammenhang neu zu gründende Tochterpersonengesellschaft des abgebenden Betriebsvermögens steuerneutral übertragen werden.

Daneben ist erforderlich, dass diese Tochtergesellschaft selbst einen Gewerbebetrieb unterhält. Sie muss also einen selbständigen Organismus des Wirtschaftslebens beherbergen, mit dem gewerbliche Einkünfte erzielt werden.[502] Es genügt daher nicht, das Wirtschaftsgut lediglich mit der Hülle einer Personengesellschaft zu umgeben. Diese gesellschaftsrechtliche Verpackung muss zusätzlich mit einem gewissen Maß an gewerblicher Aktivität gefüllt werden. Wird in diesem Zusammenhang allerdings eine gewerblich geprägte Gesellschaft verwendet,[503] ist es angesichts der dadurch erfolgenden Umqualifizierung sämtlicher Einkünfte ausreichend, die Unternehmung überhaupt tätig werden zu lassen. In einer solchen Konstellation genügt es daher bereits, das in der Personengesellschaft befindliche Wirtschaftsgut einer anderen Person zur Nutzung zu überlassen und so einen Vermietungsbetrieb zu entfalten. Im Übrigen ist bei einer anschließenden Abspaltung des Mitunternehmeranteils die dreijährige Missbrauchsfrist des § 15 Abs. 2 S. 1 UmwStG zu beachten. Vermieden werden kann deren Ingangsetzung durch eine Ausgestaltung des Einzelwirtschaftsgutstransfers als unentgeltlich.[504]

Schließlich besteht die Option, das zu bewegende Wirtschaftsgut auch in die Beteiligung an einer Kapitalgesellschaft zu verwandeln und darauf folgend nicht das Wirtschaftgut, sondern die Beteiligung zu bewegen. Auf diese Weise gelangt der Transfer zusätzlich in den Genuss der Begünstigungen gemäß den §§ 3, 9, 15, 16, 21 und 24 UmwStG. In diesem Zusammenhang ist die wesentliche Herausforderung der Gestaltung, das Wirtschaftsgut überhaupt in eine Tochterkapitalgesellschaft des abgebenden Betriebsvermögens zu bewegen. Da dies steuerneutral allein im Wege der verdeckten Einlage möglich ist, kommt es entscheidend darauf an, dass im Zeitpunkt der Übertragung des Wirtschaftsguts die dreijährige Frist nach Anschaffung noch nicht abgelaufen ist. Im Übrigen ist auch hier der dreijährigen Missbrauchsfrist des § 15 Abs. 2 S. 1 UmwStG Rechnung zu tragen. Dies ist nach überwiegender Meinung gerade durch eine solche verdeckte Einlage möglich.[505]

---

501 Vgl. Wassermeyer, DStR 1993, S. 589 (592).

502 Vgl. S/H/S-Schmitt, § 20 Rn. 65.

503 Vgl. § 15 Abs. 3 Nr. 2 EStG.

504 Vgl. BMF, Tz. 15.17 d. Schr. v. 25.03.1998 – IV B 7 – S 1978 – 21/98/IV B 2 – S 1909 – 33/98, BStBl. I 1998, S. 268; S/H/S-Hörtnagl, § 15 Rn. 123; W/M-Widmann, § 15 Rn. 182; Herzig/Förster, DB 1995 S. 338 (344).

505 Vgl. S/H/S-Hörtnagl, § 15 Rn. 123; W/M-Widmann, § 15 Rn. 182; a. Ans.: BMF, Tz. 15.17 d. Schr. v. 25.03.1998 – IV B 7 – S 1978 – 21/98/IV B 2 – S 1909 – 33/98, BStBl. I 1998, S. 268; Herzig/Förster, DB 1995 S. 338 (344).

3. Privilegierungs-adaptive Gestaltungen bei Sachgesamtheiten

3.1. Überblick

Für privilegierungs-adaptive Gestaltungen bei Sachgesamtheiten gelten die Ausführungen im Hinblick auf Einzelwirtschaftsgüter entsprechend. Auch hier kann man sich den Umstand zu Nutze machen, dass jede einzelne Umstrukturierungsmaßnahme zur Erlangung von Steuerneutralität durch das Nadelöhr einer der Privilegierungsvorschriften muss. Auf diese Weise gelingt es, aus den spezifischen Definitionen der Privilegierungstatbestände deduktiv retrograd die Szenarien abzuleiten, in denen eine Umstrukturierungsmaßnahme einzelne Tatbestandsmerkmale gerade nicht verwirklicht. Exakt in diesen Konstellationen bedarf es entsprechender privilegierungs-adaptiver Gestaltungen. Dabei ist entsprechend der oben vorgestellten Gestaltungsmittel zu differenzieren zwischen Gestaltungen im Rahmen von (3.2.) Einbringungen in Kapital- oder Personengesellschaften, (3.3.) Vermögensübergängen aus Kapitalgesellschaften auf Kapitalgesellschaften, (3.4.) Vermögensübergängen aus Kapitalgesellschaften auf Personengesellschaften, (3.5.) verdeckten Einlagen gemäß § 6 Abs. 3 EStG sowie solchen im Zusammenhang mit (3.6.) Realteilungen ohne Spitzenausgleich.

3.2. Gestaltungen bei Einbringungen in Kapital- oder Personengesellschaften

Bei Einbringungen in Kapital- oder Personengesellschaften ist zunächst denkbar, dass es im Einzelfall an einer **privilegierten Sachgesamtheit** fehlt. Im Hinblick auf einen zu übertragenden **Betrieb** kommen in diesem Zusammenhang insbesondere drei Konstellationen in Betracht. Zum einen besteht die Möglichkeit, dass der betreffende Betrieb im Zeitpunkt der geplanten Einbringung brachliegt. Die §§ 20-25 UmwStG privilegieren jedoch allein die Einbringung eines selbständig lebensfähigen und insbesondere fortführungsfähigen Organismus des Wirtschaftslebens.[506] Deshalb muss der Betrieb in einer solchen Situation eine Wiederbelebung erfahren, bevor er übertragen werden kann. Es gilt also, einen Weg zu finden, auf dem die ursprüngliche Geschäftstätigkeit des Betriebs reaktiviert oder eine neue Form des unternehmerischen Engagements implementiert werden kann.

Zum anderen ist nicht auszuschließen, dass das abgebende Betriebsvermögen zwar seinen Betrieb übertragen, seine bisherige Tätigkeit darauf folgend aber mit neu zugeführtem Betriebsvermögen fortführen möchte. Ein solcher Plan gefährdet die Steuerneutralität der Einbringung, da das UmwStG hierfür die Einstellung des Betriebes fordert.[507] Um insofern die Möglichkeit der Inanspruchnahme des Gewinnrealisierungswahlrechts sicherzustellen, muss das abgebende Betriebsvermögen bis zur erneuten Initiierung seiner Aktivität zumindest eine gewisse Frist abwarten. Auf diese

506 Vgl. S/H/S-Schmitt, § 20 Rn. 7; S/H/S-Hörtnagl, § 15 Rn. 51.

507 Vgl. S/H/S-Schmitt, § 20 Rn. 6.

Weise kann ein sachlicher und zeitlicher Zusammenhang zur vorangegangenen Betriebsbeendigung vermieden werden.

Zum Dritten ist denkbar, dass mit der einzubringenden Sachgesamtheit bisher keine gewerblichen Einkünfte erzielt, sondern lediglich Vermögensverwaltung betrieben wurde. Im Kontext der §§ 20-25 UmwStG sind jedoch ausschließlich Gewerbebetriebe privilegiert. In einer solchen Konstellation muss vor Durchführung der Einbringung eine Gewerblichkeit des abgebenden Betriebsvermögens hergestellt werden. Dies gelingt durch die Aufnahme eines zumindest geringfügigen gewerblichen Engagements, das die übrigen Einkünfte infiziert,[508] oder durch den Eintritt einer Kapitalgesellschaft als einzige Komplementärin.[509]

Was darüber hinaus die Übertragung eines **Teilbetrieb**es betrifft, kann die Gestaltungssuche mit Situationen konfrontiert werden, in der eine unternehmerische Teileinheit bewegt werden soll, die nicht als mit einer gewissen Selbständigkeit ausgestatteter, organisch geschlossener Teil des Gesamtbetriebes qualifiziert.[510] Die Aufgabe der Gestaltungssuche besteht dann darin, die Realität des abgebenden Betriebsvermögens so zu modellieren, dass der individuelle Unternehmensbereich diese Voraussetzungen erfüllt.[511] Wo dabei individuell mit der Modifikation der unternehmerischen Situation anzusetzen ist, hängt davon ab, woran die Verwirklichung der Teilbetriebsdefinition im Einzelfall scheitert.

Denkbar ist bspw., dass die zu bewegende Unternehmenseinheit gemeinsam mit anderen Bereichen des Gesamtbetriebes verwaltet wird. In dieser Konstellation müssen jeweils separate Administrationen installiert werden.[512] Nicht auszuschließen ist auch, dass eine kollektive Betriebsabrechnung, Kostenrechnung oder Preisgestaltung besteht. Handelt es sich hierbei um das zentrale Gestaltungsproblem, bedarf es der Implementierung gesonderter Rechenwerke.[513] Ist die gemeinsam Nutzung von Räumlichkeiten oder Personal schädlich, so ist eine entsprechende Trennung der Bereiche[514] respektive separate Zuweisung von Arbeitnehmern erforderlich.[515] Verwenden die Teileinheiten des abgebenden Betriebsvermögens gemeinsam Betriebsmittel[516] oder adressieren sie dieselben Kundenstämme,[517] so kann es eben-

508 Vgl. § 15 Abs. 3 Nr. 1 EStG.

509 Vgl. § 15 Abs. 3 Nr. 2 EStG.

510 Vgl. S/H/S-Schmitt, § 20 Rn. 50; Menner/Broer, DB 2003, S. 1075 (1076); Haarmann (2000), S. 376; Rogall, DB 2005, S. 410.

511 Vgl. Schwedhelm/Streck/Mack, GmbHR 1995, S. 100 (101); Luther, StBp 1998, S. 103 (104); zu ähnlichen Problemstellungen bei der Organisation von Filialbetrieben als selbständige Gewerbebetriebe vgl. Ritzer/Stangl, INF 2001, S. 464, und bei der Separation von Vertriebseinheiten vgl. Pirkl/Schneck, GmbHR 2004, S. 1274.

512 Vgl. S/H/S-Schmitt, § 20 Rn. 65; Menner/Broer, DB 2003, S. 1075 (1076).

513 Vgl. S/H/S-Hörtnagl, § 15 Rn. 52; Rogall, DB 2005, S. 410; Haarmann (2000), S. 377.

514 Vgl. Haarmann (2000), S. 377; Oho/Remmel, BB 2003, S. 2539 (2541).

515 Vgl. S/H/S-Schmitt, § 20 Rn. 65; Haarmann (2000), S. 377; Rogall, DB 2006, S. 66 (67).

516 Vgl. Rogall, DB 2005, S. 410; Haarmann (2000), S. 377.

517 Vgl. Haarmann (2000), S. 377; Oho/Remmel, BB 2003, S. 2539 (2541); Blumers, DB 2001,

falls entsprechender Aufteilungen bedürfen. Steht die Mitbenutzung einer wesentlichen Betriebsgrundlage durch andere Teilbereiche der Unternehmung dem privilegierten Transfer im Wege, so kann dieser Problematik durch eine Mitübertragung dieser Betriebsgrundlage erfolgreich begegnet werden.[518] Schließlich ist im Kontext des § 24 UmwStG denkbar, dass eine zwar mehrheitsvermittelnde, aber nicht hundertprozentige Beteiligung Gegenstand der Einbringung sein soll. Da eine solche in diesem Rahmen aber keine Begünstigung erfährt, kommt in Betracht, die Beteiligung zunächst gemäß § 21 UmwStG in eine 100 %-ige Zwischenholding zu transferieren. Im Anschluss kann dann statt der eigentlich einzubringenden Beteiligung die Zwischenholding gemäß § 24 UmwStG bewegt werden.[519]

Soll Gegenstand eines privilegierten Transfers ein **Mitunternehmeranteil** sein, so können sich die gleichen Problemstellungen ergeben wie beim Transfer eines Betriebs. Auch hier ist denkbar, dass die Gesellschaft, an der der Mitunternehmeranteil besteht, nicht mehr aktiv tätig ist. Da die §§ 20-25 UmwStG ausschließlich selbständig lebensfähige Wirtschaftsorganismen begünstigen, bedarf es auch in dieser Konstellation einer entsprechenden Revitalisierung der Gesellschaft, bevor die Übertragung stattfindet. Außerdem kann es an einem Mitunternehmeranteil gerade fehlen, weil die jeweilige Tochtergesellschaft nicht gewerblich, sondern lediglich vermögensverwaltend tätig ist. In dieser Situation ist von zentraler Bedeutung, die Aktivität der Unternehmung vor dem Transfer gewerblich zu infizieren oder zu prägen.[520]

Schließlich kann beabsichtigt sein, eine **Beteiligung** einzubringen, die nicht mehrheitsvermittelnd ist. In einer solchen Lage ist eine Modellierung zu finden, mit der die aufnehmende Gesellschaft nach der Einbringung unmittelbar die Mehrheit an der Kapitalgesellschaft besitzt. Dabei kommen insbesondere vier Gestaltungsansätze in Betracht. Zunächst können das einbringende oder das aufnehmende Betriebsvermögen allein oder zusammen das erforderliche Maß an zusätzlichen Anteilen vor der Einbringung dazu erwerben.[521] Daneben ist denkbar, dass sich das einbringende Betriebsvermögen mit anderen Gesellschaftern abstimmt, um dann simultan eine gemeinsame Einbringung zu vollziehen, die der aufnehmenden Kapitalgesellschaft die Mehrheit der Stimmrechte verschafft.[522] Außerdem besteht die Möglichkeit, das Verhältnis der Stimmrechte bei der übertragenden Gesellschaft vorübergehend zu ändern. Da § 21 UmwStG nicht auf die Mehrheit der Kapitalbeteiligung, sondern auf die der Stimmrechte abstellt und keine dauerhafte, sondern lediglich eine punktuelle Beherrschung der betreffenden Gesellschaft fordert, kann durch eine solche zeitlich begrenzte Verschiebung von Stimmrechten eine privilegierte Beteiligung generiert wer-

S. 722 (723).

518 Vgl. S/H/S-Schmitt, § 20 Rn. 67-68.

519 Vgl. H/B-Haritz, § 15 Rn. 58.

520 Vgl. § 15 Abs. 3 Nr. 1 u. 2 EStG; S/H/S-Schmitt, § 20 Rn. 108-120.

521 Vgl. S/H/S-Schmitt, § 20 Rn. 146.

522 Vgl. S/H/S-Schmitt, § 20 Rn. 146.

den.[523] Letztlich ist nicht ausgeschlossen, dass die Begünstigung der Übertragung daran scheitert, dass lediglich eine mittelbar mehrheitsbegründende Beteiligung eingebracht werden soll. In dieser Situation kommt es darauf an, vor dem Transfer die Stimmrecht gewährenden Anteile beim übertragenden oder aufnehmenden Betriebsvermögen zu bündeln.[524]

Hat man auf diese Weise einen Betrieb, Teilbetrieb, Mitunternehmeranteil oder eine mehrheitsvermittelnde Beteiligung modelliert, geht es im Anschluss darum, die Einbringung der privilegierten Sachgesamtheit **als Ganzes** sicherzustellen. Voraussetzung hierfür ist, dass sämtliche wesentliche Betriebsgrundlagen der jeweiligen Sachgesamtheit übertragen werden. Ein Gestaltungsproblem ergibt sich daher, sofern nur eine Betriebsgrundlage im sachlichen und zeitlichen Zusammenhang mit der Einbringung in ein anderes Betriebsvermögen bewegt werden soll, unabhängig davon, ob dies zum Buchwert oder unter Aufdeckung der stillen Reserven geschieht.[525] Einer solchen Konstellation begegnet man typischerweise in der Vorbereitung von entgeltlichen oder unentgeltlichen (Teil-) Betriebsübertragungen, Betriebsaufgaben sowie Unternehmensspaltungen.[526] Hier richtet sich das Interesse der Unternehmung vielfach darauf, vorab einzelne Wirtschaftsgüter ohne Aufdeckung stiller Reserven aus einer privilegierten Sachgesamtheit zu separieren und im Anschluss die verbliebene Sachgesamtheit steuerneutral oder unter Inanspruchnahme der Vergünstigungen der §§ 16, 34 EStG zu übertragen.[527]

In diesen Fällen gilt es, eine Zusammenfassung der vorweggenommenen Separierung eines Wirtschaftsguts mit der anschließenden Sachgesamtheitsübertragung gemäß § 42 AO in Verbindung mit der Gesamtplanrechtsprechung zu verhindern.[528] Dies gelingt, indem insbesondere ein sachlicher und zeitlicher Zusammenhang zwischen den einzelnen Transferschritten vermieden wird. [529] Alternativ können wirtschaftliche Gründe, die die einzelnen Teilübertragungsschritte unabhängig von der Gesamtgestaltung besitzen, zur Rechtfertigung des individuellen Vorgehens genutzt

523 Vgl. S/H/S-Schmitt, § 20 Rn. 152.

524 Vgl. S/H/S-Schmitt, § 20 Rn. 158.

525 Vgl. BFH, Urt. v. 16.12.2004 – IV R 3/03, DStR 2005, S. 554; OFD Karlsruhe, Tz. 5.3 d. Schr. v. 20.06.2006 – S 2241/27-St 111, ESt-Kartei BW § 6 EStG Fach 5 Nr. 4.1; S/H/S-Schmitt, § 20 Rn. 12; D/J/P/W-Patt, § 20 Rn. 40.

526 Vgl. H/H/R-Niehus/Wilke, § 6 Anm. 1464a; Strahl, FR 2004, S. 929 (929-932); Förster, StbJb. 2004/05, S. 227 (236-247); Kerssenbrock/Rundshagen, BB 2004, S. 2490 (2493).

527 Vgl. Förster, StbJb. 2004/2005, S. 227 (236-247); Strahl, FR 2004, S. 929; Ley/Strahl, DStR 2003, S. 2145 (2148).

528 Vgl. Leisner-Egensperger, DStZ 2008, S. 358 (363); Spindler, DStR 2005, S. 1; Förster/Schmidtmann, StuW 2003, S. 114; Ley/Strahl, DStR 2003, S. 2145 (2148); Mutscher, DB 2005, S. 2096 (2099); Heuermann, BB 2003, S. 1465 (1466).

529 Vgl. Jacobsen (2007), S. 84; Fichtelmann, GestStB 2002, S. 108; Schmitt/Franz, BB 2001, S. 1278 (1285); Ley/Strahl, DStR 2001, S. 1997 (2004); Paus, EStB 2007, S. 180 (181); Strahl, FR 2004, S. 929 (936); Ley/Strahl, DStR 2003, S. 2145 (2148); Korn (2002), S. 39.

oder die Abfolge der einzelnen Schritte als nicht vollständig beherrschbar gestaltet werden.[530]

Darüber hinaus muss die Einbringung **gegen Gewährung neuer Anteile** an der aufnehmenden Gesellschaft oder **gegen Einräumung einer Mitunternehmerstellung** stattfinden. Ein Gestaltungsproblem ergibt sich daher, falls der Transfer der Sachgesamtheit an sich mit einer Gegenleistung verbunden werden soll, bspw. zum Ausgleich von Bewertungsspitzen.[531] Bei der Einbringung in eine Kapitalgesellschaft ist eine solche Gegenleistung zulässig, soweit ihr gemeiner Wert nicht den Buchwert des eingebrachten Betriebsvermögens übersteigt.[532] In dieser Konstellation kann daher zumindest eingeschränkt ein Ausgleich vorgenommen werden.

Bei der Einbringung in eine Mitunternehmerschaft kann man einer entgeltlichen Übertragung genauso wie beim Transfer von Einzelwirtschaftsgütern ausweichen. In dieser Situation besteht die Möglichkeit, die Sachgesamtheit zunächst entlang der Begünstigungsvorschrift gegen Gewährung einer Mitunternehmerstellung zu übertragen. Im Anschluss kann dann eine entsprechende Liquiditätsentnahme vorgenommen werden, die einer Kaufpreiszahlung wirtschaftlich angenähert ist. Dabei ist auf die Einhaltung eines zeitlichen Abstandes zur vorangegangenen Einbringung zu achten, dessen Größe jeden Zusammenhang zwischen beiden Vorgängen vermeidet.[533] Halten daneben auch noch Dritte Anteile am aufnehmenden Betriebsvermögen, so ist im Gesellschaftsvertrag zu gewährleisten, dass die Liquiditätsentnahme alle Anteilseigner gleichmäßig entsprechend ihrer Beteiligung trifft. Als Instrument kommt insoweit die Einrichtung einer Rücklage in Betracht, die nur dem übertragenden Betriebsvermögen zur Verfügung steht.

Schließlich ist denkbar, dass bei der Einbringung einer Sachgesamtheit in eine Kapitalgesellschaft die **Passiva** des Betriebes, Teilbetriebes oder Mitunternehmeranteils seine **Aktiva übersteigen**. In einer solchen Situation besteht die Gefahr einer partiellen Gewinnrealisierung, da die Wirtschaftsgüter im Rahmen der Einbringung zumindest mit einem Zwischenwert anzusetzen sind, der eine ausgeglichene Bilanz sicherstellt.[534] Um diesem Risiko erfolgreich zu begegnen, kommt es darauf an, der Sachgesamtheit vor der Einbringung zusätzliche Aktiva zuzuführen. In der Regel geschieht dies durch die Einlage von Barmitteln oder durch die Einräumung einer Forderung. Ungeachtet dessen sind jedoch auch alle anderen Wirtschaftsgüter geeignet, einen Ausgleich der Passiva herbeizuführen.[535]

---

530 Vgl. Jacobsen (2007), S. 83.

531 Vgl. Forst/Radmer, EStB 2007, S. 112 (113).

532 Vgl. § 20 Abs. 2 S. 4 UmwStG.

533 Vgl. BMF, Tz. 24.12 d. Schr. v. 25.03.1998 – IV B 7 – S 1978 – 21/98/IV B 2 – S 1909 – 33/98, BStBl. I 1998, S. 268; S/H/S-Schmitt, § 24 Rn. 137; Bergsteiner (2002), S. 160; Schmidt-Wacker, § 16 Rz. 563.

534 Vgl. § 20 Abs. 2 Nr. 2 UmwStG.

535 Vgl. S/H/S-Schmitt, § 20 Rn. 260; B/B-Merkert, § 20 UmwStG Rn. 98; Paus, EStB 2007, S. 180 (181).

3.3. Gestaltungen bei Vermögensübergängen aus Kapitalgesellschaften auf Kapitalgesellschaften

Da die Verschmelzung von Kapitalgesellschaften im Hinblick auf die steuerneutrale Fortführung stiller Reserven weitgehend unproblematisch ist,[536] fokussiert sich die Gestaltungssuche im Zusammenhang der Vermögensübergänge aus Kapitalgesellschaften auf Kapitalgesellschaften auf Ab- und Aufspaltungen. Dabei können Gestaltungen insbesondere im Hinblick auf vier Tatbestandsmerkmale notwendig werden.

Zunächst besteht die Möglichkeit, dass das betroffene Partialvermögen der abgebenden Unternehmung nicht als **Teilbetrieb** qualifiziert. Dieses Gestaltungsproblem entspricht im Grundsatz der gleich gelagerten Herausforderung bei der Einbringung in Kapital- oder Personengesellschaften. Daher gelten die dortigen Ausführungen entsprechend.[537] Zusätzlichen Gestaltungsbedarf können bei der Spaltung von Kapitalgesellschaften aber spaltungshindernde Wirtschaftsgüter hervorrufen. Hierunter versteht man insbesondere wesentliche Betriebsgrundlagen (bspw. Grundstücke, Gebäude, Produktionsanlagen oder Verwaltungseinheiten), die im Zeitpunkt der Spaltung von mindestens zwei Teilbereichen einer Unternehmung genutzt wird.[538] Angesichts dieser gemeinsamen Verwendung des Wirtschaftsguts soll in dieser Konstellation nach Auffassung der Finanzverwaltung ein einheitlicher Betrieb vorliegen, der nicht Gegenstand einer Spaltung sein kann.[539] Aufgabe der Gestaltungssuche ist es daher, die bisherige Form der gemeinschaftlichen Nutzung so zu beenden, dass der einheitliche Betrieb eine Verwandlung in zwei spaltbare Teileinheiten erfährt.

Dies gelingt bestmöglich, indem eine der beiden Teileinheiten bereits vor der Spaltung dauerhaft auf die Nutzung der wesentlichen Betriebsgrundlage verzichtet. Dadurch ist sie im Anschluss ausschließlich der anderen Teileinheit zuzuordnen. Kommt ein solches Vorgehen im Einzelfall nicht in Betracht, kann es sinnvoll sein, dass Wirtschaftsgut noch vor der Spaltung auf eine dritte Gesellschaft auszugliedern und beiden Teileinheiten respektive Nachfolgegesellschaften mietweise zu überlassen.[540] Ist dies im Einzelfall nicht opportun, muss das Wirtschaftsgut real geteilt werden, sofern dies nach den tatsächlichen Gegebenheiten der zu spaltenden Gesellschaft möglich ist. Dies gilt insbesondere für Grundstücke. Bei ihnen ist die reale Teilung nach Ansicht der Finanzverwaltung grundsätzlich dinglich durch Begründung von Teileigentum zu vollziehen.[541] Allerdings soll es nach anderer Auffassung aus-

536 Vgl. K/K/K-Pfaar, § 4 Rn. 280; Olbing, GmbH-StB 2007, S. 51 (52).

537 Vgl. Abschn. F. II. 3. 2.; zur Option einer faktischen Abspaltung über § 6 Abs. 5 S. 3 EStG vgl. Binz/Hagedorn, DB 2007, S. 765; zur noch nicht gesicherten Gestaltung mit Sachdividenden vgl. Menner/Broer, DB 2003, S. 1075 (1077).

538 Vgl. D/J/P/W-Dötsch/Pung, § 15 Rn. 84; S/H/S-Hörtnagl, § 15 Rn. 67.

539 Vgl. BMF, Tz. 15.07 d. Schr. v. 25.03.1998 – IV B 7 – S 1978 – 21/98/IV B 2 – S 1909 – 33/98, BStBl. I 1998, S. 268.

540 Vgl. D/J/P/W-Dötsch/Pung, § 15 Rn. 92; Blumers, DB 1995, S. 496 (497).

541 Vgl. BMF, Tz. 15.07 d. Schr. v. 25.03.1998 – IV B 7 – S 1978 – 21/98/IV B 2 – S 1909 – 33/98,

reichend sein, wenn ihre Teilung durch Begründung wirtschaftlichen Eigentums realisiert wird. Diese Einschätzung ist jedoch nicht gesichert und bedarf daher im Einzelfall der Einholung einer verbindlichen Auskunft.[542] Daneben besteht bei Grundstücken im Falle der Unzumutbarkeit einer realen Teilung ausnahmsweise auch die Option einer ideellen Zerlegung im Wege der Vereinbarung von Bruchteilseigentum.[543]

Spaltungshindernd kann darüber hinaus neutrales Vermögen sein, das mit einem fiktiven Teilbetrieb bewegt werden oder zurückbleiben soll und ihm mangels eines unmittelbaren wirtschaftlichen Zusammenhangs nicht zuordenbar ist.[544] In einer solchen Konstellation obliegt der Gestaltungssuche, die tatsächliche Situation des abgebenden Betriebsvermögens vor Durchführung der Spaltung so zu modellieren, dass ein entsprechender Zusammenhang zwischen dem neutralen Wirtschaftsgut und dem fiktiven Teilbetrieb zustande kommt.[545] Dies kann bspw. durch Nutzungsüberlassung oder Überführung in das Sonderbetriebsvermögen geschehen.[546] Ist dies im Einzelfall nicht möglich, verbleibt die Option, das betreffende Wirtschaftsgut vor der eigentlichen Umstrukturierungsmaßnahme steuerneutral aus dem abgebenden Betriebsvermögen in eine andere Gesellschaft zu übertragen.[547]

Letztlich kann ein Spaltungshindernis bestehen, sofern eine 100 %-ige Beteiligung an einer Kapitalgesellschaft als wesentliche Betriebsgrundlage eines echten Teilbetriebes qualifiziert. In einer solchen Situation verliert sie ihre Eigenschaft als fiktiver Teilbetrieb und wird zu einem unselbständigen Bestandteil des echten Teilbetriebes.[548] Deshalb muss in einer solchen Situation zunächst eine Modellierung des Sachverhaltes entwickelt werden, mit der die funktionale Bedeutung der Beteiligung für den echten Teilbetrieb eliminiert werden kann. Ist dies nicht möglich, verbleibt wiederum die Option, die Beteiligung vor der Spaltung aus dem abgebenden Betriebsvermögen zu entfernen.[549] Erst nach dem auf einem dieser Wege der Zusammenhang zwischen Beteiligung und echtem Teilbetrieb eine Auflösung erfahren hat, kann schließlich die Spaltung steuerneutral vollzogen werden.

Sind unter Berücksichtigung dieser Aspekte Teilbetriebe hergestellt worden, gilt es anschließend, diese Teilbetriebe **im Ganzen** zu bewegen oder zurückzubehalten. Si-

---

BStBl. I 1998, S. 268.

542 Vgl. S/H/S-Hörtnagl, § 15 Rn. 68.

543 Vgl. BMF, Tz. 15.07 d. Schr. v. 25.03.1998 – IV B 7 – S 1978 – 21/98/IV B 2 – S 1909 – 33/98, BStBl. I 1998, S. 268; Krebs, BB 1998, S. 2082.

544 Vgl. D/J/P/W-Dötsch/Pung, § 15 Rn. 88-90; Blumers, DB 1996, S. 7; Schumacher/Neumann, DStR 2008, S. 325 (326).

545 Vgl. BMF, Tz. 15.09 d. Schr. v. 25.03.1998 – IV B 7 – S 1978 – 21/98/IV B 2 – S 1909 – 33/98, BStBl. I 1998, S. 268; BMF, Schr. v. 28.09.1998 – IV B 7 – S 1978 – 47/98, HaufeIndex: 151056; S/H/S-Hörtnagl, § 15 Rn. 86, 92; Scholten/Griemla, DStR 2008, S. 1172 (1175).

546 Vgl. Scholten/Griemla, DStR 2008, S. 1172 (1175); Blumers, DB 1996, S. 7; Herzig/Förster, DB 1995, S. 338.

547 Vgl. D/J/P/W-Dötsch/Pung, § 15 Rn. 92-93.

548 Vgl. BMF, Tz. 15.06 d. Schr. v. 25.03.1998 – IV B 7 – S 1978 – 21/98/IV B 2 – S 1909 – 33/98, BStBl. I 1998, S. 268; D/J/P/W-Dötsch/Pung, § 15 Rn. 76.

549 Vgl. D/J/P/W-Dötsch/Pung, § 15 Rn. 92-93.

cherzustellen ist also, dass genau wie bei den oben beschriebenen Einbringungen sämtliche wesentliche Betriebsgrundlagen der Teilbetriebe eine Übertragung erfahren. Da die Gestaltungsprobleme und ihre Lösungen insoweit gleich gelagert sind, gelten die Ausführungen zur Realisierung begünstigter Einbringungen entsprechend.[550]

Darüber hinaus kann sich im Einzelfall die Schwierigkeit ergeben, dass die Teilbetriebe gemeine Werte aufweisen, die nicht den gewünschten Beteiligungsverhältnissen nach der Spaltung entsprechen. In einer solchen Situation sind eigentlich **Ausgleichszahlungen** zwischen den Gesellschaftern erforderlich, die den individuellen Wertverhältnissen Rechnung tragen. Solche Ausgleichszahlungen würden jedoch die Aufdeckung stiller Reserven notwendig machen.[551] Um dies zu vermeiden, muss die Vermögenssituation der Teilbetriebe vor der Spaltung so modifiziert werden, dass sich das gewünschte Wertverhältnis einstellt.[552] Hierzu kann neutrales Vermögen abweichend von der eigentlichen Beteiligungsstruktur den Teilbetrieben zugeordnet werden. Alternativ besteht die Option, Verbindlichkeiten ungleich zwischen den Teilbetrieben aufzuteilen.[553] Denkbar ist auch, durch Einlagen oder Gesellschafterdarlehen solche veränderten Zuordnungen überhaupt erst zu ermöglichen.[554]

Letztlich ist nicht auszuschließen, dass ein Spaltungsvorgang eine **Frist** verletzen würde, die das Bewertungswahlrecht gemäß § 11 Abs. 2 UmwStG entfallen lässt. Dies gilt zum einen für Auf- und Abspaltungen mit Mitunternehmeranteilen oder Beteiligungen, die innerhalb eines Zeitraums von drei Jahren vor dem steuerlichen Übertragungsstichtag durch Übertragung von Wirtschaftsgütern, die kein Teilbetrieb sind, erworben oder aufgestockt wurden.[555] Da es sich hierbei aus der Perspektive des Umstrukturierungszeitpunktes um ein Ereignis der Vergangenheit handelt, das nicht mehr rückgängig zu machen ist, verbleibt in dieser Konstellation als privilegierungs-adaptive Maßnahme lediglich die Möglichkeit, den Ablauf der dreijährigen Frist vor Realisierung der Umstrukturierungsmaßnahme abzuwarten.

Zum anderen besteht die Gefahr eines Verlusts des Bewertungswahlrechts, sofern der Umwandlungsvorgang als Trennung von Gesellschafterstämmen innerhalb der fünfjährigen Frist des § 15 Abs. 2 S. 5 UmwStG einzuordnen ist. Anders als bei § 15 Abs. 2 S. 1 UmwStG ist in dieser Situation im Zeitpunkt der Umstrukturierungsmaßnahme noch die Option gegeben, die Auf- oder Abspaltung so zu gestalten, dass gerade keine Trennung von Gesellschafterstämmen im Sinne der Vorschrift vorliegt. Dies kann auf drei Wegen geschehen. Zunächst kommt in Betracht, das Vorliegen

---

550 Vgl. Abschn. F. II. 3. 2.

551 Vgl. Schwedhelm/Streck/Mack, GmbHR 1995, S. 100 (101); Herzig/Förster, DB 1995, S. 338.

552 Vgl. D/J/P/W-Dötsch/Pung, § 15 Rn. 21; Schwedhelm (2008), Tz. 850; Schwedhelm/Streck/Mack, GmbHR 1995, S. 100 (101); Herzig/Förster, DB 1995, S. 338.

553 Vgl. Fichtelmann, GestStB 2004, S. 269; Schwedhelm (2008), Tz. 850; Schwedhelm/Streck/Mack, GmbHR 1995, S. 100 (101); Herzig/Momen, DB 1994, S. 2157 (2161).

554 Vgl. Schwedhelm (2008), Tz. 850; Schwedhelm/Streck/Mack, GmbHR 1995, S. 100 (101).

555 Vgl. § 15 Abs. 2 S. 1 UmwStG.

eines Gesellschafterstammes zu verhindern, indem ohne zeitlichen und sachlichen Zusammenhang ein fremder Dritter zumindest mit einem Zwerganteil aufgenommen wird. Bleibt dieser fremde Dritte zusammen mit jeweils mindestens einem Gesellschafter an den Spaltgesellschaften beteiligt, sind es nicht Gesellschafterstämme, sondern lediglich Beteiligungen, die eine Trennung erfahren.[556]

Daneben ist denkbar, dass sich jeder Gesellschafter der zu spaltenden Unternehmung an den Nachfolgegesellschaften zumindest eine geringfügige Beteiligung erhält.[557] Dadurch wird bereits eine Trennung im Sinne des § 15 Abs. 2 S. 5 UmwStG verhindert. Um sich dabei nicht der Gefahr eines Gestaltungsmissbrauchs auszusetzen, kann es hilfreich sein, dem jeweiligen Minderheitsgesellschafter wenigstens ein Mindestmaß an Mitwirkungs- und Widerspruchsrechten einzuräumen.[558] Sind solche Sachverhaltsmodifikationen im Einzelfall nicht möglich, verbleibt als finale Alternative, mit der Umstrukturierungsmaßnahme bis zum Ablauf der fünfjährigen Frist zu warten.[559]

3.4. Gestaltungen bei Vermögensübergängen aus Kapitalgesellschaften auf Personengesellschaften

Da die Verschmelzung und der Formwechsel einer Kapital- in eine Personengesellschaft keine besonderen Probleme aufwerfen,[560] ist hier ebenfalls die Ab- und Aufspaltung zentraler Gegenstand der Gestaltungssuche. In diesem Zusammenhang ist zu beachten, dass die gewinnrealisierungsrelevanten Tatbestandsvoraussetzungen beim Vermögensübergang auf eine Personengesellschaft identisch mit denen beim Vermögensübergang auf eine Kapitalgesellschaft sind. Daher gelten die Ausführungen zur Gestaltungssuche bei Ab- und Aufspaltungen von Kapitalgesellschaften auf Kapitalgesellschaften hier entsprechend.

3.5. Gestaltungen bei verdeckten Einlagen gemäß § 6 Abs. 3 EStG

Bei Umstrukturierungsmaßnahmen, für die das Privileg des § 6 Abs. 3 EStG in Anspruch genommen werden soll, kann sich Gestaltungsbedarf vor allem im Hinblick auf drei Tatbestandsmerkmale ergeben. Zunächst muss sichergestellt werden, dass tatsächlich ein Betrieb, Teilbetrieb oder Mitunternehmeranteil Gegenstand der Übertragung ist und auch als Ganzes übergeht. Da diese beiden Tatbestandsvoraussetzungen identisch sind mit denen der privilegierten Einbringung in Kapital- oder Personengesellschaften, gelten die dortigen Ausführungen entsprechend.[561] Außerdem

---

556 Vgl. D/J/P/W-Dötsch/Pung, § 15 Rn. 152.

557 Vgl. H/B-Haritz, § 15 Rn. 140; S/H/S-Hörtnagl, § 15 Rn. 232; Brähler (2008), S. 380; Esters/ Marenbach, GmbHR 2003, S. 979 (981).

558 Vgl. Blumers, DB 2000, S. 589 (591); Herzig/Förster, DB 1995, S. 338 (346).

559 Vgl. D/J/P/W-Dötsch/Pung, § 15 Rn. 157.

560 Vgl. Schaflitzl/Widmayer, BB 2006 Special 8/2006, S. 36 (41).

561 Vgl. Abschn. F. II. 3. 2.

muss der Transfer unentgeltlich strukturiert werden. Ein Gestaltungsproblem ergibt sich daher, falls die Übertragung des Wirtschaftsguts eigentlich gegen Entgelt stattfinden soll. Die Gestaltung eines solchen Vorgangs ohne Aufdeckung stiller Reserven entspricht der im Zusammenhang des § 6 Abs. 5 S. 3 EStG und des § 24 UmwStG beschriebenen Methode. Daher finden die dortigen Erläuterungen entsprechende Anwendung.[562]

3.6. Gestaltungen bei Realteilungen

Realteilungsvorgänge mit Sachgesamtheiten unterscheiden sich von solchen mit Einzelwirtschaftsgütern nur insofern, als bei der Übertragung von Sachgesamtheiten die dreijährige Frist des § 16 Abs. 2 S. 3 EStG nicht initiiert wird und keine Gewinnrealisierungspflicht beim Übergang auf Kapitalgesellschaften besteht. Im Übrigen gleichen sich die Tatbestandsvoraussetzungen eines steuerneutralen Transfers. Daher gelten im Hinblick auf Gestaltungsprobleme und ihre Lösungen die Ausführungen zur Gestaltung steuerneutraler Realteilungen mit Einzelwirtschaftsgütern entsprechend.[563]

4. Privilegierungs-kreative Gestaltungen bei Einzelwirtschaftsgütern und Sachgesamtheiten

4.1. Generierung einer Privilegierungskette

Besteht für den Transfer eines Wirtschaftsguts oder einer Sachgesamtheit aus einem Betriebsvermögen in ein anderes keine Regelung, die einen unmittelbaren steuerneutralen Übergang ermöglicht, ist eigentlich Gewinn zu realisieren. Gleichwohl verpflichtet das Steuerrecht den Steuerpflichtigen nicht dazu, seinen unternehmerischen Willen stets auf direktem Wege zu verwirklichen. Ihm ist es grundsätzlich unbenommen, bei der Realisierung seines Vorhabens in mehreren Schritten vorzugehen. Ist daher im Einzelfall ein unmittelbarer Buchwerttransfer nicht möglich, kann eine steuerneutrale Verlagerung erreicht werden, indem die Gesamtübertragung als Verkettung mehrerer Einzeltransfers gestaltet wird, die jeder für sich einen Privilegierungstatbestand erfüllen.[564]

Eine solche Transferkette besteht notwendig zumindest aus zwei Bestandteilen, einer Ablösungsbewegung und einer Integrationsbewegung. Aufgabe der **Ablösungsbewegung** ist es, das betreffende Wirtschaftsgut oder die jeweilige Sachgesamtheit steuerneutral aus dem abgebenden Betriebsvermögen zu separieren. Hierzu ist zu überprüfen, ob der jeweilige Transfergegenstand unter Berücksichtigung der Struktur der Gesamtunternehmung irgendeine Privilegierungsnorm erfüllt, die es erlaubt, ihn ohne Aufdeckung stiller Reserven vom übrigen Vermögen der abgebenden Gesell-

---

562 Vgl. Abschn. F. II. 2. 2. und 3.2.

563 Vgl. Abschn. F. II. 2. 3.

564 Vgl. D/J/P/W-Patt, Vor §§ 20-23 Rn. 40; H/H/R-Niehus/Wilke, § 6 Anm. 1464.

schaft zu trennen. Innerhalb des jeweiligen Betriebsvermögens ist dies allein durch die Bildung eines Teilbetriebs möglich. Auf diese Weise bleibt der Transfergegenstand zwar Teil des abgebenden Betriebsvermögens, wird aber Teil einer bewegbaren Einheit. Aus dem abgebenden Betriebsvermögen heraus können Einzelwirtschaftsgüter oder Sachgesamtheiten mit den oben beschriebenen Gestaltungsmitteln verlagert werden. Dabei kann dieser Vorgang sowohl aufwärts in eine Muttergesellschaft, abwärts in eine Tochtergesellschaft als auch seitwärts in eine Schwestergesellschaft des abgebenden Betriebsvermögens erfolgen. Unerheblich ist in diesem Zusammenhang auch, ob die zwischengeschaltete Gesellschaft bereits besteht oder speziell zum Zweck der Gestaltung gegründet wird.

Hat der Transfergegenstand auf diese Weise eine steuerneutrale Ablösung aus dem abgebenden Betriebsvermögen erfahren, ist er im Anschluss zum Buchwert in das aufnehmende Betriebsvermögen zu übertragen. Dieser Gestaltungsschritt obliegt der **Integrationsbewegung.** Sie gliedert das separierte Wirtschaftsgut steuerneutral in das aufnehmende Betriebsvermögen ein. Hierzu ist wiederum zu untersuchen, welche Privilegierungsvorschriften der Transfergegenstand in seiner Situation nach der Ablösung aus dem abgebenden Betriebsvermögen im Hinblick auf das aufnehmende Betriebsvermögen verwirklicht. Die Integrationsbewegung stellt insofern das Spiegelbild zur Ablösungsbewegung dar. Während letztere Begünstigungsvorschriften benötigt, um den Transfergegenstand aus einem Betriebsvermögen zu separieren, braucht die Integrationsbewegung solche, um ihn mit einem anderen Betriebsvermögen zusammenzuführen. Auch bei der Integrationsbewegung sind weder Ausgangspunkt noch Richtung vorgegeben. Sie kann aus einer übergeordneten Gesellschaft abwärts in das aufnehmende Betriebsvermögen erfolgen. Denkbar ist aber im gleichen Maße, dass sie aus einer Schwestergesellschaft des aufnehmenden Betriebsvermögens heraus seitwärts vorgenommen wird. Nicht ausgeschlossen ist schließlich eine Bewegung, die den Abschluss der Gestaltung von einer Tochtergesellschaft des aufnehmenden Betriebsvermögens aufwärts gerichtet vollzieht.

Sind nun im Einzelfall sowohl eine Ablösungsbewegung als auch eine Integrationsbewegung gefunden, kann es sein, dass die Position des Transfergegenstands nach der Ablösungsbewegung noch nicht der entspricht, die zu seiner anschließenden Integration erforderlich ist. In dieser Situation bedarf es zusätzlich eines Verbindungsgliedes zwischen Ablösungs- und Integrationsbewegung in Form einer **Positionierungsbewegung**. Aufgabe dieser Positionierungsbewegung ist es, das separierte Wirtschaftsgut nach der Ablösungsbewegung in eine Stellung zu bringen, die es der darauf folgenden Integrationsbewegung ermöglicht, das Wirtschaftsgut mit dem aufnehmenden Betriebsvermögen steuerneutral zusammenzuführen. Die Positionierungsbewegung stellt insofern das verknüpfende Element zwischen Ablösungs- und Integrationsbewegung dar. Ihr Ausgangs- und Zielzustand sind vorgegeben. Sie beginnt ihre Aktivität dort, wo sich das Wirtschaftsgut nach seiner Isolation aus dem abgebenden Betriebsvermögen befindet. Sie endet an der Position, von der aus ein beliebig ausgestalteter Transfer in das aufnehmende Betriebsvermögen eine der oben erläuterten Begünstigungstatbestände erfüllt. Zu suchen ist daher in dieser Situation nach steuerlichen Privilegierungsvorschriften, mit denen eine solche Zwischenübertragung des Transfergegenstandes steuerneutral realisiert werden kann.[565]

4.2. Vermeidung einer Fristverletzung und eines Gesamtplans

Beim Entwurf dieser Gestaltungen bereitet die Technik der Sachverhaltsmodellierung selbst nur begrenzt Schwierigkeiten. Für jeden Transferpfad ist es möglich, eine Abfolge von Teilschritten zu entwickeln, die schließlich einen Buchwerttransfer ermöglicht. Zentrale Hürden in diesem Zusammenhang sind vielmehr eventuelle Fristverletzungen sowie die Gefahr eines Gesamtplans.[566] Durch die Verknüpfung mehrerer Teilschritte ist nicht ausgeschlossen, dass einer von ihnen einen Fristlauf initiiert und ein nachfolgender Gestaltungsakt in der Privilegierungskette diese Frist verletzt.[567] Diesem Risiko ist daher bei der Gestaltung Rechnung zu tragen. Dies gelingt, indem eine Abfolge gefunden wird, die bereits die Ingangsetzung jeglicher Fristen vermeidet, oder die Fristinitiierung akzeptiert und mit den folgenden Teilschritten bis zu ihrem Ablauf gewartet wird.

Strukturiert man einen Sachverhalt, der im zeitlichen und sachlichen Zusammenhang mehrere Privilegierungsvorschriften in Anspruch nimmt, erhöht sich daneben das Risiko, dass die Gestaltung steuerlich nicht entsprechend ihrer formalen Abfolge, sondern als Gesamtplan gemäß ihrem finalen wirtschaftlichen Ziel beurteilt wird.[568] Dieser jeder kreativen Gestaltung innewohnenden Gefahr kann mit den oben erläuterten Instrumenten begegnet werden.[569] Denkbar ist daher insbesondere, die Gestaltung so zu verändern, dass es für die einzelnen Teilschritte unabhängig vom Endziel individuelle außersteuerliche Gründe gibt. Hierzu ist der Sachverhalt der Unternehmung entlang der einzelnen Teilschritte der Gestaltung auf entsprechendes Modellierungspotenzial zu untersuchen. Darüber hinaus kann versucht werden, den zeitlichen Zusammenhang zwischen den einzelnen Teilschritten der Gestaltung zu beseitigen.[570] Ein klarer Maßstab, welche Zeitspanne zwischen den einzelnen Teilschritten verge-

---

565 Vgl. bspw. Bergsteiner (2002), S. 111-117, Kloster/Kloster, GmbHR 2001, S. 420 (423), Reiche, StuB 2006, S. 626 (829), zu Privilegierungsketten beim Transfer zwischen den Gesamthandsvermögen zweier Schwesterpersonengesellschaften; Menner/Broer, DB 2003, S. 1075 (1079), zur Spaltung einer Kapitalgesellschaft im Wege des Formwechsels in eine Personengesellschaft mit anschließender Realteilung; Haritz, BB 2001, S. 861; Söffing, DStR 1992, S. 633, zur vorsorglichen Beendigung einer Betriebsaufspaltung; van Lishaut, DB 2000, S. 1784 (1789), zu Mitunternehmerschaften als Übertragungsvehikeln; Heinz, GmbHR 2001, S. 485 zu Umstrukturierungen im Zusammenhang erbschaft- und schenkungsteuerlicher Gestaltungen; Niehus, StuW 2008, S. 359-374, zur Realisierung stiller Reserven über gewerblich geprägte Personengesellschaften.

566 Vgl. H/H/R-Niehus/Wilke, § 6 Anm. 1464.

567 Vgl. Bergsteiner (2002), S. 115; K/K/K-Pfaar, § 4 Rn. 377.

568 Zum Verhältnis zwischen den spezialgesetzlichen Fristenregelungen und der Generalklausel des § 42 AO vgl. Roser, FR 2005, S. 178 (180).

569 Vgl. Abschn. F. II. 3. 2.

570 Vgl. bspw. zum Ausgliederungsmodell: Düll/Fuhrmann/Eberhard, DStR 2001, S. 1773 (1779); Strahl, FR 2004, S. 929 (936).

hen muss, ist zwar nicht vorhanden, gleichwohl kann auf diese Weise zumindest die Wahrscheinlichkeit eines Gesamtplans vermindert werden. Schließlich eröffnet sich die Option, die Abfolge der einzelnen Teilschritte als unbeherrschbar zu gestalten. Dies gelingt insbesondere, indem die Unternehmung einen fremden Dritten in ihre Gestaltung einbindet, ihm rechtlich und tatsächlich die Chance zur Planabweichung gewährt und ihm einen Profit aus der Gestaltung einräumt.[571]

III. Gestaltungen bei Präferenz einer partiellen Gewinnrealisierung

Ist die Realisierung einer Umstrukturierungsmaßnahme nicht auf Buchwertfortführung, sondern auf partielle Gewinnrealisierung gerichtet, bedarf es eines zweistufigen Vorgehens. Zunächst ist der Sachverhalt so zu modellieren, dass er eine Buchwertfortführung ermöglicht. Die Umstrukturierungsmaßnahme ist daher mit den privilegierungs-adaptiven oder privilegierungs-kreativen Gestaltungsmitteln so zu modifizieren, dass sie den Tatbestand einer der oben dargestellten Privilegierungsvorschriften verwirklicht. Insoweit gelten die Ausführungen zur Präferenz einer Gewinnrealisierungsvermeidung entsprechend.[572]

Im Anschluss daran ist die Teilentgeltlichkeit des Übertragungsvorgangs zu gestalten. Wie dies geschieht, hängt von der Art des jeweils anwendbaren Buchwerttransfers ab. Beim Transfer eines Einzelwirtschaftsguts gemäß § 6 Abs. 5 S. 3 EStG oder der verdeckten Einlage eines solchen bedarf es einer Kombination mit einer entgeltlichen Veräußerung. In dem Maße wie Gewinn realisiert werden soll, ist für die Übertragung des Wirtschaftsguts daher eine Gegenleistung zu erbringen. Bei einer Realteilung erfordert eine partielle Gewinnrealisierung die Vereinbarung eines Spitzenausgleichs zwischen den Gesellschaftern. Um dessen Höhe akkurat zu modellieren, können die Beteiligten die gleichen Instrumente wie zur Vermeidung eines Spitzenausgleichs einsetzen. Sie können also liquide Mittel und Verbindlichkeiten der Gesellschaft so zwischen sich verteilen, dass sich die gewünschte Aufdeckung stiller Reserven einstellt. Denkbar ist in diesem Zusammenhang auch, vorab genau die insoweit erforderlichen liquiden Mittel und Verbindlichkeiten der Gesellschaft erst zuzuführen. Bei Übertragungen unter Verwendung einer Rücklage gemäß § 6b EStG ist diese nur in dem Maße zu bilden, wie eine Gewinnrealisierung vermieden werden soll.

Bei der Übertragung von Sachgesamtheiten stellt sich die Gestaltung grundsätzlich einfacher dar. Dort muss bei allen Vorgängen, die vom UmwStG erfasst werden, lediglich das Ansatzwahlrecht entsprechend dem Maß der gewünschten Gewinnrealisierung ausgeübt werden. Bei Transfers gemäß § 6 Abs. 3 EStG bedarf es hingegen wiederum einer Kombination mit einem entgeltlichem Vorgang.

---

571 Vgl. BFH, Urt. v. 19.02.2002 – IX R 32/98, BFH/NV 2002, S. 1200.

572 Vgl. Abschn. F. II.

IV. Gestaltungen zur Vermeidung ungünstiger Sekundärsteuerwirkungen

1. Vermeidung eines Gesamtplans

Darüber hinaus lösen alle drei Primärsteuerwirkungen potenziell ungünstige Sekundärsteuerwirkungen aus. Diesem Umstand ist grundsätzlich ebenfalls mit entsprechenden Gestaltungsaktivitäten zu begegnen. Dabei ist zwischen der Vermeidung eines Gesamtplans, einer Fristverletzung sowie einer Fristingangsetzung zu unterscheiden.

Besteht bei einer geplanten Umstrukturierungsmaßnahme das Risiko der Annahme eines Gesamtplans zusammen mit anderen Vorgängen, so besteht die Aufgabe der Gestaltungssuche darin, die beabsichtigte Übertragung so zu strukturieren, dass sie eine isolierte steuerliche Beurteilung erfährt. Hierzu stehen die oben vorgestellten Instrumente zur Verfügung.[573] Insoweit gelten die Ausführungen im Zusammenhang mit privilegierungs-kreativen Gestaltungen entsprechend.[574]

2. Vermeidung von Fristverletzungen

Darüber hinaus muss die Gestaltungssuche berücksichtigen, dass die individuelle Umstrukturierungsmaßnahme eventuell einen der oben beschriebenen Fristläufe verletzt.[575] Ist dies der Fall, so sind die sich daraus ergebenden Steuerwirkungen in die steuerliche Planung mit einzubeziehen. Dabei gilt es zunächst, die von der Fristverletzung ausgelöste Steuerbelastung zu quantifizieren.[576] Auf diese Weise wird ihre Bedeutung im Rahmen der Gesamtgestaltung transparent. Stellt sich in diesem Zusammenhang heraus, dass sie lediglich geringfügige Konsequenzen zeitigt, kann sie unter Umständen vernachlässigt werden. Sind die ungünstigen Steuerwirkungen der Fristverletzung hingegen derart schwerwiegend, dass sie der Realisierung der Umstrukturierungsmaßnahme entgegenstehen, besteht die Aufgabe der Gestaltungssuche darin, eine Übertragungsmöglichkeit zu entwickeln, die wirtschaftlich zu einem vergleichbaren Ergebnis führt, jedoch den Tatbestand der Fristverletzung nicht erfüllt.

Hierfür bieten sämtliche Missbrauchsvorschriften unabhängig von ihrer individuellen Ausgestaltung zunächst zwei Optionen an. Da alle Regelungen jeweils einen bestimmten Fristlauf beinhalten, besteht zum einen stets die Alternative, mit der Umsetzung der jeweiligen Umstrukturierungsmaßnahme bis zum Ende des jeweiligen Fristzeitraums abzuwarten. Zum anderen ist angesichts des Tatbestandsmerkmals der Veräußerung, das ebenfalls jeder Missbrauchsnorm innewohnt,[577] immer die Möglichkeit gegeben, durch den Einsatz von Transferformen, die nicht als Veräußerung qualifizieren, einer Fristverletzung auszuweichen. Dies gelingt insbesondere im

---

[573] Vgl. Abschn. F. II. 3. 2.

[574] Vgl. Abschn. F. II. 4. 2.

[575] Vgl. Abschn. C. I. 2. 4. und C. I. 3. 4 und C.II.

[576] Zur Quantifizierung von Steuerwirkungen vgl. Teil 1, Kap. 3, Abschn. C. II.

[577] Mit Ausnahme der Vorschrift des § 6 Abs. 5 S. 6 EStG.

Wege unentgeltlicher Übertragungen, bspw. auch durch die Vornahme von Realteilungen.

Eine Veräußerung wird nach der hier vertretenen Auffassung aber auch durch Transfers im Wege der Gesamtrechtsnachfolge vermieden. Grund hierfür ist, dass die Finanzverwaltung im Hinblick auf die allgemeinen umwandlungssteuerlichen Folgen solcher Übertragungen nicht von einem Anschaffungsvorgang ausgeht. Vielmehr sei ein Eintritt in die steuerliche Rechtsstellung des übertragenden Betriebsvermögens gegeben.[578] Falls diese Einordnung zutrifft, ist kein Grund erkennbar, weshalb für die Verletzung von Fristen etwas anderes gelten sollte.[579] Zu beachten ist allerdings, dass diese Einschätzung nicht gesichert ist.

Über diese allgemein gültigen Möglichkeiten hinaus eröffnen einzelne Fristregelungen noch weitergehendes Gestaltungspotenzial. Bei der gewinnrealisierenden Bewegung eines Mitunternehmeranteils kann bspw. die Verletzung der fünfjährigen Frist des **§ 6 Abs. 3 S. 2 EStG** vermieden werden, indem man nicht den gesamten Mitunternehmeranteil, sondern lediglich den Betrieb oder einzelne Teilbetriebe der Personengesellschaft verlagert. Mit einer solchen Strukturierung des Vorgangs wird das wirtschaftliche Ziel der individuellen Umstrukturierungsmaßnahme annähernd gleich wirksam erreicht. Gleichwohl bleibt der zu bewahrende Mitunternehmeranteil formal unberührt.

Daneben kann die Übertragung eines Einzelwirtschaftsguts, das als wesentliche Betriebsgrundlage einer begünstigt übertragenden Sachgesamtheit qualifiziert, sowie einer aus einer solchen Sachgesamtheit gebildeten einbringungsgeborenen Beteiligung ohne eine Verletzung der eventuell noch laufenden siebenjährigen Frist des **§ 13a ErbStG** realisiert werden, indem sichergestellt wird, dass die jeweilige Sachgesamtheit durch den Transfer des Einzelwirtschaftsguts keine Einschränkung erfährt und der Veräußerungserlös im betrieblichen Interesse der Sachgesamtheit verwendet wird.[580] Bei der gewinnrealisierenden Veräußerung einer solchen privilegiert übergegangenen Sachgesamtheit, ist zu prüfen, ob das wirtschaftlich erwünschte Ziel nicht auch mit einer Einbringung erreicht werden kann. Eine solche ist unabhängig vom individuellen Wertansatz unschädlich und führt lediglich zu einer Ausweitung der Sperrfrist auf die im Gegenzug erworbenen Gesellschaftsanteile.[581]

Läuft im Zeitpunkt der geplanten Umstrukturierungsmaßnahme noch die fünfjährige Frist des **§ 15 Abs. 2 S. 2-4 UmwStG**, darf eine Übertragung von Anteilen an einer der beteiligten Gesellschaften nicht als Veräußerung an eine außenstehende Person

578 Vgl. BMF, Tz. 04.07 d. Schr. v. 25.03.1998 – IV B 7 – S 1978 – 21/98/IV B 2 – S 1909 – 33/98, BStBl. I 1998, S. 268; a. Ans.: S/H/S-Schmitt, § 4 Rn. 7.

579 Gl. Ans. im Hinblick auf die §§ 6 Abs. 5 S. 4, 16 Abs. 3 S. 3 EStG: H/H/R-Niehus/Wilke, § 6 Anm. 1469b; Korn-Korn/Strahl, § 6 Rn. 502.2.

580 Vgl. Abschn. 63 Abs. 2 S. 3 ErbStR; T/G/J-Jülicher, § 13a Rn. 296; Meincke, § 13a Rn. 22; Fuhrmann, ErbStB 2003, S. 186; Wachter, ErbStB 2003, S. 20 (23).

581 Vgl. § 13a Abs. 5 Nr. 1 S. 2 ErbStG; T/G/J-Jülicher, § 13a Rn. 286; Meincke, § 13a Rn. 22.

qualifizieren.[582] Deshalb bietet es sich an, die Gesellschafterstruktur des aufnehmenden Betriebsvermögens noch vor dem eigentlichen Umstrukturierungsvorgang so zu modifizieren, dass es im Anschluss auch als verbundenes Unternehmen einzuordnen ist.[583] Es gilt also, die Beteiligungsverhältnisse vorab zumindest temporär so zu verändern, dass die aufnehmende Unternehmung die Voraussetzungen des § 271 Abs. 3 HGB erfüllt.[584]

Schließlich ist die Verletzung der siebenjährigen Frist gemäß **§ 6 Abs. 5 S. 6 EStG** zu vermeiden. Hierzu muss die Umstrukturierungsmaßnahme eine Ausgestaltung erfahren, mit der der Anteil einer Kapitalgesellschaft am betroffenen Wirtschaftsgut durch die Übertragung weder eine unmittelbare oder mittelbare Begründung noch eine Erhöhung erfährt. Dieses Risiko besteht bei der Übertragung privilegierter Sachgesamtheiten im Hinblick auf die Verschmelzung, Abspaltung und den Formwechsel einer Mitunternehmerschaft oder einer ihrer Obergesellschaften auf respektive in eine Kapitalgesellschaft.[585] Begegnet werden kann dieser Gefahr, indem die jeweils aufnehmende Gesellschaft respektive deren Gesellschafter vor der Übertragung noch in Personengesellschaften formgewechselt werden.[586]

3. Vermeidung von Fristinitiierungen

Letztlich ist die individuelle Umstrukturierungsmaßnahme so zu strukturieren, dass sie möglichst keine der oben erläuterten Fristen initiiert.[587] Dabei kommt zunächst der Fristlauf des **§ 6 Abs. 5 S. 4 u. S. 6 EStG** in Betracht. Seine Ingangsetzung kann vermieden werden, indem die bis zur Übertragung entstandenen stillen Reserven durch Erstellung einer Ergänzungsbilanz dem übertragenden Gesellschafter zugeordnet werden.[588] Dabei müssen nur die stillen Reserven im übertragenen Wirtschaftsgut, nicht auch die in den Wirtschaftsgütern des aufnehmenden respektive abgebenden Gesamthandsvermögens eine Neutralisierung erfahren. Dass diese angesichts der Übertragung eventuell überspringen, ist ohne Bedeutung.[589] Die Möglichkeit der Ergänzungsbilanzbildung besteht nach Ansicht der Finanzverwaltung allerdings nur, sofern die Übertragung des Wirtschaftsguts eine Änderung des Anteils des übertragenden Gesellschafters an demselben bewirkt.[590] Ob sich diese teleolo-

582 Vgl. Blumers, DB 2000, S. 589; Menner/Broer, DB 2003, S. 1075 (1076).

583 Vgl. S/H/S-Hörtnagl, § 15 Rn. 201; D/J/P/W-Dötsch/Pung, § 15 Rn. 133.

584 Vgl. Schumacher, DStR 2002, S. 2066; Thies, DB 1999, S. 2179 (2181); Oho/Remmel, BB 2003, S. 2539 (2542); Neyer, DStR 2002, S. 2200 (2202); Fey/Neyer, GmbHR 1999, S. 274 (277).

585 Vgl. Schmidt-Wacker, § 15 Rn. 688; Korn-Korn/Strahl, § 6 Rn. 503.12.

586 Vgl. zu mittelbaren Beteiligungsänderungen und § 6 Abs. 5 S. 6 EStG Ehlermann/Löhr, DStR 2003, S. 1509 (1510).

587 Vgl. Abschn. C. I. 2. 5. und C. I. 3. 5. und C.II.

588 Vgl. § 6 Abs. 5 S. 4, 1. Hs. EStG; Groh, DB 2003, S. 1403 (1406); Forst, EStB 2004, S. 217 (218); Welke/Hucht, StuB 2002, S. 422 (426); Paus, FR 2003, S. 59.

589 Vgl. H/H/R-Niehus/Wilke, § 6 Anm. 1468; Ley, StbJb. 2003/04, S. 135 (156).

590 Vgl. R 6.15 EStR.

gische Auslegung entgegen dem expliziten Wortlaut der Norm vertreten lässt, ist jedoch zweifelhaft.[591]

Alternativ zur Bildung einer Ergänzungsbilanz ist denkbar, den Transfer als Veräußerung gemäß § 6b EStG zu strukturieren. Dies ist allerdings nur möglich, sofern im Rahmen der jeweiligen Umstrukturierungsmaßnahme die besonderen Voraussetzungen dieser Privilegierungsnorm, insbesondere die Sechs-Jahres-Frist, ein begünstigtes Wirtschaftsgut sowie die Option der Rücklagenübertragung im aufnehmenden Betriebsvermögen gegeben sind.[592] Lassen die Umstände des Einzelfalls weder die Bildung einer Ergänzungsbilanz noch eine Übertragung gemäß § 6b EStG im Einzelfall möglich, so erlaubt die Generierung eines Rumpfwirtschaftsjahres zumindest eine Verkürzung der Frist.[593] Diese beiden Alternativen stehen auch zur Verfügung, um die Initiierung der siebenjährigen Frist des **§ 6 Abs. 5 S. 6 EStG** zu vermeiden respektive zu verkürzen.

Daneben gilt es, den Restrukturierungsvorgang so zu gestalten, dass er nicht die dreijährige Frist des **§ 16 Abs. 3 S. 3 EStG** in Gang setzt, während der Grund und Boden, Gebäude oder andere wesentliche Betriebsgrundlagen nicht veräußert oder entnommen werden dürfen.[594] Anders als bei § 6 Abs. 5 S. 4 EStG ist in diesem Zusammenhang die Erstellung neutralisierender Ergänzungsbilanzen nicht zulässig.[595] Es bestehen jedoch zwei alternative Gestaltungsansätze. Zum einen beginnt der Fristlauf nur, sofern Einzelwirtschaftsgüter eine Übertragung erfahren. In Betracht kommt daher, vor der Durchführung der Umstrukturierungsmaßnahme betroffene Einzelwirtschaftsgüter in Teilbetriebe oder Mitunternehmeranteile zu transformieren. Insoweit gelten die Ausführungen zu entsprechenden privilegierungs-adaptiven Gestaltungen gleichermaßen.[596]

Zum anderen sind von der Sperrfrist, abgesehen von Grund und Boden sowie Gebäuden, nur wesentliche Betriebsgrundlagen betroffen. Denkbar ist daher, den wirtschaftlichen Zusammenhang, in dem sich das zu übertragene Einzelwirtschaftsgut befindet, noch vor seiner Übertragung so zu modellieren, dass es im Anschluss nicht mehr als wesentliche Betriebsgrundlage qualifiziert. Dabei ist zu beachten, dass für die Frage, ob Wirtschaftsgüter wesentliche Betriebsgrundlagen sind, im Rahmen der Realteilung eine quantitativ-funktionale Betrachtung maßgeblich ist.[597]

---

591 Gl. Ans.: H/H/R-Niehus/Wilke, § 6 Anm. 1467b; Schmidt-Glanegger, § 6 Rn. 538.

592 Vgl. Strahl, StbJb. 2005/2006, S. 97 (131); Korn/Strahl, Stbg 2002, S. 300 (302); Meyer/Ball, GestStB 2004, S. 427; Stollenwerk/Scherff, GmbH-StB 2006, S. 71 (73).

593 Vgl. Engl, DStR 2002, S. 119 (121).

594 Vgl. Schmidt-Wacker, § 16 Rn. 553.

595 Vgl. Rödder/Schumacher, DStR 2001, S. 1634 (1637, Fn. 17); Schmidt-Wacker, § 16 Rn. 547; kritisch: Engl/Schaflitzl, DB 2002, Beil. 1/2002, S. 33.

596 Vgl. Abschn. F. II. 2. 6.

597 Vgl. BMF, Tz. VIII. d. Schr. v. 28.02.2006 – IV B 2 – S 2242 – 6/06, DStR 2006, S. 426 (428); Schmidt-Wacker, § 16 Rn. 553; Röhrig, EStB 2002, S. 231 (233); a. Ans.: L/B/P-Hörger/Rapp, § 16 Rn. 189b; Rödder/Schumacher, DStR 2002, S. 105 (107).

Weiterhin ist bei der Übertragung von Gebäuden die Ingangsetzung der Drei-Jahres-Frist für anschließende Instandsetzungs- und Modernisierungsaufwendungen durch eine Anschaffung zu beachten (**§ 6 Abs. 1 Nr. 1a EStG**). Während ihres Laufs werden Betriebsausgaben in nachträgliche Herstellungskosten umqualifiziert, sofern sie 15 % der Anschaffungskosten des Gebäudes übersteigen.[598] Geht dabei das betroffene Gebäude im Rahmen einer Sachgesamtheit auf das aufnehmende Betriebsvermögen über, ist es möglich, die Annahme einer Veräußerung zu vermeiden, indem man den Gewinn realisierenden Transfer alternativ im Wege der Gesamtrechtsnachfolge vornimmt. Da das aufnehmende Betriebsvermögen bei einem solchen Vermögensübergang in die steuerliche Rechtsstellung des abgebenden Betriebsvermögens eintritt, kommt es zu keiner Frist initiierenden Anschaffung.[599] Lässt sich die Ingangsetzung der Frist im Einzelfall nicht vermeiden, muss versucht werden, die Instandsetzungsaufwendungen so über die ersten vier Jahre zu verteilen, dass sie zumindest innerhalb des schädlichen Dreijahreszeitraums nicht den Grenzbetrag überschreiten.[600]

Besonderes gilt im Hinblick auf die Kürzungsvorschriften der **§§ 9 Nr. 2a u. 7 GewStG** bei mindestens 15 %-igen Beteiligungen an inländischen und ausländischen Kapitalgesellschaften. Um sie in Anspruch nehmen zu können, muss der Anteilseigner die Voraussetzungen dieser Privilegierungsvorschriften jeweils bereits zum Beginn des Erhebungszeitraums erfüllen.[601] Ist daher eine solche Beteiligung Gegenstand einer Umstrukturierungsmaßnahme, muss darauf geachtet werden, dass der Transfer im Schnittpunkt der Kalenderjahre vorgenommen wird.[602] Anderenfalls verliert das aufnehmende Betriebsvermögen die Möglichkeit, seinen Gewerbeertrag während des ersten Erhebungszeitraums um entsprechende Erträge der Beteiligung zu mindern.

Ist bei der Einbringung eines Wirtschaftsguts bereits absehbar, dass das aufnehmende Betriebsvermögen im Anschluss Bestandteil eines Spaltungsvorgangs sein wird, so muss die Initiierung der dreijährigen Frist des **§ 15 Abs. 2 S. 1 UmwStG** verhindert werden. Anderenfalls wird der folgenden Auf- oder Abspaltung das Bewertungswahlrecht des § 11 UmwStG verwehrt. Hierzu darf die Übertragung des Wirtschaftsguts nicht dem Erwerb oder der Aufstockung des aufnehmenden Betriebsvermögens dienen. Bei der Einbringung in eine Kapitalgesellschaft kann dies nach allgemeiner Auffassung verhindert werden, indem man den Transfer als verdeckte Einlage ausgestaltet.[603] Für Einbringungen in Personengesellschaften kann entge-

---

598 Vgl. § 6 Abs. 1 Nr. 1a EStG.

599 Vgl. BMF, Tz. 04.02 d. Schr. v. 25.03.1998 – IV B 7 – S 1978 – 21/98/IV B 2 – S 1909 – 33/98, BStBl. I 1998, S. 268.

600 Vgl. Schmidt-Glanegger, § 6 Rn. 113; Pezzer, DStR 2004, S. 525 (527).

601 Vgl. Schroer/Starke, FR 2007, S. 488 (489).

602 Vgl. § 14 GewStG.

603 Vgl. BMF, Tz. 15.18 d. Schr. v. 25.03.1998 – IV B 7 – S 1978 – 21/98/IV B 2 – S 1909 – 33/98, BStBl. I 1998, S. 268.

gen der Auffassung der Finanzverwaltung[604] nichts anderes gelten. Strukturiert man die Übertragung als unentgeltlich, fehlt es an der Ursächlichkeit des Erwerbs für die Aufstockung des betreffenden Mitunternehmeranteils.

Ist Gegenstand einer Spaltung eine Unternehmung, die ihrerseits vor allen Dingen Beteiligungen an Kapitalgesellschaften hält, so kann es im Hinblick auf die Frist des **§ 15 Abs. 2 S. 2-4 UmwStG** sinnvoll sein, die zu spaltende Gesellschaft vorab in eine Zwischenkapitalgesellschaft einzubringen. Kann dann im Anschluss eine Fristverletzung nicht verhindert werden, findet auf die in den Beteiligungen enthaltenden stillen Reserven § 8b Abs. 2 KStG Anwendung.[605]

Um die siebenjährige Sperrfrist des **§ 22 Abs. 1 UmwStG** zu vermeiden, sind zwei Gestaltungsoptionen denkbar. Zum einen kann die abgebende Unternehmung auf eine Einbringung verzichten und die Sachgesamtheit stattdessen nur verpachten. Zum anderen kommt in Betracht, der aufnehmenden Gesellschaft lediglich schrittweise Aufgaben zu übertragen und eventuelle Transfers von Wirtschaftsgütern über § 6 Abs. 5 S. 3 EStG durchzuführen.[606]

Ist die Verhinderung der Fristingangsetzung im Einzelfall nicht sinnvoll möglich, bieten sich drei Handlungsalternativen an, mit denen eine anschließende Verletzung der Frist verhindert oder zumindest relativiert werden kann. Zunächst gilt es, die mit der Übertragung initiierte Frist zu notieren und bis zu ihrem Ablauf zu verfolgen. Zieht das aufnehmende Betriebsvermögen während dieses Zeitraums erneut Restrukturierungsaktivitäten in Erwägung, die eine Fristverletzung verursachen würden, ist es entsprechend zu adressieren. Dabei ist den zuständigen Entscheidungsträgern qualitativ und quantitativ darzulegen, welche steuerlichen Folgen sich ergeben, sofern sie ihre Planungen realisieren und den Verstoß gegen die jeweilige Frist in Kauf nehmen. Auf diese Weise kann die Unternehmung diesen Teilplanungsbaustein in ihrem Gesamtkalkül berücksichtigen und die für sie optimale Entscheidung treffen.

Darüber hinaus ist vorstellbar, eine Fristverletzung durch Vereinbarung einer Zustimmungspflicht des einbringenden Gesellschafters oder durch Zahlung einer Vertragsstrafe zu vermeiden.[607] Ist das aufnehmende Betriebsvermögen schuldrechtlich verpflichtet, vor jeder Weiterübertragung sanktionsbewährt eine entsprechende Genehmigung einzuholen, erfährt das übertragende Betriebsvermögen einen ausreichenden Schutz vor nachträglichen ungünstigen Steuerwirkungen.

604 Vgl. BMF, Tz. 15.17 d. Schr. v. 25.03.1998 – IV B 7 – S 1978 – 21/98/IV B 2 – S 1909 – 33/98, BStBl. I 1998, S. 268.

605 Vgl. BMF, Tz. 23 d. Schr. v. 28.03.2003 – IV A 2 – S 2750a – 7/03, FR 2003, S. 528; Haritz/Wisniewski, FR 2003, S. 549 (550); Nagel/Thies, GmbHR 2004, S. 83 (88).

606 Vgl. Paus, EStB 2007, S. 180 (184).

607 Vgl. Frotscher-Herrmann, § 6 Rn. 524i; H/H/R-Niehus/Wilke, § 6 Anm. 1473; Schwedhelm (2008), Tz. 865; Korn (2002), S. 44; Paus, FR 2002, S. 866 (871); Paus, GestStB 2003, S. 19; Stahl, DStZ 2006, S. 548 (554).

Schließlich kann es hilfreich sein, im Zeitpunkt des Umstrukturierungsvorgangs das Maß der vorhandenen stillen Reserven zu dokumentieren. Kommt es trotz aller Gestaltungsaktivität doch zu einer Verletzung der Frist, sind typischerweise mehrere Jahre vergangen, so dass es dann unter Umständen schwer fällt, den gemeinen Wert des Transfergegenstands zu ermitteln. Um sich in einer solchen Situation gegen hohe Schätzungen der Finanzverwaltung zur Wehr setzen können, bedarf es entsprechender Aufzeichnungen oder Nachweise, die einen entsprechend niedrigeren Wert belegen. Solche Unterlagen sollten deshalb bereits im Rahmen der Restrukturierung angelegt werden.[1]

Kapitel 2: Verlust- und Zinsvorträge

A. Überblick

Umstrukturierungsmaßnahmen können auch Verlust- und Zinsvorträge beeinträchtigen.[2] Eine solche Beeinträchtigung ist für die betroffene Unternehmung nachteilig, weil auf diese Weise Steuerminderungspotenzial verloren geht.[3] Daher stellt der Untergang von Verlust- und Zinsvorträgen eine (B.) steuerliche Gestaltungsgrenze der Umstrukturierung dar, deren exakter Verlauf einer Lokalisierung bedarf. Ist dies geschehen, kann durch Abgleich der in Betracht kommenden Umstrukturierungssachverhalte mit dieser Gestaltungsgrenze der (C.) Ist-Zustand der Unternehmensumstrukturierung im Hinblick auf Verlust- und Zinsvorträge ermittelt werden. Im Anschluss gilt es, als Kontrapunkt hierzu den entsprechenden (D.) Soll-Zustand festzustellen. Zeigen sich dabei Inkongruenzen, bedarf es einer (E.) Gestaltungsaktivität, mit der die Angleichung des Ist-Zustandes an den Soll-Zustand gelingt.[4]

B. Steuerliche Gestaltungsgrenzen

I. Körperschaftsteuerlicher Verlustvortrag

1. Allgemeine Grundsätze

Erzielt eine Kapitalgesellschaft während eines Veranlagungszeitraums negative Einkünfte, die bei der Ermittlung ihres Gesamtbetrags der Einkünfte nicht ausgeglichen werden, so eröffnet ihr § 10d Abs. 1 S. 1 EStG die Möglichkeit, diese negativen Einkünfte bis zu einem Betrag in Höhe von € 511.500 vom Gesamtbetrag der Einkünfte des unmittelbar vorangegangenen Veranlagungszeitraums abzuziehen. Übersteigen die negativen Einkünfte diesen Höchstbetrag oder verzichtet die Kapitalgesellschaft

---

1 Vgl. Forst/Radmer, EStB 2007, S. 61 (63); Forst/Radmer, EStB 2007, S. 112 (113); Nagel, EStB 2007, S. 105 (110).

2 Vgl. zum Begriff des steuerlichen Verlusts: Wacker, StbJb. 1975/76, S. 389 (393); Baumhoff, StbJb. 1993/94, S. 267 (268).

3 Vgl. zur Bewertung ertragsteuerlicher Verlustvorträge Popp (1997), S. 122; Kupke/Nestler, BB 2003, S. 2279 (2285).

4 Vgl. grundlegend zur Steuerplanung bei Verlusten: Kröner (1986); Wollseiffen (1998); Fußbroich (2001).

auf den Verlustrücktrag,[5] verbleibt die Option, diese negativen Einkünfte vorzutragen und in den folgenden Veranlagungszeiträumen abzuziehen.[6] Diese Berechtigung erfährt allerdings eine zweifache Beschränkung. Zum einen ist ein vollständiger Abzug lediglich bis zu einem Gesamtbetrag der Einkünfte in Höhe von € 1.000.000 möglich. Ein darüber hinaus gehender Verlustvortrag mindert positive Einkünfte nur bis zu 60 % des € 1.000.000 übersteigenden Gesamtbetrags der Einkünfte.[7] Zum anderen können Umstrukturierungen der Kapitalgesellschaft die Existenz der Verlustvorträge beeinträchtigen. Dabei ist zwischen Veränderungen (2.) auf Ebene der Verlustgesellschaft, (3.) auf Ebene der Beteiligung an der Verlustgesellschaft sowie (4.) auf Ebene der Gesellschafter der Verlustgesellschaft zu unterscheiden.[8]

2. Ebene der Verlustgesellschaft

Auf Ebene der Verlustgesellschaft ist zunächst denkbar, dass die Kapitalgesellschaft in ihrem Vermögen befindliche Wirtschaftsgüter oder Sachgesamtheiten in eine Tochterunternehmung gegen Gewährung von Gesellschaftsrechten einbringt. Ein solcher Vorgang lässt einen bei ihr vorhandenen körperschaftsteuerlichen Verlustvortrag in jeder Hinsicht unberührt. Wird die Verlustgesellschaft hingegen auf eine andere Gesellschaft verschmolzen,[9] aufgespalten[10] oder in eine Personengesellschaft formgewechselt,[11] geht ihr Verlustvortrag vollständig unter.

Spaltet sie Vermögen ab, mindert sich ihr Verlustvortrag in dem Verhältnis, in dem bei Zugrundelegung des gemeinen Werts Vermögen auf eine andere Gesellschaft übergeht.[12] Dies gilt allerdings nur, sofern das übergehende Vermögen als Teilbetrieb qualifiziert.[13] Ohne Bedeutung ist hingegen, ob die verlustverursachende Einkunftsquelle eine Übertragung erfährt.[14]

---

5 Vgl. § 10d Abs. 1 S. 4 EStG.

6 Vgl. § 10d Abs. 2 S. 1 EStG.

7 Vgl. zur Mindestbesteuerung: Schmidt-Heinicke, § 10d Rn. 32; Blümich-Schlenker, § 10d Rn. 161

8 Weitere Verlustvorträge können sich angesichts der Vorschriften der §§ 2a, 15 Abs. 4 S. 1, 15 Abs. 4 S. 6 und 15b EStG ergeben. Die Regelung des § 2a EStG behandelt allerdings nur negative Einkünfte mit Auslandsbezug, denen bei inländischen Umstrukturierungen nur eine eingeschränkte Bedeutung zukommt. Die Norm des § 15 Abs. 4 S. 1 EStG dient dem Schutz der traditionellen land- und forstwirtschaftlichen Tierzucht und –haltung (vgl. Schmidt-Wacker, § 15 Rn. 895) und kann daher im vorliegenden Zusammenhang vernachlässigt werden. Den Vorschriften der §§ 15 Abs. 4 S. 6 und 15b EStG obliegt eher eine präventive Aufgabe. Mit ihnen soll die Umgehung der Organschaftsregeln (vgl. Blümich-Stuhrmann, § 15 Rn. 660) respektive die Implementierung von Steuerstundungsmodellen (vgl. Schmidt-Seeger, § 15b Rn. 1) verhindert werden.

9 Vgl. §§ 4 Abs. 2 S. 2, 12 Abs. 3 UmwStG; R/H/L-Birkemeier, § 4 Rn. 57; R/H/L-Rödder, § 12 Rn. 104; D/J/P/W-Pung, § 4 Rn. 22; S/H/S-Schmitt, § 4 Rn. 61-63.

10 Vgl. §§ 4 Abs. 2 S. 2, 12 Abs. 3, 15 Abs. 1 S. 1 UmwStG; D/J/P/W-Dötsch/Pung, § 15 Rn. 165; R/H/L-Schumacher, § 15 Rn. 88.

11 Vgl. §§ 4 Abs. 2 S. 2, 12 Abs. 3, 9 S. 1 UmwStG; D/J/P/W-Dötsch, § 9 Rn. 17; R/H/L-Birkemeier, § 9 Rn. 28; S/H/S-Schmitt, § 14 Rn. 21; H/B-Benkert/Menner, § 14 Rn. 55.

12 Vgl. § 15 Abs. 3 UmwStG.

13 Vgl. D/P/P/M-Dötsch/Pung, § 15 Rn. 169; D/J/P/W-Dötsch/Pung, § 15 Rn. 169; BMF, Tz. 15.48

3. Ebene der Beteiligung an der Verlustgesellschaft

3.1. Schädlicher Beteiligungserwerb

Auf Ebene der Beteiligung an der Verlustgesellschaft ist zwischen einem schädlichen Beteiligungserwerb und einem Verlust der wirtschaftlichen Identität zu unterscheiden.[15] Ein schädlicher Beteiligungserwerb setzt voraus, dass innerhalb von fünf Jahren mittelbar oder unmittelbar mehr als 25 % des gezeichneten Kapitals, der Mitgliedschaftsrechte, Beteiligungsrechte oder der Stimmrechte an einer Kapitalgesellschaft auf einen Erwerber oder diesem nahe stehende Personen übertragen werden oder ein vergleichbarer Sachverhalt vorliegt.[16] Dabei ist nach dem Maß der Anteilsübertragung zu differenzieren. Erfasst die Anteilsverlagerung mehr als 25 %, aber nicht mehr als 50 % des gezeichneten Kapitals, so geht der Verlustvortrag im Verhältnis der transferierten Anteile zur Summe aller Anteile unter.[17] Überschreitet die Übertragung der Geschäftsanteile hingegen die Grenze von 50 % innerhalb eines Fünf-Jahres-Zeitraums, so sind die negativen Einkünfte vollständig nicht mehr abziehbar.[18]

Betroffen sind in diesem Zusammenhang die negativen Einkünfte, die auf den Schluss des Veranlagungszeitraums festgestellt wurden, der der schädlichen Anteilsübertragung voranging, sowie der Verlust des laufenden Veranlagungszeitraums bis zur schädlichen Anteilsübertragung.[19] Erwirtschaftet die Unternehmung im Laufe eines Veranlagungszeitraums bis zum relevanten Beteiligungserwerb Gewinn, so ist dieser noch ohne Begrenzung verrechenbar.[20] Gehen einem schädlichen Beteiligungserwerb eine oder mehrere Anteilsübertragungen voran, verliert die Kapitalgesellschaft auch Verlustvorträge, die sie in der Zwischenzeit erzielt hat. Etwas anderes gilt nur, soweit sie die Verlustvorträge noch vor dem letzten Beteiligungserwerb mit Gewinnen ausgleichen kann.[21]

Als **Übertragung** des gezeichneten Kapitals qualifiziert in diesem Zusammenhang der Transfer von Anteilen, die eine entsprechende Beteiligung am Nennkapital vermitteln. Daneben liegt ein Übergang von Mitgliedschaftsrechten vor, sofern Mitverwaltungs- und Vermögensrechte auf eine andere Person übergehen.[22] Als ein be-

---

d. Schr. v. 25.03.1998 – IV B 7 – S 1978 – 21/98, BStBl. I 1998, S. 268; S/H/S-Hörtnagl, § 15 Rn. 105; F/M-Frotscher, § 15 UmwStG Rz. 68; a. Ans.: R/H/L-Schumacher, § 15 Rn. 263.

14 Vgl. R/H/L-Schumacher, § 15 Rn. 267.

15 Vgl. Abschn. B. I. 3. 2.

16 Vgl. § 8c KStG; zur Kritik an der Regelung vgl. B/F/F/K-Reitsam, § 8c Rn. 14; Benz/Rosenberg (2007), S. 199; Beußer, DB 2007, S. 1549; Rödder, DStR 2007, Beihefter zu Heft 40, S. 13; Dörfler/Wittkowski, GmbHR 2007, S. 513-518; Centrale für GmbH, GmbHR 2007, S. 421 (430).

17 Vgl. § 8c S. 1 KStG.

18 Vgl. § 8c S. 2 KStG; vgl. zu den Auswirkungen erbschaftsteuerlich motivierter Poolverträge auf § 8c KStG: Hannes/von Freeden, Ubg 2008, S. 624-630.

19 Vgl. BT-Drucks. 16/4841, S.76; Benz/Rosenberg (2007), S. 187.

20 Vgl. Benz/Rosenberg (2007), S. 187.

21 Vgl. Benz/Rosenberg (2007), S. 188.

22 Vgl. zur Übertragung des wirtschaftlichen Eigentums bei Börsengängen: Wild/Sustmann/Papke,

sonderer Fall des Mitgliedschaftsrechtstransfers soll die „Übertragung“ von Stimmrechten isoliert einen Verlustvortrag untergehen lassen.[23] Angesichts der zivilrechtlichen Unmöglichkeit einer solchen Abtretung, ist nicht auszuschließen, dass der Gesetzgeber mit dieser Norm die Verpflichtung, Stimmrechte nach Weisung einer anderen Person auszuüben, zu erfassen beabsichtigt.[24] Im Umkehrschluss müsste dies allerdings bedeuten, dass der separate Transfer anderer Mitverwaltungs- oder Vermögensrechte keinen schädlichen Beteiligungserwerb bewirken kann. Den außerdem erwähnten Beteiligungsrechten kommt bei Kapitalgesellschaften keine eigenständige Bedeutung zu.[25]

Unerheblich ist, auf welche Art und Weise sich der Anteilstransfer vollzieht.[26] Er kann sowohl isoliert als auch gelegentlich der Einbringung eines Betriebs, Teilbetriebs, Mitunternehmeranteils respektive anlässlich eines Anteilstausches stattfinden. Im gleichen Maße irrelevant ist, ob er im Wege der Einzel- oder Gesamtrechtsnachfolge geschieht. Schädlich kann daher auch die Verschmelzung, Spaltung, Anwachsung oder Realteilung eines Anteilseigners der verlustbehafteten Kapitalgesellschaft auf eine andere Unternehmung sein.[27] Der Formwechsel eines Gesellschafters ist allerdings unschädlich.[28]

Als Anteilsübertragung gilt auch eine Veränderung der Beteiligungsquote im Rahmen von Kapitalerhöhungen.[29] Bedeutung hat diese Regelung für Kapitalerhöhungen, an denen die Altgesellschafter nicht oder nicht ihrer bisherigen Beteiligungsquote gemäß partizipieren.[30] Ob im Gegenzug auch Kapitalherabsetzungen oder Anteilseinziehungen als Übertragung qualifizieren, sofern sie eine Modifikation der Anteilsstruktur zur Folge haben, ist nicht geklärt.[31]

Eine solche Anteilsübertragung kann sich **sowohl unmittelbar als auch mittelbar** vollziehen. Dabei findet ein Transfer unmittelbar statt, sofern sich die Anteilsstruktur der verlustbehafteten Kapitalgesellschaft ändert. Dies gilt selbst dann, wenn ein solcher Vorgang angesichts einer gemeinsamen Muttergesellschaft von Veräußerer und Erwerber mittelbar keine Veränderung der Beteiligungsquote bewirkt. Eine Konzern-

---

DStR 2008, S. 851 (854).

23 Vgl. zur damit verbundenen Gruppenbildung: BMF, Tz. 5 d. Schr. v. 04.07.2008 – IV C 7 – S 2745-a/08/10001, DB 2008, S. 1598; Rödder/Möhlenbrock, Ubg 2008, S. 595 (598).

24 Vgl. Benz/Rosenberg (2007), S. 177; Viskorf/Michel, DB 2007, S. 2561 (2564); kritisch zum Stimmrechtserwerb: Dötsch/Pung, DB 2008, S. 1703 (1704).

25 Vgl. Benz/Rosenberg (2007), S. 175.

26 Vgl. BMF, Tz. 7 d. Schr. v. 04.07.2008 – IV C 7 – S 2745-a/08/10001, DB 2008, S. 1598; B/F/F/K-Reitsam, § 8c Rn. 44; Benz/Rosenberg (2007), S. 176.

27 Vgl. BMF, Tz. 26 d. Schr. v. 16.04.1999 – IV C 6-S 2745-12/99, BStBl. I 1999, S. 455; B/F/F/K-Reitsam, § 8c Rn. 52; Sistermann/Brinkmann, DStR 2008, S. 897 (898).

28 Vgl. BMF, Tz. 11 d. Schr. v. 04.07.2008 – IV C 7 – S 2745-a/08/10001, DB 2008, S. 1598; Dötsch/Pung, DB 2008, S. 1703 (1705).

29 Vgl. § 8c S. 4 KStG; BMF, Tz. 9 d. Schr. v. 04.07.2008 – IV C 7 – S 2745-a/08/10001, DB 2008, S. 1598; B/F/F/K-Reitsam, § 8c Rn. 48; H/H/R-Schloßmacher, § 8 Anm. 427.

30 Vgl. Rödder/Möhlenbrock, Ubg 2008, S. 595 (596); Benz/Rosenberg (2007), S. 177.

31 Vgl. Beußer, DB 2007, S. 1549 (1550).

betrachtung findet nicht statt.[32] Bei mittelbaren Transfers ist es unerheblich, ob eine zwischengeschaltete Kapital- oder Personengesellschaft die Beteiligung vermittelt. In beiden Fällen erfolgt eine Durchrechnung sämtlicher Anteile.[33] Dies gilt unabhängig davon, auf welcher Ebene oberhalb der verlustbehafteten Kapitalgesellschaft der Anteilstransfer stattfindet.[34]

Darüber hinaus kann eine Übertragung nur schädlich sein, sofern sie **auf einen Erwerber oder auf eine diesem nahe stehende Person** erfolgt. Erwerber kann dabei auch eine bereits beteiligte Person sein.[35] Wer im Verhältnis zum Erwerber als nahe stehende Person qualifiziert, ist nicht geklärt.[36] Denkbar ist die Verwendung der Definition des § 1 Abs. 2 AStG. Nach dieser Regelung gelten insbesondere solche Personen als nahe stehend, an denen der Erwerber unmittelbar oder mittelbar zu mindestens 25 % beteiligt ist oder auf die er einen beherrschenden Einfluss ausüben kann oder die an ihm im vorgenannten Umfang beteiligt sind oder auf ihn einen beherrschenden Einfluss ausüben können.[37] Da eine Konzernbetrachtung nicht stattfindet, soll ein entsprechendes Näheverhältnis zwischen Veräußerer und Erwerber unbeachtlich sein. Bei der Berechnung der beiden Erwerbsgrenzen sind daher auch Übertragungen auf andere Gesellschaften einer Unternehmensgruppe zu berücksichtigen.[38] Dies gilt unabhängig davon, welche Rechtsform die jeweilige Unternehmung aufweist. Deshalb können nicht nur Kapital-, sondern auch Personengesellschaften einen schädlichen Anteilserwerb bewirken.[39]

Als ein Erwerber gilt außerdem eine **Gruppe von Erwerbern mit gleichgerichteten Interessen**.[40] Diese Regelung soll Gestaltungen verhindern, mit denen mindestens vier Personen jeweils höchstens 25 % der Geschäftsanteile an einer Unternehmung übernehmen und dadurch keinen schädlichen Beteiligungserwerb verwirklichen (Quartett- oder Quintettstrukturen).[41] Unklar ist allerdings, unter welchen Voraussetzungen gleichgerichtete Interessen vorliegen. Dass allein die Möglichkeit einer Be-

---

32 Vgl. BT-Drucks. 16/4841, S. 76; B/F/F/K-Reitsam, § 8c Rn. 56; Benz/Rosenberg (2007), S. 179; Rödder, DStR 2007, Beihefter zu Heft 40, S. 13; Neumann, GmbH-StB 2007, S. 249 (250); kritisch: Schick/Franz, DB 2008, S. 1987 (1989).

33 Vgl. BT-Drucks. 16/4841, S.76; B/F/F/K-Reitsam, § 8c Rn. 67; Beußer, DB 2007, S. 1549.

34 Vgl. Beußer, DB 2007, S. 1549 (1551); Rödder, DStR 2007, Beihefter zu Heft 40, S. 13; kritisch: van Lishaut, FR 2008, S. 789 (794); Suchanek, FR 2008, S. 904 (906).

35 Vgl. Benz/Rosenberg (2007), S. 183.

36 Vgl. Beußer, DB 2007, S. 1549; kritisch hierzu: Roser, DStR 2008, S. 1561 (1565).

37 Vgl. Benz/Rosenberg (2007), S. 184; Neyer, BB 2007, S. 1415 (1418); Zerwas/Fröhlich, DStR 2007, S. 1933 (1934); a. Ans.: BMF, Tz. 25 d. Schr. v. 04.07.2008 – IV C 7 – S 2745-a/08/10001, DB 2008, S. 1598; B/F/F/K-Reitsam, § 8c Rn. 25; Neumann, GmbH-StB 2007, S. 249 (251), die auf die zur verdeckten Gewinnausschüttung entwickelten Kriterien rekurrieren.

38 Vgl. BT-Drucks. 16/4841, S.76; B/F/F/K-Reitsam, § 8c Rn. 26; Beußer, DB 2007, S. 1549 (1550).

39 Vgl. BFH, Urt. v. 20.08.2003 – I R 81/02, BStBl. II 2004, S. 614; a. Ans.: H/H/R-Schloßmacher, § 8 Anm. 47; Beußer, DB 2007, S. 1549 (1550); Orth, FR 2004, S. 613 (624); Moog, DB 2000, S. 1638 (1640).

40 Vgl. § 8c S. 3 KStG.

41 Vgl. B/F/F/K-Reitsam, § 8c Rn. 27; Benz/Rosenberg (2007), S. 184; Rödder, DStR 2007, Beihefter zu Heft 40, S. 13; Neumann, GmbH-StB 2007, S. 249 (252).

herrschung der Gesellschaft durch mehrere Erwerber hierfür genügen soll, überzeugt nicht. Anderenfalls wäre jeder zeitlich zusammenhängende Übergang von mehr als 25 % respektive 50 % der Geschäftsanteile schädlich. Deshalb spricht viel dafür, dass eine tatsächliche Abstimmung ökonomischer Entscheidungen zur Beherrschung der Unternehmung erforderlich ist.[42]

Liegt nach diesen Grundsätzen eine berücksichtigungsfähige Anteilsübertragung vor, bedarf es einer retrospektiven Betrachtung. Ausgehend vom Zeitpunkt des Übergangs des wirtschaftlichen Eigentums an den Geschäftsanteilen[43] ist rückwärts gerichtet jede weitere Anteilsübertragung innerhalb der vorangegangenen **fünf Jahre** auf denselben Erwerber oder diesem nahe stehende Personen mit einzubeziehen.[44] Zu beachten ist dabei, dass mit jedem schädlichen Beteiligungserwerb der Lauf einer neuen Fünf-Jahres-Frist initiiert wird. Dies gilt sowohl für eine Vereinigung von mehr als 25 % als auch für eine solche von mehr als 50 % der Geschäftsanteile.[45] Ungeachtet dessen kann der Verwirklichung des 25 %-Tatbestands aber eine Erfüllung des 50 %-Kriteriums nachfolgen.[46] Bei der Berechnung der 25 %- respektive 50 %-Grenze sind eigene Anteile der Gesellschaft nicht zu berücksichtigen.[47] Ob auch Anteilsübertragungen unbeachtet bleiben, die zu einem Zeitpunkt vollzogen worden sind, an dem die Kapitalgesellschaft über keine Verlustvorträge verfügte, ist ungewiss.[48]

Schließlich soll nach dem Wortlaut des Gesetzes auch die Verwirklichung eines **vergleichbaren Sachverhaltes** schädlich sein. Dabei kommen Konstellationen in Betracht, in denen eine Kapitalherabsetzung, ein Erwerb eigener Anteile oder eine Einziehung von Mitgliedschaftsrechten eine Veränderung der Beteiligungsquote bewirken.[49] Die Begründung separater Vermögensrechte, wie bspw. Genussrechte oder stille Gesellschaften, qualifiziert hingegen nach hier vertretener Auffassung nicht als vergleichbarer Sachverhalt.[50]

---

42 Vgl. BMF, Tz. 27 d. Schr. v. 04.07.2008 – IV C 7 – S 2745-a/08/10001, DB 2008, S. 1598; Benz/Rosenberg (2007), S. 184-185; ähnlich: B/F/F/K-Reitsam, § 8c Rn. 28.

43 Vgl. BMF, Tz. 13 d. Schr. v. 04.07.2008 – IV C 7 – S 2745-a/08/10001, DB 2008, S. 1598; Benz/Rosenberg (2007), S. 180.

44 Vgl. BT-Drucks. 16/4841, S.76; B/F/F/K-Reitsam, § 8c Rn. 63; Rödder, DStR 2007, Beihefter zu Heft 40, S. 13; Zerwas/Fröhlich, DStR 2007, S. 1933 (1935).

45 Vgl. BT-Drucks. 16/4841, S.76; Benz/Rosenberg (2007), S. 180.

46 Vgl. BT-Drucks. 16/4841, S.76; Beußer, DB 2007, S. 1549 (1550).

47 Vgl. B/F/F/K-Reitsam, § 8c Rn. 66; Benz/Rosenberg (2007), S. 178.

48 Vgl. Benz/Rosenberg (2007), S. 188.

49 Vgl. Benz/Rosenberg (2007), S. 186; Neyer, BB 2007, S. 1415 (1416).

50 Vgl. Rödder/Möhlenbrock, Ubg 2008, S. 595 (596); Zerwas/Fröhlich, DStR 2007, S. 1933; Endres/Spengel/Reister, WPg 2007, S. 478 (488); Neumann, GmbH-StB 2007, S. 249 (253); enger: BMF, Tz. 7 d. Schr. v. 04.07.2008 – IV C 7 – S 2745-a/08/10001, DB 2008, S. 1598; B/F/F/K-Reitsam, § 8c Rn. 40.

3.2. Verlust der wirtschaftlichen Identität

Ungeachtet der Implementierung des § 8c KStG geht ein körperschaftsteuerlicher Verlustvortrag bis einschließlich 31.12.2012 auch unter, sofern sich bei einer Kapitalgesellschaft der Tatbestand des § 8 Abs. 4 KStG 2007 realisiert.[51] Hierfür müssen die Gesellschafter einer Verlustgesellschaft zunächst innerhalb von fünf Jahren[52] mehr als die **Hälfte der an ihr bestehenden Geschäftsanteile** übertragen. Dabei gelten für das Vorliegen einer Anteilsübertragung die Erläuterungen zu § 8c KStG grundsätzlich entsprechend. Allerdings sind mittelbare Beteiligungstransfers in diesem Zusammenhang unschädlich, unabhängig davon, ob eine Kapital- oder eine Personengesellschaft zwischengeschaltet ist.[53] Außerdem qualifiziert die Umwandlung einer mittelbaren in eine unmittelbare Beteiligung an der verlustbehafteten Kapitalgesellschaft mangels Beteiligungsverstärkung nicht als berücksichtigungsfähige Anteilsübertragung.[54] Nicht nachteilig ist auch die Verlagerung einer mittelbaren Beteiligung in eine andere mittelbare Beteiligung.[55] Zu beachten ist schließlich, dass der fünfjährige Zeitraum zwischen den einzelnen zu berücksichtigenden Anteilstransfers vor dem 01.01.2008 begonnen haben muss. Daher greift die Regelung nur, sofern zumindest eine mit zu berücksichtigende Anteilsübertragung bereits bis zum 31.12.2007 stattgefunden hat.[56]

Liegt eine solche Übertragung von mehr als der Hälfte der Geschäftsanteile vor, muss die Kapitalgesellschaft zusätzlich bis einschließlich 31.12.2012 ihre wirtschaftliche Identität verloren haben. Hierzu ist erforderlich, dass sie ihren Geschäftsbetrieb mit **überwiegend neuem Betriebsvermögen** fortführt oder wieder aufnimmt.[57] Dies ist der Fall, sofern das Aktivvermögen (Anlage- oder Umlaufvermögen[58]) eine Erhöhung erfährt.[59] Auf welche Art und Weise dies geschieht, spielt grundsätzlich keine

---

51 Vgl. § 34 Abs. 6 S. 4 KStG; B/F/F/K-Reitsam, § 8c Rn. 93; Benz/Rosenberg (2007), S. 198.

52 Kritisch zum Fünf-Jahres-Zeitraum: E&Y-Lang, § 8 Rn. 1266.3.

53 Vgl. OFD Frankfurt a. M., Vfg. v. 05.10.2004 – S 2745 A – 22 – St II 1.01, DStR 2004, S. 1882; BFH, Urt. v. 20.08.2003 – I R 61/01, BStBl. II 2004, S. 616; Berg/Schmich, DB 2003, S. 1291 (1295); Grube/Altrichter-Herzberg, GmbHR 2005, S. 284; kritisch: Neyer, BB 2004, S. 2379 (2380).

54 Vgl. FG Berlin, Urt. v. 03.09.2002 – 7 K 7227/01, EFG 2003, S. 186; Wiese, DStR 2007, S. 741 (742); a. Ans.: BMF, Tz. 28 S. 2 d. Schr. v. 16.04.1999 – IV C 6-S 2745-12/99, BStBl. I 1999, S. 455.

55 Vgl. BMF, Tz. 28 d. Schr. v. 16.04.1999 – IV C 6-S 2745-12/99, BStBl. I 1999, S. 455.

56 Vgl. § 34 Abs. 6 S. 4 KStG; BMF, Tz. 6 d. Schr. v. 16.04.1999 – IV C 6-S 2745-12/99, BStBl. I 1999, S. 455; Benz/Rosenberg (2007), S. 198; Neumann, GmbH-StB 2007, S. 249 (254).

57 Vgl. § 8 Abs. 4 S. 2 KStG.

58 Vgl. BMF, Tz. 9 d. Schr. v. 16.04.1999 – IV C 6-S 2745-12/99, BStBl. I 1999, S. 455; teilweise wird die Auffassung vertreten, maßgeblich sei allein die Zuführung von Anlagevermögen (BFH, Urt. v. 05.06.2007 – I R 106/05, BFH/NV 2007, S. 2200; BFH, Urt. v. 08.08.2001 – I R 29/00, BStBl. II 2002, S. 392). Gegen diese Einschätzung richtet sich jedoch berechtigte Kritik (vgl. BMF, Schr. v. 17.06.2002 – IV A 2 – S 2745 – 8/02, BStBl. I 2002, S. 629; Hoffmann, GmbHR 2001, S. 1123 (1124); Roser, GmbHR 2001, S. 1153 (1155); Frotscher, DStR 2002, S. 10 (12); Biermann/Rau, GmbHR 2002, S. 509 (512)).

59 Vgl. BFH, Urt. v. 08.08.2001 – I R 29/00, BStBl. II 2002, S. 392; BMF, Tz. 9 d. Schr. v. 16.04.1999 – IV C 6-S 2745-12/99, BStBl. I 1999, S. 455; Wiese, DStR 2007, S. 741 (742).

Rolle. Offene und verdeckte Einlagen sind genauso denkbar wie Einbringungen, Verschmelzungen und Spaltungen. Selbst fremdfinanziert erworbene Wirtschaftsgüter gelten als Betriebsvermögenszuführung.[60] Zukäufe mit eigenen Mitteln der Gesellschaft sowie nicht bilanzierungsfähige Nutzungseinlagen und Gewinnchancenverlagerungen sind hingegen unbeachtlich.[61] Ohne Bedeutung sind ebenso Vorgänge, die sich allein auf die Passiva der Unternehmung auswirken. Ein Forderungsverzicht bewirkt deshalb keine schädliche Vermögenszuführung. Die Übernahme von Bürgschaften sowie die Bestellung von Sicherheiten gelten allerdings nach Auffassung des Bundesfinanzhofs als vergleichbare schädliche Sachverhalte.[62]

Solche Betriebsvermögenszuführungen sind nach der hier vertretenen Ansicht nur zu berücksichtigen, soweit neu in die Kapitalgesellschaft eintretende Gesellschafter sie auslösen. Überlassen Altgesellschafter der Kapitalgesellschaft zusätzliches Aktivvermögen, besteht kein Anlass für Zweifel an der wirtschaftlichen Identität der Unternehmung. Dabei sind den neuen Gesellschaftern auch Zuführungen zuzurechnen, die ihnen nahe stehende Personen oder fremde Dritte auf ihre Veranlassung hin bewirken.[63] Ob Vorgänge zwischen einem neuen Gesellschafter und der Gesellschaft, die nicht gesellschaftlich motiviert sind, sondern dem Fremdvergleich standhalten, unbeachtlich sind, ist gegenwärtig noch nicht geklärt.[64]

Eine solche Vermehrung des Aktivvermögens der Kapitalgesellschaft durch einen ihrer neuen Gesellschafter kann nur nachteilig sein, sofern sie während eines Zwei-Jahres-Zeitraums nach der schädlichen Anteilsübertragung erfolgt.[65] Dabei sind Zu- und Abgänge innerhalb dieser Frist miteinander zu verrechnen. Maßgeblich ist allein der betragsmäßige Saldo.[66] Die vom ersten Senat des Bundesfinanzhofs vertretene gegenständliche Betrachtungsweise[67] findet allein bei einem Branchenwechsel Anwendung.[68] Das auf diese Weise ermittelte neue Aktivvermögen der Gesellschaft ist mit dem im Zeitpunkt der letzten Anteilsübertragung bei der Gesellschaft vorhandenen Aktivvermögen zu vergleichen.[69] Die Wertbemessung erfolgt unter Zugrundele-

---

60 Vgl. D/J/P/W-Dötsch, § 8 Abs. 4 Rn. 68, 84; H/H/R-Schloßmacher, § 8 Anm. 452.

61 Vgl. BFH, Urt. v. 26.05.2004 – I R 112/03, DB 2004, S. 2346; D/J/P/W-Dötsch, § 8 Abs. 4 Rn. 69.

62 Vgl. BFH, Urt. v. 08.08.2001 – I R 29/00, BStBl. II 2002, S. 392.

63 Vgl. H/H/R-Schloßmacher, § 8 Anm. 452; Kröner, DStR 1998, S. 1495 (1498).

64 Vgl. Heckschen/Simon (2003), § 13 Rn. 47.

65 Vgl. BMF, Schr. v. 02.08.2007 – IV B 7 – S 2745/0, BStBl. I 2007, S. 624, unter Aufhebung von Tz. 12 S. 2 d. BMF-Schreibens v. 16.04.1999 – IV C 6-S 2745-12/99, BStBl. I 1999, S. 455; enger: BFH, Urt. v. 14.03.2006 – I R 8/05, BStBl. II 2007, S. 602; Benz/Rosenberg (2007), S. 199.

66 Vgl. BMF, Tz. 9 d. Schr. v. 16.04.1999 – IV C 6-S 2745-12/99, BStBl. I 1999, S. 455; Frey/Weissgerber, GmbHR 2000, S. 739 (740); Kröner, DStR 1998, S. 1495 (1498).

67 Vgl. BFH, Urt. v. 08.08.2001 – I R 29/00, BStBl. II 2002, S. 392; hierzu: BMF, Schr. v. 17.06.2002 – IV A 2 – S 2745 – 8/02, BStBl. I 2002, S. 629.

68 Vgl. BMF, Tz. 10 d. Schr. v. 16.04.1999 – IV C 6-S 2745-12/99, BStBl. I 1999, S. 455.

69 Vgl. BFH, Urt. v. 08.08.2001 – I R 29/00, BStBl. II 2002, S. 392; BMF, Tz. 9 d. Schr. v. 16.04.1999 – IV C 6-S 2745-12/99, BStBl. I 1999, S. 455; D/J/P/W-Dötsch, § 8 Abs. 4 Rn. 91-107.

gung der Teilwerte der Wirtschaftsgüter.[70] Überwiegt der Teilwert des neu zugeführten Vermögens den Teilwert des ursprünglich vorhandenen Vermögens, verliert die Kapitalgesellschaft ihre wirtschaftliche Identität.[71] Eine Ausnahme besteht lediglich, falls die Zuführung des neuen Betriebsvermögens der Sanierung des Geschäftsbetriebs dient, der den Verlustvortrag verursacht hat, und die Kapitalgesellschaft den Geschäftsbetrieb in einem nach dem Gesamtbild der wirtschaftlichen Verhältnisse vergleichbaren Umfang in den folgenden fünf Jahren fortführt.[72]

4. Ebene der Gesellschafter der Verlustgesellschaft

Auf Ebene der Gesellschafter der Verlustgesellschaft ist für die Beeinträchtigung eines des Verlustvortrages entscheidend, ob die Umstrukturierungsmaßnahme einen Anteilseignerwechsel auslöst. Ist dies der Fall, gelten die Erläuterungen zu den Voraussetzungen eines schädlichen Beteiligungserwerbs und eines Verlusts der wirtschaftlichen Identität entsprechend. Eine Gefahr für Verlustvorträge einer Kapitalgesellschaft besteht daher, sofern ein Gesellschafter dieser Unternehmung eine Verschmelzung, Aufspaltung, Realteilung oder Anwachsung erfährt.[73] Wird lediglich ein Teil seines Vermögens abgespalten, ergibt sich ein Risiko nur, sofern im Rahmen der Abspaltung die Beteiligung an der Verlustgesellschaft bewegt wird. Der Formwechsel eines Gesellschafters ist unbeachtlich, da er dessen rechtliche und wirtschaftliche Identität unberührt lässt.[74]

II. Gewerbesteuerlicher Verlustvortrag

1. Allgemeine Grundsätze

Bei der Ermittlung des Gewerbeertrages einer Unternehmung ist es denkbar, dass sich für einen Veranlagungszeitraum kein positiver Wert, sondern ein Fehlbetrag ergibt.[75] Ursache hierfür können negative Einkünfte der Gesellschaft oder besondere Kürzungen gemäß § 9 GewStG sein.[76] Ein solcher Fehlbetrag darf anders als der einkommensteuerliche Verlustvortrag nicht zurückgetragen werden. § 10a S. 1 GewStG gewährt jedoch zur Verwirklichung des abschnittsübergreifenden Nettoprinzips[77] unter bestimmten Voraussetzungen die Möglichkeit, den Gewerbeertrag

---

70 Vgl. BMF, Tz. 9 d. Schr. v. 16.04.1999 – IV C 6-S 2745-12/99, BStBl. I 1999, S. 455; H/H/R-Schloßmacher, § 8 Anm. 451.

71 Vgl. E&Y-Lang, § 8 Rn. 1276.1.

72 Vgl. § 8 Abs. 4 S. 3 KStG; H/H/R-Schloßmacher, § 8 Anm. 470-484.

73 Vgl. B/F/F/K-Reitsam, § 8c Rn. 52; H/H/R-Schloßmacher, § 8 Anm. 427; E&Y-Lang, § 8 Rn. 1292.6

74 Vgl. BMF, Tz. 13 d. Schr. v. 04.07.2008 – IV C 7 – S 2745-a/08/10001, DB 2008, S. 1598; BFH, Urt. v. 04.12.1996 – II B 116/96, BStBl. II 1997, S. 661; R/H/L-Birkemeier, § 9 Rn. 16; S/H/S-Schmitt, § 14 Rn. 1; D/J/P/W-Dötsch, § 9 Rn. 17.

75 Vgl. zur Gewerbesteuer als dominierender Unternehmensteuer: Herzig, DB 2007, S. 1541.

76 Vgl. R 66 Abs. 3 GewStR; Blümich-Twickel, § 10a Rn. 57; G/G-Güroff, § 10a Rn. 4.

77 Vgl. L/S-Kleinheisterkamp, § 10a Anm. 2; Blümich-Twickel, § 10a Rn. 20.

Ebene der Verlustgesellschaft
- Verschmelzung (§ 4 Abs. 3 S. 2 UmwStG)
- Aufspaltung (§ 12 Abs. 3 Hs. 2 UmwStG)
- Formwechsel (§ 9 S. 1 UmwStG)
- Abspaltung eines Teilbetriebes (§ 15 Abs. 3 UmwStG)

Ebene der Beteiligung an der Verlustgesellschaft
- Schädlicher Beteiligungserwerb (§ 8c S. 1, 2 KStG)
- Verlust der wirtschaftlichen Identität (§ 8 Abs. 4 KStG 2007)

Ebene der Gesellschafter der Verlustgesellschaft
- Verschmelzung oder Anwachsung eines Gesellschafters
- Aufspaltung oder Realteilung eines Gesellschafters
- Abspaltung der Beteiligung eines Gesellschafters

Abb. 20: Verlust- und Zinsvorträge - Gestaltungsgrenze des körperschaftsteuerlichen Verlustvortrages

zukünftiger Veranlagungszeiträume unter Beachtung der Mindestbesteuerungsregelung[78] um den erlittenen Fehlbetrag zu kürzen. Dabei ist zwischen (2.) Mitunternehmerschaften und (3.) Kapitalgesellschaften zu unterscheiden.

2. Mitunternehmerschaften

2.1. Unternehmensidentität

Hat eine Mitunternehmerschaft den Fehlbetrag erwirtschaftet, ist eine Minderung des Gewerbeertrags nur zulässig, soweit zwischen der Gesellschaft, die ihren Gewerbeertrag zu kürzen beabsichtigt, und der, die diesen Fehlbetrag zuvor erlitten hat, Unternehmensidentität und Unternehmeridentität besteht.[79] Mit dieser Einschränkung wird dem Objektsteuercharakter der Gewerbesteuer sowie der Selbständigkeit eines jeden Gewerbebetriebs Rechnung getragen.[80]

Dabei verlangt das Merkmal der Unternehmensidentität, dass der im Jahr der Gewerbeertragskürzung bestehende Gewerbebetrieb identisch ist mit dem des Verlustentstehungsjahres.[81] Dies ist der Fall, sofern zwischen den gewerblichen Betätigungen des Unternehmens zu beiden Zeitpunkten ein sachlicher, insbesondere wirtschaftlicher, organisatorischer und finanzieller Zusammenhang besteht.[82] Beurteilungsmaßstab hierfür ist vor allem die Art des Engagements, der Kunden- und Lieferantenkreis, die Arbeitnehmerschaft, die Geschäftsleitung, die Betriebsstätten sowie

[78] Vgl. § 10a S. 2 GewStG, die Erläuterungen zur gleich lautenden einkommensteuerlichen Mindestbesteuerungsregelung in Abschn. B. I. 1. sowie Blümich-Twickel, § 10a Rn. 56.

[79] Vgl. R 66 Abs. 1 S. 3 GewStR; L/S-Kleinheisterkamp, § 10a Anm. 17; Blümich-Twickel, § 10a Rn. 56; G/G-Güroff, § 10a Rn. 2; D/P/P/M-Patt, § 23 Rn. 138.

[80] Vgl. L/S-Kleinheisterkamp, § 10a Anm. 18; G/G-Güroff, § 10a Rn. 6.

[81] Vgl. R 67 Abs. 1 S. 1 GewStR; Blümich-Twickel, § 10a Rn. 64; G/G-Güroff, § 10a Rn. 6.

[82] Vgl. R 67 Abs. 1 S. 2-3 GewStR; Blümich-Twickel, § 10a Rn. 65; G/G-Güroff, § 10a Rn. 6.

der Umfang und die Zusammensetzung des Aktivvermögens.[83] Dieser sachliche Zusammenhang kann verloren gehen, falls auf der Ebene der verlustträchtigen Mitunternehmerschaft Veränderungen stattfinden. Dabei ist zwischen einem Transfer ihres vollständigen Betriebs und der Übertragung einzelner Betriebsteile zu unterscheiden.

Erfährt der gesamte Betrieb der Mitunternehmerschaft eine Übertragung, wie bei der Verschmelzung oder Anwachsung der Verlustunternehmung sowie bei der Einbringung ihres Betriebs, beurteilt sich die Identität zwischen dem Gewerbebetrieb des Anrechnungsjahres und dem des Entstehungsjahres beim übernehmenden Betriebsvermögen danach, ob das übernehmende Betriebsvermögen das Unternehmen im Anschluss fortführt. Diese Fortführung muss nicht im Rahmen eines von seiner übrigen Unternehmenstätigkeit getrennten Teilbetriebs stattfinden. Es genügt, wenn die Identität des übergegangenen Betriebs innerhalb des Gesamtengagements der aufnehmenden Unternehmung gewahrt bleibt. Ob dies der Fall ist, hängt vom Vorliegen des oben beschriebenen sachlichen Zusammenhanges ab.[84]

Zusätzlich stellt sich im Hinblick auf Konstellationen, in denen die Einbringung eines Betriebes mangels Unternehmeridentität keinen Übergang der Verlustabzugsberechtigung auf das übernehmende Betriebsvermögen bewirkt, die Frage, ob die Unternehmensidentität dann bei der einbringenden Unternehmung erhalten bleibt. Wäre dies der Fall, könnte zumindest letztere den Verlustvortrag nach Aufnahme einer neuen Aktivität nutzen. Ein solcher Erhalt scheitert bei Mitunternehmerschaften aber grundsätzlich am fehlenden sachlichen Zusammenhang zwischen der gewerblichen Tätigkeit, die den Verlustvortrag erwirtschaftet hat, und dem nach der Betriebseinbringung neu aufgenommenen gewerblichen Engagement.[85] Nach der hier vertretenen Auffassung gilt allerdings etwas anderes für gewerblich geprägte Personengesellschaften. Da sie denknotwendig nur einen einzigen Betrieb haben können,[86] bleibt die Unternehmensidentität bei ihnen auch nach Betriebseinbringung und nach Aufnahme einer neuen ökonomischen Aktivität erhalten.[87]

Geht nur ein Betriebsteil auf das übernehmende Betriebsvermögen über, wie insbesondere bei der Realteilung oder Aufspaltung, reicht die Fortführung der unternehmerischen Aktivität des übergehenden Betriebsteils allein nicht zur Annahme von Unternehmensidentität aus. Zusätzlich ist erforderlich, dass Gegenstand der Übertragung ein Teilbetrieb ist. Es bedarf also eines mit einer gewissen Selbständigkeit aus-

---

[83] Vgl. BFH, Urt. v. 27.01.1994 – IV R 137/91, BStBl. II 1994, S. 477; R 67 Abs. 1 S. 4 GewStR.

[84] Vgl. D/P/P/M-Patt, § 24 Rn. 198; L/S-Kleinheisterkamp, § 10a Anm. 35; Blümich-Twickel, § 10a Rn. 73; G/G-Güroff, § 10a Rn. 9; Schiffers, GmbH-StB 2003, S. 353 (356).

[85] Vgl. BFH, Urt. v. 07.11.2006 – VIII R 30/05, BFH/NV 2007, S. 1042; BFH, Urt. v. 15.03.1994 – XI R 60/89, BFH/NV 1994, S. 899; Blümich-Twickel, § 10a Rn. 72; G/G-Güroff, § 10a Rn. 6.

[86] Vgl. Schmidt-Wacker, § 15 Rn. 231; G/G-Güroff, § 10a Rn. 9; L/S-Kleinheisterkamp, § 10a Anm. 24.

[87] Gl. Ans.: L/S-Kleinheisterkamp, § 10a Anm. 26; Bethmann, StuW 1979, S. 332 (339); wohl a. Ans.: BFH, Urt. v. 07.08.2008 – IV R 86/05, BB 2008, S. 2615; BFH, Urt. v. 07.11.2006 – VIII R 30/05, BFH/NV 2007, S. 1042; BFH, Urt. v. 15.03.1994 – XI R 60/89, BFH/NV 1994, S. 899; FG Baden-Württemberg, Urt. v. 16.06.2005 – 3 K 210/00, EFG 2005, S. 1794.

gestatteten, organisch geschlossenen Teils des Gesamtbetriebs, der für sich allein lebensfähig ist.[88] Ohne einen solchen ist kein betrieblicher Organismus abgrenzbar, der den Verlust erwirtschaftet hat.[89] Außerdem muss sich der diesem Teilbetrieb sachlich zuzuordnende Verlust aus dem Rechenwerk der Mitunternehmerschaft ablesen lassen. Hierdurch wird ausgeschlossen, dass sich ein Unternehmensbereich mit ausschließlich positiven Einkünften Verlustvorträge eines anderen Betriebsteils zunutze macht.[90]

Erfolgt der Übergang eines Teilbetriebs im Rahmen einer Abspaltung oder Einbringung, kann nach der hier vertretenen Auffassung nichts anderes gelten. Lässt sich der dem übergehenden Teilbetrieb sachlich zuzuordnende Verlust aus dem Rechenwerk der abgebenden Personenunternehmung identifizieren und führt das aufnehmende Betriebsvermögen das ökonomische Engagement des Teilbetriebs fort, geht die Unternehmensidentität auf das übernehmende Betriebsvermögen über. Es erhält so die Möglichkeit zum Verlustausgleich, vorausgesetzt, dass auch Unternehmeridentität gegeben ist. Für das übertragende Betriebsvermögen folgt daraus im Umkehrschluss, dass es seine Unternehmensidentität im Verhältnis des übergehenden Teilbetriebs zum gesamten Betrieb verliert. Sein Verlustvortrag mindert sich entsprechend.[91] Geht hingegen kein Teilbetrieb über oder ist der sachlich zuzuordnende Verlust nicht aus dem Rechenwerk der übertragenden Mitunternehmerschaft erkennbar, verbleibt die Unternehmensidentität nach der hier vertretenen Einschätzung beim abgebenden Betriebsvermögen.[92]

2.2. Unternehmeridentität

Neben der Unternehmensidentität setzt der Abzug des Fehlbetrages auch Unternehmeridentität voraus. Dieses aus § 10a S. 8 GewStG hergeleitete Kriterium verlangt, dass der Gewerbetreibende, der den Verlustabzug in Anspruch zu nehmen beabsichtigt, den Gewerbeverlust zuvor in eigener Person erlitten hat.[93] Erforderlich ist daher, dass der Gewerbetreibende sowohl im Wirtschaftsjahr der Verlustentstehung als auch in dem des Verlustabzuges Inhaber des betroffenen Unternehmens war.[94]

---

88 Vgl. D/J/P/W-Patt, § 20 Rn. 77; Blumers, DB 2001, S. 722; Rogall, DB 2006, S. 66.

89 Vgl. BFH, Urt. v. 05.09.1990 – X R 20/89, BStBl. II 1991, S. 25; L/S-Kleinheisterkamp, § 10a Anm. 40.

90 Vgl. BFH, Urt. v. 05.09.1990 – X R 20/89, BStBl. II 1991, S. 25; R 67 Abs. 2 S. 8 GewStR; G/G-Güroff, § 10a Rn. 9; Herzig/Förster/Förster, DStR 1996, S. 1025 (1030); Stöcker, DStZ 1991, S. 61.

91 Vgl. BFH, Urt. v. 07.08.2008 – IV R 86/05, BB 2008, S. 2615; FG Baden-Württemberg, Urt. v. 16.06.2005 – 3 K 210/00, EFG 2005, S. 1794; a. Ans.: D/P/P/M-Patt, § 24 Rn. 197; Stegemann, INF 2004, S. 785 (787).

92 Enger: BFH, Urt. v. 07.08.2008 – IV R 86/05, BB 2008, S. 2615.

93 Vgl. BFH, Urt. v. 03.05.1993 – GrS 3/92, BStBl. II 1993, S. 616; Blümich-Twickel, § 10a Rn. 79; a. Ans.: G/G-Güroff, § 10a Anm. 12; L/S-Kleinheisterkamp, § 10a Anm. 47.

94 Vgl. zur Unternehmeridentität bei der atypisch stillen Gesellschaft: Oenings, DStR 2008, S. 279

Bei einer Mitunternehmerschaft gelten die einzelnen Mitunternehmer als Unternehmensinhaber.[95] Das Maß der bei ihr vorhandenen Unternehmeridentität hängt deshalb davon ab, in welchem Umfang dieselben Mitunternehmer sowohl im Jahr der Fehlbetragsentstehung als auch in dem der angestrebten Gewerbeertragskürzung an der Verlustgesellschaft beteiligt waren. In diesem Zusammenhang kann die Durchführung von Umstrukturierungsmaßnahmen Inkongruenzen hervorrufen. Dabei ist zwischen Restrukturierungsvorgängen auf Ebene der Mitunternehmerschaft, auf Ebene des Mitunternehmeranteils und auf Ebene des Mitunternehmers zu unterscheiden.

Auf **Ebene der Mitunternehmerschaft** lässt die Einbringung ihres Betriebes oder eines ihrer Teilbetriebe in eine Tochterunternehmung die eigene Unternehmeridentität unberührt. Beim aufnehmenden Betriebsvermögen fehlt es im Anschluss allerdings an der erforderlichen personellen Kongruenz. Dies gilt nicht nur für eine aufnehmende Kapitalgesellschaft,[96] sondern auch für eine aufnehmende Personengesellschaft, da bei letzterer die unmittelbaren Mitunternehmer als Träger des Verlustvortrages gelten.[97] Erfährt die Mitunternehmerschaft eine Verschmelzung auf eine untergeordnete Kapitalgesellschaft, fehlt es darauf folgend ebenfalls an der Unternehmeridentität. Bei einer Verschmelzung auf eine untergeordnete Personengesellschaft bleibt sie hingegen erhalten, soweit die Gesellschafter der Verlustgesellschaft dadurch unmittelbare Mitunternehmer der aufnehmenden Personengesellschaft werden.[98]

Spaltet die Mitunternehmerschaft ihren Betrieb oder einen ihrer Teilbetriebe auf eine Schwesterkapitalgesellschaft ab oder wird sie auf eine solche verschmolzen, fehlt es bei der aufnehmenden Gesellschaft angesichts deren selbständigen Rechtsträgerschaft an der Unternehmeridentität. Qualifiziert die Schwestergesellschaft hingegen als Mitunternehmerschaft, bleibt die Unternehmeridentität erhalten, soweit die Gesellschafter der Verlustgesellschaft auch Mitunternehmer der aufnehmenden Personengesellschaft sind oder werden. Dies gilt unabhängig davon, ob die Gesellschafter als Kapital- oder Personengesellschaften qualifizieren.[99]

Überträgt die Verlustgesellschaft ihren Betrieb oder einen ihrer Teilbetriebe auf einen ihrer Gesellschafter im Wege der Anwachsung, Verschmelzung, Spaltung oder Realteilung, bleibt die Unternehmeridentität erhalten, soweit der aufnehmende Mitunternehmer an der Mitunternehmerschaft beteiligt und der vortragsfähige Fehlbetrag der

(282).

95 Vgl. BFH, Urt. v. 03.05.1993 – GrS 3/92, BStBl. II 1993, S. 616; R 68 Abs. 3 S. 1 GewStR; L/S-Kleinheisterkamp, § 10a Anm. 49; Blümich-Twickel, § 10a Rn. 81; Dötsch/Pung, DB 2007, S. 11 (16); kritisch: Finkbeiner, BB 1997, S. 230 (236); Robisch, BB 1994, S. 1683 (1684).

96 Vgl. § 23 Abs. 5 UmwStG; D/P/P/M-Patt, § 23 Rn. 138.

97 Vgl. D/P/P/M-Patt, § 24 Rn. 200; L/S-Kleinheisterkamp, § 10a Anm. 63.

98 Vgl. L/S-Kleinheisterkamp, § 10a Anm. 63.

99 Vgl. BFH, Urt. v. 14.09.1993 – VIII R 84/90, BStBl. II 1994, S. 764; R 68 Abs. 3 S. 7 Nr. 5 S. 3 GewStR; L/S-Kleinheisterkamp, § 10a Anm. 63; Blümich-Twickel, § 10a Rn. 87; D/P/P/M-Patt, § 24 Rn. 201.

jeweiligen Sachgesamtheit zuzuordnen ist.[100] Eine Ausnahme besteht in diesem Zusammenhang wiederum für Personengesellschaften als aufnehmende Mitunternehmer. Da ihre Gesellschafter als Inhaber des Gewerbebetriebs gelten, bewirkt ein solcher Transfer einen vollständigen Gesellschafterwechsel.[101]

Nimmt die Mitunternehmerschaft schließlich einen Formwechsel in eine Kapitalgesellschaft vor, fehlt es darauf folgend an der Unternehmeridentität, da dann die Kapitalgesellschaft und nicht mehr die Gesellschafter Inhaber des Unternehmens sind.[102] Ein Formwechsel in eine andere Personenunternehmung ist hingegen unschädlich.[103]

Was darüber hinaus die **Ebene des Mitunternehmeranteils** betrifft, beeinträchtigt die Übertragung desselben die Unternehmeridentität nur, falls der Gesellschafter mit ihr endgültig aus der Mitunternehmerschaft ausscheidet.[104] Bleibt er hingegen mit einer Restbeteiligung Gesellschafter, mindert sich die Unternehmeridentität nicht.[105] Auswirkungen ergeben sich dann lediglich auf die Höhe des jährlich verrechenbaren Verlustes. In welcher zivilrechtlichen Form eine solche Übertragung geschieht und ob sie sich entgeltlich oder unentgeltlich vollzieht, ist unerheblich.[106] Schädlich ist dementsprechend auch die Einbringung des gesamten Mitunternehmeranteils in eine Kapital- oder Personengesellschaft.[107]

In Abgrenzung hierzu ist auf der **Ebene des Mitunternehmers** zu unterscheiden. Erfährt der Mitunternehmer eine Verschmelzung, Aufspaltung, Realteilung oder Anwachsung auf eine andere Gesellschaft, endet insoweit die Unternehmeridentität.[108] Lediglich sein Formwechsel[109] sowie die Veränderung seines eigenen Gesellschafterbestandes[110] lassen die Unternehmeridentität mangels zivilrechtlichen Identitäts-

100 Vgl. L/S-Kleinheisterkamp, § 10a Anm. 61-62; Blümich-Twickel, § 10a Rn. 84; G/G-Güroff, § 10a Rn. 16.

101 Vgl. BFH, Urt. v. 03.05.1993 – GrS 3/92, BStBl. II 1993, S. 616; BFH, Urt. v. 26.06.1996 – VIII R 41/95, BStBl. II 1997, S. 179; R 68 Abs. 3 Nr. 8 GewStR; L/S-Kleinheisterkamp, § 10a Anm. 51; Herzig/Förster/Förster, DStR 1996, S. 1025 (1032); a. Ans: OFD Münster, Kurzinformation v. 28.05.2008 – GewSt 002/2008, DStR 2008, S. 1193.

102 Vgl. § 23 Abs. 5 UmwStG.

103 Vgl. R 68 Abs. 3 S. 7 Nr. 5 S. 6 GewStR; L/S-Kleinheisterkamp, § 10a Anm. 64.

104 Vgl. BFH, Urt. v. 03.05.1993 – GrS 3/92, BStBl. II 1993, S. 616; R 68 Abs. 3 Nr. 1 GewStR; L/S-Kleinheisterkamp, § 10a Anm. 70; Blümich-Twickel, § 10a Rn. 88; G/G-Güroff, § 10a Rn. 18.

105 Vgl. BFH, Urt. v. 17.01.2006 – VIII R 96/04, DB 2006, S. 650; L/S-Kleinheisterkamp, § 10a Anm. 72; Herzig/Förster/Förster, DStR 1996, S. 1025 (1028).

106 Vgl. BFH, Urt. v. 03.05.1993 – GrS 3/92, BStBl. II 1993, S. 616; R 68 Abs. 1 GewStR; L/S-Kleinheisterkamp, § 10a Anm. 45; Dötsch/Pung, DB 2007, S. 11 (17).

107 Vgl. BFH, Urt. v. 03.05.1993 – GrS 3/92, BStBl. II 1993, S. 616; BFH, Urt. v. 31.08.1999 – VIII B 74/99, DStR 1999, S. 1854; BFH, Urt. v. 06.09.2000 – IV R 69/99, FR 2001, S. 77; R 68 Abs. 3 Nr. 8 GewStR; L/S-Kleinheisterkamp, § 10a Anm. 51; Blümich-Twickel, § 10a Rn. 89; Herzig/Förster/Förster, DStR 1996, S. 1025 (1032); a. Ans. im Hinblick auf Personengesellschaften: Bordewin, DStR 1996, S. 1594 (1596).

108 A. Ans.: Behrendt/Arjes, DStR 2008, S. 811 (813).

109 Vgl. OFD Düsseldorf, Schr. v. 12.10.2000 – G 1422 A St 131, DB 2000, S. 2247; L/S-Kleinheisterkamp, § 10a Anm. 75.

110 Vgl. Blümich-Twickel, § 10a Rn. 89; G/G-Güroff, § 10a Rn. 19; Herzig/Förster/Förster,

wechsels unberührt. Besonderes gilt, sofern eine Kapitalgesellschaft Mitunternehmerin ist. Verändert sich ihr Gesellschafterbestand, findet § 8c KStG entsprechende Anwendung.[111]

3. Kapitalgesellschaften

Sofern eine Kapitalgesellschaft den vortragsfähigen Fehlbetrag erwirtschaftet hat, gelten die oben erläuterten Grundsätze des körperschaftsteuerlichen Verlustvortrages entsprechend.[112] Der vortragsfähige Fehlbetrag geht also unter, soweit eine nachteilige Umwandlung, ein schädlicher Beteiligungserwerb oder ein Verlust der wirtschaftlichen Identität stattfindet. Eine Abweichung besteht lediglich für den Fall, dass die Verlustgesellschaft ihren Betrieb oder einen Teilbetrieb in eine Tochterunternehmung einbringt. Handelt es sich dabei um eine Personengesellschaft, geht der vortragsfähige Fehlbetrag anders als beim körperschaftsteuerlichen Verlustvortrag über. Er kann anschließend mit dem Teil des Gewerbeertrages der aufnehmenden Personengesellschaft verrechnet werden, der nach dem Gewinnverteilungsschlüssel auf die Kapitalgesellschaft entfällt.[113] Nimmt hingegen eine Kapitalgesellschaft den Betrieb oder Teilbetrieb auf, kommt es mangels Unternehmeridentität zu keinem Übergang des Verlustvortrages auf die übernehmende Körperschaft. Ungeachtet dessen bleibt der Verlustvortrag der Verlustgesellschaft aber erhalten.[114]

III. Verrechenbarer Verlust bei beschränkter Haftung

1. Allgemeine Grundsätze

Umstrukturierungsmaßnahmen können auch einen verrechenbaren Verlust gemäß § 15a EStG beeinträchtigen. Ein solcher verrechenbarer Verlust entsteht, sofern einem Mitunternehmer, der gegenüber Gläubigern seiner Mitunternehmerschaft lediglich beschränkt auf seine Einlage haftet, in einem Wirtschaftsjahr ein Anteil am Verlust der Gesellschaft zugerechnet wird, der sein Kapitalkonto negativ werden lässt oder sein bereits negatives Kapitalkonto noch erhöht. Da ein solcher Mitunternehmer hierdurch mangels Nachschusspflicht[115] keine tatsächlich-aktuelle, sondern nur eine eventuell-zukünftige Belastung erfährt,[116] untersagt § 15a Abs. 1 EStG entsprechend dem Prinzip der steuerlichen Leistungsfähigkeit einen unmittelbaren Ausgleich seines Verlustanteils mit anderen Einkünften.

DStR 1996, S. 1025 (1031); Kreft, GestStB 2001, S. 191.

111 Vgl. § 10a S. 10 GewStG; BT-Drucks. 16/11108, S. 37.

112 Vgl. § 10a S. 10 GewStG; Benz/Rosenberg (2007), S. 193; Blümich-Twickel, § 10a Rn. 91-95; G/G-Güroff, § 10a Rn. 11.

113 Vgl. R 68 Abs. 4 S. 6, Abs. 2 GewStR; D/P/P/M-Patt, § 23 Rn. 202; Behrendt/Arjes/Nogens, BB 2008, S. 367 (368); Sistermann/Brinkmann, DStR 2008, S. 897 (903).

114 Vgl. R 68 Abs. 4 S. 5 GewStR; L/S-Kleinheisterkamp, § 10a Anm. 80.

115 Vgl. § 167 Abs. 3 HGB.

116 Vgl. BT-Drucks. 8/3648, S. 16; H/H/R-Lüdemann, § 15a Anm. 9; Korn-Korn/Heißenberg, § 15a Rn. 1.

Mitunternehmerschaften

- **Unternehmensidentität**
  - Fortführung des bisherigen Unternehmens
  - Übergang von Betriebsteilen
    - Teilbetriebseigenschaft
    - Ablesbarkeit des Verlusts aus dem Rechenwerk
- **Unternehmeridentität**
  - Ebene der Mitunternehmerschaft
    - Verschmelzung, Formwechsel, Abspaltung auf KapG
    - Verschmelzung, Spaltung, Realteilung, Anwachsung auf PersG
  - Ebene des Mitunternehmeranteils
    - Vollständiges Ausscheiden eines Mitunternehmers
  - Ebene des Mitunternehmers
    - Verschmelzung, Aufspaltung, Realteilung, Anwachsung

Kapitalgesellschaften

- **Ebene der Verlustgesellschaft**
  - Verschmelzung, Aufspaltung, Formwechsel, Abspaltung eines TB
- **Ebene der Beteiligung an der Verlustgesellschaft**
  - Schädlicher Beteiligungserwerb, Verlust der wirtschaftlichen Identität
- **Ebene der Gesellschafter der Verlustgesellschaft**
  - Verschmelzung, Anwachsung, Aufspaltung, Realteilung, Abspaltung

Abb. 21: Verlust- und Zinsvorträge - Gestaltungsgrenze des gewerbesteuerlichen Verlustvortrages

TB = Teilbetrieb

Maßgeblich für die Ermittlung des nicht abzugsfähigen Verlustanteils des Mitunternehmers ist allein das Ergebnis der Steuerbilanz der Mitunternehmerschaft. Zu addieren sind daher sein Anteil am Jahresergebnis der Gesamthandsbilanz sowie der Gewinn oder Verlust einer eventuell für ihn gebildeten Ergänzungsbilanz.[117] In einer Sonderbilanz ausgewiesene Verluste finden hingegen keine Berücksichtigung, da der Mitunternehmer sie stets persönlich zu tragen hat.[118] Ein so ermittelter Verlustanteil ist nur mit zukünftigen Gewinnen verrechenbar, soweit das Kapitalkonto des betroffenen Mitunternehmers durch ihn negativ oder negativer wird.[119] In diesem Zusammenhang zählen zum Kapitalkonto des Mitunternehmers nur das der Gesamthandsbilanz sowie das einer eventuell gebildeten Ergänzungsbilanz. Der Ausweis einer etwaigen Sonderbilanz ist unbeachtlich.[120] Darüber hinaus besteht die

[117] Vgl. zur Anwendung von § 15a EStG auf doppelstöckige Personengesellschaften: Ley, DStR 2004, S. 1498-1504; Sundermeier, DStR 1994, S. 1477-1481; Söhn, StuW 1999, S. 328-334.

[118] Vgl. BMF, Schr. v. 15.12.1993 – IV B 2 – S 2241 a – 57/93, BStBl. I 1993, S. 976; BFH, Urt. v. 13.10.1998 – VIII R 78/97, BStBl. II 1999, S. 163; Korn-Korn/Heißenberg, § 15a Rn. 19.

[119] Vgl. H/H/R-Lüdemann, § 15a Anm. 94; Korn-Korn/Heißenberg, § 15a Rn. 44; zur Abgrenzung des Kapitalkontos vgl. BMF, Schr. v. 30.05.1997 – IV B 2 – S 2241 a – 51/93 II, BStBl. I 1997, S. 627; zur Bildung eines Korrekturpostens bei Einlagen zum Ausgleich eines negativen Kapitalkontos vgl. BFH, Urt. v. 26.06.2007 – IV R 28/06, BFH/NV 2007, S. 1982; Kempermann, DStR 2004, S. 1515; a. Ans.: H 15a EStH „Einlagen“; Claudy/Steger, DStR 2004, S. 1504 (1508).

[120] Vgl. H/H/R-Lüdemann, § 15a Anm. 82-85; L/B/P-Bitz, § 15a Rn. 19; Seibold, DStR 1998, S. 438

Möglichkeit eines erweiterten Verlustausgleichs, soweit die im Handelsregister eingetragene Hafteinlage des Mitunternehmers seine tatsächlich geleistete Pflichteinlage am Bilanzstichtag übersteigt.[121]

Ist nach diesen Grundsätzen für einen beschränkt haftenden Gesellschafter ein verrechenbarer Verlust festgestellt worden, mindert dieser Verlustvortrag zukünftige Gewinnanteile des Gesellschafters aus der Mitunternehmerschaft.[122] Zur Verwirklichung des von § 15a EStG verfolgten Zwecks beschränkt sich die Verlustverrechnung auf zukünftige Gewinnanteile aus einer Gesamthands- oder Ergänzungsbilanz.[123] Entsteht dem Mitunternehmer daneben ein Gewinn in seinem Sonderbetriebsvermögen, ist dessen Ausgleich mit verrechenbaren Verlusten aus dem Gesamthandsbereich nicht möglich.[124] Daneben ist die Verlustverrechnung nur zulässig, soweit im Hinblick auf den erlittenen Verlust und den zu verrechnenden Gewinn sowohl (2.) Beteiligungsidentität als auch (3.) Beteiligtenidentität besteht.[125]

2. Beteiligungsidentität

Dabei setzt Beteiligungsidentität voraus, dass die Einkunftsquelle, deren Gewinn durch den Verlustvortrag gemindert werden soll, dieselbe Einkunftsquelle ist, die den verrechenbaren Verlust erwirtschaftet hat.[126] Dieses Kriterium ist ohne weiteres erfüllt, sofern die vom Verlust ursprünglich betroffene Mitunternehmerschaft als Gesellschaft bis zur Verlustverrechnung unverändert fortbesteht.[127] Ohne Bedeutung ist in diesem Zusammenhang, ob sich im Zeitablauf die Art ihrer gewerblichen Betätigung ändert. Anders als der gewerbesteuerliche Verlustvortrag setzt § 15a EStG keine Unternehmensidentität voraus.[128]

Zu einer Veränderung der Einkunftsquelle kann es jedoch kommen, falls die verlustverursachende Mitunternehmerschaft in ihrem Vermögen oder in ihrer Existenz eine Veränderung erfährt.[129] Dabei ist zu differenzieren. Bleibt die Mitunternehmerschaft bestehen, verlagert aber ihren Betrieb oder einen ihrer Teilbetriebe in eine andere Unternehmung, so besteht im Hinblick auf Gewinne, die diese neue Unternehmung in der Zukunft erzielt, keine Beteiligungsidentität. Bei ihr handelt sich um eine personenverschiedene Einkunftsquelle. Dies gilt unabhängig davon, ob ein solcher Trans-

---

(441).

121 Vgl. § 15a Abs. 1 S. 2 EStG; Korn-Korn/Heißenberg, § 15a Rn. 47; L/B/P-Bitz, § 15a Rn. 23.

122 Vgl. § 15 Abs. 2 EStG; H/H/R-Lüdemann, § 15a Anm. 13; Korn-Korn/Heißenberg, § 15a Rn. 60.

123 Vgl. BFH, Urt. v. 14.12.1995 – IV R 106/94, BStBl. II 1996, S. 226; BFH, Urt. v. 14.10.2003 – VIII R 38/02, BStBl. II 2004, S. 115; L/B/P-Bitz, § 15a Rn. 13.

124 Vgl. Schmidt-Wacker, § 15a Rn. 104; L/B/P-Bitz, § 15a Rn. 34; K/S/M-Beckerath, § 15a Rn. B 321.

125 Vgl. Korn-Korn/Heißenberg, § 15a Rn. 62; Schmidt-Wacker, § 15a Rn. 106.

126 Vgl. H/H/R-Lüdemann, § 15a Anm. 142; K/S/M-Beckerath, § 15a Rn. B 342.

127 Vgl. Schmidt-Wacker, § 15a Rn. 106.

128 Vgl. L/B/P-Bitz, § 15a Rn. 34; Rödder/Schumacher, DB 1998, S. 99 (101); a. Ans.: H/H/R-Lüdemann, § 15a Anm. 142.

129 Vgl. K/S/M-Beckerath, § 15a Rn. B 470.

fer im Wege der Einzelrechtsnachfolge (Einbringung) oder Gesamtrechtsnachfolge (Ausgliederung, Abspaltung) stattfindet. Ungeachtet dessen bleibt der verrechenbare Verlust aber mit zukünftigen Gewinnen der weiter existenten Mitunternehmerschaft verrechenbar.[130]

Bewirkt eine Veränderung hingegen den Untergang der verlustverursachenden Mitunternehmerschaft, schließt ein solcher Vorgang die Annahme zukünftiger Beteiligungsidentität grundsätzlich aus. Da die Einkunftsquelle, die den vorgetragenen Verlust erwirtschaftet hat, fortan nicht mehr existiert, ist eine Identität derselben mit der Einkunftsquelle, deren künftiger Gewinn um den verrechenbaren Verlust gekürzt werden soll, an sich nicht denkbar.[131] Deshalb ist bspw. nach einem Formwechsel oder einer Verschmelzung auf eine Kapitalgesellschaft ein anschließender Verlustabzug ausgeschlossen.[132]

Von dieser grundsätzlichen Einordnung bestehen zwei Ausnahmen. Zum einen bleibt die Einkunftsquelle wirtschaftlich identisch, soweit der Betrieb oder ein Betriebsteil der Mitunternehmerschaft auf den verlustvortragenden Mitunternehmer zum Buchwert übergeht und von diesem fortgeführt wird. In dieser Konstellation war dem Mitunternehmer der verlustverursachende Betrieb oder Betriebsteil ursprünglich mittelbar über seine gesamthänderische Beteiligung zuzurechnen. Nach dem Vermögensübergang wird er unmittelbarer Eigentümer der Sachgesamtheit. Daher ändert der Restrukturierungsvorgang lediglich die zivilrechtliche Einkleidung der Einkunftsquelle, lässt ihre Substanz aber unberührt.[133] Insofern erfährt die Beteiligungsidentität bspw. bei der Anwachsung des Vermögens der Mitunternehmerschaft[134] sowie bei ihrer Realteilung[135] oder Aufspaltung[136] keine Einschränkung.

Zum anderen besteht Beteiligungsidentität, sofern die Verlustgesellschaft auf eine andere Mitunternehmerschaft steuerneutral verschmolzen wird und die Mitunternehmer als Surrogat für ihre ursprüngliche Beteiligung einen Anteil an der aufnehmenden Unternehmung erhalten. Auch in dieser Konstellation wechselt die anfängliche Einkunftsquelle mit der Verschmelzung lediglich ihre äußere Hülle. Das unternehmerische Substrat bleibt unverändert und erfährt durch die aufnehmende Gesellschaft eine Fortführung. Da der vom ursprünglichen Verlust betroffene Mitunternehmer simultan eine mitunternehmerische Beteiligung an der aufnehmenden Gesellschaft er-

130 Vgl. H/H/R-Lüdemann, § 15a Anm. 143; K/S/M-Beckerath, § 15a Rn. B 491.

131 Vgl. H/H/R-Lüdemann, § 15a Anm. 142.

132 Vgl. Schmidt-Wacker, § 15a Rn. 236; H/H/R-Lüdemann, § 15a Anm. 143; Korn-Korn/Heißenberg, § 15a Rn. 108; L/B/P-Bitz, § 15a Rn. 60.

133 Vgl. H/H/R-Lüdemann, § 15a Anm. 142; Schmidt-Wacker, § 15a Rn. 107.

134 Vgl. BFH, Urt. v. 11.05.1995 – IV R 44/93, BFHE 177, S. 466; BFH, Urt. v. 10.03.1998 – VIII R 76/96, BStBl. II 1999, S. 269; L/B/P-Bitz, § 15a Rn. 62; Rautenstrauch/Adrian, DStR 2006, S. 359 (361); Stegemann, GestStB 2004, S. 367; Thill, FR 2006, S. 407 (409).

135 Vgl. Korn-Korn/Heißenberg, § 15a Rn. 110; H/H/R-Lüdemann, § 15a Anm. 142; Schmidt-Wacker, § 15a Rn. 239; L/B/P-Bitz, § 15a Rn. 64; differenzierend: K/S/M-Beckerath, § 15a Rn. B 490, 502.

136 Vgl. Korn-Korn/Heißenberg, § 15a Rn. 110; a. Ans.: H/H/R-Lüdemann, § 15a Anm. 143.

wirbt, behält er auch seinen Anteil an der ursprünglichen Einkunftsquelle. Insofern sind beide Einkunftsquellen unter Zugrundelegung einer wirtschaftlichen Betrachtungsweise kongruent.[137] Ergänzend ist zu beachten, dass der Verlustvortrag mit zukünftigen Gewinnen der jeweils aufnehmenden Unternehmung unbegrenzt verrechnet werden kann. Eine Beschränkung auf den anteilig dem übergegangenen Betrieb zuzurechnenden Gewinn besteht nicht.[138]

3. Beteiligtenidentität

Daneben fordert das Merkmal der Beteiligtenidentität, dass der Mitunternehmer, dessen Gewinnanteil mit einem verrechenbaren Verlust ausgeglichen werden soll, auch derjenige sein muss, der diesen vorgetragenen Verlust zuvor wirtschaftlich erlitten hat.[139] Diese Kongruenz kann durch Veränderungen auf Ebene der Mitunternehmerschaft, auf Ebene des Mitunternehmeranteils sowie auf Ebene des Mitunternehmers vollständig oder partiell verloren gehen.

Bei Modifikationen auf **Ebene der Mitunternehmerschaft** ist zu unterscheiden. Bleibt die verlustträchtige Personengesellschaft bestehen und bringt ihren Betrieb oder einen ihrer Teilbetriebe in eine andere Gesellschaft ein oder spaltet sie eine solche Sachgesamtheit ab, berührt dies die Beteiligtenidentität ihrer Kommanditisten nicht.[140] Das gleiche gilt, sofern sie eine Verschmelzung auf eine andere Personengesellschaft erfährt und ihre Gesellschafter Mitunternehmer dieser aufnehmenden Unternehmung werden.[141] Eine Verschmelzung auf eine Kapitalgesellschaft beseitigt die Beteiligtenkongruenz hingegen.[142]

Geht die verlustbehaftete Mitunternehmerschaft unter und überträgt dabei ihren Betrieb oder ihre Teilbetriebe steuerneutral auf Gesellschafter im Wege der Anwachsung, Verschmelzung, Spaltung oder Realteilung, bleibt die Beteiligtenidentität erhalten.[143] Ebenfalls unschädlich ist ein Formwechsel in eine andere Personengesellschaft.[144] Erfolgt ein solcher hingegen in eine Kapitalgesellschaft, fehlt es darauf folgend an der Beteiligtenidentität.[145]

---

137 Vgl. D/P/P/M-Patt, § 24 Rn. 193; H/H/R-Lüdemann, § 15a Anm. 142; Schmidt-Wacker, § 15a Rn. 238; L/B/P-Bitz, § 15a Rn. 62a; Rödder/Schumacher, DB 1998, S. 99 (102); a. Ans.: K/S/M-Beckerath, § 15a Rn. B 489.

138 Vgl. Schmidt-Wacker, § 15a Rn. 238; Rödder/Schumacher, DB 1998, S. 99 (101-102); Kempf/ Hillringhaus, DB 1996, S. 12 (14).

139 Vgl. H/H/R-Lüdemann, § 15a Anm. 143; Schmidt-Wacker, § 15a Rn. 106; K/S/M-Beckerath, § 15a Rn. B 351.

140 Vgl. H/H/R-Lüdemann, § 15a Anm. 143; K/S/M-Beckerath, § 15a Rn. B 485.

141 Vgl. L/B/P-Bitz, § 15a Rn. 62a; Rödder/Schumacher, DB 1998, S. 99 (102).

142 Vgl. H/H/R-Lüdemann, § 15a Anm. 143.

143 Vgl. H/H/R-Lüdemann, § 15a Anm. 142; L/B/P-Bitz, § 15a Rn. 62.

144 Vgl. Korn-Korn/Heißenberg, § 15a Rn. 107; L/B/P-Bitz, § 15a Rn. 34; K/S/M-Beckerath, § 15a Rn. B 495.

145 Vgl. H/H/R-Lüdemann, § 15a Anm. 143; Korn-Korn/Heißenberg, § 15a Rn. 108.

Auf **Ebene des Mitunternehmeranteils** geht die Beteiligtenidentität verloren, sofern der beschränkt haftende Gesellschafter seinen Mitunternehmeranteil vollständig an eine andere Person veräußert.[146] Als eine solche schädliche Veräußerung qualifiziert dabei auch die Einbringung seiner Beteiligung in eine Kapitalgesellschaft gegen Gewährung von Gesellschaften. Da die Körperschaft nicht nur zivilrechtlich, sondern auch ertragsteuerlich eine andere Person als der einbringende Mitunternehmer ist, stimmen der Steuerpflichtige, der den Verlust zuvor erwirtschaftet hat, und derjenige, der ihn mit einem zukünftigen Gewinn zu verrechnen beabsichtigt, nicht miteinander überein.[147]

Nichts anderes dürfte eigentlich für die Einbringung des Mitunternehmeranteils in eine andere Personengesellschaft gegen Gewährung von Gesellschaftsrechten gelten. Trotzdem bleibt die Beteiligtenidentität in dieser Situation erhalten. Dass der ursprüngliche Mitunternehmer seinen Mitunternehmeranteil in eine steuerlich transparente Unternehmung verlagert, bewahrt zumindest eine mittelbare Kongruenz zwischen dem Anteilsinhaber, der den Verlust anfänglich erfahren hat, und dem, der einen zukünftigen Gewinn um diesen Verlust zu kürzen beabsichtigt. Diese vermittelte Identität genügt zur Aufrechterhaltung der Beteiligtenidentität bei der Obergesellschaft, soweit Verluste aus der Untergesellschaft stammen.[148]

Erfährt schließlich der **Mitunternehmer** selbst eine Veränderung, ist nach seiner Rechtsform zu unterscheiden. Bei einer Kapitalgesellschaft als Mitunternehmer bewirkt eine Verschmelzung auf eine Personen- oder Kapitalgesellschaft den Verlust der Beteiligtenidentität.[149] Das Gleiche gilt für einen Formwechsel in eine Personengesellschaft[150] oder eine Aufspaltung.[151] Grund hierfür ist, dass in diesen Fällen im Anschluss eine Person gewinnberechtigt ist, die den ursprünglichen Verlust nicht erwirtschaftet hat. Wird hingegen ein Teil des Vermögens der Kapitalgesellschaft auf eine andere Unternehmung abgespalten, mindert sich der verrechenbare Verlust lediglich anteilig im Verhältnis des Vermögensübergangs.[152] Allein der Formwechsel in eine andere Kapitalgesellschaft berührt die Beteiligtenidentität nicht.

Ist eine Personengesellschaft Mitunternehmer der verlustträchtigen Mitunternehmerschaft, lässt ein Formwechsel oder eine Verschmelzung dieser Gesellschafterin auf

146 Vgl. Schmidt-Wacker, § 15a Rn. 106; K/S/M-Beckerath, § 15a Rn. B 353.

147 Vgl. H/H/R-Lüdemann, § 15a Anm. 143; Korn-Korn/Heißenberg, § 15a Rn. 104; Schmidt-Wacker, § 15a Rn. 237; L/B/P-Bitz, § 15a Rn. 61.

148 Vgl. OFD Chemnitz, Vfg. v. 05.02.1998 – S 2241a – 8/1 – St 31, BB 1998, S. 903; OFD Nürnberg, Vfg. v. 13.11.1997 – S 2241a – a-31/St 31, BB 1998, S. 44; OFD Bremen, Vfg. v. 19.10.1995 – S 2241a - St 201, BB 1996, S. 900; D/P/P/M-Patt, § 24 Rn. 192; Schmidt-Wacker, § 15a Rn. 238; L/B/P-Bitz, § 15a Rn. 63; K/S/M-Beckrath, § 15a Rn. B 497; Rödder/Schumacher, DB 1998, S. 99 (102).

149 Vgl. §§ 4 Abs. 2 S. 2, § 12 Abs. 3, 18, 19 UmwStG; H/H/R-Lüdemann, § 15a Anm. 143.

150 Vgl. § 9 S. 1 UmwStG; H/H/R-Lüdemann, § 15a Anm. 143.

151 Vgl. §§ 15 Abs. 1, 12 Abs. 3 UmwStG.

152 Vgl. § 15 Abs. 3 UmwStG.

eine Kapitalgesellschaft die Beteiligtenidentität untergehen.[153] Wird eine solche Obergesellschaft hingegen auf die verlustträchtige Mitunternehmerschaft selbst oder eine andere Mitunternehmerschaft verschmolzen, bleibt die Beteiligtenidentität nach der hier vertretenen Auffassung unter Zugrundelegung einer wirtschaftlichen Betrachtungsweise insoweit erhalten, als die Gesellschafter der Obergesellschaft nach der Verschmelzung unmittelbar oder mittelbar an der Verlustgesellschaft beteiligt bleiben. Die über die ursprüngliche Obergesellschaft mittelbar an der verlustverursachenden Untergesellschaft beteiligten Mitunternehmer tauschen ihre Beteiligung mit der Verschmelzung gegen einen wirtschaftlich gleichwertigen Anteil an der Verlustgesellschaft selbst oder einer anderen aufnehmenden Personengesellschaft ein.

Geht der Mitunternehmeranteil an der verlustverursachenden Gesellschaft im Wege der Anwachsung, Realteilung oder Aufspaltung der Obergesellschaft auf einen Mitunternehmer derselben über, bleibt die Beteiligtenidentität nach dem Maße dessen Beteiligung an der Obergesellschaft bestehen. Auch hier ist eine wirtschaftliche Betrachtungsweise maßgebend. Der Formwechsel der beteiligten Personengesellschaft in eine andere Personengesellschaft beeinflusst die Beteiligtenidentität schließlich nicht.

Beteiligungsidentität

- kein Verlust bei Sachgesamtheitseinbringungen
- Verlust bei Untergang der Mitunternehmerschaft
  - Ausnahme 1: Übergang auf und Fortführung durch Mitunternehmer
  - Ausnahme 2: Verschmelzung auf andere Personengesellschaft

Beteiligtenidentität

- Ebene der Mitunternehmerschaft
  - Verschmelzung auf KapG
  - Formwechsel in KapG
- Ebene des Mitunternehmeranteils
  - Vollständiges Ausscheiden eines Mitunternehmers
  - Einbringung des Mitunternehmeranteils in eine KapG
- Ebene des Mitunternehmers
  - KapG: Verschmelzung, Formwechsel, Aufspaltung
  - PersG: Verschmelzung auf, Formwechsel in KapG

Abb. 22: Verlust- und Zinsvorträge - Gestaltungsgrenze des verrechenbaren Verlusts

[153] Vgl. H/H/R-Lüdemann, § 15a Anm. 143.

IV. Zinsvortrag

1. Allgemeine Grundsätze

Schließlich können Restrukturierungsvorgänge einen vorhandenen Zinsvortrag beeinträchtigen.[154] Ein solcher entsteht, sofern einem Betrieb in einem Wirtschaftsjahr Zinsaufwendungen entstehen, die bei der Ermittlung des steuerpflichtigen Gewinns nicht abgezogen werden dürfen.[155] Dies ist der Fall, soweit die Zinsaufwendungen des Betriebs seine Zinserträge sowie 30 % seines steuerlichen EBITDA übersteigen und kein Ausnahmetatbestand erfüllt ist.[156] Diese Zinsschranke dient der Sicherung des inländischen Steuersubstrats sowie der Vermeidung missbräuchlicher Steuergestaltungen.[157]

Dabei versteht man unter **steuerlichem EBITDA** den nach den Vorschriften des EStG ermittelten steuerpflichtigen Gewinn vor Anwendung der Zinsschranke zuzüglich der Zinsaufwendungen, der Sofortabschreibungen geringwertiger Wirtschaftsgüter, der Poolabschreibungen, der regulären Abschreibungen sowie abzüglich der erwirtschafteten Zinserträge.[158] Sonderabschreibungen, erhöhte Absetzungen und Bewertungsabschläge erfahren keine Hinzurechnung.[159] Angesichts der Betriebsbezogenheit der Zinsschranke[160] ist bei einer Mitunternehmerschaft nicht nur das Ergebnis der Gesamthandsbilanz, sondern auch das von Ergänzungs- respektive Sonderbilanzen zu berücksichtigen.[161]

Bei einer Kapitalgesellschaft ergibt sich der maßgebliche EBITDA nicht auf Basis des steuerpflichtigen Gewinns, sondern auf der Grundlage ihres steuerpflichtigen Einkommens ohne Berücksichtigung der Zinsschranke, Verlustvorträge und Spenden.[162] Die Betriebsbezogenheit der Zinsschranke erfordert hier, dass jede Kapitalgesellschaft einzeln beurteilt wird. Etwas anderes gilt nur, sofern eine Kapitalgesellschaft in

---

154 Vgl. zu den drei Gestaltungsfallgruppen, die den Gesetzgeber zur Implementierung der Zinsschranke motivierten: Rödder/Stangl, DB 2007, S. 479; Blumenberg/Lechner (2007), S. 108; Welling, FR 2007, S. 735 (737).

155 Vgl. zu den sich daraus ergebenden effektiven Steuersätzen: Hoffmann/Rüsch, DStR 2007, S. 2079-2084; vgl. zu den quantitativen Steuerwirkungen: Herzig/Lochmann/Liekenbrock, DB 2008, S. 593-602.

156 Vgl. § 4h Abs. 1 S. 1 EStG; vgl. zur Kritik an der Regelung: Dörfler/Vogl, BB 2007, S. 1084 (1086-1087); Schaden/Käshammer, BB 2007, S. 2317; Wagner/Fischer, BB 2007, S. 1811 (1816); Eilers, FR 2007, S. 733 (734-735); Töben, FR 2007, S. 739 (741-745); Thiel, FR 2007, S. 729 (730); Homburg, FR 2007, S. 717 (724).

157 Vgl. B/F/F/K-G. Förster, § 4h KStG Rn. 2; Blumenberg/Lechner (2007), S. 108.

158 Vgl. § 4h Abs. 3 S. 1, Abs. 1 S. 1 EStG; BMF, Tz. 40 d. Schr. v. 04.07.2008 – IV C 7 – S 2742-a/07/10001, DStR 2008, S. 1427; B/F/F/K-G. Förster, § 4h EStG Rn. 47.

159 Vgl. B/F/F/K-G. Förster, § 4h EStG Rn. 50; Blumenberg/Lechner (2007), S. 118.

160 Vgl. Rödder, DStR 2007, Beihefter zu Heft 40, S. 7; Schaden/Käshammer, BB 2007, S. 2317 (2318); Wagner/Fischer, BB 2007, S. 1811; Blumenberg/Lechner (2007), S. 114.

161 Vgl. B/F/F/K-G. Förster, § 4h EStG Rn. 53; Blumenberg/Lechner (2007), S. 124.

162 Vgl. § 8a Abs. 1 S. 2 KStG.

einem Organschaftsverhältnis steht. In diesem Fall gelten Organträger und Organgesellschaft als ein Betrieb.[163]

Unter **Zinsaufwendungen** versteht man im Rahmen der Zinsschranke Vergütungen für Fremdkapital, die den maßgeblichen Gewinn gemindert haben.[164] Als Fremdkapital qualifizieren in diesem Zusammenhang alle als Verbindlichkeit passivierungsfähigen Kapitalzuführungen in Geld, die nach steuerrechtlichen Grundsätzen nicht zum Eigenkapital gehören.[165] Das Darlehen eines Mitunternehmers an seine Mitunternehmerschaft stellt daher kein Fremdkapital dar.[166] Als Vergütungen sind Gegenleistungen aller Art denkbar, die das Unternehmen im Gegenzug für die Überlassung des Fremdkapitals erbringt.[167] Dabei kommt es weder auf den Empfänger der Vergütungen noch auf die Dauer der Kapitalüberlassung an.[168] Außerdem zählt auch der Aufwand aus der Aufzinsung unverzinslicher und niedrig verzinslicher Verbindlichkeiten sowie aus der Abzinsung unverzinslicher oder niedrig verzinslicher Kapitalforderungen zu den Zinsaufwendungen.[169]

In Abgrenzung hierzu stellen **Zinserträge** Erträge aus Kapitalforderungen dar, die den maßgeblichen Gewinn erhöht haben.[170] In diesem Zusammenhang versteht man unter Kapitalforderungen Ansprüche aus der Überlassung von Geldkapital, die nach steuerrechtlichen Grundsätzen nicht zum Eigenkapital des Kapitalnehmers gehören. Dividendenerträge und Gewinnanteile eines Mitunternehmers einschließlich der Ergebnisse aus Ergänzungs- oder Sonderbilanzen qualifizieren daher nicht als Zinserträge. Im Übrigen spielt es keine Rolle, wer Schuldner der Vergütungen ist oder wie lange die Kapitalüberlassung anhält.[171] Erträge aus der Aufzinsung unverzinslicher und niedrig verzinslicher Verbindlichkeiten sowie aus der Abzinsung unverzinslicher oder niedrig verzinslicher Kapitalforderungen gelten auch als zu berücksichtigende Zinserträge.[172]

Übersteigt der Zinsaufwand eines Betriebs die 30 %-Grenze, kann er trotzdem als Betriebsausgabe abgezogen werden, sofern im Einzelfall einer von drei **Ausnahmetatbestände**n erfüllt ist. Dabei ist zunächst ein Zinssaldo von weniger als einer Milli-

---

163 Vgl. § 15 S. 1 Nr. 3 KStG; B/F/F/K-G. Förster, § 4h EStG Rn. 57; Rödder, DStR 2007, Beihefter zu Heft 40, S. 7; Blumenberg/Lechner (2007), S. 121.

164 Vgl. § 4h Abs. 3 S. 2 EStG; BMF, Tz. 18 d. Schr. v. 04.07.2008 – IV C 7 – S 2742-a/07/10001, DStR 2008, S. 1427; Rödder, DStR 2007, Beihefter zu Heft 40, S. 7.

165 Vgl. BMF, Tz. 11 d. Schr. v. 04.07.2008 – IV C 7 – S 2742-a/07/10001, DStR 2008, S. 1427; BMF, Tz. 44-46 d. Schr. v. 15.12.1994 – IV B 7 – S 2742a – 63/94, BStBl. I 1995, S. 25, 176; B/F/F/K-G. Förster, § 4h EStG Rn. 131; Wagner/Fischer, BB 2007, S. 1811.

166 Vgl. BMF, Tz. 19 d. Schr. v. 04.07.2008 – IV C 7 – S 2742-a/07/10001, DStR 2008, S. 1427; Blumenberg/Lechner (2007), S. 124.

167 Vgl. B/F/F/K-G. Förster, § 4h EStG Rn. 133; Blumenberg/Lechner (2007), S. 108.

168 Vgl. B/F/F/K-G. Förster, § 4h EStG Rn. 130.

169 Vgl. § 4h Abs. 3 S. 4 EStG; Rödder, DStR 2007, Beihefter zu Heft 40, S. 7.

170 Vgl. § 4h Abs. 3 S. 3 EStG.

171 Vgl. B/F/F/K-G. Förster, § 4h EStG Rn. 140-144.

172 Vgl. § 4h Abs. 3 S. 4 EStG.

on Euro privilegiert.[173] Mit dieser **Freigrenze**[174] sollen kleine und mittelständische Unternehmen von der Beschränkung ausgenommen werden.[175] Ob in diesem Zusammenhang ein bereits vorhandener Zinsvortrag den laufenden Zinsaufwand erhöht und so eventuell die Freigrenze überschreiten lässt, ist gegenwärtig noch nicht geklärt.[176]

Begünstigt ist darüber hinaus ein Betrieb, der nicht oder nur anteilsmäßig zu einem **Konzern** gehört. Konzernzugehörigkeit ist in diesem Zusammenhang anzunehmen, sofern der Betrieb nach dem für ihn maßgeblichen Rechnungslegungsstandard mit mindestens einem anderen Betrieb konsolidiert wird oder werden könnte sowie wenn seine Finanz- oder Geschäftspolitik mit mindestens einem anderen Betrieb einheitlich bestimmt werden kann (erweiterter Konzernbegriff).[177] Privilegiert sind neben Einzelunternehmen daher nur Personen- und Kapitalgesellschaften, die weder eine Beteiligung an einer Tochtergesellschaft halten noch selbst als Tochterunternehmen qualifizieren. Typische GmbH & Co. KG Strukturen erfahren im Regelfall keine Einordnung als Konzern.[178] Nicht nachteilig ist auch das Halten von Anteilen an Gemeinschaftsunternehmen oder assoziierten Unternehmen sowie das Halten sonstiger Minderheitsbeteiligungen.[179] Im Übrigen gilt Besonderes, sofern es sich bei dem Betrieb um eine Kapitalgesellschaft oder um eine Mitunternehmerschaft, die einer Kapitalgesellschaft nachgeordnet ist, handelt und Fremdkapitalvergütungen an einen zu mehr als 25 % unmittelbar oder mittelbar beteiligten Anteilseigner, eine diesem nahe stehende Person[180] oder einen rückgriffsberechtigten Dritten[181] gezahlt werden. In diesem Fall ist die Begünstigung nur anwendbar, sofern der hierauf entfallende Zinsaufwand nicht mehr als 10 % des Zinssaldos beträgt.[182]

Bei einem konzernzugehörigen Betrieb lässt das Gesetz schließlich eine Ausnahme zu, sofern seine **Eigenkapitalquote** am Schluss des vorangegangenen Abschlussstichtages höchstens einen Prozentpunkt niedriger ist als die seines Konzerns.[183] Dabei versteht man unter Eigenkapitalquote das Verhältnis des Eigenkapitals zur Bi-

---

173 Vgl. § 4h Abs. 2 a) EStG.

174 Vgl. Rödder, DStR 2007, Beihefter zu Heft 40, S. 8; Blumenberg/Lechner (2007), S. 130.

175 Vgl. Zielke, DB 2007, S. 2781 (2782); Wiese/Klass/Möhrle, GmbHR 2007, S. 405 (407).

176 Vgl. Blumenberg/Lechner (2007), S. 133.

177 Vgl. § 4h Abs. 3 S. 5, 6 EStG; BMF, Tz. 60 d. Schr. v. 04.07.2008 – IV C 7 – S 2742-a/07/10001, DStR 2008, S. 1427; Dörfler/Vogl, BB 2007, S. 1084 (1085); Blumenberg/Lechner (2007), S. 135.

178 Vgl. BMF, Tz. 66 d. Schr. v. 04.07.2008 – IV C 7 – S 2742-a/07/10001, DStR 2008, S. 1427; kritisch: Blumenberg/Lechner (2007), S. 143.

179 Vgl. Heintges/Kamphaus/Loitz, DB 2007, S. 1261 (1262); Reiche/Kroschewski, DStR 2007, S. 1330 (1332); Hageböke/Stangl, DB 2008, S. 200 (201); a. Ans. zu assoziierten Unternehmen: Rupp, EStB 2007, S. 419 (420).

180 Vgl. § 1 Abs. 2 AStG.

181 Vgl. B/F/F/K-G. Förster, § 8a KStG Rn. 40-42; Blumenberg/Lechner (2007), S. 147.

182 Vgl. § 8a Abs. 2 KStG; Rödder, DStR 2007, Beihefter zu Heft 40, S. 9.

183 Vgl. BMF, Tz. 69 d. Schr. v. 04.07.2008 – IV C 7 – S 2742-a/07/10001, DStR 2008, S. 1427; kritisch hierzu: Wagner/Fischer, BB 2007, S. 1811 (1815); Blumenberg/Lechner (2007), S. 151.

lanzsumme. Maßgeblich ist für den Konzern insoweit der Konzernabschluss, für den Betrieb der Jahres- oder Einzelabschluss, erstellt in der Regel nach den IFRS, ersatzweise nach innerstaatlichem Handelsrecht oder US-GAAP.[184] Besitzt der betroffene Konzern eigentlich keine Verpflichtung zur Erstellung eines Konzernabschlusses, muss ein solcher ggf. allein zur Inanspruchnahme der Escape-Klausel angefertigt werden.[185] Wahlrechte sind in beiden Abschlüssen einheitlich auszuüben. Das Eigenkapital des Betriebs ist ggf. um einen im Konzernabschluss enthaltenen Firmenwert, soweit er auf den Betrieb entfällt, und um die Hälfte von Sonderposten mit Rücklagenanteil zu erhöhen sowie um stimmrechtsloses Eigenkapital, Anteile an anderen Konzerngesellschaften und um Einlagen der letzten sechs Monate vor dem Abschlussstichtag, soweit ihnen Entnahmen oder Ausschüttungen innerhalb der ersten sechs Monate nach dem Abschlussstichtag gegenüberstehen, zu kürzen. Sonderbetriebsvermögen ist dem Betrieb der Mitunternehmerschaft zuzuordnen, soweit es im Konzernvermögen enthalten ist.[186] Bei Organschaftsverhältnissen ist eine eigenständige Konsolidierung des Organkreises erforderlich.[187]

Im Übrigen gilt für Kapitalgesellschaften und Mitunternehmerschaften, die einer Kapitalgesellschaft nachgeordnet sind, auch hier die Einschränkung der Gesellschafterfremdfinanzierung. Dabei ist die Escape-Klausel für sämtliche Betriebe des Konzerns schon nicht anwendbar, sofern nur irgendein Rechtsträger des Konzerns Zinsen in Höhe von mehr als 10 % des jeweiligen Zinssaldos an einen zu mehr als 25 % unmittelbar oder mittelbar beteiligten Anteilseigner, an eine diesem nahe stehende Person oder an einen rückgriffsberechtigten Dritten entrichtet und die Verbindlichkeit einen Ausweis im voll konsolidierten Konzernabschluss gefunden hat.[188] Fremdfinanzierungen innerhalb des Konzerns sind hingegen unschädlich.[189]

Ein solcher Zinsvortrag erhöht grundsätzlich die Zinsaufwendungen des Betriebs im folgenden Wirtschaftsjahr ohne seinen steuerlichen EBITDA zu vergrößern,[190] es sei denn, es kommt zu einer schädlichen Änderung in der Unternehmens- oder Gesellschafterstruktur. Dabei ist zwischen dem Zinsvortrag einer (2.) Mitunternehmerschaft und dem einer (3.) Kapitalgesellschaft zu unterscheiden.

---

184 Vgl. BMF, Tz. 77, 78 d. Schr. v. 04.07.2008 – IV C 7 – S 2742-a/07/10001, DStR 2008, S. 1427; Rödder, DStR 2007, Beihefter zu Heft 40, S. 9-10; Blumenberg/Lechner (2007), S. 153.

185 Vgl. B/F/F/K-G. Förster, § 4h EStG Rn. 98.

186 Vgl. § 4h Abs. 2 c) EStG; Blumenberg/Lechner (2007), S. 166.

187 Vgl. B/F/F/K-G. Förster, § 4h EStG Rn. 111.

188 Vgl. § 8a Abs. 3 KStG; Blumenberg/Lechner (2007), S. 168.

189 Vgl. BMF, Tz. 80 d. Schr. v. 04.07.2008 – IV C 7 – S 2742-a/07/10001, DStR 2008, S. 1427; B/F/F/K-G. Förster, § 8a KStG Rn. 71.

190 Vgl. § 4h Abs. 1 S. 3 EStG; Schaden/Käshammer, BB 2007, S. 2317; Blumenberg/Lechner (2007), S. 119.

2. Mitunternehmerschaften

Erwirtschaftet eine Mitunternehmerschaft einen Zinsvortrag, so gelten für dessen Erhalt die Regeln zum gewerbesteuerlichen Fehlbetrag entsprechend.[191] § 4h Abs. 5 S. 1 EStG bestimmt, dass ein Zinsvortrag bei Aufgabe oder Übertragung des Betriebs untergeht. Für Umstrukturierungsmaßnahmen bedeutet diese Einschränkung, dass die Verrechnung eines Zinsvortrages mit Gewinnen späterer Wirtschaftsjahre nur zulässig ist, sofern der im Jahr der Gewinnkürzung bestehende Betrieb identisch ist mit dem des Zinsentstehungsjahres. Erforderlich ist daher Unternehmensidentität.[192]

Daneben sieht § 4h Abs. 5 S. 2 EStG einen anteiligen Untergang des Zinsvortrages vor, sofern ein Mitunternehmer aus der Mitunternehmerschaft ausscheidet. Diese Beschränkung hat für Umstrukturierungsmaßnahmen zur Folge, dass in folgenden Wirtschaftsjahren eine Verrechnung von Zinsaufwand mit Gewinn nur erfolgen kann, soweit dieselben Mitunternehmer sowohl im Jahr der Zinsentstehung als auch in dem der angestrebten Gewinnkürzung an der Gesellschaft beteiligt waren. Es bedarf daher neben der Unternehmensidentität auch der Unternehmeridentität.[193] Angesichts dieser Parallelität finden die Erläuterungen zum vortragsfähigen gewerbesteuerlichen Fehlbetrag bei Mitunternehmerschaften Anwendung. Dies gilt auch, sofern eine Kapitalgesellschaft Mitunternehmerin ist und sich ihr Gesellschafterbestand verändert.[194]

3. Kapitalgesellschaften

Ist der Zinsvortrag bei einer Kapitalgesellschaft entstanden, gelten die Erläuterungen zum körperschaftsteuerlichen Verlustvortrag entsprechend.[195] Das UmwStG qualifiziert Umwandlungsvorgänge unter den gleichen Voraussetzungen als nachteilig für einen Zinsvortrag wie für einen körperschaftsteuerlichen Verlustvortrag.[196] § 8a Abs. 1 S. 3 KStG ordnet an, dass die Regeln zu schädlichen Beteiligungserwerben gemäß § 8c KStG sowie zu einem Verlust der wirtschaftlichen Identität gemäß § 8 Abs. 4 KStG 2007 entsprechend gelten.

Besonderes gilt darüber hinaus für den Fall, dass die Verlustgesellschaft ihren Betrieb oder einen Teilbetrieb in eine Tochterpersonenunternehmung einbringt. In die-

---

191 Vgl. BT-Drucks. 16/4841, S. 50; B/F/F/K-G. Förster, § 4h EStG Rn. 169-173; Rödder, DStR 2007, Beihefter zu Heft 40, S. 8; Schaden/Käshammer, BB 2007, S. 2317 (2319); Blumenberg/Lechner (2007), S. 120.

192 Vgl. BMF, Tz. 47 d. Schr. v. 04.07.2008 – IV C 7 – S 2742-a/07/10001, DStR 2008, S. 1427; Schaden/Käshammer, BB 2007, S. 2317 (2320).

193 Vgl. BMF, Tz. 52 d. Schr. v. 04.07.2008 – IV C 7 – S 2742-a/07/10001, DStR 2008, S. 1427; Schaden/Käshammer, BB 2007, S. 2317 (2320).

194 Vgl. § 4h Abs. 5 S. 3 EStG

195 Vgl. BT-Drucks. 16/4841, S. 74; Benz/Rosenberg (2007), S. 193; Rödder, DStR 2007, Beihefter zu Heft 40, S. 8; Schaden/Käshammer, BB 2007, S. 2317 (2321); Blumenberg/Lechner (2007), S. 120.

196 Vgl. §§ 4 Abs. 2 S. 2, 12 Abs. 3, 15 Abs. 3, 18 Abs. 1, 19 Abs. 2 UmwStG und oben Abschn. A. I. 3.; kritisch: Schaden/Käshammer, BB 2007, S. 2317 (2321).

ser Konstellation geht der Zinsvortrag anders als der körperschaftsteuerliche Verlustvortrag über. Er kann anschließend wie ein gewerbesteuerlicher Verlustvortrag mit dem Teil des Gewinns der aufnehmenden Personengesellschaft verrechnet werden, der nach dem Gewinnverteilungsschlüssel der einbringenden Kapitalgesellschaft zuzuordnen ist.[197] Handelt es sich bei der aufnehmenden Unternehmung hingegen um eine Kapitalgesellschaft, geht der Zinsvortrag mangels Unternehmeridentität nicht über, bleibt der Verlustgesellschaft aber erhalten.[198]

V. Systematischer Zusammenhang der Gestaltungsgrenzen

Vergegenwärtigt man sich die einzelnen oben erläuterten Gestaltungsgrenzen, so zeigen sich, je nach der Rechtsform des verlustträchtigen oder zinsvortragenden Unternehmens, zwei systematische Zusammenhänge. Handelt es sich bei der betroffenen Unternehmung um eine Kapitalgesellschaft, so besteht im Regelfall eine Gleichläufigkeit zwischen allen drei in Betracht kommenden Vorträgen. Für den Bestand eines gewerbesteuerlichen Verlustvortrages sowie den eines Zinsvortrages gelten grundsätzlich dieselben Regeln wie für die Aufrechterhaltung eines körperschaftsteuerlichen Verlustvortrags.[199] Die Konservierung aller drei Verlustvorträge hängt daher im gleichen Maße davon ab, ob auf Ebene der Verlustgesellschaft ein nachteiliger Umwandlungsvorgang stattfindet oder durch Vorgänge auf Ebene der Beteiligung respektive der Gesellschafter ein schädlicher Beteiligungserwerb[200] oder ein Verlust der wirtschaftlichen Identität[201] ausgelöst wird. Eine Besonderheit besteht lediglich bei der Einbringung eines Betriebes in eine Personengesellschaft. Während ein körperschaftsteuerlicher Verlustvortrag in dieser Konstellation bei der einbringenden Unternehmung unberührt zurückbleibt, gehen ein gewerbesteuerlicher Fehlbetrag und ein Zinsvortrag vollständig oder partiell auf die aufnehmende Gesellschaft über.

Sammelt hingegen eine Mitunternehmerschaft Verluste oder Zinsen an, ist lediglich eine begrenzte Gleichläufigkeit gegeben. In dieser Situation entsprechen die Grundsätze im Hinblick auf den Fortbestand eines Zinsvortrages denen, die die Aufrechterhaltung eines gewerbesteuerlichen Fehlbetrages regeln. Eine Unternehmung kann ihre zukünftigen Gewinne daher um vorgetragene Gewerbeverluste oder Zinsen nur mindern, soweit Unternehmensidentität und Unternehmeridentität besteht. Unabhängig davon ist die Verrechnung eines gemäß § 15a EStG vorgetragenen Verlustes nur möglich, soweit Beteiligungsidentität und Beteiligtenidentität vorliegt.

---

[197] Vgl. R 68 Abs. 4 S. 6, Abs. 2 GewStR; L/S-Kleinheisterkamp, § 10a Anm. 66.

[198] Vgl. R 68 Abs. 4 S. 5 GewStR; L/S-Kleinheisterkamp, § 10a Anm. 80.

[199] Vgl. Neumann, GmbH-StB 2007, S. 249 (250); Lenz/Ribbrock, BB 2007, S. 587 (589).

[200] Vgl. § 8c KStG.

[201] Vgl. § 8 Abs. 4 KStG.

C. Steuerlicher Ist-Zustand

I. Isolierte einstufige Umstrukturierungsmaßnahmen mit Einzelwirtschaftsgütern

Nachdem die Gestaltungsgrenze der Verlust- und Zinsvorträge auf diese Weise eine Präzisierung erfahren hat, ist es möglich, den steuerlichen Ist-Zustand festzustellen.[202] Dabei ist zu beachten, dass Umstrukturierungsmaßnahmen mit Einzelwirtschaftsgütern ein Risiko im Hinblick auf Verlust- oder Zinsvorträge nur initiieren, sofern die Beteiligung an einer Kapitalgesellschaft Gegenstand des Transfers ist. Die Übertragung sonstiger Einzelwirtschaftsgüter beinhaltet keine Gefahr.

Erfährt die Beteiligung an einer Kapitalgesellschaft eine vollständige oder partielle Verlagerung, sind zwei Ausgangssituationen denkbar. Die Kapitalgesellschaft (Tochtergesellschaft) kann selbst Verlust- und Zinsvorträge besitzen. Sie kann aber auch ihrerseits unmittelbar oder mittelbar an einer weiteren Kapital- oder Personengesellschaft (Enkelgesellschaft) beteiligt sein, der entsprechende Verlust- oder Zinsvorträge zustehen. Besitzt die **Tochtergesellschaft** selbst Verlust- oder Zinsvorträge, hängt deren Fortbestand davon ab, ob mehr als 50 %, zwischen 25 und 50 % oder nicht mehr als 25 % der Geschäftsanteile einen Transfer erfahren.[203] Werden mehr als 50 % der Geschäftsanteile an einen Erwerber übertragen, gehen ein körperschaftsteuerlicher Verlustvortrag, ein gewerbesteuerlicher Fehlbetrag und ein Zinsvortrag der Gesellschaft in jedem Fall unter.[204] Dabei ist es unerheblich, welche Rechtsform das abgebende und das aufnehmende Betriebsvermögen aufweisen.[205] Ohne Bedeutung ist auch, in welche Richtung der Anteilstransfer erfolgt.

Werden zwischen 25 und 50 % der Geschäftsanteile auf einen Erwerber verlagert, verliert die Tochtergesellschaft zumindest den Teil ihrer Verlust- und Zinsvorträge, der dem Prozentsatz der transferierten Beteiligung entspricht.[206] Hat das aufnehmende Betriebsvermögen oder eine ihm nahe stehende Person darüber hinaus innerhalb eines Fünf-Jahres-Zeitraums seit dem 01.01.2008 bereits Anteile an der Tochtergesellschaft erworben, ergibt sich durch die Addition beider Erwerbe entweder eine Erhöhung des Vortragsuntergangs um das prozentuale Maß dieser Geschäftsanteile oder bei einem Überschreiten der 50 %-Grenze sogar ein vollständiger Untergang. Hat ein solcher vorangegangener Anteilstransfer vor dem 01.01.2008 stattgefunden, verliert die Tochtergesellschaft ihre Vorträge, sofern beide Beteili-

---

202 Vgl. zur Verlustinventur: Becker/Loitz/Stein (2009), S. 35; Prinz, GmbHR 2004, S. 921; Prinz, FR 1996, S. 769 (776).

203 Vgl. BT-Drucks. 16/4841, S.76; B/F/F/K-Reitsam, § 8c Rn. 63; Rödder, DStR 2007, Beihefter zu Heft 40, S. 13.

204 Vgl. §§ 8c S. 2 KStG, 10a S. 10 GewStG, 8a Abs. 1 S. 3 KStG.

205 Vgl. BFH, Urt. v. 20.08.2003 – I R 81/02, BStBl. II 2004, S. 614; a. Ans.: H/H/R-Schloßmacher, § 8 Anm. 47; Beußer, DB 2007, S. 1549 (1550); Orth, FR 2004, S. 613 (624); Moog, DB 2000, S. 1638 (1640).

206 Vgl. § 8c S. 1 KStG, 10a S. 10 GewStG, 8a Abs. 1 S. 3 KStG.

gungsverlagerungen zusammen mehr als 50 % des gezeichneten Kapitals ausmachen und zusätzlich die wirtschaftliche Identität der Unternehmung verloren geht.[207]

Sind Gegenstand einer solchen Übertragung schließlich nicht mehr als 25 % der Geschäftsanteile, kommt ein vollständiger Untergang der Vorträge nur in zwei Konstellationen in Betracht. Zum einen ist denkbar, dass das aufnehmende Betriebsvermögen oder eine ihm nahe stehende Person innerhalb einer fünfjährigen Frist seit dem 01.01.2008 bereits so viele Geschäftsanteile an der Tochtergesellschaft erworben hat, dass es zusammen mit der nun übernommenen Beteiligung zumindest 50 % der Anteile hält.[208] Zum anderen besteht die Möglichkeit, dass innerhalb eines Fünf-Jahres-Zeitraums vor dem 01.01.2008 so viele Geschäftsanteile an der Tochtergesellschaft auf neue Gesellschafter übergegangen sind, dass diese gemeinsam mit der gegenwärtigen Übertragung einen mehr als 50 %-igen Gesellschafterwechsel auslösen. Ist dies der Fall und verliert die Tochtergesellschaft simultan auch ihre wirtschaftliche Identität, gehen alle ihre Vorträge unter.[209] Ein partieller Vortragsverlust ist nur vorstellbar, falls ein vorangegangener Anteilstransfer nach dem 01.01.2008 zusammen mit der aktuellen Beteiligungsverlagerung zwar die 25 %-Grenze, nicht aber das 50 %-Kriterium überschreitet.

Hat nicht die Tochtergesellschaft selbst, sondern eine **Enkelgesellschaft** die Verlust- oder Zinsvorträge erwirtschaftet, gelten die Ausführungen zur Tochtergesellschaft grundsätzlich entsprechend. In diesem Zusammenhang ist es im Regelfall unerheblich, ob eine Anteilsverschiebung unmittelbar oder mittelbar erfolgt.[210] Eine Ausnahme gilt lediglich für die Anwendbarkeit von § 8 Abs. 4 KStG 2007 sowie der an ihn anknüpfenden Regelungen. Voraussetzung für sie ist stets eine unmittelbare Veränderung der Gesellschafterstruktur der verlustbehafteten Unternehmung.[211] An einer solchen fehlt es, sofern nicht die verlustträchtige Enkelgesellschaft selbst, sondern lediglich die ihr übergeordnete Tochtergesellschaft einen Gesellschafterwechsel erfährt.

II. Isolierte einstufige Umstrukturierungsmaßnahmen mit Sachgesamtheiten

1. Ebene der Verlustgesellschaft

1.1. Abwärts gerichtete Übertragungen

Bringt eine verlustträchtige **Personenunternehmung** ihren **Betrieb** in eine andere Personen- oder Kapitalgesellschaft ein, so lässt ein solcher Vorgang verrechenbare Verluste eines Kommanditisten dieser Mitunternehmerschaft unberührt. Die insoweit

---

207 Vgl. § 8 Abs. 4 KStG 2007, 10a S. 10 GewStG, 8a Abs. 1 S. 3 KStG.

208 Vgl. § 8c S. 2 KStG, 10a S. 10 GewStG, 8a Abs. 1 S. 3 KStG.

209 Vgl. § 8 Abs. 4 KStG 2007, 10a S. 10 GewStG, 8a Abs. 1 S. 3 KStG.

210 Vgl. BT-Drucks. 16/4841, S.76; B/F/F/K-Reitsam, § 8c Rn. 67; Beußer, DB 2007, S. 1549.

211 Vgl. BFH, Urt. v. 20.08.2003 – I R 61/01, BStBl. II 2004, S. 616; BFH, Urt. v. 20.08.2003 – I R 81/02, BStBl. II 2004, S. 614; H/H/R-Schloßmacher, § 8 Anm. 447; Buciek, DStZ 2003, S. 856; a. Ans.: Moog, DB 2000, S. 1638 (1640); Orth, FR 2004, S. 613 (624).

erforderliche Beteiligten- und Beteiligungsidentität erfährt keine Einschränkung.[212] Ein gewerbesteuerlicher Fehlbetrag oder ein Zinsvortrag bleiben nach Einschätzung der Finanzgerichte entgegen der hier vertretenen Auffassung selbst bei einer gewerblich geprägten Personenunternehmung nicht erhalten.[213] Ein Übergang dieser Vorträge auf die übernehmende Gesellschaft scheitert an der anschließend fehlenden Unternehmeridentität.[214]

Die abwärts gerichtete Einbringung eines **Teilbetriebs** lässt einen verrechenbaren Verlust unberührt bei der einbringenden Personengesellschaft zurück. Etwas anderes gilt für einen gewerbesteuerlichen Verlustvortrag und einen Zinsvortrag. Das übertragende Betriebsvermögen verliert seine Unternehmensidentität im Verhältnis des übergehenden Teilbetriebs zum gesamten Betrieb. Sein gewerbesteuerlicher Fehlbetrag und sein Zinsvortrag mindern sich entsprechend.[215] Ein Übergang dieser Vorträge auf die aufnehmende Unternehmung findet mangels Unternehmeridentität nicht statt.[216]

Erfährt die verlustbehaftete Personenunternehmung eine **Verschmelzung** auf eine ihr untergeordnete Kapitalgesellschaft, gehen sämtliche Verlustvorträge unter. Die Fortführung eines verrechenbaren Verlustes scheitert an mangelnder Beteiligungsidentität.[217] Die Aufrechterhaltung eines gewerbesteuerlichen Fehlbetrages sowie eines Zinsvortrages ist angesichts fehlender Unternehmeridentität nicht möglich. Erfolgt die Verschmelzung hingegen auf eine untergeordnete Personengesellschaft, bleibt ein verrechenbarer Verlust aufgrund wirtschaftlicher Beteiligungsidentität erhalten.[218] Einen gewerbesteuerlichen Fehlbetrag und einen Zinsvortrag kann die aufnehmende Mitunternehmerschaft fortführen, soweit die Gesellschafter der einbringenden Personenunternehmung ihre unmittelbaren Mitunternehmer werden.[219]

Unterzieht sich die Personenunternehmung einem **Formwechsel** in eine Kapitalgesellschaft, gehen ihre sämtlichen Verlustvorträge mangels Beteiligungsidentität[220] re-

---

212 Vgl. H/H/R-Lüdemann, § 15a Anm. 143; K/S/M-Beckerath, § 15a Rn. B 491.

213 Vgl. BFH, Urt. v. 07.11.2006 – VIII R 30/05, BFH/NV 2007, S. 1042; BFH, Urt. v. 15.03.1994 – XI R 60/89, BFH/NV 1994, S. 899; FG Baden-Württemberg, Urt. v. 16.06.2005 – 3 K 210/00, EFG 2005, S. 1794; a. Ans.: L/S-Kleinheisterkamp, § 10a Anm. 26; Bethmann, StuW 1979, S. 332 (339).

214 Vgl. insoweit die Klarstellung des § 23 Abs. 5 UmwStG sowie L/S-Kleinheisterkamp, § 10a Anm. 63

215 Vgl. BFH, Urt. v. 07.08.2008 – IV R 86/05, BB 2008, S. 2615; FG Baden-Württemberg, Urt. v. 16.06.2005 – 3 K 210/00, EFG 2005, S. 1794.

216 Vgl. Fn. 213.

217 Vgl. H/H/R-Lüdemann, § 15a Anm. 143; Korn-Korn/Heißenberg, § 15a Rn. 108; Schmidt-Wacker, § 15a Rn. 236; L/B/P-Bitz, § 15a Rn. 60; Kempf/Hillringhaus, DB 1996, S. 12 (14).

218 Vgl. Schmidt-Wacker, § 15a Rn. 238; H/H/R-Lüdemann, § 15a Anm. 142; Korn-Korn/Heißenberg, § 15a Rn. 109; L/B/P-Bitz, § 15a Rn. 62a; Rödder/Schumacher, DB 1998, S. 99 (102); a. Ans.: K/S/M-Beckerath, § 15a Rn. B 489.

219 Vgl. L/S-Kleinheisterkamp, § 10a Anm. 63.

220 Vgl. H/H/R-Lüdemann, § 15a Anm. 143; Korn-Korn/Heißenberg, § 15a Rn. 108; Schmidt-Wacker, § 15a Rn. 236; L/B/P-Bitz, § 15a Rn. 60.

spektive Unternehmeridentität[221] unter. Der Formwechsel in eine andere Mitunternehmerschaft ist hingegen unbeachtlich.[222]

Bringt eine verlustträchtige **Kapitalgesellschaft** ihren **Betrieb** oder einen **Teilbetrieb** in eine Personen- oder Kapitalgesellschaft ein, lässt dieser Vorgang einen bei ihr vorhandenen körperschaftsteuerlichen Verlustvortrag und einen Zinsvortrag unberührt.[223] Ein gewerbesteuerlicher Verlustvortrag geht bei einer übernehmenden Personengesellschaft anteilig über und bei einer aufnehmenden Kapitalgesellschaft anteilig unter.[224] Erfährt die Kapitalgesellschaft hingegen eine **Verschmelzung** auf eine ihr untergeordnete Personen- oder Kapitalgesellschaft, gehen ihre sämtlichen Vorträge unter.[225] Nichts anderes gilt bei einem **Formwechsel** der Kapitalgesellschaft in eine Personenunternehmung.[226] Allein der Formwechsel in eine andere Kapitalgesellschaft ist unschädlich.

1.2. Aufwärts gerichtete Übertragungen

Erfährt eine verlustbehaftete **Personenunternehmung** eine **Realteilung**, **Aufspaltung**, **Anwachsung** oder **Verschmelzung** auf eine ihr übergeordnete Kapital- oder Personengesellschaft, gehen Verlust- und Zinsvorträge ungeachtet des zivilrechtlichen Untergangs der Unternehmung nicht zwangsläufig verloren. Der verrechenbare Verlust eines Kommanditisten bleibt angesichts wirtschaftlicher Beteiligungsidentität erhalten, sofern der Kommanditist den Betrieb oder einen Betriebsteil der Personengesellschaft steuerneutral übernimmt und im Anschluss fortführt.[227] Der gewerbesteuerliche Fehlbetrag und der Zinsvortrag einer solchen Personenunternehmung bestehen bei einer Kapitalgesellschaft als übernehmender Mitunternehmerin grundsätzlich fort, sofern letztere zumindest einen Teilbetrieb übernimmt, der diesem Teilbetrieb zuzuordnende Verlust- oder Zinsvortrag aus dem Rechenwerk der abgebenden Mitunternehmerschaft ohne weiteres ablesbar ist, das unternehmerische Engagement dieses Teilbetriebs im Anschluss aufrechterhalten wird, und soweit der Verlust- oder Zinsvortrag auf die übernehmende Kapitalgesellschaft entfällt.[228] Erfolgt der Vermögensübergang hingegen auf eine übergeordnete Personengesellschaft, ergibt sich ein schädlicher Unternehmerwechsel, da bei Personenunternehmungen

221 Vgl. § 23 Abs. 5 UmwStG.

222 Vgl. R 68 Abs. 3 S. 7 Nr. 5 S. 6 GewStR; L/S-Kleinheisterkamp, § 10a Anm. 64.

223 Vgl. § 8c KStG.

224 Vgl. BFH, Urt. v. 07.08.2008 – IV R 86/05, BB 2008, S. 2615; FG Baden-Württemberg, Urt. v. 16.06.2005 – 3 K 210/00, EFG 2005, S. 1794.

225 Vgl. §§ 4 Abs. 2 S. 2, 12 Abs. 3 UmwStG.

226 Vgl. §§ 9 S. 1, 4 Abs. 2 S. 2 UmwStG.

227 Vgl. Korn-Korn/Heißenberg, § 15a Rn. 110; H/H/R-Lüdemann, § 15a Anm. 142; Schmidt-Wacker, § 15a Rn. 239; L/B/P-Bitz, § 15a Rn. 64; differenzierend: K/S/M-Beckerath, § 15a Rn. B 490, 502.

228 Vgl. BFH, Urt. v. 05.09.1990 – X R 20/89, BStBl. II 1991, S. 25; R 67 Abs. 2 S. 8 GewStR; L/S-Kleinheisterkamp, § 10a Anm. 40; G/G-Güroff, § 10a Rn. 9; Herzig/Förster/Förster, DStR 1996, S. 1025 (1030); Stöcker, DStZ 1991, S. 61.

nicht die Mitunternehmerschaft selbst, sondern ihre Gesellschafter als Inhaber des Gewerbebetriebs gelten.[229]

Wird lediglich ein Teil des Vermögens der verlustträchtigen Personenunternehmung im Wege einer **Abspaltung** oder **Ausbringung** aus der Unternehmung transferiert, lässt dies einen verrechenbaren Verlust unberührt.[230] Im Übrigen gelten im Hinblick auf einen gewerbesteuerlichen Fehlbetrag und einen Zinsvortrag nach der hier vertretenen Einschätzung die obigen Erläuterungen zur Realteilung respektive Aufspaltung entsprechend.

Geht Vermögen einer verlustträchtigen **Kapitalgesellschaft** im Wege einer **Verschmelzung** oder **Aufspaltung** auf eine übergeordnete Kapital- oder Personengesellschaften über, erlöschen sämtliche Verlust- und Zinsvorträge dieser Unternehmung.[231] Erfährt die Körperschaft lediglich eine **Abspaltung**, mindern sich ihre Vorträge in dem Verhältnis, in dem bei Zugrundelegung des gemeinen Werts das Vermögen auf eine andere Unternehmung übergeht.[232]

1.3. Seitwärts gerichtete Übertragungen

Erfährt eine verlustträchtige **Personenunternehmung** eine Verschmelzung auf eine Schwesterpersonengesellschaft, bleibt ein verrechenbarer Verlust ihres Kommanditisten, der Mitunternehmer der aufnehmenden Unternehmung wird, angesichts fortgesetzter wirtschaftlicher Beteiligungsidentität erhalten.[233] Nichts anderes gilt für einen gewerbesteuerlichen Fehlbetrag und einen Zinsvortrag, soweit den einzelnen Mitunternehmern im Rahmen der Verschmelzung Gesellschaftsrechte an der aufnehmenden Unternehmung gewährt werden und der übergehende Betrieb eine Fortführung erfährt.[234] Eine Verschmelzung auf eine Schwesterkapitalgesellschaft lässt hingegen sämtliche Verlust- und Zinsvorträge mangels Beteiligungs- und Unternehmeridentität untergehen.

Wird lediglich der Teilbetrieb einer verlustbehafteten Personenunternehmung auf eine Schwestergesellschaft abgespalten, berührt dies einen verrechenbaren Verlust nicht. Die Beteiligten- und Beteiligungsidentität bei der abgebenden Mitunternehmerschaft bleibt gewahrt.[235] Was darüber hinaus einen gewerbesteuerlichen Fehlbetrag

---

229 Vgl. BFH, Urt. v. 03.05.1993 – GrS 3/92, BStBl. II 1993, S. 616; BFH, Urt. v. 26.06.1996 – VIII R 41/95, BStBl. II 1997, S. 179; R 68 Abs. 3 Nr. 8 GewStR; L/S-Kleinheisterkamp, § 10a Anm. 51; Herzig/Förster/Förster, DStR 1996, S. 1025 (1031).

230 Vgl. H/H/R-Lüdemann, § 15a Anm. 143; K/S/M-Beckerath, § 15a Rn. B 491.

231 Vgl. §§ 4 Abs. 2 S. 2, 12 Abs. 3 UmwStG.

232 Vgl. § 15 Abs. 3 UmwStG.

233 Vgl. H/H/R-Lüdemann, § 15a Anm. 142; Schmidt-Wacker, § 15a Rn. 238; Korn-Korn/Heißenberg, § 15a Rn. 109; L/B/P-Bitz, § 15a Rn. 62a; Rödder/Schumacher, DB 1998, S. 99 (102); a. Ans.: K/S/M-Beckerath, § 15a Rn. B 489.

234 Vgl. BFH, Urt. v. 14.09.1993 – VIII R 84/90, BStBl. II 1994, S. 764; R 68 Abs. 3 S. 7 Nr. 5 S. 3 GewStR; L/S-Kleinheisterkamp, § 10a Anm. 63.

235 Vgl. H/H/R-Lüdemann, § 15a Anm. 143; K/S/M-Beckerath, § 15a Rn. B 485.

und einen Zinsvortrag betrifft, finden nach der hier vertretenen Auffassung die Ausführungen oben zur Realteilung respektive Aufspaltung entsprechende Anwendung. Ist der dem Teilbetrieb zuzuordnende Verlust- oder Zinsvortrag aus dem Rechenwerk der abgebenden Mitunternehmerschaft ohne weiteres ablesbar, mindern sich die Vorträge der abgebenden Personengesellschaft entsprechend.[236] Ein Übergang auf die Schwestergesellschaft findet nur statt, sofern es sich bei ihr um eine Personenunternehmung handelt, die das unternehmerische Engagement des Teilbetriebs fortführt, und soweit an beiden Mitunternehmerschaften dieselben Gesellschafter beteiligt sind.[237]

Bei der Verschmelzung einer verlustbehafteten **Kapitalgesellschaft** auf eine Schwesterunternehmung gehen sämtliche Verlust- und Zinsvorträge der übertragenden Gesellschaft unabhängig von der Rechtsform der aufnehmenden Gesellschaft unter.[238] Erfährt lediglich ein Teilbetrieb der Kapitalgesellschaft eine Bewegung, mindern sich ihre Verlustvorträge in dem Verhältnis, in dem bei Zugrundelegung des gemeinen Werts Vermögen auf eine andere Unternehmung übergeht.[239]

2. Ebene der Beteiligung an der Verlustgesellschaft

2.1. Abwärts gerichtete Übertragungen

Veräußert der Gesellschafter einer verlustträchtigen **Personenunternehmung** seine Beteiligung oder **bringt** er sie **in eine Kapital- oder Personengesellschaft ein**, erzielt er einen Veräußerungsgewinn in Höhe der Differenz zwischen dem Buchwert seiner Beteiligung und dem Veräußerungspreis. Ein vorhandener verrechenbarer Verlust mindert diesen Veräußerungsgewinn. Soweit er ihn übersteigt, geht er nach der Veräußerung respektive nach der Einbringung in eine Kapitalgesellschaft mangels Beteiligungsidentität unter. Erfolgt hingegen eine Einbringung in eine Personengesellschaft, bleibt ein verrechenbarer Verlust aufgrund wirtschaftlicher Beteiligungsidentität erhalten. Lediglich der anschließend mögliche Verlustausgleich beschränkt sich auf die Gewinnanteile, die die aufnehmende Unternehmung aus dem eingebrachten Mitunternehmeranteil erzielt. Im Übrigen gehen ein gewerbesteuerlicher Fehlbetrag und ein Zinsvortrag in allen drei Konstellationen angesichts fehlender Unternehmeridentität unter, soweit sie dem übertragenden Gesellschafter zuzurechnen sind.

Veräußert der Anteilseigner einer verlustbehafteten **Kapitalgesellschaft** seine Beteiligung, finden die Erläuterungen zur Übertragung von Einzelwirtschaftsgütern An-

---

236 Vgl. BFH, Urt. v. 05.09.1990 – X R 20/89, BStBl. II 1991, S. 25; R 67 Abs. 2 S. 8 GewStR; L/S-Kleinheisterkamp, § 10a Anm. 40; Herzig/Förster/Förster, DStR 1996, S. 1025 (1030); Stöcker, DStZ 1991, S. 61.

237 Vgl. BFH, Urt. v. 14.09.1993 – VIII R 84/90, BStBl. II 1994, S. 764; L/S-Kleinheisterkamp, § 10a Anm. 63; Blümich-Twickel, § 10a Rn. 87.

238 Vgl. §§ 4 Abs. 2 S. 2, 12 Abs. 3 UmwStG.

239 Vgl. § 15 Abs. 3 UmwStG.

wendung. Dies gilt auch, sofern er sie in eine **Personen-** oder **Kapitalgesellschaft einbringt**.[240]

2.2. Aufwärts gerichtete Übertragungen

Erfährt die Beteiligung an einer verlustträchtigen **Personenunternehmung** eine aufwärts gerichtete Bewegung im Rahmen einer **Ausbringung** oder **Abspaltung** aus dem Betriebsvermögen des Mitunternehmers, gelten die Grundsätze für Einbringungen nach der hier vertretenen Auffassung spiegelbildlich. Handelt es sich bei dem Mitunternehmer um eine Kapitalgesellschaft und wird die Beteiligung an der verlustbehafteten Personenunternehmung auf einen Gesellschafter dieser Kapitalgesellschaft übertragen, geht ein verrechenbarer Verlust der Kapitalgesellschaft mangels Beteiligtenidentität unter. Qualifiziert der Mitunternehmer hingegen selbst als Mitunternehmerschaft und wird die Beteiligung an der Verlustunternehmung aus dieser Mitunternehmerschaft auf einen ihrer Gesellschafter verlagert, bleibt ein verrechenbarer Verlust angesichts wirtschaftlicher Beteiligtenidentität bestehen, soweit er mittelbar schon vorher dem Gesellschafter zuzurechnen war. Im Übrigen kommt es in beiden Konstellationen mangels Unternehmeridentität zum Untergang eines gewerbesteuerlichen Fehlbetrages und eines Zinsvortrages, soweit dieser auf den bisherigen Mitunternehmer entfällt.

Für die **Ausbringung** oder **Abspaltung** der Beteiligung an einer verlustbehafteten **Kapitalgesellschaft** gelten die Ausführungen zu Einzelwirtschaftsgütern.[241]

2.3. Seitwärts gerichtete Übertragungen

Wird die Beteiligung an einer verlustträchtigen **Personenunternehmung** aus dem Betriebsvermögen einer Schwesterpersonengesellschaft auf eine andere Schwesterpersonengesellschaft **abgespalten**, bleibt ein verrechenbarer Verlust nach der hier vertretenen Ansicht aufgrund wirtschaftlicher Beteiligtenidentität erhalten, soweit an beiden Schwesterunternehmungen identische Beteiligungsverhältnisse bestehen. Erfolgt die Abspaltung des Mitunternehmeranteils hingegen aus einer Kapitalgesellschaft oder in eine Kapitalgesellschaft, fehlt es im Anschluss an der erforderlichen Beteiligtenidentität. Ein gewerbesteuerlicher Fehlbetrag oder ein Zinsvortrag gehen mangels Unternehmeridentität in allen vier denkbaren Konstellationen unter.

Auf die **Abspaltung** der Beteiligung an einer verlustbehafteten **Kapitalgesellschaft** finden die Erläuterungen zu Einzelwirtschaftsgütern Anwendung.[242]

---

240 Vgl. Abschn. C. I.

241 Vgl. Abschn. C. I.

242 Vgl. Abschn. C. I.

3. Ebene der Gesellschafter der Verlustgesellschaft

3.1. Abwärts gerichtete Übertragungen

Wird der Mitunternehmer einer verlustträchtigen **Personenunternehmung** auf dieselbe **verschmolzen**, ist zu unterscheiden. Handelt es sich bei dem Mitunternehmer um eine Kapitalgesellschaft, geht ein verrechenbarer Verlust dieser Kapitalgesellschaft mangels Beteiligtenidentität unter. Qualifiziert der Mitunternehmer hingegen selbst als Mitunternehmerschaft, geht ein für ihn festgestellter verrechenbarer Verlust im Zuge der Verschmelzung nach der hier vertretenen Auffassung angesichts wirtschaftlicher Beteiligtenidentität auf seine Gesellschafter über. Der anteilig auf den Mitunternehmer entfallende gewerbesteuerliche Fehlbetrag und ein Zinsvortrag können unabhängig von der Rechtsform des Gesellschafters angesichts fehlender Unternehmeridentität in jedem Fall nicht aufrechterhalten werden.

Erfährt der Mitunternehmer einer verlustbehafteten Personenunternehmung einen kreuzenden **Formwechsel**, lässt dies die für die Fortführung eines verrechenbaren Verlusts erforderliche Beteiligtenidentität untergehen.[243] Die Unternehmeridentität und damit sowohl ein gewerbesteuerlicher Fehlbetrag als auch ein Zinsvortrag bleiben hingegen erhalten.[244] Gehen Anteile an einer Kapitalgesellschaft als Mitunternehmerin der Personengesellschaft über, kommt es unter den Voraussetzungen des § 8c KStG zu einem schädlichen Gesellschafterwechsel, der den gewerbesteuerlichen Fehlbetrag und den Zinsvortrag anteilig oder vollständig untergehen lässt.

Ist der Anteilseigner einer verlustbehafteten **Kapitalgesellschaft** Gegenstand einer **Verschmelzung** auf dieselbe, ergibt sich eine zu beachtende Änderung in der Gesellschafterstruktur der Unternehmung im Sinne der §§ 8c KStG und 8 Abs. 4 KStG 2007. Ob eine solche Modifikation den Untergang von Verlust- oder Zinsvorträgen zur Folge hat, richtet sich nach den Grundsätzen für den Transfer von Einzelwirtschaftsgütern. Der **Formwechsel** eines Gesellschafters der Kapitalgesellschaft ist hingegen unschädlich.

3.2. Aufwärts gerichtete Übertragungen

Erfährt der Mitunternehmer einer verlustträchtigen **Personenunternehmung** eine **Verschmelzung**, **Aufspaltung**, **Realteilung** oder **Anwachsung** auf eine ihm übergeordnete Gesellschaft, hängt die Fortführung eines verrechenbaren Verlusts von der Rechtsform des jeweiligen Mitunternehmers ab. Qualifiziert er als Kapitalgesellschaft, geht ein verrechenbarer Verlust angesichts fehlender Beteiligtenidentität in jedem Fall unter.[245] Ist er hingegen als Personengesellschaft einzuordnen, kann der übernehmende Gesellschafter den verrechenbaren Verlust nach der hier vertretenen

---

243 Vgl. Schmidt-Wacker, § 15a Rn. 249.

244 Vgl. OFD Düsseldorf, Schr. v. 12.10.2000 – G 1422 A St 131, DB 2000, S. 2247; L/S-Kleinheisterkamp, § 10a Anm. 75.

245 Vgl. §§ 4 Abs. 2 S. 2, 12 Abs. 3 UmwStG; H/H/R-Lüdemann, § 15a Anm. 143.

Ansicht aufgrund wirtschaftlicher Beteiligtenidentität fortführen. Dies gilt allerdings nur, soweit der verrechenbare Verlust nach dem Gewinnverteilungsschlüssel des Mitunternehmers auf ihn entfällt. In Abgrenzung hierzu gehen ein gewerbesteuerlicher Fehlbetrag und ein Zinsvortrag mangels Unternehmeridentität unter, soweit sie auf den Mitunternehmer entfallen.

Ist der Anteilseigner einer verlustbehafteten **Kapitalgesellschaft** Gegenstand einer **Verschmelzung, Aufspaltung, Realteilung oder Anwachsung** auf eine über ihm angeordnete Unternehmung, kommt es zu einer Anteilsübertragung im Sinne der §§ 8c KStG und 8 Abs. 4 KStG 2007. Ob ein solcher Transfer als schädlicher Beteiligungserwerb qualifiziert oder den Verlust der wirtschaftlichen Identität bewirkt, richtet sich wiederum nach den Grundsätzen für den Transfer von Einzelwirtschaftsgütern.

3.3. Seitwärts gerichtete Übertragungen

Wird der Mitunternehmer einer verlustträchtigen **Personenunternehmung** auf eine neben ihm angeordnete Schwesterunternehmung **verschmolzen**, geht ein verrechenbarer Verlust mangels Beteiligtenidentität grundsätzlich unter.[246] Eine Ausnahme besteht nach der hier vertretenen Ansicht angesichts wirtschaftlicher Beteiligtenidentität lediglich, sofern der Mitunternehmer selbst eine Mitunternehmerschaft ist, auf eine ebensolche verschmolzen wird und soweit an beiden Mitunternehmerschaften dieselben Gesellschafter beteiligt sind. Die Aufrechterhaltung eines gewerbesteuerlichen Fehlbetrages sowie eines Zinsvortrages scheitert unabhängig von der Rechtsform der übertragenden und aufnehmenden Gesellschaft an fehlender Unternehmeridentität.

Wird ein Teilbetrieb des Vermögens des Mitunternehmers auf eine Schwesterunternehmung **abgespalten** und qualifiziert er als Kapitalgesellschaft, mindert sich sein verrechenbarer Verlust in dem Verhältnis, in dem bei Zugrundelegung des gemeinen Werts Vermögen auf eine andere Unternehmung übergeht.[247] Handelt es sich beim Mitunternehmer selbst um eine Mitunternehmerschaft, ist die Abspaltung im Hinblick auf einen verrechenbaren Verlust hingegen unschädlich. Einen gewerbesteuerlicher Fehlbetrag und einen Zinsvortrag der Personenunternehmung beeinträchtigt eine solche Vermögensverlagerung unabhängig von der Rechtsform des Mitunternehmers nicht.

Erfährt der Anteilseigner einer verlustbehafteten **Kapitalgesellschaft** eine **Verschmelzung** auf eine Schwestergesellschaft, bewirkt dies eine Anteilsübertragung im Sinne der §§ 8c KStG und 8 Abs. 4 KStG 2007. Ob ein solcher Transfer vorhandene Verlust- oder Zinsvorträgen untergehen lässt, richtet sich nach den Grundsätzen für den Transfer von Einzelwirtschaftsgütern.

246 Vgl. §§ 4 Abs. 2 S. 2, 12 Abs. 3 UmwStG.

247 Vgl. § 15 Abs. 3 UmwStG.

III. Simultane und mehrstufige Umstrukturierungsmaßnahmen

Erfolgen Umstrukturierungsmaßnahmen simultan oder mehrstufig, so hat diese Besonderheit grundsätzlich keine Auswirkungen auf bestehende Verlust- und Zinsvorträge. Jeder einzelne Vorgang ist isoliert nach den oben erläuterten Grundsätzen einzuordnen. Eine Ausnahme gilt lediglich, sofern ein simultaner oder mehrstufiger Restrukturierungsvorgang die Voraussetzungen des § 42 Abs. 1 AO, insbesondere die der Gesamtplanrechtsprechung erfüllt. Insoweit gelten die Erläuterungen zur gleich gelagerten Problematik im Rahmen der Gewinnrealisierung entsprechend.[248]

D. Steuerlicher Soll-Zustand

Hat man auf diese Weise den steuerlichen Ist-Zustand ermittelt, gilt es, diesem den steuerlichen Soll-Zustand gegenüberzustellen. Dieser Soll-Zustand lässt sich generell in Anbetracht der Steuerbarwertminimierung als Ziel der steuerlichen Gestaltungssuche unmittelbar definieren. Das in den Verlust- und Zinsvorträgen enthaltene Steuerminderungspotenzial ist so zu realisieren, dass sich für die Unternehmensgruppe die größtmögliche Steuerentlastung ergibt.[249] Angesichts der oben erläuterten Gestaltungsgrenzen ist eine solche Realisierung im Zusammenhang mit Umstrukturierungsmaßnahmen auf zwei Wegen möglich.

Zum einen ist denkbar, Verlust- oder Zinsvorträge nach Durchführung des Restrukturierungsvorganges mit zukünftigen Gewinnen derselben oder der aufnehmenden Unternehmung zu verrechnen.[250] Ein solcher anschließender Ausgleich kommt allerdings nur in Betracht, sofern die Umstrukturierungsmaßnahme den betroffenen Vortrag nicht beeinträchtigt. Steuerlicher Soll-Zustand kann daher ein Transfer sein, der den bestehenden Vortrag aufrechterhält.[251] Zum anderen besteht die Möglichkeit, den Verlust- oder Zinsvortrag noch vor oder mit dem Restrukturierungsvorgang steuerlich zu nutzen.[252] Dabei kann ein Verlustvortrag insbesondere durch eine vollständige oder partielle Gewinnrealisierung in zusätzliches Abschreibungspotenzial transformiert[253] oder durch Verlagerung von Gewinnpotenzial in die verlustträchtige Gesellschaft verbraucht werden. Ein Zinsvortrag kann eine Umwandlung in Zinsaufwand erfahren. Als steuerlicher Soll-Zustand ist daher auch ein Transfer denkbar, bei dem

---

248 Vgl. Kap. 1 Abschn. D. IV.

249 Ähnlich: K/K/K-Orth, § 11 Rn. 43; Becker/Loitz/Stein (2009), S. 28; Rosenbach (1997), S. 165; Kröner (1986), S. 396; Fußbroich, DStR 2002, S. 697 (699); Prinz, GmbHR 2004, S. 921 (922); Prinz, FR 1996, S. 769; Baumhoff, StbJb. 1993/94, S. 267 (270).

250 Vgl. Prinz, GmbHR 2004, S. 921 (922).

251 Vgl. K/K/K-Orth, § 11 Rn. 43.

252 Vgl. Prinz, GmbHR 2004, S. 921 (922).

253 Vgl. H/H/R-Niehus/Wilke, § 6 Anm. 1450; D/J/P/W-Dötsch/Pung, § 3 Rn. 18; Korn-Korn/Strahl, § 6 Rn. 127; K/K/K-Pfaar, § 4 Rn. 291; Schiffers (1994), S. 84-85; Förster (1991), S. 56; Förster/Felchner, DB 2006, S. 1072 (1073); Schwedhelm (2008), Tz. 264; Sauter/Heurung/Babel, DB 2002, S. 1177 (1181); Blumers/Beinert, DB 1995, S. 1043 (1044); Herzig/Momen, DB 1994, S. 2157 (2159); Kessler/Schmidt, DStR 1997, S. 1506; Dötsch/Pung, DB 2006, S. 2704 (2708).

vorhandene Verlust- und Zinsvorträge noch vor der eigentlichen Umstrukturierungsmaßnahme genutzt werden.

Welche dieser beiden Optionen im Einzelfall den Soll-Zustand darstellt, ist in zwei Schritten festzustellen. Zunächst ist zu prüfen, welche der in Betracht kommenden Maßnahmen im Rahmen einer konkreten Fallgestaltung überhaupt praktisch umsetzbar sind. Bspw. ist der Erhalt eines Verlustvortrages in einer Reihe von Konstellationen ohne eine umfassende Modifikation der angestrebten Umstrukturierungsmaßnahme nicht denkbar. Eine Transformation von Verlustvorträgen in Abschreibungspotenzial ist nicht möglich, falls die Wirtschaftsgüter des verlustbehafteten Betriebsvermögens keine stillen Reserven aufweisen. Eine Verlagerung von Gewinnpotenzial kann angesichts außersteuerlicher, insbesondere zeitlicher Zielvorgaben ausgeschlossen sein.

Verbleibt danach mehr als eine Handlungsalternative, ist eine Steuervergleichsrechnung aus der Perspektive der Gesamtunternehmung anzufertigen. Dabei ist für jede Gestaltungsoption zu ermitteln, wie hoch der Barwert der von ihr vermittelten Steuerentlastung für die Gruppe ist. Zu diesem Zweck gilt es vorab festzustellen, welche Unternehmung der Gruppe von der jeweiligen Maßnahme profitieren würde. Bei der Transformation eines Verlustvortrages in Abschreibungspotenzial ist dies entweder die verlustträchtige Gesellschaft selbst oder eine andere, von ihr Betriebsvermögen aufnehmende Unternehmung. Bei der Verlagerung von Gewinnpotenzial ist dies stets eine andere Gesellschaft der Gruppe, deren steuerpflichtiger Gewinn auf diese Weise eine Reduzierung erfährt. Bei der Transformation eines Zinsvortrags in Zinsaufwand handelt es sich um die Gesellschaft, der der ursprüngliche Zinsaufwand entstanden ist.

Im Übrigen sind im Rahmen der Steuervergleichsrechnung eventuelle Bemessungsgrundlagen-, Steuersatz- und Zinseffekte zu berücksichtigen. Was dabei **Bemessungsgrundlageneffekte** betrifft, sind die Regeln der Mindestbesteuerung von besonderer Bedeutung.[254] Sie lassen die Existenz der Verlustvorträge zwar unberührt, beschränken jedoch den Umfang ihres Ausgleichs mit positiven Einkünften im jeweiligen Veranlagungszeitraum. Danach ist ein uneingeschränkter Ausgleich grundsätzlich nur bis zu einem Betrag in Höhe von € 1.000.000 zulässig. Darüber hinaus gehende Fehlbeträge finden nur in Höhe von 60 % der übersteigenden Einkünfte Berücksichtigung.

Diese Einschränkung betrifft insbesondere die Handlungsoptionen der Verlustnutzung durch Gewinnrealisierung und Gewinnpotenzialverlagerung im abgebenden Betriebsvermögen. Bei der Ermittlung der durch sie vermittelten Steuerentlastung ist zu berücksichtigen, dass aufgedeckte stille Reserven respektive zusätzlich generierte Gewinne trotz vorhandener Verlustvorträge zu 40 % der Besteuerung unterliegen,

---

[254] Vgl. § 10a S. 1, 2 GewStG für die Gewerbesteuer sowie § 10d Abs. 2 S. 1 EStG für die Einkommen- und Körperschaftsteuer; S/H/S-Schmitt, § 3 Rn. 55; Ley/Bodden, FR 2007, S. 265 (270).

sofern im betreffenden Veranlagungszeitraum Einkünfte in Höhe von € 1.000.000 bereits eine entsprechende Egalisierung erfahren haben.[255] Im Übrigen sind aber auch bei der Gestaltungsalternative der Verlustnutzung durch Aufrechterhaltung des Verlustvortrags Ausgleichsbeschränkungen angesichts der Mindestbesteuerung möglich. Vorstellbar ist, dass die Verlustgesellschaft selbst oder das aufnehmende Betriebsvermögen, auf das ein Verlustvortrag übergeht, in der Folgezeit Einschränkungen bei der Verlustverrechnung unterliegen.

Im Hinblick auf **Steuersatzeffekte** ist Untersuchungsgegenstand bei allen in Betracht kommenden Handlungsalternativen der jeweilige Gewinn, der durch den Ausgleich mit Verlust- oder Zinsvorträgen einer Besteuerung entzogen werden könnte. Festzustellen ist dabei, zu welchem Steuersatz dieser Gewinn ohne einen Verlust- oder Zinsausgleich jeweils der Besteuerung unterworfen werden würde. Bezogen auf die Option des Vortragserhalts ist in diesem Zusammenhang der Teil des Gewinns des aufnehmenden Betriebsvermögens (bei einem Vortragsübergang) oder des abgebenden Betriebsvermögens (bei einem Vortragsverbleib) maßgeblich, der nach der Umstrukturierungsmaßnahme mit dem aufrechterhaltenen Verlust- oder Zinsvortrag verrechnet werden könnte.

Im Hinblick auf die Option der Vortragsnutzung durch Gewinnrealisierung kommt es auf den Teil des Gewinns des abgebenden oder des aufnehmenden Betriebsvermögens an, der nach dem Restrukturierungsvorgang angesichts des erhöhten AfA-Volumens eine Minderung erfahren würde. Für die Option der Vortragsnutzung durch Gewinnpotenzialverlagerung ist schließlich der Teil des Gewinns der anderen Gruppenunternehmung entscheidend, dessen Besteuerung durch die Übertragung des Gewinnpotenzials auf die Verlustgesellschaft vermieden wird.

Schließlich sind im Rahmen der Steuervergleichsrechnung auch **Zinseffekte** zu berücksichtigen. Je nachdem, ob die Verlust- oder Zinsvorträge bereits im Jahr der Umstrukturierung oder erst in einem der Folgejahre genutzt werden können, ergibt sich ein anderer Barwert der dadurch vermittelten Steuerentlastung.[256] Deshalb gilt es bei der Option des Vortragserhalts festzustellen, wann das aufnehmende Betriebsvermögen (bei einem Vortragsübergang) oder das abgebende Betriebsvermögen (bei einem Vortragsverbleib) im Anschluss an die Umstrukturierungsmaßnahme Gewinne erwirtschaften wird, die mit Hilfe des Verlust- oder Zinsvortrages eliminiert werden können.

Im Hinblick auf die Option der Vortragsnutzung durch Gewinnpotenzialverlagerung ist zu ermitteln, wie lange die geplante Umstrukturierungsmaßnahme verzögert werden muss, um vorab noch die Verlust- oder Zinsvorträge zu nutzen. Was schließlich die Option der Vortragsnutzung durch Gewinnrealisierung betrifft, bedarf es der Feststel-

---

255 Vgl. zum Definitivwerden der Mehrbelastung durch die Mindestbesteuerung bei Umwandlungen: Schaflitzl/Widmayer, BB 2006, Special 8/06, S. 36 (41); Dötsch/Pung, DB 2004, S. 151 (151).

256 Vgl. Becker/Loitz/Stein (2009), S. 25; Rosenbach (1997), S. 165; Kröner (1986), S. 372; Baumhoff, StbJb. 1993/94, S. 267 (270).

lung, zu welchem Zeitpunkt sich das auf diese Weise generierte AfA-Potenzial in den Folgejahren steuermindernd auswirkt. Dabei sind alle drei Zeitpunkte auf einen einheitlichen Stichtag abzuzinsen.

Hat man auf diese Weise festgestellt, dass eine der Optionen im Einzelfall nicht nur durchführbar ist, sondern auch die größtmögliche Steuerbarwertminimierung bewirkt, qualifiziert diese Gestaltungsalternative als steuerlicher Soll-Zustand.

Handlungsoptionen

- Perpetuierung der Verlust- und Zinsvorträge
  - Ausgleich mit zukünftigen Gewinnen
- Nutzung der Verlust- und Zinsvorträge
  - Transformation in AfA-Potenzial durch Gewinnrealisierung
  - Ausgleich durch Verlagerung von Gewinnpotenzial

Ermittlung der optimalen Handlungsoption

- Praktische Umsetzbarkeit der einzelnen Handlungsoptionen
- Steuervergleichsrechnung
  - Bemessungsgrundlageneffekte
  - Steuersatzeffekte
  - Zinseffekte

Abb. 23: Verlust- und Zinsvorträge - Steuerlicher Soll-Zustand

E. Gestaltungen bei Inkongruenzen zwischen Ist- und Soll-Zustand

I. Überblick

Ausgehend von diesen beiden in Betracht kommenden Soll-Zuständen, ist eine Kongruenz zwischen Ist- und Soll-Zustand nur denkbar, sofern eine Umstrukturierungsmaßnahme den Bestand eines Verlust- oder Zinsvortrages unberührt lässt und genau dieses Ergebnis als Ziel der steuerlichen Gestaltungssuche qualifiziert. Bewirkt ein Restrukturierungsvorgang hingegen den Untergang eines Verlust- oder Zinsvortrages oder ist die Nutzung eines solchen vor oder mit der Verwirklichung der Umstrukturierungsmaßnahme vorteilhafter, bedarf es einer entsprechenden Gestaltungsaktivität. Zu unterscheiden sind dabei Maßnahmen im Hinblick auf (II.) körperschaft- und gewerbesteuerliche Verlustvorträge von Kapitalgesellschaften, (III.) gewerbesteuerliche Verlustvorträge von Personengesellschaften, (IV.) verrechenbare Verluste bei Personengesellschaften sowie (V.) Zinsvorträge von Kapital- und Personengesellschaften.

II. Verlustvorträge von Kapitalgesellschaften

1. Gestaltungen zur Aufrechterhaltung von Verlustvorträgen

1.1. Gestaltungen auf Ebene der Verlustgesellschaft

Wie bei der Ermittlung des Ist-Zustandes dargestellt, können auf Ebene der Verlustgesellschaft vier Arten von Umstrukturierungsmaßnahmen, und zwar Verschmelzungen, Formwechsel, Abspaltungen und Aufspaltungen, Gestaltungsmaßnahmen zur Aufrechterhaltung körperschaft- oder gewerbesteuerlicher Verlustvorträgen erforderlich machen. Bedroht die **Verschmelzung** einer Verlustgesellschaft auf ein anderes Unternehmen Verlustvorträge, bieten sich insbesondere zwei Handlungsoptionen an. Zum einen kann es sinnvoll sein, die Richtung einer solchen Verschmelzung zu ändern. Handelt es sich bei der Unternehmung, auf die eigentlich verschmolzen werden soll, um eine Gesellschaft ohne jede Verlustvorträge, besteht die Möglichkeit, statt die Verlustgesellschaft auf die gesunde Unternehmung die gesunde Unternehmung auf die Verlustgesellschaft zu verschmelzen.[257] Wählt man diesen Weg, muss allerdings simultan sichergestellt werden, dass die Richtungsänderung nicht ihrerseits einen schädlichen Beteiligungserwerb oder einen Verlust der wirtschaftlichen Identität darstellt. Zu gewährleisten ist daher, dass die Verschmelzung bei der Verlustgesellschaft keine Kapitalerhöhung erforderlich macht, die eine Veränderung der Beteiligungsquoten in Höhe von mehr als 25 % auslöst.[258] Unterliegt eine Umwandlung noch § 8 Abs. 4 KStG 2007, ist insbesondere darauf zu achten, dass die Verschmelzung nicht als Zuführung überwiegend neuen Betriebsvermögens qualifiziert.[259]

Zum anderen kann es hilfreich sein, im Einzelfall zu prüfen, ob das außersteuerliche Ziel des Restrukturierungsvorgangs nicht auch ohne eine unmittelbare Verschmelzung erreicht werden kann. Aus der isolierten Perspektive des Teilplanungssystems der Verlustvorträge kann es bspw. günstiger sein, lediglich den Betrieb der Verlustgesellschaft unter Aufrechterhaltung ihres Mantels zu veräußern.[260] Zwar lässt eine solche Veräußerung die vorhandenen Verlustvorträge nicht auf das aufnehmende Betriebsvermögen übergehen. Sie erhält sie aber bei der weiter existenten Kapitalgesellschaft. Dort können die Verlustvorträge durch die Etablierung neuer, insbesondere gewinnträchtiger Geschäftstätigkeit in der Zukunft genutzt werden. Ist dies nicht möglich, besteht die Möglichkeit, die Geschäftsanteile an der nicht mehr operativ tätigen Unternehmung unter Beachtung der 25 %-Grenze und der Fünf-Jahres-Frist des § 8c KStG an konzernfremde Personen zu veräußern. Hierin kann angesichts

---

257 Vgl. K/K/K-Orth, § 11 Rn. 496; Dörfler/Rautenstrauch/Adrian, BB 2006, S. 1657 (1659); Olbing, GmbH-StB 2007, S. 51 (55); Olbing, GmbH-StB 1999, S. 198 (201); Fey/Neyer, GmbHR 2000, S. 705 (710); Fußbroich, DStR 2002, S. 697 (700).

258 Vgl. § 8c S. 4 KStG.

259 Vgl. BMF, Tz. 11 d. Schr. v. 16.04.1999 – IV C 6-S 2745-12/99, BStBl. I 1999, S. 455; S/H/S-Schmitt, § 12 Rn. 111; E&Y-Lang, § 8 KStG Rn. 1305.4; Dörfler/Rautenstrauch/Adrian, BB 2006, S. 1657 (1659); Olbing, GmbH-StB 2005, S. 178 (179); Fuhrmann, DB 2001, S. 1690 (1692).

260 Vgl. § 123 UmwG.

der expliziten Fristbestimmung der Vorschrift kein Gestaltungsmissbrauch gesehen werden.

Gefährdet der **Formwechsel** einer Kapital- in eine Personengesellschaft Verlustvorträge, eröffnen sich insbesondere zwei Handlungsoptionen. Zum einen ist denkbar, dass die Verlustgesellschaft alternativ ihren Betrieb in eine Tochterpersonengesellschaft einbringt, die im Anschluss operativ tätig wird. Der Verlustgesellschaft verbleibt dann die Funktion einer Holding. Zum anderen kann eine entsprechende Schwesterpersonengesellschaft formiert werden. An diese Schwesterunternehmung kann die Verlustgesellschaft darauf folgend ihren Betrieb veräußern. Eine solche Strukturierung lässt zwar Verlustvorträge nicht übergehen. Sie erhält sie jedoch bei der Kapitalgesellschaft und eröffnet damit die im Rahmen der Verschmelzung erläuterten Optionen.

Soll Vermögen der Verlustgesellschaft eine **Abspaltung** erfahren, droht ein anteiliger Untergang vorhandener Verlustvorträge.[261] Dies gilt allerdings nur, sofern das übergehende Vermögen als Teilbetrieb qualifiziert.[262] Daraus ergibt sich im Umkehrschluss, dass eine Abspaltung, die keine Sachgesamtheit in Form eines Teilbetriebs zum Gegenstand hat, unschädlich für vorhandene Verlustvorträge ist. Daher bietet sich zur Aufrechterhaltung vorhandener Verlustvorträge an, den Abspaltungsvorgang so zu strukturieren, dass lediglich Einzelwirtschaftsgüter eine Bewegung erfahren.[263] Ein eventuell vorhandener Teilbetrieb ist daher bewusst so zu zerteilen und eventuell in mehreren Etappen zu transferieren, dass ein zusammenhängendes ökonomisches Engagement gerade nicht übergeht.

Ist die Verlagerung eines Betriebsteils im Einzelfall nicht zu vermeiden, verbleibt zumindest die Option, den Untergang der Verlustvorträge so gering wie möglich zu halten. Dies gelingt, indem man den Betriebsteil mit dem geringeren gemeinen Wert bewegt[264] oder neutrales Vermögen gezielt dem zurückbleibenden Teilbetrieb zuordnet.[265] Ist ein Vermögensübergang im Wege der Gesamtrechtsnachfolge nicht zwingend aus außersteuerlichen Gründen erforderlich, besteht zusätzlich die oben im Rahmen der Verschmelzung beschriebene Möglichkeit einer Veräußerung.

Zielt die Umstrukturierungsmaßnahme schließlich darauf ab, eine Verlustgesellschaft **aufzuspalten**, besteht die Gefahr eines vollständigen Verlustvortragsuntergangs.[266] Daher kann es auch hier sinnvoll sein, alternativ eine Abspaltung nach den oben beschriebenen Grundsätzen durchzuführen oder die jeweiligen Betriebsteile an die auf-

---

[261] Vgl. § 15 Abs. 3 UmwStG.

[262] Vgl. D/P/P/M-Dötsch/Pung, § 15 Rn. 169; BMF, Tz. 15.48 d. Schr. v. 25.03.1998 – IV B 7 – S 1978 – 21/98, BStBl. I 1998, S. 268; S/H/S-Hörtnagl, § 15 Rn. 105; F/M-Frotscher, § 15 UmwStG Rz. 68; a. Ans.: R/H/L-Schumacher, § 15 Rn. 263.

[263] Vgl. Rosenbach (1997), S. 192.

[264] Vgl. R/H/L-Schumacher, § 15 Rn. 264.

[265] Vgl. Rosenbach (1997), S. 192.

[266] Vgl. § 15 Abs. 1 S. 1 i. V. m. § 12 Abs. 3, Hs. 2 i. V. m. § 4 Abs. 2 S. 2 UmwStG.

nehmenden Betriebsvermögen zu veräußern. Insoweit gelten die Erläuterungen zur Abspaltung und zur Verschmelzung entsprechend.

1.2. Gestaltungen auf Ebene der Beteiligung an der Verlustgesellschaft

1.2.1. Vermeidung eines schädlichen Beteiligungserwerbs

Ergibt die Ermittlung des steuerlichen Ist-Zustandes, dass die beabsichtigte Übertragung eines Anteils an einer Verlustgesellschaft als schädlicher Beteiligungserwerb qualifizieren würde, können Gestaltungsmaßnahmen zur Eliminierung dieser Gefahr insbesondere an drei Tatbestandsmerkmalen ansetzen. Zunächst kann eine schädliche **Anteilsübertragung** vermieden werden. § 8c KStG setzt insoweit voraus, dass gezeichnetes Kapital, Mitgliedschaftsrechte, Beteiligungsrechte oder Stimmrechte an einer Körperschaft auf einen Erwerber übertragen werden. Hierzu ist im Regelfall erforderlich, dass das Eigentum an Geschäftanteilen der verlustbehafteten Unternehmung einen Transfer erfährt. Verhindert werden kann die Verwirklichung dieses Tatbestandsmerkmals daher, indem man auf eine solche Veränderung der Eigentumslage verzichtet.

Dies gelingt dadurch, dass dem eigentlich aufnehmenden Betriebsvermögen nicht die Inhaberschaft an der Beteiligung, sondern lediglich eine ökonomisch gleichwertige, insbesondere mezzanine Berechtigung eingeräumt wird.[267] Als eine solche ist die Begründung einer **stillen Gesellschaft** zwischen der Verlustunternehmung und dem eigentlich aufnehmenden Betriebsvermögen denkbar.[268] Mit ihr verpflichtet sich der stille Gesellschafter, eine Einlage in das Vermögen der Verlustgesellschaft zu leisten.[269] Im Gegenzug erhält er ein Mitgliedschaftsrecht an der gemeinsamen Innengesellschaft, nicht aber an der Verlustgesellschaft selbst.[270] Dieses Mitgliedschaftsrecht gewährt ihm insbesondere eine Beteiligung am Gewinn der Kapitalgesellschaft. Die Höhe dieses Gewinnanteils ist frei vereinbar und richtet sich typischerweise nach dem Umfang der Einlagen beider Parteien.[271] Daneben kann eine Beteiligung des stillen Gesellschafters am Verlust der Unternehmung ausgeschlossen werden.[272] Erfolgt ein solcher Ausschluss nicht, ist bei Kapitalgesellschaften als stillen Gesellschaftern die Verlustausgleichsbegrenzung des § 15 Abs. 4 S. 6 EStG zu beachten.

Nach der gesetzlichen Regelung ist der stille Gesellschafter lediglich berechtigt, die abschriftliche Mitteilung des Jahresabschlusses zu verlangen und dessen Richtigkeit

---

267 Vgl. zur steuerlichen Einordnung mezzaniner Finanzierungen: Marx/Nienaber, GmbHR 2006, S. 686-694; Breuninger/Prinz, DStR 2006, S. 1345-1349.

268 Vgl. Benz/Rosenberg (2007), S. 175; H/H/R-Schloßmacher, § 8 Anm. 427; Beußer, DB 2007, S. 1549 (1552); Breuninger/Prinz, DStR 2006, S. 1345 (1346); Endres/Spengel/Reister, WPg 2007, S. 478 (488).

269 Vgl. § 230 Abs. 1 HGB; Baumbach/Hopt, § 230 HGB Rn. 20.

270 Vgl. Baumbach/Hopt, § 230 HGB Rn. 21.

271 Vgl. Baumbach/Hopt, § 231 HGB Rn. 1.

272 Vgl. § 231 Abs. 2 HGB; Baumbach/Hopt, § 232 HGB Rn. 6.

unter Einsicht der Bücher und Papiere zu prüfen.[273] Die Parteien können seine Kontroll- und Mitwirkungsrechte aber einvernehmlich ausdehnen und denen eines Kommanditisten annähern. Möglich ist außerdem, den Stillen vermögensrechtlich mit der Kapitalgesellschaft gleichzustellen, indem ihm schuldrechtlich eine Mitberechtigung an den stillen Reserven und einem eventuellen Geschäftswert der Unternehmung gewährt wird (atypisch stille Gesellschaft).[274] Ungeachtet ihres individuellen Ausmaßes begründet eine solche Ausweitung jedoch in keinem Fall Mitgliedschafts- oder Beteiligungsrechte an der Verlustgesellschaft selbst, sondern lässt maximal eine Mitunternehmerschaft zwischen Kapitalgesellschaft und stillem Gesellschafter entstehen.[275]

Alternativ zur Begründung einer stillen Beteiligung kommt in Betracht, dem eigentlich aufnehmenden Betriebsvermögen **Genussrechte** an der Verlustgesellschaft zu gewähren.[276] Unter einem Genussrecht versteht man den vermögensrechtlichen Anspruch eines Berechtigten gegen eine Kapitalgesellschaft, der Gesellschafterrechten nachgebildet ist, aber selbst keine Mitgliedschaftsrechte, insbesondere keine Stimm- oder Anfechtungsrechte, vermittelt.[277] Zwischen dem Genussrechtsinhaber und dem Unternehmensträger besteht daher ein rein schuldrechtliches Verhältnis. Diese Rechtsbeziehung unterliegt angesichts des Grundsatzes der Vertragsfreiheit der individuellen Ausgestaltung der Parteien. Typischerweise enthält sie ein Gewinnbezugsrecht. Daneben vermag sie bspw. eine Beteiligung am Liquidationserlös oder ein Recht auf Sachbezüge oder Benutzung von Gesellschaftseinrichtungen vorsehen.[278] Diese eigentlich nur schuldrechtliche Berechtigung des Genussrechtsinhabers kann der Position eines Gesellschafters durch Einräumung zusätzlicher Informations- und Kontrollrechte zumindest angenähert werden.[279]

Bei der Vereinbarung eines solchen Genussrechts kommt es im Hinblick auf § 8c KStG darauf an, die Beziehung zwischen der Verlustgesellschaft und dem zukünftigen Genussrechtsinhaber so zu gestalten, dass weder ein Beteiligungsrecht gewährt noch ein vergleichbarer Sachverhalt verwirklicht wird.[280] Als Maßstab hierfür kann § 8 Abs. 3 S. 2 KStG herangezogen werden. Nach dieser Vorschrift mindern Ausschüttungen jeder Art auf Genussrechte, mit denen das Recht auf Beteiligung am Gewinn und am Liquidationserlös der Kapitalgesellschaft verbunden ist, das Einkommen einer Kapitalgesellschaft nicht.[281] Zur Verhinderung einer Qualifikation als Beteili-

---

[273] Vgl. § 233 Abs. 1 HGB; Baumbach/Hopt, § 233 HGB Rn. 1.

[274] Vgl. Schmidt-Wacker, § 15 Rn. 341; Baumbach/Hopt, § 230 HGB Rn. 3.

[275] Vgl. Schmidt-Wacker, § 15 Rn. 343; kritisch: D/J/P/W-Dötsch, § 8 Abs. 4 KStG Rn. 135.

[276] Vgl. Benz/Rosenberg (2007), S. 175; Beußer, DB 2007, S. 1549 (1552); Stegemann, GestStB 2004, S. 208; Lenz, Ubg 2008, S. 24 (26).

[277] Vgl. Roth/Altmeppen, § 14 GmbHG Rn. 11; Baumbach/Hueck, § 29 GmbHG Rn. 88; Stegemann, GestStB 2004, S. 208.

[278] Vgl. Roth/Altmeppen, § 14 GmbHG Rn. 11; Baumbach/Hueck, § 29 GmbHG Rn. 89.

[279] Vgl. Baumbach/Hueck, § 29 GmbHG Rn. 90; Stegemann, GestStB 2004, S. 208.

[280] Vgl. Beußer, DB 2007, S. 1549 (1551).

[281] Vgl. D/J/P/W-Dötsch, § 8 Abs. 4 KStG Rn. 49; Stegemann, GestStB 2004, S. 208.

gungsrecht genügt es daher, dass Genussrecht so zu strukturieren, dass eines dieser beiden Tatbestandsmerkmale nicht verwirklicht wird.[282]

Insofern bietet es sich an, den Genussrechtsinhaber nicht an der Verteilung eines eventuellen Liquidationserlöses zu beteiligen, seinen Anspruch auf Rückzahlung des Genusskapitals aber simultan als nicht nachrangig auszugestalten (obligationsähnliches Genussrecht).[283] Dabei ist unter einem Anteil am Liquidationserlös nicht allein die isolierte Rückzahlung des Genussrechtskapitals, sondern immer auch die Berechtigung im Hinblick auf stille Reserven des Unternehmens zu verstehen.[284] Alternativ kann die sonstige Teilhabe des Genussrechtsinhabers so gestaltet werden, dass sie nicht als Gewinnbeteiligung qualifiziert. Dies setzt voraus, dass der Genussberechtigte eine feste Mindestverzinsung erhält und diese gemeinsam mit einer zusätzlich gewährten erfolgsabhängigen Vergütung der angemessenen Verzinsung einer Obligationenverpflichtung entspricht.[285] Zu beachten ist in diesem Zusammenhang allerdings, dass diese Handlungsoptionen im Rahmen des § 8c KStG noch keine ausdrückliche Absicherung durch die Finanzverwaltung erfahren haben.[286]

Statt der Gewährung solcher mezzaniner Beteiligungen ist denkbar, dass die Verlustgesellschaft ihren **Betrieb in eine Tochterunternehmung einbringt** und dem aufnehmenden Betriebsvermögen im Anschluss Geschäftsanteile an derselben einräumt.[287] Eine solche Maßnahme lässt das gezeichnete Kapital, die Mitgliedschafts-, Beteiligungs- und Stimmrechte auf Ebene der Verlustgesellschaft unberührt. Angesichts der beiden voneinander unabhängigen Steuersubjekte qualifiziert sie nach der hier vertretenen Ansicht auch nicht als vergleichbarer Sachverhalt.[288]

Handelt es sich bei dieser Tochterunternehmung um eine Kapitalgesellschaft, fließen der Verlustgesellschaft zukünftig nur noch steuerfreie Dividenden zu, so dass eine Verlustnutzung an sich nicht mehr möglich ist.[289] Etwas anderes gilt nur, sofern die Unternehmungen eine Organschaft begründen.[290] Um gleichzeitig den Bedürfnissen des eigentlich aufnehmenden Betriebsvermögens Rechnung zu tragen, sind dabei zu

---

282 Vgl. BFH, Urt. v. 14.06.2005 - VIII R 73/03, BStBl. II 2005, S. 861; BFH, Urt. v. 19.01.1994 - I R 67/92, BStBl. II 1996, S. 77; Blümich-Rengers, § 8 KStG Rn. 200; Breuninger/Prinz, DStR 2006, S. 1345 (1347).

283 Vgl. BMF, Schr. v. 08.12.1986 – IV B 7 – S 2742 – 26/86, BB 1987, S. 667; BMF, Schr. v. 27.12.1995 – IV B 7 – S 2742 – 76/95, BStBl. I 1996, S. 49; Kratzsch, BB 2005, S. 2603 (2607).

284 Vgl. BMF, Schr. v. 08.12.1986 – IV B 7 – S 2742 – 26/86, BB 1987, S. 667; BFH, Urt. v. 14.06.2005 - VIII R 73/03, BStBl. II 2005, S. 861; Breuninger/Prinz, DStR 2006, S. 1345 (1347).

285 Vgl. BFH, Beschl. v. 28.06.1960 – I 85/60, HFR 1961, S. 13; ähnlich: Kratzsch, BB 2005, S. 2603 (2606).

286 Vgl. BMF, Tz. 7 d. Schr. v. 04.07.2008 – IV C 7 – S 2745 – a/08/10001, BStBl. I 2008, S. 736; Sistermann/Brinkmann, BB 2008, S. 1928 (1930).

287 Vgl. Beußer, DB 2007, S. 1549 (1552); Lenz, Ubg 2008, S. 24 (30).

288 Vgl. Neumann/Stimpel, GmbHR 2007, S. 1194 (1197); kritisch zur alten Rechtslage: H/H/R-Schloßmacher, § 8 Anm. 428.

289 Vgl. § 8b Abs. 1 KStG.

290 Vgl. § 14 Abs. 1 KStG.

seinen Gunsten Ausgleichszahlungen zu vereinbaren.[291] Qualifiziert die Tochterunternehmung hingegen als Personengesellschaft, ist deren Gewinn im Anschluss körperschaftsteuerlich bei der Verlustgesellschaft und gewerbesteuerlich bei der Tochtergesellschaft ausgleichsfähig, soweit er auf die einbringende Verlustgesellschaft entfällt.

Außerdem kann sich im Einzelfall anbieten, die zu erwerbenden Geschäftsanteile auf maximal 25 % zu beschränken und simultan ein höheres **Vorzugsdividendenrecht** zu vereinbaren. Ein solches Vorzugsdividendenrecht qualifiziert als ein individuelles Vermögensrecht, das keine explizite Aufzählung in § 8c KStG erfahren hat.[292] Die Regelung hat vielmehr mit Ausnahme der Stimmrechte darauf verzichtet, isolierte Übertragungen von Vermögensrechten zu sanktionieren.

Besonderes gilt schließlich, sofern die Gefahr für bestehende Verlustvorträge nicht aus der Veräußerung der Geschäftsanteile an eine fremde Person, sondern aus ihrer **Einbringung**, **Ausbringung** oder **Abspaltung** herrührt. Dabei ist zu unterscheiden. Ist beabsichtigt, die Beteiligung durch Einbringung in eine Tochterunternehmung zu separieren, bietet es sich an, die Beteiligung im Betriebsvermögen zu belassen und stattdessen die übrigen Aktiva und Passiva der Unternehmung zu bewegen. Sie können auf eine übergeordnete Unternehmung der Gruppe ausgebracht oder auf eine Schwestergesellschaft abgespalten werden. Auf diese Weise gelingt die gewünschte Isolierung der Beteiligung, ohne dass es zu einer nachteiligen Anteilsübertragung kommt.

Dieser Gestaltungsansatz gilt spiegelbildlich für eine eigentlich beabsichtigte Ausbringung oder Abspaltung auf eine übergeordnete Unternehmung. Ist eine solche Zusammenführung der Beteiligung mit dem Betriebsvermögen eines Gesellschafters gewollt, eröffnet sich die Möglichkeit, alternativ den Betrieb der übergeordneten Unternehmung in die Gesellschaft einzubringen, die die Beteiligung an der Verlustgesellschaft hält. Soll die Beteiligung eigentlich auf eine Schwestergesellschaft abgespalten werden, kommt zur Herbeiführung eines ökonomisch gleichwertigen Ergebnisses ein zweistufiges Vorgehen in Betracht. In einem ersten Schritt kann man das Betriebsvermögen der Gesellschafterin mit Ausnahme der Beteiligung an der Verlustgesellschaft auf eine andere Unternehmung der Gruppe verlagern. Auf diese Weise erreicht man eine Isolation der Beteiligung. Im Anschluss besteht dann die Möglichkeit, in einem zweiten Schritt nicht die Beteiligung auf die Schwestergesellschaft abzuspalten, sondern die Schwestergesellschaft auf die Gesellschafterin zu verschmelzen.

Soll auf eine Anteilsübertragung im Einzelfall nicht verzichtet werden, kommt als zweites Tatbestandsmerkmal die fünfjährige Frist für die Zusammenrechnung mehrerer Erwerbe in Betracht. Denkbar ist insofern, Anteilsübertragungen **zeitlich zu stre-**

291 Vgl. § 16 KStG.

292 Vgl. Benz/Rosenberg (2007), S. 176.

cken. Da § 8c KStG einen schädlichen Beteiligungserwerb nur annimmt, sofern innerhalb von fünf Jahren mehr als 25 % der Geschäftsanteile einen Inhaberwechsel erfahren, besteht die Möglichkeit alle fünf Jahre Beteiligungen in Höhe von jeweils 25 % zu verlagern.[293]

Dabei ist auch denkbar, eine solche Anteilsverlagerung mit der Ausgabe von Wandel- oder Optionsanleihen zu verknüpfen. Unter einer Wandelanleihe versteht man eine Schuldverschreibung, die dem Gläubiger das Recht gewährt, seinen Anspruch auf Rückzahlung des Nennbetrags gegen eine bestimmte Zahl Aktien einzutauschen. Diese Ersetzungsbefugnis gewährt dem Gläubiger allerdings kein Mitgliedschaftsrecht.[294] In Abgrenzung hierzu verbriefen Optionsanleihen einem Kapitalgeber nicht nur das Recht auf Kapitalrückzahlung und -verzinsung, sondern zusätzlich die Anwartschaft, innerhalb eines bestimmten Zeitraums zu einem festgelegten Entgelt eine bestimmte Anzahl von Geschäftsanteilen an der Gesellschaft zu erwerben.[295] Terminiert man diese Gläubigerrechte so, dass der betroffene Erwerber nur alle fünf Jahre höchstens 25 % erwerben kann, erfährt ein bestehender Verlustvortrag keine Gefährdung.[296] In diesem Zusammenhang ist nach der hier vertretenen Auffassung die Rechtsprechung des Bundesfinanzhofs zur Einräumung wirtschaftlich vergleichbarer Rechtspositionen angesichts der Formalisierung des § 8c KStG nicht anwendbar.[297]

Kommt es zum Vortragsuntergang schließlich nur, weil der Transfer (auch) auf eine **nahe stehende Person** des Erwerbers als drittes Tatbestandsmerkmal erfolgen soll, so verbleibt die Option, das Verhältnis zwischen dem Erwerber und der nahe stehenden Person so zu modifizieren, dass das tatbestandsrelevante Näheverhältnis entfällt. Während eine solche Veränderung bei natürlichen Personen nur begrenzt möglich ist, kann sie bei Personen- und Kapitalgesellschaften gelingen, indem man das jeweils relevante Beherrschungsverhältnis aufhebt. Ist der Erwerber der Beteiligung mehrheitlich an der nahe stehenden Person beteiligt, muss er hierzu im Vorfeld des eigentlichen Beteiligungserwerbs noch ein ausreichendes Maß an Geschäftsanteilen an der nahe stehenden Person abgeben. Nichts anderes gilt für eine dritte Person, die sowohl den Erwerber als auch die nahe stehende Person beherrscht.[298]

Ungeachtet der oben vorgestellten Gestaltungsmaßnahmen, kann es im Einzelfall dazu kommen, dass eine Verletzung der 25 %-Grenze nicht verhindert werden kann. In einer solchen Konstellation bietet es sich an, die Beteiligung im Anschluss ange-

---

293 Vgl. Neumann, GmbH-StB 2007, S. 249 (250); Roser, DStR 2008, S. 77 (80).

294 Vgl. Hüffer, § 221 AktG Rn. 4, 5.

295 Vgl. Hüffer, § 221 AktG Rn. 6, 7.

296 Vgl. E&Y-Lang, § 8 KStG Rn. 1290.2.1; kritisch: D/J/P/W-Dötsch, § 8 Abs. 4 KStG Rn. 138.

297 Vgl. BFH, Urt. v. 13.08.1997 – I R 89/96, BStBl. II 1997, S. 829; BMF, Tz. 29 d. Schr. v. 16.04.1999 – IV C 6-S 2745-12/99, BStBl. I 1999, S. 455; D/J/P/W-Dötsch, § 8 Abs. 4 KStG Rn. 134.

298 Vgl. Blümich-Rengers, § 8 KStG Rn. 144.

sichts der Initiierung einer neuen Fünf-Jahres-Frist bis auf 50 % aufzustocken. Hierdurch kommt es zu keiner weiteren Reduzierung der Verlustvorträge.[299]

1.2.2. Vermeidung eines Verlusts der wirtschaftlichen Identität

Wie oben dargestellt, besteht bis zum 31.12.2012 noch das Risiko, dass eine Umstrukturierungsmaßnahme zu einem Verlust der wirtschaftlichen Identität führt.[300] Angesichts der Geltung des § 8c KStG ab dem 01.01.2008 ist eine solche Bedrohung von Verlustvorträgen ausschließlich denkbar, sofern ein Restrukturierungsvorgang nur zusammen mit einer vor dem 01.01.2008 erfolgten und damit für § 8c KStG irrelevanten Anteilsübertragung die 50 %-Grenze überschreitet. Dieser Gefahr kann insbesondere auf drei Wegen begegnet werden.

Zum einen besteht auch in diesem Zusammenhang die Option, eine schädliche **Anteilsübertragung** zu verhindern. Hierzu muss sichergestellt werden, dass nicht mehr als die Hälfte der Geschäftsanteile an der Verlustgesellschaft innerhalb eines zeitlichen Zusammenhangs von fünf Jahren übertragen werden.[301] Dies gelingt insbesondere durch die oben zur Vermeidung eines schädlichen Beteiligungserwerbs vorgestellten Gestaltungen. Darüber hinaus bestehen zwei zusätzliche Optionen. Da § 8 Abs. 4 KStG 2007 anders als § 8c KStG nur den unmittelbaren Transfer von Geschäftsanteilen als schädlich einordnet, eröffnet sich die Möglichkeit, statt der Beteiligung an der Verlustgesellschaft Geschäftsanteile an einer ihr übergeordneten Unternehmung zu übertragen. Dies gilt unabhängig davon, ob es sich bei dieser Einheit um eine Kapital- oder Personengesellschaft handelt.[302] Außerdem besteht die Besonderheit, dass im Zusammenhang des § 8 Abs. 4 KStG 2007 allein die Übertragung von Nennkapital nachteilig ist.[303] Sofern im Einzelfall ökonomisch opportun, besteht daher die Option, bis zum Ablauf der Fünf-Jahres-Frist über die 50 %-Grenze hinaus lediglich Stimmrechte übergehen zu lassen.[304]

Zum anderen ist denkbar, den beabsichtigten Restrukturierungsvorgang so auszugestalten, dass eine schädliche **Zuführung überwiegend neuen Betriebsvermö-**

---

299 Vgl. B/F/F/K-Reitsam, § 8c Rn. 63; Benz/Rosenberg (2007), S. 191; Wiese, DStR 2007, S. 741 (743); Neumann, GmbH-StB 2007, S. 249 (250); Neyer, BB 2007, S. 1415 (1417); Zerwas/Fröhlich, DStR 2007, S. 1933 (1936); Roser, DStR 2008, S. 77 (80); Endres/Spengel/Reister, WPg 2007, S. 478 (488).

300 Vgl. § 34 Abs. 6 S. 4 KStG; B/F/F/K-Reitsam, § 8c Rn. 93; Benz/Rosenberg (2007), S. 198.

301 Vgl. OFD Frankfurt a. M., Schr. v. 03.07.2000 - S 2745 A - 22 - St II 13 (S), DB 2000, S. 1541; BMF, Tz. 6 d. Schr. v. 16.04.1999 – IV C 6-S 2745-12/99, BStBl. I 1999, S. 455.

302 Vgl. BFH, Urt. v. 20.08.2003 – I R 61/01, BStBl. II 2004, S. 616; OFD Frankfurt a. M., Vfg. v. 05.10.2004 - S 2745 A - 22 - St II 1.01, DStR 2004, S. 1882; H/H/R-Schloßmacher, § 8 KStG Anm. 447; D/J/P/W-Dötsch, § 8 Abs. 4 KStG Rn. 58; Wiese, DStR 2007, S. 741 (742); vgl. zum sog. Transformationsmodell: Kollruss, Der Konzern 2003, S. 741 (742).

303 Vgl. BMF, Tz. 3 d. Schr. v. 16.04.1999 – IV C 6-S 2745-12/99, BStBl. I 1999, S. 455; H/H/R-Schloßmacher, § 8 KStG Anm. 445; D/J/P/W-Dötsch, § 8 Abs. 4 KStG Rn. 44.

304 Vgl. H/H/R-Schloßmacher, § 8 KStG Anm. 427; E&Y-Lang, § 8 KStG Rn. 1262.3; Streck/Schwedhelm, FR 1989, S. 153 (156); einschränkend: BMF, Tz. 30 d. Schr. v. 16.04.1999 – IV C 6-S 2745-12/99, BStBl. I 1999, S. 455.

gens unterbleibt.[305] Hierzu muss gewährleistet werden, dass der Verlustgesellschaft im Laufe des zweijährigen Zeitraums nach der schädlichen Anteilsübertragung[306] saldiert[307] nicht mehr Aktivvermögen[308] zugeführt wird, als die Unternehmung im Zeitpunkt der (letzten) schädlichen Anteilsübertragung bereits besaß.[309] Ist das Erreichen dieser Grenze absehbar, bestehen insbesondere fünf Handlungsoptionen.

Zunächst kommt in Betracht, dass der zum Verkauf seiner Anteile entschlossene Gesellschafter noch vor der Anteilsübertragung der Verlustgesellschaft neues Betriebsvermögen zuführt. Auf diese Weise steigert er nicht nur die aktuelle Wirtschaftskraft der Unternehmung, gleichzeitig erhöht er ihre Attraktivität für potenzielle Erwerber, da sich der Vergleichsmaßstab für spätere unschädliche Betriebsvermögenszuführungen vergrößert.[310] Zu achten ist lediglich darauf, dass eine solche Gestaltungsmaßnahme nicht kollusiv erfolgt.[311]

Nach der Anteilsübertragung kann sich die Verlustgesellschaft zusätzlichen Spielraum für die Zuführung von Aktivvermögen verschaffen, indem sie sich von nicht zwingend erforderlichen Bestandteilen ihres Aktivvermögens trennt. Sie kann ihr Anlagevermögen mindern, indem sie bestimmte Wirtschaftsgüter einem Sale-and-lease-back-Verfahren unterzieht oder Bereiche ihrer Fertigung in Auftragsproduktion umwandelt.[312] Daneben besteht im Hinblick auf das Umlaufvermögen die Option, den Forderungsbestand durch Factoring zu reduzieren[313] und Maßnahmen zur Verringerung von Bestandserhöhungen zu ergreifen.[314] Letztlich ist nicht ausgeschlossen, auch Betriebsteile abzuspalten.[315]

Darüber hinaus kann die als neue Anteilseignerin eintretende Person die Verlustgesellschaft ohne Zuführung neuen Betriebsvermögens stärken, indem sie deren Passiva reduziert.[316] Dies gelingt insbesondere durch die Übernahme oder unmittelbare

---

305 Vgl. § 8 Abs. 4 S. 2 KStG.

306 Vgl. BMF, Schr. v. 02.08.2007 – IV B 7 – S 2745/0, BStBl. I 2007, S. 624, unter Aufhebung von Tz. 12 S. 2 d. BMF-Schreibens v. 16.04.1999 – IV C 6-S 2745-12/99, BStBl. I 1999, S. 455.

307 Vgl. BMF, Tz. 9 d. Schr. v. 16.04.1999 – IV C 6-S 2745-12/99, BStBl. I 1999, S. 455; H/H/R-Schloßmacher, § 8 Anm. 453; Kröner, DStR 1998, S. 1495 (1498).

308 Legt man die Auffassung des 1. Senats zugrunde, wäre allein das Anlagevermögen entscheidend (BFH, Urt. v. 08.08.2001 – I R 29/00, BStBl. II 2002, S. 392; gl. Ans.: D/J/P/W-Dötsch, § 8 Abs. 4 KStG, Rn. 77; a. Ans.: BMF, Schr. v. 17.06.2002 – IV A 2 – S 2745 – 8/02, BStBl. I 2002, S. 629; Roser, GmbHR 2001, S. 1153 (1155); Biermann/Rau, GmbHR 2002, S. 509 (512)). Dies hätte zur Folge, dass man unbegrenzt liquide Mittel zuführen könnte (vgl. Frotscher, DStR 2002, S. 10 (12)).

309 Vgl. BFH, Urt. v. 08.08.2001 – I R 29/00, BStBl. II 2002, S. 392; BMF, Tz. 9 d. Schr. v. 16.04.1999 – IV C 6-S 2745-12/99, BStBl. I 1999, S. 455; Wiese, DStR 2007, S. 741 (742).

310 Vgl. D/J/P/W-Dötsch, § 8 Abs. 4 KStG, Rn. 138.

311 Vgl. BMF, Tz. 31 d. Schr. v. 16.04.1999 – IV C 6-S 2745-12/99, BStBl. I 1999, S. 455.

312 Vgl. K/K/K-Orth, § 11 Rn. 148; Eilers/Wienands, FR 1998, S. 828 (834).

313 Vgl. K/K/K-Orth, § 11 Rn. 268; Hoffmann, GmbH-StB 2000, S. 228.

314 Vgl. Hoffmann, GmbH-StB 2000, S. 228

315 Vgl. K/K/K-Orth, § 11 Rn. 268.

316 Vgl. H/H/R-Schloßmacher, § 8 KStG Anm. 428; D/J/P/W-Dötsch, § 8 Abs. 4 KStG, Rn. 67; E&Y-Lang, § 8 KStG Rn. 1273.1.4.1; Heckschen/Simon (2003), § 13 Rn. 92; kritisch: Kaeser,

Tilgung von Verbindlichkeiten der verlustträchtigen Unternehmung.[317] Denkbar ist auch, dass sie gegenüber der Verlustgesellschaft bestehende Forderungen erwirbt und anschließend einen Verzicht gegen Besserungsschein ausspricht.[318]

Weiterhin besteht die Möglichkeit, die Verlustgesellschaft mit nicht bilanzwirksamen Maßnahmen zu unterstützen. Denkbar ist in diesem Zusammenhang, Nutzungsrechte, Ertragsaussichten oder Geschäftschancen auf die Verlustgesellschaft zu übertragen. Angesicht deren fehlender Bilanzierbarkeit bewirkt ein solcher Vorgang keine Erhöhung der Aktiva.[319] Daneben kommt entgegen der Auffassung der Finanzverwaltung[320] ebenfalls in Betracht, einer Tochterkapitalgesellschaft der Verlustunternehmung Betriebsvermögen zuzuführen.[321] Als ultimative Option verbleibt, mit dem schädlichen Teil einer geplanten Betriebsvermögenszuführung bis zum Ablauf der Zwei-Jahres-Frist zu warten.[322]

Zum Dritten kann die Zuführung neuen Betriebsvermögen entlang der Privilegierung für **Sanierungen** strukturiert werden.[323] Hierzu bedarf es der Verwirklichung zweier Kriterien. Zunächst muss die Vermögenszuführung so strukturiert werden, dass sie allein der Sanierung dient.[324] Hierfür ist neben dem Vorliegen der nicht gestaltbaren Voraussetzung einer tatsächlichen Sanierungsbedürftigkeit[325] der Verlustgesellschaft erforderlich, dass das zuzuführende Betriebsvermögen den für das Fortbestehen des Geschäftsbetriebs notwendigen Umfang nicht wesentlich überschreitet.[326] Darüber hinaus ist zu gewährleisten, dass die Verlustgesellschaft den verlustverursachenden Geschäftsbetrieb in einem nach dem Gesamtbild der wirtschaftlichen Verhältnisse vergleichbaren Umfang in den folgenden fünf Jahren fortführt.[327] Dies gelingt, indem man sicherstellt, dass der betroffene Geschäftsbetrieb um nicht mehr als die Hälfte seines ursprünglichen Umfangs abgeschmolzen wird. Dabei gilt als ursprünglicher

---

DStR 2005, S. 349 (352).

317 Vgl. BFH, Urt. v. 20.12.2001 – I B 74/01, BFH/NV 2002, S. 678; Vogt, DStR 2002, S. 1432 (1433); Schmidt/Hageböke, DStR 2002, S. 2150 (2151); Herzberg, DStR 2001, S. 553 (556); kritisch: Heckschen/Simon (2003), § 13 Rn. 51.

318 Vgl. H/H/R-Schloßmacher, § 8 Anm. 428; E&Y-Lang, § 8 KStG Rn. 1273.1.4.1; K/K/K-Orth, § 11 Rn. 256, 258; Hoffmann, DStR 1998, S. 196; Hoffmann, DStR 2002, S. 1233 (1236, 1239).

319 Vgl. H/H/R-Schloßmacher, § 8 KStG Anm. 428; D/J/P/W-Dötsch, § 8 Abs. 4 KStG, Rn. 69; kritisch: Kaeser, DStR 2005, S. 349 (352).

320 Vgl. BMF, Tz. 32 S. 2 d. Schr. v. 16.04.1999 – IV C 6-S 2745-12/99, BStBl. I 1999, S. 455.

321 Vgl. D/J/P/W-Dötsch, § 8 Abs. 4 KStG Rn. 137; H/H/R-Schloßmacher, § 8 KStG Anm. 428; Dieterlen/Strnad, GmbHR 2000, S. 260 (261).

322 Vgl. BMF, Schr. v. 02.08.2007 – IV B 7 – S 2745/0, BStBl. I 2007, S. 624, unter Aufhebung von Tz. 12 S. 2 d. BMF-Schreibens v. 16.04.1999 – IV C 6-S 2745-12/99, BStBl. I 1999, S. 455.

323 Vgl. H/H/R-Schloßmacher, § 8 Anm. 470.

324 Vgl. § 8 Abs. 4 S. 3 KStG.

325 Vgl. D/J/P/W-Dötsch, § 8 Abs. 4 KStG Rn. 148.

326 Vgl. BMF, Tz. 14 S. 2 d. Schr. v. 16.04.1999 – IV C 6-S 2745-12/99, BStBl. I 1999, S. 455; H/H/R-Schloßmacher, § 8 KStG Anm. 473; D/J/P/W-Dötsch, § 8 Abs. 4 KStG Rn. 160.

327 Vgl. § 8 Abs. 4 S. 3 KStG.

Umfang sein durchschnittliches Ausmaß während der Verlustphase bis zum Ende der wirtschaftlichen Identität.[328]

1.2.3. Besonderheiten bei Transfers innerhalb von Sachgesamtheiten

Diese Gestaltungsansätze für die Übertragung isolierter Beteiligungen gelten grundsätzlich entsprechend, sofern Geschäftsanteile als Bestandteil einer Sachgesamtheit eine Verlagerung erfahren soll. Bei Anwendung dieser Strukturierungsoptionen verschiebt sich allerdings der zentrale Fokus der Gestaltungsarbeit darauf, die Beteiligung von der übrigen Sachgesamtheit im Vorfeld zu separieren. Angesichts der Notwendigkeit, die Geschäftsanteile an der Verlustgesellschaft zumindest temporär im übertragenden Betriebsvermögen zu belassen, ist hier von entscheidender Bedeutung, die eventuell vorhandene Eigenschaft der Beteiligung als wesentliche Betriebsgrundlage der zu bewegenden Sachgesamtheit vorab zu terminieren. Anderenfalls ist nicht ausgeschlossen, dass die oben vorgestellten Strukturierungsoptionen nachteilige Auswirkungen im Hinblick auf das Teilgestaltungssystem der Gewinnrealisierung zeitigen.[329]

1.3. Gestaltungen auf Ebene der Gesellschafter der Verlustgesellschaft

Bedroht eine Umstrukturierungsmaßnahme auf Ebene des Gesellschafters der Kapitalgesellschaft deren Verlustvorträge, besteht die Aufgabe der Gestaltungssuche darin, den geplanten Restrukturierungsvorgang so zu modifizieren, dass der bisherige Anteilseigner der Verlustgesellschaft zumindest formal erhalten bleibt. Diese angestrebte Identitätsperpetuierung entspricht dem Ziel, das bei Umstrukturierungen auf Ebene der Verlustgesellschaft selbst verfolgt wird. Daher eröffnen sich auf Ebene des Gesellschafters grundsätzlich die gleichen Gestaltungsoptionen.[330]

Ist beabsichtigt, den Gesellschafter der Verlustgesellschaft auf ein anderes Unternehmen zu **verschmelzen**, besteht die Möglichkeit, die Richtung der Verschmelzung zu ändern. Besitzt die Unternehmung, auf die der Gesellschafter an sich verschmolzen werden soll, keine Verlustvorträge, kann es vorteilhaft sein, nicht den Gesellschafter auf die verlustfreie Unternehmung, sondern die verlustfreie Unternehmung auf den Gesellschafter zu verschmelzen. Dadurch bleibt die Person des unmittelbar Beteiligten unberührt. Eine solche Maßnahme ist allerdings nur erfolgreich, sofern nicht im Gegenzug Gesellschaftsrechte an der aufnehmenden Gesellschafterin der Verlustgesellschaft gewährt werden müssen, die einen mittelbaren schädlichen Beteiligungserwerb bewirken. Zum anderen kommt in Betracht, die Verschmelzung des Gesellschafters durch einen Transfer seines Betriebes unter Zurückbehaltung der

---

328 Vgl. BMF, Tz. 15-16 S. 2 d. Schr. v. 16.04.1999 – IV C 6-S 2745-12/99, BStBl. I 1999, S. 455; H/H/R-Schloßmacher, § 8 KStG Anm. 482; D/J/P/W-Dötsch, § 8 Abs. 4 KStG Rn. 163.

329 Vgl. Kap. 1, Abschn. F. II. 3. 2.

330 Vgl. Abschn. E. II. 1. 2. 1.

Beteiligung zu ersetzen. Auch so gelingt es, die Identität des unmittelbar Beteiligten zu erhalten. Schwierigkeiten ergeben sich insoweit nur, falls die Beteiligung als wesentliche Betriebsgrundlage des Betriebes qualifiziert. Dann kann das Teilgestaltungssystem der Gewinnrealisierung eine vorangehende Separation der Beteiligung erforderlich machen.[331]

Soll der Gesellschafter der Verlustgesellschaft **aufgespalten** oder **realgeteilt** werden, bietet es sich an, alternativ den Gesellschafter samt Beteiligung an der Verlustgesellschaft aufrechtzuerhalten und lediglich sein übriges Vermögen zu transferieren. Dies kann entweder im Wege der Veräußerung oder mittels einer Abspaltung erreicht werden. Insoweit gelten die Ausführungen zur Verschmelzung der Verlustgesellschaft selbst sowie zur Abspaltung von Vermögen der Verlustgesellschaft entsprechend.

2. Gestaltungen zur Nutzung von Verlustvorträgen

2.1. Gewinnrealisierung in der Verlustgesellschaft

Qualifiziert als Soll-Zustand nicht die Aufrechterhaltung von Verlustvorträgen, sondern ihre Nutzung noch vor oder mit Durchführung der Umstrukturierungsmaßnahme, bestehen zwei Handlungsoptionen. Zum einen kann die Verlustgesellschaft selbst Gewinn realisieren und ihn mit ihren Verlustvorträgen unter Beachtung der Grundsätze zur Mindestbesteuerung ausgleichen. Auf diese Weise gelingt es ihr, die Verlustvorträge entweder in Abschreibungspotenzial zu transformieren oder mit Gewinnen zu verrechnen, die eigentlich erst nach dem Untergang der Verlustvorträge anfallen würden. Dabei hängt die Art und Weise der Gewinnrealisierung davon ab, ob eine Umwandlung, ein schädlicher Beteiligungserwerb oder ein Verlust der wirtschaftlichen Identität die Existenz der Verlustvorträge bedroht.

Rührt die Gefahr des Untergangs von Verlustvorträgen aus einer geplanten Umwandlung der Kapitalgesellschaft, so gelingt die Gewinnrealisierung am einfachsten. In einer solchen Situation erschöpft sich die Gestaltungsaktivität in der akkuraten Ausübung der vom UmwStG gewährten **Gewinnrealisierungswahlrechte**. Abhängig vom Umfang der vorhandenen Verlustvorträge setzt die Verlustgesellschaft ihre Wirtschaftsgüter mit einem Zwischenwert oder ihrem gemeinen Wert an.[332]

Anders verhält es sich, sofern ein schädlicher Beteiligungserwerb oder ein Verlust der wirtschaftlichen Identität die Existenz der Verlustvorträge bedroht. In diesen

---

331 Vgl. Kap. 1, Abschn. F. II. 3. 2.

332 Vgl. Rolf/Pankoke, BB 2008, S. 2274 (2279); Honert/Geimer, EStB 2007, S. 421 (424); Olbing, GmbH-StB 2005, S. 178 (179); Eckert/Kneip/Rieke, INF 1999, S. 225 (229); Prinz, FR 1996, S. 769 (772); Rosenbach (1997), S. 171; Djanani/Brähler/Zölch, BB 2000, S. 1497 (1500); Fey/Neyer, DStR 2004, 986 (987); Wacker, StbJb. 1975/76, S. 389 (405); zur Nutzung vororganschaftlicher Verlustvorträge einer Organgesellschaft im Rahmen ihrer Verschmelzung vgl. Kessler/Weber/Aberle, Ubg 2008, S. 209 (211); zur Begrenzung eines rückwirkenden Verlustausgleichs vgl. § 2 Abs. 4 UmwStG; Sistermann/Brinkmann, DStR 2008, S. 2455 (2456).

Konstellationen besteht keine Möglichkeit einer Reservenaufdeckung durch Wahlrechtsausübung. Stattdessen eröffnen sich insbesondere drei Gestaltungsalternativen.

Zunächst kann die Verlustgesellschaft **bilanzpolitische Maßnahmen** ergreifen, die eine höhere Bewertung von Aktivposten oder eine niedrigere Bewertung von Passivposten zur Folge haben. Hierzu bietet sich an, von der Unternehmung **selbst hergestellte Wirtschaftsgüter** sowie **unfertige und fertige Erzeugnisse** nicht nur mit dem steuerrechtlichen Mindestwert anzusetzen.[333] Zwingend erforderlich ist an sich lediglich die Berücksichtigung der Material- und Fertigungseinzelkosten, der Sonderkosten der Fertigung, der Material- und Fertigungsgemeinkosten und des Wertverzehrs von Anlagevermögen, soweit es durch die Herstellung des Wirtschaftsguts veranlasst ist.[334] Zur Erhöhung des Wertansatzes kann aber von den handelsrechtlichen Bewertungswahlrechten Gebrauch gemacht werden. Es können Kosten der allgemeinen Verwaltung sowie Aufwendungen für soziale Einrichtungen des Betriebs, für freiwillige soziale Leistungen und für betriebliche Altersversorgung in die Herstellungskosten mit eingerechnet werden.[335] Zinsen dürfen angesetzt werden, soweit das jeweilige Fremdkapital zur Finanzierung der Herstellung eines Vermögensgegenstands verwendet wird.[336] Auch die Gewerbesteuer darf berücksichtigt werden.[337]

Daneben kann bei neu erworbenen oder neu hergestellten Wirtschaftsgütern von einer **verlängerten Nutzungsdauer** ausgegangen werden, soweit die amtlichen AfA-Tabellen im Einzelfall nicht eindeutige Vorgaben enthalten. Auf diese Weise reduziert sich der jährliche AfA-Aufwand und verlagert sich in die Zeit nach dem Untergang des Verlustvortrags. Das gleiche Ergebnis kann erreicht werden, indem man von einer Sofortabsetzung geringwertiger Wirtschaftsgüter absieht. § 6 Abs. 2 EStG eröffnet insoweit ein Wahlrecht, das nicht zwingend ausgeübt werden muss.[338]

Darüber hinaus kann bei der Beurteilung der Notwendigkeit von **Teilwertabschreibungen** ein strengerer Maßstab angelegt werden. Teilwertabschreibungen sind vorzunehmen, sofern eine voraussichtlich dauernde Wertminderung vorliegt.[339] Dies ist der Fall, wenn der Steuerpflichtige hiermit aus der Sicht am Bilanzstichtag aufgrund objektiver Anzeichen ernsthaft zu rechnen hat. Dabei müssen mehr Gründe für als gegen eine Nachhaltigkeit sprechen.[340] Daher besitzt die bilanzierende Unternehmung einen gewissen Ermessensspielraum, der ihr ermöglicht, eine voraussichtlich dauernde Wertminderung nur unter engen Voraussetzungen anzunehmen. Auf diese Weise eröffnet sich der Verlustgesellschaft die Option, auf Teilwertabschreibungen

333 Vgl. Rolf/Pankoke, BB 2008, S. 2274 (2277); Laule, DStZ 1983, S. 311 (312, 313).

334 Vgl. § 255 Abs. 2 HGB, R 6.3 Abs. 1 EStR; Schmidt-Glanegger, § 6 Rn. 182-183.

335 Vgl. § 255 Abs. 2 S. 4 HGB, R 6.2 Abs. 4 EStR.

336 Vgl. § 255 Abs. 3 S. 2 HGB, H 33 EStH „Zinsen für Fremdkapital".

337 Vgl. R 6.3 Abs. 5 S. 2 EStR.

338 Vgl. Laule, DStZ 1983, S. 311 (312).

339 Vgl. § 253 Abs. 2 S. 3 HGB; § 6 Abs. 1 Nr. 1 S. 2 EStG.

340 Vgl. BMF, Tz. 4 d. Schr. v. 25.02.2000 – IV C 2 – S 2171 b – 14/00, BStBl. I 2000, S. 372.

zu verzichten respektive vorgenommene Teilwertabschreibungen wieder rückgängig zu machen.

Weiterhin besteht die Möglichkeit, auf die Anwendung des **Lifo-Verfahren**s zu verzichten. Steuerpflichtige können für den Wertansatz gleichartiger Wirtschaftsgüter des Vorratsvermögens unterstellen, dass die zuletzt angeschafften oder hergestellten Wirtschaftsgüter zuerst verbraucht oder veräußert worden sind.[341] Diese der Bewertungsvereinfachung dienende Methode bewirkt bei tendenziell steigenden Preisen einen erhöhten Aufwand. Durch einen Verzicht auf ihre Anwendung gelingt es daher typischerweise, die Bildung stiller Reserven im Vorratsvermögen zu vermeiden und damit zukünftigen Aufwand über den Untergang des Verlustvortrags hinweg zu konservieren. Zu beachten ist in diesem Zusammenhang allerdings, dass zur Abweichung vom Lifo-Verfahren die Zustimmung des Finanzamts erforderlich ist.[342] Die Modifikation der Bewertung darf daher nicht willkürlich erfolgen, sondern muss zumindest auch ökonomische Gründe haben.[343]

Auf der Passivseite der Bilanz kann Aufwand in folgende Wirtschaftsjahre transportiert werden, indem **pauschale Rückstellungen** zurückhaltend bemessen werden.[344] Außerdem kann bei entsprechenden Geschäftsvorfällen auf die Bildung von **Rücklagen** gemäß § 6b EStG und R 6.6 EStR verzichtet werden. Besitzt die Verlustgesellschaft Verbindlichkeiten gegenüber Gesellschaftern, bietet sich ein **Forderungsverzicht mit Besserungsschein** an.[345] Ein solcher Forderungsverzicht führt bei der Verlustgesellschaft in Höhe des nicht mehr werthaltigen Teils der Forderung zu einem sonstigen Ertrag, der mit den vorhandenen Verlustvorträgen ausgeglichen werden kann. Der Besserungsschein enthält als auflösende Bedingung des Forderungsverzichts eine Verbesserung der wirtschaftlichen Situation der Unternehmung. Tritt eine solche in der Zukunft ein, lebt die Schuld gegenüber dem Gesellschafter wieder auf und der Verlustgesellschaft entsteht entsprechender Aufwand. Auf diese Weise erfahren die ursprünglich vorhandenen Verlustvorträge eine Speicherung in der Besserungsverpflichtung, mit der ihrem drohenden Untergang zuvorgekommen werden kann.[346] Die von der Finanzverwaltung[347] vertretene entsprechende Anwendung der Verlustausgleichsbeschränkung auf den in der Besserungsverpflichtung gespeicherten Verlustvortrag entbehrt einer gesetzlichen Grundlage und überzeugt daher nicht.[348]

---

341 Vgl. § 6 Abs. 1 Nr. 2a S. 1 EStG.

342 Vgl. § 6 Abs. 1 Nr. 2a S. 3 EStG.

343 Vgl. Schmidt-Glanegger, § 6 Rn. 357.

344 Vgl. Laule, DStZ 1983, S. 311 (313).

345 Vgl. Beußer, DB 2007, S. 1549 (1552); K/K/K-Orth, § 11 Rn. 256; Hoffmann, DStR 1998, S. 196 (197); Hoffmann, DStR 2002, S. 1233 (1236, 1239); kritisch: Neumann/Stimpel, GmbHR 2007, S. 1194 (1201).

346 Vgl. Hoffmann, DStR 1998, S. 196 (198); Butz-Seidl, GestStB 1998, S. 25; Prinz, GmbHR 2004, S. 921 (928); Vogt, DStR 2002, S. 1432 (1435); Berg/Schmich, FR 2004, S. 520 (521).

347 Vgl. BMF, Tz. 2. d) d. Schr. v. 02.12.2003 – IV A 2 – S 2743 – 5/03; BStBl. I 2003, S. 648.

348 Gl. Ans.: Pohl, DB 2008, S. 1531 (1532); Hoffmann, DStR 2004, S. 293 (295); Berg/Schmich,

Neben der Wahrnehmung dieser bilanzpolitischen Optionen ist denkbar, Maßnahmen zur **Vorziehung zukünftiger Gewinne** zu ergreifen. In diesem Zusammenhang eröffnet sich der Verlustgesellschaft zunächst die Möglichkeit, Wirtschaftsgüter oder Sachgesamtheiten, die stille Reserven enthalten, zu **veräußern**.[349] Handelt es sich bei diesen Wirtschaftsgütern um solche, die die Unternehmung für ihr Geschäft nicht mehr zwingend benötigt oder ohne wirtschaftlichen Nachteil zeitnah wiederbeschaffen kann, so kann die Veräußerung an jede Person, auch an ein fremdes Unternehmen, erfolgen. Sind die reservenhaltigen Wirtschaftsgüter oder Sachgesamtheiten hingegen für die operative Aktivität der Verlustgesellschaft zwingend erforderlich und nicht einfach wieder beschaffbar, bietet sich eine Übertragung dieser Vermögensgegenstände auf eine neu zu gründende Schwesterunternehmung oder eine andere Konzerngesellschaft an.[350] Im Anschluss an die Gewinnrealisierung kann das verbundene Unternehmen der Verlustgesellschaft dann die Wirtschaftsgüter im Rahmen einer **Sale-and-lease-back**-Gestaltung überlassen.[351]

Darüber hinaus besitzt die verlustträchtige Kapitalgesellschaft bei langfristigen Aufträgen die Option, **Teilabrechnungen mit Gewinnrealisierung** vorzunehmen. Voraussetzung hierfür ist lediglich, dass dem Kunden einzelne, in sich abnahmefähige Teile in Rechnung gestellt werden, die Auftragsdokumentation selbst solche Teilabrechnungen vorsieht und der Gewinnanteil vorsichtig geschätzt wird.[352]

Neben den bilanzpolitischen Maßnahmen und der Vorziehung von Gewinnrealisierungen kommt schließlich in Betracht, die Verlustgesellschaft auch ohne unmittelbare wirtschaftliche Indikation einem Umwandlungsvorgang zu unterziehen. Auf diese Weise gelingt die **Generierung eines Gewinnrealisierungswahlrechts**. Im Rahmen der Wahlrechtsausübung kann dann der gewünschte Ansatz über dem Buchwert der Wirtschaftsgüter erreicht werden. Möglich ist in diesem Zusammenhang insbesondere die Ausgliederung des operativen Geschäfts in eine Tochtergesellschaft. Denkbar ist aber auch, die Vornahme eines Formwechsels, der eventuell nach Ablauf einer Frist, die einen zeitlichen Zusammenhang verhindert, wieder rückgängig gemacht werden kann.

FR 2004, S. 520 (522).

349 Vgl. Kußmaul/Richter/Tcherveniachki, GmbHR 2008, S. 1009 (1012); Sistermann/Brinkmann, DStR 2008, S. 897 (903); Rolf/Pankoke, BB 2008, S. 2274 (2276); Benz/Rosenberg (2007), S. 196; Endres/Spengel/Reister, WPg 2007, S. 478 (488); Forst/Frings, EStB 2004, S. 80 (81); Fey/Neyer, DStR 2004, 986 (987).

350 Vgl. D/J/P/W-Dötsch, § 8 Abs. 4 KStG Rn. 71; Hoffmann, GmbH-StB 2001, S. 123 (124); Forst/Frings, EStB 2004, S. 80 (81).

351 Vgl. Rolf/Pankoke, BB 2008, S. 2274 (2276); Beußer, DB 2007, S. 1549 (1552); Laule, DStZ 1983, S. 311 (314); Strunz, DStR 1984, S. 102; Olbing, GmbH-StB 2005, S. 178 (179); Endres/Spengel/Reister, WPg 2007, S. 478 (488); Prinz, FR 1996, S. 769 (771); Neu, GmbH-StB 1999, S. 98 (101).

352 Vgl. Schmidt-Weber-Grellet, § 5 Rn. 270 „Langfristige Fertigung"; K/K/K-Orth, § 11 Rn. 144; Rolf/Pankoke, BB 2008, S. 2274 (2276); Laule, DStZ 1983, S. 311 (314); Forst/Frings, EStB 2004, S. 80 (81).

2.2. Verlagerung von Gewinnpotenzial

Zum anderen kommt in Betracht, Gewinnpotenzial aus anderen Gesellschaften der Gruppe in die Verlustgesellschaft zu verlagern.[353] Dort können sie mit den vorhandenen Verlustvorträgen ausgeglichen werden, ohne dass eine zusätzliche Steuerbelastung entsteht. Simultan vermindert sich der Gewinn des jeweils verlagernden Konzernunternehmens. Aus der Perspektive der gesamten Gruppe ergibt sich so eine Steuerreduzierung.

Dabei bietet sich zunächst an, gewinnträchtiges Geschäft auf die Verlustgesellschaft zu verlagern.[354] Dies ist zum einen möglich, indem mit einzelnen Kunden direkt vereinbart wird, dass zukünftig die verlustträchtige Unternehmung einzelne Aufträge ausführt. Zum anderen ist denkbar, dass die Verlustgesellschaft bei Aufträgen als Subunternehmer der jeweiligen Konzernunternehmung agiert. Zum Dritten kommt in Betracht, ertragsstarke Betriebe der Gruppe als Ganzes mit der Verlustgesellschaft zusammenzufassen. Hierzu kann eine entsprechend potente Unternehmung auf die verlustträchtige Unternehmung verschmolzen oder in sie eingebracht werden.[355] Letztlich ist nicht ausgeschlossen, dass eine erfolgreiche Unternehmung der Gruppe ihren Betrieb an die Verlustgesellschaft verpachtet.

Darüber hinaus können Gesellschafter der Verlustgesellschaft nicht einlagefähige Vermögensvorteile zukommen lassen.[356] Dabei ist vor allem die unentgeltliche Überlassung von Sachkapital denkbar.[357] Der Gesellschafter kann der verlustträchtigen Unternehmung insbesondere die Nutzung eines Grundstücks oder eines anderen wirtschaftlich bedeutsamen Wirtschaftsguts ohne Gegenleistung gestatten. Angesichts der fehlenden Einlagefähigkeit solcher Zuwendungen verlagert sich Aufwand aus der Verlustgesellschaft auf den betroffenen Gesellschafter. Nichts anderes gilt, sofern ein Gesellschafter der Verlustgesellschaft Arbeitsleistungen unentgeltlich zur Verfügung stellt[358] oder ihren Finanzierungsbedarf mit niedrigverzinslichen Darlehen

[353] Vgl. K/K/K-Orth, § 11 Rn. 43; Becker/Loitz/Stein (2009), S. 125; Prinz, FR 1996, S. 769 (771); Dörfler/Rautenstrauch/Adrian, BB 2006, S. 1657 (1661); Sistermann/Brinkmann, DStR 2008, S. 897 (903).

[354] Vgl. BFH, Tz. II. 1. b) d. Urt. v. 07.08.2002 – I R 64/01, BFH/NV 2003, S. 205; H/H/R-Schloßmacher, § 8 Anm. 428; Fußbroich, DStR 2002, S. 697 (699); Prinz, FR 1996, S. 769 (771); Neu, GmbH-StB 1999, S. 98 (103).

[355] Vgl. Fußbroich (2201), S. 184.

[356] Vgl. H 40 EStH „Einlagefähiger Vermögensvorteil"; Prinz, FR 1996, S. 769 (771); Sistermann/Brinkmann, DStR 2008, S. 897 (903).

[357] Vgl. K/K/K-Orth, § 11 Rn. 158; Neu, GmbH-StB 1999, S. 98 (101).

[358] Vgl. Rolf/Pankoke, BB 2008, S. 2274 (2277); K/K/K-Orth, § 11 Rn. 160; Sistermann/Brinkmann, DStR 2008, S. 897 (903).

befriedigt.[359] Auf diese Weise gelingt es der Verlustgesellschaft, ihren Gewinn um den ersparten Lohn- oder Zinsaufwand zu steigern.[360]

Schließlich ist denkbar, dass die Verlustgesellschaft Organschaften zu ertragsstarken Tochterunternehmungen begründet.[361] Dadurch werden zukünftige Gewinne dieser Tochterunternehmungen der Verlustgesellschaft wie eigene zugerechnet und können mit den vorhandenen Verlustvorträgen ausgeglichen werden. Umgekehrt kommt in Betracht, bestehende Organschaftsverhältnisse zu beenden, sofern solche die Zurechnung von Verlusten von Tochterunternehmungen bewirken.

III. Gewerbesteuerliche Verlustvorträge von Personengesellschaften

1. Gestaltungen zur Aufrechterhaltung gewerbesteuerlicher Verlustvorträge

1.1. Gestaltungen auf Ebene der Verlustgesellschaft

Was die Ebene der Verlustgesellschaft anbelangt, besteht Gestaltungsbedarf zunächst bei der **Einbringung ihres Betriebs** in eine Tochtergesellschaft. Nach einem solchen Vorgang fehlt es bei der Verlustgesellschaft selbst an der erforderlichen Unternehmensidentität[362] und bei der aufnehmenden Unternehmung an der notwendigen Unternehmeridentität.[363] Um der aufnehmenden Gesellschaft diese Unternehmeridentität zu vermitteln, bietet es sich bei einer Personenunternehmung als Tochtergesellschaft an, statt der Einbringung die Mitunternehmerschaft abwärts gerichtet zu verschmelzen. Auf diese Weise werden sämtliche Mitunternehmer der Verlustgesellschaft auch Mitunternehmer der Tochtergesellschaft, so dass die Unternehmeridentität vollständig erhalten bleibt.[364] Handelt es sich bei der Tochterunternehmung um eine Kapitalgesellschaft, ist ein solches Vorgehen nur erfolgreich, sofern sie vorab in eine Personengesellschaft formgewechselt wird.

Ist hingegen beabsichtigt, der Verlustgesellschaft die Unternehmensidentität zu erhalten, sind drei Ansätze denkbar. Zum einen kann die Richtung der Umstrukturierungsmaßnahme verändert und die Tochterunternehmung aufwärts gerichtet auf die

359 Vgl. BFH, Urt. v. 17.10.2001 – I R 97/00, BFH/NV 2002, S. 240; Rolf/Pankoke, BB 2008, S. 2274 (2277); Sistermann/Brinkmann, DStR 2008, S. 897 (903); Prinz, GmbHR 2004, S. 921 (925); Herold, GestStB 2002, S. 100; Prinz, FR 1996, S. 769 (771); Dörfler/Rautenstrauch/Adrian, BB 2006, S. 1657 (1661).

360 Vgl. Beußer, DB 2007, S. 1549 (1552); K/K/K-Orth, § 11 Rn. 158; Neu, GmbH-StB 1999, S. 98 (103).

361 Vgl. Dörfler/Rautenstrauch/Adrian, BB 2006, S. 1657 (1661); Laule, DStZ 1983, S. 311 (315).

362 Vgl. BFH, Urt. v. 07.08.2008 – IV R 86/05, BB 2008, S. 2615; BFH, Urt. v. 07.11.2006 – VIII R 30/05, BFH/NV 2007, S. 1042; BFH, Urt. v. 15.03.1994 – XI R 60/89, BFH/NV 1994, S. 899; FG Baden-Württemberg, Urt. v. 16.06.2005 – 3 K 210/00, EFG 2005, S. 1794; a. Ans. im Hinblick auf gewerblich geprägte Personengesellschaften: L/S-Kleinheisterkamp, § 10a Anm. 26; Bethmann, StuW 1979, S. 332 (339).

363 Vgl. insoweit die Klarstellung des § 23 Abs. 5 UmwStG sowie L/S-Kleinheisterkamp, § 10a Anm. 63.

364 Vgl. L/S-Kleinheisterkamp, § 10a Anm. 63.

Verlustgesellschaft verschmolzen werden.[365] Zum anderen kommt in Betracht, bewusst statt eines Betriebes lediglich Einzelwirtschaftsgüter auf das aufnehmende Betriebsvermögen übergehen zu lassen. Ein solcher Transfer nicht privilegierter Sachgesamtheiten berührt einen vorhandenen Fehlbetrag in der Regel nicht. Zum Dritten besteht nach der hier vertretenen, aber nicht gesicherten Auffassung die Option, mit der Tochterkapitalgesellschaft vor der Einbringung ein Organschaftsverhältnis zu begründen.[366] Dadurch erfolgt die anschließende Einbringung aus steuerlicher Sicht lediglich in eine neue Betriebsstätte[367] der Verlustgesellschaft, ohne dass sich das gewerbesteuerliche Gesamtunternehmen ändert.[368]

Soll die Verlustgesellschaft auf eine untergeordnete Kapitalgesellschaft **verschmolzen** werden, fehlt es im Anschluss an der erforderlichen Unternehmeridentität. Um dies zu verhindern, bietet es sich zunächst an, die Kapitalgesellschaft vorab in eine Personengesellschaft formzuwechseln. Eine solche Maßnahme lässt die Unternehmeridentität im Rahmen der darauf folgenden Verschmelzung übergehen. Alternativ bestehen auch in diesem Zusammenhang die oben beschriebenen Optionen des Richtungswechsels und der Einbringung von Einzelwirtschaftsgütern.

Weiterhin besteht Gestaltungsbedarf, sofern beabsichtigt ist, die verlustträchtige Mitunternehmerschaft in eine Kapitalgesellschaft **formzuwechseln**.[369] In einer solchen Situation ist zu prüfen, ob im Einzelfall mit einer Ausgliederung des Betriebes in eine Tochterkapitalgesellschaft ein gleichwertiges ökonomisches Ergebnis erzielt werden kann. Eine solche Alternativmaßnahme erhält den Fehlbetrag bei der übergeordneten Mitunternehmerschaft nach der hier vertretenen Meinung, sofern simultan zwischen beiden Unternehmungen ein Organschaftsverhältnis begründet wird. Auf diese Weise gelingt es, das operative Geschäft innerhalb einer Kapitalgesellschaft fortzuführen und trotzdem zukünftige Gewinne mit dem Verlustvortrag auszugleichen.

Ist beabsichtigt, die Verlustgesellschaft zu eliminieren und ihr Vermögen auf einen oder mehrere Gesellschafter im Wege der **Verschmelzung, Anwachsung, Realteilung** oder **Aufspaltung** übergehen zu lassen, hängt die erforderliche Gestaltungsarbeit davon ab, ob Anteilseigner eine Kapitalgesellschaft oder eine Personenunternehmung ist. Da bei einer Kapitalgesellschaft als Gesellschafterin die erforderliche Unternehmeridentität gegeben ist, kommt es bei einem Transfer auf sie allein darauf an, den Fortbestand der Unternehmensidentität zu gewährleisten. Hierzu ist bei einer Verschmelzung oder Anwachsung des Betriebs der Verlustgesellschaft erforderlich, dass der übernehmende Gesellschafter den Betrieb fortführt. In einer solchen Kons-

365 Vgl. Kreft, GestStB 2000, S. 89.

366 Vgl. Schaden/Käshammer, BB 2007, S. 2317 (2322) zur gleich gelagerten Fragestellung beim Zinsvortrag.

367 Vgl. § 2 Abs. 2 S. 2 GewStG; Glanegger/Güroff, § 10a Rn. 22; Rödder, DStR 2001, S. 780; Prinz/Ommerborn, FR 2000, S. 708; Prinz/Ommerborn, FR 1999, S. 993 (995).

368 Kritisch angesichts der sog. eingeschränkten Einheitstheorie: L/S-Kleinheisterkamp, § 10a Anm. 209; Patt/Stimpel, FR 2000, S. 705 (707).

369 Vgl. § 23 Abs. 5 UmwStG.

tellation obliegt es der Gestaltungssuche daher, eine ausreichende Repräsentation der vorangegangenen gewerblichen Aktivität der Verlustgesellschaft innerhalb des gewerblichen Engagements des aufnehmenden Mitunternehmers sicherzustellen.[370] Dabei muss nicht zwingend ein eigener Teilbetrieb generiert werden. Ausreichend ist, wenn sichergestellt wird, dass die ursprüngliche Tätigkeit des abgebenden Betriebsvermögens im Rahmen des Gesamtbetriebs des aufnehmenden Betriebsvermögens eine Fortführung erfährt.[371]

Wird eine Verlustgesellschaft realgeteilt oder aufgespalten, besteht die Aufgabe der Gestaltungssuche zunächst ebenfalls darin, die Fortführung der im jeweiligen Betriebsteil bisher entfalteten Aktivität zu gewährleisten. Zusätzlich muss sie dafür sorgen, dass dieser Betriebsteil als Teilbetrieb qualifiziert. Er ist daher ggf. mit Hilfe der oben beschriebenen Instrumente[372] so zu modifizieren, dass er einen mit einer gewissen Selbständigkeit ausgestatteten, organisch geschlossenen Teil des Gesamtbetriebs darstellt, der für sich allein lebensfähig ist.[373] Außerdem gilt es sicherzustellen, dass sich der diesem Teilbetrieb sachlich zuzuordnende Verlust ohne weiteres aus dem Rechenwerk der Mitunternehmerschaft ablesen lässt.[374] Dieses dritte Kriterium verdeutlicht, dass die Gestaltungssuche in diesem Zusammenhang nur erfolgreich sein kann, wenn sie nicht erst im Zeitpunkt der Umstrukturierung, sondern bereits vor der Verlustentstehung die erforderlichen Weichen stellt. In Antizipation eventueller Restrukturierungsvorgänge bietet es sich daher an, die Rechnungslegung der Unternehmung so zu konzipieren, dass die Partialergebnisse der einzelnen Teilbetriebe jederzeit dokumentierbar sind.

Erfolgt ein solcher Vermögenstransfer auf eine Personengesellschaft als Anteilseignerin der Verlustgesellschaft, gelten im Hinblick auf den Erhalt der Unternehmensidentität die Ausführungen zum Transfer auf eine Kapitalgesellschaft entsprechend. Darüber hinaus lässt ein solcher Vorgang aber auch die Unternehmeridentität untergehen.[375] Sinnvoll kann daher sein, vor Durchführung der eigentlichen Umstrukturierungsmaßnahme, die aufnehmende Personenunternehmung in eine Kapitalgesellschaft formzuwechseln. Eine solche Maßnahme lässt die Unternehmeridentität der Verlustgesellschaft unberührt.[376] Simultan bewirkt sie eine Modifikation der Unternehmerstellung auf Ebene des Gesellschafters der Verlustunternehmung. Während

---

370 Vgl. Prinz/Hick, GmbHR 2006, S. 841 (843).

371 Vgl. L/S-Kleinheisterkamp, § 10a Anm. 35.

372 Vgl. Kapitel 1, Abschn. F. II. 3. 2.

373 Vgl. D/J/P/W-Patt, § 20 Rn. 77; W/M-Widmann, § 20 Rn. 80; Schmidt-Wacker, § 16 Rn. 143; S/H/S-Schmitt, § 20 Rn. 65; Blumers, DB 2001, S. 722; Rogall, DB 2006, S. 66.

374 Vgl. BFH, Urt. v. 05.09.1990 – X R 20/89, BStBl. II 1991, S. 25; R 67 Abs. 2 S. 8 GewStR; L/S-Kleinheisterkamp, § 10a Anm. 40; Herzig/Förster/Förster, DStR 1996, S. 1025 (1030); Stöcker, DStZ 1991, S. 61.

375 Vgl. BFH, Urt. v. 03.05.1993 – GrS 3/92, BStBl. II 1993, S. 616; BFH, Urt. v. 26.06.1996 – VIII R 41/95, BStBl. II 1997, S. 179; R 68 Abs. 3 Nr. 8 GewStR; L/S-Kleinheisterkamp, § 10a Anm. 51; Herzig/Förster/Förster, DStR 1996, S. 1025 (1031).

376 Vgl. OFD Düsseldorf, Schr. v. 12.10.2000 – G 1422 A St 131, DB 2000, S. 2247; L/S-Kleinheisterkamp, § 10a Anm. 75.

bei der ursprünglich übergeordneten Personenunternehmung die Anteilseigner derselben als Inhaber des Unternehmens qualifizieren, gilt nun die Kapitalgesellschaft selbst als Unternehmenseigner. Dieser Umstand ermöglicht darauf folgend den Transfer der Sachgesamtheit aus der Mitunternehmerschaft auf einen Mitunternehmer, der anders als eine Personengesellschaft die erforderliche Qualifikation als Unternehmensinhaber erfüllt.

Soll die Verlustgesellschaft schließlich auf eine **Schwesterkapitalgesellschaft verschmolzen** werden, fehlt es bei der aufnehmenden Unternehmung angesichts deren selbständiger Rechtsträgerschaft im Anschluss an der Unternehmeridentität. Als Alternative kommt hier in Betracht, beide Gesellschaften zunächst auf der Ebene des gemeinsamen Gesellschafters zusammenzuführen.[377] Erfährt die Verlustgesellschaft eine Verschmelzung oder Anwachsung auf ihren alleinigen Anteilseigner, bleibt die Unternehmeridentität erhalten, sofern es sich bei letzterem um eine Kapitalgesellschaft handelt. Der Verlustvortrag geht über. Verschmilzt man die Schwesterkapitalgesellschaft im Anschluss auch auf diesen Gesellschafter, wird die wirtschaftlich beabsichtigte Integration erreicht. Qualifiziert der gemeinsame Anteilseigner nicht ohnehin als bloße Zwischenholding, kann es zusätzlich sinnvoll sein, dessen eigenes operatives Geschäft zu isolieren.

1.2. Gestaltungen auf Ebene der Beteiligung an der Verlustgesellschaft

Was die Ebene der Beteiligung an der Verlustgesellschaft betrifft, besteht zunächst Gestaltungsbedarf, falls die **Veräußerung eines Mitunternehmeranteils** beabsichtigt ist. Da eine solche den anteilig auf den Mitunternehmer entfallenden Fehlbetrag untergehen lässt, zielt die Gestaltungssuche darauf ab, die Übertragung der unmittelbaren Beteiligung an der Verlustgesellschaft durch eine ökonomisch gleichwertige Handlungsalternative zu ersetzen. Dabei kommen insbesondere zwei Optionen in Betracht. Zum einen ist denkbar, den Transfer des Mitunternehmeranteils nicht unmittelbar, sondern auf einer übergeordneten Ebene vorzunehmen. Werden statt der Beteiligung an der Verlustgesellschaft entsprechende Geschäftsanteile am übertragenden Mitunternehmer transferiert, ist dies im Hinblick auf einen gewerbesteuerlichen Fehlbetrag der verlustträchtigen Unternehmung unschädlich,[378] sofern der Mitunternehmer nicht als Kapitalgesellschaft qualifiziert.[379] Zum anderen besteht die Möglichkeit, dem veräußernden Mitunternehmer zumindest eine minimale Restbeteiligung an der Verlustgesellschaft zu erhalten. Dies kann auch durch Vereinbarung einer atypisch stillen Beteiligung geschehen.[380] Dadurch eröffnet sich zunächst zwar nur eine geringfügige Möglichkeit, den anteilig auf den Gesellschafter entfallenden Fehlbetrag mit Gewinnen der Gesellschaft auszugleichen, gleichwohl erfahren die

377 Ähnlich: Rosenbach (1997), S. 196.

378 Vgl. Kreft, GestStB 2000, S. 89.

379 Vgl. § 10a S. 10 GewStG

380 Vgl. Baumhoff, StbJb. 1993/94, S. 267 (300).

Unternehmeridentität und damit auch der Fehlbetrag eine Konservierung.[381] Der Verlustunternehmung verbleibt so die Option einer späteren Nutzung des anteiligen Fehlbetrages, falls der Mitunternehmer seine Beteiligung im Rahmen einer späteren Restrukturierung wieder erhöht.

Bringt ein Mitunternehmer seinen Anteil an der Verlustgesellschaft in eine **Kapital- oder Personengesellschaft ein**, erlischt der Verlustvortrag mangels Unternehmeridentität anteilig.[382] Um dieser Konsequenz auszuweichen, bietet es sich an, statt der abwärts gerichteten Einbringung der Beteiligung eine aufwärts orientierte Ausbringung des Restvermögens des Mitunternehmers vorzunehmen. Hierzu ist oberhalb des Mitunternehmers ggf. eine neue Gesellschaft zu implementieren. Im Anschluss kann das Betriebsvermögen des Mitunternehmers mit Ausnahme der Beteiligung an der Verlustgesellschaft an die übergeordnete Unternehmung veräußert oder auf sie abgespalten respektive ausgebracht werden. Auf diese Weise erfährt die Existenz der Mitunternehmerin und damit auch die Unternehmeridentität der Verlustgesellschaft keine Beeinträchtigung. Abschließend besteht die Möglichkeit, die Mitunternehmerin ggf. ohne Nachteile für den Fortbestand des Verlustvortrages in die gewünschte Rechtsform formzuwechseln.[383]

Ist beabsichtigt, den Anteil des Mitunternehmers aus dessen Betriebsvermögen auf eine übergeordnete Unternehmung **auszubringen** oder **abzuspalten**, ergibt sich ein spiegelbildlicher Gestaltungsansatz. In einem ersten Schritt ist der Betrieb des Mitunternehmers mit Ausnahme der Beteiligung an der Verlustgesellschaft in eine Tochterunternehmung einzubringen. Auf diese Weise erfährt der Mitunternehmeranteil eine Separation. Im zweiten Schritt kann die übergeordnete Unternehmung, auf die der Mitunternehmeranteil eigentlich abgespalten werden sollte, auf den Mitunternehmer der Verlustgesellschaft verschmolzen werden. Im dritten Schritt können der Mitunternehmer und die Tochterunternehmung, die den Betrieb des Mitunternehmers aufgenommen hat, ggf. einer Umfirmierung unterzogen werden.

Soll der Mitunternehmeranteil aus dem Betriebsvermögen des Mitunternehmers **auf eine Schwestergesellschaft abgespalten** werden, gelten die zuvor erläuterten Gestaltungsansätze entsprechend. Anstatt die Beteiligung zu bewegen, kann es sinnvoll sein, den übrigen Betrieb des Mitunternehmers auf eine neu zu gründende Schwesterunternehmung abzuspalten. Im Anschluss an eine solche Isolation des Mitunternehmeranteils an der Verlustgesellschaft kann dann die eigentlich als aufnehmende Unternehmung gedachte Schwestergesellschaft auf den Mitunternehmer verschmolzen werden.

---

381 Vgl. BFH, Urt. v. 17.01.2006 – VIII R 96/04, DB 2006, S. 650; L/S-Kleinheisterkamp, § 10a Anm. 72; Herzig/Förster/Förster, DStR 1996, S. 1025 (1028).

382 Vgl. BFH, Urt. v. 03.05.1993 – GrS 3/92, BStBl. II 1993, S. 616; BFH, Urt. v. 26.06.1996 – VIII R 41/95, BStBl. II 1997, S. 179; R 68 Abs. 3 Nr. 8 GewStR; L/S-Kleinheisterkamp, § 10a Anm. 51; Herzig/Förster/Förster, DStR 1996, S. 1025 (1031).

383 Vgl. OFD Düsseldorf, Schr. v. 12.10.2000 – G 1422 A St 131, DB 2000, S. 2247; L/S-Kleinheisterkamp, § 10a Anm. 75.

1.3. Gestaltungen auf Ebene der Gesellschafter der Verlustgesellschaft

Was schließlich die Ebene der Gesellschafter der Verlustunternehmung anbelangt, besteht die Aufgabe der Gestaltungssuche darin, geplante Restrukturierungsmaßnahmen so zu modifizieren, dass bei der Verlustgesellschaft die Unternehmeridentität erhalten bleibt. Dies gelingt insbesondere, indem man den Gesellschafter formal bewahrt und allein sein übriges Vermögen bewegt. Bei einer geplanten **Verschmelzung** des Mitunternehmers auf die verlustträchtige Unternehmung ist daher zu prüfen, ob die bloße Einbringung des Betriebs des Gesellschafters unter Zurückbehalt des Mitunternehmeranteils als ökonomisch äquivalente Handlungsalternative qualifiziert. Soll der Mitunternehmer eigentlich im Rahmen einer aufwärts gerichteten **Verschmelzung, Aufspaltung, Realteilung oder Anwachsung** untergehen, bietet es sich an, ihn zumindest als Zwischenholding zu erhalten und sein Betriebsvermögen mit Ausnahme der Beteiligung an der Verlustgesellschaft wie gewünscht zu bewegen. Dabei können die entsprechenden Verlagerungen entweder im Wege der Abspaltung oder mittels Veräußerungen realisiert werden. Nichts anderes gilt, sofern der Gesellschafter an sich auf eine **Schwesterunternehmung verschmolzen** werden soll.

2. Gestaltungen zur Nutzung gewerbesteuerlicher Verlustvorträge

Auf die Nutzung gewerbesteuerlicher Verlustvorträge finden die Erläuterungen zur Nutzung körperschaftsteuerlicher Verlustvorträge einer Kapitalgesellschaft grundsätzlich entsprechende Anwendung.[384] Besonderheiten ergeben sich lediglich angesichts der ertragsteuerlichen Transparenz von Personengesellschaften. Sie hat zur Folge, dass ein Forderungsverzicht mit Besserungsschein nicht als wirksames Instrument zur Speicherung eines gewerbesteuerlichen Verlustvortrages qualifiziert. Ein durch ihn entstehender Ertrag im Gesamthandsvermögen der Personengesellschaft würde durch einen korrespondierenden Aufwand im Sonderbetriebsvermögen des Gesellschafters wieder egalisiert. Nichts anderes gilt für die Überlassung nicht einlagefähiger Vermögensvorteile. Ihre unentgeltliche Zurverfügungstellung verschafft der Verlustgesellschaft keine Aufwandsersparnis, weil eine entgeltliche Nutzung durch die Erfassung eines korrespondierenden Ertrags im Sonderbetriebsvermögen des Gesellschafters ausgeglichen werden würde.

IV. Verrechenbare Verluste bei Personengesellschaften

1. Gestaltungen zur Aufrechterhaltung verrechenbarer Verluste

1.1. Gestaltungen auf Ebene der Verlustgesellschaft

Findet die Umstrukturierungsmaßnahme auf Ebene der Verlustgesellschaft statt, besteht in drei denkbaren Konstellationen Gestaltungsbedarf. Ein verrechenbarer Ver-

---

384 Vgl. Abschn. E. II. 2.

lust geht unter, sofern die Verlustgesellschaft auf eine ihr untergeordnete Kapitalgesellschaft verschmolzen, in eine Kapitalgesellschaft formgewechselt oder auf eine Schwesterkapitalgesellschaft verschmolzen wird. Bei diesen drei Restrukturierungsvorgängen handelt es sich um Maßnahmen, die auch gewerbesteuerliche Fehlbeträge untergehen lassen. Deshalb kann ihnen mit den oben erläuterten Gestaltungen begegnet werden, die auch den Untergang gewerbesteuerlicher Fehlbeträge verhindern.[385]

1.2. Gestaltungen auf Ebene der Beteiligung an der Verlustgesellschaft

Vollzieht sich der Restrukturierungsvorgang auf Ebene der Beteiligung an der Verlustgesellschaft, bedarf es in drei Situationen einer Gestaltungsaktivität. Ein verrechenbarer Verlust kann verloren gehen, sofern der jeweilige Mitunternehmeranteil veräußert oder in eine Kapitalgesellschaft eingebracht wird, im Wege einer Abspaltung aus einer Kapitalgesellschaft auf einen ihrer Anteilseigner oder auf eine Schwesterunternehmung übergeht oder aus einer Personenunternehmung auf eine Schwesterkapitalgesellschaft transferiert wird. Alle diese Umstrukturierungsmaßnahmen vernichten auch gewerbesteuerliche Fehlbeträge. Daher bietet es sich an, die oben erläuterten Gestaltungen zu verwenden, mit denen der Untergang gewerbesteuerlicher Fehlbeträge vermieden werden kann.[386]

1.3. Gestaltungen auf Ebene der Gesellschafter der Verlustgesellschaft

Umstrukturierungsvorgänge auf Ebene der Gesellschafter der Verlustgesellschaft beinhalten in drei Situationen die Gefahr des Untergangs der für eine Verlustverrechnung erforderlichen Beteiligtenidentität. Ein Risiko besteht bei der Verschmelzung einer Kapitalgesellschaft als Anteilseignerin auf die verlustträchtige Personenunternehmung, beim kreuzenden Formwechsel eines Gesellschafters sowie bei der Verschmelzung, Aufspaltung, Realteilung oder Anwachsung des Gesellschafters auf eine ihm über- oder nebengeordnete Kapitalgesellschaft.

Ausweichen kann man diesem Nachteil, indem man den Gesellschafter als vermögensverwaltende Holding aufrechterhält und lediglich sein Betriebsvermögen mit Ausnahme der Beteiligung an der Verlustgesellschaft bewegt. Bei einem eigentlich geplanten kreuzenden Formwechsel gelingt dies durch Abspaltung des Betriebs des betroffenen Anteilseigners mit Ausnahme der Beteiligung an der Verlustunternehmung auf eine Schwestergesellschaft. Diese nebengeordnete Unternehmung kann dann das operative Geschäft in der gewünschten Rechtsform fortführen. Für die übrigen Konstellationen gelten die Erläuterungen zur Aufrechterhaltung gewerbesteuerlicher Fehlbeträge entsprechend.[387]

---

385 Vgl. Abschn. E. III. 1. 1.

386 Vgl. Abschn. E. III. 1. 2.

387 Vgl. Abschn. E. III. 1. 3.

2. Gestaltungen zur Nutzung verrechenbarer Verluste

Im Hinblick auf die Nutzung verrechenbarer Verluste vor dem oder im Rahmen des Restrukturierungsvorgangs bietet § 15a EStG drei Ansatzpunkte. Zunächst besteht die Möglichkeit, den Gewinn der Personengesellschaft zu erhöhen. Dadurch werden ihre Mitunternehmer in die Lage versetzt, vorhandene verrechenbare Verluste in größerem Maße auszugleichen. Zur Durchführung solcher Gewinnerhöhungen stehen grundsätzlich sämtliche Strukturierungen zur Verfügung, mit denen auch Verlustvorträge einer Kapitalgesellschaft einer Nutzung zugeführt werden können.[388] Allerdings gelten angesichts der Transparenz von Personengesellschaften die gleichen Einschränkungen wie bei gewerbesteuerlichen Fehlbeträgen.[389]

Daneben kann in Anbetracht der besonderen Struktur des § 15a EStG eine Gewinnerhöhung auch erreicht werden, indem man Wirtschaftsgüter nicht im Gesamthandsvermögen, sondern im Sonderbetriebsvermögen anschafft respektive dorthin überführt. Dadurch gelingt es, den für den Verlustausgleich maßgeblichen Gesamthandsgewinn um den mit den Wirtschaftsgütern verbundenen Abschreibungsaufwand zu entlasten.[390] Der gleiche Effekt kann erzielt werden, indem man Nutzungsentgelte und Tätigkeitsvergütungen niedrig ansetzt oder sogar vollständig durch Vereinbarung eines gesellschaftsrechtlichen Gewinnvorabs ersetzt.[391]

Darüber hinaus kommt in Betracht, das Eigenkapital des Kommanditisten zu erhöhen.[392] Dies kann nicht nur durch Zuführung neuer, auch fremdfinanzierter[393] Geld- und Sachmittel, sondern auch im Wege der Umwandlung von Darlehensforderungen geschehen.[394] Falls die Liquidität in diesem Zusammenhang beim Gesellschafter benötigt wird, besteht die Möglichkeit, dass die Mitunternehmerschaft ihrem Gesellschafter das eingezahlte Kapital im Rahmen eines fremdüblichen Darlehens zurückgewährt.[395] Allerdings lassen solche Eigenkapitalerhöhungen bereits vorhandene

---

388 Vgl. Abschn. E. II. 2. u. L/B/P-Bitz, § 15a Rn. 10a, Geerling, DStR 1996, S. 1715 (1717); Natschke, GestStB 1998, S. 9.

389 Vgl. Abschn. E. III. 2.

390 Vgl. H/H/R-Lüdemann, § 15a Rn. 20; L/B/P-Bitz, § 15a Rn. 10a; Grantz/Günther, GestStB 2005, S. 369; Natschke, GestStB 1998, S. 9; Funke, EStB 1999, S. 220 (222); Roemer, INF 1998, S. 545 (546).

391 Vgl. FG Düsseldorf, Urt. v. 23.11.2000 – 10 K 3784/96 F, EFG 2001, S. 204 (rkr.); van Lishaut, FR 1994, S. 273 (281); Grantz, GestStB 2006, S. 202; Natschke, GestStB 1998, S. 9; Funke, EStB 1999, S. 220 (222); Roemer, INF 1998, S. 545 (548).

392 Vgl. BFH, Urt. v. 11.10.2007 – IV R 38/05, DStR 2008, S. 38; Jahndorf/Reis, FR 2007, S. 424 (425); Natschke, GestStB 1998, S. 9; Butz-Seidl, GestStB 1998, S. 15 Niehus/Wilke, FR 2004, S. 677; Bitz, GmbHR 1992, S. 285 (286); Roemer, INF 1998, S. 545 (547); Baumhoff, StbJb. 1993/94, S. 267 (278).

393 Unschädlich ist in diesem Zusammenhang auch die Fremdfinanzierung solcher Zuführungen, da die dadurch entstehenden Verbindlichkeiten Bestandteil des Sonderbetriebsvermögens werden (vgl. L/B/P-Bitz, § 15a Rn. 10a; Grantz/Günther, GestStB 2005, S. 369; Natschke, GestStB 1998, S. 9).

394 Vgl. H/H/R-Lüdemann, § 15a Rn. 21; Korn-Korn/Heißenberg, § 15a Rn. 38; van Lishaut, FR 1994, S. 273 (281); Hoffmann, GmbH-StB 2001, S. 210; Natschke, GestStB 1998, S. 9.

395 Vgl. L/B/P-Bitz, § 15a Rn. 10a.

Verluste grundsätzlich nicht nachträglich ausgleichsfähig werden.[396] Sie können nur mit zukünftigen Gewinnen verrechnet werden.[397] Eine Ausnahme gilt jedoch für den Fall, dass die Mitunternehmerschaft darauf folgend untergeht. Da der Kommanditist die verrechenbaren Verluste in Höhe seiner nachträglichen Einlage dann auch wirtschaftlich trägt, werden sie abzugsfähig.[398]

Schließlich besteht die Möglichkeit, die Haftung des Kommanditisten zu erweitern. Dies gelingt, indem man die im Handelsregister eingetragene Haftsumme des Kommanditisten[399] aufstockt oder seine bisherige gesellschaftsrechtliche Stellung in die eines voll haftenden Komplementärs umwandelt.[400] Neben dem erhöhten Haftungsrisiko ist dabei allerdings zu beachten, dass auch eine solche Maßnahme keine unmittelbare Ausgleichsfähigkeit bereits entstandener Verlustvorträge bewirkt. Mit ihr kann ebenfalls lediglich eine Verwertung der vorhandenen Verluste im Zeitpunkt des Untergangs der Mitunternehmerschaft erreicht werden.

V. Zinsvorträge von Kapital- und Personengesellschaften

1. Gestaltungen zur Aufrechterhaltung von Zinsvorträgen

Hat die Definition des Soll-Zustands ergeben, dass die Aufrechterhaltung des Zinsvortrags optimal ist, hängt die Wahl der akkuraten Gestaltung davon ab, ob Gegenstand der Umstrukturierungsmaßnahme eine Personen- oder eine Kapitalgesellschaft ist. Ist der Zinsvortrag bei einer Personengesellschaft entstanden, sind für dessen Erhalt die Regeln zum gewerbesteuerlichen Fehlbetrag maßgeblich.[401] Um einen solchen Zinsvortrag zu perpetuieren, steht daher das Instrumentarium zur Verfügung, mit dem auch die Aufrechterhaltung eines gewerbesteuerlichen Fehlbetrages gelingt. Deshalb gelten die Erläuterungen hierzu oben entsprechend.[402]

Qualifiziert die zinsvortragende Unternehmung hingegen als Kapitalgesellschaft, sind grundsätzlich die Erläuterungen zum körperschaftsteuerlichen Verlustvortrag entscheidend.[403] Um in dieser Konstellation einen Zinsvortrag fortführen zu können, ergeben sich daher dieselben Handlungsoptionen, mit denen man auch die Aufrecht-

396 Vgl. Niehus/Wilke, FR 2004, S. 677.

397 Vgl. § 15 Abs. 2 EStG.

398 Vgl. R 15a Abs. 4 EStR; Schmidt-Wacker, § 15a Rn. 236; L/B/P-Bitz, § 15a Rn. 60.

399 Vgl. Grantz/Günther, GestStB 2005, S. 409; van Lishaut, FR 1994, S. 273 (282); Natschke, GestStB 1998, S. 9; Bitz, GmbHR 1982, S. 285 (286); Baumhoff, StbJb. 1993/94, S. 267 (279).

400 Vgl. H/H/R-Lüdemann, § 15a Rn. 22; Carlé/Carlé, FR 2001, S. 829 (830); Neu/Watermeyer, DStR 2002, S. 2101 (2107); Natschke, GestStB 1998, S. 9; Niehus/Wilke, FR 2004, S. 677 (683).

401 Vgl. BT-Drucks. 16/4841, S. 50; B/F/F/K-G. Förster, § 4h EStG Rn. 169-173; Rödder, DStR 2007, Beihefter zu Heft 40, S. 8; Schaden/Käshammer, BB 2007, S. 2317 (2319); Blumenberg/Lechner (2007), S. 120.

402 Vgl. Abschn. E. III. 1.

403 Vgl. BT-Drucks. 16/4841, S. 74; Benz/Rosenberg (2007), S. 193; Rödder, DStR 2007, Beihefter zu Heft 40, S. 8; Schaden/Käshammer, BB 2007, S. 2317 (2321); Blumenberg/Lechner (2007), S. 120.

erhaltung von Verlustvorträgen bei Kapitalgesellschaften erreicht. Aus diesem Grunde finden die Ausführungen hierzu oben entsprechende Anwendung.[404]

2. Gestaltungen zur Transformation von Zinsvortrag in Zinsaufwand

Indiziert der Soll-Zustand hingegen, dass die Transformation von Zinsvortrag in Zinsaufwand noch vor oder mit der Umstrukturierungsmaßnahme optimal ist, stehen insbesondere vier Ansätze zur Verfügung. Man kann (2.1.) den Zinssaldo verringern, (2.2.) den maßgeblichen Gewinn erhöhen, (2.3.) das Vorhandensein eines Betriebes vermeiden sowie (2.4.) einen der drei Ausnahmetatbestände erfüllen.

2.1. Verringerung des Zinssaldos

Eine Transformation von Zinsvortrag in Zinsaufwand ist zunächst denkbar, indem man den Zinssaldo eines Wirtschaftsjahres vor Durchführung der Umstrukturierungsmaßnahme so verringert, dass der zulässige Abzug in Höhe von 30 % im Verhältnis zum maßgeblichen Gewinn nicht voll ausgeschöpft wird.[405] Auf diese Weise eröffnet sich die Möglichkeit, den Zinsvortrag in Höhe des Differenzbetrages zu nutzen.

Eine solche Verringerung des Zinsaufwands gelingt optimal durch eine Erhöhung der Eigenfinanzierung.[406] Alternativ besteht die Möglichkeit, den Betrieb mit Mezzanine-Kapital oder Venture Capital zu finanzieren.[407] Denkbar ist auch, den Zinsaufwand innerhalb der Gruppe in eine andere Unternehmung zu verlagern, deren Zinsschranke noch nicht vollständig ausgenutzt ist, oder Zinsertrag durch Gewährung eines Darlehens an eine solche Gesellschaft zu generieren.[408] Angesichts der Unschädlichkeit von Sachkapitalüberlassungen kann der Betrieb außerdem verstärkt den Erwerb von Wirtschaftsgütern durch Miete oder Pacht ersetzen sowie Sale-and-lease-back-Gestaltungen verwenden.[409] Denkbar ist auch die Aktivierung von nicht als Zinsaufwand qualifizierenden Bauzeitzinsen.[410] Schließlich kommt in Betracht, den Zinsaufwand in einem ausländischen Betrieb entstehen zu lassen, da ein solcher nicht Gegenstand der Zinsschranke ist.[411]

---

404 Vgl. Abschn. E. II. 1.

405 Vgl. Schaden/Käshammer, BB 2007, S. 2317.

406 Vgl. Scheunemann/Socher, BB 2007, S. 1144 (1148); Köster, BB 2007, S. 2278 (2280).

407 Vgl. Höreth/Stelzer, BB 2007, S. 2595 (2596).

408 Vgl. Köster, BB 2007, S. 2278 (2280); Dörr/Geibel/Fehling, NWB F. 4, S. 5199 (5213).

409 Vgl. BMF, Tz. 11 d. Schr. v. 04.07.2008 – IV C 7 – S 2742-a/07/10001, DStR 2008, S. 1427; Scheunemann/Socher, BB 2007, S. 1144 (1148); Köster, BB 2007, S. 2278 (2280); Eickhorst, BB 2007, S. 1707 (1708); Middendorf/Stegemann, INF 2007, S. 305 (312); Kußmaul/Ruiner/Schnappe, GmbHR 2008, S. 505 (506); Prinz, FR 2008, S. 441 (446); Eilers, Ubg 2008, S. 197 (199).

410 Vgl. Eilers, Ubg 2008, S. 197 (198).

411 Vgl. B/F/F/K-G. Förster, § 4h EStG Rn. 46; Höreth/Stelzer, BB 2007, S. 2595 (2596); Scheunemann/Socher, BB 2007, S. 1144 (1148); Endres/Spengel/Reister, WPg 2007, S. 478 (486).

2.2. Erhöhung des maßgeblichen Gewinns

Neben der Verringerung des Zinsaufwands besteht die Möglichkeit, den **maßgeblichen Gewinn** eines Wirtschaftsjahres so zu erhöhen, dass sich das Zinsabzugspotenzial entsprechend vergrößert.[412] Dies erreicht man insbesondere durch die vom Gesetzgeber mit der Zinsschranke angestrebte Verlagerung von Gewinnen aus dem Ausland in das Inland.[413] Im Rahmen der Steuerplanung ist dabei allerdings der eventuelle Nachteil aus einer effektiv höheren Steuerbelastung dieser Gewinne im Inland zu berücksichtigen.[414]

Darüber hinaus gelingt eine Gewinnerhöhung vor allem durch Aufdeckung stiller Reserven[415] oder Verlagerung von Gewinnpotenzialen[416] in die von der Zinsschranke betroffene Gesellschaft. Insoweit gelten für eine zinsvortragende Kapitalgesellschaft die Ausführungen zur Nutzung körperschaftsteuerlicher Verlustvorträge entsprechend. [417] Auf eine zinsvortragende Personenunternehmung finden die Erläuterungen zur Nutzung gewerbesteuerlicher Fehlbeträge entsprechende Anwendung.[418] Zu beachten ist in diesem Zusammenhang allerdings, dass angesichts der 30 %-igen Zinsbegrenzung jeder zusätzliche Zinsabzug in Höhe von € 1 einen erhöhten EBITDA in Höhe von € 3,33 erforderlich macht.[419] Entsprechende Gestaltungsmaßnahmen sind daher nur vorteilhaft, sofern der zusätzlich generierte Gewinn durch Verlustvorträge egalisiert werden kann, soweit er den erhöhten Zinsvortrag übersteigt.

Außerdem kann der maßgebliche Gewinn durch Ausgliederung von Betriebsteilen in eine Tochterpersonengesellschaft erhöht werden. Dadurch erfährt der ertragsteuerliche Gesamtgewinn des von der Zinsschranke betroffenen Unternehmens keine Veränderung. Die Tochterpersonengesellschaft unterliegt weder der Einkommen- noch der Körperschaftsteuer. Ihr Gewinn wird vielmehr der ausgliedernden Unternehmung zugerechnet. Nach der Ausgliederung ist die Überschreitung der 30 %-Grenze jedoch angesichts der Betriebsbezogenheit der Zinsschranke jeweils separat für die Tochterpersonengesellschaft und für die ausgliedernde Unternehmung zu prüfen. Dabei qualifiziert bei der Tochtergesellschaft allein deren eigener EBITDA als maßgeblicher Gewinn. Bei der ausgliedernden Unternehmung umfasst der maßgebliche Gewinn hingegen nicht nur ihren eigenen EBITDA, sondern zusätzlich den ihr zuzurechnenden Gewinnanteil aus der Tochtergesellschaft. Mit der Einbringung von Be-

---

412 Vgl. Höreth/Stelzer, BB 2007, S. 2595 (2596); Schaden/Käshammer, BB 2007, S. 2317; Blumenberg/Lechner (2007), S. 113.

413 Vgl. Herzig/Bohn, DB 2007, S. 1 (7); Kußmaul/Ruiner/Schnappe, GmbHR 2008, S. 505 (510).

414 Vgl. Scheunemann/Socher, BB 2007, S. 1144 (1147).

415 Vgl. Schaden/Käshammer, BB 2007, S. 2317 (2322); Dörr/Geibel/Fehling, NWB F. 4, S. 5199 (5214); Kußmaul/Ruiner/Schnappe, GmbHR 2008, S. 505 (510).

416 Vgl. Höreth/Stelzer, BB 2007, S. 2595 (2596); Kußmaul/Ruiner/Schnappe, GmbHR 2008, S. 505 (511); Middendorf/Stegemann, INF 2007, S. 305 (312).

417 Vgl. Abschn. E. II. 2.

418 Vgl. Abschn. E. III. 2.

419 Vgl. Blumenberg/Lechner (2007), S. 113; Kollruss, BB 2007, S. 1988 (1991); Köster, BB 2007, S. 2278 (2280).

triebsteilen in eine Tochterpersonengesellschaft erhöht sich der maßgebliche Gewinn aus der Sicht der Gruppe daher um den Gewinn, den die ausgegliederten Betriebsteile in den neu formierten Tochterpersonengesellschaften erwirtschaften.

In diesem Zusammenhang sind Kaskadeneffekte möglich, sofern man die auszugliedernden Betriebsteile nicht horizontal, sondern vertikal anordnet. Auf diese Weise erhöht der Gewinn der untersten Gesellschaft den maßgeblichen Gewinn sämtlicher über ihr angeordneten Unternehmungen der Gruppe. Dabei ist es optimal, die einzelnen Betriebsteile nach dem Maß der Bedrohung der Zinsschranke zu gliedern. Am unteren Ende sollte der Betriebsteil platziert werden, der keinen oder den geringsten Hinzurechnungsbetrag generiert.[420]

2.3. Vermeidung eines Betriebs

Neben der Zinsverringerung und der Gewinnerhöhung besteht die Möglichkeit, die Anwendbarkeit der Zinsschranke zu vermeiden, indem man einzelne Gesellschaften als rein vermögensverwaltend ausgestaltet. Da § 4h EStG ausschließlich für **Betriebe** gilt, sind Zinsaufwendungen einer nur vermögensverwaltenden Unternehmung unbegrenzt abzugsfähig.[421] In diesem Zusammenhang bietet sich an, insbesondere fremdfinanziertes Grundvermögen in einer Gesellschaft der Gruppe zu bündeln und den übrigen Unternehmungen mietweise zu überlassen.[422] Dabei ist zu gewährleisten, dass eine solche Grundstücksgesellschaft weder eine gewerbliche Prägung erfährt noch Bestandteil einer Betriebsaufspaltung wird.

2.4. Verwirklichung eines Ausnahmetatbestandes

Schließlich ist denkbar, einen der drei **Ausnahmetatbestände des § 4h Abs. 2 EStG** zu verwirklichen.[423] Dabei kommt zunächst die Unterschreitung der **Freigrenze** von einer Million Euro in Betracht.[424] Dies gelingt vor allem mit den oben beschriebenen Strukturierungsoptionen zur Zinsaufwandsminimierung.[425] Daneben eröffnet die Betriebsbezogenheit der Zinsschranke die Möglichkeit, eine mehrfache Inanspruchnahme der Freigrenze zu erreichen, indem man Teile des Betriebes auf Tochterge-

---

420 Vgl. Hahne, DStR 2007, S. 1947 (1950); Rupp, EStB 2007, S. 419 (420); Kollruss, BB 2007, S. 1988 (1990); Dörr/Geibel/Fehling, NWB F. 4, S. 5199 (5215); Kußmaul/Ruiner/Schnappe, GmbHR 2008, S. 505 (511).

421 Vgl. BMF, Tz. 5 d. Schr. v. 04.07.2008 – IV C 7 – S 2742-a/07/10001, DStR 2008, S. 1427; Kröner/Bolik, DStR 2008, S. 1309 (1310); Dörr/Geibel/Fehling, NWB F. 4, S. 5199 (5212); Kaminski, Stbg 2008, S. 196 (197); Fischer/Wagner, BB 2008, S. 1872; Köster-Böckenförde/Clauss, DB 2008, S. 2213 (2214); van Lishaut/Schumacher/Heinemann, DStR 2008, S. 2341.

422 Vgl. Rupp, EStB 2007, S. 419 (421).

423 Vgl. Schaden/Käshammer, BB 2007, S. 2317 (2318).

424 Vgl. Höreth/Stelzer, BB 2007, S. 2595; vgl. zum Zusammenspiel von Freigrenze und Zinsvortrag: Blumenberg/Lechner (2007), S. 133.

425 Vgl. Abschn. E. V. 2. 1.

sellschaften ausgliedert oder auf Schwestergesellschaften abspaltet.[426] Im Anschluss qualifiziert jede Gesellschaft als eigenständiger Betrieb und kann auf diese Weise eine eigene Freigrenze in Anspruch nehmen.

Außerdem besteht die Option, eine **Konzernzugehörigkeit** der betroffenen Unternehmung zu vermeiden.[427] Hierzu muss das Verhältnis der Gesellschaft zu anderen Betrieben so strukturiert werden, dass sie nach dem maßgeblichen Rechnungslegungsstandard mit keinem anderen Betrieb konsolidiert wird oder werden könnte und ihre Finanz- und Geschäftspolitik mit keinem anderen Betrieb einheitlich bestimmt werden kann.[428] Denkbar ist in diesem Zusammenhang insbesondere eine entsprechende Restrukturierung des Konzerns. Bspw. können Betriebe miteinander verschmolzen[429] oder Anteile an Gesellschaften auf Minderheitsbeteiligungen reduziert werden.[430] Zu beachten ist in diesem Zusammenhang allerdings, dass entsprechende Gestaltungsmöglichkeiten angesichts vorrangiger ökonomischer Ziele typischerweise eingeschränkt sind.

Realisierbar ist jedoch häufig die Begründung körperschaftsteuerlicher Organschaftsverhältnisse mit allen Mitgliedern des Konzerns.[431] Solche Organschaften lassen die Zinsschranke bei den jeweiligen Organgesellschaften unanwendbar werden.[432] Die Tochterunternehmungen gelten vielmehr als Teil des Betriebs des Organträgers. Auf diese Weise verbleibt mit dem Organträger nur noch ein einziger Betrieb, der dann mangels Konzern nicht mehr der Zinsschranke unterliegt.

Handelt es sich bei der betroffenen Unternehmung um eine Kapitalgesellschaft, muss zusätzlich gewährleistet werden, dass sie an zu mehr als 25 % unmittelbar oder mittelbar beteiligte Anteilseigner, solchen nahe stehende Personen oder Dritte, die auf solche Anteilseigner oder solche nahe stehende Personen zurückgreifen können, nicht mehr als 10 % ihres Zinssaldos vergütet.[433] Dies gelingt insbesondere auf zwei Wegen. Zum einen kann sichergestellt werden, dass kein Darlehensgeber die persönlichen Voraussetzungen erfüllt. Hierzu darf ein Anteilseigner als Darle-

---

426 Vgl. BMF, Tz. 42 d. Schr. v. 04.07.2008 – IV C 7 – S 2742-a/07/10001, DStR 2008, S. 1427; Reiche/Kroschewski, DStR 2007, S. 1330 (1333); Rupp, EStB 2007, S. 419 (421); Middendorf/Stegemann, INF 2007, S. 305 (312); Endres/Spengel/Reister, WPg 2007, S. 478 (486); Dörr/Geibel/Fehling, NWB F. 4, S. 5199 (5214); Kußmaul/Ruiner/Schnappe, GmbHR 2008, S. 505 (512).

427 Vgl. § 4h Abs. 2 b) EStG; Schmidt-Fehrenbacher, Ubg 2008, S. 469 (471).

428 Vgl. § 4h Abs. 3 S. 5, 6 EStG.

429 Vgl. Middendorf/Stegemann, INF 2007, S. 305 (312); Reiche/Kroschewski, DStR 2007, S. 1330 (1334); Dörr/Geibel/Fehling, NWB F. 4, S. 5199 (5213); Kußmaul/Ruiner/Schnappe, GmbHR 2008, S. 505 (512).

430 Vgl. Reiche/Kroschewski, DStR 2007, S. 1330 (1334).

431 Vgl. Blumenberg/Lechner (2007), S. 143; B/F/F/K-G. Förster, § 4h EStG Rn. 79; Rupp, EStB 2007, S. 419 (420); Reiche/Kroschewski, DStR 2007, S. 1330 (1334); Köhler, DStR 2007, S. 597 (600).

432 Vgl. § 15 S. 1 Nr. 3 KStG; Herzig/Liekenbrock, DB 2007, S. 2387 (2387-2388); Dörr/Geibel/Fehling, NWB F. 4, S. 5199 (5215); Kußmaul/Ruiner/Schnappe, GmbHR 2008, S. 505 (513); Eilers, Ubg 2008, S. 197 (199); Möhlenbrock, Ubg 2008, S. 1 (3).

433 Vgl. § 8a Abs. 2 KStG.

hensgeber zu nicht mehr als ein Viertel am Grund- oder Stammkapital der Gesellschaft beteiligt sein. Erforderlich ist daher, dass entweder von Anfang an nur eine entsprechende Minderheitsbeteiligung erworben wird oder ein Teil der Beteiligung rechtzeitig eine Veräußerung erfährt.[434] Qualifiziert eine dem Anteilseigner nahe stehende Person als Anteilseigner, kommt es darauf an, das zwischen beiden bestehende Näheverhältnis zu eliminieren. Dies erreicht man bei Personen- oder Kapitalgesellschaften vor allem, indem das jeweils relevante Beherrschungsverhältnis aufgehoben wird. Ist der Anteilseigner mehrheitlich an der nahe stehenden Person beteiligt, muss er hierzu den erforderlichen Umfang an Geschäftsanteilen veräußern. Nichts anderes gilt für eine dritte Person, die sowohl den Anteilseigner als auch die nahe stehende Person beherrscht.[435] Handelt es sich beim Darlehensgeber schließlich um einen Dritten, ist das Verhältnis zwischen diesem und dem Anteilseigner respektive der nahe stehenden Person so zu strukturieren, dass dem Dritten keine Rückgriffsmöglichkeit zusteht.

Zum anderen besteht die Möglichkeit, die an qualifizierte Personen zu entrichtenden Zinsvergütungen unter 10 % des Zinssaldos der Gesellschaft zu reduzieren. Hierzu kann der an eine solche Person zu zahlende Zinsaufwand vermindert werden. Zu diesem Zweck stehen die oben beschriebenen Optionen der Zinsminimierung zur Verfügung. Darüber hinaus besteht die Möglichkeit, den Zinssaldo der Gesellschaft zu erhöhen. Dies ist möglich, indem die Gesellschaft zusätzliche Darlehen bei nicht qualifizierten Person aufnimmt. Auf diese Weise erhöht sich der unschädliche Betrag in Höhe von 10 % des Zinssaldos, so dass eine größere Summe an Zinsvergütungen an qualifizierte Personen entrichtet werden darf.

Letztlich kann ein Zinsvortrag in Zinsaufwand transformiert werden, indem das Verhältnis zwischen der **Eigenkapitalquote** der zinsvortragenden Gesellschaft und der des Konzerns so modifiziert, dass erstere letztere um nicht mehr als einen Prozentpunkt unterschreitet.[436] Hierzu stehen insbesondere drei Ansätze zur Verfügung.

Zum einen kann die Eigenkapitalquote der zinsvortragenden Gesellschaft erhöht werden.[437] Dies gelingt vor allem, indem die Gesellschafter Einlagen erbringen.[438] Solche Einlagen können sowohl im Wege der Barkapital- oder Kommanditkapitalerhöhung[439] als auch durch eine Aufstockung von Rücklagen vorgenommen werden. In diesem Zusammenhang bietet sich auch die Umwandlung von Gesellschafterdarlehen in Eigenkapital an.[440] Zu beachten sind allerdings die Sechs-Monats-Fristen des

---

434 Vgl. Reiche/Kroschewski, DStR 2007, S. 1330 (1335).

435 Vgl. Blümich-Rengers, § 8 KStG Rn. 144.

436 Vgl. § 4h Abs. 2 c) EStG; B/F/F/K-G. Förster, § 4h EStG Rn. 101; Höreth/Stelzer, BB 2007, S. 2595 (2596); Lüdenbach/Hoffmann, DStR 2007, S. 636 (641); Ganssauge/Mattern, DStR 2008, S. 213-219 u. 267-270.

437 Vgl. Lüdenbach/Hoffmann, DStR 2007, S. 636 (641).

438 Vgl. Schaden/Käshammer, BB 2007, S. 2317 (2318); Höreth/Stelzer, BB 2007, S. 2595 (2596).

439 Vgl. Middendorf/Stegemann, INF 2007, S. 305 (312).

440 Vgl. Middendorf/Stegemann, INF 2007, S. 305 (312).

§ 4h Abs. 2 lit. c) S. 5 EStG. Eine Eigenkapitalerhöhung ist ebenfalls im Wege einer Bilanzverkürzung erreichbar.[441] Hierzu bedarf es insbesondere der Tilgung von Verbindlichkeiten. Denkbar ist aber auch, bei der Bildung von Rückstellungen im Rahmen der gesetzlichen Regelungen Zurückhaltung zu üben respektive bei der Auflösung bestehender Rückstellungen offensiv zu agieren.

Außerdem kann die zinsvortragende Gesellschaft mit eigenkapitalstärkeren Unternehmen des Konzerns zusammengefasst werden. Dies ist möglich, indem zwischen ihr und geeigneten Tochter- oder Muttergesellschaften Organschaftsverhältnisse begründet werden.[442] Alternativ kann eine tatsächliche Vereinigung herbeigeführt werden, indem sie mit einer kapitalstarken Gesellschaft der Gruppe verschmolzen wird.[443] Qualifiziert die zinsvortragende Unternehmung als Mitunternehmerschaft, kann ihr Eigenkapital durch die Begründung oder Aufhebung von Sonderbetriebsvermögen erhöht werden.[444] Die Gesellschafter einer solchen Mitunternehmerschaft können ihr zusätzliche Wirtschaftsgüter zur Nutzung überlassen und diese so in das steuerbilanzielle Eigenkapital der Unternehmung verlagern. Die Mitunternehmerschaft selbst besitzt die Option, die Überlassung von Wirtschaftsgütern an Tochterpersonengesellschaften zu beenden und so deren Rückkehr in das eigene Betriebsvermögen zu veranlassen.

Zum anderen besteht die Möglichkeit die Eigenkapitalquote des Konzerns zu vermindern.[445] Dies gelingt zunächst durch Bilanzverlängerungen im Konzern.[446] Hierzu gilt es Unternehmen der Gruppe, die im Hinblick auf die Zinsschranke nicht gefährdet sind, mit zusätzlichem Fremdkapital auszustatten. Außerdem können Rückstellungen im Rahmen der gesetzlichen Regelungen offensiv gebildet und zurückhaltend aufgelöst werden. Denkbar ist auch, den Konzern um überwiegend fremdfinanzierte Gesellschaften zu erweitern.[447] Dabei ist allerdings darauf zu achten, dass diese neuen Unternehmungen nicht ihrerseits der Escape-Klausel zur Vermeidung der Zinsschranke bedürfen.

Zum Dritten kommt in Betracht, bei der Aufstellung des Konzern- und des Einzelabschlusses Wahlrechte vorteilhaft auszuüben. Hierzu bietet sich zunächst an, ein eventuelles Rechnungslegungswahlrecht optimal wahrzunehmen.[448] Eine solche Option eröffnet sich, sofern keine Pflicht zur Erstellung eines Konzernabschlusses nach den IFRS besteht und für keines der letzten fünf Wirtschaftsjahre ein Konzernab-

---

441 Vgl. Kußmaul/Ruiner/Schnappe, GmbHR 2008, S. 505 (510); Middendorf/Stegemann, INF 2007, S. 305 (312); Höreth/Stelzer, BB 2007, S. 2595 (2596).

442 Vgl. Köhler, DStR 2007, S. 597 (601); Köster, BB 2007, S. 2278 (2282).

443 Vgl. Middendorf/Stegemann, INF 2007, S. 305 (312).

444 Vgl. Köhler, DStR 2007, S. 597 (602); Höreth/Stelzer, BB 2007, S. 2595 (2596).

445 Vgl. Lüdenbach/Hoffmann, DStR 2007, S. 636 (641).

446 Vgl. Middendorf/Stegemann, INF 2007, S. 305 (312); Höreth/Stelzer, BB 2007, S. 2595 (2596).

447 Vgl. Blumenberg/Lechner (2007), S. 155.

448 Vgl. Lüdenbach/Hoffmann, DStR 2007, S. 636 (640); Köster, BB 2007, S. 2278 (2281).

schluss nach den IFRS erstellt wurde.[449] Dabei gilt es zu ermitteln, nach welchem der zur Wahl stehenden Rechnungslegungsregimes die Belastung durch die Zinsschranke am geringsten ausfällt. In diesem Zusammenhang sollte angesichts der darauf folgenden Bindung an den gewählten Standard zumindest eine mittelfristige Perspektive eingenommen werden.

Darüber hinaus besteht die Möglichkeit, auf Ebene des Konzerns von Einbeziehungswahlrechten Gebrauch zu machen.[450] § 296 HGB lässt bspw. den Verzicht auf die Konsolidierung eines Konzernunternehmens zu, sofern eine der spezifischen Voraussetzungen seines Absatz 1 erfüllt sind oder die betroffene Gesellschaft von untergeordneter Bedeutung ist. Im Rahmen der IFRS besteht angesichts des Wesentlichkeitsgrundsatzes ein faktisches Einbeziehungswahlrecht für Tochterunternehmen von untergeordneter Bedeutung.[451] Handelt es sich bei solchen Unternehmungen des Konzerns um eigenkapitalstarke Gesellschaften, kann es sinnvoll sein, sie nicht in den Konzernabschluss einzubeziehen, um auf diese Weise die Eigenkapitalquote des Konzerns zu reduzieren.

Schließlich eröffnet sich die Option, Bilanzierungswahlrechte und Ermessensspielräume wahrzunehmen. Kann mit ihnen eine Erhöhung der Eigenkapitalquote erreicht werden, so ist ihre Ausübung vorteilhaft, sofern sich die Vergrößerung auf Ebene der zinsvortragenden Gesellschaft stärker auswirkt als auf Ebene des Konzerns. Ist mit ihnen eine Verminderung der Eigenkapitalquote möglich, so ist ihre Inanspruchnahme günstig, falls sich die Reduzierung auf Ebene der zinsvortragenden Gesellschaft geringer auswirkt als auf Ebene des Konzerns. Diese Gestaltungsmöglichkeit erfährt allerdings eine Einschränkung durch die Stetigkeitsgebote der IAS 8.13 und § 252 Abs. 1 Nr. 6 HGB.[452]

Qualifiziert die sich auf die Escape-Klausel berufende Unternehmung als Kapitalgesellschaft, muss schließlich dafür gesorgt werden, dass weder die Unternehmung selbst noch eine andere Konzerngesellschaft an zu mehr als 25 % unmittelbar oder mittelbar beteiligte, aber konzernfremde Anteilseigner, solchen nahe stehende Personen oder Dritte, die auf solche Anteilseigner oder solche nahe stehende Personen zurückgreifen können, mehr als 10 % ihres Zinssaldos vergütet.[453] Insoweit gelten die oben erläuterten Gestaltungsalternativen zur Inanspruchnahme der Konzern-Klausel entsprechend. Darüber hinaus bietet sich bei der Fremdfinanzierung durch

---

449 Vgl. § 4h Abs. 2 c) S. 9 EStG.

450 Vgl. B/F/F/K-G. Förster, § 4h EStG Rn. 105; Henrichs, DB 2007, S. 2101 (2104).

451 Vgl. B/F/F/K-G. Förster, § 4h EStG Rn. 106.

452 Vgl. Köster, BB 2007, S. 2278 (2282, 2283); Lüdenbach/Hoffmann, DStR 2007, S. 636 (641).

453 Vgl. § 8a Abs. 3 KStG; Staats/Renger, DStR 2007, S. 1801 (1802), vertreten die Auffassung, dass angesichts der im Gesetzestext verwandten Konjunktion „oder" schon dann keine schädliche Gesellschafterfremdfinanzierung vorliegt, wenn nur eine einzige Konzerngesellschaft nicht mehr als 10 % des Zinssaldos betragen. Diese Einschätzung widerspricht aber der Gesetzesbegründung (vgl. BT-Drucks. 16/4841, S. 75).

Dritte an, Sicherheiten ausschließlich von konzernverbundenen Gesellschaften stellen zu lassen. Dadurch wird eine schädliche Konzernaußenfinanzierung vermieden.[1]

Kapitel 3: Übernahmeergebnis

A. Steuerliche Gestaltungsgrenzen

I. Entstehung des Übernahmeergebnisses

Beim Übergang von Vermögen einer Kapitalgesellschaft nach den Vorschriften des UmwG tritt der übernehmende Rechtsträger vollständig oder partiell in die steuerliche Rechtsstellung der Kapitalgesellschaft ein.[2] Dadurch geht das Betriebsvermögen der Kapitalgesellschaft ganz (bei einer Verschmelzung) oder teilweise (bei einer Ab- oder Aufspaltung) im Wege der Gesamt- oder Sonderrechtsnachfolge auf den übernehmenden Rechtsträger über.[3] Simultan erlischt die Beteiligung an der übertragenden Kapitalgesellschaft. Befand sich diese Beteiligung tatsächlich oder fiktiv[4] im Betriebsvermögen des übernehmenden Rechtsträgers, ergibt sich mit Ablauf des steuerlichen Übertragungsstichtages[5] ein Übernahmeergebnis. Übersteigt der Wert, mit dem das übergehende Betriebsvermögen anzusetzen ist, den Buchwert der wegfallenden Beteiligung, erzielt der übernehmende Rechtsträger einen Übernahmegewinn. Unterschreitet der Wert des Betriebsvermögens den Buchwert seiner Beteiligung, entsteht ein Übernahmeverlust.[6]

II. Ermittlung des Übernahmeergebnisses

Die Höhe dieses Übernahmeergebnisses ermittelt sich bei einem **Vermögensübergang auf eine Personengesellschaft**, indem man vom Wert, mit dem die übergehenden Wirtschaftsgüter zu übernehmen sind, den Buchwert der wegfallenden Beteiligung an der Kapitalgesellschaft und die Kosten des Vermögensübergangs subtrahiert.[7] Der sich so ergebende Betrag ist im Anschluss ggf. um einen Sperrbetrag gemäß § 50c EStG zu erhöhen und um die gemäß § 7 UmwStG steuerpflichtigen Bezüge zu reduzieren.[8] Diese Berechnung ist individuell für jeden Gesellschafter durchzuführen.[9]

---

1 Vgl. Reiche/Kroschewski, DStR 2007, S. 1330 (1336).

2 Vgl. §§ 4 Abs. 2 S. 1, 12 Abs. 3, 15 Abs. 1 S. 1 UmwStG.

3 Vgl. § 20 Abs. 1 Nr. 1 UmwG.

4 Vgl. § 5 UmwStG; zur Diskussion um die Reichweite der Einlagenfiktion vgl. Förster/Felchner, DB 2008, S. 2445-2451.

5 Vgl. BMF, Tz. 04.09 d. Schr. v. 25.03.1998 – IV B 7 – S 1978 – 21/98, BStBl. I 1998, S. 268.

6 Vgl. § 4 Abs. 4 S. 1 UmwStG; D/P/P/M-Pung, § 4 Rn. 83, C/K/S/S-Stahl, S. 142; Füger/Rieger, DStR 1997, S. 1427 (1437).

7 Vgl. § 4 Abs. 4 S. 1 UmwStG; BMF, Tz. 1 d. Schr. v. 16.12.2003 – IV A 2 – S 1978 – 16/03, BStBl. I 2003, S. 786; D/P/P/M-Pung, § 4 Rn. 43, C/K/S/S-Strahl, S. 43; B/S-Schaflitzl/Widmayer, S. 122; Dötsch/Pung, DB 2006, S. 2704 (2711); Förster/Felchner, DB 2006, S. 1072 (1075); Olbing, GmbH-StB 2007, S. 51 (53).

8 Vgl. § 4 Abs. 5 S. 2 UmwStG; D/P/P/M-Pung, § 4 Rn. 43.

9 Vgl. BMF, Tz. 04.14 d. Schr. v. 25.03.1998 – IV B 7 – S 1978 – 21/98, BStBl. I 1998, S. 268; R/H/L-van Lishaut, § 4 Rn. 2; D/P/P/M-Pung, § 4 Rn. 78, C/K/S/S-Strahl, S. 44.

Der **Übernahmewert der übergehenden Wirtschaftsgüter** entspricht grundsätzlich dem Wert, mit dem die Wirtschaftsgüter in der steuerlichen Schlussbilanz der übertragenden Kapitalgesellschaft angesetzt werden.[10] Eine Ausnahme gilt für Wirtschaftsgüter der Kapitalgesellschaft, bei denen Deutschland im Fall einer Veräußerung kein Besteuerungsrecht auf Ebene der übertragenden Unternehmung hätte (neutrales Vermögen). Dabei handelt es sich insbesondere um Vermögen von Betriebsstätten in DBA-Staaten mit Freistellungsmethode sowie um im DBA-Ausland belegenes Grundvermögen.[11] Zur Vermeidung einer Regelungslücke[12] sind diese Wirtschaftsgüter zwingend mit ihrem gemeinen Wert anzusetzen.[13]

Von dem so ermittelten Übernahmewert ist zunächst der **Buchwert der wegfallenden Beteiligung an der Kapitalgesellschaft** zu subtrahieren.[14] Dabei qualifizieren als Buchwerte angesichts der gesellschafterbezogenen Ergebnisermittlung jeweils die individuellen Steuerbilanzwerte respektive Anschaffungskosten der einzelnen Gesellschafter.[15] Unter Steuerbilanzwerten versteht man in diesem Zusammenhang die Summe der Ansätze in der Gesamthands- und Ergänzungsbilanz, ggf. erhöht um steuerwirksame Abschreibungen und Abzüge gemäß § 6b EStG.[16] Die Höhe der Anschaffungskosten richtet sich nach den im Rahmen des § 5 Abs. 2 UmwStG geltenden Regeln.[17]

Daneben ist der Übernahmewert um die **Kosten des Vermögensübergangs** zu mindern.[18] Diese Aufwendungen umfassen insbesondere die hälftigen Gebühren für die Anfertigung und notarielle Beurkundung des Umwandlungsvertrages sowie die gesamten Gebühren für die Formulierung und Beurkundung des Umwandlungsbeschlusses der übernehmenden Unternehmung und für seine Anmeldung und Eintragung im Handelsregister.[19] Anfallende Grunderwerbsteuer ist hingegen als objektbezogener Aufwand zu aktivieren.[20]

---

10 Vgl. § 4 Abs. 1 S. 1 i. V. m. § 3 Abs. 1, 2 UmwStG; PwC-Benecke, S. 164; D/P/P/M-Pung, § 4 Rn. 45.

11 Vgl. R/H/L-van Lishaut, § 4 Rn. 93; D/P/P/M-Pung, § 4 Rn. 57; PwC-Benecke, S. 167; Dötsch/Pung, DB 2006, S. 2704 (2711).

12 Vgl. R/H/L-van Lishaut, § 4 Rn. 93; B/S-Schaflitzl/Widmayer, S. 122; D/P/P/M-Pung, § 4 Rn. 58.

13 Vgl. § 4 Abs. 4 S. 2 UmwStG; Hohenlohe/Rautenstrauch/Adrian, GmbHR 2006, S. 623 (626); Schaflitzl/Widmayer, BB 2006, Special 8/06, S. 36 (44); kritisch: Lemaitre/Schönherr, GmbHR 2007, S. 173 (178); Müller/Maiterth, WPg 2007, S. 249 (250).

14 Vgl. § 4 Abs. 4 S. 1 UmwStG; D/P/P/M-Pung, § 4 Rn. 48.

15 Vgl. R/H/L-van Lishaut, § 4 Rn. 81; D/P/P/M-Pung, § 4 Rn. 49.

16 Vgl. D/P/P/M-Pung, § 4 Rn. 48, C/K/S/S-Strahl, S. 44; R/H/L-van Lishaut, § 4 Rn. 82; Dötsch/Pung, DB 2006, S. 2704 (2710); Förster/Felchner, DB 2006, S. 1072 (1074).

17 Vgl. R/H/L-van Lishaut, § 4 Rn. 82; D/P/P/M-Pung, § 4 Rn. 48; PwC-Benecke, S. 168.

18 Vgl. § 4 Abs. 4 S. 1 UmwStG; D/P/P/M-Pung, § 4 Rn. 46; B/S-Schaflitzl/Widmayer, S. 122; Rödder/Schumacher, DStR 2006, S. 1525 (1531); Schaflitzl/Widmayer, BB 2006, Special 8/06, S. 36 (44).

19 Vgl. PwC-Benecke, S. 170; R/H/L-van Lishaut, § 4 Rn. 87; D/P/P/M-Dötsch, § 12 Rn. 40.

20 Vgl. R/H/L-van Lishaut, § 4 Rn. 92; PwC-Benecke, S. 170; D/P/P/M-Pung, § 4 Rn. 47; Krohn/Greulich, DStR 2008, S. 646 (647).

Hat man auf diese Weise das eigentliche Übernahmeergebnis errechnet, ist dieses ggf. um einen **Sperrbetrag gemäß § 50c EStG** zu erhöhen.[21] Ein solcher Sperrbetrag kann bei der übernehmenden Unternehmung oder deren Gesellschaftern entstanden sein, falls sie während der Zeit des körperschaftsteuerlichen Anrechnungsverfahrens[22] einen Anteil an der übertragenden Kapitalgesellschaft von einem nicht anrechungsberechtigten oder nicht wesentlich beteiligten Anteilseigner erworben haben.[23] Ist dies der Fall, qualifiziert als Sperrbetrag der Unterschiedsbetrag zwischen den Anschaffungskosten und dem Nennbetrag dieses Anteils.[24] In Höhe dieses Unterschiedsbetrages werden Gewinnminderungen durch den Ansatz des niedrigeren Teilwerts des Anteils oder durch Veräußerung oder Entnahme des Anteils bei der übertragenden Unternehmung zehn Jahre lang nicht berücksichtigt, soweit sie nur auf Gewinnausschüttungen oder auf organschaftliche Gewinnabführungen zurückzuführen sind.[25]

Mit dieser Regelung verhinderte der Gesetzgeber ursprünglich, dass nicht anrechungsberechtigte Personen faktisch doch in den Genuss des Anrechnungsverfahrens gelangten und nicht wesentlich beteiligte Anteilseigner steuerpflichtige Dividenden in steuerfreie Veräußerungsgewinne umwandelten. Zwar wurde damals die eigentlich angestrebte Definitivbesteuerung auf Ebene der ausschüttenden Kapitalgesellschaft nicht erreicht, gleichwohl gelang es, sie durch das anschließende Abzugsverbot bei der anteilserwerbenden Unternehmung faktisch nachzuholen.[26] Seit der Implementierung des Halb- respektive Teileinkünfteverfahrens obliegt es der Vorschrift, eine Umgehung der Dividendenbesteuerung auf Ebene des Anteilseigners zu vermeiden.[27] Damit dieses steuerliche Hindernis nicht seinerseits im Wege einer Umwandlung der Kapitalgesellschaft umgegangen werden kann, ist ein vorhandener Sperrbetrag dem Übernahmeergebnis noch bis zum Ablauf der Zehn-Jahres-Frist[28] seit dem Anteilserwerb hinzuzurechnen.[29]

Der so erhöhte Übernahmegewinn ist schließlich um **Bezüge gemäß § 7 UmwStG** wieder zu vermindern.[30] Nach dieser Vorschrift ist jedem Anteilseigner der quotal auf ihn entfallende Teil des in der Steuerbilanz ausgewiesenen Eigenkapitals abzüglich des Bestands des steuerlichen Einlagekontos nach Durchführung der umwandlungs-

---

21 Vgl. § 4 Abs. 4 S. 1 UmwStG; BMF, Tz. 04.23 d. Schr. v. 25.03.1998 – IV B 7 – S 1978 – 21/98, BStBl. I 1998, S. 268; D/P/P/M-Pung, § 4 Rn. 89; B/S-Schaflitzl/Widmayer, S. 123.

22 Also in der Regel bis zum 31.12.2001 (vgl. § 52 Abs. 59 EStG; R/H/L-van Lishaut, § 4 Rn. 97).

23 Vgl. § 50c Abs. 1 S. 1, 11 S. 1 EStG; S/H/S-Schmitt, § 4 Rn. 118; Füger/Rieger, DStR 1997, S. 1427 (1430).

24 Vgl. § 50c Abs. 4 S. 1 EStG; zu eventuell erforderlich werdenden Korrekturen vgl. R/H/L-van Lishaut, § 4 Rn. 99.

25 Vgl. § 50c Abs. 1 S. 1 EStG.

26 Vgl. Schmidt-Weber-Grellet, § 50c Rn. 1.

27 Vgl. R/H/L-van Lishaut, § 4 Rn. 97.

28 Also in der Regel bis spätestens 31.12.2011 (vgl. R/H/L-van Lishaut, § 4 Rn. 97).

29 Vgl. Schmidt-Weber-Grellet, § 50c Rn. 55.

30 Vgl. § 4 Abs. 5 S. 2 UmwStG; D/P/P/M-Pung, § 4 Rn. 90; B/S-Schaflitzl/Widmayer, S. 123; vgl. zum Empfänger der fiktiven Ausschüttung: Behrendt/Arjes, DB 2007, S. 824 (825).

bedingten Kapitalveränderungen als Einnahme aus Kapitalvermögen zuzurechnen.[31] Zur Vermeidung einer Doppelbesteuerung bedarf es daher einer entsprechenden Kürzung.[32]

Diese Berechnungsgrundsätze gelten für **Vermögensübergänge auf eine Kapitalgesellschaft** grundsätzlich entsprechend.[33] Angesichts der spezifischen Formulierung des § 12 Abs. 2 S. 1 UmwStG sind allerdings vier Besonderheiten zu beachten. Zunächst findet keine gesellschafterbezogene Ermittlung des Übernahmeergebnisses statt. Unabhängig von der Beteiligungshöhe der übernehmenden Kapitalgesellschaft, entsteht der gesamte Übernahmegewinn oder -verlust stets bei ihr.[34] Diese vereinfachende Regelung ist zwar im Ergebnis folgenlos, da das Übernahmeergebnis sowieso außer Ansatz bleibt. Gleichwohl kann sie steuersystematisch nicht überzeugen. Akkurater wäre es, wenn man die Ermittlung eines Übernahmeergebnisses auf das Maß der Beteiligung der übernehmenden Kapitalgesellschaft beschränken und im Übrigen einen offenen oder verdeckten Einlagevorgang annehmen würde.[35]

Darüber hinaus ist für den Wert des übergehenden Betriebsvermögens stets der Ansatz in der Schlussbilanz der übertragenden Kapitalgesellschaft maßgeblich. Eine separate Bewertung des neutralen Vermögens nur für Zwecke des Übernahmeergebnisses findet, anders als beim Übergang auf eine Personengesellschaft, nicht statt.[36] Außerdem wird ein eventuell vorhandener Sperrbetrag dem Übernahmeergebnis nicht hinzugerechnet.[37] Auch eine separate Zurechnung der Bezüge gemäß § 7 UmwStG ist nicht vorzunehmen, so dass eine entsprechende Kürzung im Rahmen des Übernahmeergebnisses schließlich ebenfalls unterbleibt.[38]

III. Besteuerung des Übernahmeergebnisses

Ergibt sich bei einem **Vermögensübergang auf eine Personengesellschaft** ein Übernahmeergebnis, so bleibt es gewerbesteuerlich stets außer Ansatz.[39] Daneben richtet sich seine einkommensteuerliche Behandlung danach, ob es unmittelbar oder

---

[31] Vgl. § 20 Abs. 1 Nr. 1 EStG; B/S-Schaflitzl/Widmayer, S. 120; PwC-Benecke, S. 163; Rödder/Schumacher, DStR 2007, S. 369 (372); Dötsch/Pung, DB 2006, S. 2704 (2710); Förster/Felchner, DB 2006, S. 1072 (1074).

[32] Vgl. R/H/L-van Lishaut, § 4 Rn. 105; D/P/P/M-Pung, § 4 Rn. 90; Rödder/Schumacher, DStR 2006, S. 1525 (1530); Schaflitzl/Widmayer, BB 2006, Special 8/06, S. 36 (44); Förster/Felchner, DB 2006, S. 1072 (1075).

[33] Vgl. R/H/L-Rödder, § 12 Rn. 63.

[34] Vgl. § 12 Abs. 2 S. 1 UmwStG; Perwein, GmbHR 2008, S. 747 (748).

[35] Vgl. R/H/L-Rödder, § 12 Rn. 64; Ley/Bodden, FR 2007 S. 265 (273); Perwein, GmbHR 2008, S. 747 (752).

[36] Vgl. R/H/L-Rödder, § 12 Rn. 70.

[37] Vgl. R/H/L-Rödder, § 12 Rn. 70.

[38] Vgl. § 12 Abs. 2 S. 1 UmwStG; R/H/L-Rödder, § 12 Rn. 63; Rödder/Schumacher, DStR 2007, S. 369 (373).

[39] Vgl. § 18 Abs. 2 S. 1 UmwStG; S/H/S-Schmitt, § 19 Rn. 19.

Vermögensübergang auf eine Personengesellschaft (§ 4 Abs. 4, 5 UmwStG)

- Wert des übergehenden Betriebsvermögens
  - Maßgeblich ist die steuerliche Schlussbilanz der Kapitalgesellschaft
  - Ansatz des neutralen Vermögens mit gemeinem Wert
- Abzgl. des Buchwerts der wegfallenden Beteiligung
  - Steuerbilanzwerte oder
  - Anschaffungskosten
- Abzgl. der Kosten des Vermögensübergangs
- Zzgl. eines Sperrbetrags gemäß § 50c EStG
- Abzgl. der Bezüge gemäß § 7 UmwStG

Besonderheiten beim Vermögensübergang auf eine Kapitalgesellschaft (§ 12 Abs. 2 S. 1 UmwStG)

- Keine gesellschafterbezogene Ermittlung
- Keine spezifische Bewertung des neutralen Vermögens
- Keine Hinzurechnung eines Sperrbetrags gemäß § 50c EStG
- Keine Kürzung um die Bezüge gemäß § 7 S. 1 UmwStG

Abb. 24: Übernahmeergebnis - Ermittlung

vermittelt über eine weitere Personenunternehmung[40] auf eine natürliche Person oder eine Kapitalgesellschaft entfällt. Erzielt eine **natürliche Person** einen Übernahmegewinn, unterliegt dieser grundsätzlich zu 60 % der Einkommensbesteuerung.[41] Dies gilt auch für einbringungsgeborene Anteile.[42] Spiegelbildlich hierzu ist ein Übernahmeverlust im Regelfall auch nur zur 60 % zu berücksichtigen.[43] Allerdings erfährt diese Begrenzung des Übernahmeverlusts noch einmal drei Einschränkungen. Zum einen bleibt er außer Ansatz, soweit er 60 % der Bezüge gemäß § 7 UmwStG übersteigt.[44] Zum anderen ist er unbeachtlich, soweit er bei einer Veräußerung des jeweiligen Anteils als Veräußerungsverlust gemäß § 17 Abs. 2 S. 6 EStG unberücksichtigt bliebe.[45] Mit dieser Regelung soll die kurzfristige Zusammenführung von nicht wesentlichen Beteiligungen zu einer wesentlichen Beteiligung zur steuerlichen Nutzung von Anschaffungskosten verhindert werden.[46] Zum Dritten ist er nicht abzugsfähig, soweit der Anteil innerhalb der letzten fünf Jahre vor dem steuerlichen Übertra-

[40] Vgl. R/H/L-van Lishaut, § 4 Rn. 137, 138.

[41] Vgl. § 4 Abs. 7 S. 2 UmwStG i. V. m. § 3 Nr. 40 EStG; D/P/P/M-Pung, § 4 Rn. 42, C/K/S/S-Strahl, S. 45; vgl. zur Kritik an der Regelung: Desens, FR 2008, S. 943-953.

[42] Vgl. R/H/L-van Lishaut, § 4 Rn. 138.

[43] Vgl. § 4 Abs. 6 S. 4 Hs. 1 UmwStG; D/P/P/M-Pung, § 4 Rn. 128.

[44] Vgl. § 4 Abs. 6 S. 4 Hs. 2 UmwStG; B/S-Schaflitzl/Widmayer, S. 125; D/P/P/M-Pung, § 4 Rn. 138.

[45] Vgl. § 4 Abs. 6 S. 5 Alt. 1 UmwStG; D/P/P/M-Pung, § 4 Rn. 147.

[46] Vgl. R/H/L-van Lishaut, § 4 Rn. 119; PwC-Benecke, S. 172.

gungsstichtag entgeltlich erworben wurde.[47] Auf diese Weise sollen Missbräuche durch eine steuerfreie Erhöhung von Anschaffungskosten vermieden werden.[48]

Erwirtschaftet eine **Kapitalgesellschaft** einen Übernahmegewinn, ist er grundsätzlich steuerfrei,[49] selbst wenn die untergehende Beteiligung einbringungsgeboren war.[50] Allerdings gilt ein Betrag in Höhe von 5 % des Übernahmegewinns als nicht abzugsfähige Betriebsausgabe.[51] Spiegelbildlich hierzu bleibt ein Übernahmeverlust insgesamt außer Ansatz,[52] es sei denn, die untergehenden Anteile erfüllen die Voraussetzungen des § 8b Abs. 7 oder Abs. 8 S. 1 KStG.[53]

Erfolgt der **Vermögensübergang** nicht auf eine Personen-, sondern **auf eine Kapitalgesellschaft**, bleiben sowohl ein Übernahmegewinn als auch ein Übernahmeverlust körperschaftsteuerlich[54] wie gewerbesteuerlich[55] vollständig außer Ansatz. Soweit jedoch ein Übernahmegewinn auf die übernehmende Kapitalgesellschaft entfällt, gelten 5 % dieses Ergebnisses als nicht abziehbare Betriebsausgaben.[56] § 8b Abs. 4, 7 und 8 KStG 2006 findet im Übrigen keine Anwendung.[57]

B. Steuerlicher Ist-Zustand

I. Einstufige isolierte Umstrukturierungsmaßnahmen mit Sachgesamtheiten

1. Aufwärts gerichtete Übertragungen

Erfährt eine Tochterkapitalgesellschaft eine **Verschmelzung auf** ihre **Mutterpersonengesellschaft**, entsteht bei letzterer ein Übernahmeergebnis,[58] das seit der Implementierung des § 7 UmwStG und der damit verbundenen Ausschüttung offener Rücklagen im Zeitpunkt der Umwandlung regelmäßig negativ ist.[59] Hat die Mutterpersonengesellschaft die Tochterkapitalgesellschaft gegründet (Gründungsfall), er-

---

47 Vgl. § 4 Abs. 6 S. 5 Alt. 2 UmwStG; D/P/P/M-Pung, § 4 Rn. 153.

48 Vgl. B/S-Schaflitzl/Widmayer, S. 125; R/H/L-van Lishaut, § 4 Rn. 122.

49 Vgl. § 4 Abs. 7 S. 1 UmwStG i. V. m. § 8b Abs. 2 KStG; D/P/P/M-Pung, § 4 Rn. 159.

50 Vgl. R/H/L-van Lishaut, § 4 Rn. 137; a. Ans.: C/K/S/S-Strahl, S. 46; Schwetlik, GmbHR 2007, S. 574 (575).

51 Vgl. § 4 Abs. 7 S. 1 UmwStG i. V. m. § 8b Abs. 3 KStG, C/K/S/S-Strahl, S. 46; B/S-Schaflitzl/Widmayer, S. 124.

52 Vgl. § 4 Abs. 6 S. 1 UmwStG; B/S-Schaflitzl/Widmayer, S. 124; D/P/P/M-Pung, § 4 Rn. 129, C/K/S/S-Strahl, S. 46.

53 Vgl. D/P/P/M-Pung, § 4 Rn. 165; PwC-Benecke, S. 172; B/S-Schaflitzl/Widmayer, S. 124.

54 Vgl. § 12 Abs. 2 S. 1 UmwStG; D/P/P/M-Dötsch, § 12 Rn. 35; Rödder/Schumacher, DStR 2007, S. 369 (373).

55 Vgl. § 19 Abs. 1 UmwStG; S/H/S-Schmitt, § 19 Rn. 14.

56 Vgl. § 12 Abs. 2 S. 2 UmwStG i. V. m. § 8b Abs. 5 S. 1 KStG; R/H/L-Rödder, § 12 Rn. 87; D/P/P/M-Dötsch, § 12 Rn. 37; Dötsch/Pung, DB 2006, S. 2704 (2713).

57 Vgl. R/H/L-Rödder, § 12 Rn. 89; PwC-Klingberg, S. 192; Ley/Bodden, FR 2007, S. 265 (274); a. Ans.: D/P/P/M-Dötsch, § 12 Rn. 33b, C/K/S/S-Strahl, S. 143.

58 Vgl. R/H/L-van Lishaut, § 4 Rn. 78.

59 Vgl. § 4 Abs. 5 S. 2 UmwStG; R/H/L-van Lishaut, § 4 Rn. 106; Dötsch/Pung, DB 2006, S. 2704 (2710); Rödder/Schumacher, DStR 2006, S. 1525 (1531); Förster/Felchner, DB 2006, S. 1072 (1075).

gibt sich ein Übernahmeverlust typischerweise in Höhe der Kosten des Vermögensübergangs, da sich der Wert des übergehenden Betriebsvermögens und der Buchwert der Beteiligung grundsätzlich ausgleichen.[60] Hat das Betriebsvermögen seit der Gründung an Wert verloren, fällt der Übernahmeverlust entsprechend höher aus.[61] Sofern die Mutterpersonengesellschaft die Anteile an der Tochterkapitalgesellschaft erst nach deren Gründung erworben und dabei auch stille Reserven vergütet hat (Erwerbsfall), ist der steuerliche Wert des übergehenden Betriebsvermögens schon im Erwerbszeitpunkt niedriger als der Buchwert der Beteiligung.[62] Der so regelmäßig entstehende Übernahmeverlust erfährt durch die Kosten des Vermögensübergangs und ggf. durch eine vorangegangene Wertminderung des Betriebsvermögens noch eine Erhöhung.

Ein Übernahmegewinn entsteht nur noch ausnahmsweise, insbesondere in drei Konstellationen.[63] Zum einen besteht die Möglichkeit, dass zum Betriebsvermögen der Tochterkapitalgesellschaft auch neutrales Vermögen zählt, das im Rahmen der Ermittlung des Übernahmeergebnisses mit dem gemeinen Wert anzusetzen ist.[64] Dieser Umstand hat im Gründungsfall zur Folge, dass der Wert der übergehenden Wirtschaftsgüter den Buchwert der Anteile regelmäßig übersteigt. Hierzu kommt es im Erwerbsfall hingegen nur, sofern die im neutralen Vermögen vorhandenen Reserven größer als die zuvor im Anteilskaufpreis vergüteten Reserven sind. Zum anderen kommt in Betracht, dass die Anschaffungskosten der Mutterpersonengesellschaft für die Anteile an der Tochterkapitalgesellschaft ausnahmsweise geringer waren als die ursprünglich geleisteten Einlagen.[65] Entspricht der Wert des übergehenden Betriebsvermögens in einem solchen Erwerbsfall diesen Einlagen, qualifiziert die Differenz zwischen dem Wert der Einlagen und den niedrigeren Anschaffungskosten der Anteile als Übernahmegewinn.[66] Zum Dritten ist denkbar, dass die Anteile an der Tochterkapitalgesellschaft mit einem Sperrbetrag gemäß § 50c EStG belegt sind. Ein solcher lässt das Übernahmeergebnis im Gründungsfall typischerweise positiv werden. Für den Erwerbsfall gilt dies nur, falls der Sperrbetrag die zuvor im Anteilskaufpreis mitbezahlten stillen Reserven übersteigt.

Diese Grundsätze gelten entsprechend für die **Aufspaltung** einer Tochterkapitalgesellschaft sowie für die **Abspaltung** von Teilen ihres Vermögens auf die Mutterpersonengesellschaft.[67] Dabei ergibt sich bei der Abspaltung regelmäßig die Besonder-

60 Vgl. Förster/Felchner, DB 2006, S. 1072 (1076); Müller/Maiterth, WPg 2007, S. 249 (253).

61 Vgl. R/H/L-van Lishaut, § 4 Rn. 106.

62 Vgl. D/P/P/M-Pung, § 4 Rn. 125, C/K/S/S-Strahl, S. 46; Förster/Felchner, DB 2006, S. 1072 (1076).

63 Vgl. Lemaitre/Schönherr, GmbHR 2007, S. 173 (179); Rödder/Schumacher, DStR 2006, S. 1525 (1531); Förster/Felchner, DB 2006, S. 1072 (1075); Müller/Maiterth, WPg 2007, S. 249 (253).

64 Vgl. § 4 Abs. 4 S. 2 UmwStG.

65 Vgl. R/H/L-Rödder, § 12 Rn. 64.

66 Vgl. R/H/L-van Lishaut, § 4 Rn. 136.

67 Vgl. § 16 S. 1 UmwStG.

heit, dass dem Übernahmewert der übergehenden Wirtschaftsgüter der anteilige Buchwert der Anteile an der der Tochterkapitalgesellschaft gegenüber zu stellen ist. Dieser anteilige Buchwert ist nach dem Verhältnis zwischen dem gemeinen Wert des übergehenden Betriebsvermögens und dem gemeinen Wert des gesamten Betriebsvermögens der Tochterkapitalgesellschaft zu ermitteln, soweit letzteres der Beteiligung der Mutterpersonengesellschaft entspricht.[68]

Erfährt eine Kapitalgesellschaft einen **Formwechsel** in eine Personenunternehmung, finden die oben erläuterten Regeln zur Verschmelzung einer Tochterkapitalgesellschaft auf ihre Mutterpersonengesellschaft ebenfalls entsprechende Anwendung.[69] Grund hierfür ist, dass der Formwechsel ertragsteuerlich angesichts des mit ihm verbundenen Wechsels des Besteuerungsregimes wie ein Vermögensübergang von einer Kapitalgesellschaft auf eine Personenunternehmung eingeordnet wird.[70]

Erfolgt die **Verschmelzung** der Tochterkapitalgesellschaft **auf** eine **Mutterkapitalgesellschaft**, ergibt sich bei letzterer ebenfalls ein Übernahmeergebnis.[71] Dabei ist anders als beim Übergang auf eine Personengesellschaft lediglich die Fiktion des § 5 Abs. 1 UmwStG zu berücksichtigen.[72] Dieses Übernahmeergebnis ist insbesondere in zwei Konstellationen negativ. Dies gilt zum einen für den Gründungsfall, sofern das Betriebsvermögen der Tochterkapitalgesellschaft im Anschluss an Wert verloren hat.[73] Zum anderen besteht im Erwerbsfall die Möglichkeit eines negativen Übernahmeergebnisses, sofern die Differenz zwischen dem Wert des übergehenden Vermögens und den höheren Anschaffungskosten für den Erwerb der Beteiligung bis zur Verschmelzung keinen Ausgleich durch die Bildung offener Rücklagen erfahren hat.[74]

Da beim Vermögensübergang auf eine Kapitalgesellschaft die offenen Rücklagen der Tochterunternehmung, anders als bei der Umwandlung in eine Personengesellschaft,[75] nicht als ausgeschüttet gelten, ergibt sich häufiger ein positives Übernahmeergebnis. Vorstellbar sind insbesondere fünf Konstellationen. Zunächst übersteigt im Gründungsfall der Wert des übergehenden Betriebsvermögens den Buchwert der Anteile, wenn es der Tochterkapitalgesellschaft gelungen ist, bis zur Umwandlung offene Rücklagen zu bilden.[76] Das Gleiche gilt im Erwerbsfall, sofern der Wert der im Anschluss an den Erwerb gebildeten Rücklagen die im Anteilskaufpreis mitbezahlten stillen Reserven übersteigt.

---

68 Vgl. R/H/L-Schumacher, § 16 Rn. 24; S/H/S-Hörtnagl, § 16 Rn. 31; D/P/P/M-Dötsch/Pung, § 15 Rn. 35.

69 Vgl. § 9 S. 1 UmwStG; R/H/L-Birkemeier, § 9 Rn. 23.

70 Vgl. R/H/L-Birkemeier, § 9 Rn. 16.

71 Vgl. R/H/L-Rödder, § 12 Rn. 62.

72 Vgl. § 12 Abs. 2 S. 3 UmwStG.

73 Vgl. R/H/L-Rödder, § 12 Rn. 66.

74 Vgl. R/H/L-Rödder, § 12 Rn. 66.

75 Vgl. § 7 S. 1 UmwStG.

76 Vgl. R/H/L-Rödder, § 12 Rn. 64.

Darüber hinaus ist denkbar, dass die Tochterkapitalgesellschaft neutrales Vermögen besitzt, das im Rahmen der Ermittlung des Übernahmeergebnisses mit seinem gemeinen Wert anzusetzen ist. Eine solcher Ansatz führt im Gründungsfall stets zu einem Übernahmegewinn, im Erwerbsfall nur, sofern der Umfang der stillen Reserven allein oder zusammen mit vorhandenen offenen Rücklagen größer als das Maß der zuvor im Anteilskaufpreis vergüteten stillen Reserven ist. Daneben ist ein positives Übernahmeergebnis möglich, wenn die Anschaffungskosten der Mutterkapitalgesellschaft für die Anteile an der Tochterkapitalgesellschaft ausnahmsweise geringer waren als die ursprünglich in diese Unternehmung geleisteten Einlagen.[77]

Schließlich erhöht die vereinfachende Ermittlung des Übernahmeergebnisses die Wahrscheinlichkeit eines Übernahmegewinns, falls die übernehmende Mutterkapitalgesellschaft nicht alleinige Anteilseignerin der übertragenden Tochterkapitalgesellschaft ist. Grund hierfür ist, dass beim Vermögensübergang auf eine Kapitalgesellschaft der Übernahmegewinn oder -verlust nicht gesellschafterbezogen, sondern durch Vergleich des Werts des übergehenden Betriebsvermögens mit dem Buchwert der Beteiligung der übernehmenden Kapitalgesellschaft berechnet wird.[78] Je geringer daher die Beteiligung der Mutterkapitalgesellschaft an der Tochterkapitalgesellschaft ist, desto größer ist die Wahrscheinlichkeit, dass der Wert des übergehenden Betriebsvermögens ihren Buchwert übersteigt.[79]

Entsprechendes gilt wiederum für die **Aufspaltung** einer Tochterkapitalgesellschaft sowie für die **Abspaltung** von Teilen ihres Vermögens auf die Mutterkapitalgesellschaft.[80] Auch hier besteht die wesentliche Besonderheit darin, dass bei der Abspaltung der Übernahmewert der übergehenden Wirtschaftsgüter mit dem anteiligen Buchwert der Anteile an der Tochterkapitalgesellschaft zu vergleichen ist. Dieser anteilige Buchwert ist nach dem Verhältnis zwischen dem gemeinen Wert des übergehenden Betriebsvermögens und dem gemeinen Wert des gesamten Betriebsvermögens der Tochterkapitalgesellschaft zu ermitteln, soweit letzteres auf die Beteiligung der Mutterkapitalgesellschaft entfällt.[81] Der **Formwechsel** einer Kapitalgesellschaft in eine andere Kapitalgesellschaft ist im Übrigen ertragsteuerlich unerheblich.

2. Abwärts gerichtete Übertragungen

Erfährt eine Mutterkapitalgesellschaft eine **Verschmelzung auf** ihre **Tochterpersonengesellschaft**, entsteht bei letzterer ein Übernahmeergebnis.[82] Zwar ist die auf-

---

[77] Vgl. R/H/L-Rödder, § 12 Rn. 64.

[78] Vgl. § 12 Abs. 2 S. 1 UmwStG.

[79] Zur berechtigten Kritik an dieser systematisch nicht überzeugenden Regelung vgl. R/H/L-Rödder, § 12 Rn. 64; D/P/P/M-Dötsch, § 12 Rn. 32; a. Ans.: Ley/Bodden, FR 2007, S. 265 (273).

[80] Vgl. § 15 Abs. 1 S. 1 UmwStG.

[81] Vgl. R/H/L-Schumacher, § 15 Rn. 73; S/H/S-Hörtnagl, § 15 Rn. 262; D/P/P/M-Dötsch/Pung, § 15 Rn. 35.

[82] Vgl. R/H/L-van Lishaut, § 4 Rn. 79; D/P/P/M-Pung, § 4 Rn. 119.

nehmende Unternehmung in dieser Situation nicht an der übertragenden Gesellschaft beteiligt, gleichwohl gelten die Anteile der Gesellschafter der übertragenden Kapitalgesellschaft, die mit der Verschmelzung Anteilseigner der Personengesellschaft werden, als zum steuerlichen Übertragungsstichtag in ihr Betriebsvermögen eingelegt.[83] Daneben gilt das anteilig auf die Mutterkapitalgesellschaft entfallende Betriebsvermögen der Tochterpersonengesellschaft auch als übergegangen.[84]

Was dabei die Ausgestaltung dieses Übernahmeergebnisses betrifft, gelten die Ausführungen zur aufwärts gerichteten Übertragung entsprechend. Es ergibt sich also unabhängig davon, ob die Gesellschafter die übertragende Mutterkapitalgesellschaft gegründet oder ihre Anteile später unter Vergütung stiller Reserven erworben haben, grundsätzlich ein Übernahmeverlust. Ein Übernahmegewinn stellt sich nur ausnahmsweise ein, falls im Zuge der Verschmelzung neutrales Vermögen übergeht, die Anschaffungskosten für die Anteile an der Mutterkapitalgesellschaft ausnahmsweise geringer waren als die ursprünglich in diese Unternehmung geleisteten Einlagen,[85] oder die Anteile an der Mutterkapitalgesellschaft mit einem Sperrbetrag belegt sind.[86] Entsprechendes gilt für die **Aufspaltung** einer Mutterkapitalgesellschaft sowie für die **Abspaltung** von Teilen ihres Vermögens auf die Tochterpersonengesellschaft[87] unter Beachtung der oben erläuterten Modalitäten bei der Berechnung des anteiligen Beteiligungsbuchwerts.[88]

Erfolgt die **Verschmelzung der Mutterkapitalgesellschaft** hingegen **auf** eine **Tochterkapitalgesellschaf**t, kommt es zu keinem Übernahmeergebnis.[89] Grund hierfür ist, dass § 12 Abs. 2 S. 1 UmwStG die Existenz einer Beteiligung des übernehmenden Rechtsträgers an der übertragenden Gesellschaft voraussetzt. Dies ist bei einer abwärts gerichteten Übertragung nicht der Fall. Da § 12 Abs. 2 S. 3 UmwStG explizit nur die entsprechende Anwendung des § 5 Abs. 1 UmwStG anordnet, kommt auch eine fingierte Einlage der Anteile in das Betriebsvermögen der Tochterkapitalgesellschaft gemäß §§ 5 Abs. 2, 3 UmwStG, wie sie beim Übergang auf eine Tochterpersonengesellschaft stattfindet, nicht in Betracht.

Angesichts dieser Besonderheit qualifiziert die Vermögensmehrung, die die Tochterkapitalgesellschaft im Zuge der Verschmelzung erfährt, als für die Einkommensermittlung unerhebliche Einlage. Ist dabei der Nennbetrag der in diesem Zusammenhang ausgegebenen neuen Anteile an der Tochterkapitalgesellschaft geringer als der Wert des übergehenden Betriebsvermögens, entsteht ein nicht steuerbarer Agioge-

---

83 Vgl. § 5 Abs. 2, 3 UmwStG, C/K/S/S-Strahl, S. 44.

84 Vgl. BMF, Tz. 04.12 d. Schr. v. 25.03.1998 – IV B 7 – S 1978 – 21/98, BStBl. I 1998, S. 268.

85 Vgl. R/H/L-Rödder, § 12 Rn. 64.

86 Vgl. § 50c EStG.

87 Vgl. § 16 S. 1 UmwStG.

88 Vgl. R/H/L-Schumacher, § 16 Rn. 24; K/K/K-Pfaar, § 4 Rn. 371.

89 Vgl. R/H/L-Rödder, § 12 Rn. 71; D/P/P/M-Dötsch, § 12 Rn. 31; PwC-Klingberg, S. 197; S/H/S-Schmitt, § 12 Rn. 28; K/K/K-Pfaar, § 4 Rn. 304; Ley/Bodden, FR 2007, S. 265 (273).

winn.[90] Diese Grundsätze gelten für die **Aufspaltung** einer Mutterkapitalgesellschaft sowie für die **Abspaltung** von Teilen ihres Vermögens auf eine Tochterkapitalgesellschaft entsprechend.[91]

3. Seitwärts gerichtete Übertragungen

Erfolgt die **Verschmelzung einer Schwesterkapitalgesellschaft auf ihre Schwesterpersonengesellschaft**, erzielt die aufnehmende Unternehmung ein Übernahmeergebnis. Zwar hält sie keine Beteiligung an der übertragenden Gesellschaft, gleichwohl fingiert § 5 Abs. 3 UmwStG die Einlage der Anteile der gemeinsamen Muttergesellschaft in das Betriebsvermögen der aufnehmenden Schwesterpersonengesellschaft zum steuerlichen Übertragungsstichtag. Im Hinblick auf die Höhe dieses Übernahmeergebnisses gelten die Erläuterungen zur abwärts und aufwärts gerichteten Übertragung entsprechend. Im Übrigen gelten diese Grundsätze auch für die **Aufspaltung** einer Schwesterkapitalgesellschaft sowie für die **Abspaltung** von Teilen ihres Vermögens auf eine Schwesterpersonengesellschaft unter Beachtung der oben erläuterten Modalitäten bei der Berechnung des anteiligen Beteiligungsbuchwerts.[92]

Erfahren zwei **Schwesterkapitalgesellschaften** eine **Verschmelzung**, entsteht wiederum kein Übernahmeergebnis.[93] Auch in dieser Konstellation fehlt es an der erforderlichen Beteiligung der aufnehmenden Schwesterkapitalgesellschaft an der übertragenden Schwesterkapitalgesellschaft.[94] Die Erhöhung des Vermögens der übernehmenden Schwesterkapitalgesellschaft stellt erneut eine steuerneutrale Einlage dar.[95] Entsprechendes gilt für die **Aufspaltung** einer Schwesterkapitalgesellschaft sowie für die **Abspaltung** von Teilen ihres Vermögens auf eine Schwesterkapitalgesellschaft.

II. Simultane und mehrstufige Umstrukturierungsmaßnahmen

Erfolgen Umstrukturierungsmaßnahmen simultan oder mehrstufig, so hat dies grundsätzlich keine besonderen Auswirkungen auf dabei entstehende Übernahmeergebnisse. Jeder einzelne Vorgang ist isoliert nach den oben erläuterten Grundsätzen einzuordnen.

---

90 Vgl. D/P/P/M-Dötsch, § 12 Rn. 31; R/H/L-Rödder, § 12 Rn. 64; S/H/S-Schmitt, § 12 Rn. 28; K/K/K-Pfaar, § 4 Rn. 304.

91 Vgl. K/K/K-Pfaar, § 4 Rn. 371.

92 Vgl. R/H/L-Schumacher, § 16 Rn. 24.

93 Vgl. R/H/L-Rödder, § 12 Rn. 71; D/P/P/M-Dötsch, § 12 Rn. 31; PwC-Klingberg, S. 197; S/H/S-Schmitt, § 12 Rn. 28; K/K/K-Pfaar, § 4 Rn. 304; Ley/Bodden, FR 2007, S. 265 (273).

94 Vgl. § 12 Abs. 2 S. 1 UmwStG; S/H/S-Schmitt, § 12 Rn. 28.

95 Vgl. R/H/L-Rödder, § 12 Rn. 64.

C. Steuerlicher Soll-Zustand

Nach der Feststellung des steuerlichen Ist-Zustandes gilt es, als Kontrapunkt den steuerlichen Soll-Zustand zu definieren. Da das allgemeine Ziel der Gestaltungssuche darin besteht, die Barwerte der Steuerzahlungen der Unternehmung zu minimieren, fällt die Festlegung des Soll-Zustandes für den Fall eines Übernahmegewinns leicht. Angesichts dessen 60 %-iger Steuerpflicht beim Vermögensübergang auf eine Personengesellschaft und seiner 5 %-igen Steuerpflichtigkeit beim Vermögensübergang auf eine Kapitalgesellschaft ist die Entstehung eines positiven Übernahmeergebnisses stets zu vermeiden.

Nichts anderes gilt grundsätzlich für den Fall eines Übernahmeverlusts. Zwar löst ein solcher keine Erhöhung der Steuerschuld aus, gleichwohl vernichtet er Anschaffungskosten, ohne dass sich diese vollständig steuermindernd ausgewirkt haben. Beim Vermögensübergang auf eine Personengesellschaft bleibt im Normalfall zumindest 40 % der ursprünglich für den Erwerb der Beteiligung aufgewandten Mittel unberücksichtigt, beim Vermögensübergang auf eine Kapitalgesellschaft sogar regelmäßig der gesamte Betrag. Angesichts dieser Nachteile gilt es, einen Übernahmeverlust zu vermeiden. Sofern dies nicht möglich ist, besteht die Aufgabe der Gestaltungssuche darin, die möglichst umfassende steuerliche Abziehbarkeit des negativen Übernahmeergebnisses sicherzustellen.

D. Gestaltungen bei Inkongruenzen zwischen Ist- und Soll-Zustand

I. Gestaltungen zur Minimierung eines Übernahmegewinns

1. Vermögensübergang auf eine Personengesellschaft

Wie oben erläutert,[96] entsteht ein Übernahmegewinn beim Vermögensübergang auf eine Personengesellschaft seit der Implementierung des § 7 UmwStG nur noch ausnahmsweise. Ihm kann mit spezifischen und generellen Gestaltungsansätzen begegnet werden. Dabei sind zwei Konstellationen denkbar, in denen sich spezifische Gestaltungsansätze eröffnen. Zunächst besteht die Möglichkeit, dass die übertragende Kapitalgesellschaft **neutrales Vermögen** besitzt, das im Rahmen der Ermittlung des Übernahmeergebnisses mit seinem gemeinen Wert anzusetzen ist.[97] Um einen solchen Ansatz zu vermeiden, gilt es, noch vor der Umwandlung ein Besteuerungsrecht Deutschlands zu implementieren. Dies gelingt typischerweise, indem man das neutrale Vermögen vorab in eine ausländische Tochterkapitalgesellschaft einbringt. Dadurch werden die im Quellenstaat zu besteuernden Wirtschaftsgüter gegen eine grundsätzlich im Ansässigkeitsstaat, also in Deutschland, zu besteuernde Beteiligung getauscht. Dabei ist allerdings sicherzustellen, dass eine solche Einbringung im Quellenstaat steuerneutral realisiert werden kann.

---

96 Vgl. Abschn. B. I.

97 Vgl. § 4 Abs. 4 S. 2 UmwStG.

Außerdem kommt in Betracht, dass die Anteile an der Kapitalgesellschaft mit einem **Sperrbetrag gemäß § 50c EStG** behaftet sind. Um die sich hierdurch ergebende Erhöhung des Übernahmeergebnisses zu vermeiden, bietet es sich an, den Ablauf der maßgeblichen Zehn-Jahres-Frist abzuwarten, nach der der Sperrbetrag entfällt.[98] Da ein solcher nur bis zum Ende des körperschaftsteuerlichen Anrechnungsverfahrens, also in der Regel bis zum 31.12.2001, entstehen konnte,[99] kommt es regelmäßig spätestens Ende 2011 zum Fristablauf.

Neben diesen spezifischen Gestaltungsansätzen kommt als generelle Handlungsalternative zunächst in Betracht, ein solches Maß an **nachträglichen Anschaffungskosten** zu generieren, dass die Anschaffungskosten der Beteiligung den steuerlichen Wert des übergehenden Betriebsvermögens erreichen. Dabei sind zwei Konstellationen zu unterscheiden. Zum einen ist denkbar, dass die nachträglichen Anschaffungskosten auf die Beteiligung durch Maßnahmen begründet werden, die sich nicht simultan auf das Betriebsvermögen der Kapitalgesellschaft auswirken. Da in einer solchen Situation regelmäßig nur die Ertragsteuern auf 60 % respektive auf 5 % der geleisteten Anschaffungskosten erspart werden, ist eine solche Vorgehensweise aber nur sinnvoll, sofern sie noch weitere, eventuell auch außersteuerliche Vorteile hervorbringt.

Zum anderen besteht die Möglichkeit, dass die Begründung nachträglicher Anschaffungskosten im Wege offener oder verdeckter Einlagen in die Kapitalgesellschaft realisiert wird. Solche Einlagen erhöhen in der Regel allerdings simultan das übergehende Betriebsvermögen der Kapitalgesellschaft. Mit ihnen kann eine Verminderung des Übernahmegewinns daher an sich nicht erreicht werden. Ausnahmsweise ist allerdings vorstellbar, dass eine verdeckte Einlage unmittelbar zu steuerlichem Aufwand bei der Kapitalgesellschaft führt. Werden bspw. geringwertige Wirtschaftsgüter eingelegt, sind diese unmittelbar abschreibbar. Das Gleiche gilt für liquide Mittel, sofern sie noch vor der Umwandlung für Erhaltungsmaßnahmen an Gebäuden verwendet werden. Da solche Einlagen nicht das übergehende Betriebsvermögen erhöhen und sich steuerlich auswirken, kann ein Übernahmegewinn mit ihnen im Einzelfall zweckmäßig eliminiert werden.

Als weiterer genereller Gestaltungsansatz ist denkbar, das **übergehende Betriebsvermögen** so zu mindern, dass sein Wert die Anschaffungskosten der Beteiligung nicht mehr übersteigt. Dies gelingt, indem man bei der Kapitalgesellschaft Aufwand generiert, der das Betriebsvermögen noch vor Durchführung der Umwandlungsmaßnahme reduziert. Um den Vorteil aus der Vermeidung des Übernahmegewinns aber nicht sogleich wieder zu egalisieren, ist simultan zu gewährleisten, dass dieser Aufwand nicht an anderer Stelle im Konzern einen korrespondierenden Gewinn auslöst. Deshalb bietet sich als Handlungsalternative insbesondere die Bildung von Rücklagen und Rückstellungen an. Dabei qualifiziert bspw. die Erteilung einer Pensionszu-

98 Vgl. § 50c Abs. 1 EStG; S/H/S-Schmitt, § 4 Rn. 120.

99 Vgl. § 52 Abs. 59 EStG; R/H/L-van Lishaut, § 4 Rn. 97.

sage an den Geschäftsführer der Kapitalgesellschaft noch vor dem Umwandlungsstichtag als geeignet.[100] Sie verursacht bei der Kapitalgesellschaft unmittelbar Aufwand, während der Geschäftsführer erst in der Zukunft mit der Vereinnahmung der Pensionszahlungen steuerpflichtige Einkünfte erzielt. Zusätzlich ist im Rahmen der Vorteilhaftigkeitsberechnung zu berücksichtigen, dass dieser Aufwand auch den laufenden Gewinn der Kapitalgesellschaft im letzten Veranlagungszeitraum vor der Umwandlung und die im Rahmen der Umwandlung zu besteuernden offenen Rücklagen mindert. Daneben ist zu beachten, dass teilweise die Auffassung vertreten wird, angesichts der Differenz zwischen Teilwert und Barwert einer solchen Pensionszusage entstehe ein Übernahmefolgegewinn.[101]

Als letzter genereller Gestaltungsansatz kommt in Betracht, die eigentlich beabsichtigte Umwandlung durch eine **wirtschaftlich gleichwertige Restrukturierungsmaßnahme** zu ersetzen, die ohne die Ermittlung eines Übernahmeergebnisses auskommt. Denkbar ist in diesem Zusammenhang vor allem die Einbringung der Beteiligung in eine Personengesellschaft und die Begründung einer Organschaft zwischen der Kapitalgesellschaft und dieser Personengesellschaft. Auf diese Weise erreicht man eine Besteuerung der zukünftigen Ergebnisse der Kapitalgesellschaft nach Personengesellschaftsgrundsätzen.[102] Daneben kann es aus der isolierten Perspektive des Teilplanungssystems des Übernahmeergebnisses günstiger sein, lediglich den Betrieb der Kapitalgesellschaft unter Aufrechterhaltung ihres Mantels zu veräußern oder in eine Tochter- oder Schwesterpersonengesellschaft einzubringen.

2. Vermögensübergang auf eine Kapitalgesellschaft

Da bei einem Vermögensübergang auf eine Kapitalgesellschaft weder neutrales Vermögen erhöht anzusetzen noch ein Sperrbetrag hinzuzurechnen ist,[103] beschränkt sich in diesem Zusammenhang der Gestaltungsauftrag auf die Verwirklichung der oben erläuterten generellen Gestaltungsansätze.[104] Daneben ist angesichts der von § 4 Abs. 4, 5 UmwStG abweichenden Gesetzesformulierung denkbar, dass sich ein Übernahmegewinn nur ergibt, weil die übernehmende Gesellschaft **nicht alleinige Anteilseignerin** der übertragenden Tochterkapitalgesellschaft ist. § 12 Abs. 2 S. 1 UmwStG ordnet in dieser Situation trotzdem den Vergleich des gesamten Werts des übergehenden Betriebsvermögens mit dem Buchwert der nicht 100 %-igen Beteiligung an. In dieser Konstellation eröffnet sich der übernehmenden Kapitalgesellschaft die Möglichkeit, noch vor der Umwandlung die übrigen Anteile an der übertragenden Kapitalgesellschaft zu erwerben. Dadurch erhöht sich der Buchwert ihrer Beteiligung, während der Wert des übergehenden Betriebsvermögens unverändert bleibt.

---

100 Vgl. C/K/S/S-Strahl, S. 61.

101 Vgl. W/M-Widmann, § 6 Rn. 91; S/H/S-Schmitt, § 6 Rn. 20; C/K/S/S-Strahl, S. 62.

102 Vgl. Schwetlik, GmbHR 2007, S. 574 (578).

103 Vgl. § 12 Abs. 2 S. 1 UmwStG.

104 Vgl. Abschn. D. I. 1.

II. Gestaltungen zur Minimierung eines Übernahmeverlusts

Ein Übernahmeverlust ergibt sich, sofern die Anschaffungskosten der Beteiligung den steuerlichen Wert des übergehenden Betriebsvermögens abzüglich der offenen Rücklagen übersteigen.[105] Zur Minimierung eines solchen Übernahmeverlusts müssten daher Gestaltungsmaßnahmen ergriffen werden, die den Wert des übergehenden Betriebsvermögens so erhöhen, dass er nach Abzug der offenen Rücklagen die Anschaffungskosten der Beteiligung erreicht. Ein solches Ergebnis konnte nach altem Umwandlungssteuerrecht vor allem erreicht werden, indem die Kapitalgesellschaft stille Reserven aufdeckte oder Ausschüttungen ihrer Tochterkapitalgesellschaften veranlasste.[106]

Seit der Implementierung des SEStEG sind diese Gestaltungsalternativen nicht mehr zielführend. Grund hierfür ist, dass eine Aufstockung des Betriebsvermögens notwendig mit einer entsprechenden Erhöhung der offenen Rücklagen einhergeht. Da der Wert des übergehenden Betriebsvermögens aber im Anschluss immer noch um diese offenen Rücklagen zu mindern ist, erfährt er letztlich nie eine Erhöhung. Eine Minimierung des Übernahmeverlusts ist daher nicht mehr realisierbar.

III. Gestaltungen zur steuerlichen Abziehbarkeit eines Übernahmeverlusts

Ist die Entstehung eines Übernahmeverlusts nicht zu verhindern, so gilt es, seine möglichst weitgehende steuerliche Abziehbarkeit zu gewährleisten. Bei einem Übernahmeverlust, der auf eine natürliche Person entfällt, ist daher sicherzustellen, dass er zumindest zu 60 % abgezogen werden kann.[107] Hierzu ist erforderlich, dass die Bezüge gemäß § 7 UmwStG mindestens genauso hoch wie der Umwandlungsverlust sind. Sind entsprechende offene Rücklagen vorhanden, kann es daher sinnvoll sein, **auf** eigentlich geplante **Gewinnausschüttungen** bis zur Durchführung der Umwandlung zu **verzichten**.[108] Sind keine offenen Rücklagen vorhanden, kann die übertragende Kapitalgesellschaft in ihrem Betriebsvermögen befindliche **stille Reserven aufdecken**.[109] Dabei kommt auch in Betracht, Ausschüttungen aus Tochterkapitalgesellschaften der übertragenden Kapitalgesellschaft zu veranlassen. In diesem Zusammenhang ist in der Regel der Ansatz eines Zwischenwertes erforderlich. Dadurch kann der Wert des Betriebsvermögens, nach Abzug der auf Ebene der übertragenden Kapitalgesellschaft anfallenden Steuern, so aufgestockt werden, dass er exakt die Summe aus dem Buchwert der Beteiligung und den Kosten des Vermö-

---

105 Vgl. § 4 Abs. 4, 5 UmwStG.

106 Vgl. S/H/S-Schmitt, § 4 Rn. 108.

107 Vgl. § 4 Abs. 6 S. 4 UmwStG.

108 Vgl. C/K/S/S-Strahl (2007), S. 60.

109 Vgl. R/H/L-van Lishaut, § 4 Rn. 109; S/H/S-Schmitt, § 4 Rn. 108; D/P/P/M-Pung, § 4 Rn. 125; Müller/Maiterth, WPg 2007, S. 249 (255).

gensübergangs erreicht.[110] Auf diesem Weg erreicht man im Ergebnis eine steuerfreie Ausschüttung der generierten Rücklagen.

Daneben bleibt ein Übernahmeverlust unberücksichtigt, soweit bei der Veräußerung der Anteile an der übertragenden Kapitalgesellschaft ein Veräußerungsverlust nach **§ 17 Abs. 2 S. 6 EStG** steuerlich nicht abziehbar wäre.[111] Diesem Hindernis kann begegnet werden, indem man die betroffenen Anteile vorab in ein Betriebsvermögen einlegt[112] und im Anschluss einen sachlichen und zeitlichen Zusammenhang mit der Umwandlung vermeidet.[113]

Schließlich bleibt ein Übernahmeverlust außer Ansatz, soweit die Anteile an der übertragenden Kapitalgesellschaft **innerhalb der letzten fünf Jahre** vor dem steuerlichen Übertragungsstichtag entgeltlich erworben wurden.[114] Ist dies der Fall, bietet es sich an, mit der Umwandlung bis zum Ablauf der Fünf-Jahres-Frist abzuwarten.

Gestaltungen zur Minimierung eines Übernahmegewinns

Vermögensübergang auf eine Personengesellschaft

- Einbringung des neutralen Vermögens in eine Tochterkapitalgesellschaft
- Abwarten des Ablaufs der Sperrfrist gemäß § 50c EStG
- Generierung zeitnah abziehbarer, nachträglicher Anschaffungskosten
- Generierung von Aufwand zur Minderung des übergehenden Betriebsvermögens
- Substitution der Umwandlung durch wirtschaftlich gleichwertige Umstrukturierung

Vermögensübergang auf eine Kapitalgesellschaft

- Erwerb der übrigen Geschäftsanteile der übertragenden Kapitalgesellschaft

Gestaltungen zur steuerlichen Abziehbarkeit eines Übernahmeverlusts

- Verzicht auf geplante Gewinnausschüttungen
- Aufdeckung stiller Reserven zur Generierung offener Rücklagen
- Einbringung in ein Betriebsvermögen (§ 4 Abs. 6 S. 5 Alt. 1 UmwStG)
- Abwarten der Fünf-Jahres-Frist nach Erwerb (§ 4 Abs. 6 S. 5 Alt. 2 UmwStG)

Abb. 25: Übernahmeergebnis - Gestaltungen

110 Vgl. Müller/Maiterth, WPg 2007, S. 249 (255); C/K/S/S-Strahl, S. 52; Bodden, FR 2007, S. 66 (76)

111 Vgl. § 4 Abs. 6 S. 5, Alt. 1 UmwStG.

112 Vgl. R/H/L-van Lishaut, § 4 Rn. 121; Schwetlik, GmbHR 2007, S. 574 (579); Müller/Maiterth, WPg 2007, S. 249 (258).

113 Vgl. BMF, Tz. 05.23 d. Schr. v. 25.03.1998 – IV B 7 – S 1978 – 21/98, BStBl. I 1998, S. 268.

114 Vgl. § 4 Abs. 6 S. 5, Alt. 2 UmwStG.

Kapitel 4: Rückbezug

A. Steuerliche Gestaltungsmittel

I. Überblick

Grundsätzlich wirken Umstrukturierungsmaßnahmen ertragsteuerlich wie alle anderen Vorgänge nur ex nunc ab dem Zeitpunkt des Übergangs des wirtschaftlichen Eigentums, bei Umwandlungen nach dem UmwG also ab der Eintragung im Handelsregister und bei Übertragungen im Wege der Einzelrechtsnachfolge ab dem Übergang von Besitz, Nutzen und Lasten.[1] Die Vereinbarung eines Rückbezuges ist nur ausnahmsweise zwischen Fremden zulässig, sofern ein solches Vorgehen der technischen Vereinfachung dient, dadurch kein besonderer Steuervorteil generiert und ein Zeitraum von vier bis sechs Wochen nicht überschritten wird.[2]

Würde man diese Grundsätze auch auf Unternehmensrestrukturierungen mit Sachgesamtheiten ausnahmslos anwenden, ergäben sich zwei Nachteile. Zum einen müsste die erforderliche Übertragungsbilanz auf den Tag des Übergangs des wirtschaftlichen Eigentums erstellt werden. Da Umwandlungen typischerweise während des laufenden Jahres erfolgen, wäre daher die Bildung eines Rumpfwirtschaftsjahres und die Anfertigung eines entsprechenden Jahresabschlusses erforderlich.[3] Zum anderen wäre bei Transfers im Wege der Gesamtrechtsnachfolge Umwandlungsstichtag der Tag der Eintragung der Umwandlung im Handelsregister. Zu welchem Zeitpunkt das zuständige Registergericht diese Eintragung vornimmt, ist aber ungewiss. Die an der Umwandlung beteiligten Rechtsträger wären daher gezwungen, auf ein nicht voraussehbares Datum einen Zwischenabschluss zu erstellen, der dann der Umwandlung zugrunde zu legen wäre. Ein solches Verfahren würde erhebliche praktische Schwierigkeiten mit sich bringen.[4] Angesichts dieser Nachteile normiert das UmwStG ertragsteuerliche[5] Ausnahmen vom strikten Rückwirkungsverbot für (II.) Vermögensübergänge aus Kapitalgesellschaften, (III.) Einbringungen in Kapitalgesellschaften und (IV.) Einbringungen in Personengesellschaften.[6]

---

1 Vgl. BMF, Tz. 20.18 d. Schr. v. 25.03.1998 – IV B 7 – S 1978 – 21/98, BStBl. I 1998, S. 268; R/H/L-Herlinghaus, § 20 Rn. 223; S/H/S-Hörtnagl, § 2 Rn. 8; Hoffmann, GmbH-StB 2007, S. 257; C/K/S/S-Strahl (2007), S. 89; Jorde/Wetzel, BB 1996, S. 1246 (1247).

2 Vgl. BFH, Urt. v. 21.03.2002 – IV R 1/01, BFH/NV 2002, S. 1083; D/J/P/W-Patt, § 24 Rn. 160; S/H/S-Schmitt, § 24 Rn. 141; Hoffmann, GmbH-StB 2007, S. 257; Benz/Rosenberg, BB 2006, Special 8/06, S. 51 (61).

3 Vgl. D/J/P/W-Dötsch, § 2 Rn. 1; R/H/L-van Lishaut, § 2 Rn. 4, Fn. 2; S/H/S-Hörtnagl, § 2 Rn. 7; Schönherr/Lemaitre, GmbHR 2005, S. 912 (916).

4 Vgl. D/J/P/W-Dötsch, § 2 Rn. 10; S/H/S-Hörtnagl, § 2 Rn. 7; handelsrechtlich bedarf es der Rückwirkung vor allem zur Bestimmung des Umtauschverhältnisses, zur Abgrenzung des Ergebnisses und zur Feststellung der Gewinnberechtigung (vgl. R/H/L-van Lishaut, § 2 Rn. 3).

5 Die Rückbezugsausnahmen gelten nicht für Umsatzsteuer, Grunderwerbsteuer, Lohnsteuer, Investitionszulage und Erbschaftsteuer (vgl. R/H/L-van Lishaut, § 2 Rn. 8-10; a. Ans. im Hinblick auf Erbschaftsteuer: S/H/S-Hörtnagl, § 2 Rn. 35-40; Rechenberg, GmbHR 1998, S. 976 (978)).

6 Ergänzend hierzu sieht § 5 UmwStG bestimmte Rückwirkungsfiktionen zur Ermittlung des Übernahmegewinns vor.

II. Vermögensübergänge aus Kapitalgesellschaften

Erfolgt die individuelle Umstrukturierungsmaßnahme als Vermögensübergang aus einer Kapitalgesellschaft,[7] kann die Umwandlung auf Basis einer Bilanz stattfinden, deren Stichtag bis zu acht Monate vor der Anmeldung des Vorgangs zum Handelsregister liegt.[8] Grund hierfür ist, dass bei Vermögensübergängen aus Kapitalgesellschaften Einkommen und Vermögen der übertragenden Kapitalgesellschaft und des übernehmenden Rechtsträgers so zu ermitteln sind, als ob das Vermögen der Kapitalgesellschaft mit Ablauf des Stichtags der Bilanz, die dem Vermögensübergang zu Grunde liegt (steuerlicher Übertragungsstichtag), auf den übernehmenden Rechtsträger übergegangen wäre.[9] Diese Bilanz darf handelsrechtlich auf einen höchstens acht Monate vor der Umwandlungsanmeldung liegenden Stichtag aufgestellt worden sein.[10]

Abzugrenzen ist dieser steuerliche Umwandlungsstichtag, der mit dem Erstellungszeitpunkt der handelsrechtlichen Schlussbilanz identisch ist,[11] vom handelsrechtlichen Umwandlungsstichtag und vom Zeitpunkt des dinglichen Vermögensübergangs. Handelsrechtlicher Umwandlungsstichtag ist der Tag, von dem an die Handlungen des übertragenden Rechtsträgers als für Rechnung des übernehmenden Rechtsträgers vorgenommen gelten.[12] Dieser Tag folgt unmittelbar dem steuerlichen Übertragungsstichtag.[13] Dinglich geht das Vermögen der übertragenden Kapitalgesellschaft erst mit Eintragung der Umwandlung in das Handelsregister auf den übernehmenden Rechtsträger über.[14]

Je nachdem, welchen steuerlichen Übertragungsstichtag die übertragende Kapitalgesellschaft wählt, gilt ihr Vermögen hingegen steuerlich als mit Ablauf dieses Tages auf den übernehmenden Rechtsträger übergegangen. Die Steuerpflicht der übertra-

---

7 Dabei kommen als Vermögensübergänge aus Kapitalgesellschaften Verschmelzungen, Formwechsel (vgl. § 9 S. 3 UmwStG; BMF, Tz. 14.05 d. Schr. v. 25.03.1998 – IV B 7 – S 1978 – 21/98, BStBl. I 1998, S. 268; R/H/L-Birkemeier, § 9 Rn. 35-37; Schaflitzl/Widmayer, BB 2006, Special 8/06, S. 36 (38); Schwedhelm, GmbH-StB 1999, S. 106 (107)) oder Spaltungen auf eine Personengesellschaft sowie Verschmelzungen oder Spaltungen auf eine Kapitalgesellschaft in Betracht.

8 Vgl. D/J/P/W-Dötsch, § 2 Rn. 7; Schaflitzl/Widmayer, BB 2006, Special 8/06, S. 36 (38); Krebs, BB 1998, S. 1609; Streck/Posdziech, GmbHR 1995, S. 357 (358); zu variablen Stichtagsregelungen vgl. Schütz/Fett, DB 2002, S. 2696-2699; zur Begrenzung von Verlustverrechnungen vgl. § 2 Abs. 4 UmwStG; Sistermann/Brinkmann, DStR 2008, S. 2455 (2456).

9 Vgl. § 2 Abs. 1 S. 1 UmwStG; Thiel/Eversberg/van Lishaut/Neumann, GmbHR 1998, S. 397 (400).

10 Vgl. § 17 Abs. 2 S. 3 UmwG; S/H/S-Hörtnagl, § 2 Rn. 20; Krebs, BB 1998, S. 1609.

11 Vgl. BMF, Tz. 02.03 d. Schr. v. 25.03.1998 – IV B 7 – S 1978 – 21/98, BStBl. I 1998, S. 268; D/J/P/W-Dötsch, § 2 Rn. 12; R/H/L-van Lishaut, § 2 Rn. 4; C/K/S/S-Strahl (2007), S. 58; Schaflitzl/ Widmayer, BB 2006, Special 8/06, S. 36 (38).

12 Vgl. §§ 5 Abs. 1 Nr. 6, 126 Abs. 1 Nr. 6 UmwG; S/H/S-Hörtnagl, § 2 Rn. 18; C/K/S/S-Strahl (2007), S. 58.

13 Vgl. BMF, Tz. 02.02 d. Schr. v. 25.03.1998 – IV B 7 – S 1978 – 21/98, BStBl. I 1998, S. 268; R/H/L-van Lishaut, § 2 Rn. 19; Schaflitzl/Widmayer, BB 2006, Special 8/06, S. 36 (38).

14 Vgl. §§ 20 Abs. 1 Nr. 1, 131 Abs. 1 Nr. 1, 202 Abs. 1 Nr. 1 UmwG; S/H/S-Hörtnagl, § 2 Rn. 17.

genden Kapitalgesellschaft endet, die des übernehmenden Rechtsträgers beginnt.[15] Ihm werden grundsätzlich alle Geschäftsvorfälle zugerechnet, die nach dem Stichtag stattfinden. Bei Spaltungsvorgängen gilt dies begrenzt auf die betriebliche Aktivität des übertragenen Vermögens.[16] Existiert der übernehmende Rechtsträger oder einer seiner Gesellschafter, bspw. die Komplementär-GmbH einer KG, am steuerlichen Übertragungsstichtag zivilrechtlich noch nicht, wird sein Bestehen steuerlich fingiert.[17] Ergibt sich angesichts der Wahl des steuerlichen Übertragungsstichtages ein Rumpfwirtschaftsjahr, bedarf es hierfür keiner Genehmigung des Finanzamts.[18]

Diese Rückwirkungsfiktion zieht weitere steuerliche Konsequenzen nach sich, je nachdem, ob der Vermögensübergang auf eine Kapitalgesellschaft oder eine Mitunternehmerschaft stattfindet.[19] Bei einem Transfer auf eine Kapitalgesellschaft lässt der Rückbezug der Umwandlung laufende Liefer- und Leistungsgeschäfte zwischen der übertragenden Kapitalgesellschaft und dem übernehmenden Rechtsträger während der Zeit zwischen dem steuerlichen Übertragungsstichtag und der Eintragung in das Handelsregister (Interims- oder Rückwirkungszeitraum) zu innerbetrieblichen und damit steuerlich irrelevanten Vorgängen werden.[20] Die gewinnrealisierende Veräußerung von Wirtschaftsgütern ist daher während des Rückwirkungszeitraums nicht möglich.[21] Forderungen und Verbindlichkeiten zwischen beiden gelten als zum steuerlichen Übertragungsstichtag ausgeglichen.[22] Sie bleiben deshalb auch im Hinblick auf Zinsschranke und gewerbesteuerliche Hinzurechnung unberücksichtigt.[23] Unterhält die übertragende Kapitalgesellschaft während des Interimszeitraums Vertragsbeziehungen zu ihren übrigen Gesellschaftern, insbesondere Arbeits-, Darlehens- oder Mietverhältnisse, werden der übernehmenden Kapitalgesellschaft die sich aus den Vertragsbeziehungen ergebenden Aufwendungen bereits ab dem steuerlichen Übertragungsstichtag als Betriebsausgaben zugerechnet.[24]

Gewinnausschüttungen, die vor dem steuerlichen Übertragungsstichtag beschlossen, aber erst nach ihm tatsächlich vollzogen werden, stellen in der steuerlichen Schlussbilanz der übertragenden Kapitalgesellschaft Verbindlichkeiten dar und gel-

---

15 Vgl. BMF, Tz. 02.06 d. Schr. v. 25.03.1998 – IV B 7 – S 1978 – 21/98, BStBl. I 1998, S. 268; R/H/L-van Lishaut, § 2 Rn. 5; S/H/S-Hörtnagl, § 2 Rn. 42; Mahlow/Franzen, GmbHR 2000, S. 12 (13).

16 Vgl. D/J/P/W-Dötsch, § 2 Rn. 20; R/H/L-van Lishaut, § 2 Rn. 5; S/H/S-Hörtnagl, § 2 Rn. 41.

17 Vgl. BMF, Tz. 02.08 d. Schr. v. 25.03.1998 – IV B 7 – S 1978 – 21/98, BStBl. I 1998, S. 268; D/J/P/W-Dötsch, § 2 Rn. 15; R/H/L-van Lishaut, § 2 Rn. 13; S/H/S-Hörtnagl, § 2 Rn. 26; Ulrich/Böhle, GmbHR 2006, S. 644; Mahlow/Franzen, GmbHR 2000, S. 12 (13); Haritz, GmbHR 1997, S. 590 (591).

18 Vgl. D/J/P/W-Dötsch, § 2 Rn. 14; R/H/L-van Lishaut, § 2 Rn. 21.

19 Zur Kapitalertragsteuer bei Ausschüttungen im Rückwirkungszeitraum vgl. FM Saarland, Erl. v. 27.09.2004 – B/2 – 1 – 108/2004 – S 2520, IStR 2004, S. 805; Berg, DStR 1999, S. 1219-1220.

20 Vgl. D/J/P/W-Dötsch, § 2 Rn. 21; S/H/S-Hörtnagl, § 2 Rn. 44; R/H/L-van Lishaut, § 2 Rn. 51.

21 Vgl. R/H/L-van Lishaut, § 2 Rn. 52.

22 Vgl. Jorde/Wetzel, BB 1996, S. 1246 (1248); R/H/L-van Lishaut, § 2 Rn. 5.

23 Vgl. R/H/L-van Lishaut, § 2 Rn. 53.

24 Vgl. D/J/P/W-Dötsch, § 2 Rn. 22; R/H/L-van Lishaut, § 2 Rn. 73.

ten als am Übertragungsstichtag vorgenommen. Der Beschluss weiterer Gewinnausschüttungen während der Interimszeit qualifiziert im Verhältnis zum übernehmenden Rechtsträger als bloß interner Vorgang[25] und im Verhältnis zu anderen Gesellschaftern als bereits von der übernehmenden Unternehmung getätigt.[26]

Erfolgt der Vermögensübergang auf eine Personengesellschaft, gelten die oben erläuterten Grundsätze entsprechend, soweit nicht der damit verbundene Wechsel des Besteuerungsregimes eine andere steuerliche Einordnung notwendig macht. Dies gilt insbesondere für das Verhältnis zwischen der übertragenden Kapitalgesellschaft und ihren Anteilseignern. Erbringt ein solcher Dienste gegenüber der Gesellschaft oder überlässt er ihr Kapital respektive Wirtschaftsgüter, erfahren dafür entrichtete Vergütungen ab dem steuerlichen Übertragungsstichtag eine Umqualifikation in Sonderbetriebseinnahmen, die als Vorabgewinn entnommen gelten.[27] Die zur Nutzung überlassenen Wirtschaftsgüter werden Sonderbetriebsvermögen. Dadurch werden Übertragungen gemäß § 6 Abs. 5 S. 3 EStG möglich. Abschreibungen auf Forderungen der Gesellschafter gegenüber der neuen Mitunternehmerschaft sind fortan unzulässig.[28] Während der Interimszeit beschlossene offene sowie abgeflossene verdeckte Gewinnausschüttungen werden zu erfolgsneutralen Entnahmen.[29]

Unabhängig von der Rechtsform des übernehmenden Rechtsträgers werden Gesellschafter, die im Rahmen der Umwandlung aus der übertragenden Kapitalgesellschaft vollständig ausscheiden,[30] steuerlich trotz des Rückbezuges weiter als Anteilseigner der übertragenden Kapitalgesellschaft behandelt.[31] Bezüge, die sie während der Interimszeit im Rahmen eines Dienst-, Darlehens- oder Mietverhältnisses erzielen, werden nicht in Sonderbetriebseinnahmen umqualifiziert. Auf sie entfallende offene oder verdeckte Gewinnausschüttungen bleiben Einkünfte aus Kapitalvermögen.[32] Die Veräußerung ihrer Beteiligung (respektive ihr Ausscheiden gegen Barabfindung) wird steuerlich tatsächlich als solche und nicht als Übertragung eines Mitunternehmeranteils eingeordnet.[33]

---

25 Vgl. R/H/L-van Lishaut, § 2 Rn. 46.

26 Vgl. FG Berlin, Urt. v. 28.07.2003 – 8 K 8565/00, EFG 2004, S. 70; BMF, Tz. 02.29 d. Schr. v. 25.03.1998, BStBl. I 1998, S. 268; S/H/S-Hörtnagl, § 2 Rn. 101; C/K/S/S-Strahl (2007), S. 141; Mahlow/Franzen, GmbHR 2000, S. 12 (20); kritisch hierzu: R/H/L-van Lishaut, § 2 Rn. 67.

27 Vgl. BMF, Tz. 02.39 d. Schr. v. 25.03.1998 – IV B 7 – S 1978 – 21/98, BStBl. I 1998, S. 268; D/J/P/W-Dötsch, § 2 Rn. 22; R/H/L-van Lishaut, § 2 Rn. 95; S/H/S-Hörtnagl, § 2 Rn. 48.

28 Vgl. R/H/L-van Lishaut, § 2 Rn. 97; S/H/S-Hörtnagl, § 2 Rn. 49.

29 Vgl. D/J/P/W-Dötsch, § 2 Rn. 35; R/H/L-van Lishaut, § 2 Rn. 88; S/H/S-Hörtnagl, § 2 Rn. 100.

30 Dies gilt auch für Gesellschafter, die Widerspruch gegen den Umwandlungsbeschluss einlegen und erst nach Eintragung der Umwandlung im Handelsregister gegen Barabfindung ausscheiden (vgl. BMF, Tz. 02.10 d. Schr. v. 25.03.1998 – IV B 7 – S 1978 – 21/98, BStBl. I 1998, S. 268; R/H/L-van Lishaut, § 2 Rn. 91; S/H/S-Hörtnagl, § 2 Rn. 132).

31 Vgl. BMF, Tz. 02.09 d. Schr. v. 25.03.1998 – IV B 7 – S 1978 – 21/98, BStBl. I 1998, S. 268; D/J/P/W-Dötsch, § 2 Rn. 28; Jorde/Wetzel, BB 1996, S. 1246 (1247); Trossen, EFG 2004, S. 71 (72).

32 Vgl. D/J/P/W-Dötsch, § 2 Rn. 33-35; R/H/L-van Lishaut, § 2 Rn. 64; S/H/S-Hörtnagl, § 2 Rn. 139.

33 Vgl. BMF, Tz. 02.12 d. Schr. v. 25.03.1998 – IV B 7 – S 1978 – 21/98, BStBl. I 1998, S. 268;

III. Einbringungen in Kapitalgesellschaften

Auch Einbringungen in Kapitalgesellschaften[34] können ertragsteuerlich auf der Grundlage einer Bilanz erfolgen, deren Stichtag bis zu acht Monate zurückliegt (steuerlicher Übertragungsstichtag).[35] Voraussetzung hierfür ist, dass die Einbringung eine privilegierte Sachgesamtheit zum Gegenstand hat, der Einbringende im Gegenzug neue Anteile an der übernehmenden Kapitalgesellschaft erhält[36] und die übernehmende Kapitalgesellschaft einen entsprechenden Rückbezugsantrag stellt.[37] Die Zustimmung der Finanzverwaltung ist nicht erforderlich.[38]

Erfüllt eine Einbringung im Einzelfall diese Voraussetzungen, sind Einkommen und Vermögen des Einbringenden und der übernehmenden Kapitalgesellschaft so zu ermitteln, als ob das eingebrachte Betriebsvermögen mit Ablauf des steuerlichen Übertragungsstichtags auf die Übernehmerin übergegangen wäre.[39] Dabei ist im Hinblick auf den steuerlichen Übertragungsstichtag nach der Art der Einbringung zu unterscheiden. Erfolgt der Transfer im Wege der Gesamtrechtsnachfolge, ist maßgeblicher Zeitpunkt der Stichtag, an dem die Schlussbilanz des übertragenden Unternehmens aufgestellt wird. Insoweit gilt wiederum § 17 Abs. 2 S. 3 UmwG, so dass ein acht Monate vor der Umwandlungsanmeldung liegender Stichtag zulässig ist.[40] Findet die Übertragung hingegen im Wege der Einzelrechtsnachfolge statt, darf die Einbringung auf einen Tag zurückbezogen werden, der höchstens acht Monate vor dem Tag des Abschlusses des Einbringungsvertrages und vor dem Übergang des eingebrachten Betriebsvermögens auf die übernehmende Kapitalgesellschaft liegt.[41]

Angesichts dieses Rückbezuges sind ab dem Übertragungsstichtag die eingebrachte Sachgesamtheit der aufnehmenden Kapitalgesellschaft und die Anteile an der aufnehmenden Kapitalgesellschaft dem Einbringenden zuzurechnen. Die während der Interimszeit verwirklichten Sachverhalte erfahren eine Zuordnung zur aufnehmenden Kapitalgesellschaft. Insoweit gelten die oben erläuterten Grundsätze für Vermögens-

D/J/P/W-Dötsch, § 2 Rn. 28; R/H/L-van Lishaut, § 2 Rn. 89; S/H/S-Hörtnagl, § 2 Rn. 134.

34 Für heterogene Formwechsel in Kapitalgesellschaften gelten die folgenden Erläuterungen entsprechend (vgl. § 25 S. 2 UmwStG; BMF, Tz. 20.19 d. Schr. v. 25.03.1998 – IV B 7 – S 1978 – 21/98, BStBl. I 1998, S. 268; D/J/P/W-Patt, § 25 Rn. 37-41; R/H/L-Raback, § 25 Rn. 83-89; S/H/S-Schmitt, § 25 Rn. 33.

35 Vgl. C/K/S/S-Strahl (2007), S. 90; Benz/Rosenberg, BB 2006, Special 8/06, S. 51 (58).

36 Vgl. § 20 Abs. 1 UmwStG; S/H/S-Schmitt, § 20 Rn. 233.

37 Vgl. § 20 Abs. 5 S. 1 UmwStG; BMF, Tz. 20.19 d. Schr. v. 25.03.1998 – IV B 7 – S 1978 – 21/98, BStBl. I 1998, S. 268; D/J/P/W-Patt, § 20 Rn. 302; R/H/L-Herlinghaus, § 20 Rn. 225.

38 Vgl. R/H/L-Herlinghaus, § 20 Rn. 225.

39 Vgl. § 20 Abs. 5 S. 1 UmwStG; BMF, Tz. 20.20 d. Schr. v. 25.03.1998 – IV B 7 – S 1978 – 21/98, BStBl. I 1998, S. 268; D/J/P/W-Patt, § 20 Rn. 311; R/H/L-Herlinghaus, § 20 Rn. 226; S/H/S-Schmitt, § 20 Rn. 217.

40 Vgl. § 20 Abs. 6 S. 1, 2 UmwStG; R/H/L-Herlinghaus, § 20 Rn. 233; Benz/Rosenberg, BB 2006, Special 8/06, S. 51 (58).

41 Vgl. § 20 Abs. 6 S. 3 UmwStG; D/J/P/W-Patt, § 20 Rn. 310; R/H/L-Herlinghaus, § 20 Rn. 235; S/H/S-Schmitt, § 20 Rn. 221; C/K/S/S-Strahl (2007), S. 90; Benz/Rosenberg, BB 2006, Special 8/06, S. 51 (58).

übergänge aus Kapitalgesellschaften entsprechend.[42] Gleichzeitig beginnt der Lauf der siebenjährigen Fristen des § 22 UmwStG.[43]

Auf Einlagen und Entnahmen findet die Rückwirkung keine Anwendung. Erfolgen entsprechende Vorgänge während der Interimszeit, gelten sie noch als Zuführung von Wirtschaftsgütern in die im Anschluss eingebrachte Sachgesamtheit respektive als ein entsprechender Abfluss aus dieser.[44] Die entsprechenden Korrekturen erfolgen über eine Erhöhung oder Verminderung der Anschaffungskosten der im Rahmen der Einbringung erworbenen Beteiligung.[45]

Vertragsbeziehungen zwischen der Gesellschaft und ihren Gesellschaftern sind ab dem Übertragungsstichtag nach körperschaftsteuerlichen Grundsätzen zu beurteilen. Bisher als Sonderbetriebseinnahmen qualifizierte Aufwendungen der Gesellschaft werden daher zu regulären Betriebsausgaben.[46] Soweit diese während der Interimszeit die Voraussetzungen einer verdeckten Gewinnausschüttung erfüllen, findet die Rückwirkung allerdings ausnahmsweise keine Anwendung. Stattdessen ist eine Entnahme des betroffenen Gesellschafters anzunehmen, die die Anschaffungskosten seiner Beteiligung mindert.[47]

Im Übrigen gilt der Rückbezug auch in diesem Zusammenhang nicht für Mitunternehmer, die während der Interimszeit aus der Gesellschaft ausscheiden. Sie versteuern ihren Veräußerungsgewinn sowie den laufenden Gewinn zwischen Übertragungsstichtag und dinglicher Einbringung persönlich.[48]

IV. Einbringungen in Personengesellschaften

Schließlich können auch Einbringungen in Personengesellschaften auf der Grundlage einer Bilanz vorgenommen werden, deren Stichtag bis zu acht Monate zurückliegt (steuerlicher Übertragungsstichtag).[49] Dies setzt zunächst voraus, dass eine begünstigte Sachgesamtheit eingebracht wird, die übernehmende Personengesellschaft dem Einbringenden neue Anteile gewährt[50] und einen entsprechenden Rückwirkungsantrag stellt.[51] Zusätzlich muss die Einbringung im Wege der Gesamtrechts-

---

42 Vgl. D/J/P/W-Patt, § 20 Rn. 314; R/H/L-Herlinghaus, § 20 Rn. 223; S/H/S-Schmitt, § 20 Rn. 223; Jorde/Wetzel, BB 1996, S. 1246 (1250).

43 Vgl. D/J/P/W-Patt, § 20 Rn. 311; R/H/L-Herlinghaus, § 20 Rn. 226.

44 Vgl. R/H/L-Herlinghaus, § 20 Rn. 238; Jorde/Wetzel, BB 1996, S. 1246 (1250).

45 Vgl. § 20 Abs. 5 S. 3 UmwStG; C/K/S/S-Strahl (2007), S. 91; Jorde/Wetzel, BB 1996, S. 1246 (1250).

46 Vgl. BMF, Tz. 20.21 d. Schr. v. 25.03.1998 – IV B 7 – S 1978 – 21/98, BStBl. I 1998, S. 268; Jorde/Wetzel, BB 1996, S. 1246 (1250).

47 Vgl. § 20 Abs. 5 S. 2, 3 UmwStG; BMF, Tz. 20.21 d. Schr. v. 25.03.1998 – IV B 7 – S 1978 – 21/98, BStBl. I 1998, S. 268; D/J/P/W-Patt, § 20 Rn. 314; C/K/S/S-Strahl (2007), S. 91.

48 Vgl. D/J/P/W-Patt, § 20 Rn. 326; S/H/S-Schmitt, § 20 Rn. 229.

49 Vgl. S/H/S-Schmitt, § 24 Rn. 141; R/H/L-Rasche, § 24 Rn. 122.

50 Vgl. § 24 Abs. 1 UmwStG.

51 Vgl. D/J/P/W-Patt, § 24 Rn. 169; S/H/S-Schmitt, § 24 Rn. 147.

nachfolge stattfinden. Privilegiert sind daher nur Verschmelzungen und Spaltungen.[52] Dabei genügt eine Kombination von Gesamt- und Einzelrechtsnachfolge, so dass bspw. die separate Übertragung wesentlicher Betriebsgrundlagen des Sonderbetriebsvermögens im Wege der Einzelrechtsnachfolge unschädlich ist.[53] Erfolgt die Einbringung einer Sachgesamtheit hingegen im Wege der Einzelrechtsnachfolge, ist ein Rückbezug des Vorgangs nicht möglich. Dies soll auch für Anwachsungen gelten.[54] In diesen Fällen gelten die allgemeinen Grundsätze.[55]

Sind die oben genannten Voraussetzungen erfüllt, ist das Betriebsvermögen der eingebrachten Sachgesamtheit ab dem steuerlichen Übertragungsstichtag der aufnehmenden Personengesellschaft und der Mitunternehmeranteil an ihr dem Einbringenden zuzurechnen.[56] Dies gilt auch, falls die Personengesellschaft zu diesem Zeitpunkt zivilrechtlich noch nicht existent war.[57] Während des Interimszeitraums verwirklichte Sachverhalte gelten bereits als von der Personengesellschaft verwirklicht. Insoweit finden die Erläuterungen zu Einbringungen in Kapitalgesellschaften entsprechende Anwendung.[58] Simultan beginnt der siebenjährige Fristlauf des § 24 Abs. 5 UmwStG.

Vertragliche Beziehungen während der Interimszeit zwischen der einzubringenden Sachgesamtheit und ihren Gesellschaftern, insbesondere Dienst-, Darlehens- und Mietverhältnisse, werden steuerlich nach den Gewinnermittlungsgrundsätzen der aufnehmenden Personengesellschaft beurteilt. Die ihr zuzuordnenden Aufwendungen sind daher ggf. durch die Erfassung von Sonderbetriebseinnahmen zu egalisieren.[59] Einlagen und Entnahmen in der Interimszeit werden hingegen, anders als bei der Einbringung in eine Kapitalgesellschaft, schon der aufnehmenden Personengesellschaft zugerechnet.[60] Für im Rückbezugszeitraum ausgeschiedene Mitunternehmer gelten die Grundsätze zur gleich gelagerten Problematik bei Einbringungen in Kapitalgesellschaften entsprechend.[61]

---

52 Vgl. § 24 Abs. 4 Hs. 2 UmwStG; D/J/P/W-Patt, § 24 Rn. 162; R/H/L-Rasche, § 24 Rn. 123; Benz/Rosenberg, BB 2006, Special 8/06, S. 51 (76).

53 Vgl. BMF, Tz. 24.07 d. Schr. v. 25.03.1998 – IV B 7 – S 1978 – 21/98, BStBl. I 1998, S. 268; R/H/L-Rasche, § 24 Rn. 123; S/H/S-Schmitt, § 24 Rn. 142.

54 Vgl. BMF, Tz. 24.07 d. Schr. v. 25.03.1998 – IV B 7 – S 1978 – 21/98, BStBl. I 1998, S. 268.

55 Vgl. D/J/P/W-Patt, § 24 Rn. 160; Benz/Rosenberg, BB 2006, Special 8/06, S. 51 (76)

56 Vgl. R/H/L-Rasche, § 24 Rn. 124; S/H/S-Schmitt, § 24 Rn. 144.

57 Vgl. D/J/P/W-Patt, § 20 Rn. 173; S/H/S-Schmitt, § 24 Rn. 144.

58 Vgl. D/J/P/W-Patt, § 20 Rn. 166; R/H/L-Rasche, § 24 Rn. 124.

59 Vgl. D/J/P/W-Patt, § 20 Rn. 174; R/H/L-Rasche, § 24 Rn. 124.

60 Vgl. R/H/L-Rasche, § 24 Rn. 125; S/H/S-Schmitt, § 24 Rn. 145.

61 Vgl. Abschn. A. II.; BMF, Tz. 20.21 d. Schr. v. 25.03.1998 – IV B 7 – S 1978 – 21/98, BStBl. I 1998, S. 268.

Vermögensübergänge aus Kapitalgesellschaften (§ 2 Abs. 1 UmwStG)

- Verschmelzung
- Formwechsel
- Auf- oder Abspaltung

Einbringungen in Kapitalgesellschaften (§ 20 Abs. 1, 5, 6 UmwStG)

- Privilegierte Sachgesamtheit
- Gewährung neuer Anteile

Einbringungen in Personengesellschaften (§ 24 Abs. 4 Hs. 2 UmwStG)

- Privilegierte Sachgesamtheit
- Gewährung einer Mitunternehmerstellung
- Transfer im Wege der Gesamtrechtsnachfolge

Abb. 26: Rückbezug - Gestaltungsmittel

B. Steuerlicher Ist-Zustand

Hat man so die Eigenheiten der Gestaltungsmittel der Rückwirkung wahrgenommen, kann darauf folgend der steuerliche Ist-Zustand festgestellt werden. Dabei wird zunächst klar, dass bei Umstrukturierungsmaßnahmen mit Einzelwirtschaftsgütern keine Rückbezugsmöglichkeit besteht. Jeder Vorgang ist steuerlich ex nunc zu beurteilen. Dies gilt auch für Einbringungen gemäß § 21 UmwStG.[62]

In Abgrenzung hierzu besteht bei Restrukturierungsvorgängen mit Sachgesamtheiten grundsätzlich ein Wahlrecht. Zum einen kann man auch einen solchen Transfer ex nunc besteuern lassen. Zum anderen kann ihm eine Bilanz zugrunde gelegt werden, deren Stichtag acht Monate zurückliegt. Zum Dritten kann als Stichtag einer solchen Bilanz irgendein Zeitpunkt innerhalb dieses Acht-Monatszeitraums gewählt werden.[63] Von diesem Grundsatz bestehen lediglich drei Ausnahmen. Ein Rückbezug ist bei Einbringungen in Personengesellschaften im Wege der Einzelrechtsnachfolge,[64] bei Realteilungen und bei Anwachsungen[65] nicht zulässig.

62 Vgl. R/H/L-Raback, § 21 Rn. 52; Dötsch/Pung, DB 2006, S. 2704 (2706, Fn. 24); Benz/Rosenberg, BB 2006, Special 8/06, S. 51 (61); Rödder/Schumacher, DStR 2006, S. 1525 (1540); a. Ans. unter Hinweis auf die Neupositionierung des § 2 UmwStG: Stengel, DB 2008, S. 2329 (2332).

63 Vgl. S/H/S-Hörtnagl, § 2 Rn. 21; Hoffmann, GmbH-StB 2007, S. 257.

64 Vgl. D/J/P/W-Patt, § 24 Rn. 160.

65 Vgl. BMF, Tz. 24.07 d. Schr. v. 25.03.1998 – IV B 7 – S 1978 – 21/98, BStBl. I 1998, S. 268; gl. Ans.: Watermeyer, GmbH-StB 2003, S. 96 (98); Orth, DStR 2005, S. 1629 (1631); Breiteneicher, DStR 2004, S. 1405 (1406); kritisch hierzu: Kowallik/Merklein/Scheipers, DStR 2008, S. 173 (174).

C. Steuerlicher Soll-Zustand

I. Einzelwirtschaftsgüter

Beim Transfer von Einzelwirtschaftsgütern kann der Zeitpunkt des steuerlichen Übergangs in der Mehrzahl der Fälle vernachlässigt werden. Eine solche Übertragung stellt lediglich einen singulären Geschäftsvorfall dar, der unter der Voraussetzung der Buchwertfortführung steuerneutral vollzogen wird. Deshalb ist es steuerlich typischerweise ohne Relevanz, zu welchem Datum eine solche Vermögensverlagerung stattfindet.

Etwas anderes gilt lediglich für gewinnrealisierende Übertragungen von Einzelwirtschaftsgütern. Bei ihnen kann es angesichts von Bemessungsgrundlagen-, Steuersatz- und Zinseffekten einen Unterschied machen, ob die stillen Reserven des jeweiligen Wirtschaftsgutes im laufenden Wirtschaftsjahr, im Vorjahr oder Folgejahr aufgedeckt werden. Was dabei **Bemessungsgrundlageneffekte** betrifft, ist insbesondere denkbar, dass die übertragende Unternehmung in einem der drei Jahre ohne die Umstrukturierungsmaßnahme einen Verlust erwirtschaften würde. Eine Platzierung dieses Vorgangs in dieses Wirtschaftsjahr hätte daher eine unmittelbare Egalisierung des entstehenden Übertragungsgewinns zur Folge. Verfügt die übertragende Unternehmung bereits über Verlustvorträge, ist vorstellbar, dass ein vollständiger Ausgleich der aufgedeckten stillen Reserven mit diesen Verlustvorträgen im laufenden Wirtschaftsjahr partiell an den Regeln der Mindestbesteuerung scheitert.[66] In einer solchen Situation gilt es zu prüfen, ob die gleiche Beschränkung auch im Vorjahr und im Folgejahr greift. Daneben kommt in gewerbesteuerlicher Hinsicht in Betracht, dass in einem der drei Wirtschaftsjahre noch ein gewerbesteuerlicher Freibetrag gemäß § 11 Abs. 1 S. 3 Nr. 1 GewStG vorhanden ist. Lässt man den Gewinn im betreffenden Jahr entstehen, ergibt sich in Höhe des noch ungenutzten Freibetrages keine gewerbesteuerliche Belastung durch die Reservenaufdeckung.

Im Hinblick auf **Steuersatzeffekte** kann sich bei übertragenden Unternehmungen in der Rechtsform der Kapitalgesellschaft kein Unterschied zwischen den drei in Betracht kommenden Jahren ergeben. Für sie sind der Körperschaftsteuersatz und die Gewerbesteuermesszahl vorgegeben. Realisiert hingegen eine Personengesellschaft den Gewinn, besteht zumindest die Möglichkeit, dass im Vor- oder Folgejahr ein günstigerer Einkommensteuersatz anzuwenden ist. Schließlich ist zu berücksichtigen, dass eine Verlagerung der Übertragung einen **Zinseffekt** hervorrufen kann. Deshalb kann es sinnvoll sein, den Übergang des wirtschaftlichen Eigentums über den Jahreswechsel hinaus zu verzögern. Gelingt eine solche zeitliche Verlagerung auf den Beginn des Folgejahres, erreicht man eine Stundung der Steuer um zwölf Monate.[67] Erscheint aus anderen Gründen eine Vorziehung des Transfers in das

---

66 Vgl. Hoffmann, GmbH-StB 2007, S. 257; Schönherr/Lemaitre, GmbHR 2005, S. 912 (913); Fey/Neyer, DStR 2004, S. 986 (988).

67 Vgl. C/K/S/S-Strahl (2007), S. 59; Hoffmann, GmbH-StB 2007, S. 257; Mahlow/Franzen, GmbHR 2000, S. 12 (13).

Vorjahr vorteilhaft, ist der dadurch entstehende Zinsnachteil in die Quantifizierung der Steuerwirkungen zu integrieren.

Unter Berücksichtigung dieser drei Effekte ist vor Durchführung der individuellen Umstrukturierungsmaßnahme eine Steuervergleichsrechnung anzufertigen. Im Rahmen dieser Steuervergleichsrechnung gilt es, die jeweiligen Steuerwirkungen der Platzierung des Transfers im laufenden Wirtschaftsjahr, im Vorjahr und im Folgejahr zu ermitteln. Als Soll-Zustand qualifiziert dann eine Übertragung des Wirtschaftsguts im Wirtschaftsjahr mit der geringsten Steuerbelastung.

II. Sachgesamtheiten

Diese Grundsätze zur Übertragung von Einzelwirtschaftsgütern gelten für Umstrukturierungsmaßnahmen mit Sachgesamtheiten grundsätzlich entsprechend. Daher ist auch bei ihnen eine Steuervergleichsrechnung für die in Betracht kommenden Übertragungsstichtage anzufertigen.[68] Dabei sind allerdings fünf Besonderheiten zu beachten.

Zunächst setzt der Transfer einer Sachgesamtheit anders als die Übertragung eines Einzelwirtschaftsguts die Erstellung einer Übertragungsbilanz voraus. Erfolgt ein solcher Vermögensübergang während eines laufenden Geschäftsjahres, hat dieser Umstand zur Folge, dass ein Rumpfwirtschaftsjahr entsteht und ein Zwischenabschluss angefertigt werden muss. Dieser **Zwischenabschluss** verursacht Aufwand.[69] Um diesen Aufwand einzusparen, bietet es sich an, den Restrukturierungsvorgang steuerlich auf den vorangegangenen oder auf den kommenden Bilanzstichtag zu legen.[70] Eine faktische Ergänzung erfahren diese beiden Möglichkeiten durch die Option, die Umstrukturierungsmaßnahme auf den ersten Tag des Folgejahres zu legen. Denkbar ist, die Umwandlung als ersten Geschäftsvorfall des neu begonnenen Folgewirtschaftsjahres zu behandeln. Da sich in dieser Konstellation zwischen der Eröffnungsbilanz und der Übertragungsbilanz keine weitere wirtschaftliche Aktivität zuträgt, kann auch in diesem Fall der Jahresabschluss des laufenden Geschäftsjahres zugrunde gelegt werden. Ungeachtet dessen erfährt die Umstrukturierungsmaßnahme steuerlich jedoch eine Verlagerung in das Folgejahr.[71]

Darüber hinaus ist bei Übertragungen mit Rückbezug zu beachten, dass ein **steuerlicher Rückwirkungszeitraum** entsteht, in dem bereits vollzogene Geschäftsvorfälle

---

68 Ähnlich: Hoffmann, GmbH-StB 2007, S. 257 (258).

69 Vgl. D/J/P/W-Dötsch, § 2 Rn. 1; C/K/S/S-Strahl (2007), S. 59.

70 Vgl. R/H/L-van Lishaut, § 2 Rn. 3.

71 Vgl. D/J/P/W-Patt, § 20 Rn. 306; D/J/P/W-Dötsch, § 2 Rn. 24; Hoffmann, GmbH-StB 2007, S. 257; dabei ist noch nicht abschließend geklärt, ob der Stichtag minutenweise, bspw. auf den 01.01., 00.01 Uhr, festgelegt werden kann (so FG Köln, Urt. v. 26.10.2004 – 1 K 5268/00, DStRE 2005, S. 890; S/H/S-Hörtnagl, § 2 Rn. 24; offen gelassen von BFH, Urt. v. 24.04.2008 - IV R 69/05; a. Ans.: BMF, Tz. 02.04 d. Schr. v. 25.03.1998 – IV B 7 – S 1978 – 21/98, BStBl. I 1998, S. 268; R/H/L-van Lishaut, § 2 Rn. 20; Thiel/Eversberg/van Lishaut/Neumann, GmbHR 1998, S. 397 (400); IDW-HFA 2/1997, WPg 1997, S. 235, Tz. 111.

angesichts der Umwandlung eventuell eine abweichende steuerliche Qualifikation erfahren.[72] Ab dem Übertragungsstichtag werden dem übernehmenden Rechtsträger steuerlich alle von der übertragenden Unternehmung bis zum tatsächlichen Vermögensübergang ausgeführten Aktivitäten wie eigene Handlungen zugerechnet.[73] Dieser Umstand kann insbesondere bei Vorgängen, die zu einem Wechsel des Besteuerungsregimes führen, Auswirkungen auf die steuerliche Bemessungsgrundlage und den anzuwendenden Steuersatz im Hinblick auf die bereits vollzogenen Geschäftsvorfälle haben.

Außerdem entstehen bei der Übertragung einer Sachgesamtheit neben dem Übertragungsergebnis bei der abgebenden Unternehmung in einigen Konstellationen auch ein **Beteiligungskorrekturgewinn**, ein **Übernahmeergebnis**, ein **Kapitalertrag gemäß § 7 UmwStG** und ein **Übernahmefolgegewinn** bei der aufnehmenden Gesellschaft.[74] Bei der Anfertigung der Steuervergleichsrechnung gilt es, diese steuerlichen Auswirkungen mit einzubeziehen.

Weiterhin kommt es bei der Übertragung einer Sachgesamtheit nicht nur darauf an, den Vermögensübergang steuerlich in einem der drei Jahre zu positionieren. Zusätzlich kann es von Bedeutung sein, den **optimalen Tag** zu identifizieren. Denkbar ist in diesem Zusammenhang insbesondere, dass die übertragende Unternehmung während des Rückwirkungszeitraums Gewinnschwankungen unterliegt. In diesem Fall kann sich vor allem bei einem Wechsel des Besteuerungsregimes herausstellen, dass die Geschäftsvorfälle eines ersten Teils des eigentlich möglichen Rückwirkungszeitraums eine vorteilhaftere Besteuerung unter dem bisherigen Regelwerk, die geschäftliche Aktivität eines zweiten Teils hingegen günstigere Auswirkungen unter dem Regelwerk der aufnehmenden Gesellschaft erfahren. Daher ist jeder einzelne Tag des Rückwirkungszeitraums als möglicher Umwandlungsstichtag in die Steuervergleichsrechnung mit einzubeziehen.[75]

Schließlich ist vorstellbar, dass sich die Steuerwirkungen innerhalb des Rückwirkungszeitraums noch einmal **gesellschafterbezogen** unterscheiden. Eventuell ist das bisherige Besteuerungsregime für den einen Gesellschafter, das zukünftige Regelwerk jedoch für den anderen Gesellschafter günstiger. Ist dies der Fall, kommt in Betracht, den ersten Gesellschafter noch vor Vollzug der Umwandlung aus der Unternehmung ausscheiden zu lassen. Dadurch erfährt er trotz der Umwandlung weiter eine Behandlung als Gesellschafter der übertragenden Unternehmung.[76] Auf diese Weise kann man die Vorteile des Besteuerungsregimewechsels für den einen Anteilseigner mit den Vorteilen der Besteuerungsregimekonservierung für den anderen Gesellschafter kombinieren.

---

[72] Vgl. Abschn. A. II.-IV.

[73] Vgl. D/J/P/W-Dötsch, § 2 Rn. 20; R/H/L-Herlinghaus, § 20 Rn. 226.

[74] Vgl. R/H/L-Herlinghaus, § 20 Rn. 226; S/H/S-Hörtnagl, § 2 Rn. 43; C/K/S/S-Strahl (2007), S. 59.

[75] Ähnlich: Hoffmann, GmbH-StB 2007, S. 257.

[76] Vgl. D/J/P/W-Dötsch, § 2 Rn. 28.

Diese fünf Besonderheiten sind bei der Anfertigung der Steuervergleichsrechnung und des sich daraus ergebenden Soll-Zustandes zu berücksichtigen. Dabei lässt sich zur Orientierung ein Regel-Ausnahme-Verhältnis etablieren. Zur Vermeidung eines Zwischenabschlusses[77] qualifiziert als Soll-Zustand grundsätzlich eine Übertragung auf den 31.12. des Vorjahres, auf den 31.12. des betroffenen Wirtschaftsjahres oder auf den 01.01. des Folgejahres, je nachdem, welche Bemessungsgrundlagen-, Steuersatz- und Zinseffekte diese Stichtage unter Berücksichtigung der allgemeinen Grundsätze, der veränderten steuerlichen Beurteilung im Rückwirkungszeitraum und der sonstigen Steuerwirkungen auslösen.

Ausnahmsweise kommt als Soll-Zustand eine Übertragung auf einen Stichtag zwischen dem 01.01. des laufenden Wirtschaftsjahres und der Anmeldung der Umwandlung zum Handelsregister in Betracht, wenn dadurch unter Nutzung der veränderten steuerlichen Beurteilung im Rückwirkungszeitraum Steuerreduzierungen erzielt werden können, deren Höhe die zusätzlichen Kosten des Zwischenabschlusses sowie eventuelle weitere Vorteile der drei regelmäßigen Stichtage übersteigt. Schließlich kann auch das Ausscheiden eines Gesellschafters noch vor der Umwandlung ausnahmsweise sinnvoll sein, sofern ein solches Vorgehen ihm angesichts der Konservierung des bisherigen Besteuerungsregimes[78] Steuervorteile sichert.

D. Gestaltungen bei Inkongruenzen zwischen Ist- und Soll-Zustand

I. Gestaltungen bei Einzelwirtschaftsgütern

Indiziert der Soll-Zustand die Vorteilhaftigkeit eines Rückbezuges bei der Übertragung eines Einzelwirtschaftsguts, eröffnet sich zunächst die Möglichkeit, das Wirtschaftsgut nach den Vorschriften des UmwG vom übrigen Vermögen der Unternehmung abzuspalten.[79] Anders als das UmwStG kennt das UmwG kein Teilbetriebserfordernis, so dass sich die Abspaltung auch auf ein einzelnes Wirtschaftsgut beschränken kann. Ertragsteuerlich erfolgt ein solcher Vorgang zwingend gewinnrealisierend, da gerade kein Teilbetrieb bewegt wird.[80] Dieser Umstand lässt jedoch die Option des steuerlichen Rückbezuges unberührt.[81]

Darüber hinaus ist vorstellbar, die Anwendbarkeit der Privilegierungen für Sachgesamtheiten herbeizuführen. Hierzu bieten sich insbesondere drei Optionen an. Zunächst kommt in Betracht, das betroffene Einzelwirtschaftsgut vorab in einen Teilbetrieb zu integrieren und im Anschluss statt des Wirtschaftsguts den gesamten Teilbe-

---

77 Vgl. C/K/S/S-Strahl (2007), S. 59.

78 Vgl. D/J/P/W-Dötsch, § 2 Rn. 28.

79 Vgl. § 123 Abs. 2 UmwG.

80 Vgl. § 15 Abs. 1 S. 2 UmwStG.

81 Vgl. BMF, Tz. 15.11 d. Schr. v. 25.03.1998 – IV B 7 – S 1978 – 21/98, BStBl. I 1998, S. 268; Stengel, DB 2008, S. 2329 (2331); a. Ans.: Sächsisches FG, Urt. v. 09.09.2008 – 3 K 1996/06, BB 2008, S. 2679 (Rev.: I R 96/08).

trieb zu übertragen.[82] Alternativ ist denkbar, das Einzelwirtschaftsgut in eine Personengesellschaft einzubringen und darauf folgend nicht das Wirtschaftsgut, sondern den Mitunternehmeranteil zu bewegen.[83] Qualifiziert das Einzelwirtschaftsgut als Beteiligung an einer Kapitalgesellschaft, besteht zusätzlich die Möglichkeit, letztere in eine Personenunternehmung formzuwechseln und statt der Beteiligung den so entstehenden Mitunternehmeranteil zu verlagern.[84] Schließlich bietet es sich an, das Einzelwirtschaftsgut in eine Kapitalgesellschaft einzubringen und anschließend nicht das Einzelwirtschaftgut, sondern die Kapitalgesellschaft zum Gegenstand der Umstrukturierungsmaßnahme werden zu lassen.[85]

Hat man auf diese Weise eine rückbezugsfähige Wirtschaftseinheit geschaffen, gilt es anschließend, sie mit einer rückbezugsfähigen Umstrukturierungsmaßnahme zu bewegen. Ist das Einzelwirtschaftsgut dabei in einem Teilbetrieb aufgegangen, kann letzterer rückwirkend abgespalten werden, sofern er Bestandteil einer Kapitalgesellschaft ist.[86] Alternativ besteht die Möglichkeit, ihn entweder in eine Kapitalgesellschaft oder im Wege der Gesamtrechtsnachfolge in eine Personengesellschaft einzubringen.[87] Hat das Einzelwirtschaftsgut eine Aufnahme in eine Personengesellschaft erfahren, eröffnet sich die Möglichkeit, den Mitunternehmeranteil an dieser aus einer Mutterkapitalgesellschaft abzuspalten oder entweder auf eine Kapitalgesellschaft oder im Wege der Gesamtrechtsnachfolge auf eine Personengesellschaft zu übertragen. Ist das Einzelwirtschaftsgut schließlich Betriebsvermögen einer Kapitalgesellschaft geworden, kann ein Rückbezug erreicht werden, indem die Kapitalgesellschaft auf eine andere Kapitalgesellschaft oder eine Personenunternehmung verschmolzen wird.[88] Vorstellbar ist daneben, den Teilbetrieb der Kapitalgesellschaft, dem das Einzelwirtschaftsgut nach seiner Einbringung zuzuordnen ist, abzuspalten oder entweder in eine Kapitalgesellschaft oder im Wege der Gesamtrechtsnachfolge in eine Personengesellschaft einzubringen.

II. Gestaltungen bei Sachgesamtheiten

Zwar handelt es sich bei der **Anwachsung** um einen Vorgang, der Vermögen im Wege der Gesamtrechtsnachfolge auf einen übernehmenden Rechtsträger übergehen lässt,[89] gleichwohl fehlt es für eine Rückwirkung am erforderlichen Vermögens-

---

82 Vgl. Bergsteiner (2002), S. 143; Menner/Broer, DB 2003, S. 1075 (1076); Böhme/Forster, BB 2003, S. 1979 (1985).

83 Vgl. Wassermeyer, DStR 1993, S. 589 (592).

84 Vgl. Benz/Rosenberg, BB 2006, Special 8/06, S. 51 (61, Fn. 75).

85 Vgl. zu den Details der drei beschriebenen Handlungsoptionen die ausführlichen Erläuterungen in Kap. 1 Abschn. F. II. 2. 6.

86 Vgl. §§ 2, 15 UmwStG.

87 Vgl. §§ 20 Abs. 5, 6, 24 Abs. 4 UmwStG.

88 Vgl, §§ 2, 3 UmwStG.

89 Vgl. § 738 Abs. 1 S. 1 BGB.

übergang nach den Vorschriften des UmwG.[90] In dieser Konstellation kann eine Rückwirkung mit Hilfe der Grundsätze für kombinierte Einbringungen herbeigeführt werden. Erfolgt ein Vermögenstransfer in der Form einer Kombination aus Gesamt- und Einzelrechtsnachfolge, so partizipiert auch die Übertragung im Wege der Einzelrechtsnachfolge am Rückbezug.[91] Deshalb bietet es sich an, die beabsichtigte Anwachsung mit Hilfe eines Vorgangs im Wege der Gesamtrechtsnachfolge zu initiieren. Denkbar ist in diesem Zusammenhang insbesondere die Verschmelzung der Komplementär-GmbH als vorletzte Gesellschafterin auf den letzten Anteilseigner der Personengesellschaft, der deren Betriebsvermögen zu übernehmen beabsichtigt.[92] Alternativ besteht die Möglichkeit, die Beteiligung des vorletzten Gesellschafters an der Personengesellschaft im Wege der Spaltung auf den letzten Anteilseigner übergehen zu lassen.

Soll eine Umstrukturierung im Wege der **Realteilung** erfolgen, scheitert ein Rückbezug daran, dass sich die steuerliche Beurteilung eines solchen Vorgangs nach § 16 Abs. 3 S. 2 EStG und nicht nach dem UmwStG richtet. Ein wirtschaftlich gleichwertiges und vom UmwStG erfasstes Ergebnis ist aber erreichbar, indem man statt der Realteilung einen Formwechsel der Mitunternehmerschaft in eine Kapitalgesellschaft vornimmt und diese Kapitalgesellschaft anschließend aufspaltet.[93] Eine solche Aufspaltung fällt in den Regelungsbereich der §§ 15, 16 UmwStG, so dass das Rückbezugswahlrecht gemäß § 2 Abs. 1 UmwStG anwendbar wird. Alternativ gelingt zumindest eine partielle Rückwirkung, indem man zunächst sämtliche Gesellschafter bis auf einen im Wege der Bar- oder Sachwertabfindung austreten und anschließend nach Maßgabe der oben erläuterten Grundsätze das Vermögen der Gesellschaft anwachsen lässt.

Die **Einbringung** einer Sachgesamtheit **in eine Personengesellschaft** kann schließlich nicht mit Rückbezug realisiert werden, sofern sie im Wege der Einzelrechtsnachfolge erfolgt.[94] In einer solchen Konstellation kann es sinnvoll sein, zu prüfen, ob die eigentlich beabsichtigte Übertragung nicht auch im Wege einer Ausgliederung nach dem UmwG verwirklicht werden kann. Ein solches Vorgehen gewährleistet die erforderliche Gesamtrechtsnachfolge.[95]

---

90 Vgl. BMF, Tz. 24.07 d. Schr. v. 25.03.1998 – IV B 7 – S 1978 – 21/98, BStBl. I 1998, S. 268; kritisch hierzu: Kowallik/Merklein/Scheipers, DStR 2008, S. 173 (174).

91 Vgl. BMF, Tz. 24.07 d. Schr. v. 25.03.1998 – IV B 7 – S 1978 – 21/98, BStBl. I 1998, S. 268.

92 Vgl. Schmid/Dietel, DStR 2008, S. 529 (530); Breiteneicher, DStR 2004, S. 1405 (1406); Orth, DStR 2005, S. 1629 (1632); Watermeyer, GmbH-StB 2003, S. 96 (98).

93 Vgl. § 123 Abs. 1 UmwG.

94 Vgl. § 24 Abs. 4 Hs. 2 UmwStG.

95 Vgl. § 123 Abs. 3 UmwG.

Gestaltungen bei Einzelwirtschaftsgütern

- Abspaltung nach den Vorschriften des UmwG
- Transformation in eine privilegierte Sachgesamtheit

Gestaltungen bei Sachgesamtheiten

- Initiierung der Anwachsung im Wege der Gesamtrechtsnachfolge
- Substitution der Realteilung durch Formwechsel in eine Kapitalgesellschaft mit anschließender Aufspaltung
- Gestaltung der Einbringung in eine Personengesellschaft im Wege der Gesamtrechtsnachfolge

Abb. 27: Rückbezug - Gestaltungen

Kapitel 5: Grunderwerbsteuer

A. Überblick

Umstrukturierungsmaßnahmen können trotz anhaltender Kritik[1] Grunderwerbsteuer auslösen, sofern sie eine Änderung der Zuordnung inländischer Grundstücke im Sinne des § 2 GrEStG herbeiführen.[2] Da Restrukturierungsvorgänge insofern zusätzlichen Steueraufwand bewirken können,[3] kann die Grunderwerbsteuer als (B.) steuerliche Gestaltungsgrenze eingeordnet werden. Sinnvoll ist es daher, sich den spezifischen Verlauf dieser Schranke zu vergegenwärtigen. Dabei sind auch die in diesem Zusammenhang relevanten (C.) Sekundärsteuerwirkungen zu berücksichtigen. Ist dies geschehen, kann man durch einen Abgleich der in Betracht kommenden Transfersachverhalte mit dieser Gestaltungsgrenze den (D.) grunderwerbsteuerlichen Ist-Zustand der Unternehmensumstrukturierung ermitteln. Im Anschluss ist diesem Ist-Zustand als Kontrapunkt (E.) der grunderwerbsteuerliche Soll-Zustand gegenüberzustellen. Zeigen sich dabei Inkongruenzen zwischen beiden, bedarf es schließlich einer entsprechenden (F.) Gestaltungsaktivität, mit der die Angleichung des Ist-Zustandes an den Soll-Zustand gelingt.

B. Steuerliche Gestaltungsgrenzen

I. Verwirklichung eines Erwerbsvorgangs

Umstrukturierungsmaßnahmen berühren die Gestaltungsgrenze der Grunderwerbsteuer, sofern sie sämtliche Voraussetzungen eines Erwerbsvorganges erfüllen,

---

1 Vgl. Behrens/Schmitt, DB 2005, S. 525; Beuthien, BB 2007, S. 133-136; Salzmann/Loose, DStR 2004, S. 1941 (1942); Ehlermann/Löhr, DStR 2003, S. 1509 (1511); Grotherr, BB 1994, S. 1970 (1981); Herzig, DB 2000, S. 2236 (2238); Eder, DStR 1994, S. 735 (738); Wienands, DB 1997, S. 1362; Heine, GmbHR 2000, S. 850 (857); a. Ans.: Weilbach, UVR 2001, S. 389 (390).

2 Vgl. P/F-Pahlke, Einl. Rn. 7; Hofmann, § 1 Rn. 3.

3 Vgl. K/K/K-Fleischer, § 5 Rn. 3.

keine Steuervergünstigung[4] verwirklichen und eine Bemessungsgrundlage[5] auslösen. Dabei besitzen insbesondere fünf Erwerbsvorgänge Relevanz. Reorganisationsvorgänge können steuerbare (1.) Verpflichtungsgeschäfte, (2.) Eigentumsübergänge ohne vorangehendes Verpflichtungsgeschäft, (3.) Verwertungsbefugnisverschaffungen, (4.) Änderungen des Gesellschafterbestandes einer Personengesellschaft sowie (5.) Anteilsvereinigungen bewirken.

1. Verpflichtungsgeschäfte

Zunächst unterliegen der Grunderwerbsteuer formwirksame[6] Verpflichtungsgeschäfte, die den Anspruch auf Übereignung eines Grundstückes begründen.[7] Zentrale Bedeutung kommt dabei Kaufverträgen zu, mit denen sich der Veräußerer verpflichtet, das Eigentum an einem Grundstück gegen Zahlung eines Entgelts zu übertragen.[8] Von wesentlichem Belang sind darüber hinaus Einbringungen und Realteilungen im Wege der Einzelrechtsnachfolge, die einen Anspruch gegen den Veräußerer auf Übertragung des Grundstücks allein oder im Rahmen einer Sachgesamtheit auf die aufnehmende Gesellschaft begründen.[9] Zu beachten ist in diesem Zusammenhang, dass nicht nur natürliche Personen und Kapitalgesellschaften, sondern auch Gesamthandsgemeinschaften, insbesondere Gesellschaften bürgerlichen Rechts, offene Handelsgesellschaften und Kommanditgesellschaften, beteiligte Rechtsträger sein können.[10]

2. Eigentumsübergänge ohne Verpflichtungsgeschäft

Darüber hinaus sind Restrukturierungsvorgänge steuerbar, sofern sie den Eigentumsübergang an einem Grundstück bewirken, ohne dass ein Anspruch begründendes Verpflichtungsgeschäft vorausgegangen ist und es auch keiner Auflassung bedarf.[11] Bei einem solchen Rechtsträgerwechsel kraft Gesetzes handelt es sich typischerweise um Transfers im Wege der Gesamtrechtsnachfolge, bei denen ein Gesamtvermögen durch einen Rechtsakt auf einen Rechtsnachfolger übergeht.[12] Dies ist insbesondere bei der Verschmelzung, Ab- und Aufspaltung, Ausgliederung sowie

---

4 Vgl. Abschn. B. II.

5 Vgl. Abschn. B. III.

6 Vgl. P/F-Pahlke, § 1 Rn. 136-138; Hofmann, § 1 Rn. 29; Boruttau-Fischer, § 1 Rn. 312.

7 Vgl. § 1 Abs. 1 Nr. 1 GrEStG.

8 Vgl. P/F-Pahlke, § 1 Rn. 146; Boruttau-Fischer, § 1 Rn. 342; Götz, GmbHR 1998, S. 349 (355)

9 Vgl. Boruttau-Fischer, § 1 Rn. 377; K/K/K-Fleischer, § 5 Rn. 25, 33; W/M-Pahlke, Anh. 12 Rn. 387.

10 Vgl. Hofmann, § 1 Rn. 13; Boruttau-Fischer, § 1 Rn. 86.

11 Vgl. § 1 Abs. 1 Nr. 3 GrEStG.

12 Vgl. FM Baden-Württemberg, Tz. A. d. Schreibens v. 19.12.1997 – S 4520/2, StEK GrEStG 1983 § 8 Nr. 17; Heine, UVR 1998, S. 146.

Anwachsung grundbesitzender Gesellschaften der Fall.[13] Der Formwechsel einer Unternehmung ist hingegen mangels Rechtsträgerwechsel nicht steuerbar.[14]

3. Verwertungsbefugnisverschaffungen

Außerdem unterliegen der Grundwerbsteuer Umstrukturierungsmaßnahmen, die es einem anderen ohne Begründung eines Übereignungsanspruches rechtlich oder wirtschaftlich ermöglichen, ein Grundstück auf eigene Rechnung zu verwerten.[15] Zweck dieser zu § 1 Abs. 1 Nr. 1 GrEStG subsidiären Regelung[16] ist die Erfassung von Absprachen, mit denen sich der Vertragspartner des Grundstückseigentümers den Wert des Grundstücks nutzbar machen kann, und die in Bezug auf die Herrschaft über ein Grundstück den in § 1 Abs. 1 GrEStG beschriebenen Tatbeständen nahe kommen.[17] Eine solche Möglichkeit zur Verwertung auf eigene Rechnung setzt nicht voraus, dass der Erwerber sämtliche für das juristische Eigentum charakteristische Rechte erhält.[18] Es genügt, wenn er besitz- und nutzungsberechtigt wird und gleichzeitig aufgrund einer gesicherten Rechtsposition an der gesamten Substanz des Grundstücks seinem Werte nach partizipiert.[19]

Eine solche Partizipation ist gegeben, wenn der Erwerber vom Grundstückseigentümer schuldrechtlich oder dinglich verlangen kann, die Veräußerung des Grundstücks auf Weisung an ihn oder eine von ihm zu bestimmende Person vorzunehmen.[20] Angesichts des Erfordernisses der Gleichzeitigkeit muss der Erwerber diesen Eigentumsübergang während der gesamten Dauer seines Besitz- und Nutzungsrechts jederzeit herbeiführen können.[21] Ob er simultan das Risiko von Wertverlusten trägt, ist

---

13 Vgl. Pahlke, § 1 Rn. 165-168, 178; Boruttau-Fischer, § 1 Rn. 559, 560, 590-603; Viskorf, StbJb. 1998/99, S. 97 (102); Götz, GmbHR 1998, S. 349 (350).

14 Vgl. FM Baden-Württemberg, Tz. A.IV. d. Schreibens v. 19.12.1997 – S 4520/2, StEK GrEStG 1983 § 8 Nr. 17; P/F-Pahlke, § 1 Rn. 20; Hofmann, § 1 Rn. 9; Boruttau-Fischer, § 1 Rn. 545-555; Götz, GmbHR 1998, S. 349 (350); Wienands, DB 1997, S. 1362; Claßen, UVR 2008, S. 206.

15 Vgl. § 1 Abs. 2 GrEStG.

16 Vgl. P/F-Pahlke, § 1 Rn. 238; Hofmann, § 1 Rn. 72; Boruttau-Fischer, § 1 Rn. 663.

17 Vgl. BFH, Urt. v. 17.05.2000 – II R 47/99, BStBl. II 2000, S. 627; BFH, Urt. v. 26.07.2000 – II R 33/98, BFH/NV 2001, S. 206; P/F-Pahlke, § 1 Rn. 235; Hofmann, § 1 Rn. 71; Boruttau-Fischer, § 1 Rn. 663.

18 Vgl. BFH, Urt. v. 15.03.2006 – II R 28/04, BFH/NV 2006, S. 1586; BFH, Urt. v. 17.10.1990 – II R 55/88, BFH/NV 1991, S. 556; Boruttau-Fischer, § 1 Rn. 696; Bruschke, UVR 2006, S. 316.

19 Vgl. BFH, Urt. v. 15.03.2006 – II R 29/04, BFH/NV 2006, S. 1702; BFH, Urt. v. 27.01.1972 – II 73/65, BStBl. II 1972, S. 496; BFH, Urt. v. 27.01.1965 – II 60/60 U, BStBl. III 1965, S. 265; BFH, Urt. v. 10.03.1970 – II R 135/68, BStBl. II 1970, S. 522; BFH, Urt. v. 24.07.1974 – II R 32/67, BStBl. II 1974, S. 773; BFH, Urt. v. 27.08.1975 – II R 52/70, BStBl. II 1976, S. 30.

20 Vgl. BFH, Urt. v. 15.03.2006 – II R 28/04, BFH/NV 2006, S. 1586; BFH, Urt. v. 10.03.1999 – II R 35/97, BStBl. II 1999, S. 491; BFH, Urt. v. 17.10.1990 – II R 55/88, BFH/NV 1991, S. 556; BFH, Urt. v. 14.09.1988 – II R 116/85, DStR 1989, S. 145; BFH, Urt. v. 27.07.1994 – II R 67/91, BFH/NV 1995, S. 269; BFH, Urt. v. 18.12.1985 – II R 180/83, BStBl. II 1986, S. 417; Boruttau-Fischer, § 1 Rn. 666.

21 Vgl. BFH, Urt. v. 15.03.2006 – II R 28/04, BFH/NV 2006, S. 1586; BFH, Urt. v. 12.12.1973 – II R 29/69, BStBl. II 1974, S. 251; BFH, Urt. v. 27.01.1965 – II 60/60 U, BStBl. III 1965, S. 265.

unerheblich.[22] Ohne Bedeutung ist auch, ob ihm ertragsteuerlich das wirtschaftliche Eigentum am Grundstück zuzuordnen ist.[23] Im Übrigen reichen die Berechtigungen eines Mieters oder Pächters allein selbst dann nicht aus, wenn ihm ein langfristiges Nutzungs- und Umgestaltungsrecht eingeräumt worden ist.[24]

Im Hinblick auf Unternehmensumstrukturierungen besitzen insbesondere zwei Fallgruppen der Verschaffung der Verwertungsbefugnis Relevanz, die Einbringung eines Grundstücks seinem Werte nach und das Immobilien-Leasing. Bei der **Einbringung** eines Grundstücks **seinem Werte nach** räumt der Gesellschafter der Personengesellschaft keinen Anspruch auf Übereignung des Grundstücks ein. Er verpflichtet sich vielmehr, ihr nicht nur Besitz und Nutzung des Grundstücks zu überlassen, sondern sie darüber hinaus im Innenverhältnis so zu behandeln, als ob das Grundstück Teil ihres Gesellschaftsvermögens geworden wäre.[25] Bei einer solchen Vereinbarung gebührt der Erlös aus einer späteren Veräußerung des Grundstücks nicht mehr dem Gesellschafter, sondern der Gesellschaft.[26] Außerdem ist der Wert des Grundstücks bei der Berechnung des Auseinandersetzungsguthabens der Gesellschafter so anzusetzen, wie wenn es Gesellschaftsvermögens wäre.[27] Angesichts dieser Berechtigungen erstrecken sich nach Auffassung der Finanzverwaltung sowie nach bisher überwiegender Ansicht in Rechtsprechung und Literatur die Einwirkungsmöglichkeiten der Gesellschaft auf den gesamten Substanzwert des Grundstücks, so dass sie die wirtschaftliche Verwertungsbefugnis erlangt.[28]

Gegen diese Beurteilung wird allerdings eingewandt, dass der Gesellschaft mit der wertmäßigen Einbringung allein noch nicht die rechtliche Möglichkeit zur jederzeitigen Veräußerung des Grundstücks eingeräumt wird. Die Verwertungsbefugnis werde erst verschafft, wenn die Gesellschaft durch Vollmacht oder Einwilligung auch selbständig eine Verfügung über das Grundstück herbeiführen könne.[29] Angesichts der oben erläuterten allgemeinen Grundsätze zur Verschaffung der Verwertungsbefugnis ist dieser Beurteilung zuzustimmen. Nur wenn der Einbringungsvertrag eine solche Verfügungsberechtigung ausdrücklich vorsieht, kommt es zu einem Übergang der

---

22 Vgl. BFH, Urt. v. 12.12.1973 – II R 29/69, BStBl. II 1974, S. 251; Boruttau-Fischer, § 1 Rn. 696.

23 Vgl. BFH, Urt. v. 27.07.1974 – II R 32/67, BStBl. II 1974, S. 773; Boruttau-Fischer, § 1 Rn. 686.

24 Vgl. BFH, Urt. v. 12.12.1973 – II R 29/69, BStBl. II 1974, S. 251; FG Hamburg, Urt. v. 25.03.1993 – II 296/91, EFG 1993, S. 734 (735); Boruttau-Fischer, § 1 Rn. 666; Bruschke, UVR 2006, S. 316 (317).

25 Vgl. Hofmann, § 1 Rn. 76; Boruttau-Fischer, § 1 Rn. 741; Reinhardt, DStR 1991, S. 588.

26 Vgl. BFH, Urt. v. 27.10.1970 – II 72/65, BStBl. II 1971, S. 278; Reinhardt, DStR 1991, S. 588 (589).

27 Vgl. BFH, Urt. v. 08.12.1965 – II 148/62 U, BStBl. II 1966, S. 148; Reinhardt, DStR 1991, S. 588 (589).

28 Vgl. OFD Hannover, Schr. v. 03.03.2008 – S 4501 – 1 – StO 261, StEK GrEStG 1983, § 1 Nr. 184; BFH, Urt. v. 27.08.1975 – II R 52/70, BStBl. II 1976, S. 30; BFH, Urt. v. 10.03.1970 – II R 135/68, BStBl. II 1970, S. 522; BFH, Urt. v. 08.12.1965 – II 148/62 U, BStBl. II 1966, S. 148; BFH, Urt. v. 11.05.1966 – II 171/63, BStBl. II 1966, S. 400; P/F-Pahlke, § 1 Rn. 256-257; Hofmann, § 1 Rn. 76; Berninger (1994), S. 48.

29 Vgl. BFH, Urt. v. 27.10.1970 – II 72/65, BStBl. II 1971, S. 278; Boruttau-Fischer, § 1 Rn. 742a; Daragan (1999), S. 293 (306); Rupp, EStB 2007, S. 225 (226).

Verwertungsbefugnis. Allerdings ist gegenwärtig nicht gesichert, dass sich Rechtsprechung und Finanzverwaltung dieser Einschätzung anschließen werden.

Daneben kann der Erwerber die Verwertungsbefugnis an einem Grundstück im Rahmen des **Immobilien-Leasing**s erwerben. Voraussetzung hierfür ist, dass ihm der Leasingvertrag nicht nur das uneingeschränkte und unkündbare Besitz- und Nutzungsrecht am Grundstück einräumt, sondern ihm zusätzlich ein gesichertes Recht auf den Grundstückserwerb gewährt.[30] Dabei ist auch in diesem Zusammenhang für den Übergang der Verwertungsbefugnis von zentraler Bedeutung, dass der Leasingnehmer während der Laufzeit des Leasingvertrages jederzeit berechtigt ist, die Option auf den Erwerb des Grundstücks wahrzunehmen. Die Möglichkeit, den Eigentumstransfer nach dem Ende des Leasingvertrages herbeizuführen, reicht nicht aus.[31]

4. Änderungen des Gesellschafterbestandes einer Personengesellschaft

Weiterhin ist denkbar, dass sich anlässlich einer Umstrukturierungsmaßnahme der Gesellschafterbestand einer grundbesitzenden Personengesellschaft unmittelbar oder mittelbar ändert. Ein solcher Vorgang ist grunderwerbsteuerbar, sofern innerhalb von fünf Jahren mindestens 95 % der Gesellschaftsanteile auf neue Gesellschafter übergehen.[32] Regelungsziel dieser Vorschrift ist die Begrenzung vorteilhafter Steuergestaltungen im Zusammenhang mit der selbständigen Rechtsträgerschaft von Gesamthandsgemeinschaften.[33] Zu diesem Zweck unterstellt sie bei Verwirklichung sämtlicher Tatbestandsmerkmale ein auf die Grundstücksübereignung gerichtetes Rechtsgeschäft zwischen der bisherigen und einer fiktiv neu gegründeten Personengesellschaft.[34]

Tatbestandsvoraussetzung dieser Regelung ist zunächst eine **Personengesellschaft, zu deren Vermögen ein Grundstück gehört**.[35] Hierzu zählen in sachlicher Hinsicht nicht nur Grundstücke, deren zivilrechtliche Eigentümerin die Personengesellschaft ist. Der Begriff „gehören“ ist vielmehr grunderwerbsteuerlich auszulegen und umfasst daher auch Grundstücke, die der Gesellschaft aufgrund von Erwerbs-

---

30 Vgl. BFH, Urt. v. 17.01.1996 – II R 47/93, BFH/NV 1996, S. 579; BFH, Urt. v. 30.09.1998 – II R 13/96,BFH/NV 1999, S. 666; BFH, Urt. v. 05.02.2003 – II R 15/01, BFH/NV 2003, S. 818; FG Köln, Urt. v. 25.06.2003 – 5 K 6705/00, EFG 2004, S. 1787; FG Köln, Urt. v. 26.02.2003 – 5 K 7923/98, EFG 2004, S. 837; P/F-Pahlke, § 1 Rn. 261; Boruttau-Fischer, § 1 Rn. 780a; Bruschke, UVR 2002, S. 122 (123).

31 Vgl. BFH, Urt. v. 15.03.2006 – II R 28/04, BFH/NV 2006, S. 1586; BFH, Urt. v. 15.03.2006 – II R 29/04, BFH/NV 2006, S. 1702; BFH, Urt. v. 15.03.2006 – II R 11/05, BFH/NV 2006, S. 1704; BFH, Urt. v. 10.03.1999 – II R 35/97, BStBl. II 1999, S.491; BFH, Urt. v. 12.12.1973 – II R 29/69, BStBl. II 1974, S. 251; Boruttau-Fischer, § 1 Rn. 780b; Stoschek/Sommerfeld/Mies, DStR 2008, S. 2046 (2047); Heine, INF 1998, S. 515 (518).

32 Vgl. § 1 Abs. 2a S. 1 GrEStG.

33 Vgl. Hofmann, § 1 Rn. 89; Boruttau-Fischer, § 1 Rn. 813.

34 Vgl. P/F-Pahlke, § 1 Rn. 270; Boruttau-Fischer, § 1 Rn. 819; Heine, UVR 1999, S. 16 (19).

35 Für eine teleologische Reduktion der Vorschrift auf nicht werbende Personengesellschaften: Wiese, UVR 2004, S. 58 (62).

vorgängen gemäß § 1 Abs. 2 GrEStG oder gemäß § 1 Abs. 3 GrEStG zuzuordnen sind.[36] Darüber hinaus sollen nach Auffassung der Finanzverwaltung auch bereits Grundstücke zu berücksichtigen sein, die die Gesellschaft im Zusammenhang mit einem vorgefassten Plan erst nach einem teilweise vollzogenen Gesellschafterwechsel erwirbt.[37] Diese Einschätzung wird mit Recht bestritten.[38] In zeitlicher Hinsicht ist zu beachten, dass eine Personengesellschaft im Hinblick auf ein Grundstück nur dann als grundbesitzend gilt, sofern es während des gesamten, im Einzelfall relevanten Fünf-Jahres-Zeitraums durchgängig zum Vermögen der Personengesellschaft gehört hat.[39]

In eine solche grundbesitzende Personengesellschaft müssen **neue Gesellschafter** unmittelbar oder mittelbar eintreten. Als neu qualifizieren dabei alle Gesellschafter, die nicht Gründungsgesellschafter, nicht vor dem Erwerb des betreffenden Grundstücks bereits Gesellschafter, nicht schon vor dem Beginn des betreffenden Fünf-Jahres-Zeitraums an der Gesellschaft beteiligt waren, und im Hinblick auf das jeweilige Grundstück nicht zuvor bereits mit ihrem Beitritt der Besteuerung gemäß § 1 Abs. 2a GrEStG unterlagen (Altgesellschafter). Finden Beteiligungsänderungen innerhalb dieser Gruppe der Altgesellschafter statt, besitzen sie für § 1 Abs. 2a GrEStG keine Relevanz.[40]

Unmittelbar findet eine solche Änderung des Gesellschafterbestandes statt, wenn Anteile der grundbesitzenden Gesellschaft selbst im Zusammenhang mit einer Kapitalerhöhung neu an eintretende Gesellschafter ausgegeben werden (originärer Erwerb) oder eine zivilrechtliche Übertragung von Altgesellschaftern auf neue Gesellschafter erfahren (derivativer Erwerb).[41] Im letzteren Fall steht einer Steuerbarkeit nicht entgegen, dass Anteilsübertragungen innerhalb derselben Gesellschaftsgruppe erfolgen.[42] Unerheblich ist auch, auf welche Art und Weise die Anteilsübertragung erfolgt. Sie kann im Wege einer Einzelveräußerung oder –Einbringung, jedoch auch im Rahmen einer Kapitalerhöhung,[43] Verschmelzung, Ab- oder Aufspaltung, Ausgliederung, Anwachsung oder Realteilung stattfinden.[44]

---

36 Vgl. FinSen Bremen, Tz. 3 d. Schr. v. 26.02.2003 - S 4501 - 101 - 642, BStBl. I 2003, S. 271; P/F-Pahlke, § 1 Rn. 275-276; Boruttau-Fischer, § 1 Rn. 843, 844.

37 Vgl. FinSen Bremen, Tz. 3 d. Schr. v. 26.02.2003 - S 4501 - 101 - 642, BStBl. I 2003, S. 271.

38 Vgl. P/F-Pahlke, § 1 Rn. 278; Hofmann, § 1 Rn. 120; Eggers/Fleischer/Wischott, DStR 1998, S. 1903.

39 Vgl. FinSen Bremen, Tz. 3 d. Schr. v. 26.02.2003 - S 4501 - 101 - 642, BStBl. I 2003, S. 271; P/F-Pahlke, § 1 Rn. 277.

40 Vgl. FinSen Bremen, Tz. 4 d. Schr. v. 26.02.2003 - S 4501 - 101 - 642, BStBl. I 2003, S. 271; P/F-Pahlke, § 1 Rn. 287-288; Hofmann, § 1 Rn. 120; Boruttau-Fischer, § 1 Rn. 822a, b; Weilbach, UVR 2003, S. 372 (373).

41 Vgl. Hofmann, § 1 Rn. 114 i. V. m. Rn. 95, 96.

42 Vgl. P/F-Pahlke, § 1 Rn. 306; Hofmann, § 1 Rn. 116; Boruttau-Fischer, § 1 Rn. 848i; Teiche, UVR 2003, S. 300 (302); a. Ans.: Gottwald, BB 2000, S. 69 (71); Behrens/Hofmann, UVR 2004, S. 27 (31).

43 Vgl. zu Problemstellungen bei geschlossenen Immobilienfonds: Behrens/Schmitt, DStR 2005, S. 1429.

44 Vgl. Boruttau-Fischer, § 1 Rn. 830.

Mittelbar vollzieht sich eine solche Modifikation, sofern Anteile an einer Gesellschafterin der grundbesitzenden Gesellschaft zivilrechtlich auf neue Gesellschafter übergehen. Ändert sich der Gesellschafterbestand einer Personengesellschaft als Gesellschafterin der grundbesitzenden Personengesellschaft, so ist dies stets auch als mittelbare Veränderung des Gesellschafterbestandes der grundbesitzenden Gesellschaft zu beurteilen. Grund hierfür ist die Einordnung von Gesamthandsgemeinschaften als transparente Einheiten im Zusammenhang des § 1 Abs. 2a GrEStG.[45] Erfährt hingegen der Gesellschafterbestand einer Kapitalgesellschaft als Anteilseignerin der grundbesitzenden Personengesellschaft eine Modifikation, wird diese auf der Ebene der grundbesitzenden Personengesellschaft nur berücksichtigt, sofern mindestens 95 % der Anteile an der Kapitalgesellschaft auf neue Gesellschafter übergehen. Besteht im Einzelfall eine mehrstufige Beteiligungsstruktur mit Kapitalgesellschaften, so ist diese 95 %-Grenze von unten nach oben für jede Beteiligungsebene isoliert zu prüfen.[46] Die bloße Verkürzung einer Beteiligungskette ist hingegen nicht steuerbar.[47] Das Gleiche gilt für den Formwechsel eines Gesellschafters, da es bei einem solchen zu keinem Rechtsträgerwechsel kommt.[48] Schließlich kann eine steuerbare Änderung des Gesellschafterbestandes auch durch einen **kombiniert unmittelbar-mittelbar**en Gesellschafterwechsel herbeigeführt werden.[49]

Tritt ein neuer Gesellschafter in eine grundbesitzende Personengesellschaft ein, wird eine Steuerbarkeit gemäß § 1 Abs. 2a GrEStG bewirkt, sofern er zusammen mit sämtlichen anderen Neueintritten während der vorangegangenen fünf Jahre eine zumindest **95 %-ige Änderung des Gesellschafterbestandes** auslöst.[50] Werden 95 % der Gesellschaftsanteile in einem Rechtsakt transferiert, geschieht dies in einer logischen Sekunde und damit auch innerhalb der Fünf-Jahres-Frist. [51] Maßgeblicher Zeitpunkt der Steuerentstehung ist der Moment, in dem die schuldrechtliche Vereinbarung über den Erwerb des Gesellschaftsanteils geschlossen wird, der die Grenze der 95 % erreicht.[52]

---

45 Vgl. OFD Rheinland und Münster, Kurzinfo. v. 21.5.2008 Nr. 001/2008, BB 2008, S. 1552; P/F-Pahlke, § 1 Rn. 308; Hofmann, § 1 Rn. 117; Boruttau-Fischer, § 1 Rn. 848c; Weilbach, UVR 2003, S. 256 (257); a. Ans.: Stoschek/Mies, DStR 2006, S. 221 (224).

46 Vgl. FinSen Bremen, Tz. 4.1. c) d. Schr. v. 26.02.2003 - S 4501 - 101 - 642, BStBl. I 2003, S. 271; P/F-Pahlke, § 1 Rn. 307; Behrens/Hofmann, UVR 2004, S. 27 (31); Heine, INF 2000, S. 389 (390).

47 Vgl. FinSen Bremen, Tz. 4.1. c) d. Schr. v. 26.02.2003 - S 4501 - 101 - 642, BStBl. I 2003, S. 271; Hofmann, § 1 Rn. 116; P/F-Pahlke, § 1 Rn. 310; Boruttau-Fischer, § 1 Rn. 848d.

48 Vgl. FinSen Bremen, Tz. 4 d. Schr. v. 26.02.2003 - S 4501 - 101 - 642, BStBl. I 2003, S. 271; Boruttau-Fischer, § 1 Rn. 822; P/F-Pahlke, § 1 Rn. 286; Hofmann, § 1 Rn. 118.

49 Vgl. Boruttau-Fischer, § 1 Rn. 847b.

50 Vgl. FinSen Bremen, Tz. 5 d. Schr. v. 26.02.2003 - S 4501 - 101 - 642, BStBl. I 2003, S. 271; Hofmann, § 1 Rn. 121; Boruttau-Fischer, § 1 Rn. 822.

51 Vgl. FinSen Bremen, Tz. 5 d. Schr. v. 26.02.2003 - S 4501 - 101 - 642, BStBl. I 2003, S. 271.

52 Vgl. P/F-Pahlke, § 1 Rn. 271; Boruttau-Fischer, § 1 Rn. 822.

5. Anteilsvereinigungen

Schließlich besteht bei Umstrukturierungsmaßnahmen die Gefahr steuerbarer Anteilsvereinigungen bei grundbesitzenden Personen- oder Kapitalgesellschaften.[53] Aufgabe dieser subsidiären Regelung ist es ebenfalls, Steuerumgehungen unter Einsatz selbständiger Rechtsträgerschaften zu verhindern. Zu diesem Zweck fingiert sie bei Verwirklichung sämtlicher Tatbestandsvoraussetzungen im Hinblick auf Grundstücke der betroffenen Gesellschaft einen Rechtsträgerwechsel auf den anteilserwerbenden Gesellschafter.[54] Dabei umfasst der Begriff der Anteilsvereinigung insgesamt vier Konstellationen, das anteilsvereinigende Verpflichtungsgeschäft,[55] das vereinigte Anteile übertragende Verpflichtungsgeschäft[56] sowie die damit korrespondierenden Eigentumsübergänge ohne vorangegangene Verpflichtungsgeschäfte.[57]

Unter einem **anteilsvereinigenden Verpflichtungsgeschäft** versteht man ein Rechtsgeschäft, das den Anspruch auf Übertragung von Anteilen begründet, wenn durch diese Übertragung unmittelbar oder mittelbar mindestens 95 % der Gesellschaftsanteile an einer grundbesitzenden Gesellschaft[58] in der Hand des Erwerbers oder in der Hand von herrschenden und abhängigen Unternehmen oder abhängigen Unternehmen allein vereinigt würden. Dabei ist zwischen grundbesitzenden Kapital- und Personengesellschaften zu unterscheiden.[59]

Bei einer grundbesitzenden **Kapitalgesellschaft** kommt es zu einer **unmittelbaren Anteilsvereinigung**, sofern ein Anteilseigner einen weiteren Geschäftsanteil erwirbt, mit dem er dann insgesamt mindestens 95 % aller Anteile an der grundbesitzenden Unternehmung hält.[60] Eine **mittelbare Anteilsvereinigung** ergibt sich, falls eine vermittelnde Kapital- oder Personengesellschaft an der grundbesitzenden Kapitalgesellschaft qualifiziert beteiligt ist (mindestens 95 % der Gesellschaftsanteile) und ein Anteilseigner dieser vermittelnden Gesellschaft durch Erwerb eines weiteren Anteils die Vereinigung von mindestens 95 % aller Anteile an der vermittelnden Gesellschaft erreicht.[61] Dabei ist zu beachten, dass der Begriff „Anteil“ im Rahmen des § 1 Abs. 3 GrEStG bei Kapitalgesellschaften den Anteil am Gesellschaftsvermögen, bei Perso-

---

53 Vgl. § 1 Abs. 3 GrEStG.

54 Vgl. P/F-Pahlke, § 1 Rn. 317-319; Boruttau-Fischer, § 1 Rn. 851; Heine, UVR 2002, S. 375 (381).

55 Vgl. § 1 Abs. 3 Nr. 1 GrEStG.

56 Vgl. § 1 Abs. 3 Nr. 3 GrEStG.

57 Vgl. § 1 Abs. 3 Nr. 2 u. 4 GrEStG.

58 Im Hinblick auf die Definition einer grundbesitzenden Gesellschaft gelten die Ausführungen zu § 1 Abs. 2a GrEStG entsprechend (vgl. Abschn. B. I. 4.; P/F-Pahlke, § 1 Rn. 324; Boruttau-Fischer, § 1 Rn. 906-915a).

59 Vgl. Boruttau-Fischer, § 1 Rn. 866; Hofmann, § 1 Rn. 137.

60 Vgl. Hofmann, § 1 Rn. 143, 147b.

61 Vgl. FM Baden-Württemberg, Erl. v. 14.02.2000 – 3 – S 4500/43, DStR 2000, S. 430; P/F-Pahlke, § 1 Rn. 333; Hofmann, § 1 Rn. 149; Boruttau-Fischer, § 1 Rn. 892c; Teiche, UVR 2003, S. 258 (262).

nengesellschaften den Anteil an der Unternehmung an sich beschreibt. Zur Realisierung einer grunderwerbsteuerlichen Beherrschung reicht bei einer vermittelnden Kapitalgesellschaft daher der Erwerb von 95 % des Stammkapitals aus.[62] Die grunderwerbsteuerliche Beherrschung einer vermittelnden Personengesellschaft erfordert hingegen den Erwerb von mindestens 95 % aller an ihr existenten Gesellschaftsanteile, unabhängig von deren individueller wertmäßiger Beteiligung am Gesellschaftsvermögen.[63] Denkbar ist in diesem Zusammenhang auch, dass der Anteilseigner zur Beherrschung der grundbesitzenden Kapitalgesellschaft mehr als eine vermittelnde Kapital- oder Personengesellschaft verwendet, sofern jedes Glied der Beteiligungskette mindestens 95 % der Anteile an der jeweils unter ihr befindlichen Einheit hält.[64] Eine kombiniert **mittelbar-unmittelbare Anteilsvereinigung** liegt schließlich vor, sofern eine vermittelnde Kapital- oder Personengesellschaft weniger als 95 % der Anteile an der grundbesitzenden Kapitalgesellschaft hält, der sie beherrschende Anteilseigner jedoch selbst einen Geschäftsanteil an der grundbesitzenden Kapitalgesellschaft erwirbt, der ihm zusammen mit dem Anteil der vermittelnden Kapitalgesellschaft mindestens 95 % der Anteile an der grundbesitzenden Kapitalgesellschaft sichert.[65]

In Abgrenzung hierzu sind bei grundbesitzenden **Personengesellschaften unmittelbare Anteilsvereinigungen** in der Hand eines Erwerbers nicht möglich. Grund hierfür ist, dass im Rahmen des § 1 Abs. 3 GrEStG Maßstab für die Überschreitung der 95 %-Grenze nicht wie bei § 1 Abs. 2a GrEStG die Anteile am Gesellschaftsvermögen, sondern die Anteile an der Gesellschaft sind.[66] Anders als bei Kapitalgesellschaften besitzt bei Personengesellschaften aber jedes Mitglied angesichts des Konzepts der gesamthänderischen Mitberechtigung genau einen Anteil an der Gesellschaft. Eine Quotelung nach der individuellen vermögensmäßigen Berechtigung im Innenverhältnis wie bei Kapitalgesellschaften ist daher nicht möglich.[67] Insofern kommt es bei zwei Gesellschaftern einer Personengesellschaft zur größtmöglichen, aber für eine Grunderwerbsteuerbarkeit gemäß § 1 Abs. 3 GrEStG nicht ausreichenden unmittelbaren Anteilsvereinigung (jeweils 50 %). Würde einer der beiden Gesellschafter seinen Anteil auf den dann noch verbleibenden Gesellschafter übertragen, würde die Gesellschaft erlöschen und ihr Vermögen dem verbliebenen Gesellschafter steuerbar gemäß § 1 Abs. 1 Nr. 3 GrEStG anwachsen.[68]

Kombiniert **unmittelbar-mittelbare Anteilsvereinigung** sind hingegen auch bei grundbesitzenden Personengesellschaften denkbar. Hierzu ist erforderlich, dass eine

---

62 Vgl. Hofmann, § 1 Rn. 149.

63 Vgl. Boruttau-Fischer, § 1 Rn. 867; Hofmann, § 1 Rn. 164; Heine, INF 2003, S. 817 (819).

64 Vgl. P/F-Pahlke, § 1 Rn. 333; Hofmann, § 1 Rn. 149a.

65 Vgl. Hofmann, § 1 Rn. 149; P/F-Pahlke, § 1 Rn. 317-319 .

66 Berechtigt kritisch zum verunglückten Wortlaut der Vorschrift: Teiche, DStR 2005, S. 49 (52); a. Ans.: Salzmann/Loose, DStR 2005, S. 53.

67 Vgl. BFH, Urt. v. 08.08.2001 – II R 66/98, BStBl. II 2002, S. 156; Hofmann, § 1 Rn. 138-140; P/F-Pahlke, § 1 Rn. 333; Götz, GmbHR 2005, S. 615.

68 Vgl. Boruttau-Fischer, § 1 Rn. 869; P/F-Pahlke, § 1 Rn. 322; Hofmann, § 1 Rn. 139.

bereits direkt an der Personengesellschaft beteiligte Person zusätzlich über zumindest eine von ihm beherrschte Kapital- oder Personengesellschaft die für eine 95 %-ige Anteilsmehrheit erforderlichen weiteren Anteile erwirbt.[69] Bei bloß zwei weiteren Gesellschaftern müssten daher bspw. sämtliche Anteile erworben werden (2:3 = 66 %), bei 19 weiteren Gesellschaftern würde hingegen der Erwerb von 18 Anteilen ausreichen (19:20 = 95%).[70] Ein solcher unmittelbar-mittelbarer Erwerbsvorgang ergibt sich typischerweise bei einer grundbesitzenden GmbH & Co. KG, sofern nicht nur der einzige Kommanditanteil, sondern auch mindestens 95 % der Geschäftsanteile an der Komplementär-GmbH auf einen neuen Erwerber übergehen.[71]

Im Übrigen kommt bei grundbesitzenden Personengesellschaften auch eine **mittelbare Anteilsvereinigung** in Betracht.[72] Voraussetzung hierfür ist, dass ein Erwerber, der über eine von ihm grunderwerbsteuerlich beherrschte Kapital- oder Personengesellschaft an der grundbesitzenden Personengesellschaft beteiligt ist, über zumindest eine weitere von ihm beherrschte Kapital- oder Personengesellschaft so viele zusätzliche Anteile an der Personengesellschaft erwirbt, dass ihm schließlich mehr als 95 % der Anteile an der Personengesellschaft zuzurechnen sind.

Im Verhältnis zur Anteilsvereinigung in der Hand eines Erwerbers stellt die **Anteilsvereinigung in der Hand von herrschenden und abhängigen Unternehmen oder in der Hand von abhängigen Unternehmen** einen besonderen Fall der mittelbaren Anteilsvereinigung dar.[73] Besteht zwischen zwei Unternehmen eine Organschaft, erfahren beide eine Zusammenfassung zu einem grunderwerbsteuerlichen Subjekt „Organkreis".[74] Diese Zusammenfassung hat faktisch zur Folge, dass dem herrschenden Unternehmen Anteile der abhängigen Unternehmen an grundbesitzenden Gesellschaften angesichts der Organschaft auch dann zugerechnet werden, wenn zwischen beiden kein 95 %-iges Beteiligungsverhältnis besteht.[75]

In diesem Zusammenhang versteht man unter einem abhängigen Unternehmen eine juristische Person, die nach dem Gesamtbild der tatsächlichen Verhältnisse finanziell, wirtschaftlich und organisatorisch in ein anderes Unternehmen eingegliedert ist.[76] Dabei setzt eine finanzielle Eingliederung den Besitz der nach Gesetz oder Sat-

---

69 Vgl. P/F-Pahlke, § 1 Rn. 333; Boruttau-Fischer, § 1 Rn. 870.

70 A. Ans.: Hofmann, § 1 Rn. 140 a. E.

71 Vgl. FM Baden-Württemberg, Schr. v. 28.04.2005 – 3 – S 4505/18, StEK GrEStG 1983 § 1 Nr. 172.

72 Vgl. BFH , Urt. v. 05.11.1986 – II R 237/85, BStBl. II 1987, S. 225; P/F-Pahlke, § 1 Rn. 322.

73 Vgl. BFH, Urt. v. 20.07.2005 – II R 30/04, BStBl. II 2005, S. 839; BFH, Urt. v. 08.08.2001 – II R 66/98, BStBl. II 2002, S. 156; FinSen Berlin, Tz. 1 d. Schr. v. 21.03.2007 - III A - S 2447 - 2/2006, BStBl. I 2007, S. 422; P/F-Pahlke, § 1 Rn. 344; Hofmann, § 1 Rn. 169; Boruttau-Fischer, § 1 Rn. 958.

74 Vgl. P/F-Pahlke, § 1 Rn. 341; Hofmann, § 1 Rn. 169; Boruttau-Fischer, § 1 Rn. 958b; Günkel/Lieber (2003), S. 358; unklar: FinSen Berlin, Tz. 1 d. Schr. v. 21.03.2007 - III A - S 2447 - 2/2006, BStBl. I 2007, S. 422.

75 Differenzierend zwischen der Zurechnung zum herrschenden Unternehmen und der zum Organkreis: Hofmann, § 1 Rn. 169.

76 Vgl. § 1 Abs. 4 Nr. 2 b) GrEStG; Heine, GmbHR 2003, S. 453 (454).

zung erforderlichen Anteilsmehrheit zur Durchsetzung zentraler Entscheidungen voraus.[77] Das herrschende Unternehmen muss also regelmäßig über mehr als 50 % der Anteile an der ihm untergeordneten Gesellschaft verfügen. Daneben erfordert die wirtschaftliche Eingliederung, dass die Organgesellschaft gemäß dem Willen des Organträgers im Rahmen des Gesamtunternehmens, und zwar im engen wirtschaftlichen Zusammenhang mit diesem fördernd und ergänzend tätig ist. Ausreichend hierfür ist typischerweise eine vernünftige ökonomische Zusammenarbeit im Sinne einer wirtschaftlichen Einheit oder Kooperation.[78] Letztlich verlangt die organisatorische Eingliederung, dass das übergeordnete Unternehmen seinen Geschäftswillen im anderen Unternehmen umsetzen kann. Dies gelingt typischerweise im Wege der Begründung einer personellen Verflechtung der Geschäftsführungen oder kraft Beherrschungsvertrag.[79] Insgesamt ist das Gesamtbild der Verhältnisse maßgeblich. Es müssen daher nicht alle drei Kriterien stets gleichmäßig ausgeprägt verwirklicht sein.[80]

Liegt ein solches Organschaftsverhältnis im Einzelfall vor, setzt eine steuerbare Anteilsvereinigung die Verwirklichung zweier weiterer Voraussetzungen voraus. Zum einen bedarf es überhaupt einer Anteilsübertragung. Die isolierte Begründung einer Organschaft kann keine steuerbare Anteilsvereinigung bewirken.[81] Zum anderen müssen sich mit dieser Anteilsübertragung mindestens 95 % der Anteile an der grundbesitzenden Gesellschaft unmittelbar oder mittelbar im Organkreis vereinigen. Angesichts des eindeutigen Wortlauts der Vorschrift[82] ersetzt die organschaftliche Zurechnung von Anteilen nicht das Erfordernis einer qualifizierten Beteiligung, sondern erleichtert lediglich die Zuordnung von Tochtergesellschaften gehaltener Gesellschaftsanteile.[83] Daher kommt es zu keiner steuerbaren Anteilsvereinigung, falls auf einen Erwerber weniger als 95 % der Anteile an einer grundbesitzenden Kapitalgesellschaft unter simultaner Begründung einer Organschaft übergehen. Das Gleiche gilt, falls sich bei einer vermittelnden Kapitalgesellschaft zuvor mindestens 95 % aller Anteile an einer grundbesitzenden Unternehmung vereinigt haben und ein weiterer Rechtsträger anschließend weniger als 95 % der Anteile an der vermittelnden Kapi-

---

77 Vgl. P/F-Pahlke, § 1 Rn. 343; Hofmann, § 1 Rn. 168; Boruttau-Fischer, § 1 Rn. 965.

78 Vgl. BFH, Urt. v. 03.04.2003 – V R 63/01, BStBl. II 2004, S. 434; BFH, Urt. v. 17.01.2002 – V R 37/00, BStBl. II 2002, S. 373; P/F-Pahlke, § 1 Rn. 343; Hofmann, § 1 Rn. 168; Boruttau-Fischer, § 1 Rn. 965a.

79 Vgl. P/F-Pahlke, § 1 Rn. 343; Hofmann, § 1 Rn. 139; Boruttau-Fischer, § 1 Rn. 965b.

80 Vgl. Adolf, GmbHR 2007, S. 1309 (1310).

81 Vgl. FinSen Berlin, Tz. 2.1 d. Schr. v. 21.03.2007 - III A - S 2447 - 2/2006, BStBl. I 2007, S. 422; FM Baden-Württemberg, Schr. v. 11.10.2005 – 3 – S 4501/10, DStR 2005, S. 1903; Boruttau-Fischer, § 1 Rn. 965b; Storg, UVR 2001, S. 139 (142); Mitsch, DB 2001, S. 2165 (2167); Heine, UVR 2001, S. 349 (359).

82 Vgl. § 1 Abs. 3 Nr. 1 GrEStG.

83 Vgl. BFH, Urt. v. 20.07.2005 – II R 30/04, BStBl. II 2005, S. 839; Hofmann, § 1 Rn. 169; Boruttau-Fischer, § 1 Rn. 966c; Behrens, BB 2005, S. 2621 (2622); Adolf, GmbHR 2007, S. 1309.

talgesellschaft unter gleichzeitiger Initiierung eines Organschaftsverhältnisses erwirbt.[84]

Neben dem anteilsvereinigenden Verpflichtungsgeschäft stellt das **anteilsvereinigungsübertragende Verpflichtungsgeschäft** den zweiten Grundfall der Anteilsvereinigung dar. Es kennzeichnet ein Rechtsgeschäft, das den Anspruch auf Übertragung unmittelbar oder mittelbar von mindestens 95 % der Gesellschaftsanteile begründet.[85] In dieser Konstellation hat zumindest schon einmal eine Anteilsvereinigung gemäß § 1 Abs. 3 Nr. 1 GrEStG stattgefunden, so dass dem jeweiligen Gesellschafter das Grundvermögen der Gesellschaft grunderwerbsteuerlich zuzuordnen ist.[86] Überträgt dieser nun seine mindestens 95 %-ige Beteiligung, wird dieser Vorgang so behandelt, als ob er den in der Gesellschaft enthaltenen Grundbesitz veräußern würde. Was in diesem Zusammenhang die Möglichkeiten unmittelbarer oder mittelbarer Übertragungen betrifft, finden die Erläuterungen zum anteilsvereinigenden Verpflichtungsgeschäft im gleichen Maße Anwendung.

Zur Vervollständigung des Systems der Anteilsvereinigung sieht § 1 Abs. 3 GrEStG in seinen Nummern 2 und 4 **subsidiäre Erwerbsvorgänge** vor, die jeweils mit den oben beschriebenen Verpflichtungsgeschäften korrespondieren. Ihre Aufgabe besteht darin, Besteuerungslücken zu schließen, da Anteilsvereinigungen in bestimmten Fällen auch ohne ein vorangegangenes Verpflichtungsgeschäft stattfinden können. Hierzu kommt es, wenn eine Beteiligung kraft Gesetzes auf eine andere Person übergeht, wie insbesondere bei Verschmelzungen, Spaltungen oder Anwachsungen.[87] Im Übrigen gelten die obigen Ausführungen entsprechend.

In allen vier Fällen der Anteilsvereinigung ist schließlich zu beachten, dass es einer bürgerlich-rechtlichen und nicht bloß einer wirtschaftlichen Vereinigung bedarf.[88] Außerdem ist zu berücksichtigen, dass nicht nur natürliche Personen und Kapitalgesellschaften, sondern auch Personengesellschaften als Anteilserwerber in Betracht kommen. Bei der Berechnung der 95 %-Grenze bleiben eigene Anteile der Kapitalgesellschaften unberücksichtigt.[89] Hat die Vereinigung schließlich einmal stattgefunden, bewirkt der Übergang eines eventuell verbliebenen Restanteils auf den Erwerber im Anschluss keine erneute Steuerpflicht.[90] Dies gilt auch dann, wenn die grundbesitzende Gesellschaft zwischen der erstmaligen Vereinigung und dem Restanteilserwerb weiteren Grundbesitz erwirbt.[91]

---

84 Vgl. FinSen Berlin, Tz. 2.2 d. Schr. v. 21.03.2007 - III A - S 2447 - 2/2006, BStBl. I 2007, S. 422.

85 Vgl. § 1 Abs. 3 Nr. 3 GrEStG.

86 Vgl. P/F-Pahlke, § 1 Rn. 364; Boruttau-Fischer, § 1 Rn. 956.

87 Vgl. P/F-Pahlke, § 1 Rn. 330; Hofmann, § 1 Rn. 156.

88 Vgl. BFH, Urt. v. 26.02.1975 – II R 130/67, BStBl. II 1975, S. 456; P/F-Pahlke, § 1 Rn. 329; Hofmann, § 1 Rn. 134a.

89 Vgl. Hofmann, § 1 Rn. 143; P/F-Pahlke, § 1 Rn. 328.

90 Vgl. P/F-Pahlke, § 1 Rn. 330; Dieterlen/Henninger, GmbH-StB 1999, S. 202 (203).

91 Vgl. BFH, Urt. v. 08.11.1978 – II R 82/73, BStBl. II 1979, S. 153; P/F-Pahlke, § 1 Rn. 330.

Der Formwechsel einer grundbesitzenden Personengesellschaft in eine Kapitalgesellschaft bewirkt entgegen der Ansicht des Finanzgerichts Münsters[92] grundsätzlich keinen steuerbaren Rechtsträgerwechsel.[93] Etwas anderes gilt lediglich ausnahmsweise, falls im Zusammenhang mit dem Formwechsel Anteilseigner aus der grundbesitzenden Gesellschaft ausscheiden und sich dadurch bei einem verbleibenden Gesellschafter erstmals, ggf. auch im Zusammenhang mit der Durchführung des Treuhandmodells, mindestens 95 % der Anteile vereinigen.[94] Besitzt ein Gesellschafter schon vorher mindestens 95 % der Anteile, kann sich nur noch eine grunderwerbsteuerlich unbeachtliche Beteiligungsverstärkung ergeben.[95] Daneben qualifiziert auch der Formwechsel eines Gesellschafters nicht als Rechtsträgerwechsel, da sich durch ihn die Identität des jeweiligen Anteilseigners nicht verändert.[96]

II. Keine Steuervergünstigung

1. Übergang auf eine Gesamthand

Qualifiziert eine Umstrukturierungsmaßnahme nach diesen Grundsätzen als steuerbarer Erwerbsvorgang, berührt sie die Gestaltungsgrenze der Grunderwerbsteuer nur, soweit das GrEStG für sie keine Privilegierung vorsieht. Als eine solche kommen der Übergang eines Grundstücks auf eine Gesamthand sowie von einer Gesamthand[97] in Betracht.

Grunderwerbsteuer wird ausnahmsweise nicht erhoben, sofern ein Grundstück von einem Allein- oder Miteigentümer auf eine Gesamthand übergeht und soweit dieser Eigentümer am Vermögen der Gesamthand im Zeitpunkt des Übergangs beteiligt ist.[98] Mit dieser Begünstigung trägt das GrEStG dem Umstand Rechnung, dass ein solcher Grundstücksübergang auf eine Gesamthand angesichts deren zivilrechtlicher Einordnung als selbständige Rechtsträgerin voll grunderwerbsteuerbar ist, obwohl der Gesellschafter auch nach der Einbringung im Rahmen der gesamthänderischen Verbundenheit seiner Mitgesellschafter Eigentümer des Grundstücks bleibt.[99] Da eine derart umfassende Besteuerung des Grundstücksübergangs trotz fortbestehenden Eigentums als unbillig empfunden wird, erfüllt § 5 GrEStG die Aufgabe, zumindest im Maße der wertmäßigen Beteiligung des einbringenden Gesellschafters an der Gesamthand Abhilfe zu schaffen.[100]

---

92 Vgl. FG Münster, Urt. v. 16.02.2006 – 8 K 1785/03 GrE, EFG 2006, S. 1034 (Rev.: II R 31/06).
93 Gl. Ans.: Behrens/Schmitt, UVR 2008, S. 16 (18).
94 Gl. Ans.: G. Hofmann, UVR 2007, S. 222 (224); Behrens/Schmitt, UVR 2008, S. 53 (56).
95 Gl. Ans.: G. Hofmann, UVR 2007, S. 222 (224).
96 Vgl. Boruttau-Fischer, § 1 Rn. 862.
97 Vgl. Abschnitt B. II. 2.
98 Vgl. § 5 Abs. 1-3 GrEStG.
99 Vgl. Viskorf, DStR 1994, S. 6 (8).
100 Vgl. P/F-Franz, § 5 Rn. 2; Boruttau-Viskorf, § 5 Rn. 4; Schiessl/Tschesche, BB 2003, S. 1867.

In diesem Zusammenhang versteht man unter einer **Gesamthand** eine Gemeinschaft, deren Wirtschaftsgüter jedem Gesellschafter unter Beschränkung durch das gleiche Recht aller übrigen Gesellschafter gehören. Ein solches Vermögenskonzept gilt insbesondere bei der Gesellschaft bürgerlichen Rechts, der offenen Handelsgesellschaft und der Kommanditgesellschaft.[101] Juristische Personen wie die Gesellschaft mit beschränkter Haftung und die Aktiengesellschaft sind hingegen aufgrund ihrer eigenen Rechtspersönlichkeit keine Gesamthandsgemeinschaften. Stille Gesellschaften qualifizieren ebenfalls nicht als Gesamthand, da die Ansprüche des stillen Gesellschafters gegen den Inhaber des Handelsgeschäfts lediglich schuldrechtlichen Charakter besitzen.[102]

Mitglieder einer solchen Gesamthand und damit einbringende Grundstückseigentümer können natürliche Personen, juristische Personen und Gesamthandsgemeinschaften sein. Zu beachten ist in diesem Zusammenhang allerdings, dass sich die Privilegierung von Grundstücksübergängen zwischen Gesamthandsgemeinschaften ausschließlich nach § 6 Abs. 3 GrEStG richtet, so dass § 5 GrEStG auf Personengesellschaften als einbringende Gesellschafter keine Anwendung findet.[103] Im Übrigen ist ohne Relevanz, ob die übertragende Unternehmung im Zeitpunkt der Einbringung bereits Mitglied der Gesamthand ist oder erst mit der Einbringung wird.[104]

Zur Erlangung der Privilegierung muss das Grundstück von einem solchen Mitglied auf eine Gesamthand **übergehen**. Der Begriff „übergehen“ meint dabei im grunderwerbsteuerlichen Zusammenhang den Wechsel in der Zuordnung des Grundstücks. Typischerweise ergibt sich ein solcher Wechsel mit dem Abschluss eines schuldrechtlichen Rechtsgeschäfts, das den Anspruch der Gesamthand auf Übereignung des Grundstücks gegenüber dem einbringenden Gesellschafter begründet.[105] Anwendbar ist § 5 GrEStG aber im gleichen Maße auch auf Rechtsvorgänge, mit denen einer Gesamthand die Verwertungsbefugnis an einem Grundstück eingeräumt wird.[106] Bei Grundstücksübergängen gemäß § 1 Abs. 1 Nr. 3 GrEStG kann sich ein für § 5 GrEStG relevanter Zuordnungswechsel allein bei Abspaltungen und Ausgliederungen auf eine Gesamthand ergeben. Formwechsel sind hingegen schon nicht grunderwerbsteuerbar. Verschmelzungen und Aufspaltungen von Kapitalgesellschaften auf eine Gesamthand lassen den einbringenden Gesellschafter untergehen, so dass eine Privilegierung bereits wegen § 5 Abs. 3 GrEStG nicht in Betracht kommt.[107] Verschmelzungen und Aufspaltungen von Personengesellschaften sowie

---

101 Vgl. Boruttau-Viskorf, § 5 Rn. 7; Hofmann, § 5 Rn. 1.

102 Vgl. P/F-Franz, § 5 Rn. 12; Hofmann, § 5 Rn. 2; Boruttau-Viskorf, § 5 Rn. 8.

103 Vgl. FM Bayern, Schr. v. 05.02.1999 – 36 – S 4514 – 21/6 – 3 627, StEK GrEStG 1983 § 6 Nr. 6; P/F-Franz, § 5 Rn. 13.

104 Vgl. P/F-Franz, § 5 Rn. 8.

105 Vgl. § 1 Abs. 1 Nr. 1 GrEStG.

106 Vgl. § 1 Abs. 2 GrEStG; Boruttau-Viskorf, § 5 Rn. 41.

107 Vgl. P/F-Franz, § 5 Rn. 40, 44; Boruttau-Viskorf, § 5 Rn. 84; Hofmann, § 5 Rn. 29.

Anwachsungen auf eine Gesamthand unterliegen exklusiv § 6 Abs. 3 GrEStG.[108] Zuordnungswechsel gemäß § 1 Abs. 2a GrEStG werden ebenfalls ausschließlich von § 6 Abs. 3 GrEStG erfasst, da mit dieser Regelung ein Grundstücksübergang von einer alten auf eine neue Personengesellschaft fingiert wird.

Anteilsvereinigungen bei Kapitalgesellschaften gemäß § 1 Abs. 3 Nr. 1, 2 GrEStG qualifizieren nicht als Zuordnungswechsel im Sinne des § 5 GrEStG. Bei ihnen wird eine Grundstücksübertragung von der Kapitalgesellschaft auf einen ihrer Anteilseigner unterstellt, so dass es an einem Übergang zwischen Gesellschafter und Gesamthand fehlt.[109] Da das Konzept der Anteilsvereinigung bei Personengesellschaften ebenfalls einen Transfer des Grundstücks von der Personengesellschaft auf einen Gesellschafter annimmt, gilt für entsprechende Vorgänge ausschließlich § 6 GrEStG.[110] Anders verhält es sich hingegen bei der Weiterübertragung bereits vereinigter Anteile gemäß § 1 Abs. 3 Nr. 3, 4 GrEStG. Da in dieser Konstellation bereits ein Zuordnungswechsel von der Gesellschaft auf einen Anteilseigner im Rahmen einer vorangegangenen Anteilsvereinigung stattgefunden hat, kommt es im Anschluss zu einem fiktiven Übergang von diesem Anteilseigner auf eine dritte Person. Sofern zwischen beiden Rechtsträgern ein Gesellschafter-Gesamthand-Verhältnis besteht, ist § 5 GrEStG uneingeschränkt anwendbar.[111]

Das **Ausmaß der Begünstigung** eines Grundstücksübergangs richtet sich nach dem Umfang der Kongruenz zwischen dem Eigentumsanteil des einbringenden Gesellschafters am Grundstück und seinem Vermögensanteil an der Gesamthand.[112] Letzterer richtet sich wiederum nach der prozentualen Beteiligungsquote des Gesellschafters am Vermögen der Gesamthand im Zeitpunkt des Erwerbsvorgangs. [113] Wie sich diese Quote ermittelt, ist den Gesellschaftern überlassen. Typischerweise werden von ihnen unveränderliche, feste Kapitalkonten als maßgeblich vereinbart. Dabei steht es ihnen frei, einzelne Mitglieder der Gesamthand vollständig von einer wirtschaftlichen Partizipation am Vermögen der Gesellschaft auszuschließen. Dies geschieht regelmäßig bei der Komplementär-GmbH einer GmbH & Co. KG.[114] Denkbar ist aber auch die Höhe variabler Gesellschafterkonten bei der Berechnung der wertmäßigen Beteiligung mit einzubeziehen oder spezifische Wirtschaftsgüter des Gesamthandsvermögens ausschließlich einzelnen Gesellschaftern zuordnen.[115] Ohne

---

108 Vgl. P/F-Franz, § 5 Rn. 37-47.

109 Vgl. BFH, Urt. v. 02.04.2008 – II R 53/06, BB 2008, S. 1772; FM Baden-Württemberg, Schr. v. 28.04.2005 – 3 – S 4505/18, StEK GrEStG 1983 § 1 Nr. 172; P/F-Franz, § 5 Rn. 61; Boruttau-Fischer, § 1 Rn. 34; Mies/Greiser, DStR 2008, S. 1319 (1320).

110 Vgl. P/F-Franz, § 5 Rn. 62.

111 Vgl. FM Baden-Württemberg, Schr. v. 28.04.2005 – 3 – S 4505/18, StEK GrEStG 1983 § 1 Nr. 172; P/F-Franz, § 5 Rn. 63; Boruttau-Fischer, § 1 Rn. 41.

112 Vgl. BFH, Urt. v. 16.01.1991 – II R 38/87, BStBl. II 1991, S. 374; P/F-Franz, § 5 Rn. 6; Hofmann, § 5 Rn. 5; Kroschewski, GmbHR 2003, S. 757.

113 Vgl. P/F-Franz, § 5 Rn. 48; Boruttau-Viskorf, § 5 Rn. 29.

114 Vgl. Hofmann, § 5 Rn. 10-11; Boruttau-Viskorf, § 5 Rn. 30.

115 Vgl. P/F-Franz, § 5 Rn. 52-54; Hofmann, § 5 Rn. 12; Boruttau-Viskorf, § 5 Rn. 31.

Relevanz ist hingegen der Anteil des betroffenen Mitglieds am Ergebnis der Gesamthand oder an einer potenziellen Vermögensauseinandersetzung.[116] Beschränkungen seiner Gesellschafterstellung durch Stimmrechtsbindungen oder Verfügungsbeschränkungen im Innenverhältnis sind ebenfalls unerheblich.[117]

Ist Gesellschafterin einer aufnehmenden Gesamthand eine weitere Gesamthand (doppelstöckige Gesamthandsgemeinschaft), so wird die übergeordnete Gesellschaft für Zwecke des § 5 GrEStG als transparent behandelt. Bei der Bemessung des Begünstigungsumfangs ist daher auch die Beteiligungsquote des einbringenden Gesellschafters an der Obergesellschaft zu berücksichtigen.[118] Werden Anteile der aufnehmenden Gesamthand hingegen von einer Kapitalgesellschaft gehalten, ist eine eventuelle Beteiligung des einbringenden Gesellschafters an dieser Kapitalgesellschaft angesichts deren eigenen Rechtspersönlichkeit unerheblich.[119]

2. Übergang von einer Gesamthand

Während § 5 GrEStG den Übergang eines Grundstücks aus dem Vermögen eines Gesellschafters auf eine Gesamthand regelt, normiert § 6 GrEStG spiegelbildlich hierzu den Transfer eines Grundstücks aus der Gesamthand in das Eigentum eines ihrer Gesellschafter. Zweck dieser Privilegierung ist wie bei § 5 GrEStG, Grundstücksübertragungen nur insoweit der Besteuerung zu unterwerfen, als sich mit ihnen die Person des Eigentümers und nicht bloß die Form des Eigentums ändert.[120] Deshalb untersagt § 6 GrEStG die Erhebung von Grunderwerbsteuer, sofern ein Grundstück von einer Gesamthand auf eine oder mehrere an ihr beteiligte Personen oder eine andere Gesamthand übergeht, soweit der so erworbene Eigentumsanteil am Grundstück dem Anteil des einzelnen Anteilseigners an der übertragenden Gesamthand entspricht und soweit die beteiligte Person ihren Anteil an der Gesamthand nicht innerhalb von fünf Jahren vor dem Erwerbsvorgang erworben hat. Dabei gelten angesichts der Spiegelbildlichkeit beider Privilegierungsnormen die im Rahmen des § 5 GrEStG erläuterten Grundsätze zur Gesamthand und den beteiligten Personen sowie zur Ermittlung des Ausmaßes der Übergangsbegünstigung für § 6 GrEStG vollumfänglich entsprechend.[121] Besonderheiten ergeben sich lediglich bei den von § 6 GrEStG erfassten Formen des Grundstücksübergangs, den Transfers auf andere Gesamthandsgemeinschaften (§ 6 Abs. 3 GrEStG) sowie der Zugehörigkeitsfrist des § 6 Abs. 4 S. 1 GrEStG.

---

116 Vgl. Boruttau-Viskorf, § 5 Rn. 20; P/F-Franz, § 5 Rn. 14.

117 Vgl. P/F-Franz, § 5 Rn. 50.

118 Vgl. Boruttau-Viskorf, § 5 Rn. 17; Kroschewski, GmbHR 2003, S. 757; Heine, INF 2001, S. 449 (452).

119 Vgl. P/F-Franz, § 5 Rn. 16; Hofmann, § 5 Rn. 4; Boruttau-Viskorf, § 5 Rn. 14.

120 Vgl. P/F-Franz, § 6 Rn. 2; Boruttau-Viskorf, § 6 Rn. 2.

121 Vgl. Boruttau-Viskorf, § 6 Rn. 7, 8, 19; P/F-Franz, § 6 Rn. 22, 25; Hofmann, § 6 Rn. 1, 2, 10.

Was die von § 6 GrEStG erfassten Formen des **Grundstücksübergangs** betrifft, kann sich der hierzu erforderliche, spezifisch grunderwerbsteuerliche Zuordnungswechsel nicht nur aus dem Abschluss eines schuldrechtlichen Rechtsgeschäfts ergeben, das den Anspruch des Gesellschafters auf Übereignung des Grundstücks gegenüber der Gesamthand begründet.[122] Denkbar sind auch Rechtsvorgänge, mit denen die Gesamthand einem ihrer Gesellschafter die Verwertungsbefugnis an einem Grundstück einräumt,[123] sowie Verschmelzungen, Auf- und Abspaltungen und Anwachsungen der Gesamthand auf eines ihrer Mitglieder oder eine andere Personengesellschaft.[124] Außerdem erfasst § 6 Abs. 3 GrEStG Zuordnungswechsel gemäß § 1 Abs. 2a GrEStG, da in dieser Situation ein Grundstücksübergang von einer alten auf eine neue Personengesellschaft fingiert wird.[125] Vereinigen sich die Anteile an der Gesamthand bei einem ihrer Gesellschafter, ist § 6 GrEStG ebenfalls anwendbar, da in dieser Konstellation ein Transfer des Grundstücks von der Gesamthand auf den Gesellschafter unterstellt wird.[126] Das Gleiche gilt, sofern die Gesamthand Anteile an einer Kapital- oder Personengesellschaft auf einen ihrer Gesellschafter überträgt, die bei ihr zuvor bereits Gegenstand einer Anteilsvereinigung waren.[127]

Eine weitere Besonderheit besteht darin, dass der Übergang eines Grundstücks von einer Gesamthand auch auf eine andere Gesamthand stattfinden kann. Ein solcher Transfer ist angesichts der selbständigen Rechtsträgerschaft von Gesamthandsgemeinschaften trotz einer eventuellen Kongruenz im Mitgliederbestand beider Gesellschaften voll grunderwerbsteuerbar. Um auch in einer solchen Konstellation ausschließlich Veränderungen in der Person des Grundstückseigentümers zu erfassen, ordnet **§ 6 Abs. 3 S. 1 GrEStG** die Nichterhebung der Steuer an, soweit eine personelle und wertmäßige Identität zwischen den Mitgliedern beider Gesamthandsgemeinschaften respektive ihren jeweiligen Beteiligungen besteht.[128]

Bei der Berechnung dieser wertmäßigen Identität sind ausschließlich unmittelbare sowie mittelbar über eine weitere Gesamthand gehaltene Beteiligungen mit einzubeziehen.[129] Ist eine Kapitalgesellschaft unmittelbare Gesellschafterin der Gesamthand, sind die an ihr selbst bestehenden Beteiligungsverhältnisse hingegen ohne Relevanz.[130] Teilweise wird allerdings die Auffassung vertreten, diese Intransparenz gelte

122 Vgl. § 1 Abs. 1 Nr. 1 GrEStG; Hofmann, § 6 Rn. 4.

123 Vgl. § 1 Abs. 2 GrEStG; Boruttau-Viskorf, § 6 Rn. 6.

124 Vgl. § 1 Abs. 1 Nr. 3 GrEStG; P/F-Franz, § 6 Rn. 9, 41-43; Hofmann, § 6 Rn. 6, 8.

125 Vgl. BFH, Urt. v. 27.04.2005 – II R 61/03, BStBl. II 2005, S. 649; Boruttau-Viskorf, § 6 Rn. 27a; Fuhrmann/Demuth, UVR 2006, S. 26 (S. 27); Heine, INF 2005, S. 63 (64); Stoschek/Mies, DStR 2006, S. 221.

126 Vgl. FM Baden-Württemberg, Schr. v. 28.04.2005 – 3 – S 4505/18, StEK GrEStG 1983 § 1 Nr. 172; P/F-Franz, § 6 Rn. 51.

127 Vgl. P/F-Franz, § 6 Rn. 52; Hofmann, § 6 Rn. 4; Mies/Greiser, DStR 2008, S. 1319 (1320).

128 Vgl. Hofmann, § 6 Rn. 12; Boruttau-Viskorf, § 6 Rn. 27.

129 Vgl. BFH, Urt. v. 27.04.2005 – II R 61/03, BStBl. II 2005, S. 649; Hofmann, § 6 Rn. 3; Boruttau-Viskorf, § 6 Rn. 27e; Stoschek/Mies, DStR 2006, S. 221; Behrens/Hofmann, DStR 2003, S. 2093 (2095).

130 Vgl. P/F-Franz, § 6 Rn. 16-17; Boruttau-Viskorf, § 6 Rn. 27d.

nicht bei mittelbaren Änderungen des Gesellschafterbestandes einer Personengesellschaft.[131] Anderenfalls liefe § 1 Abs. 2a GrEStG angesichts der konstanten unmittelbaren Beteiligung einer vermittelnden Kapitalgesellschaft leer. Ob sich diese Beurteilung durchsetzen wird, ist angesichts des eindeutigen Wortlauts des § 6 Abs. 3 S. 1 GrEStG zweifelhaft.[132]

Als finale Eigenheit des § 6 GrEStG ist zu beachten, dass seine Privilegien nicht anwendbar sind, soweit der Gesamthänder, in dessen Eigentum das Grundstück vollständig oder partiell übergeht, seinen Anteil an der übertragenden Gesamthand innerhalb von fünf Jahren vor dem Erwerbsvorgang erworben hat **(§ 6 Abs. 4 S. 1 GrEStG)**. Maßgeblich ist also das Beteiligungsverhältnis, das zuletzt mehr als fünf Jahre vor dem Grundstücksübergang bestanden hat.[133] Zweck dieser Regelung ist es, einen Missbrauch der Privilegierung durch kurzfristigen Eintritt eines Grundstückserwerbers in die Gesamthand noch vor dem Grundstückstransfer zu verhindern.[134] Zu berücksichtigen sind in diesem Zusammenhang auch mittelbare Beteiligungen an der Gesamthand über eine zwischengeschaltete Gesamthand.[135] Anteile, die eine Kapitalgesellschaft vermittelt, sind hingegen unbeachtlich.[136]

Erfährt der Gesamthänder einen Formwechsel, so ist dies für eine anschließende Grundstücksübertragung auf ihn unschädlich, da die Gesamthand ihren Grundbesitz auch ohne ihn begünstigt auf den Gesamthänder hätte übertragen können.[137] Etwas anderes gilt jedoch für eine Übertragung auf den (Ober-) Gesellschafter des Gesamthänders, falls dieser vom Formwechsel profitiert, weil er nun mittelbar an der Gesamthand beteiligt ist.[138]

Hat die Gesamthand noch keine fünf Jahre bestanden, ist im Wege einer teleologischen Reduktion der kürzere Zeitraum ihrer Existenz maßgeblich.[139] Entsprechendes gilt, sofern die Gesamthand noch keine fünf Jahre grundbesitzend ist.[140] Ist die Gesamthand hingegen aus dem Formwechsel einer Kapitalgesellschaft entstanden, muss eine neue Fünf-Jahres-Frist vor der Übertragung von Grundvermögen abgewartet werden.[141]

---

131 Vgl. Boruttau-Viskorf, § 6 Rn. 27d; Hofmann, § 6 Rn. 12c; Heine, INF 2005, S. 63 (65); Behrens/Hofmann, DStR 2003, S. 2093 (2098); Behrens, StbJb. 2005/06, S. 317 (324).

132 Vgl. Salzmann/Loose, DStR 2004, S. 1941 (1943); Heine, UVR 2007, S. 375 (377).

133 Vgl. P/F-Franz, § 6 Rn. 29; Hofmann, § 6 Rn. 15.

134 Vgl. Hofmann, § 6 Rn. 16; P/F-Franz, § 6 Rn. 15.

135 Vgl. Boruttau-Viskorf, § 6 Rn. 35a.

136 Vgl. P/F-Franz, § 6 Rn. 32; Boruttau-Viskorf, § 6 Rn. 35c.

137 Vgl. Behrens/Schmitt, UVR 2004, S. 270 (275).

138 Vgl. Boruttau-Viskorf, § 6 Rn. 35; Behrens/Schmitt, UVR 2004, S. 270 (274); a. Ans.: Schiessl/Tschesche, BB 2003, S. 1867 (1874).

139 Vgl. Hofmann, § 6 Rn. 20; Boruttau-Viskorf, § 6 Rn. 40; Gottwald, DStR 2004, S. 341 (345).

140 Vgl. Boruttau-Viskorf, § 6 Rn. 41; P/F-Franz, § 6 Rn. 33; Gottwald, DStR 2004, S. 341 (345).

141 Vgl. BFH, Urt. v. 19.03.2003 – II B 96/02, BFH/NV 2003, S. 1090; BFH, Urt. v. 04.04.2001 – II R 57/98, BStBl. II 2001, S. 587; Boruttau-Viskorf, § 6 Rn. 35c; Behrens/Schmitt, UVR 2004, S. 270 (271).

III. Auslösung einer Bemessungsgrundlage

Schließlich lässt ein steuerbarer und nicht von der Steuer ausgenommener Vorgang nur dann Grunderwerbsteuer entstehen, soweit er eine Bemessungsgrundlage auslöst. Als solche gilt grundsätzlich die für die Grundstücksübertragung erbrachte Gegenleistung.[142] Dabei versteht man unter Gegenleistung jedes Entgelt, das der Grundstückserwerber für den Erwerb des Grundstücks gewährt und der Grundstücksveräußerer für die Veräußerung des Grundstücks empfängt.[143] Hierzu zählen auch der Verzicht auf ein Auseinandersetzungsguthaben[144] sowie die Übernahme einer Restaurierungsverpflichtung.[145]

Keine Gegenleistung stellen hingegen die ertragsteuerliche Feststellung einer verdeckten Gewinnausschüttung[146] sowie die Schmälerung des inneren Werts eines Gesellschaftsrechts an einer Personengesellschaft dar, falls Grundvermögen unter Verkehrswert auf einen Gesellschafter übertragen wird,[147] es sei denn, die übrigen Gesellschafter erhalten einen Ausgleich für den verminderten Kaufpreis.[148] Darüber hinaus qualifizieren als Gegenleistung auch nicht der Übergang des Unternehmerrisikos und die Übernahme bestehender Arbeitsverhältnisse,[149] die Verringerung von Gewinnerwartungen,[150] die Befreiung vom allgemeinen Unternehmerwagnis, die Verpflichtung zur Betriebsfortführung und zum Erhalt von Arbeitsplätzen,[151] sowie die Übernahme von Denkmalsschutzverpflichtungen,[152] Investitionsverpflichtungen oder Abrisskosten.[153]

Wird im Einzelfall ein Entgelt vereinbart, ist es auch dann Bemessungsgrundlage der Steuer, falls es außergewöhnlich niedrig ist und weit hinter dem Verkehrswert des Grundstücks zurückbleibt.[154] Besitzt ein abgesprochener Preis hingegen lediglich

---

142 Vgl. § 8 Abs. 1 GrEStG.

143 Vgl. BFH, Urt. v. 11.02.2004 – II R 31/02, BStBl. II 2004, S. 521; BFH, Urt. v. 23.10.2002 – II R 81/00, BStBl. II 2003, S. 199; P/F-Pahlke, § 8 Rn. 5; Hofmann, § 8 Rn. 3; Boruttau-Viskorf, § 8 Rn. 16.

144 Vgl. BFH, Urt. v. 05.03.1997 – II R 81/94, BFH/NV 1997, S. 613.

145 Vgl. BFH, Urt. v. 06.12.1995 – II R 46/93, BFH/NV 1996, S. 578.

146 Vgl. BFH, Urt. v. 26.02.1976 – V R 167/70, BStBl. II 1976, S. 443; BFH, Urt. v. 26.10.1977 – II R 115/69, BStBl. II 1978, S. 201; Hofmann, § 9 Rn. 5; Boruttau-Sack, § 9 Rn. 211.

147 Vgl. BFH, Urt. v. 06.12.1989 – II R 95/86, BStBl. II 1990, S. 186; BFH, Urt. v. 05.03.1997 – II R 81/94, BFH/NV 1997, S. 613; Boruttau-Sack, § 9 Rn. 212; Hofmann, § 9 Rn. 5.

148 Vgl. BFH, Urt. v. 05.11.1980 – II R 28/75, BStBl. II 1981, S. 174; BFH, Urt. v. 26.10.1977 – II R 115/69, BStBl. II 1978, S. 201; Boruttau-Sack, § 9 Rn. 212.

149 Vgl. BFH, Urt. v. 07.12.1994 – II R 9/92, BStBl. II 1995, S. 268; Hofmann, § 8 Rn. 30.

150 Vgl. BFH, Urt. v. 05.03.1997 – II R 81/94, BFH/NV 1997, S. 613; BFH, Urt. v. 06.12.1989 – II R 95/86, BStBl. II 1990, S. 186; BFH, Urt. v. 26.10.1977 – II R 115/69, BStBl. II 1978, S. 201.

151 Vgl. BFH, Urt. v. 07.12.1994 – II R 9/92, BStBl. II 1995, S. 268.

152 Vgl. FG Sachsen, Urt. v. 12.05.2004 – 5 K 2437/00, HaufeIndex 1277759.

153 Vgl. FG Mecklenburg-Vorpommern, Urt. v. 03.06.1998 – 1 K 212/96, EFG 1998, S. 1352.

154 Vgl. BFH, Urt. v. 12.07.2006 – II R 65/04, BFH/NV 2006, S. 2128; BFH, Beschl. v. 26.02.2003 – II B 54/02, BStBl. II 2003, S. 483; BFH, Urt. v. 05.03.1997 – II R 81/94, BFH/NV 1997, S. 613; BFH, Urt. v. 07.12.1994 – II R 9/92,BStBl. II 1995, S. 268; BFH, Urt. v. 10.06.1969 – II 172/64, BStBl. II 1969, S. 668; FG Sachsen, Urt. v. 12.05.2004 – 5 K 2437/00, HaufeIndex 1277759; Boruttau-Viskorf, § 8 Rn. 38.

symbolischen Charakter, fehlt es an einer grunderwerbsteuerlichen Gegenleistung.[155] Dies ist der Fall, wenn der zu zahlende Betrag in einem so krassen Missverhältnis zum Wert des übertragenen Grundvermögens steht, dass er sich dazu in keinerlei Relation bringen lässt und daher nicht ernsthaft vereinbart ist.[156] In diesem Zusammenhang hat die Rechtsprechung Gegenleistungen in Höhe von 70 %[157] respektive 6,12 %[158] des Verkehrswerts des übertragenen Grundvermögens als ernsthaft vereinbart, eine Gegenleistung in Höhe von 2 % des Buchwerts des übergegangenen Grundbesitzes hingegen als nur symbolisch beurteilt.[159] Im Übrigen liegt eine ernsthaft vereinbarte Gegenleistung auch dann vor, wenn ein Grundstück dem Erwerber noch weitere Aufwendungen, bspw. Abbruchkosten, verursachen wird, dadurch sein Verkehrswert auf € 0 sinkt und die Vertragsparteien einen Kaufpreis in Höhe von lediglich € 1 vereinbaren.[160]

Wird ein Grundstück im Rahmen einer Sachgesamtheit bewegt, wie bspw. bei der Veräußerung von (Teil-) Betrieben, so ist Bemessungsgrundlage der Grunderwerbsteuer allein der Teil der Gegenleistung, der auf das Grundstück entfällt. In einem solchen Fall ist daher eine Aufteilung der gesamten Gegenleistung nach der Boruttau'schen Formel erforderlich. Sie setzt den gemeinen Wert des Grundstücks in ein Verhältnis zum gemeinen Wert sämtlicher Gegenstände des Transfers und multipliziert den vom Veräußerer erhaltenen Kaufpreis mit diesem Bruch.[161] Einer Preisaufteilung bedarf es allerdings nur, falls die Vertragsparteien für die Sachgesamtheit einen pauschalen Gesamtkaufpreis ohne individuelle Preisbestimmung der einzelnen Bestandteile vereinbart haben. Ist der Gesamtpreis hingegen lediglich die Summe einer Vielzahl wirtschaftlich angemessen festgesetzter Einzelpreise, bemisst sich die Grunderwerbsteuer nach dem für das Grundvermögen ausgehandelten Individualwert.[162]

Fehlt es ausnahmsweise an einer Gegenleistung, ist die Steuer nach dem Bedarfswert zu bemessen.[163] Dieser Bedarfswert stellt angesichts der grundsätzlichen Ak-

---

155 Vgl. BFH, Urt. v. 12.07.2006 – II R 65/04, BFH/NV 2006, S. 2128; BFH, Urt. v. 07.12.1994 – II R 9/92, BStBl. II 1995, S. 268; BFH, Urt. v. 06.12.1995 – II R 46/93, BFH/NV 1996, S. 578; FG Thüringen, Urt. v. 16.06.2004 – I 1401/01, EFG 2005, S. 63; Teiche, UVR 2005, S. 115 (116); Heine, INF 2007, S. 386 (387).

156 Vgl. BFH, Urt. v. 12.07.2006 – II R 65/04, BFH/NV 2006, S. 2128; BFH, Urt. v. 07.12.1994 – II R 9/92, BStBl. II 1995, S. 268; Stöckel, NWB Fach 8, S. 1561 (1562).

157 Vgl. BFH, Beschl. v. 26.02.2003 – II B 54/02, BStBl. II 2003, S. 483.

158 Vgl. BFH, Urt. v. 06.12.1989 – II R 95/86, BStBl. II 1990, S. 186.

159 Vgl. FG Brandenburg, Urt. v. 10.05.2005 – K 1500/02, DStRE 2005, S. 1359.

160 Vgl. BFH, Urt. v. 12.07.2006 – II R 65/04, BFH/NV 2006, S. 2128; FG Mecklenburg-Vorpommern, Urt. v. 03.06.1998 – 1 K 212/96, EFG 1998, S. 1352; Heine, INF 2007, S. 386; a. Ans.: FG Thüringen, Urt. v. 16.06.2004 – I 1401/01, EFG 2005, S. 63.

161 Vgl. BFH, Urt. v. 17.06.1998 – II R 35/96, BFH/NV 1998, S. 1527; Boruttau-Sack, § 9 Rn. 547-549.

162 Vgl. BFH, Urt. v. 15.02.1989 – II R 4/86, BFH/NV 1990, S. 392; P/F-Pahlke, § 8 Rn. 35.

163 Vgl. § 8 Abs. 2 GrEStG i. V. m. § 138 Abs. 3 BewG; Heine, UVR 2000, S. 209 (210); zu Besonderheiten bei der Ausgliederung kommunaler Einrichtungen vgl. Vogelbusch, DB 2004, S. 1391 (1392).

zeptanz auch hinter dem Verkehrswert zurückbleibender Gegenleistungen keine Mindestbemessungsgrundlage dar,[164] sondern ist ausschließlich bei Verwirklichung einer der drei gesetzlich aufgeführten Tatbestandstypen anzuwenden. Dabei gilt er zunächst, falls die Vertragsparteien keine Gegenleistung vereinbart haben. Dies ist insbesondere der Fall, wenn einem zwischen ihnen abgesprochenen Entgelt lediglich symbolischer Charakter zukommt.[165] Darüber hinaus ist er für Umwandlungen, Einbringungen und andere Erwerbsvorgänge auf gesellschaftsvertraglicher Grundlage maßgeblich. Seine Feststellung ist daher erforderlich, sofern eine Umstrukturierungsmaßnahme im Rahmen einer Verschmelzung, Ab- oder Aufspaltung, Ausgliederung, Anwachsung, Realteilung, Kapitalerhöhung oder Einbringung im Wege der Einzelrechtsnachfolge verwirklicht wird.[166] Schließlich stellt er die Bemessungsgrundlage für steuerbare Anteilsübertragungen gemäß § 1 Abs. 2a und 3 GrEStG dar. Dabei kommt es unabhängig vom prozentualen Umfang einer Anteilsübertragung stets auf den vollständigen Grundbesitzwert an.[167]

Ist nach diesen Grundsätzen ein Anwendungsfall des § 8 Abs. 2 GrEStG gegeben, ermittelt sich der Wert eines unbebauten Grundstücks aus seiner Fläche multipliziert mit seinem um 20 % ermäßigten Bodenrichtwert.[168] Ist das zu übertragende Grundstück hingegen bebaut, errechnet sich sein Ansatz aus dem 12,5fachen der im Besteuerungszeitraum vereinbarten oder ggf. üblichen Jahresmiete, vermindert um die Alterswertminderung.[169] Dabei gilt als übliche Miete der Betrag, der für nach Art, Lage, Größe, Ausstattung und Alter vergleichbare, nicht preisgebundene Grundstücke von fremden Mietern ohne Berücksichtigung ungewöhnlicher oder persönlicher Verhältnisse bezahlt wird.[170] Lässt sich im Einzelfall auch eine solche übliche Miete nicht feststellen, ist die Summe aus dem Wert des Grundstücks gemäß § 145 Abs. 3 BewG unter Berücksichtigung eines 30 %-igen Abschlages und dem ertragsteuerlichen Buchwert des Gebäudes maßgeblich.[171] Ist ein niedrigerer gemeiner Wert nachweisbar, gilt dieser.[172] In verfahrenstechnischer Hinsicht ist schließlich zu beachten, dass die Ermittlung der Bemessungsgrundlage im Wege der gesonderten Feststellung erfolgt.[173]

164 Vgl. P/F-Pahlke, § 8 Rn. 82.
165 Vgl. Hofmann, § 8 Rn. 30; P/F-Pahlke, § 8 Rn. 85.
166 Vgl. Kroschewski, GmbHR 2003, S. 757 (759); Beckmann, GmbHR 1999, S. 217 (218).
167 Vgl. P/F-Pahlke, § 8 Rn. 93; Boruttau-Viskorf, § 8 Rn. 83; Hofmann, § 8 Rn. 42, 43.
168 Vgl. § 145 Abs. 3 BewG; P/F-Pahlke, § 8 Rn. 65; Boruttau-Viskorf, § 8 Rn. 108.
169 Vgl. § 146 Abs. 2 BewG; Boruttau-Viskorf, § 8 Rn. 109.
170 Vgl. § 146 Abs. 3 S. 2 BewG; Boruttau-Viskorf, § 8 Rn. 111.
171 Vgl. § 147 Abs. 1, 2 BewG; P/F-Pahlke, § 8 Rn. 66.
172 Vgl. § 138 Abs. 4 BewG; Boruttau-Viskorf, § 8 Rn. 108.
173 Vgl. § 151 Abs. 5 GrEStG; P/F-Pahlke, § 8 Rn. 74; Boruttau-Viskorf, § 8 Rn. 98.

Verwirklichung eines Erwerbsvorgangs

- Verpflichtungsgeschäfte (§ 1 Abs. 1 Nr. 1 GrEStG)
  - Kaufverträge
  - Einbringungen im Wege der Einzelrechtsnachfolge
  - Realteilungen
- Eigentumsübergänge ohne Verpflichtungsgeschäft (§ 1 Abs. 1 Nr. 3 GrEStG)
  - Verschmelzungen, Anwachsungen
  - Ab- und Aufspaltungen, Ausgliederungen
- Verschaffung der Verwertungsbefugnis (§ 1 Abs. 2 GrEStG)
  - Einbringungen dem Werte nach
  - Immobilien-Leasing
- Steuerbare Änderungen des Gesellschafterbestandes einer Personengesellschaft (§ 1 Abs. 2a GrEStG)
- Steuerbare Anteilsvereinigungen (§ 1 Abs. 3 GrEStG)

Keine Steuerbegünstigung

- Übergänge auf eine Gesamthand (§ 5 Abs. 2 GrEStG)
- Übergänge von einer Gesamthand (§ 6 Abs. 2, 3 S. 1 GrEStG)

Auslösung einer Bemessungsgrundlage

Abb. 28: Grunderwerbsteuer - Gestaltungsgrenzen

C. Sekundärsteuerwirkungen

I. Fristverletzungen

1. Fristverletzung nach Einbringung in eine Gesamthand

Da die Übertragung von Anteilen an einer grundbesitzenden Gesamthand, abgesehen von den spezifischen Tatbeständen der §§ 1 Abs. 2a, 3 GrEStG, keine Grunderwerbsteuer auslöst, eröffnet die Privilegierung des § 5 GrEStG die Option, Grundstücke in einem ersten Schritt steuerbegünstigt auf eine Gesamthand zu transferieren und in einem zweiten Schritt statt des Grundstücks den Gesamthandsanteil steuerneutral auf einen Dritten zu übertragen. Um solche Gestaltungen zu verhindern, lässt **§ 5 Abs. 3 GrEStG** die ursprüngliche Privilegierung einer Grundstückseinbringung rückwirkend wieder entfallen, soweit sich die Beteiligung des einbringenden Gesellschafters an der Gesamthand während der folgenden fünf Jahre vermindert.[174]

Dabei versteht man unter einer Anteilsverminderung eine Verringerung der dinglichen Beteiligung des einbringenden Gesellschafters. Dies geschieht typischerweise im Wege einer partiellen oder vollständigen Veräußerung des jeweiligen Gesellschaftsanteils oder einer Aufnahme neuer Gesellschafter mittels Kapitalerhöhung.[175]

174 Vgl. Boruttau-Viskorf, § 5 Rn. 72; P/F-Franz, § 5 Rn. 19; Viskorf, DStR 2001, S. 1101.

175 Vgl. FM Baden-Württemberg, Tz. 2 d. Schr. v. 14.02.2002 - 3 - S 4400/15, DB 2002, S. 455; P/F-Franz, § 5 Rn. 30; Hofmann, § 5 Rn. 24, 26; Boruttau-Viskorf, § 5 Rn. 80; Hofmann, BB 2000, S. 2606 (2607).

Fristverletzend können aber auch Umwandlungen der Gesamthand oder des einbringenden Gesellschafters sein. Was dabei die Gesamthand betrifft, ist lediglich der Formwechsel in eine Kapitalgesellschaft schädlich.[176] Mit ihm erlischt die Beteiligung des einbringenden Gesellschafters an der ursprünglich vorhandenen Gesamthand vollständig. Die Kapitalgesellschaft stellt angesichts ihrer eigenen Rechtspersönlichkeit kein wesensgleiches Substitut dar. Im Übrigen verletzen Umwandlungsvorgänge nicht die fünfjährige Frist, weil sie ihrerseits der Grunderwerbsteuer unterliegen und dadurch Steuerumgehungen ausschließen.[177]

Im Hinblick auf den einbringenden Gesellschafter sind Formwechsel grundsätzlich ohne Relevanz, da sie die Identität des Rechtsträgers unberührt lassen.[178] Eine Ausnahme gilt jedoch für heterogene Formwechsel. Angesichts der durch sie hervorgerufenen Veränderung in der mittelbaren Zurechnung des Grundstücks stehen sie einer Veräußerung gleich.[179] Die Verschmelzung, Anwachsung oder Auf- und Abspaltung des einbringenden Gesellschafters sowie die vollständige oder partielle Ausgliederung seines Vermögens in eine Kapitalgesellschaft ist ebenfalls schädlich, soweit dadurch die Beteiligung des einbringenden Gesellschafters an der Gesamthand auf eine dritte Person übergeht. Dass insoweit eine Gesamtrechtsnachfolge stattfindet, ist unbeachtlich.[180] Im Umkehrschluss bedeutet dies, dass die Beteiligung des einbringenden Gesellschafters bspw. im Rahmen einer Abspaltung oder Ausgliederung keine Minderung erfährt, soweit die Gesellschaftsanteile an der Gesamthand bei ihm verbleiben. Schließlich kann sich eine schädliche Anteilsverminderung auch ergeben, indem der einbringende Gesellschafter zwar seine dingliche Beteiligung am Gesamthandsvermögen beibehält, im Innenverhältnis aber Vereinbarungen trifft, die ihm eine entsprechende Partizipation am Grundstück unmöglich machen.[181]

Nicht anzuwenden ist § 5 Abs. 3 GrEStG im Übrigen, sofern ein Missbrauch steuerlicher Gestaltung objektiv ausgeschlossen ist, weil der vermeintlich schädliche Vor-

---

176 Vgl. BFH, Urt. v. 18.12.2002 – II R 13/01, BStBl. II 2003, S. 358; FM Baden-Württemberg, Tz. 2 d. Schr. v. 14.02.2002 - 3 - S 4400/15, DB 2002 S. 455; P/F-Franz, § 5 Rn. 38; Hofmann, § 5 Rn. 32; Boruttau-Viskorf, § 5 Rn. 92; Schiessl/Tschesche, BB 2003, S. 1867 (1874); Kroschewski, GmbHR 2003, S. 757 (759); Viskorf, DStR 2001, S. 1101 (1103); Hofmann, BB 2000, S. 2606 (2609).

177 Vgl. BFH, Urt. v. 19.03.2003 – II B 96/02, BFH/NV 2003, S. 1090; P/F-Franz, § 5 Rn. 41; Boruttau-Viskorf, § 5 Rn. 91; Hofmann, § 5 Rn. 30-31; Viskorf, DStR 2001, S. 1101 (1104).

178 Vgl. FM Baden-Württemberg, Tz. 2 d. Schr. v. 14.02.2002 - 3 - S 4400/15, DB 2002 S. 455; P/F-Franz, § 5 Rn. 39; Hofmann, § 5 Rn. 29; Boruttau-Viskorf, § 5 Rn. 85; Viskorf, DStR 2001, S. 1101 (1103).

179 Vgl. Hofmann, § 5 Rn. 29; Hofmann, BB 2000, S. 2606 (2608); differenzierend: Boruttau-Viskorf, § 5 Rn. 85c; a. Ans.: Schiessl/Tschesche, BB 2003, S. 1867 (1874); Kroschewski, GmbHR 2003, S. 757 (759).

180 Vgl. FM Baden-Württemberg, Tz. 2 d. Schr. v. 14.02.2002 - 3 - S 4400/15, DB 2002 S. 455; P/F-Franz, § 5 Rn. 41; Boruttau-Viskorf, § 5 Rn. 84; Viskorf, DStR 2001, S. 1101 (1103); Hofmann, BB 2000, S. 2606 (2608).

181 Vgl. BFH, Urt. v. 31.05.1972 – II R 9/66, BStBl. II 1972, S. 833; P/F-Franz, § 5 Rn. 30; Viskorf, DStR 2001, S. 1101 (1102); Hofmann, BB 2000, S. 2606 (2607).

gang seinerseits der Besteuerung unterliegt.[182] Dies ist der Fall, sofern die Grundbesitz erwerbende Gesamthand das Grundvermögen während der Fünf-Jahres-Frist im Wege eines grunderwerbsteuerbaren Transfers auf eine andere Person überträgt.[183] In verfahrenstechnischer Hinsicht ist zu berücksichtigen, dass die Anteilsverminderung keine Nachversteuerung der ursprünglichen Grundstücksübertragung im Zeitpunkt der Beteiligungsverringerung bewirkt. Sie qualifiziert vielmehr als rückwirkendes Ereignis, das der Finanzverwaltung eine Änderung der vorangegangenen Veranlagung ermöglicht.[184]

2. Fristverletzung nach Ausbringung aus einer Gesamthand

Um einen eventuellen Missbrauch zu verhindern, lässt § 6 Abs. 3 S. 2 GrEStG die Privilegierung entfallen, soweit sich der Anteil eines Gesamthänders in den folgenden fünf Jahren vermindert. Da diese Regelung der des § 5 Abs. 3 GrEStG nachgebildet ist, gelten die dortigen Erläuterungen entsprechend.

II. Fristinitiierungen

Daneben ist denkbar, dass eine Umstrukturierungsmaßnahme die Privilegierungen der §§ 5 Abs. 2, 6 Abs. 3 S. 1 GrEStG selbst in Anspruch nimmt. Ist dies der Fall, erfahren die oben erläuterten fünfjährigen Fristen der §§ 5 Abs. 3, 6 Abs. 3 S. 2 GrEStG eine Initiierung. Während dieser Zeiträume ist daher dem Umstand Rechnung zu tragen, dass eine Anteilsverminderung des Einbringenden an der Gesamthand[185] oder die Verringerung der Gesellschafterkongruenz eine entsprechende Reduzierung der vorangegangenen Steuerbegünstigung bewirken.[186]

D. Steuerlicher Ist-Zustand

I. Einstufige isolierte Umstrukturierungsmaßnahmen mit Einzelwirtschaftsgütern

1. Übertragung von Grundstücken

Hat man sich die grunderwerbsteuerlichen Gestaltungsgrenze vergegenwärtigt, kann im Anschluss der grunderwerbsteuerliche Ist-Zustand aufgenommen werden. Dabei sind im Rahmen von Umstrukturierungsmaßnahmen mit Einzelwirtschaftsgütern lediglich Übertragungen von Grundstücken und Beteiligungen an Kapitalgesellschaften[187] relevant.

---

182 Vgl. Hofmann, § 1 Rn. 29; Boruttau-Viskorf, § 5 Rn. 88; a. Ans.: P/F-Franz, § 5 Rn. 32.

183 Vgl. Boruttau-Viskorf, § 5 Rn. 90; a. Ans.: P/F-Franz, § 5 Rn. 32.

184 Vgl. FM Baden-Württemberg, Tz. 2 d. Schr. v. 14.02.2002 - 3 - S 4400/15, DB 2002 S. 455; P/F-Franz, § 5 Rn. 35; Hofmann, § 5 Rn. 34; Boruttau-Viskorf, § 5 Rn. 97.

185 Vgl. P/F-Franz, § 5 Rn. 27.

186 Vgl. P/F-Franz, § 6 Rn. 19.

187 Vgl. Abschn. D. I. 2.

Fristverletzungen

- Fristverletzungen nach Einbringung in eine Gesamthand (§ 5 Abs. 3 GrEStG)
  - Veräußerung des Mitunternehmeranteils
  - Aufnahme neuer Gesellschafter
  - Formwechsel der Gesamthand in eine Kapitalgesellschaft
  - Heterogener Formwechsel eines Gesellschafters
  - Verschmelzung, Anwachsung, Auf- oder Abspaltung eines Gesellschafters
  - Ausgliederung des Mitunternehmeranteils in eine Kapitalgesellschaft
- Fristverletzungen nach Ausbringung aus einer Gesamthand (§ 6 Abs. 3 GrEStG)
- Keine Fristverletzung bei Veräußerung des eingebrachten Grundvermögens durch die Gesamthand

Fristinitiierungen

- Initiierung der fünfjährigen Frist nach Einbringung in eine Gesamthand (§ 5 Abs. 3 GrEStG)
- Initiierung der fünfjährigen Frist nach Ausbringung aus einer Gesamthand (§ 6 Abs. 3 GrEStG)

Abb. 29: Grunderwerbsteuer - Sekundärsteuerwirkungen

Überträgt eine Mutter- (bei einer abwärts gerichteten Übertragung), Tochter- (bei einer aufwärts gerichteten Übertragung) oder Schwestergesellschaft (bei einer seitwärts gerichteten Übertragung) das zivilrechtliche Eigentum an einem Grundstück auf eine Tochter-, Mutter- oder Schwestergesellschaft, kommt es stets zu einem grunderwerbsteuerbaren Zuordnungswechsel.[188] Dies gilt unabhängig davon, ob die beteiligten Gesellschaften in einem Beherrschungsverhältnis (mindestens 95 %-ige Beteiligung) stehen oder zu einem Organkreis gehören.[189] Aus diesem Grund richtet sich das Maß der Besteuerung entsprechender Umstrukturierungen danach, inwieweit letztere im Einzelfall eine Privilegierungsnorm verwirklichen.[190]

Mangels einer solchen Begünstigungsvorschrift unterliegen Grundstückseinbringungen in Tochterkapitalgesellschaften stets vollständig der Grunderwerbsteuer. In Abgrenzung hierzu sind Transfers in eine Tochterpersonengesellschaft nur insoweit steuerpflichtig, als die einbringende Unternehmung nicht an ihr beteiligt ist.[191] In diesem Zusammenhang richtet sich das Maß der Beteiligung bei einer einbringenden

---

188 Vgl. § 1 Abs. 1 Nr. 1 GrEStG; P/F-Pahlke, § 1 Rn. 146; Hofmann, § 1 Rn. 32; Boruttau-Fischer, § 1 Rn. 342; Götz, GmbHR 1998, S. 349 (355); Beckmann, GmbHR 1999, S. 217 (218).

189 Vgl. FM Bayern, Tz. 4.b) d. Schr. v. 02.12.1999 - 36 - S 4501 - 15/27 - 53 426, BStBl. I 1999, S. 991; FinSen Berlin, Tz. 1 d. Schr. v. 21.03.2007 - III A - S 2447 - 2/2006, BStBl. I 2007, S. 422; P/F-Pahlke, § 1 Rn. 346; Boruttau-Fischer, § 1 Rn. 37, 970, 972; a. Ans.: Eder, DStR 1994, S. 735 (739).

190 Vgl. Beckmann, GmbHR 1999, S. 217 (218).

191 Vgl. §§ 5 Abs. 2, 6 Abs. 3 GrEStG; BFH, Urt. v. 18.12.2002 – II R 82/00, BFH/NV 2003, S. 940; BFH, Urt. v. 16.01.1991 – II R 38/87, BStBl. II 1991, S. 374; P/F-Franz, § 5 Rn. 7; Boruttau-Viskorf, § 5 Rn. 10 .

Kapitalgesellschaft nach ihrem vermögensmäßigen Anteil am Gesellschaftsvermögen der aufnehmenden Gesamthand im Zeitpunkt der Übertragung[192] und bei einer einbringenden Personengesellschaft nach der wertmäßigen Gesellschafterkongruenz, die zuletzt mehr als fünf Jahre vor dem Grundstücksübergang zwischen ihr und der Tochterpersonengesellschaft bestanden hat.[193]

Spiegelbildlich hierzu sind Grundstücksausbringungen aus einer Tochterkapitalgesellschaft stets voll steuerpflichtig, während Ausbringungen aus einer Tochterpersonengesellschaft wiederum entsprechend der wertmäßigen Beteiligungskongruenz im Fünf-Jahres-Zeitraum vor dem Grundstücksübergang privilegiert sind.[194] Seitwärts gerichtete Grundstücksübertragungen sind schließlich grundsätzlich voll steuerpflichtig. Eine Ausnahme besteht lediglich für Grundstücksübergänge aus einer Schwesterpersonengesellschaft auf eine andere Schwesterpersonengesellschaft nach dem Maß der wertmäßigen Gesellschafterkongruenz, die zuletzt mehr als fünf Jahre vor dem Grundstücksübergang zwischen beiden Gesellschaften bestanden hat.[195]

2. Übertragung von Beteiligungen

2.1. Überblick

Überträgt eine Mutter- (bei einer abwärts gerichteten Übertragung), Tochter- (bei einer aufwärts gerichteten Übertragung) oder Schwestergesellschaft (bei einer seitwärts gerichteten Übertragung) eine Beteiligung an einer Kapitalgesellschaft auf eine Tochter-, Mutter- oder Schwestergesellschaft, sind drei denkbare Situationen zu unterscheiden. Die Kapitalgesellschaft, deren Anteile bewegt werden, kann zum einen (2.2.) selbst grundbesitzend sein, zum anderen (2.3.) ihrerseits Anteile an einer grundbesitzenden Tochterkapitalgesellschaft halten und zum Dritten (2.4.) Inhaberin einer Beteiligung an einer grundbesitzenden Tochterpersonengesellschaft sein.

2.2. Unmittelbare Beteiligungen an grundbesitzenden Kapitalgesellschaften

Ist die Kapitalgesellschaft, deren Anteile übertragen werden, selbst grundbesitzend, kann der Transfer in zwei Konstellationen eine steuerbare Anteilsvereinigung bewirken. Denkbar ist zunächst, dass die anteilsübertragende Gesellschaft mindestens 95 % der Anteile an der grundbesitzenden Kapitalgesellschaft auf die anteilserwerbende Gesellschaft überträgt. Damit gehen zuvor bereits bei der anteilsübertragenden Unternehmung vereinigte Anteile grunderwerbsteuerbar über.[196] In dieser Kons-

---

192 Vgl. § 5 Abs. 2 GrEStG; BFH, Urt. v. 16.01.1991 – II R 38/87, BStBl. II 1991, S. 374; P/F-Franz, § 5 Rn. 51; Hofmann, § 5 Rn. 5; Boruttau-Viskorf, § 5 Rn. 13; Kroschewski, GmbHR 2003, S. 757.

193 Vgl. § 6 Abs. 3, 4 GrEStG; P/F-Franz, § 6 Rn. 24-29; Boruttau-Viskorf, § 5 Rn. 27g.

194 Vgl. § 6 Abs. 2, 3 S. 1 GrEStG; P/F-Franz, § 6 Rn. 8, 16, 29; Boruttau-Viskorf, § 6 Rn. 5, 27, 31.

195 Vgl. § 6 Abs. 3 S. 1, 4 GrEStG; P/F-Franz, § 6 Rn. 15, 29; Boruttau-Viskorf, § 6 Rn. 27, 31.

196 Vgl. § 1 Abs. 3 Nr. 3 GrEStG; FM Bayern, Tz. 2 d. Schr. v. 02.12.1999 - 36 - S 4501 - 15/27 - 53 426, BStBl. I 1999, S. 991; Boruttau-Fischer, § 1 Rn. 956; P/F-Pahlke, § 1 Rn. 364; Teiche,

tellation gilt das Grundvermögen der grundbesitzenden Kapitalgesellschaft angesichts der vorangegangenen Anteilsvereinigung als von der anteilsübertragenden Gesellschaft auf die anteilserwerbende Gesellschaft übergegangen.[197] Dieser Übergang ist grundsätzlich voll steuerpflichtig, es sei denn, er erfolgt abwärts auf eine Tochterpersonengesellschaft, aufwärts aus einer Tochterpersonengesellschaft oder seitwärts zwischen zwei Schwesterpersonengesellschaften mit identischen Beteiligungsverhältnissen. In diesen drei Konstellationen finden die Befreiungen der §§ 5 Abs. 2, 6 Abs. 2, 3 GrEStG Anwendung (vgl. Abb. 30).[198]

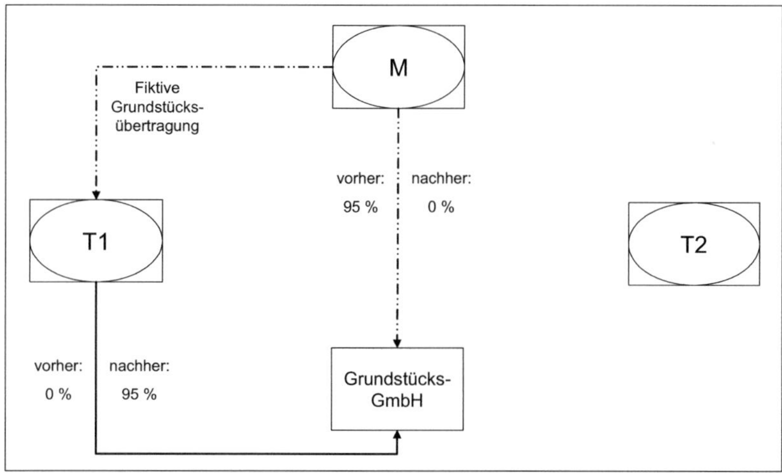

Abb. 30: Grunderwerbsteuer – Steuerlicher Ist-Zustand – Unmittelbare Beteiligungen an grundbesitzenden Kapitalgesellschaften 1

Daneben besteht die Möglichkeit, dass die anteilsübertragende Gesellschaft der anteilserwerbenden Gesellschaft weniger als 95 % der Anteile überträgt, letztere aber selbst bereits Anteile an der grundbesitzenden Kapitalgesellschaft hält. Erreichen die übertragenen Anteile in dieser Konstellation zusammen mit den bereits zuvor vorhandenen Anteilen die 95 %-Grenze, kommt es bei der anteilserwerbenden Gesellschaft zu einer Anteilsvereinigung.[199] Da das Grundvermögen der grundbesitzenden Kapitalgesellschaft in dieser Situation als von ihr auf die erwerbende Gesellschaft

UVR 2003, S. 258 (262).

197 Vgl. BFH, Urt. v. 16.01.2002 – II R 52/00, BFH/NV 2002, S. 1053; FM Baden-Württemberg, Schr. v. 28.04.2005 – 3 – S 4505/18, StEK GrEStG 1983 § 1 Nr. 172; P/F-Franz, § 5 Rn. 63; Boruttau-Viskorf, § 5 Rn. 12a; Kroschewski, GmbHR 2001, S. 707 (708).

198 Vgl. Abschn. B. II. 1. u. 2.

199 Vgl. § 1 Abs. 3 Nr. 1 GrEStG; FM Bayern, Tz. 2 d. Schr. v. 02.12.1999 - 36 - S 4501 - 15/27 - 53 426, BStBl. I 1999, S. 991; P/F-Pahlke, § 1 Rn. 337; Boruttau-Fischer, § 1 Rn. 892; Schiessl/ Tschesche, BB 2003, S. 1867 (1868).

übergegangen gilt[200] und Kapitalgesellschaften nicht als Gesamthand qualifizieren, ist dieser Übergang stets voll steuerpflichtig. Eine Privilegierung ist notwendig ausgeschlossen (vgl. Abb. 31). In beiden Konstellationen ist zu beachten, dass die Zugehörigkeit von Veräußerer und Erwerber zur selben Unternehmensgruppe unbeachtlich ist.[201]

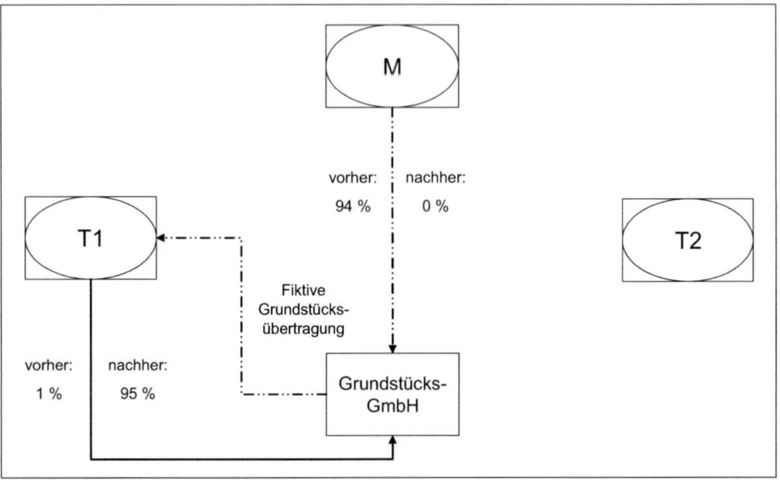

Abb. 31: Grunderwerbsteuer – Steuerlicher Ist-Zustand – Unmittelbare Beteiligungen an grundbesitzenden Kapitalgesellschaften 2

2.3. Mittelbare Beteiligungen an grundbesitzenden Kapitalgesellschaften

Hält die Kapitalgesellschaft, deren Anteile verlagert werden (vermittelnde Kapitalgesellschaft), ihrerseits unmittelbar oder mittelbar Anteile an einer grundbesitzenden Tochterkapitalgesellschaft, ergeben sich drei Konstellationen, in denen der Transfer der Anteile an der vermittelnden Kapitalgesellschaft einen steuerbaren Erwerbsvorgang bewirkt. Zunächst besteht die Möglichkeit, dass sich bei der anteilsübertragenden Gesellschaft über eine qualifizierte Beteiligung an der vermittelnden Kapitalgesellschaft bereits 95 % der Anteile an der grundbesitzenden Tochterkapitalgesellschaft vereinigt haben. Transferiert die anteilsübertragende Gesellschaft diese qualifizierte Beteiligung an der vermittelnden Kapitalgesellschaft auf die anteilserwerbende Gesellschaft, ergibt sich ein steuerbarer mittelbarer Transfer der bereits vereinig-

---

200 Vgl. BFH, Urt. v. 31.03.1982 – II R 92/81, BStBl. II 1982, S. 424; FM Baden-Württemberg, Schr. v. 28.04.2005 – 3 – S 4505/18, StEK GrEStG 1983 § 1 Nr. 172; P/F-Franz, § 5 Rn. 61; Boruttau-Viskorf, § 5 Rn. 12a.

201 Vgl. BFH, Urt. v. 15.01.2003 – II R 50/00, BStBl. II 2003, S. 320; BFH, Urt. v. 01.12.2004 – II R 10/02, BFH/NV 2005, S. 1365; FM Bayern, Tz. 4.b) d. Schr. v. 02.12.1999 - 36 - S 4501 - 15/27 - 53 426, BStBl. I 1999, S. 991; Götz, GmbHR 2001, S. 277 (280); a. Ans.: Eder, DStR 1994, S. 735 (738); Wienands, DB 1997, S. 1362.

ten Anteile.[202] In dieser Konstellation gilt das Grundvermögen der Tochterkapitalgesellschaft als von der anteilsübertragenden Gesellschaft auf die anteilserwerbende Gesellschaft übergegangen.[203] Diese Fiktion entspricht derjenigen bei einer unmittelbaren Beteiligung an einer grundbesitzenden Kapitalgesellschaft. Privilegiert gemäß den §§ 5 Abs. 2, 6 Abs. 2, 3 GrEStG[204] sind daher ausschließlich Anteilsübertragungen abwärts auf eine Tochterpersonengesellschaft, aufwärts aus einer Tochterpersonengesellschaft sowie seitwärts zwischen zwei Schwesterpersonengesellschaften mit identischen Beteiligungsverhältnissen (vgl. Abb. 32).[205]

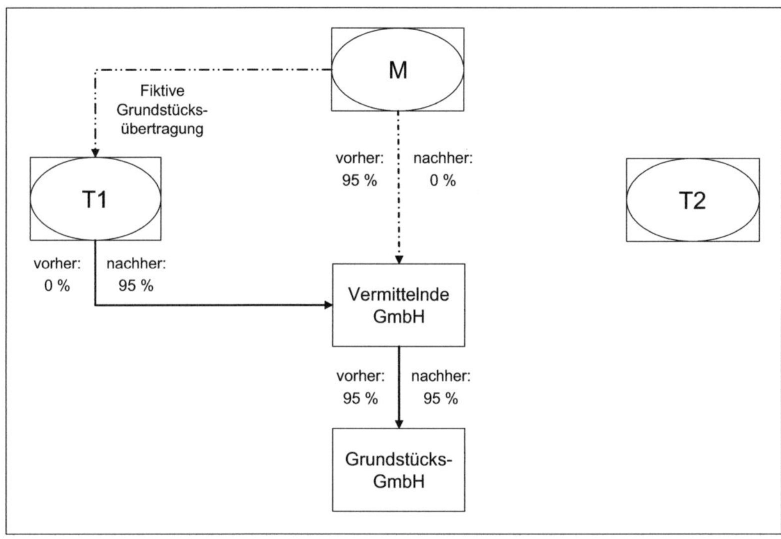

Abb. 32: Grunderwerbsteuer – Steuerlicher Ist-Zustand – Mittelbare Beteiligungen an grundbesitzenden Kapitalgesellschaften 1

Daneben ist denkbar, dass es noch nicht auf Ebene der anteilsübertragenden Gesellschaft, wohl aber auf Ebene der vermittelnden Kapitalgesellschaft zu einer Anteilsvereinigung gekommen ist. In dieser Konstellation bewirkt der Transfer der Anteile an der vermittelnden Kapitalgesellschaft eine erneute Anteilsvereinigung nur, sofern die anteilserwerbende Unternehmung selbst schon Anteile an der vermittelnden Kapitalgesellschaft innehat, die zusammen mit den neu erworbenen die 95 %-

[202] Vgl. § 1 Abs. 3 Nr. 3 GrEStG; FM Bayern, Tz. 2 d. Schr. v. 02.12.1999 - 36 - S 4501 - 15/27 - 53 426, BStBl. I 1999, S. 991; FM Baden-Württemberg, Schr. v. 14.02.2000 – 3 – S 4500-43, DStR 2000, S. 430; Boruttau-Fischer, § 1 Rn. 897.

[203] Vgl. BFH, Urt. v. 16.01.2002 – II R 52/00, BFH/NV 2002, S. 1053; FM Baden-Württemberg, Schr. v. 28.04.2005 – 3 – S 4505/18, StEK GrEStG 1983 § 1 Nr. 172; P/F-Franz, § 5 Rn. 63; Boruttau-Viskorf, § 5 Rn. 12a; Kroschewski, GmbHR 2001, S. 707 (708).

[204] Vgl. Abschn. B. II. 1. u. 2.

[205] Vgl. Abschn. D. I. 2. 2., Konstellation 1.

Grenze erreichen.[206] Da das Grundvermögen der grundbesitzenden Tochterkapitalgesellschaft in dieser Situation als von der vermittelnden Kapitalgesellschaft auf die erwerbende Gesellschaft übergegangen gilt[207] und Kapitalgesellschaften nicht als Gesamthand qualifizieren, ist dieser Übergang stets voll steuerpflichtig. Eine Begünstigung gemäß den §§ 5, 6 GrEStG[208] kommt nicht in Betracht (vgl. Abb. 33).[209]

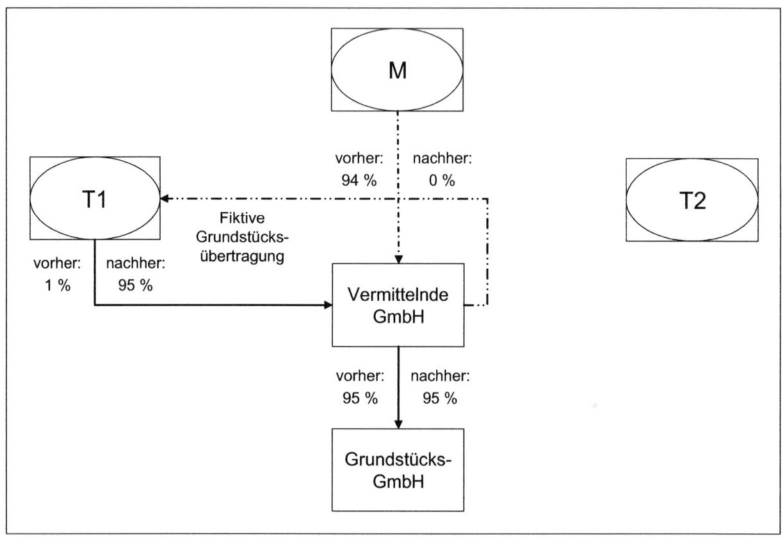

Abb. 33: Grunderwerbsteuer – Steuerlicher Ist-Zustand – Mittelbare Beteiligungen an grundbesitzenden Kapitalgesellschaften 2

Schließlich besteht die Möglichkeit, dass sich die Anteile an der grundbesitzenden Tochterkapitalgesellschaft bisher weder auf Ebene der anteilsübertragenden Unternehmung noch auf Ebene der vermittelnden Kapitalgesellschaft vereinigt haben. In dieser Situation findet eine Anteilsvereinigung auf Ebene der anteilserwerbenden Gesellschaft nur statt, sofern letztere zuvor bereits über so viele Anteile an der grundbesitzenden Tochterkapitalgesellschaft und an der vermittelnden Kapitalgesellschaft verfügt, dass ihr nach der Anteilsübertragung unmittelbar und mittelbar über eine nun qualifizierte Beteiligung an der vermittelnden Kapitalgesellschaft mindestens 95 % der Anteile an der grundbesitzenden Tochterkapitalgesellschaft zuzurechnen sind.[210] Auch hier ist eine Privilegierung der Übertragung gemäß den §§ 5,

---

206 Vgl. § 1 Abs. 3 Nr. 1 GrEStG; P/F-Pahlke, § 1 Rn. 333; Boruttau-Fischer, § 1 Rn. 897.

207 Vgl. BFH, Urt. v. 31.03.1982 – II R 92/81, BStBl. II 1982, S. 424; FM Baden-Württemberg, Schr. v. 28.04.2005 – 3 – S 4505/18, StEK GrEStG 1983 § 1 Nr. 172; P/F-Franz, § 5 Rn. 61; Boruttau-Viskorf, § 5 Rn. 12a.

208 Vgl. Abschn. B. II. 1. u. 2.

209 Vgl. Abschn. D. I. 2. 2., Konstellation 2.

210 Vgl. § 1 Abs. 3 Nr. 1 GrEStG; P/F-Pahlke, § 1 Rn. 328; Boruttau-Fischer, § 1 Rn. 892.

6 GrEStG[211] angesichts des fiktiven Grundbesitzübergangs von der grundbesitzenden Tochterkapitalgesellschaft auf die erwerbende Unternehmung[212] nicht möglich (vgl. Abb. 34).[213]

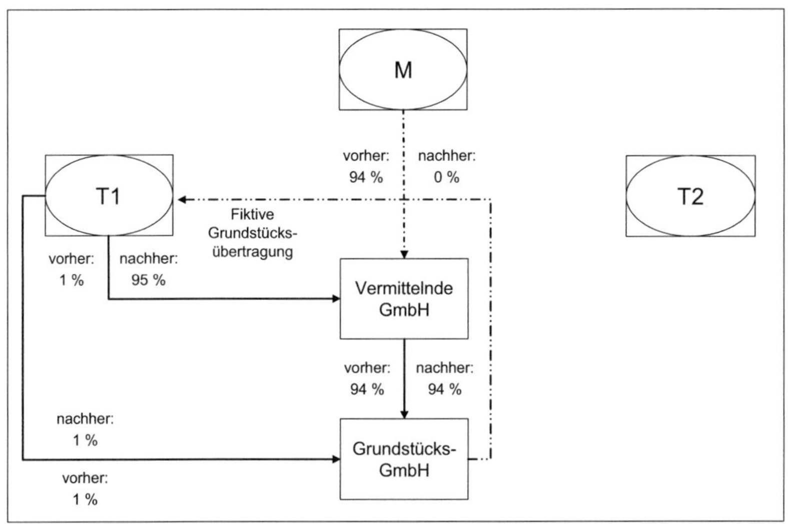

Abb. 34: Grunderwerbsteuer – Steuerlicher Ist-Zustand – Mittelbare Beteiligungen an grundbesitzenden Kapitalgesellschaften 3

In allen drei Konstellationen ist zu berücksichtigen, dass mangels grunderwerbsteuerlich erheblicher Verstärkung eine Ausnahme für aufwärts gerichtete Anteilstransfers besteht, sofern zuvor bereits eine mittelbare Vereinigung aller Anteile an der grundbesitzenden Tochterkapitalgesellschaft bei einer anteilserwerbenden Muttergesellschaft stattgefunden hat.[214]

2.4. Mittelbare Beteiligungen an grundbesitzenden Personengesellschaften

Ist die vermittelnde Kapitalgesellschaft an einer grundbesitzenden Tochterpersonengesellschaft beteiligt, sind sechs Situationen denkbar, in denen der Transfer ihrer An-

---

211 Vgl. Abschn. B. II. 1. u. 2.

212 Vgl. BFH, Urt. v. 31.03.1982 – II R 92/81, BStBl. II 1982, S. 424; FM Baden-Württemberg, Schr. v. 28.04.2005 – 3 – S 4505/18, StEK GrEStG 1983 § 1 Nr. 172; P/F-Franz, § 5 Rn. 61; Boruttau-Viskorf, § 5 Rn. 12a.

213 Vgl. Abschn. D. I. 2. 2., Konstellation 2.

214 Vgl. BFH, Urt. v. 12.01.1994 – II R 130/91, BStBl. II 1994, S. 408; BFH, Urt. v. 15.01.2003 – II R 50/00, BStBl. II 2003, S. 320; FM Bayern, Tz. 3 d. Schr. v. 02.12.1999 - 36 - S 4501 - 15/27 - 53 426, BStBl. I 1999, S. 991; P/F-Pahlke, § 1 Rn. 339; Hofmann, § 1 Rn. 154; Eder, DStR 1994, S. 735 (739); Schiessl/Tschesche, BB 2003, S. 1867 (1869); Heine, GmbHR 2000, S. 850 (853).

teile einen steuerbaren Erwerbsvorgang bewirkt. Zunächst kommt in Betracht, dass die anteilsübertragende Gesellschaft bereits zuvor über eine qualifizierte Beteiligung[215] an der vermittelnden Kapitalgesellschaft mindestens 95 % der Anteile am Gesellschaftsvermögen der grundbesitzenden Tochterpersonengesellschaft hält. Transferiert sie im Anschluss ihre gesamte Beteiligung an der vermittelnden Kapitalgesellschaft auf eine nicht als Altgesellschafterin qualifizierende Gesellschaft, kommt es zu einer steuerbaren Änderung des Gesellschafterbestandes.[216] Bei einer solchen wird die Übertragung des Grundbesitzes der Tochterpersonengesellschaft auf eine neu gegründete Tochterpersonengesellschaft fingiert.[217] Dabei ist die vermittelnde Kapitalgesellschaft als unmittelbare Gesellschafterin dieser beiden Gesamthandsgemeinschaften nach überwiegender Auffassung ausnahmsweise als transparent zu behandeln.[218]

Angesichts dieser Transparenz gilt die anteilsübertragende Unternehmung als an der grundbesitzenden Tochterpersonengesellschaft beteiligt. Die Privilegierung der Anteilsübertragung hängt daher davon ab, in welchem Maße vor und nach der Übertragung der Beteiligung dieselben Gesellschafter, ggf. vermittelt durch die anteilsübertragende oder anteilserwerbende Unternehmung, an der Tochterpersonengesellschaft mittelbar beteiligt sind. Ausnahmsweise begünstigt gemäß § 6 Abs. 3 GrEStG[219] sind daher Transfers abwärts auf eine Tochterpersonengesellschaft, aufwärts aus einer Tochterpersonengesellschaft sowie seitwärts zwischen zwei Schwesterpersonengesellschaften mit identischen Beteiligungsverhältnissen. In diesen drei Konstellationen ist die übergeordnete Gesellschaft vor und nach der Anteilsübertragung entweder selbst oder über eine ihrer Tochterunternehmungen an der vermittelnden und ausnahmsweise transparenten Kapitalgesellschaft und damit auch an der grundbesitzenden Tochterpersonengesellschaft beteiligt (vgl. Abb. 35).

Daneben besteht die Möglichkeit, dass zwar nicht die anteilsübertragende Gesellschaft, wohl aber die vermittelnde Kapitalgesellschaft mindestens 95 % aller Anteile am Gesellschaftsvermögen der grundbesitzenden Tochterpersonengesellschaft hält. Transferiert die anteilsübertragende Gesellschaft in dieser Situation ihre Beteiligung an der vermittelnden Kapitalgesellschaft auf die nicht als Altgesellschafterin qualifizierende anteilserwerbende Gesellschaft, genügt dies allein noch nicht für eine steu-

---

215 Vgl. FM Baden-Württemberg, Schr. v. 14.02.2000 – 3 – S 4500-43, DStR 2000, S. 430; Stoschek/Mies, DStR 2006, S. 221 (224); Götz, GmbHR 2005, S. 615 (616); Gottwald, INF 2005, S. 865 (866).

216 Vgl. § 1 Abs. 2a GrEStG; Hofmann, § 1 Rn. 116; Boruttau-Fischer, § 1 Rn. 821; P/F-Pahlke, § 1 Rn. 306.

217 Vgl. BFH, Urt. v. 27.04.2005 – II R 61/03, BStBl. II 2005, S. 649; Boruttau-Viskorf, § 6 Rn. 27a; Fuhrmann/Demuth, UVR 2006, S. 26 (S. 27); Heine, INF 2005, S. 63 (64); Stoschek/Mies, DStR 2006, S. 221.

218 Vgl. Hofmann, § 6 Rn. 12d; Boruttau-Viskorf, § 6 Rn. 27d; Heine, UVR 2002, S. 375 (380); Behrens/Hofmann, DStR 2003, S. 2093; a. Ans.: Salzmann/Loose, DStR 2004, S. 1941 (1943).

219 Vgl. Abschn. B. II. 2.

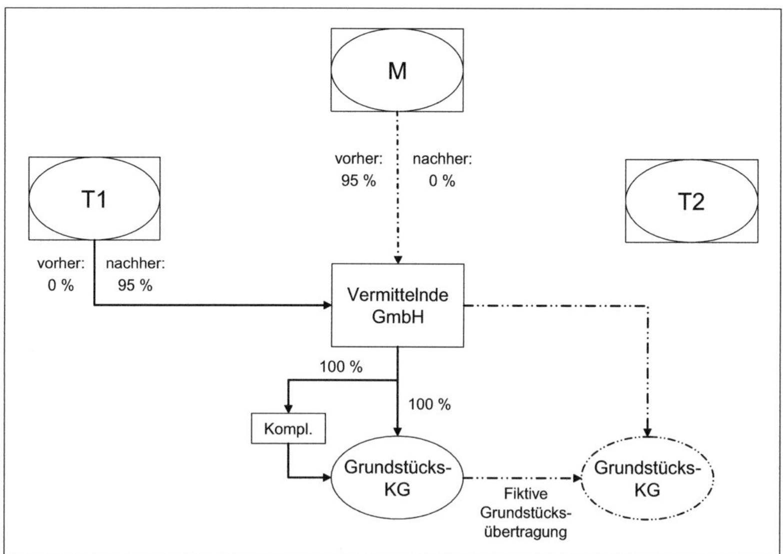

Abb. 35: Grunderwerbsteuer – Steuerlicher Ist-Zustand – Mittelbare Beteiligungen über Kapitalgesellschaften an grundbesitzenden Personengesellschaften 1

erbare Gesellschafterbestandsänderung. Eine solche findet nur statt, sofern die anteilserwerbende Gesellschaft simultan so viele weitere Anteile an der vermittelnden Kapitalgesellschaft erwirbt, dass sich eine qualifizierte Beteiligung ergibt. Dadurch erfährt letztere eine Zurechnung der 95 %-igen Beteiligung an der grundbesitzenden Tochterpersonengesellschaft,[220] so dass es zu einer steuerbaren Änderung des Gesellschafterbestandes kommt. [221] Eine Privilegierung der Übertragung ist wiederum nur in den im vorangegangenen Absatz beschriebenen drei Konstellationen möglich.

Hält die vermittelnde Kapitalgesellschaft weniger als 95 % der Anteile am Gesellschaftsvermögen der grundbesitzenden Tochterpersonengesellschaft, reichen weder die isolierte Übertragung der Beteiligung an ihr noch ein hinzukommender Übergang weiterer Anteile innerhalb der fünfjährigen Frist für eine Anteilsvereinigung aus. In dieser Konstellation bedarf es außerdem auch auf Ebene der grundbesitzenden Tochterpersonengesellschaft so vieler zusätzlicher Anteilsübergänge auf die erwerbende Gesellschaft oder andere Neugesellschafter, dass schließlich mit der Übertragung des Anteils an der vermittelnden Kapitalgesellschaft mindestens 95 % aller Anteile am Gesellschaftsvermögen innerhalb von fünf Jahren auf neue Gesellschafter

220 Vgl. FM Baden-Württemberg, Schr. v. 14.02.2000 – 3 – S 4500-43, DStR 2000, S. 430.

221 Vgl. § 1 Abs. 2a GrEStG; Hofmann, § 1 Rn. 116; Boruttau-Fischer, § 1 Rn. 821; P/F-Pahlke, § 1 Rn. 306.

übergegangen sind.[222] Eine Begünstigung des Anteilstransfers kommt erneut allein in den oben erläuterten drei Fallgestaltungen in Betracht.

Bewirkt die Übertragung der Beteiligung an der vermittelnden Kapitalgesellschaft keine steuerbare Änderung des Gesellschafterbestandes der grundbesitzenden Tochterpersonengesellschaft, weil die anteilserwerbende Unternehmung als Altgesellschafterin qualifiziert oder die Fünf-Jahres-Frist nicht erfüllt wird, wohnen dem Transfer trotzdem drei grunderwerbsteuerliche Risiken in Form subsidiärer Anteilsvereinigungen inne. In Betracht kommt in diesem Zusammenhang eine Situation, in der die anteilsübertragende Gesellschaft eine mindestens 95 %-ige Beteiligung an der vermittelnden Kapitalgesellschaft hält[223] und letztere einzige Kommanditistin der grundbesitzenden Tochterpersonengesellschaft sowie zu 95 % beteiligte Gesellschafterin deren Komplementär-GmbH ist. Transferiert nun die anteilsübertragende Gesellschaft ihre qualifizierte Beteiligung an der vermittelnden Kapitalgesellschaft, gehen mittelbar vereinigte Anteile an der grundbesitzenden Tochterpersonengesellschaft auf die anteilserwerbende Gesellschaft über.[224] Dabei gilt das Grundvermögen der grundbesitzenden Tochterpersonengesellschaft angesichts der vorangegangenen Anteilsvereinigung als von der anteilsübertragenden Gesellschaft auf die anteilserwerbende Gesellschaft übergegangen.[225] Dieser Übergang ist grundsätzlich voll steuerpflichtig. Ausnahmsweise privilegiert gemäß den §§ 5 Abs. 2, 6 Abs. 2, 3 GrEStG[226] sind lediglich Anteilsübertragungen abwärts auf eine Tochterpersonengesellschaft, aufwärts aus einer Tochterpersonengesellschaft sowie seitwärts zwischen zwei Schwesterpersonengesellschaften mit identischen Beteiligungsverhältnissen (vgl. Abb. 36).[227]

Hält die anteilsübertragende Gesellschaft hingegen weniger als 95 % der Anteile an der vermittelnden und die grundbesitzende Tochterpersonengesellschaft beherrschenden Kapitalgesellschaft, bewirkt deren Übertragung auf die anteilserwerbende Gesellschaft allein noch keine Anteilsvereinigung. Hinzukommen muss außerdem, dass die anteilserwerbende Gesellschaft bereits mindestens so viele Anteile an der vermittelnden Kapitalgesellschaft unmittelbar oder vermittelt über weitere beherrschte Gesellschaften hält oder simultan hinzu erwirbt, dass ihr dann zusammen mit den von der anteilsübertragenden Unternehmung erworbenen Anteilen eine mindestens 95 %-ige Beteiligung an der vermittelnden Kapitalgesellschaft zusteht.[228] Da das Grundvermögen der grundbesitzenden Tochterpersonengesellschaft in dieser Situa-

---

222 Vgl. Fn. 221.

223 Vgl. FM Baden-Württemberg, Schr. v. 14.02.2000 – 3 – S 4500-43, DStR 2000, S. 430.

224 Vgl. § 1 Abs. 3 Nr. 3 GrEStG; FM Baden-Württemberg, Schr. v. 28.04.2005 – 3 – S 4505/18, StEK GrEStG 1983 § 1 Nr. 172; Hofmann, § 1 Rn. 150a; P/F-Pahlke, § 1 Rn. 323.

225 Vgl. BFH, Urt. v. 16.01.2002 – II R 52/00, BFH/NV 2002, S. 1053; FM Baden-Württemberg, Schr. v. 28.04.2005 – 3 – S 4505/18, StEK GrEStG 1983 § 1 Nr. 172; P/F-Franz, § 5 Rn. 63; Boruttau-Viskorf, § 5 Rn. 12a; Kroschewski, GmbHR 2001, S. 707 (708).

226 Vgl. Abschn. B. II. 1. u. 2.

227 Vgl. Abschn. D. I. 2. 2., Konstellation 1.

228 Vgl. § 1 Abs. 3 Nr. 1 GrEStG; FM Baden-Württemberg, Schr. v. 14.02.2000 – 3 – S 4500-43,

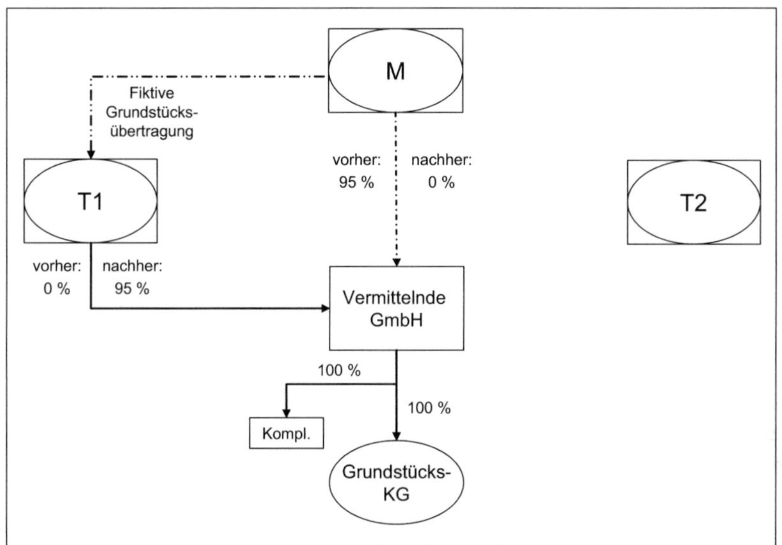

Abb. 36: Grunderwerbsteuer – Steuerlicher Ist-Zustand – Mittelbare Beteiligungen über Kapitalgesellschaften an grundbesitzenden Personengesellschaften 2

tion als von der vermittelnden Kapitalgesellschaft auf die anteilserwerbende Gesellschaft übergegangen gilt[229] und Kapitalgesellschaften nicht als Gesamthand qualifizieren, ist eine Privilegierung dieses Vorgangs gemäß den §§ 5, 6 GrEStG[230] ausgeschlossen (vgl. Abb. 37).[231]

Ist die vermittelnde Kapitalgesellschaft nicht alleinige Kommanditistin der grundbesitzenden Tochterpersonengesellschaft oder hält sie weniger als 95 % der Anteile an deren Komplementär-GmbH, reicht der Transfer der Beteiligung an ihr für eine Anteilsvereinigung selbst dann nicht aus, wenn die anteilserwerbende Gesellschaft die für eine Beherrschung der vermittelnden Kapitalgesellschaft erforderlichen Anteile auch noch hält oder erwirbt. In dieser Konstellation ist zusätzlich erforderlich, dass die anteilserwerbende Gesellschaft oder die vermittelnde Kapitalgesellschaft unmittelbar oder vermittelt über qualifizierte Beteiligungen so viele Anteile an der grundbesitzenden Tochterpersonengesellschaft und deren Komplementärin erwerben, dass ihnen am Ende mindestens 95 % aller Anteile an der grundbesitzenden Tochterpersonengesellschaft (nicht an deren Gesellschaftsvermögen) zustehen.[232] Eine solche

DStR 2000, S. 430.

229 Vgl. BFH, Urt. v. 31.03.1982 – II R 92/81, BStBl. II 1982, S. 424; FM Baden-Württemberg, Schr. v. 28.04.2005 – 3 – S 4505/18, StEK GrEStG 1983 § 1 Nr. 172; P/F-Franz, § 5 Rn. 61; Boruttau-Viskorf, § 5 Rn. 12a.

230 Vgl. Abschn. B. II. 1. u. 2.

231 Vgl. Abschn. D. I. 2. 2., Konstellation 2.

232 Vgl. § 1 Abs. 3 Nr. 1 GrEStG; P/F-Pahlke, § 1 Rn. 333; Boruttau-Fischer, § 1 Rn. 870.

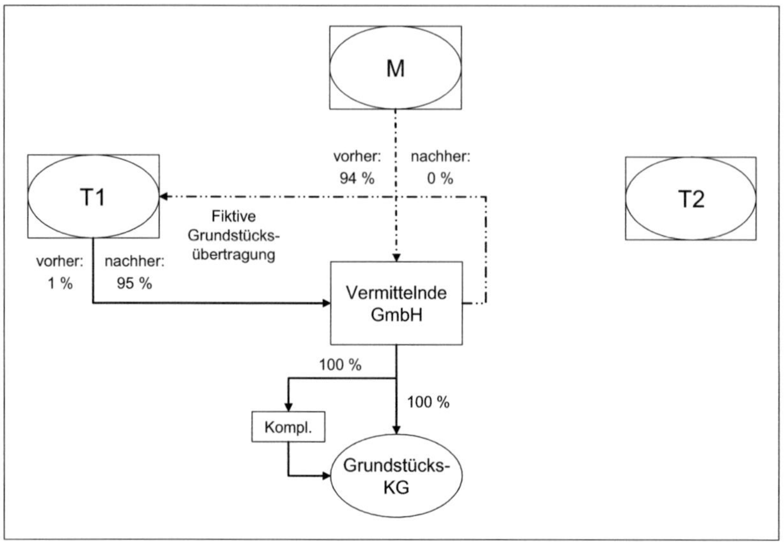

Abb. 37: Grunderwerbsteuer – Steuerlicher Ist-Zustand – Mittelbare Beteiligungen über Kapitalgesellschaften an grundbesitzenden Personengesellschaften 3

Anteilsvereinigung ist stets voll steuerpflichtig. Eine Privilegierung gemäß § 6 GrEStG[233] ist angesichts des fiktiven Grundbesitzübergangs von der grundbesitzenden Tochterpersonengesellschaft auf die anteilserwerbende Unternehmung[234] nicht möglich, da die Beteiligung an der Tochterpersonengesellschaft sowohl vor als auch nach der Anteilsübertragung nur vermittelt durch die intransparente Kapitalgesellschaft besteht (vgl. Abb. 38).[235]

In den drei zuletzt erläuterten Konstellationen ist erneut zu beachten, dass mangels grunderwerbsteuerlich erheblicher Verstärkung eine Ausnahme für aufwärts gerichtete Anteilstransfers besteht, sofern zuvor bereits eine mittelbare Vereinigung aller Anteile an der grundbesitzenden Tochterpersonengesellschaft bei der Muttergesellschaft stattgefunden hat.[236]

---

233 Vgl. Abschn. B.II.2.

234 Vgl. BFH, Urt. v. 31.03.1982 – II R 92/81, BStBl. II 1982, S. 424; FM Baden-Württemberg, Schr. v. 28.04.2005 – 3 – S 4505/18, StEK GrEStG 1983 § 1 Nr. 172; P/F-Franz, § 5 Rn. 61; Boruttau-Viskorf, § 5 Rn. 12a.

235 Vgl. P/F-Franz, § 5 Rn. 16; Hofmann, § 5 Rn. 4; Boruttau-Viskorf, § 5 Rn. 14.

236 Vgl. BFH, Urt. v. 12.01.1994 – II R 130/91, BStBl. II 1994, S. 408; BFH, Urt. v. 15.01.2003 – II R 50/00, BStBl. II 2003, S. 320; FM Bayern, Tz. 3 d. Schr. v. 02.12.1999 - 36 - S 4501 - 15/27 - 53 426, BStBl. I 1999, S. 991; P/F-Pahlke, § 1 Rn. 339; Hofmann, § 1 Rn. 154; Eder, DStR 1994, S. 735 (739); Schiessl/Tschesche, BB 2003, S. 1867 (1869); Heine, GmbHR 2000, S. 850 (853).

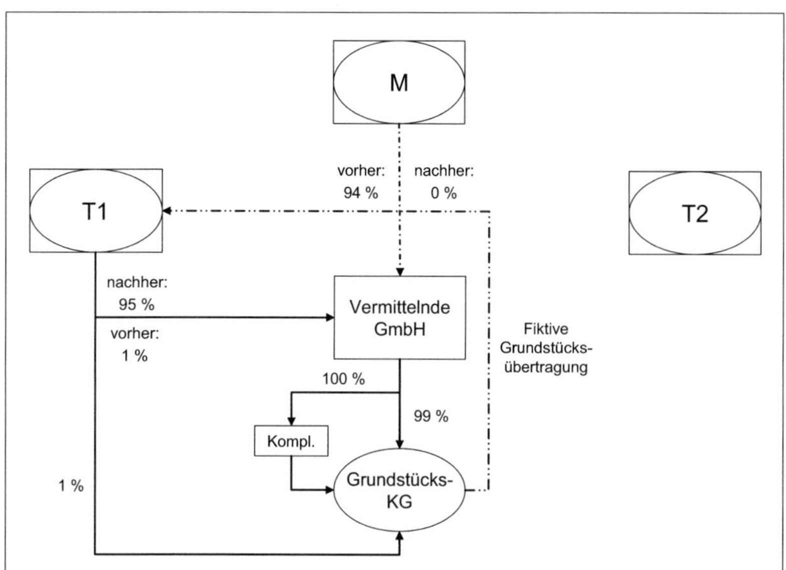

Abb. 38: Grunderwerbsteuer – Steuerlicher Ist-Zustand – Mittelbare Beteiligungen über Kapitalgesellschaften an grundbesitzenden Personengesellschaften 4

II. Einstufige isolierte Umstrukturierungsmaßnahmen mit Sachgesamtheiten

1. Mitübertragung von Grundstücken

Überträgt eine Mutter-, Tochter- oder Schwestergesellschaft eine grundbesitzende Sachgesamtheit im Rahmen einer Umstrukturierungsmaßnahme auf eine Tochter-, Mutter- oder Schwestergesellschaft, so entspricht der grunderwerbsteuerliche Ist-Zustand eines solchen Vorgangs grundsätzlich dem oben beschriebenen Ist-Zustand einer isolierten Übertragung des Grundstücks. Dies wird deutlich, wenn man sich vergegenwärtigt, dass auch Sachgesamtheitsverlagerungen stets einen steuerbaren Erwerbsvorgang auslösen und die Privilegierungsregeln des GrEStG der Art und Weise eines Grundstücksübergangs im Regelfall keine Bedeutung beimessen.

Genau wie der isolierte Transfer von Grundvermögen bewirkt der Übergang einer grundbesitzenden Sachgesamtheit stets die Verwirklichung eines Grunderwerbsteuertatbestandes.[237] Unabhängig von der Richtung der einzelnen Umstrukturierungsmaßnahme und der Rechtsform der beteiligten Gesellschaften erfüllen Verschmelzungen, Auf- und Abspaltungen, Ausgliederungen und Anwachsungen, mit denen auch ein Grundstück bewegt wird, den Tatbestand des § 1 Abs. 1 Nr. 3 GrEStG.[238]

---

[237] Vgl. FM Baden-Württemberg, Tz. A. d. Schreibens v. 19.12.1997 – S 4520/2, StEK GrEStG 1983 § 8 Nr. 17; W/M-Pahlke, Anh. 12 Rn. 52; R/H/L-Rasche, Anh. 8, Rn. 8; Viskorf, StbJb. 1998/99, S. 97 (102); Beckmann, GmbHR 1999, S. 217 (218).

[238] Vgl. BFH, Urt. v. 19.08.2002 – II B 177/01, BFH/NV 2003, S. 200; BFH, Urt. v. 19.03.2003 – II B

Einbringungen von grundbesitzenden Betrieben und Teilbetrieben im Wege der Einzelrechtsnachfolge sowie Realteilungen lösen eine Steuerbarkeit gemäß § 1 Abs. 1 Nr. 1 GrEStG aus.[239] Dabei ist es unerheblich, ob die betroffenen Gesellschaften in einem Beherrschungsverhältnis (mindestens 95 %-ige Beteiligung) stehen oder zu einem Organkreis gehören.[240] Lediglich Formwechsel sind unschädlich.[241]

Maßgeblich für die Besteuerungshöhe ist in diesen Konstellationen daher allein der Umfang der Privilegierung einer solchen Übertragung. Hierfür gelten die oben erläuterten Regeln für die isolierte Übertragung eines Grundstücks prinzipiell entsprechend. Da die §§ 5, 6 GrEStG ausschließlich an die Existenz einer Gesamthandsgemeinschaft, an die Beteiligungsverhältnisse einer solchen Unternehmung sowie an die Eigentumsverhältnisse am bewegten Grundvermögen anknüpfen, ist es in der Regel ohne Bedeutung, ob sich ein Zuordnungswechsel im Hinblick auf das Grundvermögen aufgrund eines isolierten Grundstückstransfers oder infolge eines Sachgesamtheitsübergangs vollzieht. Eine Ausnahme hierzu bilden lediglich die abwärts gerichtete Verschmelzung und Aufspaltung einer Kapitalgesellschaft auf eine Personengesellschaft.[242] Grund hierfür ist, dass in diesen Konstellationen die einbringende Unternehmung jeweils im Anschluss an den Transfer untergeht. Dadurch kommt es bereits im Zeitpunkt des Grundstücksübergangs zu einer schädlichen Anteilsverminderung, die die fünfjährige Behaltefrist des § 5 Abs. 3 GrEStG verletzt und eine Privilegierung von vorneherein unmöglich macht.[243]

Unter Berücksichtigung dieser Grundsätze unterliegen abwärts gerichtete Betriebs- oder Teilbetriebseinbringungen, Verschmelzungen, Spaltungen oder Ausgliederungen in eine Tochterkapitalgesellschaft mangels Privilegierung stets der Grunderwerbsteuer. Erfolgen solche Vermögensübergänge hingegen in eine Tochterpersonengesellschaft, sind sie nur insoweit steuerpflichtig, als der einbringende Gesellschafter nicht an ihr beteiligt ist.[244] Etwas anderes gilt, wie oben erläutert, lediglich für

96/02, BFH/NV 2003, S. 1090; FM Baden-Württemberg, Tz. A. d. Schreibens v. 19.12.1997 – S 4520/2, StEK GrEStG 1983 § 8 Nr. 17; W/M-Pahlke, Anh. 12 Rn. 52, 103; R/H/L-Rasche, Anh. 8, Rn. 9, 14, 25; K/K/K-Fleischer, § 5 Rn. 5, 13, 30; Viskorf, StbJb. 1998/99, S. 97 (102); Götz, GmbHR 1998, S. 349 (350, 352); Beckmann, GmbHR 1999, S. 217 (218).

239 Vgl. BFH, Urt. v. 14.09.1988 – II R 25/86, BFH/NV 1989, S. 732; W/M-Pahlke, Anh. 12 Rn. 244, 387; R/H/L-Rasche, Anh. 8, Rn. 22-23; Beckmann, GmbHR 1999, S. 217 (218).

240 Vgl. BFH, Urt. v. 15.01.2003 – II R 50/00, BStBl. II 2003, S. 320; FM Bayern, Tz. 4.b) d. Schr. v. 02.12.1999 - 36 - S 4501 - 15/27 - 53 426, BStBl. I 1999, S. 991; Götz, GmbHR 2001, S. 277 (280); a. Ans.: Eder, DStR 1994, S. 735 (738); Wienands, DB 1997, S. 1362.

241 Vgl. FM Baden-Württemberg, Tz. A. IV. 2. d. Schr. v. 19.12.1997 – S 4520/2, StEK GrEStG 1983 § 8 Nr. 17; W/M-Pahlke, Anh. 12 Rn. 12; Hofmann, § 1 Rn. 9; Boruttau-Fischer, § 1 Rn. 545-555; Götz, GmbHR 1998, S. 349 (350); Wienands, DB 1997, S. 1362.

242 Vgl. P/F-Franz, § 5 Rn. 40, 44; Boruttau-Viskorf, § 5 Rn. 84; Hofmann, § 5 Rn. 29.

243 Vgl. FM Baden-Württemberg, Tz. 2 d. Schr. v. 14.02.2002 - 3 - S 4400/15, DB 2002, S. 455; P/F-Franz, § 5 Rn. 40, 44; Boruttau-Viskorf, § 5 Rn. 84; K/K/K-Fleischer, § 5 Rn. 9; R/H/L-Rasche, Anh. 8, Rn. 10; Hofmann, § 5 Rn. 3; W/M-Pahlke, Anh. 12 Rn. 61.

244 Vgl. §§ 5 Abs. 2, 6 Abs. 3 GrEStG; BFH, Urt. v. 18.12.2002 – II R 82/00, BFH/NV 2003, S. 940; BFH, Urt. v. 16.01.1991 – II R 38/87, BStBl. II 1991, S. 374; P/F-Franz, § 5 Rn. 7; Boruttau-Viskorf, § 5 Rn. 10; R/H/L-Rasche, Anh. 8, Rn. 10, 14-15, 24; K/K/K-Fleischer, § 5 Rn. 14, 17; W/M-Pahlke, Anh. 12 Rn. 299.

abwärts gerichtete Verschmelzungen und Aufspaltungen von Kapitalgesellschaften.[245]

Spiegelbildlich hierzu sind bei aufwärts gerichteten Übertragungen Transfers einer grundbesitzenden Sachgesamtheit aus einer Tochterkapitalgesellschaft unabhängig von der Art ihrer Übertragung stets voll steuerpflichtig sind. In Abgrenzung hierzu finden die Begünstigungen des § 6 Abs. 2 und 3 GrEStG auf Betriebs- oder Teilbetriebsausbringungen, Verschmelzungen, Ab- oder Aufspaltungen, Anwachsungen und Realteilungen aus einer Tochterpersonengesellschaft Anwendung, sofern die Fünf-Jahres-Frist keine Verletzung erfährt.[246]

Seitwärts gerichtete Betriebs- oder Teilbetriebseinbringungen, Verschmelzungen, Ab- oder Aufspaltungen, Anwachsungen und Realteilungen unterliegen grundsätzlich der Steuer. Eine Ausnahme besteht lediglich für entsprechende Vorgänge aus einer Schwesterpersonengesellschaft in eine andere Schwesterpersonengesellschaft, soweit an beiden Unternehmungen identische Beteiligungsverhältnisse bestehen und die Fünf-Jahres-Frist beachtet wird.[247]

2. Mitübertragung von Beteiligungen

Überträgt eine Mutter-, Tochter- oder Schwestergesellschaft im Rahmen einer Umstrukturierungsmaßnahme eine Sachgesamtheit, zu deren Vermögen auch eine Beteiligung an einer Kapitalgesellschaft gehört, auf eine Tochter-, Mutter- oder Schwestergesellschaft, stimmt der grunderwerbsteuerliche Ist-Zustand eines solchen Vorgangs ebenfalls grundsätzlich mit dem oben beschriebenen Ist-Zustand einer isolierten Übertragung dieser Beteiligung überein. Dies wird klar, wenn man sich vor Augen führt, dass sowohl das Vorliegen eines steuerbaren Erwerbsvorganges als auch die eventuelle Privilegierung eines solchen grundsätzlich unabhängig von der Art der Beteiligungsverlagerung ist.

Was die Verwirklichung eines steuerbaren Erwerbsvorgangs betrifft, ist oben erläutert worden, dass Umstrukturierungsmaßnahmen ein entsprechendes Risiko beinhalten, sofern mit ihnen Anteile an grundbesitzenden Gesellschaften unmittelbar oder mittelbar eine Verlagerung auf andere Rechtsträger erfahren und diese Rechtsträger bestimmte Beteiligungsquoten an der grundbesitzenden Gesellschaft erreicht.[248] Entscheidend für die Verwirklichung eines Erwerbstatbestandes ist daher im Wesentlichen, wie viele Anteile an der grundbesitzenden Gesellschaft übertragen werden[249]

245 Vgl. Fn. 242.

246 Vgl. § 6 Abs. 2, 3 S. 1, 4 GrEStG; Boruttau-Viskorf, § 6 Rn. 5, 27, 31; R/H/L-Rasche, Anh. 8 Rn. 10, 25; W/M-Pahlke, Anh. 12 Rn. 389; Hofmann, § 6 Rn. 6; K/K/K-Fleischer, § 5 Rn. 9, 15, 31, 34.

247 Vgl. § 6 Abs. 3 S. 1, 4 GrEStG; P/F-Franz, § 6 Rn. 41-43; Boruttau-Viskorf, § 6 Rn. 5, 27, 31; W/M-Pahlke, Anh. 12 Rn. 328, 356, 389; R/H/L-Rasche, Anh. 8 Rn. 10, 14, 25.

248 Vgl. Abschn. D. I. 2.

249 Vgl. § 1 Abs. 2a S. 1 GrEStG.

respektive wie viele Anteile an ihr nach der Übertragung einem aufnehmenden Rechtsträger zuzuordnen sind.[250] Auf welche Art und Weise dies geschieht, spielt für die Beurteilung der Steuerbarkeit keine Rolle.[251] Deshalb entsprechen die Konstellationen, in denen Umstrukturierungsmaßnahmen mit Sachgesamtheiten steuerbare Beteiligungsverlagerungen bewirken, vollumfänglich denen, die oben im Zusammenhang mit isolierten Transfers von Kapitalgesellschaftsbeteiligungen dargestellt wurden.[252]

Diese Irrelevanz der Restrukturierungsform gilt grundsätzlich auch für die Privilegierung steuerbarer Gesellschafterbestandsänderungen und Anteilsvereinigungen. Sie hängt im Regelfall ausschließlich von der Existenz einer Gesamthandsgemeinschaft, von den Beteiligungsverhältnissen an dieser Gesamthandsgemeinschaft sowie von den Eigentumsverhältnissen am Grundvermögen ab. Auf welchem Weg Beteiligungen an grundbesitzenden Gesellschaften im Einzelfall bewegt werden, ist typischerweise ohne Bedeutung.

Angesichts dieser Parallelität zwischen isolierten und im Rahmen von Sachgesamtheitsverlagerungen vorgenommenen Beteiligungsübertragungen ist auch bei letzteren zwischen drei möglichen Ausgangssituationen zu differenzieren. Zum einen kann die Kapitalgesellschaft, deren Anteile im Zuge des Sachgesamtheitstransfers eine Bewegung erfahren, selbst grundbesitzend sein. Zum anderen ist denkbar, dass sie ihrerseits unmittelbar oder mittelbar Anteile an einer anderen grundbesitzenden Kapitalgesellschaft hält. Schließlich besteht die Möglichkeit, dass sie Inhaberin einer unmittelbaren oder mittelbaren Beteiligung an einer grundbesitzenden Personengesellschaft ist.[253]

Je nachdem, welche dieser drei Konstellationen im Einzelfall gegeben ist, bewirken Betriebs- oder Teilbetriebseinbringungen sowie Verschmelzungen, Spaltungen, Ausgliederungen, Realteilungen und Anwachsungen in den oben für isolierte Anteilstransfers beschriebenen Fällen steuerbare Erwerbsvorgänge.[254] Dies gilt angesichts der grunderwerbsteuerlichen Selbständigkeit jeder Gesellschaft wiederum unabhängig davon, ob die übertragende und die erwerbende Unternehmung zu derselben beherrschten Gruppe oder zu demselben Organkreis gehören.[255] Von diesem Grundsatz besteht lediglich eine Ausnahme mangels grunderwerbsteuerlich erheblicher Verstärkung, sofern die Anteile an der jeweils grundbesitzenden Gesellschaft

250 Vgl. § 1 Abs. 3 GrEStG.

251 Vgl. Beckmann, GmbHR 1999, S. 217 (223); Kroschewski, GmbHR 2001, S. 707 (708).

252 Vgl. Abschn. D. I. 2.

253 Vgl. Abschn. D. I. 2.2.-2.4.

254 Vgl. K/K/K-Fleischer, § 5 Rn. 85-102, 145-154; R/H/L-Rasche, Anh. 8 Rn. 31-34; W/M-Pahlke, Anh. 12 Rn. 119-222, 275-276, 343-346, 366-374; P/F-Pahlke, § 1 Rn. 337; Viskorf, StbJb. 1998/99, S. 97 (108-113).

255 Vgl. BFH, Urt. v. 15.01.2003 – II R 50/00, BStBl. II 2003, S. 320; FM Bayern, Tz. 4.b) d. Schr. v. 02.12.1999 - 36 - S 4501 - 15/27 - 53 426, BStBl. I 1999, S. 991; Götz, GmbHR 2001, S. 277 (280); a. Ans.: Eder, DStR 1994, S. 735 (738); Wienands, DB 1997, S. 1362.

bei einer Konzermuttergesellschaft bereits zuvor eine mittelbare Vereinigung erfahren haben.[256]

Diese steuerbaren Erwerbsvorgänge sind grundsätzlich auch im gleichen Maße gemäß den §§ 5 Abs. 2, 6 Abs. 2, 3 GrEStG[257] privilegiert wie bei isolierten Beteiligungstransfers, je nachdem, von welcher Unternehmung auf welche Unternehmung das Grundvermögen als übergegangen gilt. Besonderes gilt lediglich für abwärts gerichtete Verschmelzungen und Aufspaltungen einer Kapitalgesellschaft, die den Tatbestand des § 1 Abs. 3 Nr. 3 GrEStG erfüllen.[258] In diesen Konstellationen gilt das Grundvermögen als von der Kapitalgesellschaft und nicht von der grundbesitzenden Gesellschaft auf die Personengesellschaft übertragen. Da die einbringende Kapitalgesellschaft im Anschluss aber untergeht, kommt es von Anfang an zu einer schädlichen Missachtung der fünfjährigen Behaltefrist des § 5 Abs. 3 GrEStG.[259]

3. (Mit-) Übertragung von Mitunternehmeranteilen

3.1. Überblick

Überträgt eine Mutter-, Tochter- oder Schwestergesellschaft einen Mitunternehmeranteil auf eine Tochter-, Mutter- oder Schwestergesellschaft, sind genau wie beim Transfer von Kapitalgesellschaftsbeteiligungen drei denkbare Situationen zu unterscheiden. Die Mitunternehmerschaft, deren Anteile bewegt werden, kann zum einen (3.2.) selbst grundbesitzend sein, zum anderen (3.3.) ihrerseits Anteile an einer grundbesitzenden Tochterpersonengesellschaft halten und zum Dritten (3.4.) Inhaberin einer Beteiligung an einer grundbesitzenden Tochterkapitalgesellschaft sein. Ob dabei ein solcher Mitunternehmeranteil im Wege der Einzelrechtsnachfolge als Veräußerung oder Einbringung oder im Wege der Gesamtrechtsnachfolge gelegentlich einer Verschmelzung, Spaltung, Ausgliederung, Anwachsung oder Realteilung übertragen wird, ist für die grunderwerbsteuerliche Beurteilung grundsätzlich ohne Bedeutung.

3.2. Unmittelbare Beteiligungen an grundbesitzenden Personengesellschaften

Ist die Personengesellschaft selbst grundbesitzend, kann der Transfer eines Mitunternehmeranteils an ihr in vier Fällen einen steuerbaren Erwerbsvorgang bewirken. Zunächst ist denkbar, dass die anteilsübertragende Gesellschaft mindestens 95 %

---

256 Vgl. BFH, Urt. v. 12.01.1994 – II R 130/91, BStBl. II 1994, S. 408; BFH, Urt. v. 15.01.2003 – II R 50/00, BStBl. II 2003, S. 320; FM Bayern, Tz. 3 d. Schr. v. 02.12.1999 - 36 - S 4501 - 15/27 - 53 426, BStBl. I 1999, S. 991; P/F-Pahlke, § 1 Rn. 339; Hofmann, § 1 Rn. 154; Eder, DStR 1994, S. 735 (739); Schiessl/Tschesche, BB 2003, S. 1867 (1869); Heine, GmbHR 2000, S. 850 (853).

257 Vgl. Abschn. B. II. 1. u. 2.

258 Vgl. P/F-Franz, § 5 Rn. 40, 44; Boruttau-Viskorf, § 5 Rn. 84; Hofmann, § 5 Rn. 29.

259 Vgl. FM Baden-Württemberg, Tz. 2 d. Schr. v. 14.02.2002 - 3 - S 4400/15, DB 2002, S. 455; P/F-Franz, § 5 Rn. 40, 44; Boruttau-Viskorf, § 5 Rn. 84; K/K/K-Fleischer, § 5 Rn. 9; R/H/L-Rasche, Anh. 8 Rn. 10; Hofmann, § 5 Rn. 3; W/M-Pahlke, Anh. 12 Rn. 61.

der Anteile am Gesellschaftsvermögen der grundbesitzenden Personengesellschaft hält.[260] Überträgt sie in dieser Konstellation ihren gesamten Mitunternehmeranteil auf eine nicht als Altgesellschafterin qualifizierende Unternehmung, ergibt sich eine steuerbare Änderung des Gesellschafterbestandes.[261] Dabei wird die Übertragung des Grundbesitzes der Personengesellschaft auf eine neu gegründete Personengesellschaft fingiert.[262] Die Privilegierung eines solchen Transfers gemäß § 6 Abs. 3 GrEStG[263] hängt daher davon ab, in welchem Maße vor und nach der Übertragung der Beteiligung dieselben Gesellschafter, ggf. vermittelt durch die anteilsübertragende oder anteilserwerbende Unternehmung, an der grundbesitzenden Personengesellschaft unmittelbar oder mittelbar beteiligt sind. Ausnahmsweise begünstigt ist daher die Übertragung des Mitunternehmeranteils abwärts auf eine Tochterpersonengesellschaft, aufwärts aus einer Tochterpersonengesellschaft sowie seitwärts zwischen zwei Schwesterpersonengesellschaften mit identischen Beteiligungsverhältnissen. In diesen drei Konstellationen ist die übergeordnete Gesellschaft vor und nach der Anteilsübertragung entweder selbst oder über eine ihrer Tochterunternehmungen an der grundbesitzenden Personengesellschaft beteiligt (vgl. Abb. 39).

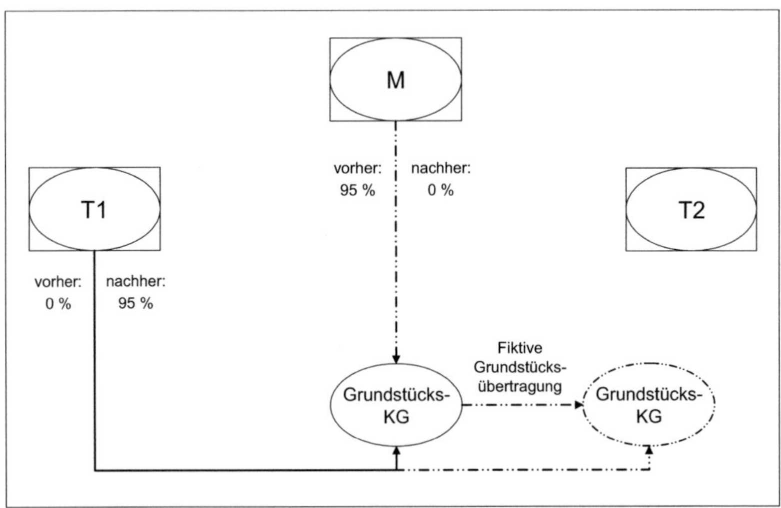

Abb. 39: Grunderwerbsteuer – Steuerlicher Ist-Zustand – Unmittelbare Beteiligungen an grundbesitzenden Personengesellschaften 1

260 Grundbesitzend ist eine Personengesellschaft auch, wenn sich bei ihr alle Anteile an einer Gesellschaft vereinigt haben, vgl. hierzu Heine, GmbHR 2006, S. 350-355.

261 Vgl. § 1 Abs. 2a S. 1 GrEStG; Hofmann, § 1 Rn. 116; Boruttau-Fischer, § 1 Rn. 821; P/F-Pahlke, § 1 Rn. 306.

262 Vgl. BFH, Urt. v. 27.04.2005 – II R 61/03, BStBl. II 2005, S. 649; Hofmann, § 1 Rn. 130a; § 6 Rn. 4; Boruttau-Viskorf, § 6 Rn. 27a; Fuhrmann/Demuth, UVR 2006, S. 26 (S. 27); Heine, INF 2005, S. 63 (64); Stoschek/Mies, DStR 2006, S. 221.

263 Vgl. Abschn. B. II. 2.

Daneben kommt in Betracht, dass die anteilsübertragende Gesellschaft Inhaberin von weniger als 95 % der Anteile am Gesellschaftsvermögen der grundbesitzenden Personengesellschaft ist. Transferiert sie diesen Mitunternehmeranteil auf eine nicht als Altgesellschafterin qualifizierende Unternehmung, ereignet sich eine steuerbare Änderung des Gesellschafterbestandes nur, falls die anteilserwerbende Gesellschaft oder andere Neugesellschafter innerhalb eines Fünf-Jahres-Zeitraums zusätzlich noch so viele weitere Anteile an der grundbesitzenden Personengesellschaft unmittelbar oder mittelbar erwerben, dass insgesamt mindestens 95 % der Anteile am Gesellschaftsvermögen der grundbesitzenden Personengesellschaft auf neue Gesellschafter übergehen.[264] Privilegiert ist ein solcher Vorgang unter den im vorangegangenen Absatz erläuterten Voraussetzungen.

Löst die Übertragung des Mitunternehmeranteils keine steuerbare Änderung des Gesellschafterbestandes der grundbesitzenden Personengesellschaft aus, weil die erwerbende Gesellschaft als Altgesellschafterin qualifiziert oder insgesamt weniger als 95 % der Anteile innerhalb von fünf Jahren auf neue Gesellschafter übergehen, sind ungeachtet dessen zwei Konstellationen denkbar, in denen die Gefahr einer subsidiären Anteilsvereinigung gegeben ist. Dabei besteht zunächst die Möglichkeit, dass die anteilsübertragende Gesellschaft alleinige Kommanditistin der grundbesitzenden Personengesellschaft sowie mindestens 95 %-ige Anteilseignerin der Komplementär-GmbH ist. Transferiert sie in dieser Situation sowohl ihren Mitunternehmeranteil als auch ihre Beteiligung an der Komplementär-GmbH, kommt es bei der anteilserwerbenden Gesellschaft zur Vereinigung aller Anteile an der grundbesitzenden Personengesellschaft.[265] Dabei gilt das Grundvermögen der Personengesellschaft angesichts der vorangegangenen Anteilsvereinigung auf Ebene der anteilsübertragenden Gesellschaft als von dieser auf die anteilserwerbende Gesellschaft übergegangen.[266] Dieser Übergang ist grundsätzlich voll steuerpflichtig, es sei denn, er erfolgt auf eine Tochterpersonengesellschaft (bei abwärts gerichtetem Transfer), aus einer Tochterpersonengesellschaft (bei aufwärts gerichtetem Transfer) sowie zwischen zwei Schwesterpersonengesellschaften mit identischen Beteiligungsverhältnissen (bei seitwärts gerichtetem Transfer).[267] In diesen drei Konstellationen sind die Begünstigungen der §§ 5 Abs. 2, 6 Abs. 2, 3 GrEStG anwendbar (vgl. Abb. 40).[268]

---

264 Vgl. § 1 Abs. 2a S. 1 GrEStG; Hofmann, § 1 Rn. 116; Boruttau-Fischer, § 1 Rn. 821; P/F-Pahlke, § 1 Rn. 306.

265 Vgl. § 1 Abs. 3 Nr. 3 GrEStG

266 Vgl. BFH, Urt. v. 16.01.2002 – II R 52/00, BFH/NV 2002, S. 1053; FM Baden-Württemberg, Schr. v. 28.04.2005 – 3 – S 4505/18, StEK GrEStG 1983 § 1 Nr. 172; P/F-Franz, § 5 Rn. 63; Boruttau-Viskorf, § 5 Rn. 12a; Kroschewski, GmbHR 2001, S. 707 (708).

267 Vgl. Abschn. D. I. 1.

268 Ähnlich: Kaiser (2008), S. 293.

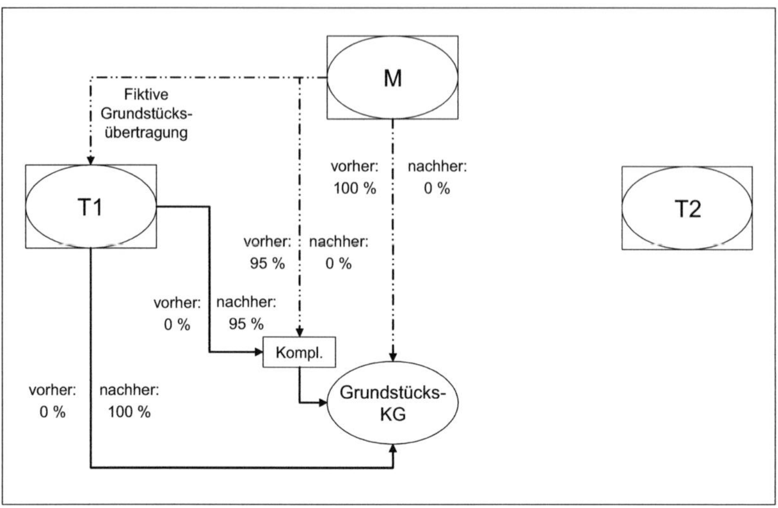

Abb. 40: Grunderwerbsteuer – Steuerlicher Ist-Zustand – Unmittelbare Beteiligungen an grundbesitzenden Personengesellschaften 2

Weist die grundbesitzende Personengesellschaft neben der anteilsübertragenden Gesellschaft und der Komplementär-GmbH noch weitere Gesellschafter auf oder hält die anteilsübertragende Gesellschaft weniger als 95 % der Anteile an der Komplementär-GmbH, genügt die Übertragung des Mitunternehmeranteils samt Beteiligung an der Komplementär-GmbH für eine Anteilsvereinigung nicht. Zusätzlich muss die anteilserwerbende Gesellschaft mindestens so viele der übrigen Gesellschafter im Wege mindestens 95 %-iger Beteiligungen oder Organschaften beherrschen oder so viele Mitunternehmeranteile samt dazugehöriger Beteiligungen an der Komplementär-GmbH unmittelbar oder vermittelt über mindestens 95 %-ige Beteiligungen oder Organschaften erwerben, dass ihr schließlich mindestens 95 % aller Anteile an der Gesellschaft (nicht 95 % ihres Gesellschaftsvermögens) zustehen.[269] In dieser Situation gilt das Grundvermögen der Personengesellschaft als von ihr auf die anteilserwerbende Unternehmung übergegangen.[270] Die Privilegierung eines solchen Transfers gemäß § 6 Abs. 2, 3 GrEStG[271] hängt daher davon ab, in welchem Maße vor und nach der Übertragung der Beteiligung dieselben Gesellschafter, ggf. vermittelt durch die anteilsübertragende oder anteilserwerbende Unternehmung, an der grundbesitzenden Personengesellschaft und an der anteilserwerbenden Unternehmung unmittelbar oder mittelbar beteiligt sind. Ausnahmsweise begünstigt ist daher die Ü-

---

269 Vgl. § 1 Abs. 3 Nr. 1 GrEStG.

270 Vgl. BFH, Urt. v. 31.03.1982 – II R 92/81, BStBl. II 1982, S. 424; FM Baden-Württemberg, Schr. v. 28.04.2005 – 3 – S 4505/18, StEK GrEStG 1983 § 1 Nr. 172; P/F-Franz, § 5 Rn. 61; Boruttau-Viskorf, § 5 Rn. 12a.

271 Vgl. Abschn. B. II. 1. u. 2.

bertragung des Mitunternehmeranteils abwärts auf eine Tochterpersonengesellschaft, aufwärts aus einer Tochterpersonengesellschaft sowie seitwärts zwischen zwei Schwesterpersonengesellschaften mit identischen Beteiligungsverhältnissen. In diesen drei Konstellationen ist die übergeordnete Gesellschaft vor und nach der Anteilsübertragung entweder selbst oder über eine ihrer Tochterunternehmungen an der grundbesitzenden Personengesellschaft und an der anteilserwerbenden Unternehmung beteiligt (vgl. Abb. 41).

In den beiden zuletzt genannten Konstellationen ist zu beachten, dass bei aufwärts gerichteten Anteilsübertragungen eine unmittelbare Anteilsvereinigung mangels grunderwerbsteuerlich erheblicher Verstärkung ausnahmsweise unschädlich ist, sofern ihr bereits eine mittelbare Vereinigung bei der erwerbenden Gesellschaft vorausgegangen ist.[272]

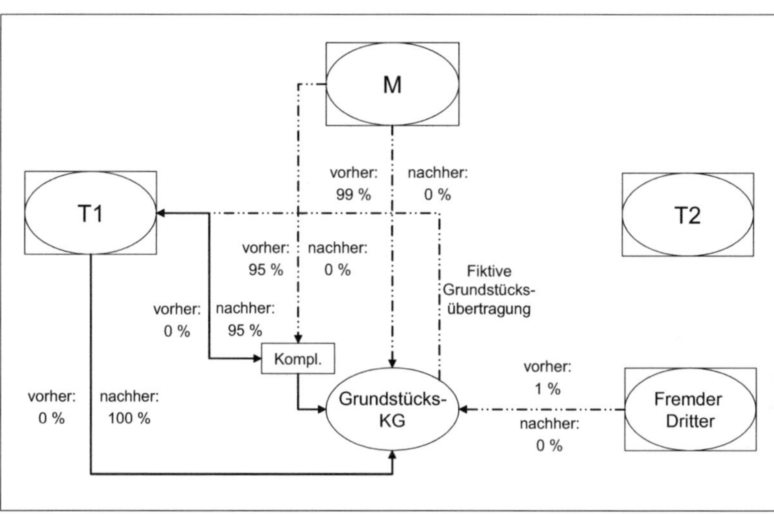

Abb. 41: Grunderwerbsteuer – Steuerlicher Ist-Zustand – Unmittelbare Beteiligungen an grundbesitzenden Personengesellschaften 3

3.3. Mittelbare Beteiligungen an grundbesitzenden Personengesellschaften

Ist eine vermittelnde Personengesellschaft an einer grundbesitzenden Tochterpersonengesellschaft beteiligt, kann der Transfer des Mitunternehmeranteils an der vermittelnden Personengesellschaft in fünf Fällen einen steuerpflichtigen Erwerbsvorgang

---

[272] Vgl. BFH, Urt. v. 12.01.1994 – II R 130/91, BStBl. II 1994, S. 408; BFH, Urt. v. 15.01.2003 – II R 50/00, BStBl. II 2003, S. 320; FM Bayern, Tz. 3 d. Schr. v. 02.12.1999 - 36 - S 4501 - 15/27 - 53 426, BStBl. I 1999, S. 991; P/F-Pahlke, § 1 Rn. 339; Hofmann, § 1 Rn. 154; Eder, DStR 1994, S. 735 (739); Schiessl/Tschesche, BB 2003, S. 1867 (1869); Heine, GmbHR 2000, S. 850 (853).

auslösen. Da Personengesellschaften für Zwecke des § 1 Abs. 2a GrEStG als transparent behandelt werden,[273] kommt zunächst in Betracht, dass die anteilsübertragende Unternehmung mittelbar über eine Beteiligung an der vermittelnden Personengesellschaft Inhaberin von mindestens 95 % der Anteile am Gesellschaftsvermögen der grundbesitzenden Tochterpersonengesellschaft ist. Transferiert sie in dieser Konstellation ihren gesamten Mitunternehmeranteil an der vermittelnden Personengesellschaft auf eine nicht als Altgesellschafterin qualifizierende Unternehmung, verändert sich der Gesellschafterbestand der grundbesitzenden Tochterpersonengesellschaft mittelbar um 95 % innerhalb von fünf Jahren, so dass es zu einem steuerbaren Erwerbsvorgang kommt.[274] Dabei wird die Übertragung des Grundbesitzes der Tochterpersonengesellschaft auf eine neu gegründete Tochterpersonengesellschaft fingiert.[275] Die Privilegierung dieses Vorgangs hängt daher davon ab, in welchem Maße vor und nach der Übertragung der Beteiligung dieselben Gesellschafter, ggf. vermittelt durch die anteilsübertragende oder anteilserwerbende Unternehmung, an der grundbesitzenden Personengesellschaft unmittelbar oder mittelbar beteiligt sind. Die vermittelnde Personengesellschaft wird dabei als transparent behandelt.[276] Ausnahmsweise begünstigt gemäß § 6 Abs. 3 GrEStG[277] ist daher die Übertragung des Mitunternehmeranteils abwärts auf eine Tochterpersonengesellschaft, aufwärts aus einer Tochterpersonengesellschaft sowie seitwärts zwischen zwei Schwesterpersonengesellschaften mit identischen Beteiligungsverhältnissen. In diesen drei Konstellationen ist die übergeordnete Gesellschaft vor und nach der Anteilsübertragung entweder selbst oder über eine ihrer Tochterunternehmungen an der grundbesitzenden Personengesellschaft beteiligt (vgl. Abb. 42).

Daneben ist denkbar, dass der anteilsübertragenden Gesellschaft über die vermittelnde Personengesellschaft weniger als 95 % der Anteile am Gesellschaftsvermögen der grundbesitzenden Tochterpersonengesellschaft zuzurechnen sind. Verlagert sie ihren Mitunternehmeranteil an der vermittelnden Personengesellschaft in dieser Konstellation auf die anteilserwerbende Gesellschaft, reicht dies allein für eine steuerbare Änderung des Gesellschafterbestandes nicht aus. Hinzukommen muss, dass die nicht als Altgesellschafterin qualifizierende anteilserwerbende Unternehmung oder andere Neugesellschafter bereits zuvor unmittelbar oder mittelbar so viele Anteile an der vermittelnden Personengesellschaft oder an der grundbesitzenden Tochterpersonengesellschaft erworben haben, dass zusammen mit den nun von der anteils-

273 Vgl. P/F-Pahlke, § 1 Rn. 308; Hofmann, § 1 Rn. 117; Boruttau, § 1 Rn. 848c.

274 Vgl. § 1 Abs. 2a S. 1 GrEStG.

275 Vgl. BFH, Urt. v. 27.04.2005 – II R 61/03, BStBl. II 2005, S. 649; Hofmann, § 1 Rn. 130a; § 6 Rn. 4; Boruttau-Viskorf, § 6 Rn. 27a; Fuhrmann/Demuth, UVR 2006, S. 26 (S. 27); Heine, INF 2005, S. 63 (64); Stoschek/Mies, DStR 2006, S. 221.

276 Vgl. BFH, Urt. v. 27.04.2005 – II R 61/03, BStBl. II 2005, S. 649; Hofmann, § 6 Rn. 3; Boruttau-Viskorf, § 6 Rn. 27e; Stoschek/Mies, DStR 2006, S. 221; Behrens/Hofmann, DStR 2003, S. 2093 (2096).

277 Vgl. Abschn. B. II. 2.

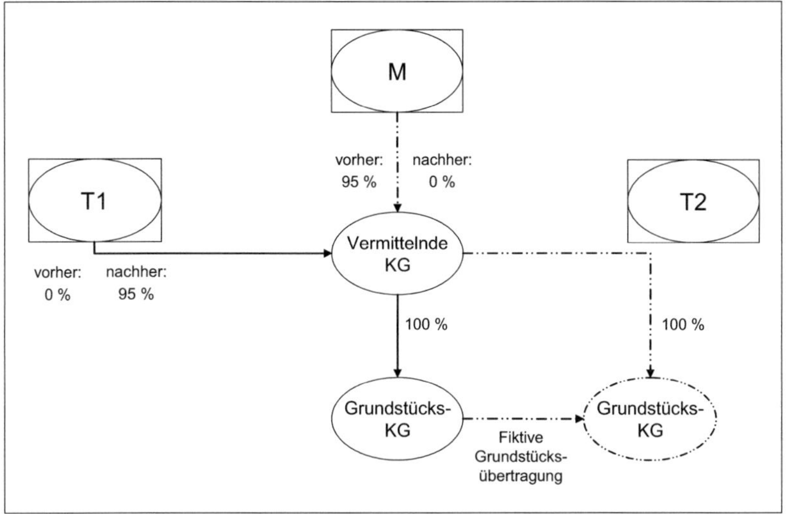

Abb. 42: Grunderwerbsteuer – Steuerlicher Ist-Zustand – Mittelbare Beteiligungen an grundbesitzenden Personengesellschaften 1

übertragenden Gesellschaft übergehenden Anteilen mindestens 95 % der Anteile an der grundbesitzenden Tochterpersonengesellschaft innerhalb von fünf Jahren auf neue Gesellschafter übergegangen sind.[278] Auch in dieser Konstellation wird die Übertragung des Grundbesitzes der Tochterpersonengesellschaft auf eine fiktive neu gegründete Tochterpersonengesellschaft angenommen,[279] so dass für eine Privilegierung der Anteilsübertragung die Erläuterungen im vorangegangenen Absatz entsprechende Anwendung finden.

Kommt es durch den Transfer des Mitunternehmeranteils zu keiner steuerbaren Änderung des Gesellschafterbestandes, verbleiben trotzdem drei Risiken einer mittelbaren Anteilsvereinigung. Denkbar ist in diesem Zusammenhang zunächst, dass die anteilsübertragende Gesellschaft alleinige Kommanditistin der vermittelnden Personengesellschaft und letztere einzige Kommanditistin der grundbesitzenden Tochterpersonengesellschaft ist, jeweils verbunden mit beherrschenden Beteiligungen an den Komplementär-GmbHs, so dass sich die Anteile an der grundbesitzenden Tochterpersonengesellschaft bereits auf Ebene der anteilsübertragenden Unternehmung vereinigt haben.[280] Transferiert nun die anteilsübertragende Gesellschaft ihren gesamten Kommanditanteil an der vermittelnden Personengesellschaft samt Komple-

278 Vgl. § 1 Abs. 2a GrEStG.

279 Vgl. BFH, Urt. v. 27.04.2005 – II R 61/03, BStBl. II 2005, S. 649; Hofmann, § 1 Rn. 130a; § 6 Rn. 4; Boruttau-Viskorf, § 6 Rn. 27a; Fuhrmann/Demuth, UVR 2006, S. 26 (S. 27); Heine, INF 2005, S. 63 (64); Stoschek/Mies, DStR 2006, S. 221.

280 Vgl. FM Baden-Württemberg, Schr. v. 14.02.2000 – 3 – S 4500-43, DStR 2000, S. 430.

mentärbeteiligung, vereinigen sich bei der anteilserwerbenden Unternehmung mittelbar sämtliche Anteile an der grundbesitzenden Tochterpersonengesellschaft.[281] In dieser Konstellation gilt das Grundvermögen der grundbesitzenden Tochterpersonengesellschaft angesichts der vorangegangenen Anteilsvereinigung auf Ebene der anteilsübertragenden Gesellschaft als von dieser auf die anteilserwerbende Gesellschaft übergegangen.[282] Dieser Übergang ist grundsätzlich voll steuerpflichtig, es sei denn, er erfolgt abwärts auf eine Tochterpersonengesellschaft, aufwärts aus einer Tochterpersonengesellschaft sowie seitwärts zwischen zwei Schwesterpersonengesellschaften mit identischen Beteiligungsverhältnissen.[283] In diesen Konstellationen sind die Begünstigungen der §§ 5 Abs. 2, 6 Abs. 2, 3 GrEStG[284] anwendbar (vgl. Abb. 43).

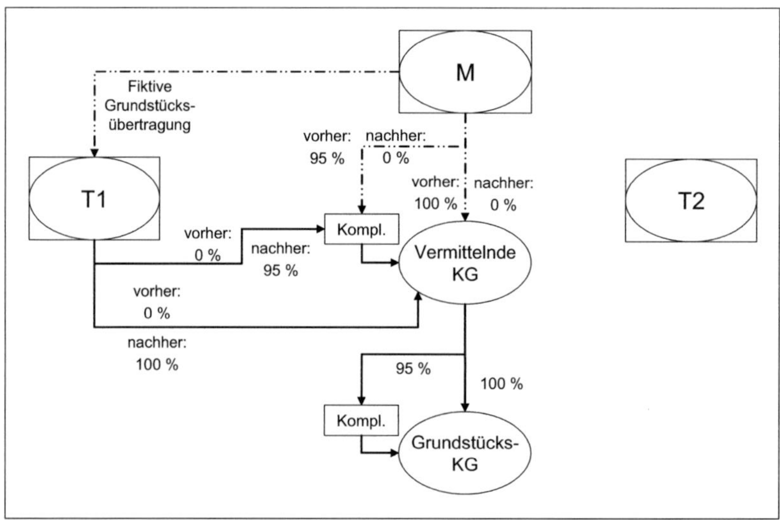

Abb. 43: Grunderwerbsteuer – Steuerlicher Ist-Zustand – Mittelbare Beteiligungen an grundbesitzenden Personengesellschaften 2

Hat die vermittelnde Personengesellschaft neben der anteilsübertragenden Gesellschaft und ihrer Komplementär-GmbH noch weitere Anteilseigner oder hält die anteilsübertragende Gesellschaft weniger als 95 % der Anteile an der Komplementär-GmbH der vermittelnden Personengesellschaft, haben sich die Anteile an der grundbesitzenden Tochterpersonengesellschaft bisher nur auf Ebene der vermittelnden

281 Vgl. § 1 Abs. 3 Nr. 3 GrEStG.

282 Vgl. BFH, Urt. v. 16.01.2002 – II R 52/00, BFH/NV 2002, S. 1053; FM Baden-Württemberg, Schr. v. 28.04.2005 – 3 – S 4505/18, StEK GrEStG 1983 § 1 Nr. 172; P/F-Franz, § 5 Rn. 63; Boruttau-Viskorf, § 5 Rn. 12a; Kroschewski, GmbHR 2001, S. 707 (708).

283 Vgl. Abschn. D. I. 1.

284 Vgl. Abschn. B. II. 1. u. 2.

Personengesellschaft vereinigt. Der Transfer des Mitunternehmeranteils der anteilsübertragenden Gesellschaft an der vermittelnden Personengesellschaft samt Anteil an deren Komplementär-GmbH reicht daher für eine Anteilsvereinigung bei der anteilserwerbenden Unternehmung nicht aus. Erforderlich ist zusätzlich, dass die anteilserwerbende Gesellschaft mindestens so viele der anderen Gesellschafter der vermittelnden Personengesellschaft schon vorher im Wege 95 %-iger Beteiligungen oder Organschaften beherrscht oder so viele Mitunternehmeranteile an der vermittelnden Personengesellschaft samt dazugehöriger Beteiligungen an der Komplementär-GmbH unmittelbar oder vermittelt über beherrschte Gesellschaften erwirbt, dass sie schließlich mindestens 95 % aller Anteile an der vermittelnden Personengesellschaft (nicht 95 % ihres Gesellschaftsvermögens) hält.[285]

In dieser Situation gilt das Grundvermögen der grundbesitzenden Tochterpersonengesellschaft angesichts der vorangegangenen Anteilsvereinigung auf Ebene der vermittelnden Personengesellschaft als von dieser auf die anteilserwerbende Gesellschaft übergegangen.[286] Die Begünstigung einer solchen Übertragung hängt daher davon ab, in welchem Maße vor und nach der Übertragung der Beteiligung dieselben Gesellschafter, ggf. vermittelt durch die anteilsübertragende oder anteilserwerbende Unternehmung, an der vermittelnden Personengesellschaft und an der anteilserwerbenden Unternehmung unmittelbar oder mittelbar beteiligt sind. Ausnahmsweise gemäß § 6 Abs. 2, 3 GrEStG[287] begünstigt ist daher die Übertragung des Mitunternehmeranteils abwärts auf eine Tochterpersonengesellschaft, aufwärts aus einer Tochterpersonengesellschaft sowie seitwärts zwischen zwei Schwesterpersonengesellschaften mit identischen Beteiligungsverhältnissen. In diesen drei Konstellationen ist die übergeordnete Gesellschaft vor und nach der Anteilsübertragung entweder selbst oder über eine ihrer Tochterunternehmungen an der grundbesitzenden Personengesellschaft und an der anteilserwerbenden Unternehmung beteiligt (vgl. Abb. 44).

Besitzt nicht nur die vermittelnde Personengesellschaft, sondern auch die grundbesitzende Tochterpersonengesellschaft selbst neben der vermittelnden Personengesellschaft und ihrer Komplementär-GmbH noch weitere Gesellschafter oder hält die vermittelnde Personengesellschaft weniger als 95 % der Anteile an der Komplementär-GmbH der grundbesitzenden Tochterpersonengesellschaft, erfordert eine Anteilsvereinigung bei der anteilserwerbenden Gesellschaft schließlich, dass letztere nicht nur den Mitunternehmeranteil der anteilsübertragenden Gesellschaft an der vermittelnden Personengesellschaft sowie die für eine Anteilsvereinigung bei der vermittelnden Personengesellschaft erforderlichen sonstigen Anteile samt Beteiligungen an den Komplementär-GmbHs erwirbt. Darüber hinaus bedarf es des unmittelbaren oder des über beherrschte Gesellschaften vermittelten Erwerbs so vieler Anteile an

285 Vgl. § 1 Abs. 3 Nr. 3 GrEStG.

286 Vgl. BFH, Urt. v. 16.01.2002 – II R 52/00, BFH/NV 2002, S. 1053; FM Baden-Württemberg, Schr. v. 28.04.2005 – 3 – S 4505/18, StEK GrEStG 1983 § 1 Nr. 172; P/F-Franz, § 5 Rn. 63; Boruttau-Viskorf, § 5 Rn. 12a; Kroschewski, GmbHR 2001, S. 707 (708).

287 Vgl. Abschn. B. II. 1. u. 2.

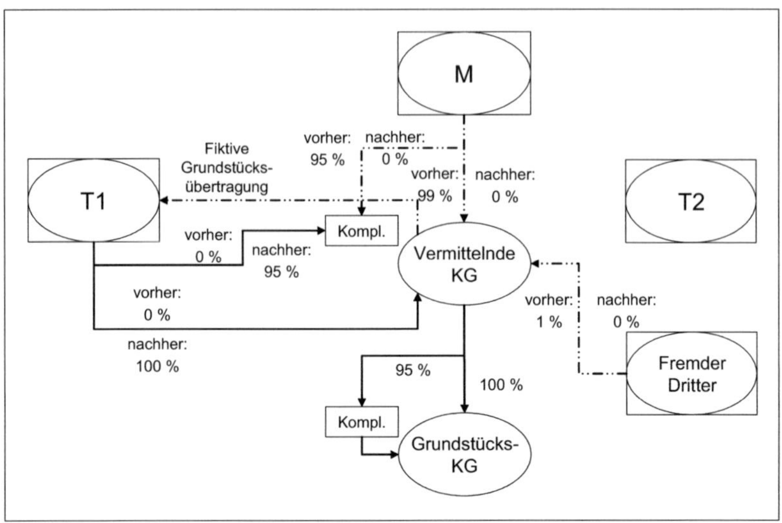

Abb. 44: Grunderwerbsteuer – Steuerlicher Ist-Zustand – Mittelbare Beteiligungen an grundbesitzenden Personengesellschaften 3

der grundbesitzenden Personengesellschaft samt dazugehöriger Beteiligungen an deren Komplementär-GmbH, dass der anteilserwerbenden Unternehmung schließlich mindestens 95 % aller Anteile an der grundbesitzenden Personengesellschaft (nicht 95 % ihres Gesellschaftsvermögens) unmittelbar oder mittelbar zustehen.[288]

In dieser Situation gilt das Grundvermögen der Tochterpersonengesellschaft als von ihr auf die anteilserwerbende Unternehmung übergegangen.[289] Die Privilegierung eines solchen Transfers hängt daher davon ab, in welchem Maße vor und nach der Übertragung der Beteiligung dieselben Gesellschafter, über die als transparent zu behandelnde vermittelnden Personengesellschaft[290] sowie ggf. über die anteilsübertragende oder anteilserwerbende Unternehmung, an der grundbesitzenden Tochterpersonengesellschaft und an der anteilserwerbenden Unternehmung unmittelbar oder mittelbar beteiligt sind. Ausnahmsweise gemäß § 6 Abs. 2, 3 GrEStG[291] begünstigt ist daher die Übertragung des Mitunternehmeranteils abwärts auf eine Tochterpersonengesellschaft, aufwärts aus einer Tochterpersonengesellschaft sowie seitwärts zwischen zwei Schwesterpersonengesellschaften mit identischen Beteiligungs-

288 Vgl. § 1 Abs. 3 Nr. 1 GrEStG.

289 Vgl. BFH, Urt. v. 31.03.1982 – II R 92/81, BStBl. II 1982, S. 424; FM Baden-Württemberg, Schr. v. 28.04.2005 – 3 – S 4505/18, StEK GrEStG 1983 § 1 Nr. 172; P/F-Franz, § 5 Rn. 61; Boruttau-Viskorf, § 5 Rn. 12a.

290 Vgl. BFH, Urt. v. 27.04.2005 – II R 61/03, BStBl. II 2005, S. 649; Hofmann, § 6 Rn. 3; Boruttau-Viskorf, § 6 Rn. 27e; Stoschek/Mies, DStR 2006, S. 221; Behrens/Hofmann, DStR 2003, S. 2093 (2096).

291 Vgl. Abschn. B. II. 2.

verhältnissen. In diesen drei Konstellationen ist die übergeordnete Gesellschaft vor und nach der Anteilsübertragung entweder selbst oder über eine ihrer Tochterunternehmungen an der grundbesitzenden Personengesellschaft und an der anteilserwerbenden Unternehmung beteiligt (vgl. Abb. 45).

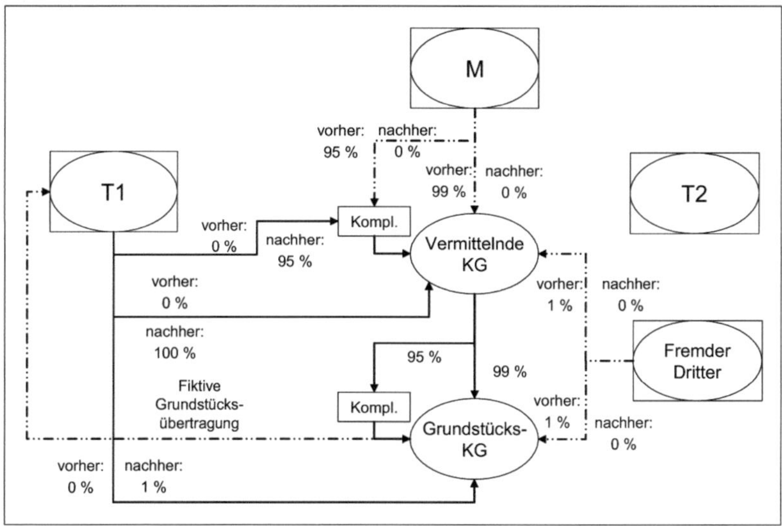

Abb. 45: Grunderwerbsteuer – Steuerlicher Ist-Zustand – Mittelbare Beteiligungen an grundbesitzenden Personengesellschaften 4

In den drei zuletzt erläuterten Situationen ist ebenfalls zu berücksichtigen, dass bei aufwärts gerichteten Anteilsübertragungen eine unmittelbare Anteilsvereinigung mangels grunderwerbsteuerlich erheblicher Verstärkung ausnahmsweise unschädlich ist, sofern ihr bereits eine mittelbare Vereinigung bei der anteilserwerbenden Gesellschaft vorausgegangen ist.[292]

3.4. Mittelbare Beteiligungen an grundbesitzenden Kapitalgesellschaften

Hält eine vermittelnde Personengesellschaft schließlich unmittelbar oder mittelbar Anteile an einer grundbesitzenden Tochterkapitalgesellschaft, ergeben sich drei Konstellationen, in denen der Transfer eines Mitunternehmeranteils an ihr einen steuerbaren Erwerbsvorgang bewirkt. Zunächst besteht die Möglichkeit, dass sich bereits zuvor bei der anteilsübertragenden Gesellschaft, vermittelt durch deren Inha-

292 Vgl. BFH, Urt. v. 12.01.1994 – II R 130/91, BStBl. II 1994, S. 408; BFH, Urt. v. 15.01.2003 – II R 50/00, BStBl. II 2003, S. 320; FM Bayern, Tz. 3 d. Schr. v. 02.12.1999 - 36 - S 4501 - 15/27 - 53 426, BStBl. I 1999, S. 991; P/F-Pahlke, § 1 Rn. 339; Hofmann, § 1 Rn. 154; Eder, DStR 1994, S. 735 (739); Schiessl/Tschesche, BB 2003, S. 1867 (1869); Heine, GmbHR 2000, S. 850 (853).

berschaft von mindestens 95 % aller Anteile an der betroffenen Personengesellschaft (nicht an deren Gesellschaftsvermögen), mindestens 95 % der Anteile an der grundbesitzenden Tochterkapitalgesellschaft vereinigt haben.[293] Transferiert die anteilsübertragende Gesellschaft in dieser Konstellation ihren gesamten Kommanditanteil an der vermittelnden Personengesellschaft samt ihrer ebenfalls beherrschenden Beteiligung an deren Komplementär-GmbH auf die anteilserwerbende Gesellschaft, kommt es zu einem mittelbaren Transfer der bereits vereinigten Anteile an der grundbesitzenden Tochterkapitalgesellschaft.[294] Bei einem solchen Vorgang gilt das Grundvermögen der Tochterkapitalgesellschaft angesichts der vorangegangenen Anteilsvereinigung bei der anteilsübertragenden Gesellschaft als von dieser auf die anteilserwerbende Unternehmung übergegangen.[295] Dieser Übergang ist grundsätzlich voll steuerpflichtig, es sei denn, er erfolgt abwärts auf eine Tochterpersonengesellschaft, aufwärts aus einer Tochterpersonengesellschaft sowie seitwärts zwischen zwei Schwesterpersonengesellschaften mit identischen Beteiligungsverhältnissen.[296] In diesen drei Konstellationen finden die Begünstigungen der §§ 5 Abs. 2, 6 Abs. 2, 3 GrEStG Anwendung (vgl. Abb. 46).[297]

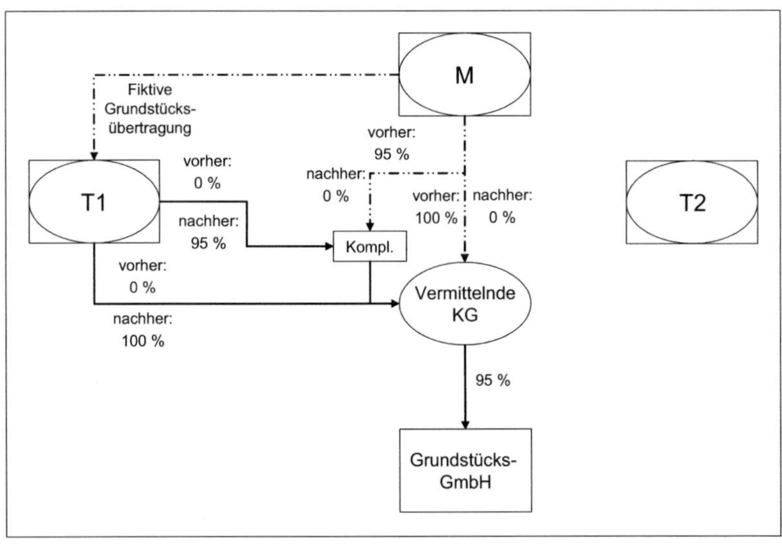

Abb. 46: Grunderwerbsteuer – Steuerlicher Ist-Zustand – Mittelbare Beteiligungen über Personengesellschaften an grundbesitzenden Kapitalgesellschaften 1

293 Vgl. FM Baden-Württemberg, Schr. v. 14.02.2000 – 3 – S 4500-43, DStR 2000, S. 430.

294 Vgl. § 1 Abs. 3 Nr. 3 GrEStG.

295 Vgl. BFH, Urt. v. 16.01.2002 – II R 52/00, BFH/NV 2002, S. 1053; FM Baden-Württemberg, Schr. v. 28.04.2005 – 3 – S 4505/18, StEK GrEStG 1983 § 1 Nr. 172; P/F-Franz, § 5 Rn. 63; Boruttau-Viskorf, § 5 Rn. 12a; Kroschewski, GmbHR 2001, S. 707 (708).

296 Vgl. Abschn. D. I. 1.

297 Vgl. Abschn. B. II. 1. u. 2.; ähnlich: Kaiser (2008), S. 292.

Darüber hinaus kommt in Betracht, dass eine solche Anteilsvereinigung im Hinblick auf die grundbesitzende Tochterkapitalgesellschaft zuvor zwar noch nicht auf Ebene der anteilsübertragenden Gesellschaft, wohl aber auf der der vermittelnden Personengesellschaft stattgefunden hat.[298] In dieser Konstellation bewirkt der Transfer des Mitunternehmeranteils samt Beteiligung an deren Komplementär-GmbH allein noch keine Anteilsvereinigung bei der anteilserwerbenden Unternehmung. Zusätzlich erfordert eine solche, dass die anteilserwerbende Gesellschaft zumindest so viele der übrigen Gesellschafter der vermittelnden Personengesellschaft im Wege mindestens 95 %-iger Beteiligungen oder Organschaften beherrscht oder so viele Mitunternehmeranteile an ihr samt dazugehöriger Beteiligungen an der Komplementär-GmbH unmittelbar oder vermittelt über beherrschte Gesellschaften erwirbt, dass ihr schließlich mindestens 95 % aller Anteile an der vermittelnden Personengesellschaft (nicht an deren Gesellschaftsvermögen) zustehen.[299]

Bei einem solchen Transfer gilt das Grundvermögen der Tochterkapitalgesellschaft angesichts der vorangegangenen Anteilsvereinigung bei der vermittelnden Personengesellschaft als von dieser auf die anteilserwerbende Unternehmung übergegangen.[300] Die Begünstigung einer solchen Übertragung hängt daher davon ab, in welchem Maße vor und nach der Übertragung der Beteiligung dieselben Gesellschafter, ggf. vermittelt durch die anteilsübertragende oder anteilserwerbende Unternehmung, an der vermittelnden Personengesellschaft und an der anteilserwerbenden Unternehmung unmittelbar oder mittelbar beteiligt sind. Ausnahmsweise begünstigt gemäß § 6 Abs. 2, 3 GrEStG[301] ist daher die Übertragung des Mitunternehmeranteils abwärts auf eine Tochterpersonengesellschaft, aufwärts aus einer Tochterpersonengesellschaft sowie seitwärts zwischen zwei Schwesterpersonengesellschaften mit identischen Beteiligungsverhältnissen. In diesen drei Konstellationen ist die übergeordnete Gesellschaft vor und nach der Anteilsübertragung entweder selbst oder über eine ihrer Tochterunternehmungen an der vermittelnden Personengesellschaft und an der anteilserwerbenden Unternehmung beteiligt (vgl. Abb. 47).

Hat schließlich bisher weder auf Ebene der anteilsübertragenden Gesellschaft noch auf der der vermittelnden Personengesellschaft eine Vereinigung aller Anteile an der grundbesitzenden Tochterkapitalgesellschaft stattgefunden, genügt der Transfer des Kommanditanteils der anteilsübertragenden Gesellschaft samt Beteiligung an der Komplementär-GmbH für eine Anteilsvereinigung bei der anteilserwerbenden Gesellschaft selbst dann nicht, wenn letztere dadurch unter den im vorangegangenen Absatz beschriebenen Voraussetzungen eine Beherrschung der vermittelnden Perso-

298 Vgl. FM Baden-Württemberg, Schr. v. 14.02.2000 – 3 – S 4500-43, DStR 2000, S. 430.

299 Vgl. § 1 Abs. 3 Nr. 3 GrEStG.

300 Vgl. BFH, Urt. v. 31.03.1982 – II R 92/81, BStBl. II 1982, S. 424; FM Baden-Württemberg, Schr. v. 28.04.2005 – 3 – S 4505/18, StEK GrEStG 1983 § 1 Nr. 172; P/F-Franz, § 5 Rn. 61; Boruttau-Viskorf, § 5 Rn. 12a; a. Ans.: OFD Koblenz, Schr. v. 21.08.2006 - S 4505 A - St 35 3, StEK GrEStG 1983 § 1 Nr. 176.

301 Vgl. Abschn. B. II. 2.

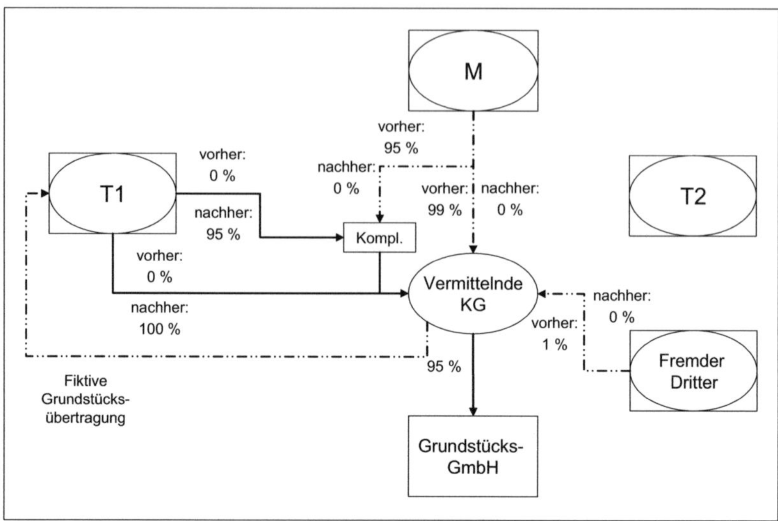

Abb. 47: Grunderwerbsteuer – Steuerlicher Ist-Zustand – Mittelbare Beteiligungen über Personengesellschaften an grundbesitzenden Kapitalgesellschaften 2

nengesellschaft erreicht. In dieser Konstellation ist außerdem erforderlich, dass die anteilserwerbende Gesellschaft bereits zuvor in einem Maße an der grundbesitzenden Tochterkapitalgesellschaft unmittelbar oder qualifiziert mittelbar beteiligt ist oder durch simultane Anteilserwerbe entsprechend beteiligt wird, dass ihr im Anschluss zusammen mit den durch den hinzuerworbenen Kommanditanteil vermittelten Anteilen unmittelbar oder mittelbar mindestens 95 % aller Anteile an der grundbesitzenden Kapitalgesellschaft zustehen.[302] In dieser Konstellation gilt der Grundbesitz der Tochterkapitalgesellschaft als von dieser auf die anteilserwerbende Unternehmung übergegangen. [303] Eine Privilegierung dieses Vorgangs kommt daher nicht in Betracht (vgl. Abb. 48).[304]

In allen drei Konstellationen ist zu beachten, dass bei aufwärts gerichteten Anteilsübertragungen eine unmittelbare Anteilsvereinigung mangels grunderwerbsteuerlich erheblicher Verstärkung ausnahmsweise unschädlich ist, sofern ihr bereits eine mittelbare Vereinigung bei der anteilserwerbenden Gesellschaft vorausgegangen ist.[305]

---

302 Vgl. § 1 Abs. 3 Nr. 1 GrEStG.

303 Vgl. BFH, Urt. v. 31.03.1982 – II R 92/81, BStBl. II 1982, S. 424; FM Baden-Württemberg, Schr. v. 28.04.2005 – 3 – S 4505/18, StEK GrEStG 1983 § 1 Nr. 172; P/F-Franz, § 5 Rn. 61; Boruttau-Viskorf, § 5 Rn. 12a.

304 Vgl. Abschn. D. I. 2. 2., Konstellation 2.

305 Vgl. BFH, Urt. v. 12.01.1994 – II R 130/91, BStBl. II 1994, S. 408; BFH, Urt. v. 15.01.2003 – II R 50/00, BStBl. II 2003, S. 320; FM Bayern, Tz. 3 d. Schr. v. 02.12.1999 - 36 - S 4501 - 15/27 - 53 426, BStBl. I 1999, S. 991; P/F-Pahlke, § 1 Rn. 339; Hofmann, § 1 Rn. 154; Eder, DStR 1994, S. 735 (739); Schiessl/Tschesche, BB 2003, S. 1867 (1869); Heine, GmbHR 2000, S. 850 (853).

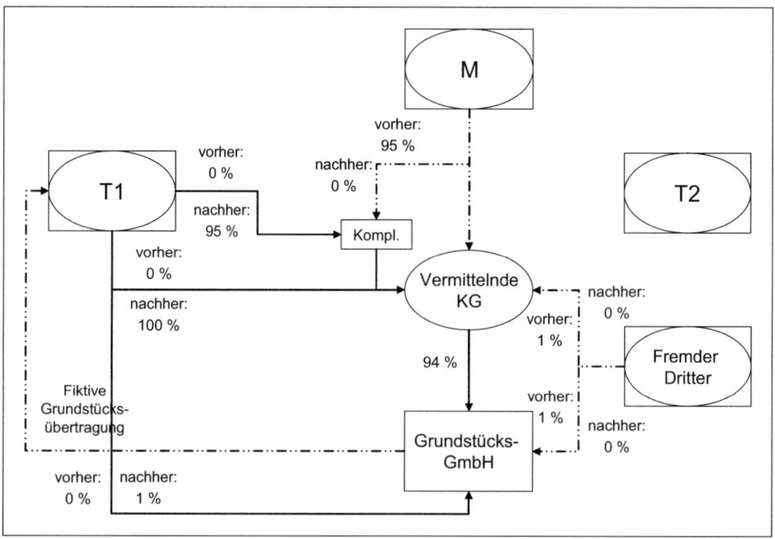

Abb. 48: Grunderwerbsteuer – Steuerlicher Ist-Zustand – Mittelbare Beteiligungen über Personengesellschaften an grundbesitzenden Kapitalgesellschaften 3

III. Simultane und mehrstufige Umstrukturierungsmaßnahmen

Erfolgen mehrere Umstrukturierungsmaßnahmen in einem zeitlichen und sachlichen Zusammenhang oder vollzieht sich ein Restrukturierungsvorgang über mehrere Stufen, so ist dies aus grunderwerbsteuerlicher Sicht grundsätzlich unbeachtlich.[306] Das GrEStG unterwirft jede Grundstücksübertragung zwischen zwei Rechtsträgern isoliert der Steuer und behandelt daher jeden einzelnen Wechsel in der Zuordnung eines Grundstücks als individuellen, in sich abgeschlossenen Steuerfall.[307] Dies gilt nicht nur für Erwerbsvorgänge gemäß § 1 Abs. 1 GrEStG, sondern auch für die Verwirklichung der Ergänzungstatbestände gemäß § 1 Abs. 2, 2a und 3 GrEStG.[308] Die frühere Gesamtplan-Rechtsprechung im Rahmen der §§ 5, 6 GrEStG ist seit der Einführung der §§ 5 Abs. 3 und 6 Abs. 3 S. 2 GrEStG nicht mehr anwendbar.[309]

---

306 Vgl. P/F-Pahlke, § 1 Rn. 166.

307 Vgl. § 1 Abs. 6 S. 1 GrEStG; BFH, Urt. v. 22.09.2004 – II R 45/02, BFH/NV 2005, S. 1137; BFH, Urt. v. 29.10.1986 – II R 59/85, BStBl. II 1987, S. 133; BFH, Urt. v. 28.04.1970 – II 119/65, BStBl. II 1970, S. 670.

308 Vgl. P/F-Pahlke, § 1 Rn. 7.

309 Vgl. Boruttau-Viskorf, § 5 Rn. 69b, § 6 Rn. 27g; zum vorgefassten Plan und einheitlichem Vertragswerk vgl. Heine, GmbHR 2002, S. 1055.

E. Steuerlicher Soll-Zustand

Im Anschluss an die Feststellung des steuerlichen Ist-Zustandes obliegt es der Gestaltungssuche, den steuerlichen Soll-Zustand zu definieren. Während dieser Soll-Zustand in den zuvor entwickelten Teilgestaltungssystemen in Abhängigkeit von der individuellen Sachverhaltskonstellation variieren konnte, ist er im grunderwerbsteuerlichen Zusammenhang stets identisch. Die Auslösung von Grunderwerbsteuer bedeutet für die Unternehmung, die Gegenstand der einzelnen Umstrukturierungsmaßnahme ist, notwendig eine Erhöhung ihres Steueraufwandes. Dabei ist keine Situation denkbar, in der ein grunderwerbsteuerpflichtiger Restrukturierungsvorgang neben diesem Nachteil auch einen Vorteil für die Unternehmung generiert. Die Entstehung von Grunderwerbsteuer ist stets ungünstig. Angesichts der Steuerbarwertminimierung als finalem Ziel der steuerlichen Gestaltungssuche qualifiziert daher eine Umstrukturierungsmaßnahme als Soll-Zustand, die keine oder eine minimierte Grunderwerbsteuer auslöst.[310]

F. Gestaltungen bei Inkongruenzen zwischen Ist- und Soll-Zustand

I. Überblick

Hat die Ermittlung des Ist-Zustandes ergeben, dass der beabsichtigte Restrukturierungsvorgang Grunderwerbsteuer hervorruft, besteht die Aufgabe der Gestaltungssuche darin, Handlungsalternativen zu entwickeln, mit denen der Anfall von Grunderwerbsteuer minimiert werden kann. Als Ansatzpunkte hierfür bieten sich die oben erläuterten drei Tatbestandsmerkmale an. Zum einen kann man den Übergang des Grundvermögens, der Kapitalgesellschaftsbeteiligungen und der Mitunternehmeranteile so gestalten, dass sich schon (II.) kein steuerbarer Erwerbsvorgang ergibt. Zum anderen ist denkbar, den Transfer so zu strukturieren, dass er den (III.) Tatbestand einer Privilegierung verwirklicht. Zum Dritten besteht die Möglichkeit, (IV.) seine Bemessungsgrundlage so gering wie möglich ausfallen zu lassen.

II. Gestaltungen zur Vermeidung eines Erwerbsvorgangs

1. Grundvermögen

1.1. Übertragung eines einzelnen Grundstücks

Die Übertragung eines einzelnen Grundstücks[311] kann entweder einen zivilrechtlichen Eigentumsübergang bewirken[312] oder dem Erwerber die rechtliche oder wirtschaftliche Möglichkeit verschaffen, das Grundstück auf eigene Rechnung zu verwerten.[313] Angesichts dieser Gestaltungsgrenzen kann ein steuerbarer Erwerbsvorgang

---

310 Vgl. Kaiser (2008), S. 33.

311 Vgl. Abschn. D. I. 1.

312 Vgl. § 1 Abs. 1 Nr. 1 GrEStG.

313 Vgl. § 1 Abs. 2 GrEStG.

vermieden werden, indem man ertragsteuerlich lediglich das wirtschaftliche Eigentum am Grundstück übergehen lässt.[314] Dabei kommt es darauf an, den Übergang dieses wirtschaftlichen Eigentums so zu gestalten, dass das erwerbende Betriebsvermögen zwar besitz- und nutzungsberechtigt wird, aber nicht gleichzeitig aufgrund einer gesicherten Rechtsposition an der gesamten Substanz des Grundstücks seinem Werte nach partizipiert.[315] Dies gelingt insbesondere auf zwei Wegen.

Zum einen kann die Einbringung des Grundstücks seinem Werte nach erfolgen. Hierzu verpflichtet sich der einbringende Gesellschafter, der erwerbenden Gesellschaft nicht nur Besitz und Nutzung des Grundstücks zu überlassen, sondern sie darüber hinaus im Innenverhältnis so zu behandeln, als ob das Grundstück Teil ihres Gesellschaftsvermögens geworden wäre.[316] Den Erlös aus einer späteren Veräußerung des Grundstücks erhält die Gesellschaft.[317] Bei der Berechnung des Auseinandersetzungsguthabens der Gesellschafter erfährt der Wert des Grundstücks einen Ansatz, als ob es Gesellschaftsvermögens wäre.[318]

Um nun die „gleichzeitige Partizipation“ der erwerbenden Gesellschaft an der gesamten Substanz des Grundstücks zu vermeiden, gilt es, ihr einen sofortigen Zugriff auf das Grundstück zu verweigern. Ihr darf deshalb weder eine Vollmacht oder Einwilligung zur selbständigen Verfügung über das Grundstück eingeräumt[319] noch eine Option gewährt werden, mit der sie die Übertragung des Grundstücks an eine bestimmte Person verlangen kann.[320] Bleiben der erwerbenden Gesellschaft solche Initiativrechte verwehrt, wird ihr keine Verwertungsbefugnis verschafft. Dass sie schließlich den Veräußerungserlös auf eigene Rechnung vereinnahmt, ist unschädlich.[321]

Zum anderen kann dem erwerbenden Betriebsvermögen das wirtschaftliche Eigentum am Grundstück im Rahmen eines Leasingvertrages übertragen werden. Um auch in diesem Zusammenhang die „gleichzeitige Partizipation“ der leasenden Gesellschaft an der gesamten Substanz des Grundstücks zu verhindern, darf ihr zwar

---

314 Vgl. zur Koordination der beiden Teilgestaltungssysteme: Teil 3, Kap. 6, Abschn. A. I. 1.

315 Vgl. BFH, Urt. v. 15.03.2006 – II R 29/04, BFH/NV 2006, S. 1702; BFH, Urt. v. 27.01.1972 – II 73/65, BStBl. II 1972, S. 496; BFH, Urt. v. 27.01.1965 – II 60/60 U, BStBl. III 1965, S. 265; BFH, Urt. v. 10.03.1970 – II R 135/68, BStBl. II 1970, S. 522; BFH, Urt. v. 27.07.1974 – II R 32/67, BStBl. II 1974, S. 773; BFH, Urt. v. 27.08.1975 – II R 52/70, BStBl. II 1976, S. 30; Boruttau-Fischer, § 1 Rn. 666.

316 Vgl. BFH, Urt. v. 13.02.1996 – VIII R 18/92, BStBl. II 1996, S. 291; BFH, Urt. v. 02.05.2001 – VIII R 64/93, BFH/NV 2002, S. 10; Hofmann, § 1 Rn. 76; Boruttau-Fischer, § 1 Rn. 741; Reinhardt, DStR 1991, S. 588.

317 Vgl. BFH, Urt. v. 27.10.1970 – II 72/65, BStBl. II 1971, S. 278; Boruttau-Fischer, § 1 Rn. 742.

318 Vgl. BFH, Urt. v. 08.12.1965 – II 148/62 U, BStBl. II 1966, S. 148; Reinhardt, DStR 1991, S. 588 (589).

319 Vgl. BFH, Urt. v. 27.10.1970 – II 72/65, BStBl. II 1971, S. 278; Boruttau-Fischer, § 1 Rn. 742a; Daragan (1999), S. 293 (306); Rupp, EStB 2007, S. 225 (226).

320 Vgl. Rupp, EStB 2007, S. 225 (226).

321 Vgl. Rupp, EStB 2007, S. 225 (226); a. Ans.: OFD Hannover, Schr. v. 03.03.2008 – S 4501 – 1 – StO 261, StEK GrEStG 1983, § 1 Nr. 184; Berninger (1994), S. 48.

ein gesichertes Recht auf den Grundstückserwerb gewährt werden.[322] Es gilt aber sicherzustellen, dass sie dieses Recht erst nach dem Ende des Leasingvertrages ausüben darf und nicht schon während der Laufzeit des Leasingvertrages jederzeit berechtigt ist, die Option auf den Erwerb des Grundstücks wahrzunehmen.[323] Dadurch wird dem Erfordernis der Gleichzeitigkeit nicht entsprochen und die Verwertungsbefugnis nicht verschafft.[324]

1.2. Mitübertragung eines Grundstücks innerhalb einer Sachgesamtheit

Erfährt ein Grundstück innerhalb einer Sachgesamtheit eine Mitübertragung, besteht die Gefahr, dass es zum Gegenstand eines Erwerbsvorgangs gemäß § 1 Abs. 1 Nr. 1 GrEStG (bei Einbringungen und Realteilungen)[325] oder gemäß § 1 Abs. 1 Nr. 3 GrEStG (bei Verschmelzungen, Ab- und Aufspaltungen, Ausgliederungen und Anwachsungen)[326] wird.[327] Um dies zu verhindern, bieten sich insbesondere drei Maßnahmen an.

Zum einen kann das Grundvermögen der betroffenen Gesellschaft zurückbehalten oder in eine andere Unternehmung der Gruppe separiert werden.[328] Dabei ist eine Zurückbehaltung des Grundbesitzes naturgemäß nur möglich, sofern die übertragende Unternehmung fortbesteht. Dies ist ausschließlich bei Abspaltungen und Ausgliederungen im Wege der Einzel- oder Sonderrechtsnachfolge der Fall.[329] Eine Separation des Grundvermögens auf eine Schwesterpersonengesellschaft gelingt steuerneutral, sofern das grundbesitzende Betriebsvermögen selbst als Mitunternehmerschaft qualifiziert und an beiden Unternehmungen identische Beteiligungsverhältnisse bestehen.[330] In dieser Konstellation kann der Transfer des Grundvermögens so-

---

322 Vgl. BFH, Urt. v. 17.01.1996 – II R 47/93, BFH/NV 1996, S. 579; BFH, Urt. v. 30.09.1998 – II R 13/96, BFH/NV 1999, S. 666; BFH, Urt. v. 05.02.2003 – II R 15/01, BFH/BV 2003, S. 818; FG Köln, Urt. v. 25.06.2003 – 5 K 6705/00, EFG 2004, S. 1787; FG Köln, Urt. v. 26.02.2003 – 5 K 7923/98, EFG 2004, S. 837; P/F-Pahlke, § 1 Rn. 261; Boruttau-Fischer, § 1 Rn. 780a; Bruschke, UVR 2002, S. 122 (123).

323 Vgl. BFH, Urt. v. 15.03.2006 – II R 28/04, BFH/NV 2006, S. 1586; BFH, Urt. v. 15.03.2006 – II R 29/04, BFH/NV 2006, S. 1702; BFH, Urt. v. 15.03.2006 – II R 11/05, BFH/NV 2006, S. 1704; BFH, Urt. v. 10.03.1999 – II R 35/97, BStBl. II 1999, S.491; BFH, Urt. v. 12.12.1973 – II R 29/69, BStBl. II 1974, S. 251; Boruttau-Fischer, § 1 Rn. 780b; Heine, INF 1998, S. 515 (518).

324 Vgl. BFH, Urt. v. 15.03.2006 – II R 28/04, BFH/NV 2006, S. 1586; BFH, Urt. v. 12.12.1973 – II R 29/69, BStBl. II 1974, S. 251; BFH, Urt. v. 27.01.1965 – II 60/60 U, BStBl. III 1965, S. 265; Boruttau-Fischer, § 1 Rn. 699; Stoschek/Sommerfeld/Mies, DStR 2008, S. 2046 (2049).

325 Vgl. P/F-Pahlke, § 1 Rn. 153; Hofmann, § 1 Rn. 35; Boruttau-Fischer, § 1 Rn. 377; K/K/K-Fleischer, § 5 Rn. 34; W/M-Pahlke, Anh. 12 Rn. 387.

326 Vgl. P/F-Pahlke, § 1 Rn. 165-168, 178; Hofmann, § 1 Rn. 44-51; Boruttau-Fischer, § 1 Rn. 559, 560, 590-603; Viskorf, StbJb. 1998/99, S. 97 (102); Götz, GmbHR 1998, S. 349 (350).

327 Vgl. Abschn. D. II. 1.

328 Vgl. Fleischer, DStR 1996, S. 1390 (1392).

329 Vgl. Boruttau-Fischer, § 1 Rn. 566; Orth (2002), § 14 Rn. 46.

330 Vgl. § 6 Abs. 3 S. 1 GrEStG.

wohl im Wege einer Veräußerung als auch im Rahmen einer Abspaltung vollzogen werden.[331]

Ist eine solche seitwärts gerichtete Separation nicht möglich, besteht die Option, den Grundbesitz in einer Tochtergesellschaft zu isolieren.[332] Entscheidet man sich in diesem Zusammenhang für die Implementierung einer Tochterpersonengesellschaft,[333] besteht die wesentliche Gestaltungsaufgabe angesichts des unproblematisch privilegierten Grundbesitztransfers[334] darin, die Unschädlichkeit des anschließenden eigentlichen Restrukturierungsvorgangs zu gewährleisten. Hierzu sind drei Maßnahmen erforderlich. Vorrangig gilt es sicherzustellen, dass das einbringende Betriebsvermögen bis zum Ablauf der fünfjährigen Frist der §§ 5 Abs. 3, 6 Abs. 3 S. 2 GrEStG ihre Beteiligung an der Tochterpersonengesellschaft beibehält.[335] Daneben ist einer steuerbaren Änderung des Gesellschafterbestandes vorzubeugen, indem man der Unternehmung, die die Sachgesamtheit aufzunehmen beabsichtigt, schon im Zeitpunkt der Grundbesitzeinbringung eine (geringfügige) Beteiligung an der Tochterpersonengesellschaft einräumt. Dadurch qualifiziert sie nach Ablauf der sowieso abzuwartenden fünfjährigen Frist als Altgesellschafterin. Schließlich muss einer Anteilsvereinigung zuvorgekommen werden. Hierzu bietet es sich an, eine grunderwerbsteuerliche Beherrschung der Komplementär-GmbH durch die aufnehmende Unternehmung zu vermeiden. Dies gelingt bspw., indem man einer grunderwerbsteuerlich nicht beherrschten Person 5,1 % der Geschäftsanteile an der Komplementär-GmbH überlässt.[336]

Wählt man eine Schwesterkapitalgesellschaft als Grundbesitz isolierende Einheit, bietet sich zur Realisierung einer zumindest steuergünstigen Einbringung ein Verkauf des Grundbesitzes zu einem niedrigen, aber noch als ernsthaft vereinbart anzusehenden Kaufpreis an.[337] Nichts anderes gilt für eine Tochterkapitalgesellschaft. Bei einer solchen ist allerdings zusätzlich die Unschädlichkeit des darauf folgenden Umstrukturierungsvorgangs sicherzustellen, indem eine dritte, grunderwerbsteuerlich nicht von der anteilserwerbenden Unternehmung beherrschte Person 5,1 % ihrer Geschäftsanteile übernimmt.[338]

Neben der Zurückbehaltung oder Separierung des Grundvermögens besteht bei Sachgesamtheiten zum anderen die Option, wie bei einzelnen Grundstücken lediglich das wirtschaftliche Eigentum am Grundstück übergehen zu lassen und eine

---

331 Vgl. Blumers/Beinert, DB 1995, S. 1043 (1047).

332 Vgl. Salzmann/Loose, DStR 2004, S. 1941 (1944); Behrens, StbJb. 2005/06, S. 317 (327).

333 Vgl. W/M-Pahlke, Anh. 12 Rn. 43, 126; Boruttau-Fischer, § 1 Rn. 566; Orth (2002), § 14 Rn. 46; Verweyen (2005), S. 27; Grotherr, BB 1994, S. 1970 (1978).

334 Vgl. §§ 5 Abs. 2, 6 Abs. 3 S. 1 GrEStG u. Behrens, StbJb. 2005/06, S. 317 (327).

335 Vgl. W/M-Pahlke, Anh. 12 Rn. 43; Orth (2002), § 14 Rn. 46; Verweyen (2005), S. 28.

336 Vgl. Behrens, StbJb. 2005/06, S. 317 (336).

337 Vgl. Abschn. F. IV. 1. 1. u. BFH, Urt. v. 12.07.2006 – II R 65/04, BFH/NV 2006, S. 2128; BFH, Urt. v. 07.12.1994 – II R 9/92, BStBl. II 1995, S. 268; Stöckel, NWB Fach 8, S. 1561 (1562).

338 Vgl. Abschn. F. II. 2. 1. u. Salzmann/Loose, DStR 2004, S. 1941 (1947).

gleichzeitige Partizipation des erwerbenden Betriebsvermögens an der gesamten Substanz des Grundstücks seinem Werte nach zu verhindern.[339] Dies gelingt bei Übertragungen im Wege der Einzelrechtsnachfolge, indem im Einbringungsvertrag der Übergang zivilrechtlichen Eigentums auf die Wirtschaftsgüter der Sachgesamtheit beschränkt wird, die nicht als Grundvermögen qualifizieren. Simultan sind Absprachen zu treffen, mit denen das wirtschaftliche Eigentum am Grundvermögen so übergeht, dass das aufnehmende Betriebsvermögen keine wirtschaftliche Verwertungsbefugnis an ihm erhält. Hierzu können insbesondere eine Einbringung dem Werte nach oder eine Verleasung des Grundstücks nach Maßgabe der oben erläuterten Grundsätze vereinbart werden.[340]

In Abgrenzung hierzu geht bei der Einbringung im Wege der Gesamtrechtsnachfolge zwingend das zivilrechtliche Eigentum an sämtlichen Wirtschaftsgütern der Sachgesamtheit auf die aufnehmende Unternehmung über. Besondere Absprachen bezüglich des Grundvermögens sind daher nicht möglich. In dieser Situation verbleibt die Alternative, das Grundvermögen der Sachgesamtheit vor der beabsichtigten Übertragung zunächst steuerneutral auf eine andere Gesellschaft der Gruppe zu verlagern[341] und das wirtschaftliche Eigentum im Anschluss aus dieser heraus auf das aufnehmende Betriebsvermögen übergehen zu lassen.

Zum Dritten kommt in Betracht, die Art und die Richtung der Umwandlungsmaßnahme grunderwerbsteuerlich optimal zu wählen. Dabei bietet es sich zunächst an, die Unternehmung mit dem wertvollsten Grundbesitz als aufnehmende Rechtsträgerin zu bestimmen. Dadurch werden steuerbare Erwerbsvorgänge im Hinblick auf die Grundstücke dieser Gesellschaft vermieden.[342] Darüber hinaus gilt es, Verschmelzungen auf neu zu gründende Rechtsträger zu vermeiden. Günstiger ist es stets, eine der beteiligten Gesellschaften bestehen zu lassen und als aufnehmenden Rechtsträger zu etablieren, da so zumindest ein steuerbarer Grundbesitzübergang verhindert wird.[343] Dieser Grundsatz gilt im gleichen Maße für Aufspaltungen. Da bei ihnen notwendig sämtliches Vermögen der Unternehmung eine Bewegung erfährt, ist es typischerweise vorteilhaft, die Gesellschaft aufrechtzuerhalten und lediglich einen

[339] Vgl. Abschn. F. II. 1. 1.; BFH, Urt. v. 15.03.2006 – II R 29/04, BFH/NV 2006, S. 1702; BFH, Urt. v. 27.01.1972 – II 73/65, BStBl. II 1972, S. 496; BFH, Urt. v. 27.01.1965 – II 60/60 U, BStBl. III 1965, S. 265; BFH, Urt. v. 10.03.1970 – II R 135/68, BStBl. II 1970, S. 522; BFH, Urt. v. 27.07.1974 – II R 32/67, BStBl. II 1974, S. 773; BFH, Urt. v. 27.08.1975 – II R 52/70, BStBl. II 1976, S. 30; Boruttau-Fischer, § 1 Rn. 666.

[340] Vgl. Abschn. F. II. 1. 1.

[341] Vgl. Fleischer, DStR 1996, S. 1390 (1392).

[342] Boruttau-Fischer, § 1 Rn. 566; Orth (2002), § 14 Rn. 46; Verweyen (2005), S. 26; Kaiser (2008), S. 391; Grotherr, BB 1994, S. 1970 (1981); Viskorf, StbJb. 1998/99, S. 97 (105); Götz, GmbHR 1998, S. 349 (351); P/F-Pahlke, § 1 Rn. 167; K/K/K-Fleischer, § 5 Rn. 7; W/M-Pahlke, Anh. 12 Rn. 40; Fleischer, DStR 1996, S. 1390 (1391).

[343] Vgl. Boruttau-Fischer, § 1 Rn. 566; W/M-Pahlke, Anh. 12, Rn. 40; Kaiser (2008), S. 390; Viskorf, StbJb. 1998/99, S. 97 (105); Fleischer, DStR 1996, S. 1390 (1391); Verweyen (2005), S. 26.

Teil ihres Betriebsvermögens abzuspalten.[344] Gegebenenfalls kann eine solche Abspaltung mit der Verschmelzung eines anderen Unternehmens auf die fortbestehende Unternehmung verbunden werden.[345]

Sind mehrere Umstrukturierungsmaßnahmen nacheinander geplant, besteht die Gefahr, dass Grundstücke mehrfach übertragen werden und dadurch mehr als einmal Grunderwerbsteuer anfällt. Deshalb kann es bei solchen Reorganisationsvorgängen hilfreich sein, das Grundvermögen der betroffenen Gesellschaft vorab direkt auf die Unternehmung zu übertragen, die schließlich am Ende der Kette Eigentümerin des Grundbesitzes werden soll.[346]

2. Beteiligungen an Kapitalgesellschaften

2.1. Übertragung einer einzelnen Beteiligung

Bei der Übertragung einer einzelnen Beteiligung an einer Kapitalgesellschaft bestehen mehrere Risiken. Ist die Kapitalgesellschaft selbst grundbesitzend oder an einer grundbesitzenden Tochterkapitalgesellschaft beteiligt, kann der Transfer der Beteiligung eine unmittelbare oder mittelbare Anteilsvereinigung auslösen.[347] Hält sie Anteile an einer grundbesitzenden Tochterpersonengesellschaft, sind bei dieser eine steuerbare Änderung des Gesellschafterbestandes oder eine mittelbare Anteilsvereinigung denkbar.[348] Diesen Gefahren kann insbesondere auf drei Wegen begegnet werden.

Zunächst gelingt die Verhinderung eines steuerbaren Erwerbsvorgangs in jedem Fall, indem man auf eine zivilrechtliche Eigentumsübertragung verzichtet und stattdessen lediglich das **wirtschaftliche Eigentum** an der Beteiligung überträgt. Eine bloß wirtschaftliche Änderung des Gesellschafterbestandes und eine lediglich wirtschaftliche Vereinigung aller Anteile lösen keinen steuerbaren Zuordnungswechsel aus.[349]

Darüber hinaus bietet es sich an, das **Grundvermögen** der betroffenen Gesellschaft noch vor der Anteilsübertragung **aus ihrem Betriebsvermögen** so zu **separieren**, dass es von der anschließenden Anteilsübertragung nicht mehr betroffen wird. Eine

---

344 Vgl. P/F-Pahlke, § 1 Rn. 168; W/M-Pahlke, Anh. 12 Rn. 41; K/K/K-Fleischer, § 5 Rn. 13; Fleischer, DStR 1996, S. 1390 (1391); Grotherr, BB 1994, S. 1970 (1980); Götz, GmbHR 1998, S. 349 (351); Verweyen (2005), S. 35.

345 Vgl. P/F-Pahlke, § 1 Rn. 168; W/M-Pahlke, Anh. 12 Rn. 42; Boruttau-Fischer, § 1 Rn. 566; Viskorf, StbJb. 1998/99, S. 97 (106); Verweyen (2005), S. 35.

346 Vgl. Boruttau-Fischer, § 1 Rn. 566; W/M-Pahlke, Anh. 12, Rn. 39; Fleischer, DStR 1996, S. 1390 (1391); Verweyen (2005), S. 26; Grotherr, BB 1994, S. 1970 (1975).

347 Vgl. Abschn. D. I. 2. 2. u. 2. 3.

348 Vgl. Abschn. D. I. 2. 4.

349 Vgl. BFH, Urt. v. 26.02.1975 – II R 130/67, BStBl. II 1975, S. 456; BFH, Urt. v. 14.09.1988 – II R 25/86, BFH/NV 1989, S. 732; P/F-Pahlke, § 1 Rn. 329; Boruttau-Fischer, § 1 Rn. 877; W/M-Pahlke, Anh. 12 Rn. 187; Bomhard/Dettmeier/Fischer, BB 2003, Beil. 1, S. 4.

solche Grundbesitzisolation gelingt bspw. nach Maßgabe der oben erläuterten Grundsätze zur Übertragung grundbesitzender Sachgesamtheiten.[350]

Soll das Eigentum an der Beteiligung hingegen notwendig zivilrechtlich übergehen und soll die betroffene Gesellschaft auch zwingend ihren Grundbesitz behalten, gilt es den Anteilstransfer so zu strukturieren, dass er die Tatbestandsvoraussetzungen der §§ 1 Abs. 2a und 3 GrEStG vermeidet. Hierzu ist beim Übergang der Beteiligung an einer selbst **grundbesitzenden Kapitalgesellschaft** sicherzustellen, dass die anteilserwerbende Unternehmung nur so viele Geschäftsanteile übernimmt, dass ihr im Anschluss nicht mehr als 94,9 % der Anteile an der grundbesitzenden Kapitalgesellschaft unmittelbar oder vermittelt über beherrschte Unternehmungen zuzurechnen sind.[351] Dabei beherrscht die anteilserwerbende Unternehmung eine vermittelnde Personengesellschaft, wenn sie 95 % ihrer Gesellschaftsanteile (nicht der Anteile an ihrem Gesellschaftsvermögen) hält,[352] und eine Kapitalgesellschaft, sofern sie zu 95 % an ihrem Stammkapital beteiligt ist[353] oder zwischen beiden ein Organschaftsverhältnis besteht.[354] Ist letzteres der Fall, kann es sinnvoll sein, noch vor der Anteilsübertragung die personelle Verflechtung zwischen beiden und damit die organisatorische Eingliederung der Organgesellschaft ohne zeitlichen und sachlichen Zusammenhang zu beseitigen.[355] Ggf. kann die personelle Verflechtung im Anschluss an den Anteilstransfer ohne zeitlichen und sachlichen Zusammenhang wieder etabliert werden, da die bloße Begründung eines Organschaftsverhältnisses noch keine Anteilsvereinigung bewirkt.[356] Dabei soll ein zeitlicher Zusammenhang regelmäßig noch angenommen werden können, wenn zwischen beiden Vorgängen nicht mehr als fünfzehn Monate liegen.[357]

Im Hinblick auf die verbleibenden Anteile ist es unschädlich, wenn der anteilserwerbenden Unternehmung eine Kaufoption eingeräumt wird.[358] Sollen die verbleibenden 5,1 % jedoch nicht bei der anteilsübertragenden Unternehmung zurückbleiben, kommt es darauf an, einen geeigneten Zweiterwerber zu finden.[359] Um dessen Einfluss auf die Kapitalgesellschaft möglichst gering zu halten, kann es sinnvoll sein,

---

350 Vgl. Abschn. F. II. 1. 2.; W/M-Pahlke, Anh. 12 Rn. 51, 183; Behrens, StbJb. 2005/06, S. 317 (327).

351 Vgl. Kaiser (2008), S. 354; Bomhard/Dettmeier/Fischer, BB 2003, Beil. 1, S. 4; Grotherr, BB 1994, S. 1970 (1975); Fleischer, DStR 1996, S. 1390 (1392); Heine, UVR 1999, S. 153 (154); Ehlermann/Löhr, DStR 2003, S. 1509 (1511); Weigl, BB 2001, S. 2188 (2196).

352 Vgl. Boruttau-Fischer, § 1 Rn. 867; Hofmann, § 1 Rn. 164; Heine, INF 2003, S. 817 (819).

353 Vgl. Hofmann, § 1 Rn. 149.

354 Vgl. Boruttau-Fischer, § 1 Rn. 958b; P/F-Pahlke, § 1 Rn. 341; Günkel/Lieber (2003), S. 358.

355 Vgl. Günkel/Lieber (2003), S. 368.

356 Vgl. FinSen Berlin, Tz. 1 d. Schr. v. 21.03.2007 - III A - S 2447 - 2/2006, BStBl. I 2007, S. 422; Günkel/Lieber (2003), S. 358.

357 Vgl. FinSen Berlin, Tz. 1 d. Schr. v. 21.03.2007 - III A - S 2447 - 2/2006, BStBl. I 2007, S. 422; kritisch: Adolf, GmbHR 2007, S. 1309 (1312).

358 Vgl. zur Ausgestaltung einer solchen Option: Behrens, StbJb. 2005/06, S. 317 (346); Weigl, BB 2001, S. 2188 (2196); Stoschek/Peter, DStR 2002, S. 2108 (2110, 2114); Heine, INF 2006, S. 506 (510); Kaiser (2008), S. 350.

359 Vgl. Weigl, BB 2001, S. 2188 (2196).

seine Mitgliedschaftsrechte soweit wie möglich zu beschränken, ohne ihm den Anteil im grunderwerbsteuerlichen Sinne zu entziehen.[360] Denkbar ist in diesem Zusammenhang auch, als Zweiterwerber unterhalb der anteilserwerbenden Unternehmung eine nicht beherrschte Tochterpersonengesellschaft zu implementieren, die dann die verbleibenden Anteile an der grundbesitzenden Kapitalgesellschaft erwirbt. Dadurch reduziert sich die Beteiligung fremder Dritter auf 5,1 % an der vermögensmäßig nicht beteiligten Komplementär-GmbH der ihrerseits 5,1 % der Anteile haltenden Tochterpersonengesellschaft.[361]

Letztlich besteht die Möglichkeit, der anteilserwerbenden Unternehmung vorab eine (geringfügige) Beteiligung an der grundbesitzenden Kapitalgesellschaft zu gewähren, diese in Anschluss in eine Personenunternehmung formzuwechseln und den anschließenden Anteilstransfer nach Maßgabe der für Mitunternehmeranteile geltenden Gestaltungsgrundsätze zu verwirklichen.[362]

Hält die Kapitalgesellschaft, deren Anteile übertragen werden sollen, selbst **Anteile an einer grundbesitzenden Tochterkapitalgesellschaft**, kann eine mittelbare Anteilsvereinigung auf zwei Ebenen verhindert werden. Auf Ebene der vermittelnden Kapitalgesellschaft kommt in Betracht, den Umfang der übergehenden Geschäftsanteile so zu begrenzen, dass der anteilserwerbenden Unternehmung im Anschluss nicht mehr als 94,9 % der Anteile an der vermittelnden Kapitalgesellschaft unmittelbar oder vermittelt über beherrschte Beteiligungen zuzurechnen sind.[363] Ist die Begründung einer Organschaft beabsichtigt, sollte damit bis mindestens fünfzehn Monate nach der Anteilsübertragung abgewartet werden.[364] Dadurch kommt es zu keiner Zuordnung der Anteile der vermittelnden Kapitalgesellschaft an der grundbesitzenden Tochterkapitalgesellschaft.

Auf Ebene der grundbesitzenden Tochterkapitalgesellschaft hat die vermittelnde Kapitalgesellschaft die Möglichkeit, noch vor der Übertragung der an ihr selbst bestehenden Beteiligung so viele Anteile an der Tochterkapitalgesellschaft an konzernfremde Personen oder grunderwerbsteuerlich nicht von der anteilserwerbenden Unternehmung beherrschte Unternehmungen der Gruppe abzugeben, dass der anteilserwerbenden Unternehmung nach der Anteilsübertragung unmittelbar und mittelbar über beherrschte Beteiligungen, insbesondere auch über die vermittelnde Kapitalge-

---

360 Vgl. Bomhard/Dettmeier/Fischer, BB 2003, Beil. 1, S. 4; Voßkuhl/Hunsmann, UVR 2005, S. 51 (54).

361 Ähnlich: Behrens, StbJb. 2005/06, S. 317 (330); Götz, GmbHR 2005, S. 615 (616); Kaiser (2008), S. 358.

362 Vgl. W/M-Pahlke, Anh. 12 Rn. 16; Kaiser (2008), S. 355; Salzmann/Loose, DStR 2004, S. 1941 (1947).

363 Vgl. FM Baden-Württemberg, Schr. v. 14.02.2000 – 3 – S 4500-43, DStR 2000, S. 430; W/M-Pahlke, Anh. 12 Rn. 205; Bomhard/Dettmeier/Fischer, BB 2003, Beil. 1, S. 4.

364 Vgl. FM Berlin, Tz. 1 d. Schr. v. 21.03.2007 - III A - S 2447 - 2/2006, BStBl. I 2007, S. 422; Günkel/Lieber (2003), S. 358.

sellschaft, nicht mehr als 94,9 % der Geschäftsanteile an der grundbesitzenden Tochterkapitalgesellschaft zuzurechnen sind.[365]

Ist die Kapitalgesellschaft, deren Anteile übertragen werden sollen, selbst **Gesellschafterin einer grundbesitzenden Tochterpersonengesellschaft**, gilt es, bei letzterer sowohl eine steuerbare Änderung des Gesellschafterbestandes als auch eine mittelbare Anteilsvereinigung zu verhindern. Auch in diesem Zusammenhang eröffnen sich entsprechende Ansatzpunkte auf zwei Ebenen. Auf Ebene der vermittelnden Kapitalgesellschaft kann der Umfang der auf die erwerbende Unternehmung übergehenden Geschäftsanteile so limitiert werden, dass die übernehmende Gesellschaft anschließend nicht mehr als 94,9 % der Anteile an der vermittelnden Kapitalgesellschaft hält. Dadurch erfahren die von der vermittelnden Kapitalgesellschaft gehaltenen Anteile an der grundbesitzenden Personengesellschaft im Anschluss weder im Rahmen des § 1 Abs. 2a GrEStG noch im Zusammenhang des § 1 Abs. 3 GrEStG eine Zuordnung zur anteilserwerbenden Unternehmung.[366]

Auf Ebene der grundbesitzenden Tochterpersonengesellschaft kann eine grunderwerbsteuerbare Änderung des Gesellschafterbestandes verhindert werden, indem die vermittelnde Kapitalgesellschaft noch vor der Übertragung der an ihr selbst bestehenden Geschäftsanteile so viele Anteile am Gesellschaftsvermögen der grundbesitzenden Personengesellschaft auf einen anderen Altgesellschafter, bspw. eine nicht beherrschte Komplementärin, überträgt, dass sie gemeinsam mit der Unternehmung, die die Anteile an ihr selbst erwirbt, schließlich nicht mehr als 94,9 % der Anteile am Gesellschaftsvermögen der Tochterpersonengesellschaft hält.[367] Dadurch werden im Anschluss weniger als 95 % der Anteile am Gesellschaftsvermögen mittelbar auf die anteilserwerbende Gesellschaft verlagert.

Die Restbeteiligung kann dann nach Ablauf der fünfjährigen Frist, die die anteilserwerbende Unternehmung zur Altgesellschafterin werden lässt, nachfolgen.[368] Für diesen Übergangszeitraum ist es denkbar, der anteilserwerbenden Gesellschaft schuldrechtlich weitergehende Rechte einzuräumen, mit denen sie ihre Gesellschaf-

---

365 Vgl. Bomhard/Dettmeier/Fischer, BB 2003, Beil. 1, S. 4; Grotherr, BB 1994, S. 1970 (1975); Fleischer, DStR 1996, S. 1390 (1392); Heine, UVR 1999, S. 153 (154); Ehlermann/Löhr, DStR 2003, S. 1509 (1511); Weigl, BB 2001, S. 2188 (2196).

366 Vgl. FM Baden-Württemberg, Schr. v. 14.02.2000 – 3 – S 4500-43, DStR 2000, S. 430; W/M-Pahlke, Anh. 12 Rn. 205; Bomhard/Dettmeier/Fischer, BB 2003, Beil. 1, S. 4; Müller/Stoschek, DStR 1997, S. 1197 (1199).

367 Vgl. Heine, INF 2006, S. 866 (869); Götz, BB 2006, S. 578 (579); Kroschewski, GmbHR 2001, S. 707 (712); Bomhard/Dettmeier/Fischer, BB 2003, Beil. 1, S. 5; Gottwald BB 2000, S. 69 (71); Salzmann/Loose, DStR 2004, S. 1941 (1945); Behrens, StbJb. 2005/06, S. 317 (327).

368 Vgl. FinSen Bremen, Tz. 4 d. Schr. v. 26.02.2003 - S 4501 - 101 - 642, BStBl. I 2003, S. 271; P/F-Pahlke, § 1 Rn. 287-288; Heine, INF 2006, S. 866 (871); Götz, BB 2006, S. 578 (579); Kroschewski, GmbHR 2001, S. 707 (712); Bomhard/Dettmeier/Fischer, BB 2003, Beil. 1, S. 5; Salzmann/Loose, DStR 2004, S. 1941 (1945).

terstellung der eines Alleingesellschafters annähern kann,[369] oder ihr eine Kaufoption zu gewähren.[370]

Daneben kann eine mittelbare Anteilsvereinigung auf Ebene der grundbesitzenden Tochterpersonengesellschaft insbesondere auf zwei Wegen vermieden werden. Zum einen kann man sicherstellen, dass mindestens 5,1 % der Geschäftsanteile an ihrer Komplementär-GmbH von konzernfremden Personen oder von nicht von der anteilserwerbenden Unternehmung beherrschten Konzerngesellschaften gehalten werden.[371] Dadurch wird eine Zurechnung des Anteils der Komplementär-GmbH an der grundbesitzenden Tochterpersonengesellschaft an die vermittelnde Kapitalgesellschaft verhindert. Zum anderen besteht die Möglichkeit, die grundbesitzende Tochterpersonengesellschaft noch vor der Anteilsübertragung eine solche konzernfremde Person oder nicht beherrschte Konzernunternehmung als weitere Gesellschafterin aufnehmen zu lassen.[372]

2.2. Mitübertragung einer Beteiligung innerhalb einer Sachgesamtheit

Für die Mitübertragung einer Beteiligung an einer Kapitalgesellschaft[373] innerhalb einer Sachgesamtheit gelten zunächst die oben erläuterten Handlungsoptionen zum Transfer einzelner Beteiligungen grundsätzlich entsprechend.[374] Es besteht also auch hier die Möglichkeit, lediglich das wirtschaftliche Eigentum an den Anteilen zu übertragen, das Grundvermögen der betroffenen Gesellschaft noch vor der Übertragung der Sachgesamtheit aus ihrem Betriebsvermögen zu separieren oder den Transfer nach Maßgabe der oben erläuterten Gestaltungsgrundsätze so zu gestalten, dass er die Tatbestandsvoraussetzungen der §§ 1 Abs. 2a und 3 GrEStG nicht verwirklicht. Zusätzlich eröffnet sich die Option, die Beteiligung noch vor der Umstrukturierungsmaßnahme nach Maßgabe der Grundsätze zur Grundstücksisolation[375] grunderwerbsteuerlich zu separieren.[376]

Besonderheiten ergeben sich in diesem Zusammenhang dadurch, dass der Transfer der Beteiligung im Zusammenhang mit anderen Wirtschaftsgütern erfolgt. Diesem Umstand ist, wie bei der Mitübertragung von Grundstücken, Rechnung tragen.[377] Dabei eröffnen Transfers im Wege der Einzelrechtsnachfolge grundsätzlich die Möglichkeit, die grundbesitzende Beteiligung vom zivilrechtlichen Eigentumswechsel soweit wie erforderlich auszunehmen. Bei Übertragungen im Wege der Gesamtrechts-

---

369 Vgl. Bomhard/Dettmeier/Fischer, BB 2003, Beil. 1, S. 5.

370 Vgl. zur Ausgestaltung einer solchen Kaufoption: Stoschek/Peter, DStR 2002, S. 2108 (2111, 2114); Heine, INF 2006, S. 506 (510).

371 Vgl. Gottwald, INF 2005, S. 865 (866); Götz, GmbHR 2005, S. 615 (616).

372 Vgl. Götz, GmbHR 2005, S. 615 (616).

373 Vgl. Abschn. D. II. 2.

374 Vgl. Abschn. F. II. 2. 1.

375 Vgl. Abschn. F. II. 1. 2.

376 Vgl. Salzmann/Loose, DStR 2004, S. 1941 (1947).

377 Vgl. Abschn. F. II. 1. 2.

nachfolge geht hingegen das zivilrechtliche Eigentum an sämtlichen Wirtschaftsgütern der Sachgesamtheit, einschließlich der grundbesitzenden Beteiligung, notwendig auf die erwerbende Gesellschaft über.[378] Daher können keine spezifischen Abreden im Hinblick auf die Beteiligung getroffen werden. Wie bei der Mitübertragung von Grundstücken innerhalb von Sachgesamtheiten gilt es in dieser Konstellation deshalb, die grundbesitzende Beteiligung ggf. noch vor dem beabsichtigten Transfer von der übrigen Sachgesamtheit zu isolieren.[379]

Im Übrigen finden auch die Grundsätze zur Mitübertragung von Grundstücken innerhalb von Sachgesamtheiten Anwendung.[380] Sinnvoll kann daher sein, Art und Richtung der Umwandlungsmaßnahme unter Berücksichtigung der Grunderwerbsteuer zu bestimmen. In diesem Zusammenhang gilt es vor allem, die Unternehmung mit den wertvollsten Beteiligungen an grundbesitzenden Gesellschaften als aufnehmende Rechtsträgerin zu bestimmen. Auf diese Weise verhindert man zumindest steuerbare Erwerbsvorgänge im Hinblick auf diese Beteiligungen.[381] Außerdem kommt es zur Vermeidung steuerbarer Anteilsübergänge darauf an, Verschmelzungen auf neu zu gründende Rechtsträger zu vermeiden. Vorteilhafter ist stets, eine der beteiligten Gesellschaften fortzuführen und als aufnehmenden Rechtsträger einzusetzen.[382] Dies gilt vollumfänglich auch für Aufspaltungen.[383]

3. Mitunternehmeranteile

3.1. Übertragung eines einzelnen Mitunternehmeranteils

Die Personengesellschaft, an der der Mitunternehmeranteil besteht, kann selbst grundbesitzend oder an einer grundbesitzenden Tochterpersonengesellschaft beteiligt sein, so dass eine steuerbare Änderung des Gesellschafterbestandes und eine unmittelbare oder mittelbare Anteilsvereinigung drohen.[384] Hält sie Anteile an einer grundbesitzenden Tochterkapitalgesellschaft, ist bei dieser eine mittelbare Anteilsvereinigung vorstellbar.[385]

Diesen Risiken kann genau wie bei der Bewegung einer Kapitalgesellschaftsbeteiligung insbesondere mit drei Gestaltungsalternativen begegnet werden. Zunächst

---

378 Vgl. § 20 Abs. 1 Nr. 1 UmwG.

379 Vgl. Abschn. F. II. 1. 2.

380 Vgl. Heine, INF 2006, S. 506 (509) u. oben Abschn. F. II. 1. 2.

381 Boruttau-Fischer, § 1 Rn. 566; Orth (2002), § 14 Rn. 46; Verweyen (2005), S. 26; Grotherr, BB 1994, S. 1970 (1981); Viskorf, StbJb. 1998/99, S. 97 (105); Götz, GmbHR 1998, S. 349 (351); P/F-Pahlke, § 1 Rn. 167; K/K/K-Fleischer, § 5 Rn. 7; W/M-Pahlke, Anh. 12 Rn. 40; Fleischer, DStR 1996, S. 1390 (1391).

382 Vgl. Boruttau-Fischer, § 1 Rn. 566; W/M-Pahlke, Anh. 12, Rn. 40; Viskorf, StbJb. 1998/99, S. 97 (105); Fleischer, DStR 1996, S. 1390 (1391); Verweyen (2005), S. 26.

383 Vgl. P/F-Pahlke, § 1 Rn. 168; W/M-Pahlke, Anh. 12 Rn. 41; K/K/K-Fleischer, § 5 Rn. 13; Fleischer, DStR 1996, S. 1390 (1391); Grotherr, BB 1994, S. 1970 (1980); Götz, GmbHR 1998, S. 349 (351).

384 Vgl. Abschn. D. II. 3. 2. u. 3. 3.

385 Vgl. Abschn. D. II. 3. 4.

kann man auf eine zivilrechtliche Eigentumsübertragung verzichten und stattdessen lediglich das **wirtschaftliche Eigentum** am Mitunternehmeranteil übertragen. Eine bloß wirtschaftliche Änderung des Gesellschafterbestandes und eine lediglich wirtschaftliche Vereinigung aller Anteile lösen keinen steuerbaren Zuordnungswechsel aus.[386] Darüber hinaus besteht auch hier die Möglichkeit, das **Grundvermögen** der betroffenen Gesellschaft noch vor der Anteilsübertragung **aus ihrem Betriebsvermögen zu separieren.**[387] Soll das Eigentum am Mitunternehmeranteil aber notwendig zivilrechtlich übergehen und soll die betroffene Gesellschaft auch zwingend ihren Grundbesitz behalten, besteht die Gestaltungsaufgabe darin, den Anteilstransfer so zu strukturieren, dass er nicht die **Tatbestandsvoraussetzungen der §§ 1 Abs. 2a und 3 GrEStG** erfüllt.[388]

Ist die **Personengesellschaft** in diesem Zusammenhang **selbst grundbesitzend**, gilt es den Übergang des Mitunternehmeranteils so zu gestalten, dass er weder eine steuerbare Änderung des Gesellschafterbestandes noch eine Anteilsvereinigung auslöst. Hierfür gelten die Ausführungen zur Gestaltung des Übergangs einer Kapitalgesellschaftsbeteiligung, die an einer grundbesitzenden Tochterpersonengesellschaft beteiligt ist, entsprechend. Die anteilsübertragende Unternehmung kann daher eine steuerbare Änderung des Gesellschafterbestandes verhindern, indem sie noch vor der Übertragung des Mitunternehmeranteils auf die anteilserwerbende Unternehmung so viele Anteile am Gesellschaftsvermögen der grundbesitzenden Personengesellschaft auf einen anderen Altgesellschafter, bspw. eine grunderwerbsteuerlich nicht beherrschte Komplementärin, überträgt, dass sie nicht mehr als 94,9 % der Anteile an der grundbesitzenden Personengesellschaft hält. Alternativ besteht die Möglichkeit, dass sie eine entsprechend große Restbeteiligung zurückbehält.[389] Dadurch werden im Anschluss weniger als 95 % der Anteile am Gesellschaftsvermögen der grundbesitzenden Tochterpersonengesellschaft mittelbar auf die erwerbende Gesellschaft verlagert. Die verlagerte oder zurückbehaltene Restbeteiligung kann dann nach Ablauf der fünfjährigen Frist, die die anteilserwerbende Unternehmung zur Altgesellschafterin werden lässt, nachfolgen.[390]

Darüber hinaus gilt es zur Vermeidung einer Anteilsvereinigung sicherzustellen, dass sich mit dem Transfer des Mitunternehmeranteils bei der anteilserwerbenden Unternehmung nicht mehr als 94,9 % der Anteile an der grundbesitzenden Personengesellschaft (nicht der Anteile an ihrem Gesellschaftsvermögen) unmittelbar oder mittelbar über beherrschte Unternehmungen vereinigen. Dies gelingt insbesondere auf

386 Vgl. BFH, Urt. v. 26.02.1975 – II R 130/67, BStBl. II 1975, S. 456; BFH, Urt. v. 10.08.1988 – II R 193/85, BStBl. II 1988, S. 959; P/F-Pahlke, § 1 Rn. 329; Boruttau-Fischer, § 1 Rn. 877; W/M-Pahlke, Anh. 12 Rn. 187.

387 Vgl. K/K/K-Fleischer, § 5 Rn. 123.

388 Vgl. zu Gestaltungsmöglichkeiten durch wechselseitige Beteiligungen: Wischott/Schönweiß/Fröhlich, DStR 2007, S. 833 (835).

389 Vgl. Kaiser (2008), S. 346.

390 Vgl. FinSen Bremen, Tz. 4 d. Schr. v. 26.02.2003 - S 4501 - 101 - 642, BStBl. I 2003, S. 271; P/F-Pahlke, § 1 Rn. 287-288.

drei Wegen. Zum einen kann die anteilsübertragende Unternehmung eine Restbeteiligung an der grundbesitzenden Personengesellschaft zurückbehalten, deren Höhe unmaßgeblich ist. Zum anderen kann man gewährleisten, dass mindestens 5,1 % der Geschäftsanteile an der Komplementär-GmbH von konzernfremden Personen oder grunderwerbsteuerlich nicht von der anteilserwerbenden Unternehmung beherrschten Konzerngesellschaften gehalten werden. Dadurch wird eine Zurechnung des Anteils der Komplementär-GmbH an der grundbesitzenden Personengesellschaft an die anteilserwerbende Unternehmung verhindert. Zum Dritten besteht die Möglichkeit, die grundbesitzende Personengesellschaft noch vor der Übertragung des Mitunternehmeranteils eine konzernfremde Person oder eine nicht beherrschte Konzernunternehmung als weitere Gesellschafterin aufnehmen zu lassen.

Diese Gestaltungsgrundsätze gelten entsprechend, wenn der Mitunternehmeranteil an einer Personengesellschaft bewegt wird, die ihrerseits an einer **grundbesitzenden Tochterpersonengesellschaft** beteiligt ist. Dabei kann die erforderliche Strukturierung jeweils auf zwei Ebenen stattfinden. Zur Vermeidung einer steuerbaren Änderung des Gesellschafterbestandes besteht die Möglichkeit, die anteilsübertragende Unternehmung angesichts der Transparenz von Personengesellschaften im Rahmen des § 1 Abs. 2a GrEStG noch vor der Übertragung des Mitunternehmeranteils so viele Anteile am Gesellschaftsvermögen der vermittelnden Personengesellschaft auf einen anderen Altgesellschafter übertragen zu lassen, dass sie im Anschluss nicht mehr als 94,9 % der Anteile an der grundbesitzenden Personengesellschaft hält.

Diese Option besteht gleichermaßen auf der untergeordneten Ebene. Auch die vermittelnde Personengesellschaft hat die Möglichkeit, noch vor der Übertragung des Mitunternehmeranteils an ihr so viele ihrer Anteile am Gesellschaftsvermögen der grundbesitzenden Tochterpersonengesellschaft auf einen anderen Altgesellschafter zu übertragen, dass der anteilsübertragenden Unternehmung nicht mehr als 94,9 % der Anteile an der grundbesitzenden Personengesellschaft zustehen. Im Übrigen kann die anteilsübertragende Unternehmung auch in dieser Konstellation, eine entsprechend große Restbeteiligung an der vermittelnden Personengesellschaft zurückbehalten.

Einer mittelbaren Anteilsvereinigung bei der grundbesitzenden Tochterpersonengesellschaft kann entgegen gewirkt werden, indem nicht mehr als 94,9 % der Anteile an ihr (nicht an ihrem Gesellschaftsvermögen) auf die anteilserwerbende Unternehmung übertragen werden.[391] Hierzu eröffnet sich die Option, mit den oben erläuterten drei Gestaltungsmitteln zunächst eine Anteilsvereinigung auf Ebene der vermittelnden Personengesellschaft zu verhindern. Dadurch kommt es grunderwerbsteuerlich zu keinem Beherrschungsverhältnis zwischen der anteilserwerbenden Unternehmung und der vermittelnden Personengesellschaft, so dass deren Anteil an der grundbesitzenden Tochterpersonengesellschaft schon keine mittelbare Übertragung erfährt.

[391] Vgl. FM Baden-Württemberg, Schr. v. 14.02.2000 – 3 – S 4500-43, DStR 2000, S. 430; W/M-Pahlke, Anh. 12 Rn. 205; Bomhard/Dettmeier/Fischer, BB 2003, Beil. 1, S. 4.

Daneben kann mit denselben Gestaltungsmitteln noch vor der Übertragung des Mitunternehmeranteils eine eventuell vorhandene Vereinigung aller Anteile an der grundbesitzenden Tochterpersonengesellschaft bei der vermittelnden Personengesellschaft beseitigt werden.

Verlagert man schließlich den **Mitunternehmeranteil an einer Personengesellschaft, die ihrerseits an einer grundbesitzenden Kapitalgesellschaft beteiligt ist**, obliegt es der Gestaltungssuche zu verhindern, dass die Übertragung des Mitunternehmeranteils eine mittelbare Anteilsvereinigung bei der grundbesitzenden Kapitalgesellschaft auslöst. Auch dieses Ziel kann auf zwei Ebenen erreicht werden. Zunächst besteht die Möglichkeit, den Transfer des Mitunternehmeranteils so auszugestalten, dass die anteilserwerbende Unternehmung im Anschluss nicht mehr als 94,9 % der Anteile an der vermittelnden Personengesellschaft (nicht an deren Gesellschaftsvermögen) hält. Auf diese Weise erwirbt sie keine beherrschende Beteiligung an der vermittelnden Personengesellschaft, so dass ihr deren Anteile an der grundbesitzenden Tochterkapitalgesellschaft im Anschluss ebenfalls nicht zugerechnet werden können.[392] Dieses Ziel erreicht man insbesondere mit den oben erläuterten drei Gestaltungsmitteln.

Alternativ ist denkbar, die Beteiligung der vermittelnden Personengesellschaft an der grundbesitzenden Tochterkapitalgesellschaft in ausreichendem Maße zu reduzieren. Hierzu muss letztere noch vor der Übertragung des Mitunternehmeranteils so viele Geschäftsanteile an der Tochterkapitalgesellschaft an konzernfremde Gesellschaften oder nicht von der anteilserwerbenden Unternehmung grunderwerbsteuerlich beherrschte Unternehmungen übertragen, dass der anteilserwerbenden Gesellschaft anschließend unmittelbar und mittelbar über die vermittelnde Personengesellschaft oder andere beherrschte Unternehmungen nicht mehr als 94,9 % der Anteile an der grundbesitzenden Tochterkapitalgesellschaft zustehen.

3.2. Mitübertragung eines Mitunternehmeranteils innerhalb einer Sachgesamtheit

Für die Mitübertragung eines Mitunternehmeranteils innerhalb einer Sachgesamtheit gelten die im Hinblick auf die Übertragung einzelner Mitunternehmeranteile vorgestellten Gestaltungsalternativen grundsätzlich entsprechend. Es besteht also auch hier die Möglichkeit, lediglich das wirtschaftliche Eigentum an den Anteilen zu übertragen, das Grundvermögen der betroffenen Gesellschaft noch vor der Übertragung der Sachgesamtheit aus ihrem Betriebsvermögen zu separieren oder den Transfer so zu gestalten, dass er die Tatbestandsvoraussetzungen der §§ 1 Abs. 2a und 3 GrEStG nicht verwirklicht.[393]

---

392 Vgl. FM Baden-Württemberg, Schr. v. 14.02.2000 – 3 – S 4500-43, DStR 2000, S. 430; W/M-Pahlke, Anh. 12 Rn. 205; Bomhard/Dettmeier/Fischer, BB 2003, Beil. 1, S. 4.

393 Vgl. Abschn. F. II. 3. 1.

Besonderheiten ergeben sich dadurch, dass im Rahmen der Umstrukturierungsmaßnahme der Transfer des Mitunternehmeranteils zusammen mit anderen Wirtschaftsgütern erfolgt. Bei Übertragungen im Wege der Einzelrechtsnachfolge kann der grundbesitzende Mitunternehmeranteil daher vom zivilrechtlichen Eigentumswechsel soweit wie erforderlich ausgenommen werden. Bei Transfers im Wege der Gesamtrechtsnachfolge können hingegen keine besonderen Vereinbarungen hinsichtlich des Mitunternehmeranteils getroffen werden. Wie bei der Mitübertragung von Grundstücken innerhalb von Sachgesamtheiten kommt es in dieser Situation daher darauf an, den Mitunternehmeranteil noch vor der eigentlichen Umstrukturierungsmaßnahme von der übrigen Sachgesamtheit zu separieren.[394]

Im Übrigen gelten auch hier die Grundsätze zur Art und Richtung von Umwandlungsmaßnahmen bei Mitübertragung von Grundstücken innerhalb von Sachgesamtheiten entsprechend.[395] Hilfreich ist es deshalb, Art und Richtung der Umwandlungsmaßnahme unter Berücksichtigung der Grunderwerbsteuer festzulegen. Dabei kommt es darauf an, die Gesellschaft mit den wertvollsten Mitunternehmeranteil an grundbesitzenden Unternehmungen als aufnehmende Rechtsträgerin zu bestimmen. Dadurch vermeidet man zumindest steuerbare Erwerbsvorgänge hinsichtlich dieser Mitunternehmeranteile.[396] Darüber hinaus gilt es, Verschmelzungen auf neu zu gründende Rechtsträger zu verhindern. Günstiger ist stets, eine der betroffenen Unternehmungen fortzuführen und als aufnehmenden Rechtsträger zu etablieren.[397] Entsprechendes gilt für Aufspaltungen.[398]

III. Gestaltungen zur Begründung einer Privilegierung

1. Grundvermögen

1.1. Übertragung eines einzelnen Grundstücks

Neben der Vermeidung eines Erwerbsvorgangs kommt in Betracht, die Übertragung eines Grundstücks so zu strukturieren, dass sie eine grunderwerbsteuerliche Privilegierung gemäß den §§ 5, 6 GrEStG erfährt.[399] Hierzu ist in einem ersten Schritt zwischen der übertragenden und der erwerbenden Unternehmung ein Gesamthandsverhältnis herzustellen. Daher gilt es bei einer abwärts gerichteten Übertragung eine

---

394 Vgl. Abschn. F. II. 1. 2.

395 Vgl. Abschn. F. II. 1. 2. u. Heine, INF 2006, S. 506 (509).

396 Boruttau-Fischer, § 1 Rn. 566; Orth (2002), § 14 Rn. 46; Verweyen (2005), S. 26; Grotherr, BB 1994, S. 1970 (1981); Viskorf, StbJb. 1998/99, S. 97 (105); Götz, GmbHR 1998, S. 349 (351); P/F-Pahlke, § 1 Rn. 167; K/K/K-Fleischer, § 5 Rn. 7; W/M-Pahlke, Anh. 12 Rn. 40; Fleischer, DStR 1996, S. 1390 (1391).

397 Vgl. Boruttau-Fischer, § 1 Rn. 566; W/M-Pahlke, Anh. 12, Rn. 40; Viskorf, StbJb. 1998/99, S. 97 (105); Fleischer, DStR 1996, S. 1390 (1391); Verweyen (2005), S. 26.

398 Vgl. W/M-Pahlke, Anh. 12 Rn. 41; K/K/K-Fleischer, § 5 Rn. 13; Fleischer, DStR 1996, S. 1390 (1391); Grotherr, BB 1994, S. 1970 (1980); Götz, GmbHR 1998, S. 349 (351); Verweyen (2005), S. 35.

399 Vgl. Fleischer, DStR 1996, S. 1390 (1392).

Tochterunternehmung, die bisher als Kapitalgesellschaft firmiert, in eine Personengesellschaft formzuwechseln.[400] Bei einer aufwärts gerichteten Übertragung bedarf es ebenfalls einer solchen Umwandlung, falls Grundvermögen aus einer Kapitalgesellschaft verlagert werden soll. Die Privilegierung einer seitwärts gerichteten Übertragung erfordert schließlich, dass sowohl die veräußernde als auch die erwerbende Schwestergesellschaft ggf. in Mitunternehmerschaften formgewechselt werden.

In einem zweiten Schritt ist eine möglichst große Kongruenz zwischen den Beteiligungsverhältnissen am übertragenen Grundvermögen vor und nach seiner Verlagerung zu generieren. § 5 Abs. 2 GrEStG begünstigt einen Grundstücksübergang von einem Gesellschafter auf eine Gesamthand nur, soweit der Gesellschafter am Vermögen der Gesamthand beteiligt ist. Spiegelbildlich hierzu gewährt § 6 Abs. 2 GrEStG lediglich eine Privilegierung für den Übergang eines Grundstücks von einer Gesamthand auf einen ihrer Gesellschafter, soweit letzterer an ihrem Vermögen beteiligt ist. § 6 Abs. 3 S. 1 GrEStG privilegiert ausschließlich Grundstücksübergänge zwischen zwei Gesamthandsgemeinschaften, soweit an ihrem Vermögen jeweils dieselben Gesellschafter beteiligt sind. Erforderlichenfalls sind daher die Beteiligungsverhältnisse an den beteiligten Gesellschaften vor der Grundstücksübertragung noch zu verändern.

In einem dritten Schritt ist die Frist des § 6 Abs. 4 S. 1 GrEStG zu beachten. Sie lässt die Privilegierung einer Grundstücksübertragung aus einer Gesamthand entfallen, soweit ein Gesellschafter seinen Anteil an dieser Gesamthand noch keine fünf Jahre innehat. Ist dies der Fall, muss sichergestellt werden, dass die Grundstücksübertragung nicht vor Ablauf der fünfjährigen Frist erfolgt. Dies gilt insbesondere für die oben erläuterten Konstellationen, in denen man vorab Tochterkapitalgesellschaften zur Generierung eines Gesamthandverhältnisses formwechselt[401] oder die Beteiligungsverhältnisse an den beteiligten Gesellschaften zur Erhöhung der Beteiligungskongruenz modifiziert.

1.2. Mitübertragung eines Grundstücks innerhalb einer Sachgesamtheit

Diese Gestaltungsgrundsätze gelten für die Mitübertragung von Grundvermögen innerhalb einer Sachgesamtheit entsprechend. Besonderes gilt in diesem Zusammenhang lediglich für abwärts gerichtete Verschmelzungen und Aufspaltungen. Grund hierfür ist, dass bei ihnen die einbringenden Gesellschaften im Anschluss an den jeweiligen Transfer untergehen. Dadurch kommt es bereits im Zeitpunkt des Grundstücksübergangs zu einer Anteilsverminderung, die die fünfjährige Behaltefrist des § 5 Abs. 3 GrEStG verletzt und eine Privilegierung von vorneherein unmöglich

400 Vgl. § 190 UmwG.

401 Vgl. BFH, Urt. v. 19.03.2003 – II B 96/02, BFH/NV 2003, S. 1090; BFH, Urt. v. 04.04.2001 – II R 57/98, BStBl. II 2001, S. 587; Boruttau-Viskorf, § 6 Rn. 35c; Behrens/Schmitt, UVR 2004, S. 270 (271).

macht.[402] Bei ihnen kann eine Begünstigung daher nur im Wege wirtschaftlich gleichwertiger Maßnahmen erreicht werden. Dies gelingt bspw., indem man statt einer Verschmelzung eine Betriebseinbringung unter Aufrechterhaltung der einbringenden Gesellschaft vornimmt, statt einer Aufspaltung eine Verlagerung einzelner Teilbetriebe unter Fortführung der betroffenen Unternehmung realisiert und im Übrigen die oben erläuterten Grundsätze zur Privilegierung einzelner Grundstücksübertragungen beachtet.

2. Beteiligungen an Kapitalgesellschaften

2.1. Übertragung einer einzelnen Beteiligung

Für die Übertragung einer einzelnen Kapitalgesellschaftsbeteiligung gelten die Gestaltungsgrundsätze zur Generierung einer Privilegierung bei Grundstückstransfers entsprechend. Bei der Herstellung der erforderlichen Gesamthandsverhältnisse sind allerdings die Übergangsfiktionen des § 1 Abs. 2a und 3 GrEStG zu berücksichtigen.[403] § 1 Abs. 2a GrEStG nimmt an, dass das betroffene Grundvermögen von der grundbesitzenden Personengesellschaft mit den bisherigen Gesellschaftern auf eine fiktive grundbesitzende Personengesellschaft mit den neu eingetretenen Gesellschaftern verlagert wird.[404] § 1 Abs. 3 GrEStG geht von einem Grundstückstransfer entweder von der grundbesitzenden Kapitalgesellschaft selbst[405] oder von der anteilsveräußernden oder vermittelnden Unternehmung[406] auf die anteilserwerbende Unternehmung aus.

Angesichts dieser Übergangsfiktionen hängen Gestaltungen bei der **Übertragung der Beteiligung an einer selbst grundbesitzenden Kapitalgesellschaft** davon ab, ob sich die Anteile an dieser Unternehmung zuvor bei der anteilsübertragenden Unternehmung vereinigt haben oder nicht. Hat eine solche Anteilsvereinigung bereits stattgefunden, gilt das Grundvermögen der Kapitalgesellschaft als von der anteilsübertragenden auf die anteilserwerbende Gesellschaft übergegangen.[407] Zwischen diesen beiden Unternehmungen ist daher das erforderliche Gesamthandverhältnis zu generieren. Erfolgt die Anteilsübertragung in diesem Zusammenhang von einer Muttergesellschaft abwärts gerichtet auf eine Tochtergesellschaft, muss letztere ggf. in eine Personengesellschaft formgewechselt werden. Das Gleiche gilt, falls die An-

---

402 Vgl. P/F-Franz, § 5 Rn. 40, 44; K/K/K-Fleischer, § 5 Rn. 9.

403 Ähnlich: Heine, GmbHR 2006, S. 350 (354).

404 Vgl. BFH, Urt. v. 27.04.2005 – II R 61/03, BStBl. II 2005, S. 649; Boruttau-Viskorf, § 6 Rn. 27a; Fuhrmann/Demuth, UVR 2006, S. 26 (27); Heine, INF 2005, S. 63 (64); Stoschek/Mies, DStR 2006, S. 221.

405 Vgl. BFH, Urt. v. 31.03.1982 – II R 92/81, BStBl. II 1982, S. 424; FM Baden-Württemberg, Schr. v. 28.04.2005 – 3 – S 4505/18, StEK GrEStG 1983 § 1 Nr. 172; P/F-Franz, § 5 Rn. 61; Boruttau-Viskorf, § 5 Rn. 12a; Kroschewski, GmbHR 2001, S. 707 (708).

406 Vgl. BFH, Urt. v. 16.01.2002 – II R 52/00, BFH/NV 2002, S. 1053; FM Baden-Württemberg, Schr. v. 28.04.2005 – 3 – S 4505/18, StEK GrEStG 1983 § 1 Nr. 172; P/F-Franz, § 5 Rn. 63; Boruttau-Viskorf, § 5 Rn. 12a; Kroschewski, GmbHR 2001, S. 707 (708).

407 Vgl. Fn. 406.

teilsübertragung von einer Tochtergesellschaft auf deren Muttergesellschaft geplant ist. In dieser Konstellation ist im Anschluss an den Formwechsel zusätzlich der Ablauf der Fünf-Jahres-Frist abzuwarten.[408] Bei einer seitwärts gerichteten Übertragung sind ggf. beide Schwestergesellschaften in Gesamthandsgemeinschaften umzuwandeln, sofern sie bisher als Kapitalgesellschaft firmieren. Dabei ist die Fünf-Jahres-Frist zu beachten, sofern ein Formwechsel der anteilsübertragenden Schwestergesellschaft erforderlich ist.[409]

Haben sich die Anteile an der grundbesitzenden Kapitalgesellschaft noch nicht zuvor bei der anteilsübertragenden Unternehmung vereinigt, gilt das Grundvermögen der Kapitalgesellschaft als von ihr auf die anteilserwerbende Gesellschaft übergegangen.[410] Da Grundstücksübergänge aus einer Kapitalgesellschaft nicht privilegiert sind, ist die grundbesitzende Kapitalgesellschaft zur Realisierung einer Begünstigung zwingend in eine Personengesellschaft formzuwechseln. Unmittelbar im Anschluss können der anteilserwerbenden Gesellschaft 94,9 % der Anteile an der nun grundbesitzenden Personengesellschaft übertragen werden, ohne dass die Tatbestände des § 1 Abs. 2a oder 3 GrEStG erfüllt werden. Nach Ablauf der fünfjährigen Frist des § 6 Abs. 4 GrEStG eröffnet sich die Option, die Anteilsvereinigung dann zu 94,9 % steuerbefreit gemäß § 6 Abs. 2 oder Abs. 3 S. 1 GrEStG zu vollziehen.[411]

Hat die Übertragung der Beteiligung an einer vermittelnden Kapitalgesellschaft zur Folge, dass sich in Bezug auf eine **grundbesitzende Tochterkapitalgesellschaft der vermittelnden Kapitalgesellschaft** eine mittelbare Anteilsvereinigung ergibt, hängen Gestaltungen zur Realisierung einer Privilegierung davon ab, ob sich die Anteile an der grundbesitzenden Tochterkapitalgesellschaft bereits bei der anteilsübertragenden Gesellschaft, bei der vermittelnden Kapitalgesellschaft oder noch gar nicht vereinigt haben. Hat eine Anteilsvereinigung zuvor schon auf Ebene der anteilsübertragenden Gesellschaft stattgefunden, gilt der Grundbesitz im Rahmen der anschließenden Anteilsübertragung als von der anteilsübertragenden auf die anteilserwerbende Gesellschaft übergegangen.[412] Dieser fiktive Übergang entspricht dem bei der Übertragung bereits vereinigter Anteile an einer grundbesitzenden Kapitalgesellschaft, so dass die oben erläuterten Gestaltungsgrundsätze Anwendung finden.[413]

Hat eine Vereinigung der Anteile an der grundbesitzenden Tochterkapitalgesellschaft bereits auf Ebene der vermittelnden Kapitalgesellschaft stattgefunden, gilt der Grundbesitz der Tochterkapitalgesellschaft im Rahmen der anschließenden Anteilsübertra-

---

408 Vgl. BFH, Urt. v. 19.03.2003 – II B 96/02, BFH/NV 2003, S. 1090; BFH, Urt. v. 04.04.2001 – II R 57/98, BStBl. II 2001, S. 587; Boruttau-Viskorf, § 6 Rn. 35c; Behrens/Schmitt, UVR 2004, S. 270 (271).

409 Vgl. § 6 Abs. 4 S. 1 GrEStG; P/F-Franz, § 6 Rn. 36.

410 Vgl. Fn. 405.

411 Vgl. Salzmann/Loose, DStR 2004, S. 1941 (1945); K/K/K-Fleischer, § 5 Rn. 123.

412 Vgl. BFH, Urt. v. 16.01.2002 – II R 52/00, BFH/NV 2002, S. 1053; FM Baden-Württemberg, Schr. v. 28.04.2005 – 3 – S 4505/18, StEK GrEStG 1983 § 1 Nr. 172; P/F-Franz, § 5 Rn. 63; Boruttau-Viskorf, § 5 Rn. 12a; Kroschewski, GmbHR 2001, S. 707 (708).

413 Vgl. Abschn. F. III. 2. 1. Absatz 2.

gung als von der vermittelnden Kapitalgesellschaft auf die anteilserwerbende Gesellschaft übergegangen.[414] Dieser fiktive Übergang entspricht dem bei der Übertragung noch nicht vereinigter Anteile an einer grundbesitzenden Kapitalgesellschaft. Deshalb gelten die oben vorgestellten Gestaltungsgrundsätze entsprechend.[415]

Haben sich die Anteile an der grundbesitzenden Tochterkapitalgesellschaft bisher noch gar nicht vereinigt, gilt der Grundbesitz als von ihr auf die anteilserwerbende Gesellschaft übergegangen.[416] Zur Realisierung einer Privilegierung sind deshalb sowohl die grundbesitzende als auch die vermittelnde Kapitalgesellschaft in Personenunternehmungen formzuwechseln. Darauf folgend kann die anteilserwerbende Gesellschaft 94,9 % der Anteile an der nun vermittelnden Personengesellschaft erwerben, ohne dass die Tatbestände des § 1 Abs. 2a oder 3 GrEStG eine Verwirklichung erfahren. Nach Ablauf der fünfjährigen Frist des § 6 Abs. 4 GrEStG kann die Anteilsvereinigung dann zu 94,9 % steuerbefreit gemäß § 6 Abs. 2 oder Abs. 3 S. 1 GrEStG vollzogen werden.[417]

Wird mit der Übertragung von Anteilen an der vermittelnden Kapitalgesellschaft mittelbar auch eine Beteiligung an einer **grundbesitzenden Tochterpersonengesellschaft** bewegt, kann sich sowohl eine steuerbare Änderung des Gesellschafterbestandes als auch eine mittelbare Anteilsvereinigung ergeben. Kommt es zu einer steuerbaren Änderung des Gesellschafterbestandes, wird die Übertragung des Grundbesitzes der Tochterpersonengesellschaft auf eine neu gegründete Tochterpersonengesellschaft fingiert.[418] Zur Privilegierung eines solchen Vorgangs ist daher erforderlich, dass die Beteiligung an der grundbesitzenden Tochterpersonengesellschaft vor und nach der Übertragung der Beteiligung unmittelbar oder mittelbar denselben Personen zuzuordnen ist.[419] Dies ist in der vorliegenden Konstellation angesichts der fortdauernden unmittelbaren Beteiligung der vermittelnden Kapitalgesellschaft und deren grunderwerbsteuerlicher Intransparenz eigentlich der Fall, so dass es an sich keiner Gestaltungsaktivität bedarf. Allerdings wird teilweise die Auffassung vertreten, dass bei mittelbaren Änderungen des Gesellschafterbestandes einer Personengesellschaft unmittelbar beteiligte Kapitalgesellschaften als transparent zu behandeln sind, weil § 1 Abs. 2a GrEStG anderenfalls leer läuft.[420]

---

414 Vgl. Fn. 405.

415 Vgl. Abschn. F. III. 2. 1. Absatz 3.

416 Vgl. BFH, Urt. v. 31.03.1982 – II R 92/81, BStBl. II 1982, S. 424; FM Baden-Württemberg, Schr. v. 28.04.2005 – 3 – S 4505/18, StEK GrEStG 1983 § 1 Nr. 172; P/F-Franz, § 5 Rn. 61; Boruttau-Viskorf, § 5 Rn. 12a; Kroschewski, GmbHR 2001, S. 707 (708).

417 Vgl. Salzmann/Loose, DStR 2004, S. 1941 (1945); K/K/K-Fleischer, § 5 Rn. 123.

418 Vgl. BFH, Urt. v. 27.04.2005 – II R 61/03, BStBl. II 2005, S. 649; Boruttau-Viskorf, § 6 Rn. 27a; Fuhrmann/Demuth, UVR 2006, S. 26 (27); Heine, INF 2005, S. 63 (64); Stoschek/Mies, DStR 2006, S. 221.

419 Vgl. Stoschek/Mies, DStR 2006, S. 221 (222); Gottwald, INF 2005, S. 865.

420 Vgl. Hofmann, § 6 Rn. 12c; Boruttau-Viskorf, § 6 Rn. 27d; Heine, INF 2005, S. 63 (65); Behrens/Hofmann, DStR 2003, S. 2093 (2098); Behrens, StbJb. 2005/06, S. 317 (324).

Will man dieser Einschätzung Rechnung tragen, gilt es, die Identität der mittelbaren Beteiligungsverhältnisse an der grundbesitzenden Personengesellschaft vor und nach der steuerbaren Änderung des Gesellschafterbestandes zu gewährleisten. Hierzu ist erforderlich, dass die im Einzelfall beteiligten Tochtergesellschaften als transparente Einheiten qualifizieren. Wird dies gewährleistet, ist die Muttergesellschaft bei der abwärts gerichteten Anteilsübertragung vorher mittelbar über die vermittelnde Kapitalgesellschaft und nachher mittelbar über die anteilserwerbende Tochterunternehmung sowie die vermittelnde Kapitalgesellschaft an der grundbesitzenden Tochterpersonengesellschaft in gleicher Höhe beteiligt. Spiegelbildlich hält sie bei der aufwärts gerichteten Anteilsübertragung vorher mittelbar über die anteilsübertragende Tochterunternehmung und die vermittelnde Kapitalgesellschaft sowie nachher mittelbar über die vermittelnde Kapitalgesellschaft Beteiligungen an der grundbesitzenden Tochterpersonengesellschaft in gleicher Höhe. Bei der seitwärts gerichteten Anteilsübertragung ist die Muttergesellschaft schließlich vorher mittelbar über die anteilsübertragende Tochterunternehmung und die vermittelnde Kapitalgesellschaft sowie nachher mittelbar über die anteilserwerbende Tochterunternehmung und die vermittelnde Kapitalgesellschaft an der grundbesitzenden Tochterpersonengesellschaft in gleicher Höhe beteiligt.[421] Qualifiziert eine an der Anteilsübertragung beteiligte Tochtergesellschaft als Kapitalgesellschaft, ist daher vorab ein Formwechsel derselben erforderlich. Im Anschluss ist die fünfjährige Frist des § 6 Abs. 4 GrEStG abzuwarten.[422]

Löst die Übertragung der Anteile an der vermittelnden Kapitalgesellschaft eine mittelbare Vereinigung aller Anteile an der grundbesitzenden Tochterpersonengesellschaft aus, hängen Gestaltungen zur Realisierung einer Privilegierung wiederum davon ab, ob sich die Anteile an der grundbesitzenden Tochterpersonengesellschaft zuvor bereits bei der anteilsübertragenden Gesellschaft, bei der vermittelnden Kapitalgesellschaft oder noch gar nicht vereinigt haben. Hat eine Anteilsvereinigung bereits auf Ebene der anteilsübertragenden Gesellschaft stattgefunden, gilt der Grundbesitz der Tochterpersonengesellschaft im Rahmen der anschließenden Anteilsübertragung als von der anteilsübertragenden Gesellschaft auf die anteilserwerbende Gesellschaft übergegangen.[423] Dieser fiktive Übergang entspricht dem bei der Übertragung bereits vereinigter Anteile an einer grundbesitzenden Kapitalgesellschaft, so dass die oben erläuterten Gestaltungsgrundsätze gleichermaßen gelten.[424]

Haben sich die Anteile an der grundbesitzenden Tochterpersonengesellschaft zuvor bei der vermittelnden Kapitalgesellschaft vereinigt, gilt der Grundbesitz im Rahmen

---

421 Vgl. Heine, INF 2005, S. 63 (64); Fuhrmann/Demuth, UVR 2006, S. 26 (28).

422 Vgl. BFH, Urt. v. 19.03.2003 – II B 96/02, BFH/NV 2003, S. 1090; BFH, Urt. v. 04.04.2001 – II R 57/98, BStBl. II 2001, S. 587; Boruttau-Viskorf, § 6 Rn. 35c; Behrens/Schmitt, UVR 2004, S. 270 (271).

423 Vgl. BFH, Urt. v. 16.01.2002 – II R 52/00, BFH/NV 2002, S. 1053; FM Baden-Württemberg, Schr. v. 28.04.2005 – 3 – S 4505/18, StEK GrEStG 1983 § 1 Nr. 172; P/F-Franz, § 5 Rn. 63; Boruttau-Viskorf, § 5 Rn. 12a; Kroschewski, GmbHR 2001, S. 707 (708).

424 Vgl. Abschn. F. III. 2. 1. Absatz 2.

der anschließenden Anteilsübertragung als von dieser auf die anteilserwerbende Gesellschaft übergegangen.[425] Ein solcher fiktiver Übergang entspricht dem noch nicht vereinigter Anteile an einer grundbesitzenden Kapitalgesellschaft. Aus diesem Grunde finden die oben ausgeführten Gestaltungsgrundsätze entsprechende Anwendung.[426]

Bewirkt die Übertragung der Anteile an der vermittelnden Kapitalgesellschaft erstmals eine Vereinigung der Anteile an der grundbesitzenden Tochterpersonengesellschaft, gilt deren Grundvermögen als von ihr auf die anteilserwerbende Gesellschaft übergegangen.[427] Angesichts der Existenz der vermittelnden Kapitalgesellschaft qualifizieren in dieser Konstellation aber weder die anteilsübertragende noch die anteilserwerbende Gesellschaft als mittelbarer Gesamthänder im Sinne des § 6 GrEStG. Deshalb ist zunächst eine Umwandlung der vermittelnden Kapitalgesellschaft in eine Personengesellschaft notwendig. Daneben bedarf es auch in diesem Zusammenhang transparenter Rechtsformen auf Ebene der jeweils beteiligten Tochtergesellschaften. Insoweit gelten die Ausführungen zur steuerbaren Änderung des Gesellschafterbestandes entsprechend. Erforderlichenfalls sind die beteiligten Tochterunternehmungen daher noch vor der eigentlichen Anteilsübertragung in Personengesellschaften formzuwechseln. Im Übrigen ist angesichts des zwingend notwendigen Formwechsels der vermittelnden Kapitalgesellschaft unabhängig von der Richtung des Anteilstransfers die fünfjährige Frist des § 6 Abs. 4 GrEStG abzuwarten.[428]

2.2. Mitübertragung einer Beteiligung innerhalb einer Sachgesamtheit

Für die Mitübertragung einer Kapitalgesellschaftsbeteiligung innerhalb einer Sachgesamtheit gelten die Grundsätze zur Realisierung einer Privilegierung bei isolierten Beteiligungstransfers prinzipiell entsprechend. Auch bei einer Mitübertragung ist zunächst zu identifizieren, von welcher auf welche Gesellschaft der jeweilige Grundbesitz als übergegangen gilt. Im Anschluss besteht die Gestaltungsaufgabe darin, nach Maßgabe der oben erläuterten Grundsätze das erforderliche Gesamthandsverhältnis herzustellen, eine möglichst große Kongruenz zwischen den Beteiligungsverhältnissen am fiktiv übertragenen Grundvermögen vor und nach seiner Verlagerung zu generieren und ggf. die fünfjährige Frist des § 6 Abs. 4 S. 1 GrEStG zu beachten.

Eine Besonderheit ergibt sich lediglich für abwärts gerichtete Verschmelzungen und Aufspaltungen von Kapitalgesellschaften, die den Tatbestand des § 1 Abs. 3 Nr. 3 GrEStG erfüllen. In diesen Konstellationen gilt das Grundvermögen als von die-

---

425 Vgl. Fn. 406.

426 Vgl. Abschn. F. III. 2. 1. Absatz 3.

427 Vgl. BFH, Urt. v. 31.03.1982 – II R 92/81, BStBl. II 1982, S. 424; FM Baden-Württemberg, Schr. v. 28.04.2005 – 3 – S 4505/18, StEK GrEStG 1983 § 1 Nr. 172; P/F-Franz, § 5 Rn. 61; Boruttau-Viskorf, § 5 Rn. 12a; Kroschewski, GmbHR 2001, S. 707 (708).

428 Vgl. BFH, Urt. v. 19.03.2003 – II B 96/02, BFH/NV 2003, S. 1090; BFH, Urt. v. 04.04.2001 – II R 57/98, BStBl. II 2001, S. 587; P/F-Franz, § 6 Rn. 36; Behrens/Schmitt, UVR 2004, S. 270 (271).

ser Kapitalgesellschaft auf die Personengesellschaft übertragen. Da die einbringende Gesellschaft im Anschluss untergeht, kommt es von Anfang an zu einer schädlichen Missachtung der fünfjährigen Behaltefrist des § 5 Abs. 3 GrEStG.[429] Aus diesem Grund kann eine Privilegierung in diesem Zusammenhang nur realisiert werden, indem man alternativ zur Verschmelzung bspw. eine Betriebseinbringung unter Fortführung der einbringenden Gesellschaft und alternativ zur Aufspaltung lediglich Teilbetriebe verlagert und die abgebende Unternehmung im Übrigen aufrechterhält.

3. Mitunternehmeranteile

3.1. Übertragung eines einzelnen Mitunternehmeranteils

Für die Übertragung eines Mitunternehmeranteils gelten die Gestaltungsgrundsätze zur Generierung einer Privilegierung bei Kapitalgesellschaftsbeteiligungen grundsätzlich entsprechend. Dabei ist angesichts der Übergangsfiktionen des § 1 Abs. 2a und 3 GrEStG auch in diesem Zusammenhang insbesondere zu identifizieren, von welcher auf welche Gesellschaft das jeweilige Grundvermögen als übertragen gilt.

Bewirkt die **Übertragung der Anteile an einer grundbesitzenden Personengesellschaft** eine steuerbare Änderung des Gesellschafterbestandes, wird die Übertragung des Grundbesitzes der Personengesellschaft auf eine neu gegründete Personengesellschaft fingiert.[430] Voraussetzung einer Begünstigung dieser Übertragung ist deshalb, dass die Beteiligung an der grundbesitzenden Personengesellschaft vor und nach dem Transfer des Mitunternehmeranteils denselben Gesellschaftern zuzurechnen ist.[431] Um dies zu gewährleisten, müssen die im Einzelfall beteiligten Tochterunternehmungen ihrerseits als Personengesellschaften einzuordnen sein. Dadurch ist die Muttergesellschaft bei einer abwärts gerichteten Anteilsübertragung vorher unmittelbar und nachher mittelbar über die anteilserwerbende Tochterunternehmung an der grundbesitzenden Tochterpersonengesellschaft in gleicher Höhe beteiligt. Spiegelbildlich hält sie bei der aufwärts gerichteten Anteilsübertragung vorher mittelbar über die anteilsübertragende Tochterunternehmung und nachher unmittelbar eine gleich hohe Beteiligung an der grundbesitzenden Tochterpersonengesellschaft. Bei der seitwärts gerichteten Anteilsübertragung ist die Muttergesellschaft schließlich vorher mittelbar über die anteilsübertragende Tochterunternehmung und nachher mittelbar über die anteilserwerbende Tochterunternehmung an der grundbesitzenden Tochterpersonengesellschaft in gleicher Höhe beteiligt. Qualifiziert eine an der Anteilsübertragung beteiligte Tochterunternehmung als Kapitalgesellschaft, ist

---

[429] Vgl. P/F-Franz, § 5 Rn. 40, 44; K/K/K-Fleischer, § 5 Rn. 9.

[430] Vgl. BFH, Urt. v. 27.04.2005 – II R 61/03, BStBl. II 2005, S. 649; Hofmann, § 1 Rn. 130a, § 6 Rn. 4; Boruttau-Viskorf, § 6 Rn. 27a; Fuhrmann/Demuth, UVR 2006, S. 26 (S. 27); Heine, INF 2005, S. 63 (64).

[431] Vgl. Stoschek/Mies, DStR 2006, S. 221 (222); Gottwald, INF 2005, S. 865.

daher vorab ein Formwechsel derselben in eine Personengesellschaft erforderlich. Im Anschluss ist noch die fünfjährige Frist des § 6 Abs. 4 GrEStG abzuwarten.[432]

Löst eine solche Anteilsübertragung zwar keine steuerbare Änderung des Gesellschafterbestandes, aber eine unmittelbare Vereinigung aller Anteile an der grundbesitzenden Personengesellschaft bei der anteilserwerbenden Unternehmung aus, hängen Gestaltungen zur Realisierung einer Privilegierung davon ab, ob sich die Anteile an der grundbesitzenden Personengesellschaft zuvor bereits bei der anteilsübertragenden Unternehmung vereinigt haben. Ist dies der Fall, gilt das Grundvermögen als von dieser auf die anteilserwerbende Gesellschaft übergegangen.[433] Diese Fiktion entspricht der beim Übergang von Anteilen an einer grundbesitzenden Kapitalgesellschaft. Deshalb gelten die dortigen Erläuterungen zur Gestaltung eines privilegierten Gesamthandsverhältnisses entsprechend.[434]

Haben sich die Anteile an der grundbesitzenden Personengesellschaft noch nicht zuvor vereinigt, gilt der Grundbesitz als von ihr auf die anteilserwerbende Gesellschaft übergegangen.[435] Eine Privilegierung dieses Vorgangs findet daher wiederum nur statt, soweit die Beteiligung an der grundbesitzenden Personengesellschaft vor und nach dem Transfer des Mitunternehmeranteils denselben Personen zuzuordnen ist.[436] Es gelten die Erläuterungen zur Privilegierung einer steuerbaren Änderung des Gesellschafterbestandes entsprechend.[437] Firmiert eine an der Anteilsübertragung beteiligte Tochterunternehmung als Kapitalgesellschaft, ist sie deshalb vorab noch in eine Personengesellschaft formzuwechseln. Zusätzlich ist der Ablauf der fünfjährigen Frist des § 6 Abs. 4 GrEStG abzuwarten.[438]

Löst die Übertragung von Anteilen an einer vermittelnden Personengesellschaft bei ihrer **grundbesitzenden Tochterpersonengesellschaft** eine steuerbare Änderung des Gesellschafterbestandes aus, wird die Übertragung des Grundbesitzes der Personengesellschaft auf eine fiktive neu gegründete Personengesellschaft angenommen.[439] Daher finden die Gestaltungsgrundsätze zu Personengesellschaften mit eigenem Grundbesitz entsprechende Anwendung.[440]

---

432 Vgl. BFH, Urt. v. 19.03.2003 – II B 96/02, BFH/NV 2003, S. 1090; BFH, Urt. v. 04.04.2001 – II R 57/98, BStBl. II 2001, S. 587; Boruttau-Viskorf, § 6 Rn. 35c; Behrens/Schmitt, UVR 2004, S. 270 (271).

433 Vgl. BFH, Urt. v. 16.01.2002 – II R 52/00, BFH/NV 2002, S. 1053; FM Baden-Württemberg, Schr. v. 28.04.2005 – 3 – S 4505/18, StEK GrEStG 1983 § 1 Nr. 172; P/F-Franz, § 5 Rn. 63; Boruttau-Viskorf, § 5 Rn. 12a; Kroschewski, GmbHR 2001, S. 707 (708).

434 Vgl. Abschn. F. III. 2. 1 Absatz 2.

435 Vgl. BFH, Urt. v. 31.03.1982 – II R 92/81, BStBl. II 1982, S. 424; FM Baden-Württemberg, Schr. v. 28.04.2005 – 3 – S 4505/18, StEK GrEStG 1983 § 1 Nr. 172; P/F-Franz, § 5 Rn. 61; Boruttau-Viskorf, § 5 Rn. 12a; Kroschewski, GmbHR 2001, S. 707 (708).

436 Vgl. Stoschek/Mies, DStR 2006, S. 221 (222); Gottwald, INF 2005, S. 865.

437 Vgl. Abs. 2 des vorliegenden Abschnitts.

438 Vgl. BFH, Urt. v. 19.03.2003 – II B 96/02, BFH/NV 2003, S. 1090; BFH, Urt. v. 04.04.2001 – II R 57/98, BStBl. II 2001, S. 587; Boruttau-Viskorf, § 6 Rn. 35c; Behrens/Schmitt, UVR 2004, S. 270 (271).

439 Vgl. BFH, Urt. v. 27.04.2005 – II R 61/03, BStBl. II 2005, S. 649; Hofmann, § 1 Rn. 130a, § 6

Ruft eine solche Anteilsübertragung zwar keine steuerbare Änderung des Gesellschafterbestandes, wohl aber eine Anteilsvereinigung hervor, hängen Gestaltungen zur Realisierung einer Privilegierung davon ab, ob sich die Anteile an der grundbesitzenden Tochterpersonengesellschaft zuvor bei der anteilsübertragenden Gesellschaft, bei der vermittelnden Personengesellschaft, oder noch gar nicht vereinigt haben. Hat eine Anteilsvereinigung bereits auf Ebene der anteilsübertragenden Unternehmung stattgefunden, gilt das Grundvermögen als von dieser auf die anteilserwerbende Gesellschaft übergegangen.[441] Diese Fiktion entspricht der beim Übergang vereinigter Anteile an einer grundbesitzenden Kapitalgesellschaft. Deshalb gelten die dortigen Erläuterungen zur Gestaltung eines privilegierten Gesamthandverhältnisses entsprechend.[442]

Ist es schon auf Ebene der vermittelnden Personengesellschaft zu einer Anteilsvereinigung gekommen, gilt das Grundvermögen als von dieser auf die anteilserwerbende Gesellschaft übergegangen.[443] Diese Fiktion entspricht der beim Übergang nicht vereinigter Anteile an einer grundbesitzenden Personengesellschaft. Deshalb gelten die dortigen Erläuterungen zur Gestaltung eines privilegierten Gesamthandverhältnisses entsprechend.[444]

Haben sich die Anteile noch nicht zuvor vereinigt, gilt der Grundbesitz als von der grundbesitzenden Tochterpersonengesellschaft auf die anteilserwerbende Gesellschaft übergegangen.[445] Dieser Vorgang erfährt daher nur eine Begünstigung, soweit die Beteiligung an der grundbesitzenden Tochterpersonengesellschaft vor und nach dem Transfer des Mitunternehmeranteils an der vermittelnden Personengesellschaft denselben Personen zuzuordnen ist.[446] Die Ausführungen zur Begünstigung einer steuerbaren Änderung des Gesellschafterbestandes finden entsprechende Anwendung.[447] Qualifiziert eine an der Anteilsübertragung beteiligte Tochterunternehmung als Kapitalgesellschaft, ist sie aus diesem Grund vorab noch einem Formwechsel in eine Personengesellschaft zu unterziehen. Außerdem gilt es, den Ablauf der fünfjährigen Frist des § 6 Abs. 4 GrEStG abzuwarten.[448]

Rn. 4; Boruttau-Viskorf, § 6 Rn. 27a; Fuhrmann/Demuth, UVR 2006, S. 26 (S. 27); Stoschek/Mies, DStR 2006, S. 221.

440 Vgl. Abs. 2 des vorliegenden Abschnitts.

441 Vgl. BFH, Urt. v. 16.01.2002 – II R 52/00, BFH/NV 2002, S. 1053; FM Baden-Württemberg, Schr. v. 28.04.2005 – 3 – S 4505/18, StEK GrEStG 1983 § 1 Nr. 172; P/F-Franz, § 5 Rn. 63; Boruttau-Viskorf, § 5 Rn. 12a; Kroschewski, GmbHR 2001, S. 707 (708).

442 Vgl. Abschn. F. III. 2. 1. Absatz 2.

443 Vgl. Fn. 441.

444 Vgl. Abschn. F. III. 3. 1. Absatz 5.

445 Vgl. Fn. 435.

446 Vgl. Stoschek/Mies, DStR 2006, S. 221 (222); Gottwald, INF 2005, S. 865.

447 Vgl. Abschn. F. III. 3. 1. Absatz 2.

448 Vgl. BFH, Urt. v. 19.03.2003 – II B 96/02, BFH/NV 2003, S. 1090; P/F-Franz, § 6 Rn. 36; Hofmann, § 6 Rn. 16; Boruttau-Viskorf, § 6 Rn. 35c; Behrens/Schmitt, UVR 2004, S. 270 (271).

Bewirkt die Übertragung des Mitunternehmeranteils an der vermittelnden Personengesellschaft eine mittelbare Anteilsvereinigung bei ihrer **grundbesitzenden Tochterkapitalgesellschaft**, hängen Gestaltungen zur Realisierung einer Privilegierung davon ab, ob sich die Anteile an der grundbesitzenden Tochterkapitalgesellschaft zuvor bereits bei der anteilsübertragenden Gesellschaft, bei der vermittelnden Personengesellschaft oder noch gar nicht vereinigt haben. Ist es auf Ebene der anteilsübertragenden Unternehmung bereits zu einer Anteilsvereinigung gekommen, gilt der Grundbesitz der Tochterkapitalgesellschaft im Rahmen der Anteilsübertragung als von der anteilsübertragenden auf die anteilserwerbende Unternehmung übergegangen.[449] Dieser Übergang entspricht dem bei der Übertragung bereits vereinigter Anteile an einer grundbesitzenden Kapitalgesellschaft, so dass die oben erläuterten Gestaltungsgrundsätze in dieser Situation entsprechend gelten.[450]

Hat zuvor eine Anteilsvereinigung auf Ebene der vermittelnden Personengesellschaft stattgefunden, gilt der Grundbesitz der Tochterkapitalgesellschaft im Rahmen der Anteilsübertragung als von der vermittelnden Personengesellschaft auf die anteilserwerbende Gesellschaft übergegangen.[451] Dieser Übergang entspricht dem aus einer grundbesitzenden Personengesellschaft. Aus diesem Grund finden die oben vorgestellten Gestaltungsgrundsätze entsprechend Anwendung.[452]

Haben sich die Anteile an der grundbesitzenden Tochterkapitalgesellschaft bisher noch gar nicht vereinigt, gilt der Grundbesitz als von ihr auf die anteilserwerbende Gesellschaft übergegangen.[453] Zur Realisierung einer Privilegierung ist die grundbesitzende Tochterkapitalgesellschaft deshalb in eine Personenunternehmung formzuwechseln. Darauf folgend kann die anteilserwerbende Gesellschaft so viele Anteile an der vermittelnden Personengesellschaft und der dann grundbesitzenden Tochterunternehmung erwerben, dass ihr im Anschluss unmittelbar und mittelbar nicht mehr als 94,9 % an letzterer zustehen. Dadurch erfahren die Tatbestände des § 1 Abs. 2a oder 3 GrEStG keine Verwirklichung. Nach Ablauf der fünfjährigen Frist des § 6 Abs. 4 GrEStG kann die Anteilsvereinigung dann zu 94,9 % steuerbefreit gemäß § 6 Abs. 2 oder Abs. 3 S. 1 GrEStG vollzogen werden.[454]

---

449 Vgl. BFH, Urt. v. 16.01.2002 – II R 52/00, BFH/NV 2002, S. 1053; FM Baden-Württemberg, Schr. v. 28.04.2005 – 3 – S 4505/18, StEK GrEStG 1983 § 1 Nr. 172; Kroschewski, GmbHR 2001, S. 707 (708).

450 Vgl. Abschn. F. III. 2. 1. Absatz 2.

451 Vgl. Fn. 449.

452 Vgl. Abs. 5 dieses Abschnitts.

453 Vgl. BFH, Urt. v. 31.03.1982 – II R 92/81, BStBl. II 1982, S. 424; FM Baden-Württemberg, Schr. v. 28.04.2005 – 3 – S 4505/18, StEK GrEStG 1983 § 1 Nr. 172; Boruttau-Viskorf, § 5 Rn. 12a; Kroschewski, GmbHR 2001, S. 707 (708).

454 Vgl. Salzmann/Loose, DStR 2004, S. 1941 (1945); K/K/K-Fleischer, § 5 Rn. 123.

3.2. Mitübertragung eines Mitunternehmeranteils innerhalb einer Sachgesamtheit

Für die Mitübertragung eines Mitunternehmeranteils innerhalb einer Sachgesamtheit gelten die oben erläuterten Grundsätze entsprechend. Auch dort muss zunächst erkannt werden, von welcher auf welche Gesellschaft der jeweilige Grundbesitz als übergegangen gilt. Im Anschluss ist nach Maßgabe der oben erläuterten Grundsätze das erforderliche Gesamthandverhältnis herzustellen, eine möglichst große Kongruenz zwischen den Beteiligungsverhältnissen am fiktiv übertragenen Grundvermögen vor und nach seiner Verlagerung zu generieren und ggf. die fünfjährige Frist des § 6 Abs. 4 S. 1 GrEStG zu beachten.

Eine Besonderheit ergibt sich wiederum für abwärts gerichtete Verschmelzungen und Aufspaltungen von Kapitalgesellschaften, die den Tatbestand des § 1 Abs. 3 Nr. 3 GrEStG erfüllen. In diesen Konstellationen gilt das Grundvermögen als von dieser Kapitalgesellschaft übertragen. Da die einbringende Gesellschaft im Anschluss untergeht, kommt es von Anfang an zu einer schädlichen Missachtung der fünfjährigen Behaltefrist des § 5 Abs. 3 GrEStG.[455] Aus diesem Grund kann eine Privilegierung in diesem Zusammenhang nur realisiert werden, indem man alternativ zur Verschmelzung bspw. eine Betriebseinbringung unter Fortführung der einbringenden Gesellschaft und alternativ zur Aufspaltung lediglich Teilbetriebe verlagert und die abgebende Unternehmung im Übrigen aufrechterhält.

IV. Gestaltungen zur Minimierung der Bemessungsgrundlage

1. Grundvermögen

1.1. Übertragung eines einzelnen Grundstücks

Alternativ zur Vermeidung eines steuerbaren Erwerbsvorgangs und der Begründung einer grunderwerbsteuerlichen Privilegierung besteht bei der Übertragung eines einzelnen Grundstücks die Möglichkeit, die maßgebliche Bemessungsgrundlage zu minimieren. Als solche gilt grundsätzlich die für die Grundstücksübertragung erbrachte Gegenleistung,[456] selbst wenn sie außergewöhnlich niedrig ist und weit hinter dem Verkehrswert des Grundstücks zurückbleibt.[457] Daher bietet sich bei Übertragungen zwischen Gesellschaften derselben Unternehmensgruppe an, als Gegenleistung einen möglichst geringen Preis zu vereinbaren. Dadurch vermindert sich die anfallende Grunderwerbsteuer entsprechend.[458]

Dabei sind allerdings zwei Gestaltungsgrenzen zu beachten. Zum einen ist zu gewährleisten, dass das abgesprochene Entgelt nicht lediglich symbolischen Charakter

455 Vgl. P/F-Franz, § 5 Rn. 40, 44; K/K/K-Fleischer, § 5 Rn. 9.

456 Vgl. § 8 Abs. 1 GrEStG.

457 Vgl. BFH, Urt. v. 12.07.2006 – II R 65/04, BFH/NV 2006, S. 2128; BFH, Beschl. v. 26.02.2003 – II B 54/02, BStBl. II 2003, S. 483; BFH, Urt. v. 05.03.1997 – II R 81/94, BFH/NV 1997, S. 613; Boruttau-Viskorf, § 8 Rn. 38; Fleischer, DStR 1996, S. 1390 (1393).

458 Vgl. Kaiser (2008), S. 393.

besitzt. Anderenfalls qualifiziert der Bedarfswert des Grundvermögens als Bemessungsgrundlage.[459] Dies ist der Fall, wenn der zu zahlende Betrag in einem so krassen Missverhältnis zum Wert des übertragenen Grundvermögens steht, dass er sich dazu in keinerlei Relation bringen lässt und daher nicht als ernsthaft vereinbart angesehen werden kann.[460] In diesem Zusammenhang hat die Rechtsprechung Gegenleistungen in Höhe von 70 %[461] respektive 6,12 %[462] des Verkehrswerts des übertragenen Grundvermögens als ernsthaft vereinbart, eine Gegenleistung in Höhe von 2 % des Buchwerts des übergegangenen Grundbesitzes hingegen als nur symbolisch beurteilt.[463] Nach der hier vertretenen Auffassung spricht daher viel dafür, dass der Gegenleistung bei Vereinbarung eines Kaufpreises in Höhe von 10 % des Verkehrswerts des Grundvermögens keine bloß symbolische Bedeutung mehr zukommt.

Zum anderen gilt es sicherzustellen, dass neben einem solchen verminderten Kaufpreis nicht noch eine verdeckte Gegenleistung entrichtet wird. Eine solche kann bspw. im Verzicht auf ein Auseinandersetzungsguthaben[464], in der Zustimmung zu Ausgleichszahlungen an andere Gesellschafter[465] oder in der Übernahme einer Restaurierungsverpflichtung gesehen werden.[466]

1.2. Mitübertragung eines Grundstücks innerhalb einer Sachgesamtheit

Bei der Mitübertragung eines Grundstücks innerhalb einer Sachgesamtheit sind zwei Konstellationen zu unterscheiden. Zum einen ist denkbar, dass eine grundbesitzende Sachgesamtheit veräußert wird. In diesem Fall ist Bemessungsgrundlage der Grunderwerbsteuer allein der Teil der Gegenleistung, der auf das Grundstück entfällt. In einem solchen Fall ist daher eine Aufteilung der gesamten Gegenleistung nach der Boruttau'schen Formel erforderlich.[467] Eine Minimierung der Bemessungsgrundlage nach Maßgabe der oben erläuterten Grundsätze bei der Übertragung einzelner Grundstücke ist daher zunächst nicht möglich. Es verbleibt jedoch aus grunderwerbsteuerlich isolierter Sicht die Option, den Grundbesitz der Sachgesamtheit noch vor der Veräußerung in einer Tochter- oder Schwestergesellschaft zu separieren und

---

459 Vgl. BFH, Urt. v. 07.12.1994 – II R 9/92, BStBl. II 1995, S. 268; Teiche, UVR 2005, S. 115 (116); Heine, INF 2007, S. 386 (387)

460 Vgl. BFH, Urt. v. 12.07.2006 – II R 65/04, BFH/NV 2006, S. 2128; BFH, Urt. v. 07.12.1994 – II R 9/92, BStBl. II 1995, S. 268; Stöckel, NWB Fach 8, S. 1561 (1562).

461 Vgl. BFH, Beschl. v. 26.02.2003 – II B 54/02, BStBl. II 2003, S. 483.

462 Vgl. BFH, Urt. v. 06.12.1989 – II R 95/86, BStBl. II 1990, S. 186.

463 Vgl. FG Brandenburg, Urt. v. 10.05.2005 – K 1500/02, DStRE 2005, S. 1359.

464 Vgl. BFH, Urt. v. 05.03.1997 – II R 81/94, BFH/NV 1997, S. 613.

465 Vgl. BFH, Urt. v. 05.11.1980 – II R 28/75, BStBl. II 1981, S. 174; BFH, Urt. v. 26.10.1977 – II R 115/69, BStBl. II 1978, S. 201; Boruttau-Sack, § 9 Rn. 212.

466 Vgl. BFH, Urt. v. 06.12.1995 – II R 46/93, BFH/NV 1996, S. 578.

467 Vgl. BFH, Urt. v. 17.06.1998 – II R 35/96, BFH/NV 1998, S. 1527; P/F-Pahlke, § 8 Rn. 36; Hofmann, § 8 Rn. 19; Boruttau-Sack, § 9 Rn. 547-549.

darauf folgend gegen ein minimales, aber ernsthaft vereinbartes Entgelt ohne zeitlichen und sachlichen Zusammenhang zu übertragen.[468]

Zum anderen kommt in Betracht, dass eine grundbesitzende Sachgesamtheit im Rahmen einer Verschmelzung, Ab- oder Aufspaltung, Ausgliederung, Anwachsung, Realteilung, Kapitalerhöhung oder Einbringung im Wege der Einzelrechtsnachfolge eine Bewegung erfährt.[469] In diesen Konstellationen qualifiziert als maßgebliche Bemessungsgrundlage grundsätzlich der Bedarfswert des Grundvermögens.[470] Angesichts dieses Umstandes eröffnen sich drei Optionen zur Minimierung der grunderwerbsteuerlichen Bemessungsgrundlage. Zunächst kann man den Bedarfswert möglichst niedrig ausweisen. Dieser errechnet sich bei bebauten Grundstücken aus dem 12,5fachen der im Besteuerungszeitraum vereinbarten oder üblichen Jahresmiete, vermindert um die Alterswertminderung.[471] Denkbar ist daher, die maßgebliche Miete für das übergehende Grundvermögen vorab auf bis zu 80 % der üblichen Miete zu reduzieren,[472] soweit dies angesichts der tatsächlichen Umstände des Einzelfalls möglich ist.

Darüber hinaus besteht die Möglichkeit, einen gemeinen Wert des übergehenden Grundvermögens nachzuweisen, der den Bedarfswert noch unterschreitet.[473] Dies gelingt typischerweise durch Einholung entsprechender Wertgutachten durch öffentlich bestellte Sachverständige. Letztlich eröffnet sich die Option, den Grundbesitz wie bei einer Sachgesamtheitsveräußerung zunächst von den übrigen Wirtschaftsgütern der zu übertragenden Sachgesamtheit in eine Tochter- oder Schwestergesellschaft zu isolieren. Im Anschluss kann er dann gegen ein minimales, aber ernsthaft vereinbartes Entgelt ohne zeitlichen und sachlichen Zusammenhang übertragen werden.[474]

2. Kapitalgesellschaftsbeteiligungen und Mitunternehmeranteile

Bemessungsgrundlage für die (Mit-) Übertragung von Kapitalgesellschaftsbeteiligungen und Mitunternehmeranteilen ist ebenfalls grundsätzlich der Bedarfswert.[475] Daher gelten die Erläuterungen zu den Gestaltungsoptionen bei der Mitübertragung von Grundstücken vorliegend entsprechend.[476]

---

[468] Vgl. Abschn. F. IV. 1. 1.; ähnlich: Kaiser (2008), S. 391.

[469] Vgl. P/F-Pahlke, § 8 Rn. 87-92; Hofmann, § 8 Rn. 35-40; Boruttau-Viskorf, § 8 Rn. 63-77; Kroschewski, GmbHR 2003, S. 757 (759); Beckmann, GmbHR 1999, S. 217 (218).

[470] Vgl. § 8 Abs. 2 Nr. 2 GrEStG.

[471] Vgl. § 146 Abs. 2 BewG.

[472] Vgl. § 146 Abs. 3 Nr. 2 BewG.

[473] Vgl. § 138 Abs. 4 BewG.

[474] Vgl. Abschn. F. IV. 1. 1.

[475] Vgl. § 8 Abs. 2 Nr. 3 GrEStG.

[476] Vgl. Abschn. F. IV. 1. 2.

V. Gestaltungen zur Vermeidung ungünstiger Sekundärsteuerwirkungen

Schließlich ist sicherzustellen, dass Umstrukturierungsmaßnahmen keine ungünstigen Sekundärsteuerwirkungen auslösen.[477] Hierzu gilt es zunächst zu gewährleisten, dass die geplante Reorganisation keinen Fristlauf gemäß den §§ 5 Abs. 3, 6 Abs. 3 S. 2 GrEStG verletzt.[478] Dies gelingt insbesondere, indem die Beteiligungen sämtlicher Gesellschafter der grundbesitzenden Personengesellschaft über den Verlauf des fünfjährigen Zeitraums konserviert werden.[479] Hierzu kann es sinnvoll sein, die ausgelösten Fristen zu notieren und die Grundstücksgesellschaft während des Fristlaufs zu begleiten. Sofern die Gesellschaft während dieser Zeit Planungen aufnimmt, mit denen eine Anteilsverminderung bei der betroffenen Gesellschaft verbunden ist, gilt es, auf den rückwirkenden Wegfall der grunderwerbsteuerlichen Privilegierung rechtzeitig hinzuweisen.

Ist eine Anteilsverminderung unvermeidbar, besteht alternativ die Option, das Grundstück noch vorab aus dem Betriebsvermögen der grundbesitzenden Gesellschaft zu entfernen. Dadurch endet der Lauf der fünfjährigen Frist, so dass die anschließende Übertragung eines Anteils unschädlich ist. Eine solche Entfernung des Grundstücks aus dem Betriebsvermögen ist steuerneutral bspw. möglich, indem es an eine beteiligungsidentische Schwesterpersonengesellschaft veräußert wird.[480]

Im Übrigen kommt es darauf an, eventuelle Fristläufe, die mit der Umstrukturierungsmaßnahme selbst initiiert werden, zu notieren und nach Maßgabe der oben erläuterten Grundsätze zu überwachen.

---

477 Ähnlich: Bomhard/Dettmeier/Fischer, BB 2003, Beil. 1, S. 6; Patt, EStB 2005, S. 106 (110).

478 Vgl. Abschn. C. I.

479 Vgl. FM Baden-Württemberg, Tz. 2 d. Schr. v. 14.02.2002 - 3 - S 4400/15, DB 2002, S. 455.

480 Vgl. Boruttau-Viskorf, § 5 Rn. 90; Hofmann, BB 2000, S. 2606; Verweyen (2005), S. 44; Kroschewski, GmbHR 2001, S. 707 (712); Viskorf, DStR 2001, S. 1101 (1104).

Teil 3: Gestaltungskoordination

Kapitel 1: Allgemeine Grundsätze

Hat man die oben erläuterten Teilgestaltungssysteme für jeden steuerlichen Relevanzbereich der Unternehmensumstrukturierung absolviert, ist eine Vielzahl von Zwischenergebnissen denkbar. Zunächst besteht die Möglichkeit, dass in allen fünf Teilgestaltungsbereichen der steuerliche Ist-Zustand dem steuerlichen Soll-Zustand entspricht. Daneben kommt in Betracht, dass in vier Teilgestaltungsbereichen eine Kongruenz zwischen steuerlichem Ist-Zustand und steuerlichem Soll-Zustand besteht und lediglich ein Teilgestaltungsbereich eine Modellierung des Sachverhalts erforderlich macht. Schließlich ist vorstellbar, dass in mehr als einem Relevanzbereich Gestaltungsbedarf vorhanden ist.

Während eine vollständige Kongruenz zwischen Ist- und Soll-Zustand keine weitere Gestaltungsaktivität erforderlich macht, bedarf es bereits einer Gestaltungskoordination, sofern nur in einem Teilgestaltungsbereich eine Sachverhaltsmodifikation angezeigt ist. Die so veränderte Realisierung der Umstrukturierungsmaßnahme stellt dann auch in den übrigen vier Relevanzbereichen die Grundlage für die Ermittlung der Steuerwirkungen dar. Deshalb besteht das Risiko, dass sich dort angesichts des modifizierten Sachverhalts veränderte steuerliche Ist-Zustände ergeben. Daher kann es zu Konflikten zwischen der für den einzelnen Teilgestaltungsbereich optimalen Sachverhaltsmodellierung und dem ursprünglichen Ist-Sachverhalt kommen, der für die übrigen vier Teilgestaltungsbereiche bereits optimal war.[1] Diese Gefahr potenziert sich, sofern in mehr als einem Relevanzbereich Sachverhaltsmodellierungen notwendig erscheinen. In einer solchen Konstellation ist denkbar, dass jede einzelne Teilgestaltung zu veränderten Steuerwirkungen in den übrigen Teilgestaltungsbereichen führt und dadurch weiteren Gestaltungsbedarf auslöst.

Angesichts dieser Fülle vorstellbarer Zwischenergebnisse kann es sinnvoll sein, sich der finalen Gesamtgestaltung in drei Schritten anzunähern. Im ersten Schritt ist für jede einzelne Teilgestaltung der veränderte steuerliche Ist-Zustand im Ganzen festzustellen. Dabei wird als neuer Ist-Sachverhalt jeweils die Sachverhaltsmodellierung zugrunde gelegt, die das individuelle Teilgestaltungssystem für seinen Relevanzbereich als steuerlich optimal erkannt hat.[2] Auf dieser Grundlage sind die qualitativen und quantitativen Steuerwirkungen dieser modifizierten Sachverhalte für die übrigen Teilgestaltungsbereiche zu ermitteln.[3] Diesen neuen steuerlichen Ist-Zuständen sind anschließend im zweiten Schritt die jeweils korrespondierenden Soll-Zustände gegenüberzustellen. Zeigen sich dabei Steuerwirkungsdifferenzen, besteht ein Konflikt

---

1 Vgl. Jacobsen (2007), S. 88.

2 Vgl. Jacobsen (2007), S. 88; ähnlich: Rittershaus/Teichmann (2003), S. 103, 107; Junker/Kamanabrou (2007), S. 56-59.

3 Vgl. Jacobsen (2007), S. 89; ähnlich: Wehmeyer (1967), S. 84.

zwischen der Teilgestaltung und dem übrigen unverändert gebliebenen Unternehmenssachverhalt oder zwischen einzelnen Teilgestaltungen untereinander.[1]

Um diesen Konflikt aufzulösen, sind im dritten Schritt die kritischen Detailtatbestandsvoraussetzungen und Sachverhaltsbestandteile zu identifizieren. Hierzu sind die Steuerentstehungsvorgänge der fiktiven Ist- und Soll-Zustände Tatbestandsebene für Tatbestandsebene zurückzuverfolgen, bis die Ursache des Gestaltungskonfliktes gefunden ist.[2] Im Anschluss sind die einzelnen Teilgestaltungen sowie die übrige unternehmerische Situation einander so anzunähern, bis schließlich die Steuerwirkungen der Soll-Zustände erreicht werden. Ist dies im Einzelfall nicht möglich, muss auf die Teilgestaltung verzichtet werden, die von allen Teilgestaltungen die geringsten nachteiligen Steuerwirkungen vermeidet. Resultat aller Koordinationsanstrengungen ist schließlich eine Gesamtgestaltung, die den Gestaltungsauftrag bestmöglich realisiert.[3]

Da eine vollständige Antizipation dieser abschließenden Gestaltungskoordination angesichts der Vielzahl denkbarer Situationen nur eingeschränkt möglich ist, erfährt die folgende Darstellung eine Begrenzung auf die beiden vorab vorzunehmenden Koordinationsschritte. Hierzu werden für jeden der fünf Teilgestaltungsbereiche zunächst die Auswirkungen der modifizierten Ist-Sachverhalte auf die übrigen Teilgestaltungsbereiche und die dabei entstehenden Gestaltungskonflikte erläutert. Im Anschluss werden Handlungsoptionen zur Lösung dieser Gestaltungskonflikte vorgestellt, soweit solche bereits abstrakt deduzierbar sind.

Kapitel 2: Koordination gewinnrealisierungmotivierter Gestaltungen

A. Privilegierungs-adaptive Gestaltungen bei Einzelwirtschaftsgütern

I. Gestaltungen bei Übertragungen gemäß § 6 Abs. 5 S. 3 EStG

Zur Gewährleistung der Buchwertfortführung bei der Übertragung eines Einzelwirtschaftsgutes kann es zunächst erforderlich sein, eine beteiligte Tochterkapitalgesellschaft in eine Personenunternehmung formzuwechseln.[4] Ein solcher **Formwechsel** lässt Verlust- und Zinsvorträge dieser Kapitalgesellschaft vollständig untergehen.[5] Simultan löst er die Ermittlung eines Übernahmeergebnisses aus, das typischerweise negativ ausfällt und eine Ausschüttung der offenen Rücklagen fingiert.[6] Grunderwerbsteuerlich ist eine solche Umwandlung grundsätzlich unschädlich, da kein

---

1 Vgl. Jacobsen (2007), S. 89.

2 Vgl. Jacobsen (2007), S. 89.

3 Vgl. Jacobsen (2007), S. 90.

4 Vgl. Teil 2, Kap. 1, Abschn. F. II. 2. 2.

5 Vgl. §§ 9 S. 1, 4 Abs. 2 S. 2 UmwStG.

6 Vgl. Teil 2, Kap. 3, Abschn. B. I. 1.; R/H/L-van Lishaut, § 4 Rn. 106; Dötsch/Pung, DB 2006, S. 2704 (2710); Rödder/Schumacher, DStR 2006, S. 1525 (1531); Förster/Felchner, DB 2006, S. 1072 (1075).

Rechtsträgerwechsel stattfindet.[7] Ein Risiko besteht lediglich, falls die Tochtergesellschaft ihrerseits Anteilseignerin einer grundbesitzenden Gesamthand ist und noch eine der fünfjährigen Behaltefristen läuft.[8] Angesichts dieser Steuerwirkungen ist der Formwechsel einer beteiligten Tochterkapitalgesellschaft vorteilhaft, sofern der mit der Buchwertfortführung verbundene steuerliche Vorteil größer ist als eventuelle Nachteile aus der Vernichtung vorhandener Verlust- und Zinsvorträge, aus der Entstehung eines Übernahmeverlusts samt Rücklagenausschüttungsfiktion und aus der Verletzung einer noch nicht abgelaufenen grunderwerbsteuerlichen Frist.

Daneben kann es zur Realisierung der Buchwertfortführung notwendig werden, eine bloß vermögensverwaltend tätige Personenunternehmung **gewerblich zu prägen**.[9] Eine solche Maßnahme berührt vorhandene verrechenbare Verluste nicht, da sie sich weder auf die Beteiligten- noch auf die Beteiligungsidentität auswirkt.[10] Auch in grunderwerbsteuerlicher Hinsicht ist sie unschädlich. Die bloße Aufnahme einer gewerblichen Tätigkeit hat keinen Einfluss auf die grunderwerbsteuerliche Beurteilung des anschließenden Grundstücks- oder Beteiligungstransfers. Der Eintritt einer Kapitalgesellschaft als persönlich haftende Gesellschafterin beeinträchtigt die grunderwerbsteuerliche Begünstigung der darauf folgenden Vermögensverlagerung zumindest dann nicht, wenn sie am Kapital nicht beteiligt wird. Insgesamt ist die gewerbliche Prägung einer eigentlich vermögensverwaltenden Personenunternehmung daher für die übrigen steuerlichen Relevanzbereiche der Unternehmensumstrukturierung unschädlich.

Außerdem ist denkbar, dass die geplante Veräußerung eines Wirtschaftsgutes durch einen unentgeltlichen Transfer oder eine Übertragung gegen Gewährung von Gesellschaftsrechten verbunden mit einer **zeitlich verschobenen Liquiditätsentnahme** ersetzt wird.[11] Eine solche Maßnahme berührt vorhandene Verlust- und Zinsvorträge ebenfalls nicht, da sie weder die Beteiligten- oder Beteiligungsidentität noch die Unternehmer- oder Unternehmensidentität bei der aufnehmenden Personengesellschaft beeinträchtigt.[12] Grunderwerbsteuerlich erfährt lediglich die Bemessungsgrundlage der Übertragung eine Modifikation. Statt des Kaufpreises wird der Bedarfswert maßgeblich.[13] Dieser Umstand führt jedoch üblicherweise zu einer reduzierten Steuer. Insgesamt löst eine solche Gestaltung daher keine Nachteile für die übrigen Relevanzbereiche der Umstrukturierung aus.

---

7 Vgl. Tz. A. IV. d. koordinierten Ländererlasses v. 12.12.1997; P/F-Pahlke, § 1 Rn. 20; Hofmann, § 1 Rn. 9; Boruttau-Fischer, § 1 Rn. 545-555; Götz, GmbHR 1998, S. 349 (350); Wienands, DB 1997, S. 1362.

8 Vgl. Teil 2, Kap. 5, Abschn. C. I.; Hofmann, § 5 Rn. 29; Hofmann, BB 2000, S. 2606 (2608); differenzierend: Boruttau-Viskorf, § 5 Rn. 85c; a. Ans.: Kroschewski, GmbHR 2003, S. 757 (759).

9 Vgl. Teil 2, Kap. 1, Abschn. F. II. 2. 2.

10 Vgl. Korn-Korn/Heißenberg, § 15a Rn. 62; Schmidt-Wacker, § 15a Rn. 106.

11 Vgl. Teil 2, Kap. 1, Abschn. F. II. 2. 2.

12 Vgl. Teil 2, Kap. 2, Abschn. B. I.

13 Vgl. Kroschewski, GmbHR 2003, S. 757 (759); Beckmann, GmbHR 1999, S. 217 (218).

Schließlich kommt in Betracht, dass eine Kapitalgesellschaft als Anteilseignerin einer aufnehmenden oder übertragenden Personenunternehmung zur **Vermeidung einer schädlichen Anteilserhöhung** in eine Mitunternehmerschaft formzuwechseln ist.[14] Hierfür gelten die oben erläuterten Koordinationsgrundsätze zum Formwechsel einer Tochterkapitalgesellschaft entsprechend.

II. Gestaltungen bei Realteilungen

Bei der Realteilung einer Mitunternehmerschaft kann es ebenfalls erforderlich werden, eine Tochterkapitalgesellschaft vorab **formzuwechseln** oder eine vermögensverwaltende Personengesellschaft **gewerblich zu prägen**.[15] Insoweit gelten die oben erläuterten Koordinationsgrundsätze entsprechend.[16]

Daneben kann es zur **Generierung einer Realteilungssituation** notwendig sein, einem eigentlich ausscheidenden Gesellschafter ein Mindestmaß an Wirtschaftsgütern und im Übrigen liquide Mittel oder kursstabile Wertpapiere zuzuweisen.[17] Eine solche **Modifikation der Abfindung** beeinträchtigt bestehende Verlust- und Zinsvorträge grundsätzlich nicht. Angesichts des partiellen Untergangs der Unternehmeridentität verringern sich ein gewerbesteuerlicher Verlustvortrag und ein Zinsvortrag der Personenunternehmung unabhängig von der Art der im Einzelfall gewährten Entschädigung.[18] Grunderwerbsteuerlich ist die Art der Abfindung ebenfalls regelmäßig ohne Relevanz, es sei denn, der ausscheidende Gesellschafter erhält auch Grundstücke oder Beteiligungen an grundbesitzenden Gesellschaften.[19] Dies ist typischerweise aber nicht der Fall.

Bei der Auseinandersetzung zweier **beteiligungsidentischer Mitunternehmerschaften** kann es nötig werden, die Unternehmen zunächst zu verschmelzen und im Anschluss als Teilbetriebe wieder aufzuteilen.[20] Eine solche Maßnahme lässt Verlust- und Zinsvorträge unberührt. Die Zusammenführung beider Gesellschaften beeinträchtigt Unternehmens-, Unternehmer-,[21] Beteiligungs- und Beteiligtenidentität[22] nicht. Die anschließende Aufspaltung erhält die verrechenbaren Verluste bei den erwerbenden Gesellschaftern vollständig.[23] Ein gewerbesteuerlicher Verlustvortrag und

---

14 Vgl. Teil 2, Kap. 1, Abschn. F. II. 2. 2.

15 Vgl. Teil 2, Kap. 1, Abschn. F. II. 2. 3.

16 Vgl. Abschn. A. I.

17 Vgl. Teil 2, Kap. 1, Abschn. F. II. 2. 3.

18 Vgl. BFH, Urt. v. 03.05.1993 – GrS 3/92, BStBl. II 1993, S. 616; R 68 Abs. 3 Nr. 1 GewStR; L/S-Kleinheisterkamp, § 10a Anm. 70; Blümich-Twickel, § 10a Rn. 88; G/G-Güroff, § 10a Rn. 18.

19 Vgl. § 1 Abs. 1 Nr. 1, Abs. 2a, Abs. 3 GrEStG.

20 Vgl. Teil 2, Kap. 1, Abschn. F. II. 2. 3.

21 Vgl. BFH, Urt. v. 14.09.1993 – VIII R 84/90, BStBl. II 1994, S. 764; R 68 Abs. 3 S. 7 Nr. 5 S. 3 GewStR; L/S-Kleinheisterkamp, § 10a Anm. 63; D/P/P/M-Patt, § 24 Rn. 201.

22 Vgl. L/B/P-Bitz, § 15a Rn. 62a; Rödder/Schumacher, DB 1998, S. 99 (102).

23 Vgl. H/H/R-Lüdemann, § 15a Anm. 142; L/B/P-Bitz, § 15a Rn. 62.

ein Zinsvortrag gehen jeweils anteilig auf beide über,[24] es sei denn, die aufnehmende Gesellschafterin qualifiziert als Personengesellschaft.[25] Grunderwerbsteuerlich ist die Verschmelzung angesichts der Beteiligungsidentität beider Gesellschaften vollständig privilegiert. Die anschließende Aufspaltung verletzt nicht die fünfjährige Frist des § 6 Abs. 3 S. 2 GrEStG,[26] lässt aber nur eine anteilige Privilegierung zu.[27] Daher ist eine solche Gestaltung nur vorteilhaft, sofern der aus der Buchwertfortführung resultierende Steuervorteil größer ist als ein eventueller grunderwerbsteuerlicher Nachteil.

Schließlich erfordert die typische Konstellation einer **GmbH & Co. KG**, der persönlich haftenden Gesellschafterin vor der Realteilung zumindest einen Zwerganteil einzuräumen.[28] Eine solche Gestaltung beeinträchtigt Verlust- und Zinsvorträge nicht. Da der anteilsübertragende Gesellschafter an der Unternehmung beteiligt bleibt, erfahren weder die Unternehmeridentität noch die Beteiligtenidentität eine Veränderung.[29] In grunderwerbsteuerlicher Hinsicht mindert die Übertragung eines Zwerganteils die Privilegierung einer anschließenden Vermögensaufteilung nur minimal.[30]

Zur **Vermeidung eines Spitzenausgleichs** kann es notwendig werden, liquide Mittel und Verbindlichkeiten der Gesellschaft frei zu verteilen oder vorab das Betriebsvermögen der real zu teilenden Unternehmung um genau diese liquiden Mittel und Verbindlichkeiten unter Vermeidung eines zeitlichen und sachlichen Zusammenhanges mit der anschließenden Realteilung aufzustocken.[31] Solche Gestaltungen beeinträchtigen Verlust- und Zinsvorträge nicht. Sie modifizieren lediglich die Verteilung des Vermögens der Gesellschaft. Das Maß fortgesetzter Unternehmens-, Unternehmer-, Beteiligungs- und Beteiligtenidentität im Anschluss an die Umstrukturierungsmaßnahme lassen sie unberührt.[32] Grunderwerbsteuerlich besitzen sie ebenfalls keine Relevanz.[33]

Zur **Verhinderung einer Erhöhung des Anteils einer Kapitalgesellschaft** am übertragenen Wirtschaftsgut ist schließlich ein neuer Ist-Sachverhalt denkbar, bei dem die betroffene Kapitalgesellschaft in eine Personengesellschaft formgewechselt wird, ihr im Rahmen der Vermögensaufteilung ausschließlich Wirtschaftsgüter zugewiesen werden, die keine stillen Reserven enthalten, oder vorab um das auf sie übergehen-

---

24 Vgl. R 68 Abs. 3 Nr. 8 GewStR; L/S-Kleinheisterkamp, § 10a Anm. 61-62; G/G-Güroff, § 10a Rn. 16.

25 Vgl. BFH, Urt. v. 03.05.1993 – GrS 3/92, BStBl. II 1993, S. 616; L/S-Kleinheisterkamp, § 10a Anm. 51; Herzig/Förster/Förster, DStR 1996, S. 1025 (1032); a. Ans.: OFD Münster, Kurzinformation v. 28.05.2008 – GewSt 002/2008, DStR 2008, S. 1193.

26 Vgl. BFH, Urt. v. 19.03.2003 – II B 96/02, BFH/NV 2003, S. 1090; P/F-Franz, § 5 Rn. 41; Boruttau-Viskorf, § 5 Rn. 91; Hofmann, § 5 Rn. 30-31; Viskorf, DStR 2001, S. 1101 (1104).

27 Vgl. Teil 2, Kap. 5, Abschn. D. II. 1; § 6 Abs. 3 S. 1 GrEStG.

28 Vgl. Teil 2, Kap. 1, Abschn. F. II. 2 .3.

29 Vgl. BFH, Urt. v. 17.01.2006 – VIII R 96/04, DB 2006, S. 650; L/S-Kleinheisterkamp, § 10a Anm. 72.

30 Vgl. § 6 Abs. 4 S. 1 GrEStG.

31 Vgl. Teil 2, Kap. 1, Abschn. F. II. 2. 3.

32 Vgl. Teil 2, Kap. 2, Abschn. B.

33 Vgl. § 1 Abs. 1 Nr. 1, Abs. 2a, Abs. 3 GrEStG.

de Wirtschaftsgut herum eine Sachgesamtheit generiert wird.[34] Bei einem solchen Formwechsel ergeben sich die oben erläuterten Steuerwirkungen.[35] Weist man der Kapitalgesellschaft alternativ ausschließlich Wirtschaftsgüter zu, die keine stillen Reserven enthalten, ist dies im Hinblick auf Verlust- und Zinsvorträge[36] sowie Grunderwerbsteuer grundsätzlich nicht nachteilig.[37] Nichts anderes gilt, falls um das übergehende Wirtschaftsgut eine Sachgesamtheit generiert wird.

III. Gestaltungen bei verdeckten Einlagen gemäß § 6 Abs. 1 Nr. 5 EStG

Um eine verdeckte Einlage in eine Kapitalgesellschaft steuerneutral vollziehen zu können, kann es erforderlich werden, das aufnehmende Betriebsvermögen in eine Kapitalgesellschaft formzuwechseln oder vorab ein steuerneutrales **Anschaffungsgeschäft** vorzunehmen.[38] Ein solches Anschaffungsgeschäft ist im Hinblick auf Verlust- und Zinsvorträge unschädlich.[39] Es birgt aber das Risiko eines grunderwerbsteuerpflichtigen Erwerbsvorgangs, da es zu einem Rechtsträgerwechsel kommt.[40] Daher ist es nur vorteilhaft, sofern der steuerliche Vorteil aus der Buchwertfortführung einen potenziellen grunderwerbsteuerlichen Nachteil übersteigt.

Der **Formwechsel** der erwerbenden Unternehmung in eine Kapitalgesellschaft lässt verrechenbare Verluste,[41] einen gewerbesteuerlichen Verlustvortrag[42] und einen Zinsvortrag der eigentlich aufnehmenden Mitunternehmerschaft vollständig untergehen. Grunderwerbsteuerlich ist der Formwechsel selbst mangels Rechtsträgerwechsel nicht nachteilig. Er kann aber eine noch laufende Behaltefrist verletzen.[43] Außerdem erfährt eine potenziell im Anschluss stattfindende Übertragung von Grundvermögen keine Privilegierung mehr.[44] Eine solche Umwandlung in eine Kapitalgesellschaft ist deshalb allein dann sinnvoll, falls der steuerliche Vorteil aus der Buchwertfortführung eventuelle Nachteile aus dem Untergang der Verlust- und Zinsvorträge, aus der Verletzung grunderwerbsteuerlicher Behaltefristen sowie aus dem Wegfall der grunderwerbsteuerlichen Privilegierung übersteigt.

---

34 Vgl. Teil 2, Kap. 1, Abschn. F. II. 2. 3.

35 Vgl. Abschn. A. I.

36 Vgl. Teil 2, Kap. 2, Abschn. B.

37 Vgl. § 1 Abs. 1 Nr. 1, Abs. 2a, Abs. 3 GrEStG.

38 Vgl. Teil 2, Kap. 1, Abschn. F. II. 2. 4.

39 Vgl. Teil 2, Kap. 2, Abschn. B.

40 Vgl. § 1 Abs. 1 Nr. 1, Abs. 2a, Abs. 3 GrEStG.

41 Vgl. H/H/R-Lüdemann, § 15a Anm. 143; Korn-Korn/Heißenberg, § 15a Rn. 108.

42 Vgl. § 23 Abs. 5 UmwStG.

43 Vgl. BFH, Urt. v. 18.12.2002 – II R 13/01, BStBl. II 2003, S. 358; Tz. 2 d. koordinierten Ländererlasses v. 14.02.2002, DB 2002 S. 455; Boruttau-Viskorf, § 5 Rn. 92; Schiessl/Tschesche, BB 2003, S. 1867 (1874); Kroschewski, GmbHR 2003, S. 757 (759); Hofmann, BB 2000, S. 2606 (2609).

44 Vgl. §§ 5 Abs. 2, 6 Abs. 3 S. 1 GrEStG.

IV. Gestaltungen durch Rücklagenbildung gemäß § 6b EStG

Daneben kann zur Verwirklichung eines zumindest faktischen Buchwerttransfers unter den Voraussetzungen des § 6b EStG eine gewinnegalisierende Rücklage gebildet werden.[45] Eine solche Gestaltung löst weder im Hinblick auf vorhandene Verlust- respektive Zinsvorträge noch im Hinblick auf Grunderwerbsteuer Nachteile aus.

V. Gestaltungen durch Transformation in eine privilegierte Sachgesamtheit

Schließlich kann es notwendig werden, das eigentlich zu übertragende Einzelwirtschaftsgut in einen Teilbetrieb, eine Mitunternehmerschaft oder eine Kapitalgesellschaft zu integrieren und anschließend nicht das Einzelwirtschaftsgut, sondern die jeweilige Sachgesamtheit zu bewegen.[46] Dabei ist zwischen dem Einsatz eines Teilbetriebs, einer Mitunternehmerschaft und einer Kapitalgesellschaft als Transportvehikel zu unterscheiden.

Verwendet man einen **Teilbetrieb** als Transportvehikel, vollzieht sich die zunächst zu realisierende Integration des Einzelwirtschaftsguts im Hinblick auf Verlust- und Zinsvorträge und Grunderwerbsteuer folgenlos. Es handelt sich insoweit lediglich um einen betriebsinternen Vorgang. Kritisch ist hingegen die anschließende Bewegung des Teilbetriebs. Erfolgt sie aus einer Kapitalgesellschaft, lässt eine Ab- oder Aufspaltung den körperschaftsteuerlichen Verlustvortrag, den gewerbesteuerlichen Fehlbetrag und den Zinsvortrag partiell bzw. vollständig untergehen.[47] Gleichzeitig ist ein Übernahmeergebnis zu ermitteln, das typischerweise negativ ausfällt und ggf. eine anteilige Ausschüttung der offenen Rücklagen fingiert.[48] Grunderwerbsteuerlich kann sich ein Nachteil ergeben, sofern zum Transportvehikel auch ein Grundstück oder eine grundbesitzende Beteiligung zählen.[49] Vorteilhaft ist lediglich, dass die Übertragung des Teilbetriebs ein Rückbezugswahlrecht generiert.[50]

Erfährt der Teilbetrieb eine Einbringung in eine Tochtergesellschaft, bleiben der körperschaftsteuerliche Verlustvortrag und der Zinsvortrag der übertragenden Kapitalgesellschaft unberührt. Ihr gewerbesteuerlicher Fehlbetrag geht bei einer Einbringung in eine Tochterkapitalgesellschaft hingegen anteilig verloren und bei einer Einbringung in eine Tochterpersonengesellschaft anteilig über.[51] Im Hinblick auf den Anfall von Grunderwerbsteuer und die Entstehung eines Rückbezugswahlrechts gelten die obigen Erläuterungen entsprechend.

---

45 Vgl. Teil 2, Kap. 1, Abschn. F. II. 2. 5.

46 Vgl. Teil 2, Kap. 1, Abschn. F. II. 2. 6.

47 Vgl. §§ 4 Abs. 2 S. 2, 12 Abs. 3 Hs. 2, 15 Abs. 3 UmwStG.

48 Vgl. Teil 2, Kap. 3, Abschn. B. I. 1.; R/H/L-van Lishaut, § 4 Rn. 106; Dötsch/Pung, DB 2006, S. 2704 (2710); Rödder/Schumacher, DStR 2006, S. 1525 (1531); Förster/Felchner, DB 2006, S. 1072 (1075).

49 Vgl. § 1 Abs. 1 Nr. 1, Abs. 2a, Abs. 3 GrEStG.

50 Vgl. § 2 Abs. 1 UmwStG.

51 Vgl. Teil 2, Kap. 2, Abschn. C. II. 1. 1.

Wird der Teilbetrieb aus einer Personengesellschaft heraus verlagert, lässt dieser Vorgang verrechenbare Verluste bei dieser Personengesellschaft angesichts unveränderter Beteiligten- und Beteiligungsidentität unberührt.[52] Allerdings erfahren ein gewerbesteuerlicher Fehlbetrag und ein Zinsvortrag eine Reduzierung, weil die Separation des Teilbetriebs die Unternehmensidentität der Personengesellschaft beeinträchtigt.[53] Was die Entstehung von Grunderwerbsteuer und die Generierung eines Rückbezugswahlrechts betrifft, finden die oben vorgestellten Grundsätze entsprechende Anwendung.

Wird als Transportvehikel alternativ eine **Mitunternehmerschaft** eingesetzt, ist die Integration des Einzelwirtschaftsguts grundsätzlich ohne Nachteile möglich. Der Transfer eines solchen Einzelwirtschaftsguts lässt vorhandene Verlust- und Zinsvorträge prinzipiell unberührt.[54] Grunderwerbsteuerlich sind Übertragungen in eine Tochterpersonengesellschaft oder aus einer Schwester- in eine andere Schwesterpersonengesellschaft im Normalfall privilegiert.[55]

Im Anschluss an die Integration des Einzelwirtschaftsguts kann die Mitunternehmerschaft selbst oder der Mitunternehmeranteil an ihr bewegt werden. Erfährt der Mitunternehmeranteil eine Verlagerung auf eine andere Person, vermindert sich die für einen gewerbesteuerlichen Fehlbetrag und für einen Zinsvortrag erforderliche Unternehmeridentität.[56] Gleichzeitig besteht die Gefahr, dass die Beteiligtenidentität und damit ein verrechenbarer Verlust verloren gehen.[57] Grunderwerbsteuerlich besteht das Risiko einer steuerbaren Änderung des Gesellschafterbestandes oder Anteilsvereinigung, sofern die Mitunternehmerschaft über Grundvermögen verfügt.[58] Wird der Mitunternehmeranteil aus dem Vermögen einer Kapitalgesellschaft abgespalten, ist im Übrigen bei einem Übergang auf eine Personenunternehmung ein Übernahmeergebnis zu ermitteln, das typischerweise negativ ausfällt und ggf. eine anteilige Ausschüttung der offenen Rücklagen fingiert.[59]

Geht das Vermögen der Mitunternehmerschaft im Wege der Verschmelzung oder Anwachsung respektive partiell im Rahmen der Realteilung oder Abspaltung auf einen Gesellschafter über, erwirbt eine übernehmende Kapitalgesellschaft einen gewerbesteuerlichen Fehlbetrag und einen Zinsvortrag, sofern der diesem Teilbetrieb zuzuordnende Verlust- oder Zinsvortrag aus dem Rechenwerk der abgebenden Mi-

---

52 Vgl. H/H/R-Lüdemann, § 15a Anm. 143; K/S/M-Beckerath, § 15a Rn. B 491.

53 Vgl. BFH, Urt. v. 07.08.2008 – IV R 86/05, BB 2008, S. 2615; FG Baden-Württemberg, Urt. v. 16.06.2005 – 3 K 210/00, EFG 2005, S. 1794.

54 Vgl. Teil 2, Kap. 2, Abschn. C. I.

55 Vgl. § 6 Abs. 2, 3 S. 1 GrEStG.

56 Vgl. BFH, Urt. v. 03.05.1993 – GrS 3/92, BStBl. II 1993, S. 616; R 68 Abs. 3 Nr. 1 GewStR; L/S-Kleinheisterkamp, § 10a Anm. 70; Blümich-Twickel, § 10a Rn. 88; G/G-Güroff, § 10a Rn. 18.

57 Vgl. Schmidt-Wacker, § 15a Rn. 106; K/S/M-Beckerath, § 15a Rn. B 353.

58 Vgl. § 1 Abs. 2a, Abs. 3 GrEStG.

59 Vgl. Teil 2, Kap. 3, Abschn. B. I. 3.; R/H/L-van Lishaut, § 4 Rn. 106; Dötsch/Pung, DB 2006, S. 2704 (2710); Rödder/Schumacher, DStR 2006, S. 1525 (1531); Förster/Felchner, DB 2006, S. 1072 (1075).

tunternehmerschaft ohne weiteres ablesbar ist, das unternehmerische Engagement dieses Teilbetriebs im Anschluss aufrechterhalten wird, und soweit der Verlust- oder Zinsvortrag auf die übernehmende Kapitalgesellschaft entfällt.[60] Erfolgt der Vermögensübergang hingegen auf eine übergeordnete Personengesellschaft, ergibt sich ein schädlicher Unternehmerwechsel, da bei Personenunternehmungen nicht die Mitunternehmerschaft selbst, sondern ihre Gesellschafter als Unternehmer gelten.[61] Der verrechenbare Verlust eines Kommanditisten bleibt angesichts wirtschaftlicher Beteiligungsidentität erhalten, sofern der Kommanditist den Betrieb oder einen Betriebsteil der Personengesellschaft steuerneutral übernimmt und im Anschluss fortführt.[62] Grunderwerbsteuerlich ergibt sich ein Risiko, sofern zum Vermögen der Mitunternehmerschaft auch ein Grundstück oder eine grundbesitzende Beteiligung zählt.[63]

Verwendet man als Transportvehikel schließlich eine **Kapitalgesellschaft**, beinhaltet die Integrationsbewegung ein grunderwerbsteuerliches Risiko, sofern ein Grundstück oder eine grundbesitzende Beteiligung verlagert wird. Da es sich bei der Kapitalgesellschaft als verwendetem Transportvehikel um eine juristische und damit grunderwerbsteuerlich selbständige Person handelt, kann es bei einer abwärts oder seitwärts gerichteten Integration zu einem nicht begünstigten Erwerbsvorgang kommen.[64] Verlust- und Zinsvorträge erfahren hingegen typischerweise keine Beeinträchtigung.[65]

Darauf folgend besteht die Möglichkeit, dass die Tochterkapitalgesellschaft selbst oder der Anteil an ihr eine Bewegung erfährt. Dabei birgt die Verlagerung des Anteils an der Tochterkapitalgesellschaft die Gefahr einer Verletzung des 25 %-igen oder sogar des 50 %-igen Beteiligungsquorums mit der Folge des partiellen oder vollständigen Untergangs eines körperschaftsteuerlichen Verlustvortrages, eines gewerbesteuerlichen Verlustvortrages und eines Zinsvortrages.[66] Grunderwerbsteuerlich ergibt sich das Risiko einer steuerbaren Anteilsvereinigung bei der Kapitalgesellschaft selbst oder bei einer Tochtergesellschaft sowie einer mittelbaren Änderung des Gesellschafterbestandes bei einer Tochterpersonengesellschaft, sofern eine dieser Gesellschaften über Grundvermögen verfügt.[67] Erfolgt die Bewegung der Beteiligung als Abspaltung aus dem Vermögen einer Kapitalgesellschaft, bedarf es außerdem der

60 Vgl. BFH, Urt. v. 05.09.1990 – X R 20/89, BStBl. II 1991, S. 25; R 67 Abs. 2 S. 8 GewStR; L/S-Kleinheisterkamp, § 10a Anm. 40; G/G-Güroff, § 10a Rn. 9; Stöcker, DStZ 1991, S. 61.

61 Vgl. BFH, Urt. v. 03.05.1993 – GrS 3/92, BStBl. II 1993, S. 616; BFH, Urt. v. 26.06.1996 – VIII R 41/95, BStBl. II 1997, S. 179; R 68 Abs. 3 Nr. 8 GewStR; Herzig/Förster/Förster, DStR 1996, S. 1025 (1031).

62 Vgl. Korn-Korn/Heißenberg, § 15a Rn. 110; H/H/R-Lüdemann, § 15a Anm. 142; Schmidt-Wacker, § 15a Rn. 239; L/B/P-Bitz, § 15a Rn. 64; differenzierend: K/S/M-Beckerath, § 15a Rn. B 490, 502.

63 Vgl. § 1 Abs. 1 Nr. 1, Abs. 2a, Abs. 3 GrEStG.

64 Vgl. § 1 Abs. 1 Nr. 1, Abs. 2a, Abs. 3 GrEStG.

65 Vgl. Teil 2, Kap. 2, Abschn. B.

66 Vgl. § 8c S. 1, 2 KStG.

67 Vgl. § 1 Abs. 2a, Abs. 3 GrEStG.

Ermittlung eines Übernahmeergebnisses ggf. einschließlich einer fiktiven anteiligen Ausschüttung der offenen Rücklagen.[68]

Die alternativ denkbare Verschmelzung oder Aufspaltung der Tochterkapitalgesellschaft lässt ihre gesamten Vorträge untergehen.[69] Eine Abspaltung zieht lediglich einen partiellen Vortragsuntergang nach sich.[70] Grunderwerbsteuerlich bergen diese Bewegungen Risiken, sofern zum so verlagerten Vermögen auch Grundstücke oder grundbesitzende Beteiligungen gehören.[71] Außerdem ist in allen drei Konstellationen die Ermittlung eines Übernahmeergebnisses erforderlich.[72] Ggf. gelten die offenen Rücklagen der Kapitalgesellschaft als vollständig oder partiell ausgeschüttet.[73]

Zusammenfassend lässt sich daher im Hinblick auf die Transformation von Einzelwirtschaftsgütern in Sachgesamtheiten festhalten, dass die Verwendung eines Teilbetriebs als Transportvehikel typischerweise am vorteilhaftesten ist, weil sich auf diese Weise kein zusätzlicher Rechtsträgerwechsel ergibt. Während der Einsatz einer Mitunternehmerschaft angesichts deren steuerlicher Transparenz in der Regel auch keine Nachteile im Vergleich zu einer isolierten Übertragung der Einzelwirtschaftsgüter aufweist, beinhaltet die Implementierung einer Kapitalgesellschaft besondere steuerliche Risiken, da es zu einem zweifachen Rechtsträgerwechsel kommt.

B. Privilegierungs-adaptive Gestaltungen bei Sachgesamtheiten

I. Gestaltungen bei Einbringungen in Kapital- oder Personengesellschaften

Bei der Einbringung von Sachgesamtheiten in Kapital- oder Personengesellschaften kann sich die Notwendigkeit privilegierungs-adaptiver Gestaltungen insbesondere im Hinblick auf vier Tatbestandsmerkmale ergeben. Zunächst kann es vorab erforderlich sein, überhaupt eine privilegierte Sachgesamtheit zu generieren. Im Hinblick auf einen **Betrieb** sind dabei die Reanimation dessen gewerblicher Aktivität sowie die gewerbliche Prägung einer bloß vermögensverwaltenden Personengesellschaft vorstellbar.[74] Solche Gestaltungen sind für bestehende Verlust- oder Zinsvorträge grundsätzlich unschädlich, da sie die Unternehmens-, Unternehmer-, Beteiligungs- und Beteiligtenidentität der betroffenen Gesellschaft unberührt lassen. Etwas anderes gilt lediglich, sofern die Unternehmung im Zuge ihrer Reanimation eine andere gewerbliche Aktivität aufnimmt. Ist dies der Fall, gehen ihr gewerbesteuerlicher Fehl-

[68] Vgl. Teil 2, Kap. 3, Abschn. B. I. 3.; R/H/L-van Lishaut, § 4 Rn. 106; Dötsch/Pung, DB 2006, S. 2704 (2710); Rödder/Schumacher, DStR 2006, S. 1525 (1531); Förster/Felchner, DB 2006, S. 1072 (1075).

[69] Vgl. §§ 4 Abs. 2 S. 2, 12 Abs. 3 Hs. 2 UmwStG.

[70] Vgl. § 15 Abs. 3 UmwStG.

[71] Vgl. § 1 Abs. 2a, Abs. 3 GrEStG.

[72] Vgl. § 4 Abs. 4 S. 1 UmwStG.

[73] Vgl. § 7 S. 1 UmwStG.

[74] Vgl. Teil 2, Kap. 1, Abschn. F. II. 3. 2.

betrag und ihr Zinsvortrag mangels Unternehmensidentität unter.[75] Ein Rückbezugswahlrecht erfährt keine Einschränkung, da die Sachverhaltsmodellierungen gerade dazu dienen, die Tatbestände der §§ 20, 24 UmwStG und damit auch die Voraussetzungen eines Rückbezugswahlrechts zu verwirklichen. In grunderwerbsteuerlicher Hinsicht sind die Gestaltungen ebenso wenig nachteilig, da sie weder einen Rechtsträgerwechsel bewirken[76] noch eine Behaltefrist verletzen.[77]

Daneben kann es zur Herstellung eines **Teilbetrieb**s erforderlich werden, die Realität des jeweiligen Betriebsteils so zu modellieren,[78] dass er als mit einer gewissen Selbständigkeit ausgestatteter, organisch geschlossener Teil des Gesamtbetriebes qualifiziert.[79] Eine solche Gestaltung beeinträchtigt vorhandene Verlust- und Zinsvorträge. Ohne sie würden im Zuge der Umstrukturierungsmaßnahme lediglich Einzelwirtschaftsgüter übergehen, so dass die Unternehmensidentität der übertragenden Gesellschaft keine Einschränkung erfahren würde.[80] Die Generierung und der Übergang eines Teilbetriebs beseitigen hingegen partiell die Unternehmensidentität. Ein gewerbesteuerlicher Fehlbetrag und ein Zinsvortrag gehen daher anteilig unter.[81] In grunderwerbsteuerlicher Hinsicht sind solche Maßnahmen grundsätzlich ohne Relevanz, da sie als innerbetriebliche Reorganisation keinen Rechtsträgerwechsel auslösen. Sinnvoll ist die Herstellung eines Teilbetriebs daher grundsätzlich, sofern der steuerliche Vorteil aus der so realisierten Buchwertfortführung den Nachteil aus dem eventuellen Untergang der Verlust- und Zinsvorträge übersteigt.

Besonderes gilt für die Gestaltung eines Teilbetriebs durch Einbringung einer mehrheitsvermittelnden Beteiligung in eine **Zwischenholding**.[82] Angesichts des damit verbundenen formalen Anteilseignerwechsels lässt ein solcher Vorgang sämtliche Verlust- und Zinsvorträge der Kapitalgesellschaft, an der die Beteiligung besteht, erlöschen.[83] Außerdem birgt er aufgrund des mit ihm verbundenen Rechtsträgerwechsels das Risiko einer grunderwerbsteuerbaren Anteilsvereinigung oder einer (mittelbaren) steuerbaren Änderung des Gesellschafterbestandes einer grundbesitzenden Personengesellschaft.[84] Eine solche Gestaltung ist daher nur hilfreich, sofern der steuerliche Vorteil aus der Herstellung des Teilbetriebes größer ist als die Nachteile

---

75 Vgl. R 67 Abs. 1 S. 2-3 GewStR; Blümich-Twickel, § 10a Rn. 65; G/G-Güroff, § 10a Rn. 6.

76 Vgl. § 1 Abs. 1 Nr. 1, Abs. 2a, Abs. 3 GrEStG.

77 Vgl. §§ 5 Abs. 3, 6 Abs. 3 S. 2 GrEStG.

78 Vgl. Teil 2, Kap. 1, Abschn. F. II. 3. 2.; Schwedhelm/Streck/Mack, GmbHR 1995, S. 100 (101); Luther, StBp 1998, S. 103 (104) .

79 Vgl. S/H/S-Schmitt, § 20 Rn. 50; Menner/Broer, DB 2003, S. 1075 (1076); Haarmann (2000), S. 376; Rogall, DB 2005, S. 410.

80 Vgl. Teil 2, Kap. 2, Abschn. C. I.

81 Vgl. BFH, Urt. v. 07.08.2008 – IV R 86/05, BB 2008, S. 2615; FG Baden-Württemberg, Urt. v. 16.06.2005 – 3 K 210/00, EFG 2005, S. 1794; a. Ans.: D/P/P/M-Patt, § 24 Rn. 197; Stegemann, INF 2004, S. 785 (787).

82 Vgl. H/B-Haritz, § 15 Rn. 58.

83 Vgl. § 8c S. 2 KStG.

84 Vgl. § 1 Abs. 2a, Abs. 3 GrEStG.

aus dem eventuellen Untergang der Verlust- und Zinsvorträge und der möglicherweise anfallenden Grunderwerbsteuer.

Geht es schließlich darum, die schlichte Beteiligung an einer Kapitalgesellschaft in eine **mehrheitsvermittelnde Beteiligung** im Sinne des § 21 UmwStG zu transformieren, sind insbesondere zusätzliche Anteilsübertragungen erforderlich, damit auf die erwerbende Unternehmung schließlich mehr als 50 % der Anteile übergehen.[85] Solche Anteilsübertragungen können Verlust- und Zinsvorträge der betroffenen Kapitalgesellschaft beeinträchtigen, da sie die Gefahr einer Verletzung des 25 %-igen und des 50 %-igen § 8c KStG-Quorums bergen. In grunderwerbsteuerlicher Hinsicht beinhalten sie das Risiko eine steuerbaren Anteilsvereinigung oder einer (mittelbaren) steuerbaren Änderung des Gesellschafterbestandes einer grundbesitzenden Personengesellschaft.[86] Auch solche Sachverhaltsmodellierungen sind deshalb nur sinnvoll, falls der steuerliche Vorteil aus der Buchwertfortführung die Beeinträchtigung aus der eventuellen Eliminierung der Verlust- und Zinsvorträge und der ggf. entstehenden Grunderwerbsteuer übersteigt.

Ist in Abgrenzung zu den oben erläuterten Konstellationen eine privilegierte Sachgesamtheit bereits vorhanden, bewirken Gestaltungsmaßnahmen zur Sicherstellung der Einbringung dieser **Sachgesamtheit im Ganzen** keine weitergehende Einschränkung von Verlust- und Zinsvorträgen.[87] Die Vermeidung eines sachlichen und zeitlichen Zusammenhangs sowie die Nutzung vorhandener wirtschaftlicher Gründe allein beeinträchtigen nicht die Aufrechterhaltung von Unternehmens-, Unternehmer-, Beteiligungs- und Beteiligtenidentität.[88] Solche Maßnahmen sind auch ohne grunderwerbsteuerliche Relevanz, da sie keinen Rechtsträgerwechsel auslösen. Etwas anderes kann aber gelten, sofern man zur Gewährleistung einer Einbringung im Ganzen den gesamten Ablauf der Umstrukturierungsmaßnahme modifizieren muss.

Soll die Übertragung der Sachgesamtheit an sich als vollentgeltliche Veräußerung erfolgen, ist es zur Inanspruchnahme einer Privilegierung erforderlich, sie durch eine Einbringung gegen Gewährung einer Mitunternehmerstellung verbunden mit einer anschließenden **Liquiditätsentnahme ohne zeitlichen und sachlichen Zusammenhang** zu ersetzen.[89] Eine solche Sachverhaltsmodellierung ist nachteilig, sofern sie Verlust- und Zinsvorträge untergehen lässt. Zwar kann auch die Veräußerung der Sachgesamtheit einen Untergang der erforderlichen Identitäten bewirken, gleichwohl realisiert sie typischerweise Gewinn, der dann mit den Vorträgen egalisiert werden kann.[90] In grunderwerbsteuerlicher Hinsicht substituiert lediglich der Bedarfswert den

---

85 Vgl. Teil 2, Kap. 1, Abschn. F. II. 3. 2.
86 Vgl. § 1 Abs. 2a, Abs. 3 GrEStG.
87 Vgl. Teil 2, Kap. 1, Abschn. F. II. 3. 2.
88 Vgl. Teil 2, Kap. 2, Abschn. B.
89 Vgl. Teil 2, Kap. 1, Abschn. F. II. 3. 2.
90 Vgl. Teil 2, Kap. 2, Abschn. E. II. 2.

eigentlich zu zahlenden Kaufpreis als Bemessungsgrundlage.[91] Insgesamt ist eine solche Maßnahme hilfreich, sofern der steuerliche Vorteil aus der Reservenfortführung einen eventuellen Nachteil aus dem Untergang von Verlust- und Zinsvorträgen übersteigt.

Die **Zuführung zusätzlicher Aktiva** zur Vermeidung eines Zwischenwertansatzes bei der Einbringung einer Sachgesamtheit in eine Kapitalgesellschaft[92] ist letztlich nicht nachteilig für bestehende Verlust- und Zinsvorträge. Sie besitzt grundsätzlich auch keine grunderwerbsteuerliche Relevanz, es sei denn, es werden in diesem Zusammenhang ausnahmsweise Grundstücke oder Beteiligungen an grundbesitzenden Gesellschaften in die Kapitalgesellschaft eingelegt.[93]

II. Gestaltungen bei Vermögensübergängen aus Kapitalgesellschaften

Bei der Ab- und Aufspaltung von Kapitalgesellschaften können ebenfalls vier Arten von Sachverhaltsmodellierungen erforderlich werden. Dabei ist auch in diesem Zusammenhang zunächst denkbar, dass noch vor der eigentlichen Umstrukturierungsmaßnahme eine privilegierte Sachgesamtheit in Form eines **Teilbetrieb**es generiert werden muss.[94] Dies gelingt grundsätzlich unter Verwendung der auch bei Einbringungen denkbaren Gestaltungsalternativen. Insoweit gelten die oben erläuterten Koordinationsgrundsätze entsprechend.[95] Daneben kann die Herstellung eines solchen Teilbetriebes aber auch die Beseitigung spaltungshindernder Wirtschaftsgüter erfordern. Hierzu bedarf es der Begründung oder Aufhebung eines unmittelbaren wirtschaftlichen Zusammenhanges zwischen dem Wirtschaftsgut und dem jeweiligen Betriebsteil.[96] Solche Maßnahmen beeinträchtigen die Existenz von Verlust- und Zinsvorträgen. Während der ohne diese Gestaltungen gegebene Übergang von Einzelwirtschaftsgütern Verlust- und Zinsvorträge der übertragenden Unternehmung nicht berührt, lässt der durch sie ermöglichte Transfer von Teilbetrieben Verlust- und Zinsvorträge anteilig untergehen.[97]

Im Hinblick auf die Höhe eines Übernahmeergebnisses verändert die Eliminierung spaltungshindernder Wirtschaftsgüter sowohl den Wert des übergehenden Betriebsvermögens als auch den Wert der damit korrespondierenden Beteiligung. Je nachdem, ob diese Wirtschaftsgüter dem übergehenden Teilbetrieb letztendlich zugeordnet werden oder gerade nicht, erhöht oder vermindert sich das Übernahmeergeb-

---

91 Vgl. Kroschewski, GmbHR 2003, S. 757 (759); Beckmann, GmbHR 1999, S. 217 (218).

92 Vgl. Teil 2, Kap. 1, Abschn. F. II. 3. 2.

93 Vgl. § 1 Abs. 1 Nr. 1, Abs. 2a, Abs. 3 GrEStG.

94 Vgl. Teil 2, Kap. 1, Abschn. F. II. 3. 3.

95 Vgl. Abschn. B. I.

96 Vgl. Teil 2, Kap. 1, Abschn. F. II. 3. 3.

97 Vgl. § 15 Abs. 3 UmwStG; BFH, Urt. v. 07.08.2008 – IV R 86/05, BB 2008, S. 2615; FG Baden-Württemberg, Urt. v. 16.06.2005 – 3 K 210/00, EFG 2005, S. 1794.

nis.[98] Das Rückbezugswahlrecht der anschließenden Umwandlung bleibt unberührt.[99]

In grunderwerbsteuerlicher Hinsicht kann die Beseitigung spaltungshindernder Wirtschaftsgüter Nachteile mit sich bringen. Erfährt ein spaltungshinderndes Grundstück vor Durchführung der eigentlichen Umstrukturierung eine Ausgliederung in eine dritte Gesellschaft, kommt es zu einem grunderwerbsteuerbaren Rechtsträgerwechsel. Ein solcher Vorgang ist nur privilegiert, sofern er in eine Tochterpersonengesellschaft erfolgt und anschließend lediglich eine Abspaltung stattfindet. Kommt es hingegen zu einer Aufspaltung der einbringenden Kapitalgesellschaft, erfährt die fünfjährige Behaltefrist eine schädliche Verletzung.[100] Die alternativ zur Ausgliederung denkbare reale Teilung des Grundstücks modifiziert nur die grunderwerbsteuerliche Bemessungsgrundlage.[101] Insgesamt ist eine Teilbetriebsmodellierung daher nur sinnvoll, sofern der steuerliche Vorteil aus der Buchwertfortführung die Nachteile aus dem eventuell partiellen Untergang von Verlust- und Zinsvorträgen sowie aus der u. U. anfallenden Grunderwerbsteuer übersteigt.

Sind Teilbetriebe vorhanden, ist zusätzlich zu gewährleisten, dass sie im **Ganzen** bewegt oder zurückbehalten werden.[102] Die hierzu erforderlichen Maßnahmen in Gestalt einer Vermeidung eines sachlichen und zeitlichen Zusammenhangs oder einer Nutzung wirtschaftlicher Gründe beeinträchtigen vorhandene Verlust- und Zinsvorträge nicht und sind grundsätzlich auch ohne grunderwerbsteuerliche Relevanz.[103] Etwas anderes ist nur denkbar, sofern man zur Sicherstellung einer Einbringung im Ganzen den vollständigen Verlauf der Umstrukturierungsmaßnahme einer Überarbeitung unterzieht.

Zur **Vermeidung von Ausgleichszahlungen** ist weiterhin vorstellbar, dass die Vermögenssituation einzelner Teilbetriebe vorab durch die spezifische Zuordnung von neutralem Vermögen oder Verbindlichkeiten modifiziert wird.[104] Auch solche Maßnahmen lassen Verlust- und Zinsvorträge der betroffenen Kapitalgesellschaft unberührt, da sie die Identität der Anteilseigner nicht verändern.[105] Sie besitzen typischerweise auch keine grunderwerbsteuerliche Relevanz, da Grundstücke und Betei-

---

98 Vgl. BMF, Tz. 1 d. Schr. v. 16.12.2003 – IV A 2 – S 1978 – 16/03, BStBl. I 2003, S. 786; D/P/P/M-Pung, § 4 Rn. 43, Dötsch/Pung, DB 2006, S. 2704 (2711); Förster/Felchner, DB 2006, S. 1072 (1075).

99 Vgl. § 2 Abs. 1 UmwStG.

100 Vgl. Tz. 2 d. koordinierten Ländererlasses v. 14.02.2002, DB 2002 S. 455; P/F-Franz, § 5 Rn. 41; Boruttau-Viskorf, § 5 Rn. 84; Viskorf, DStR 2001, S. 1101 (1103); Hofmann, BB 2000, S. 2606 (2608).

101 Vgl. § 8 Abs. 2 Nr. 2 GrEStG.

102 Vgl. Teil 2, Kap. 1, Abschn. F. II. 3. 3.

103 Vgl. § 1 Abs. 1, 2a, Abs. 3 GrEStG.

104 Vgl. Teil 2, Kap. 1, Abschn. F. II. 3. 3.

105 Vgl. § 8c S. 1, 2 KStG.

ligungen grundsätzlich wesentliche Betriebsgrundlagen einer Unternehmung darstellen.[106]

Denkbar ist schließlich, dass der neue Ist-Sachverhalt das **Abwarten der dreijährigen Frist** des § 15 Abs. 2 S. 1 UmwStG oder Maßnahmen zur **Vermeidung einer schädlichen Trennung von Gesellschafterstämmen** erforderlich macht.[107] In diesem Zusammenhang ist das Abwarten von Fristen im Hinblick auf vorhandene Verlust- und Zinsvorträge unschädlich. Es lässt ein Rückbezugswahlrecht aber faktisch gegenstandslos werden. Daneben kann die Aufnahme eines weiteren Gesellschafters zur Vermeidung einer Trennung von Gesellschafterstämmen als schädliche Anteilsübertragung qualifizieren, sofern die dortigen Quoren überschritten werden.[108] In grunderwerbsteuerlicher Hinsicht sind solche Maßnahmen schließlich ohne Bedeutung.

III. Gestaltungen bei verdeckten Einlagen und Entnahmen gemäß § 6 Abs. 3 EStG

Verdeckte Einlagen und Entnahmen gemäß § 6 Abs. 3 EStG können genau wie Einbringungen einen fiktiven Ist-Sachverhalt erforderlich machen, der zunächst eine privilegierte Sachgesamtheit generiert und sicherstellt, dass diese Sachgesamtheit als Ganzes übergeht.[109] Daneben kann es zur Gewährleistung der Unentgeltlichkeit notwendig sein, einen eigentlich entgeltlichen Vorgang in eine privilegierte Einbringung mit anschließender Liquiditätsentnahme zu transformieren.[110] Die hierzu erforderlichen Gestaltungsmaßnahmen entsprechen denen bei Einbringungen in Kapital- oder Personengesellschaften. Daher finden die dort erläuterten Koordinationsgrundsätze jeweils entsprechende Anwendung.[111]

IV. Gestaltungen bei Realteilungen

Bei Realteilungsvorgängen mit Sachgesamtheiten können sich als fiktive Ist-Sachverhalte die bei Realteilungsvorgängen mit Einzelwirtschaftsgütern erläuterten Konstellationen ergeben.[112] Deshalb gelten die Koordinationsgrundsätze zu Realteilungen mit Einzelwirtschaftsgütern für Realteilungen mit Sachgesamtheiten entsprechend.[113]

---

106 Vgl. OFD Münster, Schr. v. 25.10.2004 – o. Az., HaufeIndex 1257741; D/J/P/W-Patt, § 20 Rn. 29.

107 Vgl. Teil 2, Kap. 1, Abschn. F. II. 3. 3.

108 Vgl. § 8c S. 1, 2 KStG.

109 Vgl. Teil 2, Kap. 1, Abschn. F. II. 3. 5.

110 Vgl. Teil 2, Kap. 1, Abschn. F. II. 3. 5.

111 Vgl. Abschn. B. I.

112 Vgl. Teil 2, Kap. 1, Abschn. F. II. 3. 6.

113 Vgl. Abschn. A. II.

C. Privilegierungs-kreative Gestaltungen

Genügt es im Einzelfall nicht, den ursprünglich geplanten Ist-Sachverhalt an einen vorgegebenen Privilegierungstatbestand anzupassen, kann eine privilegierungs-kreative Gestaltungsmaßnahme erforderlich werden. Da eine solche die Verkettung mehrerer Privilegierungstatbestände unter Vermeidung einer Fristverletzung und eines Gesamtplans voraussetzt, ergibt sich ein vollständig neuer Ist-Sachverhalt.[114] Solche mehrstufige Gestaltungen erhöhen die Gefahr einer Beeinträchtigung bestehender Verlust- und Zinsvorträge. Dies gilt vor allem für die Bewegung privilegierter Sachgesamtheiten.[115] Daneben sind auch im Hinblick auf ein Übernahmeergebnis Veränderungen vorstellbar. Insbesondere kann es sein, dass die ursprünglich geplante Umstrukturierungsmaßnahme keinen Vermögensübergang vorsah, ein solcher aber nun im Rahmen einer der gewinnrealisierungsmotivierten Teilgestaltungsschritte notwendig wird. Umgekehrt ist allerdings gleichsam möglich, dass eigentlich eine Gestaltung unter Inkaufnahme eines Übernahmeergebnisses akzeptiert wurde, die nun durch mehrere Teilschritte ersetzt wird, die allesamt kein Übernahmeergebnis hervorrufen.[116]

Denkbar ist darüber hinaus, dass gewinnrealisierungsmotiviert auch Gestaltungsschritte verwendet werden, die keinen Rückbezug erlauben. Dieser Umstand birgt nicht nur die Gefahr eines partiellen Rückbezugsverlusts, sondern darüber hinaus auch das Risiko einer Veränderung der zeitlichen Reihenfolge der einzelnen Gestaltungsschritte. Aus diesen Gründen ist im Rahmen der Koordination sicherzustellen, dass jeder einzelne Übertragungsvorgang ggf. den Tatbestand eines Rückbezugswahlrechts verwirklicht und die einzelnen Teilgestaltungen auch unter Berücksichtigung der Rückwirkung in der gewünschten Reihenfolge erfolgen.[117]

Bedarf es im Einzelfall einer privilegierungs-kreativen Gestaltung, ergibt sich schließlich auch ein erhöhtes Risiko grunderwerbsteuerlicher Nachteile. Angesichts der Verkettung mehrerer Privilegierungstatbestände droht ein mehrfacher Rechtsträgerwechsel, der grunderwerbsteuerbar und nicht privilegiert sein kann.[118] In diesem Zusammenhang veranschaulichen die oben erläuterten Koordinationsgrundsätze beim ertragsteuerneutralen Transport eines Einzelwirtschaftsguts innerhalb einer Sachgesamtheit die grunderwerbsteuerlichen Gefahren.[119] Insgesamt ist die Realisierung einer privilegierungs-kreativen Gestaltung daher nur sinnvoll, sofern der steuerliche Vorteil aus der mit ihr erreichbaren Buchwertfortführung größer ist als eventuelle Nachteile aus dem Untergang von Verlust- und Zinsvorträgen, aus der Entstehung

---

114 Vgl. Teil 2, Kap. 1, Abschn. F. II. 4.
115 Vgl. Teil 2, Kap. 2, Abschn. C. II.
116 Vgl. Teil 2, Kap. 3, Abschn. B. I.
117 Vgl. Teil 2, Kap. 4, Abschn. C.
118 Vgl. Teil 2, Kap. 5, Abschn. D.
119 Vgl. Abschn. A. V.

eines Übernahmeergebnisses, aus dem Verlust eines Rückbezugswahlrechts oder aus dem Anfall von Grunderwerbsteuer.

D. Gestaltungen zur partiellen Gewinnrealisierung

Ist die Realisierung einer Umstrukturierungsmaßnahme nicht auf Buchwertfortführung, sondern auf partielle Gewinnrealisierung gerichtet, ergibt sich ein fiktiver Ist-Sachverhalt, der ein zweistufiges Vorgehen beinhaltet. Zunächst erfährt der ursprüngliche Ist-Sachverhalt eine Modellierung, die eine Buchwertfortführung ermöglicht.[120] Insoweit gelten die oben erläuterten Koordinationsgrundsätze entsprechend.[121] Im Anschluss daran wird die Teilentgeltlichkeit des Übertragungsvorgangs herbeigeführt.[122] Dabei sind im Hinblick auf vorhandene Verlust- und Zinsvorträge zwei Ausgangssituationen zu unterscheiden. Zum einen ist denkbar, dass das Teilgestaltungssystem der Verlust- und Zinsvorträge die teilweise Reservenaufdeckung zur Nutzung der Verlust- oder Zinsvorträge indiziert.[123] In dieser Konstellation bedarf es keiner weiteren Koordination, da die Gewinnrealisierung bereits im Rahmen der Definition des dortigen Soll-Zustandes eine Berücksichtigung erfahren hat. Zum anderen kommt in Betracht, dass die partielle Gewinnrealisierung dazu dient, eine Rücklagenfrist faktisch zu verlängern oder einen Übernahmeverlust zu nutzen.[124] In dieser Konstellation erfahren vorhandene Verlust- und Zinsvorträge einen Verbrauch. Dieser Verbrauch kann nachteilig sein, sofern er suboptimale Bemessungsgrundlagen-, Steuersatz- oder Zinseffekte hervorruft.[125]

Im Hinblick auf ein Übernahmeergebnis bewirkt die Auflösung stiller Reserven keine Veränderung. Allerdings erhöhen sich die als ausgeschüttet geltenden offenen Rücklagen der betroffenen Kapitalgesellschaft.[126] Auf ein bestehendes Rückbezugswahlrecht hat die Entscheidung für eine partielle Gewinnrealisierung keinen Einfluss. Allein die Art der individuellen Übertragung entscheidet über die Entstehung eines solchen Wahlrechts. Inwieweit Gewinn realisiert wird, ist ohne Relevanz.

In grunderwerbsteuerlicher Hinsicht beeinflusst die Herstellung einer Teilentgeltlichkeit lediglich die maßgebliche Bemessungsgrundlage beeinflussen. Maßgeblicher Wert für Umstrukturierungsmaßnahmen mit Grundstücken gemäß § 6 Abs. 5 S. 3 EStG, im Wege der Realteilung oder als verdeckte Einlage ist dann grundsätzlich das zu entrichtende Teilentgelt.[127] Bei Restrukturierungsvorgängen nach dem

[120] Vgl. Teil 2, Kap. 1, Abschn. F. III.

[121] Vgl. Abschn. A.-C.

[122] Vgl. Teil 2, Kap. 1, Abschn. F. III.

[123] Vgl. Teil 2, Kap. 2, Abschn. D.

[124] Vgl. Teil 2, Kap. 1, Abschn. E. IV. 1. 2. u. 1. 3.

[125] Vgl. Teil 2, Kap. 2, Abschn. D.

[126] Vgl. R/H/L-van Lishaut, § 4 Rn. 109; S/H/S-Schmitt, § 4 Rn. 108; D/P/P/M-Pung, § 4 Rn. 125; Müller/Maiterth, WPg 2007, S. 249 (255).

[127] Vgl. P/F-Pahlke, § 9 Rn. 185; Boruttau-Sack, § 9 Rn. 527.

UmwStG bleibt es hingegen in jedem Fall der Bedarfswert des Grundvermögens.[1] Die partielle Gewinnrealisierung ist daher nur hilfreich, sofern der mit ihr generierte Vorteil aus der Nutzung von Verlust- oder Zinsvorträgen respektive aus der faktischen Verlängerung einer Rücklagenfrist größer ist als eventuelle Nachteile aus suboptimalen Bemessungsgrundlagen-, Steuersatz- oder Zinseffekten, aus der fiktiven Ausschüttung offener Rücklagen sowie einer modifizierten Bemessungsgrundlage der Grunderwerbsteuer.

Kapitel 3: Koordination verlust- und zinsvortragsmotivierter Gestaltungen

A. Gestaltungen bei Verlustvorträgen von Kapitalgesellschaften

I. Gestaltungen zur Aufrechterhaltung der Verlustvorträge

1. Gestaltungen zur Vermeidung einer schädlichen Verschmelzung

Zur Vermeidung einer schädlichen Verschmelzung der Verlustgesellschaft auf ein anderes Unternehmen ist vorstellbar, dass die Richtung der Umwandlung verkehrt oder das wirtschaftliche Ziel mit einer Veräußerung des Betriebes realisiert wird.[2] Eine solche **Änderung der Umwandlungsrichtung** lässt stille Reserven im Vermögen der Verlustgesellschaft unberührt. Sie begründet jedoch eine Gewinnrealisierungsgefahr für die ursprünglich als aufnehmende Unternehmung vorgesehene Gesellschaft. Die in ihrem Vermögen befindlichen stillen Reserven können nur dann fortgeführt werden, wenn die Verkehrung der Übertragung ebenfalls den Tatbestand einer Privilegierung erfüllt. Im Hinblick auf ein zu ermittelndes Übernahmeergebnis bewirkt die Verkehrung der Richtung eine grundlegende Veränderung. Qualifiziert das andere Unternehmen als Personengesellschaft, ist im Anschluss kein Übernahmeergebnis mehr festzustellen, da die Verschmelzung dann als Einbringung in eine Kapitalgesellschaft einzuordnen ist.[3] Handelt es sich bei dem anderen Unternehmen ebenfalls um eine Kapitalgesellschaft, ergibt sich im Rahmen der Verschmelzung bei jener und nicht mehr bei der Verlustgesellschaft ein Übernahmeergebnis.[4]

Für ein Rückbezugswahlrecht ist die Änderung der Verschmelzungsrichtung grundsätzlich unschädlich. Qualifiziert das andere Unternehmen als Personengesellschaft, ergibt sich die Rückwirkungsoption aus § 20 Abs. 5 S. 1 UmwStG. Handelt es sich bei ihm um eine Kapitalgesellschaft, ist § 2 Abs. 1 UmwStG anwendbar. In grunderwerbsteuerlicher Hinsicht entstehen hingegen Risiken. Vorstellbar ist, dass das eigentlich aufnehmende Unternehmen über Grundbesitz oder Beteiligungen an grundbesitzenden Gesellschaften verfügt. Erfährt dieses Unternehmen, anders als ursprünglich geplant, eine Bewegung, kommt es hinsichtlich des Grundvermögens

---

1 Vgl. § 8 Abs. 2 S. 1 Nr. 2 GrEStG.

2 Vgl. Teil 2, Kap. 2, Abschn. E. II. 1. 1.

3 Vgl. BMF, Tz. 20.02 d. Schr. v. 25.03.1998 – IV B 7 – S 1978 – 21/98/IV B 2 – S 1909 – 33/98, BStBl. I 1998, S. 268.

4 Vgl. § 12 Abs. 2 S. 1 UmwStG.

notwendig und hinsichtlich der grundbesitzenden Beteiligungen eventuell zu einem steuerbaren und nicht privilegierten Rechtsträgerwechsel.[5] Insgesamt ist die Verkehrung der Verschmelzungsrichtung daher sinnvoll, sofern der steuerliche Vorteil aus der Bewahrung der Verlust- und Zinsvorträge bei der Verlustgesellschaft eventuelle Nachteile aus der Aufdeckung stiller Reserven, aus der Ermittlung eines Übernahmeergebnisses und aus der Entstehung von Grunderwerbsteuer bei der eigentlich aufnehmenden Gesellschaft übersteigt.

Die alternativ denkbare **Veräußerung des Betriebes** der Verlustgesellschaft bewirkt eine Gewinnrealisierung, soweit stille Reserven vorhanden sind.[6] Dieser Gewinn kann zwar grundsätzlich mit Hilfe der Verlustvorträge egalisiert werden.[7] Die an sich angestrebte Aufrechterhaltung der Verlustvorträge ist jedoch nur in dem Maße möglich, wie die Verlustvorträge die aufgedeckten Reserven übersteigen. Dadurch können sich nachteilige Bemessungsgrundlagen-, Steuersatz- und Zinseffekte ergeben.[8] Daneben wird die Ermittlung eines Übernahmeergebnisses entbehrlich. Ein Rückbezug ist nicht möglich. Grunderwerbsteuerliche Nachteile ergeben sich grundsätzlich nicht. Sofern zum Vermögen der Verlustgesellschaft auch Grundstücke oder Beteiligungen an grundbesitzenden Gesellschaften gehören, ist es prinzipiell unerheblich, ob sie im Rahmen einer Verschmelzung oder einer Betriebsveräußerung eine Bewegung erfahren. In beiden Konstellationen kommt es ggf. zu einem steuerbaren Rechtsträgerwechsel.[9] Im Ganzen ist die Veräußerung des Betriebs deshalb hilfreich, sofern die steuerlichen Vorteile aus der partiellen Aufrechterhaltung der Verlust- und Zinsvorträge sowie aus dem Wegfall des Übernahmeergebnisses größer sind als etwaige Nachteile aus der Gewinnrealisierung und der fehlenden Rückbezugsoption.

2. Gestaltungen zur Vermeidung eines schädlichen Formwechsels

Zur Vermeidung eines schädlichen Formwechsels kann die Verlustkapitalgesellschaft ihren Betrieb in eine Tochterpersonengesellschaft einbringen oder an eine Schwesterpersonengesellschaft veräußern.[10] Eine solche **Betriebseinbringung** ist im Hinblick auf stille Reserven grundsätzlich steuerneutral möglich.[11] Sie lässt auch die Ermittlung eines Übernahmeergebnisses entbehrlich werden und generiert ein Rückbezugswahlrecht, sofern der Transfer im Wege der Gesamtrechtsnachfolge vollzogen wird.[12] In grunderwerbsteuerlicher Hinsicht ist die Einbringung des Betriebs im Vergleich zum Formwechsel nachteilig. Während der Formwechsel nicht grunderwerb-

---

5 Vgl. § 1 Abs. 1, Abs. 2a, Abs. 3 GrEStG.

6 Vgl. § 16 Abs. 1 Nr. 1 EStG.

7 Vgl. Teil 2, Kap. 2, Abschn. B.

8 Vgl. Teil 2, Kap. 2, Abschn. D.

9 Vgl. Teil 2, Kap. 5, Abschn. D. II.

10 Vgl. Teil 2, Kap. 2, Abschn. E. II. 1. 1.

11 Vgl. § 24 Abs. 2 UmwStG.

12 Vgl. § 24 Abs. 4 Hs. 2 UmwStG.

steuerbar ist,[13] qualifiziert die Einbringung als steuerbarer Erwerbsvorgang.[14] Allerdings erfährt sie angesichts der grunderwerbsteuerlichen Transparenz der aufnehmenden Personengesellschaft regelmäßig eine Privilegierung.[15] Eine Einbringung ist daher sinnvoll, sofern der steuerliche Vorteil aus der Perpetuierung der Verlust- und Zinsvorträge einen eventuellen grunderwerbsteuerlichen Nachteil übersteigt.

Die **Veräußerung ihres Betriebes** an eine Schwesterpersonengesellschaft hat hingegen eine Gewinnrealisierung zur Folge.[16] Ein Übernahmeergebnis ist nicht zu ermitteln. Es besteht auch kein Rückbezugswahlrecht. Grunderwerbsteuerlich bewirkt die Veräußerung ggf. einen steuerbaren und nicht privilegierten Erwerbsvorgang.[17] Eine solche Maßnahme ist deshalb nur zweckmäßig, sofern der steuerliche Vorteil aus der Bewahrung der Verlust- und Zinsvorträge größer ist als eventuelle Nachteile aus der Aufdeckung stiller Reserven und dem Anfall von Grunderwerbsteuer.

3. Gestaltungen zur Vermeidung einer schädlichen Ab- oder Aufspaltung

Zur Vermeidung einer schädlichen Abspaltung eines Teilbetriebes respektive einer schädlichen Aufspaltung der Verlustkapitalgesellschaft in Teilbetriebe ist vorstellbar, alternativ gerade nicht privilegierte Sachgesamtheiten übergehen zu lassen.[18] Weist das Vermögen einer solchen nicht begünstigten Sachgesamtheit stille Reserven auf, erfahren diese im Zuge des Übergangs allerdings eine Aufdeckung.[19] Daneben erfährt die Ermittlung des Übernahmeergebnisses im Wesentlichen keine Veränderung.[20] Auch das Rückbezugswahlrecht bleibt erhalten.[21] Grunderwerbsteuerlich ist eine solche Gestaltung schließlich ohne Relevanz. In beiden Fällen kommt es ggf. zu einem steuerbaren und in der Regel auch steuerpflichtigen Rechtsträgerwechsel.[22] Hilfreich ist eine solche Vorgehensweise daher, falls der steuerliche Nachteil aus der Aufdeckung stiller Reserven den Vorteil aus der Aufrechterhaltung der Verlust- und Zinsvorträge nicht erreicht.

---

13 Vgl. Tz. A. IV. d. koordinierten Ländererlasses v. 12.12.1997; P/F-Pahlke, § 1 Rn. 20; Hofmann, § 1 Rn. 9; Boruttau-Fischer, § 1 Rn. 545-555; Götz, GmbHR 1998, S. 349 (350); Wienands, DB 1997, S. 1362.

14 Vgl. § 1 Abs. 1 Nr. 1, 3 GrEStG.

15 Vgl. §§ 5 Abs. 2, 6 Abs. 2, 3 S. 1 GrEStG.

16 Vgl. § 16 Abs. 1 Nr. 1 EStG.

17 Vgl. Teil 2, Kap. 5, Abschn. D. II.

18 Vgl. Teil 2, Kap. 2, Abschn. E. II. 1. 1.

19 Vgl. § 15 Abs. 1 S. 2 UmwStG.

20 Vgl. Teil 2, Kap. 3, Abschn. A. I.

21 Vgl. BMF, Tz. 15.11 d. Schr. v. 25.03.1998 – IV B 7 – S 1978 – 21/98/IV B 2 – S 1909 – 33/98, BStBl. I 1998, S. 268.

22 Vgl. Teil 2, Kap. 5, Abschn. D.

4. Gestaltungen zur Vermeidung schädlicher Anteilsübertragungen

Zur Vermeidung einer schädlichen Anteilsübertragung können Gestaltungen notwendig werden, die den zivilrechtlichen Übergang einer Beteiligung verhindern, die Anteilsübertragung zeitlich strecken oder das Verhältnis des Anteilserwerbers zu einer ihm nahe stehenden Person beenden.[23] Geht es darum, dem Verlust der wirtschaftlichen Identität gemäß § 8 Abs. 4 KStG 2007 vorzubeugen, können zusätzlich Maßnahmen zur Verhinderung einer Zuführung überwiegend neuen Betriebsvermögens erforderlich sein.[24]

Zur Vermeidung eines zivilrechtlichen Übergangs einer Beteiligung kann ein eigentlich geplanter Anteilstransfer zunächst durch die Einräumung **mezzaniner Partizipationsrechte** (stille Gesellschaft oder Genussrecht) oder eines **Vorzugsdividendenrechts** ersetzt werden. Solche Sachverhaltsmodellierungen sind in jeder Hinsicht unschädlich, da kein Rechtsträgerwechsel, sondern ein schuldrechtliches Geschäft stattfindet.[25]

Alternativ kann einem zivilrechtlichen Anteilsübergang ausgewichen werden, indem man eine **Einbringung des Betriebs** der Verlustgesellschaft in ein Tochterunternehmen vollzieht und den eigentlichen Anteilserwerber anschließend an dieser beteiligt.[26] Ein solcher Vorgang ist grundsätzlich unter Fortführung der stillen Reserven und mit Rückwirkung möglich.[27] Grunderwerbsteuerlich besteht hingegen die Gefahr steuerpflichtiger Erwerbsvorgänge,[28] es sei denn, eine Privilegierung greift ein.[29] Eine solche Maßnahme ist deshalb nur sinnvoll, sofern der steuerliche Vorteil aus der Perpetuierung der Verlust- und Zinsvorträge einen eventuellen grunderwerbsteuerlichen Nachteil übersteigt.

Darüber hinaus ist vorstellbar, dass man die eigentlich beabsichtigte Einbringung, Ausbringung oder Abspaltung der Beteiligung durch die **Bewegung des übrigen Vermögens** des Gesellschafters von der Beteiligung weg oder durch die Heranführung anderen Vermögens an die Beteiligung heran ersetzt.[30] Dabei handelt es sich um einen vollständig neuen Ist-Sachverhalt. Deshalb bedarf es in dieser Konstellation insbesondere einer Prüfung, ob sich in dem alternativ bewegten Vermögen stille Reserven befinden oder ob zu ihm Grundstücke oder Beteiligungen an grundbesitzenden Gesellschaften zählen. Ist dies der Fall, muss der beabsichtigte Transfer so ausgestaltet werden, dass er eine Buchwertfortführung zulässt und keinen grunder-

---

23 Vgl. Teil 2, Kap. 2, Abschn. E. II. 1. 2. 1. u. 1. 2. 3.

24 Vgl. Teil 2, Kap. 2, Abschn. E. II. 1. 2. 2.

25 Vgl. Benz/Rosenberg (2007), S. 175; H/H/R-Schloßmacher, § 8 Anm. 427; Beußer, DB 2007, S. 1549 (1552); Breuninger/Prinz, DStR 2006, S. 1345 (1346); Endres/Spengel/Reister, WPg 2007, S. 478 (488).

26 Vgl. Teil 2, Kap. 2, Abschn. E. II. 1. 2. 1.

27 Vgl. §§ 20 Abs. 2, 24 Abs. 2 UmwStG.

28 Vgl. Teil 2, Kap. 5, Abschn. D. II.

29 Vgl. §§ 5 Abs. 2, 6 Abs. 3 S. 1 GrEStG.

30 Vgl. Teil 2, Kap. 2, Abschn. E. II. 1. 2. 1.

werbsteuerpflichtigen Erwerbsvorgang auslöst. Eine solche Sachverhaltsmodellierung ist daher nur hilfreich, wenn der steuerliche Vorteil aus der Bewahrung der Verlust- und Zinsvorträge die steuerlichen Nachteile aus einer eventuellen Gewinnrealisierung und aus einem möglichen Anfall von Grunderwerbsteuer beim Transfer des übrigen Vermögens übersteigt.

Vermeidet man eine schädliche Anteilsübertragung alternativ, indem man den Beteiligungserwerb **zeitlich streckt** oder das Beherrschungsverhältnis zu einer **nahe stehenden Person** beendet,[31] ist dies für die übrigen Relevanzbereiche grundsätzlich unschädlich. Die zeitliche Streckung lässt lediglich ein eigentlich vorhandenes Rückbezugswahlrecht faktisch gegenstandslos werden.[32] Ein dadurch entstehender steuerlicher Nachteil bewirkt die Unvorteilhaftigkeit der Gestaltung, falls er den Nutzen aus der Perpetuierung der Verlust- und Zinsvorträge übersteigt.

Schließlich kann es zur Vermeidung des Verlusts wirtschaftlicher Identität erforderlich werden, mit einer Sachverhaltsmodellierung die **Zuführung überwiegend neuen Betriebsvermögens** zu verhindern.[33] Solche Gestaltungen sind im Hinblick auf stille Reserven und Grunderwerbsteuer grundsätzlich ohne Relevanz, da sie entweder Aktiva nicht gewinnwirksam verändern oder Passiva betreffen oder überhaupt nicht bilanzwirksam sind. Lediglich Sale-and-lease-back-Gestaltungen erfolgen grundsätzlich gewinnrealisierend und ggf. grunderwerbsteuerpflichtig. Eine Egalisierung dieser Reservenaufdeckung ist allein bei Grundstücken, Gebäuden oder Beteiligungen unter den Voraussetzungen des § 6b EStG möglich. In dieser Konstellation ist die Verhinderung der Zuführung überwiegend neuen Betriebsvermögens daher nur vorteilhaft, sofern der steuerliche Vorteil aus der Aufrechterhaltung der Verlust- und Zinsvorträge die Nachteile aus der Realisierung von Gewinn und dem Anfall von Grunderwerbsteuer übersteigt.

5. Gestaltungen zur formalen Bewahrung eines Gesellschafters

Zur formalen Erhaltung eines Gesellschafters können Sachverhaltsmodellierungen bei einer geplanten Verschmelzung oder bei einer beabsichtigten Aufspaltung oder Realteilung des Anteilseigners der Verlustgesellschaft erforderlich werden. Eine schädliche Verschmelzung des Gesellschafters kann durch eine **Änderung der Umwandlungsrichtung** oder durch einen **Transfer seines Betriebes** unter Zurückbehaltung der Beteiligung vermieden werden.[34] Diese Gestaltungen entsprechen den Handlungsalternativen zur Verhinderung einer nachteiligen Verschmelzung der Verlustkapitalgesellschaft selbst. Deshalb gelten die dort erläuterten Koordinationsgrundsätze entsprechend.[35]

---

[31] Vgl. Teil 2, Kap. 2, Abschn. E. II. 1. 2. 1.

[32] Vgl. §§ 2 Abs. 1, 20 Abs. 5 S. 1, 24 Abs. 4 Hs. 2 UmwStG.

[33] Vgl. Teil 2, Kap. 2, Abschn. E. II. 1. 2. 2.

[34] Vgl. Teil 2, Kap. 2, Abschn. E. II. 1. 3.

[35] Vgl. Abschn. A. I. 1.

Daneben kann die eigentlich geplante Aufspaltung oder Realteilung des Gesellschafters durch eine **Veräußerung oder Abspaltung des übrigen Vermögens** des Anteilseigners mit Ausnahme der Beteiligung substituiert werden.[36] Diese Sachverhaltsmodifikationen entsprechen den Gestaltungen zur Vermeidung einer schädlichen Aufspaltung der Verlustkapitalgesellschaft selbst. Daher finden die dort vorgestellten Abstimmungsprinzipien entsprechende Anwendung.[37]

II. Gestaltungen zur Nutzung der Verlustvorträge

Die Nutzung von Verlustvorträgen geschieht im Wege der Ausübung von Gewinnrealisierungswahlrechten, der Vornahme bilanzpolitischer Maßnahmen, der Vorziehung zukünftiger Gewinne oder der bewussten Generierung eines Gewinnrealisierungswahlrechts. Alternativ ist ihre Verwertung denkbar, indem man Gewinnpotenzial oder gewinnträchtiges Geschäft aus anderen Gesellschaften der Gruppe in die Verlustgesellschaft verlagert, ihr nicht einlagefähige Vermögensvorteile zukommen lässt oder Organschaften zu ertragsstarken Tochterunternehmungen begründet respektive zu verlustbringenden Tochterunternehmungen beendet.[38]

Alle diese Maßnahmen haben grundsätzlich keine nachteiligen Auswirkungen auf die übrigen Relevanzbereiche der Umstrukturierung. Im Hinblick auf stille Reserven sind sie unschädlich, weil sie im Rahmen der Definition des Soll-Zustandes der Verlustvorträge als optimal erkannt worden sind und die Gewinnrealisierungsentscheidung diesem Soll-Zustand untergeordnet ist.[39] Ein ggf. vorhandenes Rückbezugswahlrecht lassen sie ebenfalls unberührt.[40] Grunderwerbsteuerlich besitzt die Realisierung von Gewinn weder im Hinblick auf einen Rechtsträgerwechsel noch im Hinblick auf die Existenz eines privilegierten Gesamthandsverhältnisses Relevanz.[41]

Erfolgt die Gewinnrealisierung im Zusammenhang mit einem Vermögensübergang aus einer Kapitalgesellschaft, lässt sie zwar die Höhe eines Übernahmeergebnisses unverändert. Sie erhöht jedoch die als ausgeschüttet geltenden offenen Rücklagen der Unternehmung.[42] In dieser Konstellation ist die Gestaltung daher ausnahmsweise nur sinnvoll, sofern der steuerliche Vorteil aus der Verlustnutzung größer ist als der Nachteil aus der fiktiven Ausschüttung der offenen Rücklagen.

---

36 Vgl. Teil 2, Kap. 2, Abschn. E. II. 1. 3.

37 Vgl. Abschn. A. I. 3.

38 Vgl. Teil 2, Kap. 2, Abschn. E. II. 2.

39 Vgl. Teil 2, Kap. 1, Abschn. E. III. 1. 1.

40 Vgl. §§ 2 Abs. 1, 20 Abs. 5 S. 1, 24 Abs. 4 Hs. 2 UmwStG.

41 Vgl. Teil 2, Kap. 5, Abschn. D.

42 Vgl. R/H/L-van Lishaut, § 4 Rn. 109; S/H/S-Schmitt, § 4 Rn. 108; D/P/P/M-Pung, § 4 Rn. 125; Müller/Maiterth, WPg 2007, S. 249 (255).

B. Gestaltungen bei gewerbesteuerlichen Verlustvorträgen von Personengesellschaften

I. Gestaltungen zur Aufrechterhaltung der Verlustvorträge

1. Gestaltungen zur Vermeidung einer schädlichen Betriebseinbringung

Zur Vermeidung einer schädlichen Betriebseinbringung ist denkbar, dass man die Verlustgesellschaft alternativ auf die Tochterunternehmung verschmilzt, bewusst nur Einzelwirtschaftsgüter übergehen lässt oder die Richtung der Umstrukturierungsmaßnahme verkehrt.[43] Entscheidet man sich dabei für eine **Verschmelzung der Verlustgesellschaft** auf die Tochterunternehmung, können im Vermögen der Verlustgesellschaft vorhandene stille Reserven fortgeführt werden.[44] Eine solche Maßnahme eröffnet auch ein Rückbezugswahlrecht.[45] Grunderwerbsteuerlich ergibt sich kein Nachteil, da es bezüglich eines übergehenden Grundstücks oder einer übergehenden Beteiligung an einer grundbesitzenden Gesellschaft ohnehin zu einem Rechtsträgerwechsel kommt.[46] Sofern dieser Rechtsträgerwechsel einen steuerbaren Erwerbsvorgang auslöst, ist dessen Privilegierung oder Nichtprivilegierung unabhängig von der Art und der Richtung des Transfers.[47]

Lässt man hingegen bewusst nur **Einzelwirtschaftsgüter** übergehen, erfahren in ihnen enthaltene stille Reserven grundsätzlich eine Aufdeckung. Etwas anderes gilt nur, falls man jedes einzelne Wirtschaftsgut unentgeltlich oder gegen Gewährung von Gesellschaftsrechten übergehen lässt.[48] Dies ist allerdings angesichts des simultanen Transfers von Verbindlichkeiten typischerweise nicht möglich.[49] Sofern Grundstücke, Gebäude oder Beteiligungen betroffen sind, ist die Egalisierung aufgedeckter Reserven durch Bildung einer Rücklage denkbar.[50] Angesichts des Fehlens einer privilegierten Sachgesamtheit besteht daneben auch kein Rückbezugswahlrecht.[51] Grunderwerbsteuerlich erfährt die Umstrukturierung keine Modifikation, da in jedem Fall ein Rechtsträgerwechsel stattfindet, dessen Privilegierung von der Art und der Richtung des Transfers unabhängig ist.[52] Insgesamt ist eine solche Sachverhaltsmodellierung daher nur vorteilhaft, sofern der steuerliche Vorteil aus der Bewahrung des Verlustvortrages die Nachteile aus der Aufdeckung stiller Reserven und des fehlenden Rückbezugswahlrechts übersteigt.

---

[43] Vgl. Teil 2, Kap. 2, Abschn. E. III. 1. 1.

[44] Vgl. § 24 Abs. 2 UmwStG; BMF, Tz. 24.01 d. Schr. v. 25.03.1998 – IV B 7 – S 1978 – 21/98/IV B 2 – S 1909 – 33/98, BStBl. I 1998, S. 268.

[45] Vgl. § 24 Abs. 4 Hs. 2 UmwStG.

[46] Vgl. § 1 Abs. 1 Nr. 1, 3 GrEStG.

[47] Vgl. Teil 2, Kap. 5, Abschn. D. II.

[48] Vgl. § 6 Abs. 5 S. 3 Nr. 1 EStG.

[49] Vgl. BFH, Urt. v. 11.12.2001 – VIII R 58/98, BStBl. 2002, S. 420; BMF, Tz. 5 d. Schr. v. 07.06.2001 – IV A 6-S 2241-52/01, BStBl. I 2001, S. 367; a. Ans.: Groh, DB 2002, S. 1904 (1906).

[50] Vgl. § 6b Abs. 3 EStG.

[51] Vgl. § 24 Abs. 4 Hs. 2 UmwStG.

[52] Vgl. Teil 2, Kap. 5, Abschn. C. II.

Verkehrt man schließlich die **Umstrukturierungsrichtung**, lässt dies stille Reserven in der Verlustgesellschaft unberührt. Weist allerdings das Vermögen der nun bewegten Tochterunternehmung ebenfalls Reserven auf, muss sichergestellt werden, dass seine Verlagerung den Tatbestand einer Privilegierung erfüllt. Dies gelingt am einfachsten, indem man das Vermögen anwachsen lässt oder die Tochtergesellschaft verschmilzt.[53] Eine solche Verschmelzung macht die Ermittlung eines Übernahmeergebnisses notwendig, sofern die Tochterunternehmung als Kapitalgesellschaft qualifiziert.[54] Simultan ermöglicht sie ein Rückbezugswahlrecht.[55] Die Anwachsung einer Tochterpersonengesellschaft ist mit Rückbezug hingegen nur zulässig, sofern man die Komplementär-GmbH auf den letzten Kommanditisten verschmilzt oder deren Beteiligung an der Tochterpersonengesellschaft auf diesen abspaltet.[56]

Grunderwerbsteuerlich kann ein Nachteil entstehen, falls es sich bei der Tochterunternehmung um eine Kapitalgesellschaft handelt, die über Grundbesitz oder grundbesitzende Beteiligungen verfügt.[57] Qualifiziert die Tochterunternehmung hingegen als Personengesellschaft, ist der Vermögensübergang typischerweise privilegiert.[58] Im Ganzen ist eine solche Sachverhaltsmodellierung deshalb vorteilhaft, sofern eventuell entstehende Nachteile bei der eigentlich aufnehmenden Tochtergesellschaft aus der Aufdeckung stiller Reserven, der Ermittlung eines Übernahmeergebnisses und der Entstehung von Grunderwerbsteuer den steuerlichen Vorteil aus der Bewahrung des Verlustvortrages bei der an sich einbringenden Unternehmung nicht erreichen.

2. Gestaltungen zur Vermeidung eines Formwechsels und einer Verschmelzung

Darüber hinaus können Sachverhaltsmodellierungen zur Vermeidung eines schädlichen Formwechsels oder einer nachteiligen Verschmelzung notwendig werden. Dabei ist denkbar, den Formwechsel einer verlustträchtigen Mitunternehmerschaft durch die **Einbringung ihres Betriebs** in eine Tochterkapitalgesellschaft unter Begründung eines Organschaftsverhältnisses zu ersetzen.[59] Eine solche Maßnahme qualifiziert im Hinblick auf die Fortführung stiller Reserven als begünstigt[60] und eröffnet auch ein Rückbezugswahlrecht.[61] Grunderwerbsteuerlich ist die Substitution hingegen nachteilig. Während der Formwechsel nicht grunderwerbsteuerbar ist,[62] be-

53 Vgl. Teil 2, Kap. 1, Abschn. D. III. 2.
54 Vgl. § 4 Abs. 4 S. 1 UmwStG.
55 Vgl. § 2 Abs. 1 UmwStG.
56 Vgl. Teil 2, Kap. 4, Abschn. D. II.
57 Vgl. Teil 2, Kap. 5, Abschn. D. II.
58 Vgl. § 6 Abs. 2, 3 S. 1 GrEStG.
59 Vgl. Teil 2, Kap. 2, Abschn. E. III. 1. 1.
60 Vgl. § 20 Abs. 2 UmwStG.
61 Vgl. § 20 Abs. 5 S. 1 UmwStG.
62 Vgl. Tz. A. IV. d. koordinierten Ländererlasses v. 12.12.1997; P/F-Pahlke, § 1 Rn. 20; Hofmann, § 1 Rn. 9; Boruttau-Fischer, § 1 Rn. 545-555; Götz, GmbHR 1998, S. 349 (350); Wienands,

wirkt die Einbringung einen grunderwerbsteuerbaren und nicht privilegierten Rechtsträgerwechsel.[63] Sie ist daher insgesamt nur vorteilhaft, falls der steuerliche Vorteil aus der Bewahrung des Verlustvortrages einen eventuellen grunderwerbsteuerlichen Nachteil übersteigt.

Daneben kann einer schädlichen Verschmelzung der Verlustgesellschaft auf eine Schwesterkapitalgesellschaft ausgewichen werden, indem man eine **Zusammenführung beider Unternehmen** auf der Ebene ihres gemeinsamen Gesellschafters vornimmt.[64] Eine solche Maßnahme ist ohne Gewinnrealisierung möglich, sofern man das Vermögen der Verlustgesellschaft anwachsen lässt[65] und die Schwesterkapitalgesellschaft verschmilzt.[66] Dabei macht die zuletzt genannte Umwandlung die Ermittlung eines Übernahmeergebnisses erforderlich.[67] Ein Rückbezugswahlrecht kann im Hinblick auf die Anwachsung der Verlustgesellschaft durch eine Verschmelzung der Komplementär-GmbH oder durch die Abspaltung deren Beteiligung auf den letzten Kommanditisten erreicht werden.[68] Die Verschmelzung der Schwesterkapitalgesellschaft auf ihren Gesellschafter ist insoweit stets privilegiert.[69]

Grunderwerbsteuerlich kann eine solche Zusammenführung nachteilig sein. Während die eigentlich geplante Verschmelzung der Verlustgesellschaft lediglich einen Rechtsträgerwechsel erforderlich macht, löst die Zusammenführung der Verlustgesellschaft und ihrer Schwesterkapitalgesellschaft auf Ebene des gemeinsamen Gesellschafters gleich zwei Rechtsträgerwechsel aus. Gehören zum Vermögen der Schwesterkapitalgesellschaft Grundbesitz oder Beteiligungen an grundbesitzenden Gesellschaften, kann es so zu nicht privilegierten Erwerbsvorgängen kommen.[70] Zählen zum Betriebsvermögen der Verlustgesellschaft solche Wirtschaftsgüter, greift angesichts ihrer grunderwerbsteuerlichen Transparenz und des Übergangs auf ihren Gesellschafter in der Regel eine Privilegierung.[71] Im Ganzen ist eine solche Gestaltung deshalb nur sinnvoll, sofern die steuerlichen Nachteile aus der Entstehung eines Übernahmeergebnisses und des Anfalls von Grunderwerbsteuer den Vorteil aus der Perpetuierung des Verlustvortrages nicht erreichen.

DB 1997, S. 1362.

63 Vgl. § 1 Abs. 1 Nr. 1, 3 GrEStG.

64 Vgl. Teil 2, Kap. 2, Abschn. E. III. 1. 1.

65 Vgl. OFD Berlin, Vfg. v. 11.11.2002 – St 122 – S 2241 – 2/02, DB 2002, S. 1966; SfF Bremen, Erl. v. 25.10.2002 – S-2241 – 5788 – 110, GmbHR 2002, S. 1264; Neu/Watermeyer, DStR 2002, S. 2101 (2108); Brandenberg, DStZ 2002, S. 511 (514); Breitenreicher, DStR 2004, S. 1405 (1406).

66 Vgl. BMF, Tz. 11.13 d. Schr. v. 25.03.1998 – IV B 7 – S 1978 – 21/98/IV B 2 – S 1909 – 33/98, BStBl. I 1998, S. 268; S/H/S-Schmitt, § 11 Rn. 18; D/J/P/W-Dötsch, Vor §§ 11-13 Rn. 8.

67 Vgl. § 4 Abs. 4 S. 1 UmwStG.

68 Vgl. Schmid/Dietel, DStR 2008, S. 529 (530); Breiteneicher, DStR 2004, S. 1405 (1406); Orth, DStR 2005, S. 1629 (1632); Watermeyer, GmbH-StB 2003, S. 96 (98).

69 Vgl. § 2 Abs. 1 UmwStG.

70 Vgl. Teil 2, Kap. 5, Abschn. D. II.

71 Vgl. § 6 Abs. 2, 3 S. 1 GrEStG.

3. Gestaltungen zur Vorbereitung eines Vermögensübergangs

Ist beabsichtigt, die Verlustgesellschaft zu eliminieren und ihr Vermögen auf eine Personengesellschaft als Anteilseignerin im Wege der Verschmelzung, Anwachsung, Realteilung oder Aufspaltung übergehen zu lassen, muss die aufnehmende Mitunternehmerschaft zur Herstellung der erforderlichen Unternehmeridentität vorab in eine Kapitalgesellschaft formgewechselt werden.[72] Soll die Verschmelzung der Verlustgesellschaft auf eine Tochterkapitalgesellschaft erfolgen, so erfordert eine Perpetuierung ihres Verlustvortrages einen Formwechsel der Tochterkapitalgesellschaft in eine Personengesellschaft.[73] Beide Umwandlungen sind ohne Gewinnrealisierung möglich.[74] Der Formwechsel der Tochterkapitalgesellschaft löst allerdings ein Übernahmeergebnis aus, das typischerweise negativ ausfällt und eine fiktive Ausschüttung der offenen Rücklagen bewirkt.[75] Rückbezugswahlrechte erfahren keine Beeinträchtigung.[76]

Grunderwerbsteuerlich sind die Formwechsel schließlich mangels Rechtsträgerwechsel ohne Relevanz.[77] Besonderes gilt für den Formwechsel der Verlustgesellschaft in eine Kapitalgesellschaft lediglich, falls bei ihr noch eine fünfjährige Behaltefrist läuft,[78] und für den Formwechsel der Tochterkapitalgesellschaft in eine Personengesellschaft, sofern die Tochterkapitalgesellschaft an einer grundbesitzenden Gesamthand beteiligt ist, bei der zuvor eine Behaltefrist initiiert wurde.[79] Insgesamt sind solche vorbereitenden Maßnahmen daher nur sinnvoll, sofern der steuerliche Vorteil aus der Bewahrung des Verlustvortrages größer ist als eventuelle Nachteile aus der Entstehung eines Übernahmeergebnisses, aus der Fiktion der ausgeschütteten offenen Rücklagen sowie aus der Verletzung grunderwerbsteuerlicher Behaltefristen.

---

72 Vgl. Teil 2, Kap. 2, Abschn. E. III. 1. 1.

73 Vgl. Teil 2, Kap. 2, Abschn. E. III. 1. 1.

74 Vgl. §§ 9 S. 1, 25 S. 1 UmwStG.

75 Vgl. §§ 4 Abs. 5 S. 2, 7 S. 1 UmwStG; R/H/L-van Lishaut, § 4 Rn. 106; Dötsch/Pung, DB 2006, S. 2704 (2710); Rödder/Schumacher, DStR 2006, S. 1525 (1531); Förster/Felchner, DB 2006, S. 1072 (1075).

76 Vgl. §§ 2 Abs. 1, 20 Abs. 5 S. 1 UmwStG

77 Vgl. Tz. A. IV. d. koordinierten Ländererlasses v. 12.12.1997; P/F-Pahlke, § 1 Rn. 20; Hofmann, § 1 Rn. 9; Boruttau-Fischer, § 1 Rn. 545-555; Götz, GmbHR 1998, S. 349 (350); Wienands, DB 1997, S. 1362.

78 Vgl. BFH, Urt. v. 18.12.2002 – II R 13/01, BStBl. II 2003, S. 358; Tz. 2 d. koordinierten Ländererlasses v. 14.02.2002, DB 2002 S. 455; P/F-Franz, § 5 Rn. 38; Hofmann, § 5 Rn. 32; Boruttau-Viskorf, § 5 Rn. 92; Schiessl/Tschesche, BB 2003, S. 1867 (1874); Kroschewski, GmbHR 2003, S. 757 (759); Viskorf, DStR 2001, S. 1101 (1103); Hofmann, BB 2000, S. 2606 (2609).

79 Vgl. Hofmann, § 5 Rn. 29; Hofmann, BB 2000, S. 2606 (2608); differenzierend: Boruttau-Viskorf, § 5 Rn. 85c; a. Ans.: Schiessl/Tschesche, BB 2003, S. 1867 (1874); Kroschewski, GmbHR 2003, S. 757 (759).

4. Gestaltungen zur Vermeidung einer schädlichen Anteilsübertragung

Zur Vermeidung einer schädlichen Anteilsübertragung kann es zunächst erforderlich sein, den **Beteiligungstransfer auf einer übergeordneten Ebene** vorzunehmen.[80] Eine solche Maßnahme hat im Hinblick auf vorhandene stille Reserven zur Folge, dass ein Gewinn auf dieser höheren Ebene realisiert wird. Dieser Umstand kann Bemessungsgrundlagen- und Steuersatzeffekte nach sich ziehen.[81] Grunderwerbsteuerlich besteht die Gefahr, einer steuerbaren Änderung des Gesellschafterbestandes oder einer Anteilsvereinigung auf der übergeordneten Ebene, falls das Betriebsvermögen dieser Muttergesellschaft über Grundbesitz oder Beteiligungen an grundbesitzenden Gesellschaften verfügt.[82] Sinnvoll ist eine solche Vorgehensweise daher, sofern der steuerliche Vorteil aus der Perpetuierung des Verlustvortrags eventuelle Nachteile aus Bemessungsgrundlagen- und Steuersatzeffekten sowie aus dem Anfall von Grunderwerbsteuer übersteigt.

Alternativ ist denkbar, im Zuge der Anteilsveräußerung zumindest eine minimale Restbeteiligung zurückbehalten.[83] Ein solcher **Zurückbehalt** lässt den aus der Anteilsveräußerung resultierenden Gewinn jedoch gewerbesteuerpflichtig werden und eine eventuelle Begünstigung gemäß den §§ 16 Abs. 4, 34 EStG untergehen, da nicht der gesamte Mitunternehmeranteil übertragen wird.[84] Er ist deshalb nur vorteilhaft, sofern der aus der Aufrechterhaltung des Verlustvortrages zu erwartende steuerliche Vorteil größer ist als die zusätzliche Belastung mit Einkommen- und Gewerbesteuer.

Daneben kommt in Betracht, die Einbringung eines Anteils an der Verlustgesellschaft in eine Tochterunternehmung durch die Veräußerung oder Abspaltung des übrigen Vermögens des Mitunternehmers zu ersetzen.[85] Erfolgt eine solche Substitution durch die **Veräußerung des übrigen Vermögens** des Mitunternehmers auf eine übergeordnete Unternehmung, kommt es zu einer Aufdeckung der stillen Reserven. Qualifiziert das übrige Vermögen hingegen als Teilbetrieb, kann es steuerneutral abgespalten werden.[86] In der zuletzt genannten Konstellation bedarf es der Ermittlung eines Übernahmeergebnisses, sofern der Mitunternehmer als Kapitalgesellschaft qualifiziert.[87] Im Gegensatz zur Veräußerung des übrigen Vermögens, generiert eine Abspaltung auch ein Rückbezugswahlrecht.[88] Grunderwerbsteuerlich ergibt sich ein Risiko, falls zum übrigen Vermögen auch Grundstücke oder Beteiligungen an grund-

---

80 Vgl. Teil 2, Kap. 2, Abschn. E. III. 1. 2.

81 Vgl. Teil 2, Kap. 2, Abschn. D.

82 Vgl. § 1 Abs. 2a, 3 GrEStG.

83 Vgl. Teil 2, Kap. 2, Abschn. E. III. 1. 2.

84 Vgl. §§ 7 Abs. 1 GewStG, 16 Abs. 1 Nr. 2 EStG.

85 Vgl. Teil 2, Kap. 2, Abschn. E. III. 1. 2.

86 Vgl. §§ 15 Abs. 1 S. 2 UmwStG, 6 Abs. 3 EStG.

87 Vgl. § 4 Abs. 4 S. 1 UmwStG.

88 Vgl. § 2 Abs. 1 UmwStG.

besitzenden Gesellschaften zählen.[89] Hilfreich ist eine solche Substitution daher nur, falls die steuerlichen Nachteile aus einer eventuellen Gewinnrealisierung und aus dem möglichen Anfall von Grunderwerbsteuer den Vorteil aus der Bewahrung des Verlustvortrages nicht erreichen.

Soll der Anteil des Mitunternehmers eigentlich aus dessen Betriebsvermögen auf eine übergeordnete Unternehmung ausgebracht oder abgespalten werden, besteht die Möglichkeit, sein übriges Vermögen in eine Tochterunternehmung einzubringen.[90] Eine solche **Einbringung des Restvermögens** ist grundsätzlich ohne Aufdeckung stiller Reserven und mit steuerlicher Rückwirkung möglich, sofern ein Teilbetrieb gegeben ist.[91] Grunderwerbsteuerlich birgt ein solches Vorgehen eine Gefahr, falls zum Restvermögen auch Grundstücke oder Beteiligungen an grundbesitzenden Gesellschaften gehören.[92] Günstig ist eine Gestaltung deshalb, sofern der steuerliche Vorteil aus der Perpetuierung des Verlustvortrages größer ist als ein eventueller grunderwerbsteuerlicher Nachteil.

5. Gestaltungen zur formalen Bewahrung eines Gesellschafters

Auf Ebene der Gesellschafter der Verlustunternehmung kann es schließlich zum Erhalt der Unternehmeridentität erforderlich werden, den Gesellschafter formal zu bewahren und allein sein übriges Vermögen zu bewegen.[93] Hierzu ist zunächst denkbar, dass man eine eigentlich geplante Verschmelzung des Gesellschafters auf die verlustträchtige Unternehmung durch eine bloße **Einbringung seines Betriebs** substituiert. Eine solche Maßnahme bewirkt im Hinblick auf im Betrieb vorhandene stille Reserven keine Nachteile.[94] Vollzieht man sie im Wege der Gesamtrechtsnachfolge, eröffnet sich auch ein Rückbezugswahlrecht.[95] Grunderwerbsteuerlich ergibt sich keine Veränderung, da es ohnehin zu einem Rechtsträgerwechsel kommt.[96] Qualifiziert der einbringende Gesellschafter als Kapitalgesellschaft, verhindert die Einbringung sogar, anders als die Verschmelzung, eine eventuelle Verletzung der Behaltefristen, da die einbringende Unternehmung nicht untergeht.[97]

Alternativ besteht die Möglichkeit, eine aufwärts gerichtete Verschmelzung, Aufspaltung, Realteilung oder Anwachsung des Gesellschafters durch eine **Veräußerung oder Abspaltung seines Vermögens** mit Ausnahme der Beteiligung an der Verlust-

---

89 Vgl. Teil 2, Kap. 5, Abschn. D. II.

90 Vgl. Teil 2, Kap. 2, Abschn. E. III. 1. 2.

91 Vgl. §§ 20 Abs. 2, 24 Abs. 2 UmwStG.

92 Vgl. § 1 Abs. 1, 2a, 3 GrEStG.

93 Vgl. Teil 2, Kap. 2, Abschn. E. III. 1. 3.

94 Vgl. § 24 Abs. 2 UmwStG.

95 Vgl. § 24 Abs. 4 Hs. 2 UmwStG.

96 Vgl. Teil 2, Kap. 5, Abschn. D. II.

97 Vgl. FM Baden-Württemberg, Tz. 2 d. Schr. v. 14.02.2002 - 3 - S 4400/15, DB 2002, S. 455; P/F-Franz, § 5 Rn. 40, 44; Boruttau-Viskorf, § 5 Rn. 84; K/K/K-Fleischer, § 5 Rn. 9; R/H/L-Rasche, Anh. 8 Rn. 10; Hofmann, § 5 Rn. 3; W/M-Pahlke, Anh. 12 Rn. 61.

gesellschaft zu ersetzen. Diese Option ist ebenfalls bei einer an sich beabsichtigten Verschmelzung der Verlustgesellschaft auf eine Schwesterunternehmung vorstellbar.[98] Diese Gestaltungsalternativen entsprechen denen zum Erhalt der Unternehmeridentität bei einer eigentlich beabsichtigten Übertragung des Mitunternehmeranteils. Deshalb finden die dort erläuterten Koordinationsgrundsätze entsprechende Anwendung.[99]

II. Gestaltungen zur Nutzung der Verlustvorträge

Sachverhaltsmodellierungen zur Nutzung eines gewerbesteuerlichen Verlustvortrages entsprechen grundsätzlich denen zur Nutzung körperschaftsteuerlicher und gewerbesteuerlicher Verlustvorträge einer Kapitalgesellschaft. Daher finden die dortigen Koordinationsgrundsätze entsprechende Anwendung.[100]

C. Gestaltungen bei verrechenbaren Verlusten bei Personengesellschaften

I. Gestaltungen zur Aufrechterhaltung verrechenbarer Verluste

Zur Aufrechterhaltung verrechenbarer Verluste bei einer Personengesellschaft können sich auf Ebene der Verlustgesellschaft, auf Ebene der Beteiligung an der Verlustgesellschaft und auf Ebene des Gesellschafters der Verlustgesellschaft Sachverhaltsmodellierungen notwendig werden, die den im Zusammenhang mit gewerbesteuerlichen Fehlbeträgen erläuterten Gestaltungen entsprechen.[101] Was die Koordination dieser Maßnahmen mit den übrigen steuerlichen Relevanzbereichen betrifft, gelten die oben vorgestellten Koordinationsgrundsätze daher gleichermaßen.[102]

Eine Besonderheit gilt lediglich für den **kreuzenden Formwechsel** eines Gesellschafters der Verlustgesellschaft.[103] Er lässt einen verrechenbaren Verlust angesichts des mit ihm verbundenen Untergangs der Beteiligtenidentität verloren gehen.[104] Um diesem Nachteil auszuweichen, bietet es sich an, den Betrieb des betroffenen Anteilseigners mit Ausnahme der Beteiligung an der Verlustunternehmung auf eine Schwestergesellschaft abzuspalten. Diese nebengeordnete Unternehmung kann dann das operative Geschäft in der gewünschten Rechtsform fortführen. Eine solche Maßnahme ist im Hinblick auf im übrigen Betriebsvermögen vorhandene stille Reserven typischerweise unschädlich, sofern die übergehende Sachgesamtheit als Teilbetrieb qualifiziert.[105] Ist der Anteilseigner der Verlustunternehmung als Kapital-

98 Vgl. Teil 2, Kap. 2, Abschn. E. III. 1. 3.
99 Vgl. Abschn. B. I. 4.
100 Vgl. Abschn. A. II.
101 Vgl. Teil 2, Kap. 2, Abschn. E. IV. 1.
102 Vgl. Abschn. B. I.
103 Vgl. Teil 2, Kap. 2, Abschn. E. IV. 1. 3.
104 Vgl. Schmidt-Wacker, § 15a Rn. 249.
105 Vgl. §§ 15 Abs. 1 S. 2, 20 Abs. 2 UmwStG.

gesellschaft einzuordnen, ergibt sich ein Übernahmeergebnis, das angesichts des Zurückbehalts des Mitunternehmeranteils an der Verlustgesellschaft in der Höhe anders ausfällt als beim eigentlich geplanten Formwechsel.[106]

Ein Rückbezugswahlrecht erfährt durch die Modifikation regelmäßig keine Beeinträchtigung. Bei einer Kapitalgesellschaft als Anteilseignerin ordnet § 2 Abs. 1 UmwStG ein solches nicht nur für den Formwechsel, sondern auch für die Abspaltung an. Bei einer Personengesellschaft ermöglicht § 20 Abs. 5 UmwStG einen Rückbezug, vorausgesetzt der Transfer erfüllt den Tatbestand des § 20 Abs. 1 UmwStG. Grunderwerbsteuerlich kann die Sachverhaltsmodellierung hingegen nachteilig sein, sofern zum abzuspaltenden Vermögen auch Grundbesitz oder Beteiligungen an grundbesitzenden Gesellschaften gehören. Während der Formwechsel nicht grunderwerbsteuerbar wäre,[107] löst die Abspaltung im Hinblick auf Grundstücke und Beteiligungen an grundbesitzenden Gesellschaften einen Rechtsträgerwechsel aus.[108] Insgesamt ist eine solche Sachverhaltsmodellierung daher sinnvoll, sofern der steuerliche Vorteil aus der Aufrechterhaltung des Verlustvortrages eventuelle Nachteile aus der Ermittlung eines Übernahmeergebnisses und aus dem Anfall von Grunderwerbsteuer übersteigt.

II. Gestaltungen zur Nutzung verrechenbarer Verluste

Zur Nutzung verrechenbarer Verluste können insbesondere drei Sachverhaltsmodifikationen notwendig werden. Zunächst ist denkbar, dass man den Gewinn der Personengesellschaft erhöht. Dies ist vor allem mit den bei Verlustvorträgen von Kapitalgesellschaften erläuterten Gestaltungen möglich.[109] Eine Gewinnerhöhung kann aber auch erreicht werden, indem man Wirtschaftsgüter nicht im Gesamthandsvermögen, sondern im Sonderbetriebsvermögen anschafft respektive dorthin überführt, oder Nutzungsentgelte und Tätigkeitsvergütungen niedrig ansetzt. Darüber hinaus kommt in Betracht, das Eigenkapital des Kommanditisten zu erhöhen.[110] Schließlich besteht die Möglichkeit, die Haftung des Kommanditisten zu erweitern. Alle diese Sachverhaltsmodellierungen haben grundsätzlich keine essenziellen Folgen für die übrigen steuerlichen Relevanzbereiche. Im Hinblick auf Maßnahmen zur Gewinnerhöhung gelten die oben erläuterten Ausnahmen.[111]

---

106 Vgl. § 4 Abs. 4 S. 1 UmwStG.

107 Vgl. FM Baden-Württemberg, Tz. A. IV. d. Schreibens v. 19.12.1997 – S 4520/2, StEK GrEStG 1983 § 8 Nr. 17; P/F-Pahlke, § 1 Rn. 20; Hofmann, § 1 Rn. 9; Boruttau-Fischer, § 1 Rn. 545-555; Götz, GmbHR 1998, S. 349 (350); Wienands, DB 1997, S. 1362.

108 Vgl. § 1 Abs. 1 Nr. 3 GrEStG.

109 Vgl. Teil 2, Kap. 2, Abschn. E. II. 2.; L/B/P-Bitz, § 15a Rn. 10a, Geerling, DStR 1996, S. 1715 (1717); Natschke, GestStB 1998, S. 9.

110 Vgl. L/B/P-Bitz, § 15a Rn. 10a; Natschke, GestStB 1998, S. 9; Butz-Seidl, GestStB 1998, S. 15; Niehus/Wilke, FR 2004, S. 677; Bitz, GmbHR 1882, S. 285 (286); Roemer, INF 1998, S. 545 (547); Baumhoff, StbJb. 1993/94, S. 267 (278).

111 Vgl. Abschn. A. II.

D. Gestaltungen bei Zinsvorträgen von Kapital- oder Personengesellschaften

I. Gestaltungen zur Aufrechterhaltung eines Zinsvortrages

Die Koordination von Gestaltungen zur Aufrechterhaltung eines Zinsvortrages hängt davon ab, ob eine Personengesellschaft oder eine Kapitalgesellschaft den Zinsvortrag erwirtschaftet hat. Bei einer Personengesellschaft sind die im Zusammenhang mit dem Erhalt eines gewerbesteuerlichen Fehlbetrages vorgestellten Sachverhaltsmodellierungen vorstellbar.[112] Daher gelten die oben erläuterten Koordinationsgrundsätze entsprechend.[113] Bei einer Kapitalgesellschaft können die zur Perpetuierung von Verlustvorträgen bei Kapitalgesellschaften dargestellten Gestaltungen erforderlich werden.[114] Deshalb finden die oben erörterten Koordinationsgrundsätze entsprechende Anwendung.[115]

II. Gestaltungen zur Nutzung eines Zinsvortrages

1. Gestaltungen zur Verringerung des Zinssaldos

Zur Transformation eines Zinsvortrages in Zinsaufwand kann zunächst eine Verringerung des Zinssaldos im Wirtschaftsjahr vor Durchführung der Umstrukturierungsmaßnahme notwendig sein.[116] Solche Maßnahmen haben grundsätzlich keinen Einfluss auf im Betriebsvermögen vorhandene stille Reserven, da lediglich die Finanzierung des Unternehmens eine Modifikation erfährt. Eine Ausnahme gilt für Sale-and-lease-back-Gestaltungen. Sie realisieren Gewinn, der ggf. durch die Bildung einer Rücklage egalisiert werden kann.[117] Übernahmeergebnisse werden ebenfalls grundsätzlich nicht berührt, da sich die Finanzierungsveränderungen regelmäßig im gleichen Maße auf das Betriebsvermögen der Unternehmung und die Anschaffungskosten ihres Gesellschafters auswirken. Da die jeweiligen Gestaltungen noch vor Durchführung der eigentlichen Umstrukturierungsmaßnahme stattfinden, wird ein vorhandenes Rückbezugswahlrecht ebenfalls nicht beeinträchtigt. Grunderwerbsteuerlich ergeben sich schließlich mangels Rechtsträgerwechsel grundsätzlich keine Auswirkungen. Eine Ausnahme gilt nur, falls Grundstücke oder Beteiligungen an grundbesitzenden Gesellschaften Gegenstand einer Einlage oder einer Sale-and-lease-back-Gestaltung sind.[118]

---

[112] Vgl. Teil 2, Kap. 2, Abschn. E. V. 1.
[113] Vgl. Abschn. B.
[114] Vgl. Teil 2, Kap. 2, Abschn. E. V. 1.
[115] Vgl. Abschn. A.
[116] Vgl. Teil 2, Kap. 2, Abschn. E. V. 2. 1.
[117] Vgl. § 6b Abs. 3 EStG.
[118] Vgl. § 1 Abs. 1, 2a, 3 GrEStG.

2. Gestaltungen zur Erhöhung des maßgeblichen Gewinns

Alternativ kann eine Erhöhung des maßgeblichen Gewinns eines Wirtschaftsjahres erforderlich sein.[119] Soweit dies durch Aufdeckung stiller Reserven geschieht, hat diese Sachverhaltsmodellierung bereits im Rahmen der Definition des Soll-Zustandes eine Koordination erfahren, so dass es insoweit keiner erneuten Abstimmung bedarf.[120] Im Übrigen ist im Hinblick auf ein im Rahmen der anschließenden Umstrukturierungsmaßnahme zu ermittelndes Übernahmeergebnis zu beachten, dass jede Art der Gewinnerhöhung auch die offenen Rücklagen vergrößert, die im Zuge der Umwandlung einer Kapitalgesellschaft als ausgeschüttet gelten.[121] Dieser Umstand kann vorteilhaft sein, falls mit einem Übernahmeverlust zu rechnen ist.[122]

Die alternativ denkbare Ausgliederung von Betriebsteilen in Tochterpersonengesellschaften ist ohne Gewinnrealisierung und mit Rückbezugswahlrecht möglich, sofern Teilbetriebe im Wege der Gesamtrechtsnachfolge übergehen.[123] Sie beinhaltet aber ein grunderwerbsteuerliches Risiko, falls auch Grundstücke oder Beteiligungen an grundbesitzenden Gesellschaften bewegt werden.[124]

3. Gestaltungen zur Vermeidung eines Betriebs

Zur Vermeidung eines der Zinsschranke unterliegenden Unternehmens ist eine Modellierung des Sachverhalts denkbar, die einen Gewerbebetrieb in eine nur vermögensverwaltend tätige Gesellschaft transformiert.[125] Die damit verbundene Betriebsaufgabe bewirkt eine Aufdeckung sämtlicher stiller Reserven des Betriebsvermögens.[126] Simultan verliert das Unternehmen mangels Gewerblichkeit die Option eines steuerlichen Rückbezugs.[127] Grunderwerbsteuerlich ist eine Transformation mangels Rechtsträgerwechsel ohne Relevanz. Im Ganzen ist eine solche Gestaltung daher nur sinnvoll, sofern der steuerliche Vorteil aus der Zinsschrankenvermeidung größer ist als der Nachteil aus der mit der Betriebsaufgabe verbundenen Gewinnrealisierung.

4. Gestaltungen zur Verwirklichung eines Ausnahmetatbestandes

Schließlich ist vorstellbar, dass der bisher geplante Ist-Sachverhalt so modifiziert werden muss, dass er einen der drei Ausnahmetatbestände des § 4h Abs. 2 EStG

---

119 Vgl. Teil 2, Kap. 2, Abschn. E. V. 2. 2.

120 Vgl. Teil 2, Kap. 2, Abschn. D.

121 Vgl. § 7 S. 1 UmwStG.

122 Vgl. R/H/L-van Lishaut, § 4 Rn. 109; S/H/S-Schmitt, § 4 Rn. 108; D/P/P/M-Pung, § 4 Rn. 125; Müller/Maiterth, WPg 2007, S. 249 (255).

123 Vgl. § 24 Abs. 2, 4 Hs. 2 UmwStG.

124 Vgl. § 1 Abs. 1, 2a, 3 GrEStG.

125 Vgl. Teil 2, Kap. 2, Abschn. E. V. 2. 3.

126 Vgl. § 16 Abs. 3 S. 1 EStG.

127 Vgl. §§ 20 Abs. 1, 24 Abs. 1 UmwStG.

verwirklicht. Dabei gelingt die Unterschreitung der **Freigrenze,** indem man die Gestaltungsalternativen zur Zinsaufwandsminimierung einsetzt.[128] Insoweit gelten die oben erläuterten Koordinationsgrundsätze entsprechend.[129]

Daneben kommt in Betracht, dass Teile des Betriebes auf Tochtergesellschaften ausgegliedert oder auf Schwestergesellschaften abgespalten werden.[130] Solche Maßnahmen sind im Hinblick auf stille Reserven grundsätzlich nur privilegiert, sofern Teilbetriebe bewegt werden.[131] Erfolgt eine Abspaltung aus einer Kapitalgesellschaft, bedarf es der Ermittlung eines Übernahmeergebnisses.[132] Rückbezugswahlrechte sind grundsätzlich gegeben.[133] Grunderwerbsteuerlich bergen sowohl Einbringungen als auch Abspaltungen das Risiko steuerbarer und steuerpflichtiger Erwerbsvorgänge, da sie einen Rechtsträgerwechsel auslösen.[134] Insgesamt sind solche Sachverhaltsmodellierungen daher hilfreich, sofern der steuerliche Vorteil aus der Zinsschrankenvermeidung eventuelle Nachteile aus der Aufdeckung stiller Reserven, aus der Entstehung eines Übernahmeergebnisses und aus dem Anfall von Grunderwerbsteuer übersteigt.

Zur Vermeidung einer **Konzernzugehörigkeit** der betroffenen Unternehmung kommt insbesondere eine entsprechende Restrukturierung des Konzerns in Betracht.[135] Hierfür gelten die allgemeinen Koordinationsgrundsätze. Daneben ist die Begründung körperschaftsteuerlicher Organschaftsverhältnisse mit allen Mitgliedern des Konzerns in jeder Hinsicht unschädlich.

Zur Veränderung des Verhältnisses zwischen der **Eigenkapitalquote** der zinsvortragenden Gesellschaft und der des Konzerns kann es notwendig werden, Einlagen in die zinsvortragende Gesellschaft zu erbringen.[136] Solche Maßnahmen sind ohne Bedeutung, es sei denn, sie haben Grundstücke oder Beteiligungen an grundbesitzenden Gesellschaften zum Gegenstand.[137] Die Zusammenfassung der zinsvortragenden Gesellschaft mit eigenkapitalstärkeren Unternehmen des Konzerns durch die Begründung von Organschaftsverhältnissen ist ebenfalls ohne Relevanz. Erfolgt eine solche Verbindung hingegen im Wege der Verschmelzung, gelten die allgemeinen Koordinationsgrundsätze.

---

128 Vgl. Teil 2, Kap. 2, Abschn. E. V. 2. 4.

129 Vgl. Abschn. D. II. 1.

130 Vgl. Reiche/Kroschewski, DStR 2007, S. 1330 (1333); Rupp, EStB 2007, S. 419 (421); Middendorf/Stegemann, INF 2007, S. 305 (312); Endres/Spengel/Reister, WpG 2007, S. 478 (486); Dörr/Geibel/ Fehling, NWB F. 4, S. 5199 (5214).

131 Vgl. §§ 15 Abs. 1 S. 2, 20 Abs. 2, 24 Abs. 2 UmwStG.

132 Vgl. § 4 Abs. 4 S. 1 UmwStG.

133 Vgl. §§ 2 Abs. 1, 20 Abs. 5, 24 Abs. 4 Hs. 2 UmwStG.

134 Vgl. § 1 Abs. 1, Abs. 2a, Abs. 3 GrEStG.

135 Vgl. Teil 2, Kap. 2, Abschn. E. V. 2. 4.

136 Vgl. Teil 2, Kap. 2, Abschn. E. V. 2. 4.

137 Vgl. § 1 Abs. 1, 2a, 3 GrEStG.

Zur Verminderung der Eigenkapitalquote des Konzerns kommt in Betracht, Unternehmen der Gruppe, die im Hinblick auf die Zinsschranke nicht gefährdet sind, mit zusätzlichem Fremdkapital auszustatten. Eine solche Maßnahme ist bedeutungslos, da sie sich lediglich auf die Finanzierung des Konzerns auswirkt. Die Ausübung von Rechnungslegungswahlrechten,[1] Einbeziehungswahlrechten[2] und Bilanzierungswahlrechten sowie die Wahrnehmung von Ermessensspielräumen wirkt sich auf die übrigen steuerlichen Relevanzbereiche ebenfalls nicht aus.

Kapitel 4: Koordination übernahmeergebnismotivierter Gestaltungen

A. Gestaltungen zur Minimierung eines Übernahmegewinns

I. Gestaltungen beim Vermögensübergang auf eine Personengesellschaft

Zur Minimierung eines Übernahmegewinns kann es beim Vermögensübergang auf eine Personengesellschaft zunächst erforderlich werden, neutrales Vermögen der übertragenden Kapitalgesellschaft vorab in eine ausländische Tochterkapitalgesellschaft einzubringen.[3] Eine solche Sachverhaltsmodellierung birgt im Hinblick auf stille Reserven in zweifacher Hinsicht Risiken. Zum einen besteht die Gefahr, dass die Einbringung selbst nach dem maßgeblichen ausländischen oder nach deutschem Steuerrecht Gewinn realisiert. Zum anderen ist bei einer anschließenden Auf- oder Abspaltung das Bewertungswahlrecht des § 11 Abs. 2 UmwStG nicht anwendbar, sofern die Beteiligung an der ausländischen Tochterkapitalgesellschaft dabei eine Bewegung erfährt und die vorangegangene Einbringung als Aufstockung qualifiziert.[4] Daneben ist vorstellbar, dass das so eingebrachte Betriebsvermögen Bestandteil eines Teilbetriebs war. Verliert dieser Teilbetrieb aufgrund der Einbringung seine Selbständig- oder Lebensfähigkeit, kann er im Anschluss nicht mehr im Rahmen der eigentlichen Umstrukturierungsmaßnahme bewegt werden.[5] Nichts anderes gilt, falls die Selbständig- und Lebensfähigkeit des Teilbetriebs trotz der Einbringung zwar aufrechterhalten werden kann, jedoch zwischen der Einbringung und der eigentlichen Umstrukturierungsmaßnahme ein sachlicher und zeitlicher Zusammenhang besteht.[6] Eine solche vorangehende Einbringung beeinträchtigt Verlust- und Zinsvorträge der betroffenen Gesellschaft nicht essenziell, da diese beim darauf folgenden Vermögensübergang auf eine Personengesellschaft ohnehin untergehen.[7] Das Rückbezugswahlrecht der eigentlichen Umwandlung erfährt ebenfalls keine Einschränkung.[8] In grunderwerbsteuerlicher Hinsicht ist die Einbringung in eine ausländische Tochter-

1 Vgl. Lüdenbach/Hoffmann, DStR 2007, S. 636 (640); Köster, BB 2007, S. 2278 (2281).

2 Vgl. B/F/F/K-G. Förster, § 4h EStG Rn. 105; Henrichs, DB 2007, S. 2101 (2104).

3 Vgl. Teil 2, Kap. 3, Abschn. D. I. 1.

4 Vgl. § 15 Abs. 2 S. 1 UmwStG.

5 Vgl. W/M-Widmann, § 20 Rn. 80; Schmidt-Wacker, § 16 Rn. 143; L/B/P-Hörger/Rapp, § 16 Rn. 44-55; H/B-Benkert, § 20 Rn. 98; Blumers, DB 2001, S. 722; Rogall, DB 2006, S. 66.

6 Vgl. BFH, Urt. v. 16.12.2004 – IV R 3/03, DStR 2005, S. 554.

7 Vgl. §§ 4 Abs. 2 S. 2, 12 Abs. 3 Hs. 2 UmwStG.

8 Vgl. § 2 Abs. 1 UmwStG.

kapitalgesellschaft unschädlich, da es sich um ausländisches Grundvermögen handelt.[9] Denkbar ist allerdings, dass der ausländische Staat eine der deutschen Grunderwerbsteuer vergleichbare Abgabe erhebt. Insgesamt ist eine solche Vorgehensweise deshalb nur hilfreich, sofern der steuerliche Vorteil aus der Verminderung des Übernahmegewinns eventuelle Nachteile aus der Aufdeckung stiller Reserven und aus der Entstehung von Grunderwerbsteuer übersteigt.

Daneben ist vorstellbar, dass vor Durchführung der Umstrukturierungsmaßnahme der **Ablauf einer Frist** gemäß § 50c EStG abgewartet werden muss.[10] Eine solche Gestaltung ist grundsätzlich unschädlich. Sie lässt lediglich das Rückbezugswahlrecht der anschließenden Umwandlung faktisch gegenstandslos werden.[11] Die **Generierung nachträglicher Anschaffungskosten** und die **Produktion zusätzlichen Aufwands** lösen ebenfalls grundsätzlich keine Nachteile für die übrigen steuerlichen Relevanzbereiche aus. [12]

Die Substitution der an sich geplanten Umwandlung durch eine **wirtschaftlich gleichwertige Restrukturierungsmaßnahme** generiert schließlich einen vollständig neuen Ist-Sachverhalt. Deshalb birgt eine solche Gestaltung das Risiko einer Aufdeckung stiller Reserven und eines grunderwerbsteuerpflichtigen Rechtsträgerwechsels. Im Hinblick auf Verlust- und Zinsvorträge kann eine solche Modifikation hingegen nur vorteilhaft sein, da die eigentliche Umwandlung in jedem Fall ihren Untergang bewirkt hätte.[13]

II. Gestaltungen beim Vermögensübergang auf eine Kapitalgesellschaft

Zur Minimierung eines Übernahmegewinns bei einem Vermögensübergang auf eine Kapitalgesellschaft sind zunächst die auch beim Übergang auf eine Personengesellschaft denkbaren Sachverhaltsmodellierungen denkbar.[14] Insofern gelten die oben erläuterten Koordinationsgrundsätze entsprechend. [15]

Zusätzlich besteht in diesem Zusammenhang die Möglichkeit, dass die übernehmende Gesellschaft noch vor der Umwandlung Anteile an der übertragenden Kapitalgesellschaft erwirbt.[16] Ein solcher Erwerb führt grundsätzlich zu einer Gewinnrealisierung, es sei denn, er erfüllt die Voraussetzungen einer verdeckten Einlage[17] oder der Einbringung einer mehrheitsvermittelnden Beteiligung.[18] Außerdem kann er Verlust-

---

[9] Vgl. § 1 Abs. 1 GrEStG.
[10] Vgl. Teil 2, Kap. 3, Abschn. D. I. 1.
[11] Vgl. § 2 Abs. 1 UmwStG.
[12] Vgl. Teil 2, Kap. 3, Abschn. D. I. 1.
[13] Vgl. §§ 4 Abs. 2 S. 2, 12 Abs. 3 Hs. 2 UmwStG.
[14] Vgl. Teil 2, Kap. 3, Abschn. D. I. 2.
[15] Vgl. Abschn. A. I.
[16] Vgl. Teil 2, Kap. 3, Abschn. D. I. 2.
[17] Vgl. § 6 Abs. 1 Nr. 5 EStG.
[18] Vgl. § 21 Abs. 1 S. 2 UmwStG.

und Zinsvorträge beeinträchtigen, falls mit ihm die Quoren des § 8c KStG überschritten werden. Soweit diese Verlust- oder Zinsvorträge allerdings im Zuge der anschließenden Umwandlung sowieso untergehen, bewirkt eine solche Maßnahme lediglich eine unwesentliche Vorverlagerung. In grunderwerbsteuerlicher Hinsicht besteht schließlich die Gefahr, einer unmittelbaren oder mittelbaren Anteilsvereinigung sowie einer mittelbaren Änderung des Gesellschafterbestandes einer grundbesitzenden Tochterpersonengesellschaft.[19] Sinnvoll ist eine solche Gestaltung daher insgesamt, sofern der steuerliche Vorteil aus der Verminderung des Übernahmegewinns die Nachteile aus einer eventuellen Aufdeckung stiller Reserven und eines Anfalls von Grunderwerbsteuer übersteigt.

B. Gestaltungen zur optimalen Abziehbarkeit eines Übernahmeverlusts

Zur Gewährleistung der möglichst weitgehenden steuerlichen Abziehbarkeit eines Übernahmeverlusts kann es notwendig werden, **eine Aufdeckung stiller Reserven** vorzunehmen.[20] Dadurch kommt es zu einer Gewinnrealisierung. Eine solche ist allerdings vorab bei der Definition des Soll-Zustandes als optimal erkannt worden, sofern der aus ihr entstehende Nachteil geringer ausfällt als der Vorteil aus der Generierung offener Rücklagen zur Nutzung eines Übernahmeverlusts.[21] Im Übrigen ist die Reservenaufdeckung unschädlich.

Darüber hinaus kann bei Anteilen gemäß § 17 EStG eine vorangehende **Einlage der Beteiligung** aus dem Privatvermögen in ein Betriebsvermögen erforderlich sein.[22] Eine solche kann ohne Gewinnrealisierung verwirklicht werden, sofern sie nicht gegen Gewährung von Gesellschaftsrechten, sondern verdeckt erfolgt.[23] Sie vermag allerdings Verlust- und Zinsvorträge der betroffenen Kapitalgesellschaft zu vernichten, falls eines der Quoren des § 8c KStG überschritten wird. In grunderwerbsteuerlicher Hinsicht kann der durch sie verursachte Rechtsträgerwechsel eine steuerbare Änderung des Gesellschafterbestandes oder eine steuerbare Anteilsvereinigung auslösen.[24] Sinnvoll ist eine solche Sachverhaltsmodellierung daher nur, sofern der steuerliche Vorteil aus der Inanspruchnahme des Übernahmeverlusts eventuelle Nachteile aus dem Untergang von Verlust- und Zinsvorträgen sowie aus dem Anfall von Grunderwerbsteuer übersteigt.

---

19 Vgl. § 1 Abs. 2a, 3 GrEStG.

20 Vgl. Teil 2, Kap. 3, Abschn. D. III.

21 Vgl. Teil 2, Kap. 1, Abschn. E. III. 1. 4.

22 Vgl. Teil 2, Kap. 3, Abschn. D. III.

23 Vgl. § 6 Abs. 1 Nr. 5 EStG; BMF, Tz. 2 d. Schr. v. 26.11.2004 – IV B 2 – S 2178 – 2/04, BStBl. I 2004, S. 1190.

24 Vgl. § 1 Abs. 2a, 3 GrEStG.

Der **Verzicht auf eigentlich geplante Gewinnausschüttungen** bis zur Durchführung der Umwandlung und das **Abwarten der Fünf-Jahres-Frist** sind im Übrigen grundsätzlich unschädlich.[1]

Kapitel 5: Koordination rückbezugsmotivierter Gestaltungen

A. Gestaltungen beim Transfer von Einzelwirtschaftsgütern

Zur Generierung eines Rückbezugs beim Transfer von Einzelwirtschaftsgütern kann es erforderlich sein, das Wirtschaftsgut nach den Vorschriften des UmwG vom übrigen Vermögen der Unternehmung abzuspalten.[2] Im Vergleich zu einer ansonsten vorzunehmenden Veräußerung bewirkt eine solche Abspaltung lediglich die Entstehung eines minimalen und damit vernachlässigbaren Übernahmeergebnisses. Eine Reservenaufdeckung und eine Grunderwerbsbesteuerung finden ggf. ohnehin statt. Verlust- und Zinsvorträge erfahren keine Beeinträchtigung.[3]

Alternativ kann es notwendig werden, das jeweilige Einzelwirtschaftsgut in einen Teilbetrieb, eine Mitunternehmerschaft oder eine Kapitalgesellschaft zu integrieren und anschließend nicht das Einzelwirtschaftsgut, sondern die Sachgesamtheit zu verlagern.[4] Diese Gestaltungen entsprechen denen zum Transfer von Einzelwirtschaftsgütern ohne Aufdeckung stiller Reserven.[5] Insofern gelten die oben erläuterten Koordinationsgrundsätze entsprechend.[6]

B. Gestaltungen beim Transfer von Sachgesamtheiten

I. Gestaltungen bei Anwachsungen

Zur Generierung eines Rückbezugswahlrechts bei Anwachsungen kann es notwendig werden, die Komplementär-GmbH auf den letzten Kommanditisten zu verschmelzen oder ihre Beteiligung an der Personengesellschaft auf diesen abzuspalten.[7] Solche Maßnahmen haben angesichts der typischerweise fehlenden vermögensmäßigen Beteiligung der Komplementär-GmbH keine nachteiligen Auswirkungen auf stille Reserven der Gesellschaft. Sie beeinträchtigen Verlust- und Zinsvorträge der Personengesellschaft auch nicht stärker als reguläre Anwachsungen. In grunderwerbsteuerlicher Hinsicht ergibt sich im Regelfall ebenfalls keine essenzielle Abweichung.

---

1 Vgl. Teil 2, Kap. 3, Abschn. D. III.

2 Vgl. Teil 2, Kap. 4, Abschn. D. I.

3 Vgl. D/P/P/M-Dötsch/Pung, § 15 Rn. 169; BMF, Tz. 15.48 d. Schr. v. 25.03.1998 – IV B 7 – S 1978 – 21/98, BStBl. I 1998, S. 268; S/H/S-Hörtnagl, § 15 Rn. 105; F/M-Frotscher, § 15 UmwStG Rz. 68; a. Ans.: R/H/L-Schumacher, § 15 Rn. 263.

4 Vgl. Teil 2, Kap. 4, Abschn. D. I.

5 Vgl. Teil 2, Kap. 1, Abschn. F. II. 2. 6.

6 Vgl. Abschn. A. V.

7 Vgl. Teil 2, Kap. 4, Abschn. D. II.

II. Gestaltungen bei Realteilungen

Zur Herstellung eines Rückbezugswahlrechts bei einer Realteilung ist denkbar, dass die Mitunternehmerschaft in eine Kapitalgesellschaft formgewechselt und anschließend aufgespalten wird.[8] Dabei ist im Hinblick auf stille Reserven sicherzustellen, dass der zunächst vorzunehmende Formwechsel den Privilegierungstatbestand der §§ 25, 20 Abs. 2 UmwStG erfüllt. Hierzu müssen insbesondere die wesentlichen Betriebsgrundlagen des Sonderbetriebsvermögens auf die Kapitalgesellschaft übertragen werden.[9] Die anschließende Aufspaltung verletzt nicht die siebenjährige Frist des § 22 Abs. 1 S. 6 Nr. 3 UmwStG.[10] Bei ihr gilt es im Übrigen zu gewährleisten, dass Teilbetriebe bewegt werden und keine schädliche Trennung von Gesellschafterstämmen erfolgt. Dabei ist zu beachten, dass Zeiten der Beteiligung an der Personengesellschaft anzurechnen sind.[11]

Nachteilig ist eine solche Gestaltung im Hinblick auf vorhandene Verlust- und Zinsvorträge. Angesichts des zunächst zu realisierenden Formwechsels gehen sie vollständig unter.[12] In grunderwerbsteuerlicher Hinsicht bewirkt der Formwechsel zwar keinen steuerbaren Erwerbsvorgang, er vermag aber die fünfjährigen Fristen nach einer vorangegangenen Grundstückseinbringung zu verletzen.[13] Die anschließende Aufspaltung der Kapitalgesellschaft löst genau wie die eigentlich beabsichtigte Realteilung einen steuerbaren Erwerbsvorgang aus.[14] Angesichts der grunderwerbsteuerlichen Intransparenz von Kapitalgesellschaften ist bei der Aufspaltung aber anders als bei der Realteilung eine Privilegierung ausgeschlossen.[15] Im Ganzen ist eine solche Sachverhaltsmodellierung daher sinnvoll, sofern der steuerliche Vorteil aus der Rückbezugsmöglichkeit größer ist als die Nachteile aus dem Untergang von Verlust- und Zinsvorträgen, aus der eventuellen Verletzung grunderwerbsteuerlicher Fristen sowie aus dem Wegfall der grunderwerbsteuerlichen Privilegierung.

III. Gestaltungen bei Einbringungen

Zur Generierung eines Rückbezugswahlrechts bei der Einbringung einer Sachgesamtheit in eine Personengesellschaft im Wege der Einzelrechtsnachfolge kann es notwendig werden, alternativ eine Ausgliederung nach dem UmwG vorzunehmen.[16]

---

8 Vgl. Teil 2, Kap. 4, Abschn. D. II.

9 Vgl. W/M-Widmann, § 20 Rn. 30; D/J/P/W-Patt, § 25 Rn. 22; H/B-Friederichs, § 20 Rn. 67.

10 Vgl. D/P/P/M-Patt, § 22 Rn. 45; R/H/L-Stangl, § 22 Rn. 110.

11 Vgl. BMF, Tz. 15.39 d. Schr. v. 25.03.1998 – IV B 7 – S 1978 – 21/98/IV B 2 – S 1909 – 33/98, BStBl. I 1998, S. 268; D/P/P/M-Dötsch/Pung, § 22 Rn. 157.

12 Vgl. Teil 2, Kap. 2, Abschn. C. II. 1. 1.

13 Vgl. BFH, Urt. v. 18.12.2002 – II R 13/01, BStBl. II 2003, S. 358; Tz. 2 d. koordinierten Ländererlasses v. 14.02.2002, DB 2002 S. 455; Boruttau-Viskorf, § 5 Rn. 92; Schiessl/Tschesche, BB 2003, S. 1867 (1874); Kroschewski, GmbHR 2003, S. 757 (759); Hofmann, BB 2000, S. 2606 (2609).

14 Vgl. § 1 Abs. 1 Nr. 3 GrEStG.

15 Vgl. § 6 Abs. 2, 3 S. 1 GrEStG.

16 Vgl. Teil 2, Kap. 4, Abschn. D. II.

Eine solche Gestaltung führt im Vergleich zu einem Transfer im Wege der Einzelrechtsnachfolge zu keinen Nachteilen.

Kapitel 6: Koordination grunderwerbsteuerlich motivierter Gestaltungen

A. Gestaltungen zur Vermeidung eines Erwerbsvorgangs

I. Gestaltungen bei der Übertragung von Grundbesitz

1. Gestaltungen bei der Übertragung einzelner Grundstücke

Im Rahmen des Transfers eines einzelnen Grundstücks ist zur Vermeidung eines steuerbaren Erwerbsvorgangs zunächst vorstellbar, dass man das Grundstück nur **seinem Werte nach** überträgt.[1] Hierzu verpflichtet sich der einbringende Gesellschafter, der erwerbenden Gesellschaft Besitz und Nutzung des Grundstücks zu überlassen und sie im Innenverhältnis so zu behandeln, als ob das Grundstück Teil ihres Gesellschaftsvermögens geworden wäre.[2] Simultan wird der erwerbenden Gesellschaft aber weder eine Vollmacht oder Einwilligung zur selbständigen Verfügung über das Grundstück eingeräumt[3] noch eine Option gewährt, mit der sie die Übertragung des Grundstücks an eine bestimmte Person verlangen kann.[4]

Eine solche Gestaltungsmaßnahme lässt bestehende Verlust- und Zinsvorträge der übertragenden Unternehmung unberührt. Sie erfordert daher lediglich einer Abstimmung im Hinblick auf stille Reserven. Das Grundstück soll nach Durchführung der Umstrukturierungsmaßnahme ertragsteuerlich der erwerbenden Unternehmung zuzurechnen sein. Da dies zumindest den Übergang des wirtschaftlichen Eigentums erfordert,[5] bedarf es einer Vereinbarung, die der erwerbenden Gesellschaft die tatsächliche Herrschaft über das Grundstück in der Weise vermittelt, dass sie die übertragende Unternehmung als zivilrechtliche Eigentümerin im Regelfall für die gewöhnliche Nutzungsdauer von der Einwirkung auf das Wirtschaftsgut ausschließen kann.[6] Eine solche tatsächliche Herrschaft ist gegeben, wenn der Herausgabeanspruch der übertragenden Unternehmung als zivilrechtlicher Eigentümerin keine wirtschaftliche Bedeutung mehr hat.[7] Dies ist bei einer Einbringung dem Werte nach der Fall. Der einbringende Gesellschafter verpflichtet sich mit ihr, der Gesellschaft Besitz und Nutzen des Grundstücks sowie den Erlös bei seiner Veräußerung zu überlassen. Da-

1 Vgl. Teil 2, Kap. 5, Abschn. F. II. 1. 1.

2 Vgl. BFH, Urt. v. 13.02.1996 – VIII R 18/92, BStBl. II 1996, S. 291; BFH, Urt. v. 02.05.2001 – VIII R 64/93, BFH/NV 2002, S. 10; Hofmann, § 1 Rn. 76; Boruttau-Fischer, § 1 Rn. 741; Reinhardt, DStR 1991, S. 588.

3 Vgl. BFH, Urt. v. 27.10.1970 – II 72/65, BStBl. II 1971, S. 278; Boruttau-Fischer, § 1 Rn. 742a; Daragan (1999), S. 293 (306); Rupp, EStB 2007, S. 225 (226).

4 Vgl. Rupp, EStB 2007, S. 225 (226).

5 Vgl. §§ 246 Abs. 1 HGB, 5 Abs. 1 S. 1 EStG.

6 Vgl. § 39 Abs. 2 Nr. 1 S. 1 AO.

7 Vgl. Klein-Brockmeyer, § 39 Rn. 10.

durch steht der Gesellschaft der vollständige Substanzwert am Grundstück zu.[8] Sie erwirbt so das wirtschaftliche Eigentum am Grundstück und darf es aktivieren.[9]

Alternativ besteht zur Verhinderung eines Erwerbsvorgangs die Möglichkeit, dem erwerbenden Betriebsvermögen das wirtschaftliche Eigentum am Grundstück im Rahmen eines **Leasingvertrag**es zu übertragen,[10] ihr aber ein Recht auf Grundstückserwerb erst für die Zeit nach dem Ende des Leasingvertrages einzuräumen.[11] Da auch ein solcher Vorgang vorhandene Verlust- und Zinsvorträge nicht beeinträchtigt, ist lediglich erforderlich, das Leasingverhältnis unter Berücksichtigung etwaiger stiller Reserven so auszugestalten, dass das Grundstück bei der erwerbenden Unternehmung aktiviert werden kann. Es kommt also in diesem Zusammenhang ebenfalls darauf an, das wirtschaftliche Eigentum übergehen zu lassen.[12] Maßgeblich hierfür sind die Grundsätze der BMF-Schreiben vom 21.03.1972[13] und vom 23.12.1991.[14] Wird in diesem Zusammenhang ein Vollamortisations-Leasingvertrag abgeschlossen, erfolgt eine Zurechnung beim Leasingnehmer, indem Spezial-Leasing vereinbart[15] oder eine Kaufoption eingeräumt wird. Im letzteren Fall ist zusätzlich erforderlich, dass die Grundmietzeit weniger als 40 % oder mehr als 90 % der betriebsgewöhnlichen Nutzungsdauer des aufstehenden Gebäudes beträgt oder der Preis der Kaufoption geringer ist als der Restbuchwert von Gebäude und Grundstück.[16]

Schließen die Parteien einen Teilamortisationsvertrag, kommt ebenso Spezial-Leasing in Betracht.[17] Daneben ist denkbar, sich auf eine Grundmietzeit von mehr als 90 % der betriebsgewöhnlichen Nutzungsdauer des aufstehenden Gebäudes und auf eine Kaufoption, deren Preis unter dem Restbuchwert von Grundstück und Gebäude liegt, zu einigen.[18] Schließlich können eine Mietverlängerungsoption und eine Grundmietzeit in Höhe von mindestens 90 % der betriebsgewöhnlichen Nutzungsdauer des aufstehenden Gebäudes vereinbart werden.[19]

---

8 Vgl. H/H/S-Fischer, § 39 Rn. 100.

9 Vgl. Reinhardt, DStR 1991, S. 588 (590).

10 Vgl. Teil 2, Kap. 5, Abschn. F. II. 1. 1.

11 Vgl. BFH, Urt. v. 15.03.2006 – II R 28/04, BFH/NV 2006, S. 1586; BFH, Urt. v. 15.03.2006 – II R 29/04, BFH/NV 2006, S. 1702; BFH, Urt. v. 15.03.2006 – II R 11/05, BFH/NV 2006, S. 1704; BFH, Urt. v. 10.03.1999 – II R 35/97, BStBl. II 1999, S.491; Boruttau-Fischer, § 1 Rn. 780b

12 Vgl. §§ 246 Abs. 1 HGB, 5 Abs. 1 S. 1 EStG.

13 Vgl. BMF, Schr. v. 21.03.1972 – F/IV B 2 – S 2170 – 11/72, BStBl. I 1972, S. 188.

14 Vgl. BMF, Schr. v. 23.12.1991 – IV B 2 – S 2170 – 115/91, BStBl. I 1992, S. 13.

15 Vgl. BMF, Tz. I. 2. d) d. Schr. v. 21.03.1972 – F/IV B 2 – S 2170 – 11/72, BStBl. I 1972, S. 188.

16 Vgl. BMF, Tz. I. 2. b) d. Schr. v. 21.03.1972 – F/IV B 2 – S 2170 – 11/72, BStBl. I 1972, S. 188.

17 Vgl. BMF, Tz. II. 2. b) aa), 3. d. Schr. v. 23.12.1991 – IV B 2 – S 2170 – 115/91, BStBl. I 1992, S. 13.

18 Vgl. BMF, Tz. II. 2. b) bb), 3. d. Schr. v. 23.12.1991 – IV B 2 – S 2170 – 115/91, BStBl. I 1992, S. 13.

19 Vgl. BMF, Tz. II. 2. b) cc), 3. d. Schr. v. 23.12.1991 – IV B 2 – S 2170 – 115/91, BStBl. I 1992, S. 13.

2. Gestaltungen bei der Mitübertragung eines Grundstücks

2.1. Gestaltungen zur Zurückbehaltung oder Separierung von Grundstücken

Wird ein Grundstück innerhalb einer Sachgesamtheit übertragen, ist zur Vermeidung eines steuerbaren Erwerbsvorgangs zunächst denkbar, dass das Grundvermögen der betroffenen Gesellschaft zurückbehalten oder vorab in eine andere Unternehmung der Gruppe separiert wird.[20] Erfolgt eine Separation in eine Schwester- oder Tochtergesellschaft, können sich Risiken im Hinblick auf stille Reserven sowohl aus dieser isolativen Übertragung als auch aus der anschließenden Sachgesamtheitsverlagerung ergeben. Die Isolation des Grundstücks kann in eine Schwesterpersonengesellschaft nur dann ertragsteuerneutral vollzogen werden, sofern das abgebende Unternehmen ebenfalls als Mitunternehmerschaft qualifiziert und der Tatbestand des § 6b EStG erfüllt ist. Eine Separation in eine Tochterpersonengesellschaft ist zum Buchwert nur möglich, sofern die Übertragung unentgeltlich oder gegen Gewährung von Gesellschaftsrechten erfolgt.[21] Eine Übertragung in eine Schwester- oder Tochterkapitalgesellschaft kann ohne Aufdeckung stiller Reserven grundsätzlich überhaupt nicht erreicht werden.

Darüber hinaus gefährdet die Separation des Grundstücks die anschließende Sachgesamtheitsverlagerung, sofern das Grundstück eine wesentliche Betriebsgrundlage dieser Sachgesamtheit darstellt und es sich bei der Verlagerung um die Einbringung in eine Kapital- oder Personengesellschaft, um eine verdeckte Einlage oder Entnahme gemäß § 6 Abs. 3 EStG oder um die Abspaltung eines Teilbetriebs aus einer Kapitalgesellschaft handelt.[22] In diesen Konstellationen fehlt es am für eine Privilegierung erforderlichen Übergang der Sachgesamtheit als Ganzes, da nicht sämtliche wesentlichen Betriebsgrundlagen zusammen bewegt werden. Entgegenwirken kann man diesem Risiko, indem man vorab die Eigenschaft des Grundstücks als wesentliche Betriebsgrundlage terminiert oder einen sachlichen und zeitlichen Zusammenhang vermeidet.[23]

Auf bestehende Verlust- und Zinsvorträge hat die Zurückbehaltung oder Separation des Grundstücks grundsätzlich keine nachteiligen Auswirkungen. Führt der Zurückbehalt oder die Separation dazu, dass gerade keine Sachgesamtheit übergeht, kann dieser Umstand gewerbesteuerliche Verlustvorträge, Zinsvorträge und verrechenba-

---

20 Vgl. Teil 2, Kap. 5, Abschn. F. II. 1. 2.

21 Vgl. § 6 Abs. 5 S. 3 Nr. 1 EStG.

22 Vgl. BMF, Schr. v. 16.08.2000 – IV C 2 – S 1909 – 23/00, BStBl. I 2000, S. 1253; Herzig, DB 2000, S. 2236 (2239); a. Ans: Patt, DStR 1998, S. 190 (191); Patt/Rasche, FR 2000, S. 1328 (1329).

23 Vgl. Teil 2, Kap. 1, Abschn. F. II. 3. 2.

re Verluste im Einzelfall sogar perpetuieren.[24] Ein zu ermittelndes Übernahmeergebnis erfährt lediglich in seiner Höhe eine Veränderung.[25]

Im Übrigen gefährdet der Zurückbehalt oder die Separation des Grundstücks ein Rückbezugswahlrecht nur, sofern es sich bei ihm um die wesentliche Betriebsgrundlage eines Betriebs, Teilbetriebs oder Mitunternehmeranteils handelt und die jeweilige Sachgesamtheit in eine Kapital- oder Personengesellschaft eingebracht werden soll.[26] In dieser Konstellation setzt ein Rückbezugswahlrecht voraus, dass sämtliche wesentlichen Betriebsgrundlagen übergehen.[27] Wird das Grundstück als wesentliche Betriebsgrundlage im sachlichen und zeitlichen Zusammenhang mit einer solchen Einbringung separiert, ist diese Voraussetzung nicht erfüllt. Insgesamt ist der Zurückbehalt oder die Separation eines Grundstücks daher nur sinnvoll, sofern der steuerliche Vorteil aus der Vermeidung von Grunderwerbsteuer größer ist als etwaige Nachteile aus notwendig werdenden Gewinnrealisierungen und aus dem Verlust eines Rückbezugswahlrechts.

2.2. Gestaltungen zur Vermeidung eines zivilrechtlichen Grundstücksübergangs

Alternativ kann man auch beim Übergang von Sachgesamtheiten lediglich das wirtschaftliche Eigentum am Grundstück übergehen lassen und eine gleichzeitige Partizipation des erwerbenden Betriebsvermögens an der gesamten Substanz des Grundstücks seinem Werte nach verhindern.[28] Dies gelingt bei Übertragungen im Wege der Einzelrechtsnachfolge, indem im Einbringungsvertrag der Übergang zivilrechtlichen Eigentums auf die Wirtschaftsgüter der Sachgesamtheit beschränkt wird, die nicht als Grundvermögen qualifizieren. Wenn im Übrigen eine Einbringung dem Werte nach oder ein Leasingverhältnis begründet werden sollen, die das wirtschaftliche Eigentum am Grundbesitz auf die erwerbende Unternehmung übergehen lassen, so gelten hierfür die oben im Rahmen der Gestaltungen mit einzelnen Grundstücken beschriebenen Koordinationsgrundsätze für stille Reserven sowie Verlust- und Zinsvorträge.[29] Erlangt die aufnehmende Unternehmung auf diese Weise auch das wirtschaftliche Eigentum am Grundbesitz, erfährt ein Rückbezugswahlrecht keine Einschränkung.[30]

Daneben ist es bei Übertragungen im Wege der Gesamtrechtsnachfolge erforderlich, das Grundvermögen der Sachgesamtheit vor der beabsichtigten Übertragung zu-

---

24 Vgl. BMF, Tz. 15.48 d. Schr. v. 25.03.1998 – IV B 7 – S 1978 – 21/98, BStBl. I 1998, S. 268; D/P/P/M-Dötsch/Pung, § 15 Rn. 169; S/H/S-Hörtnagl, § 15 Rn. 105; F/M-Frotscher, § 15 UmwStG Rz. 68; a. Ans.: R/H/L-Schumacher, § 15 Rn. 263.

25 Vgl. § 4 Abs. 4 S. 1 UmwStG.

26 Vgl. §§ 20 Abs. 5 S. 1, 24 Abs. 2 UmwStG.

27 Vgl. § 20 Abs. 5 S. 1 UmwStG; BMF, Tz. 20.19 d. Schr. v. 25.03.1998 – IV B 7 – S 1978 – 21/98, BStBl. I 1998, S. 268; D/J/P/W-Patt, § 20 Rn. 40; R/H/L-Herlinghaus, § 20 Rn. 225.

28 Vgl. Teil 2, Kap. 5, Abschn. F. II. 1. 2.

29 Vgl. Abschn. A. I. 1.

30 Vgl. §§ 20 Abs. 5 S. 1, 24 Abs. 4 Hs. 2 UmwStG.

nächst steuerneutral auf eine andere Gesellschaft der Gruppe zu verlagern[31] und das wirtschaftliche Eigentum im Anschluss aus dieser heraus auf das aufnehmende Betriebsvermögen übergehen zu lassen. Deshalb ergeben sich im ersten Schritt die oben bei der Zurückbehaltung oder Separation eines Grundstücks erläuterten Koordinationsnotwendigkeiten gleichermaßen[32] und im zweiten Schritt die oben im Zusammenhang mit einzelnen Grundstücken dargestellten Koordinationserfordernisse im Hinblick auf stille Reserven sowie Verlust- und Zinsvorträge.[33]

2.3. Gestaltungen im Hinblick auf Art und Richtung einer Umwandlungsmaßnahme

Schließlich ist vorstellbar, dass die Art und die Richtung der Umwandlungsmaßnahme grunderwerbsteuerlich optimal gewählt wird.[34] Dabei lässt eine **Änderung der Umwandlungsrichtung** stille Reserven im Vermögen der Verlustgesellschaft unberührt. Sie begründet jedoch eine Gewinnrealisierungsgefahr für die ursprünglich als aufnehmende Unternehmung vorgesehene Unternehmung. Die in ihrem Vermögen befindlichen stillen Reserven können nur dann fortgeführt werden, wenn die verkehrte Übertragung ebenfalls den Tatbestand einer Privilegierung erfüllt.[35] Nichts anderes gilt für Verlust- und Zinsvorträge der an sich als aufnehmende Unternehmung vorgesehenen Gesellschaft. Durch die Verkehrung der Umstrukturierung wird nun ihr Betriebsvermögen bewegt. Dieser Umstand birgt die Gefahr eines Untergangs ihrer Verlust- und Zinsvorträge.[36]

Im Hinblick auf ein eigentlich zu ermittelndes Übernahmeergebnis bewirkt die Richtungsänderung eine grundlegende Veränderung. Qualifiziert das andere Unternehmen als Personengesellschaft, ist im Anschluss kein Übernahmeergebnis mehr festzustellen, da die Verschmelzung dann als Einbringung in eine Kapitalgesellschaft einzuordnen ist.[37] Handelt es sich bei dem anderen Unternehmen um eine Kapitalgesellschaft, ergibt sich im Rahmen der Verschmelzung bei ihr und nicht mehr bei der Verlustgesellschaft ein Übernahmeergebnis.[38] Was schließlich ein vorhandenes Rückbezugswahlrecht betrifft, ist die Änderung der Verschmelzungsrichtung typischerweise unschädlich. Qualifiziert das andere Unternehmen als Personengesellschaft, ergibt sich die Rückwirkungsoption aus den §§ 20 Abs. 5 S. 1, 24 Abs. 4 Hs. 2 UmwStG. Handelt es sich bei ihm um eine Kapitalgesellschaft, ist § 2 Abs. 1 UmwStG anwendbar. Im Ganzen ist eine Änderung der Umwandlungsrichtung also nur sinnvoll, sofern der steuerliche Vorteil aus der Vermeidung von Grunderwerbsteuer bei der eigentlich übertragenden Unternehmung eventuelle Nachteile aus

31 Vgl. Fleischer, DStR 1996, S. 1390 (1392).
32 Vgl. Abschn. A. I. 2. 1.
33 Vgl. Abschn. A. I. 1.
34 Vgl. Teil 2, Kap. 5, Abschn. F. II. 1. 2.
35 Vgl. Teil 2, Kap. 1, Abschn. B. II. 2.
36 Vgl. Teil 2, Kap. 2, Abschn. C. II.
37 Vgl. BMF, Tz. 24.02 d. Schr. v. 25.03.1998 – IV B 7 – S 1978 – 21/98, BStBl. I 1998, S. 268.
38 Vgl. §§ 4 Abs. 4 S. 1; 12 Abs. 2 S. 1 UmwStG.

der Realisierung von Gewinn, aus dem Untergang von Verlustvorträgen und aus der Entstehung eines Übernahmeergebnisses bei der eigentlich aufnehmenden Gesellschaft übersteigt.

Die **Substitution der Verschmelzung** auf einen neu zu gründende Rechtsträger durch eine Übertragung auf ein bereits existentes Untenehmen löst im Übrigen keine Nachteile in den übrigen Relevanzbereichen der Unternehmensumstrukturierung aus. Nichts anderes gilt für die **Präferenz einer Abspaltung**.[39]

II. Gestaltungen bei der Übertragung von Beteiligungen

1. Gestaltungen bei der Übertragung einzelner Beteiligungen

1.1. Gestaltungen zur Vermeidung eines zivilrechtlichen Beteiligungsübergangs

Beim Transfer von Beteiligungen an Kapitalgesellschaften kommt zur Vermeidung eines steuerbaren Erwerbsvorgangs zunächst in Betracht die zivilrechtliche Eigentumsübertragung durch einen Transfer des wirtschaftlichen Eigentums zu ersetzen.[40] Eine solche Modifikation des Sachverhalts bewirkt im Hinblick auf stille Reserven sowie auf Verlust- und Zinsvorträge keine anderen Steuerwirkungen.

1.2. Gestaltungen zur Separierung des Grundvermögens

Darüber hinaus ist denkbar, dass das Grundvermögen der betroffenen Gesellschaft noch vor der Anteilsübertragung aus ihrem Betriebsvermögen so separiert wird, dass die anschließende Anteilsübertragung es nicht mehr betrifft.[41] Eine solche Grundbesitzisolation gelingt nach Maßgabe der Grundsätze zur Übertragung grundbesitzender Sachgesamtheiten. Die dort erläuterten Koordinationsprinzipien gelten daher entsprechend.[42]

1.3. Gestaltungen zur Vermeidung grunderwerbsteuerlicher Quoren

Schließlich kommt in Betracht, den Anteilstransfer so zu strukturieren, dass er die Tatbestandsvoraussetzungen der §§ 1 Abs. 2a und 3 GrEStG vermeidet.[43] Dies gelingt beim Übergang der Beteiligung an einer selbst **grundbesitzenden Kapitalgesellschaft**, indem die anteilserwerbende Unternehmung nur so viele Geschäftsanteile übernimmt, dass ihr im Anschluss nicht mehr als 94,9 % der Anteile an der grundbesitzenden Kapitalgesellschaft unmittelbar oder vermittelt über beherrschte Unter-

---

39 Vgl. Teil 2, Kap. 5, Abschn. F. II. 1. 2.

40 Vgl. Teil 2, Kap. 5, Abschn. F. II. 2. 1.; BFH, Urt. v. 14.09.1988 – II R 25/86, BFH/NV 1989, S. 732; P/F-Pahlke, § 1 Rn. 329; Boruttau-Fischer, § 1 Rn. 877; Bomhard/Dettmeier/Fischer, BB 2003, Beil. 1, S. 4.

41 Vgl. Teil 2, Kap. 5, Abschn. F. II. 2. 1.

42 Vgl. Abschn. A. I. 2. 1.

43 Vgl. Teil 2, Kap. 5, Abschn. F. II. 2. 1.

nehmungen zuzurechnen sind.[44] Eine solche Begrenzung kann sich nachteilig auf in den Anteilen enthaltene stille Reserven auswirken, falls die Beteiligung eigentlich gemäß § 24 Abs. 2 UmwStG als fiktiver Teilbetrieb in eine Personengesellschaft eingebracht werden soll. Dies setzt voraus, dass eine 100 %-ige Beteiligung übertragen wird.[45] Wird ein solches Quorum grunderwerbsteuerlich motiviert gerade nicht realisiert, besteht allerdings alternativ die Option, den Transfer gemäß § 6 Abs. 5 S. 3 EStG begünstigt zu verwirklichen. Hierfür ist kein besonderes Quorum erforderlich, jedoch wird eine dreijährige Sperrfrist initiiert.[46]

Verlust- und Zinsvorträge der beteiligten Gesellschaften erfahren durch die Einschränkung des Anteilsübergangs ebenfalls keine Beeinträchtigung. Im Hinblick auf die grundbesitzende Kapitalgesellschaft selbst eröffnet die Verminderung der übergehenden Anteile sogar die Chance, einen partiellen oder vollständigen Untergang der Verlust- und Zinsvorträge gemäß § 8c KStG zu verhindern. Dies ist möglich, falls letztlich nicht mehr als 25 % respektive 50 % aller Anteile bewegt werden.[47]

Hält die Kapitalgesellschaft, deren Anteile übertragen werden sollen, selbst **Anteile an einer grundbesitzenden Tochterkapitalgesellschaft**, können Gestaltungen zur Verhinderung einer mittelbaren Anteilsvereinigung auf zwei Ebenen stattfinden.[48] Auch in dieser Konstellation ist denkbar, auf Ebene der vermittelnden Kapitalgesellschaft den Umfang der übergehenden Geschäftsanteile so zu begrenzen, dass der anteilserwerbenden Unternehmung im Anschluss nicht mehr als 94,9 % der Anteile an der vermittelnden Kapitalgesellschaft unmittelbar oder vermittelt über beherrschte Beteiligungen zuzurechnen sind.[49] Eine solche Maßnahme entspricht der oben bei einer selbst grundbesitzenden Kapitalgesellschaft vorgestellten Sachverhaltsmodellierung. Insoweit gelten die im vorangegangenen Absatz erläuterten Koordinationsgrundsätze entsprechend.

Zusätzlich eröffnet sich die Gestaltungsalternative, die vermittelnde Kapitalgesellschaft noch vor der Übertragung der an ihr selbst bestehenden Beteiligung so viele Anteile an der Tochterkapitalgesellschaft an konzernfremde Personen oder grunderwerbsteuerlich nicht von der anteilserwerbenden Unternehmung beherrschte Unternehmungen der Gruppe abgeben zu lassen, dass der anteilserwerbenden Unternehmung nach der Anteilsübertragung unmittelbar und mittelbar über beherrschte Beteiligungen, insbesondere auch über die vermittelnde Kapitalgesellschaft, nicht mehr als 94,9 % der Geschäftsanteile an der grundbesitzenden Tochterkapitalgesell-

---

44 Vgl. Bomhard/Dettmeier/Fischer, BB 2003, Beil. 1, S. 4; Grotherr, BB 1994, S. 1970 (1975); Fleischer, DStR 1996, S. 1390 (1392); Heine, UVR 1999, S. 153 (154); Ehlermann/Löhr, DStR 2003, S. 1509 (1511); Weigl, BB 2001, S. 2188 (2196).

45 Vgl. BMF, Tz. 24.03 d. Schr. v. 25.03.1998 – IV B 7 – S 1978 – 21/98/IV B 2 – S 1909 – 33/98, BStBl. I 1998, S. 268.

46 Vgl. § 6 Abs. 5 S. 4 EStG.

47 Vgl. Teil 2, Kap. 2, Abschn. B. I. 3. 1.

48 Vgl. Teil 2, Kap. 5, Abschn. F. II. 2. 1.

49 Vgl. den koordinierten Ländererlass v. 14.02.2000, DStR 2000, S. 430; W/M-Pahlke, Anh. 12 Rn. 205; Bomhard/Dettmeier/Fischer, BB 2003, Beil. 1, S. 4.

schaft zuzurechnen sind.[50] Eine solche Gestaltung birgt zunächst Gefahren für in den Anteilen an der Tochterkapitalgesellschaft befindliche stille Reserven. Ihre ggf. partielle Eliminierung aus dem Vermögen der vermittelnden Kapitalgesellschaft bewirkt grundsätzlich eine Gewinnrealisierung. Sinnvoll kann daher sein, die Anteile unentgeltlich oder gegen Gewährung von Gesellschaftsrechten in eine grunderwerbsteuerlich nicht beherrschte Personengesellschaft auszugliedern. Eine solche Modellierung erlaubt einen steuerneutralen Übergang gemäß § 6 Abs. 5 S. 3 EStG.

Zusätzlich beinhaltet eine Anteilsseparation die Gefahr einer Beeinträchtigung von Verlust- und Zinsvorträgen. Der mit der Ausgliederung der Anteile verbundene Rechtsträgerwechsel vernichtet Verlust- und Zinsvorträge der Tochterkapitalgesellschaft, sofern er eines der beiden Quoren des § 8c KStG erfüllt. Allerdings kann dieses Risiko vernachlässigt werden, sofern die anschließende Umstrukturierungsmaßnahme ohnehin als schädliche Anteilsübertragung qualifiziert und damit die Vorträge insgesamt untergehen lässt. Zusammengefasst ist eine solche Gestaltung daher nur hilfreich, sofern der grunderwerbsteuerliche Vorteil angesichts der verhinderten Anteilsvereinigung bei der aufnehmenden Unternehmung größer ist als etwaige Nachteile aus der Aufdeckung stiller Reserven und aus dem Untergang von Verlust- und Zinsvorträgen bei der Tochterkapitalgesellschaft.

Ist die Kapitalgesellschaft, deren Anteile übertragen werden sollen, selbst **Gesellschafterin einer grundbesitzenden Tochterpersonengesellschaft**, können eine steuerbare Änderung des Gesellschafterbestandes und eine mittelbare Anteilsvereinigung wiederum verhindert werden, indem auf Ebene der vermittelnden Kapitalgesellschaft der Umfang der auf die erwerbende Unternehmung übergehenden Geschäftsanteile so limitiert wird, dass die erwerbende Gesellschaft anschließend nicht mehr als 94,9 % der Anteile an der vermittelnden Kapitalgesellschaft hält.[51] Eine solche Gestaltung korrespondiert mit der oben bei selbst grundbesitzenden Kapitalgesellschaften erläuterten Handlungsalternative. Daher finden die dort vorgestellten Abstimmungsprinzipien entsprechende Anwendung.

Auf Ebene der grundbesitzenden Tochterpersonengesellschaft kann eine grunderwerbsteuerbare Änderung des Gesellschafterbestandes vermieden werden, indem die vermittelnde Kapitalgesellschaft noch vor der Übertragung der an ihr selbst bestehenden Geschäftsanteile so viele Anteile am Gesellschaftsvermögen der grundbesitzenden Personengesellschaft auf einen anderen Altgesellschafter, bspw. eine grunderwerbsteuerlich nicht beherrschte Komplementärin, überträgt, dass sie schließlich nicht mehr als 94,9 % der Anteile am Gesellschaftsvermögen der Tochterpersonengesellschaft hält.[52] Weist die Tochterpersonengesellschaft stille Reser-

---

50 Vgl. Bomhard/Dettmeier/Fischer, BB 2003, Beil. 1, S. 4; Grotherr, BB 1994, S. 1970 (1975); Fleischer, DStR 1996, S. 1390 (1392); Heine, UVR 1999, S. 153 (154); Ehlermann/Löhr, DStR 2003, S. 1509 (1511); Weigl, BB 2001, S. 2188 (2196).

51 Vgl. Teil 2, Kap. 5, Abschn. F. II. 2. 1.

52 Vgl. Heine, INF 2006, S. 866 (869); Götz, BB 2006, S. 578 (579); Kroschewski, GmbHR 2001, S. 707 (712); Bomhard/Dettmeier/Fischer, BB 2003, Beil. 1, S. 5; Gottwald, BB 2000, S. 69 (71);

ven auf, kann deren Aufdeckung verhindert werden, indem die vermittelnde Kapitalgesellschaft den Mitunternehmeranteil gemäß den §§ 20 Abs. 2, 24 Abs. 2 UmwStG einbringt. Besitzt die Tochterpersonengesellschaft gewerbesteuerliche Verlust- oder Zinsvorträge, erfährt deren Verrechenbarkeit angesichts der verminderten Beteiligung der anteilsübertragenden Unternehmung eine begrenzte Beeinträchtigung.

Daneben kann eine mittelbare Anteilsvereinigung auf Ebene der grundbesitzenden Tochterpersonengesellschaft insbesondere auf zwei Wegen vermieden werden. Zum einen kann sichergestellt werden, dass mindestens 5,1 % der Geschäftsanteile an ihrer Komplementär-GmbH von konzernfremden Personen oder von nicht von der anteilserwerbenden Unternehmung beherrschten Konzerngesellschaften gehalten werden.[53] Insoweit gelten die Koordinationsgrundsätze zur vorhergehenden Anteilsverminderung bei Tochterkapitalgesellschaften entsprechend. Zum anderen besteht die Möglichkeit, die grundbesitzende Tochterpersonengesellschaft noch vor der Anteilsübertragung eine solche konzernfremde Person oder nicht beherrschte Konzernunternehmung als weitere Gesellschafterin aufnehmen zu lassen.[54] Dabei hat die Aufnahme einer konzernfremden Person in der Regel eine partielle Gewinnrealisierung und einen anteiligen Untergang des gewerbesteuerlichen Verlust- sowie des Zinsvortrages zur Folge. Wird eine grunderwerbsteuerlich nicht beherrschte Konzernunternehmung eingesetzt, kann der Mitunternehmeranteil auf sie unter Inanspruchnahme der §§ 20 Abs. 2, 24 Abs. 2 UmwStG übertragen werden.

2. Gestaltungen bei der Mitübertragung einer Beteiligung

Zur Vermeidung eines steuerbaren Erwerbsvorgangs bei der Mitübertragung einer Beteiligung an einer Kapitalgesellschaft innerhalb einer Sachgesamtheit besteht zunächst die Option, lediglich das **wirtschaftliche Eigentum** an den Anteilen zu übertragen.[55] Allerdings ist dies nur möglich, sofern die Übertragung der Beteiligung im Wege der Einzelrechtsnachfolge stattfindet und der übertragende Rechtsträger erhalten bleibt. Eine solche Übertragung des wirtschaftlichen Eigentums löst im Hinblick auf die übrigen steuerlichen Relevanzbereiche der Umstrukturierung keine anderen Steuerwirkungen aus.[56] Daneben ist denkbar, dass man noch vor der Übertragung der Sachgesamtheit eine **Separation des Grundvermögens** aus dem Betriebsvermögen der betroffenen Kapitalgesellschaft vornimmt.[57] Hierfür gelten die oben erläuterten Koordinationsgrundsätze gleichermaßen.[58]

Salzmann/Loose, DStR 2004, S. 1941 (1945); Behrens, StbJb. 2005/06, S. 317 (327); Müller/Stoschek, DStR 1997, S. 1197 (1199).

53 Vgl. Gottwald, INF 2005, S. 865 (866); Götz, GmbHR 2005, S. 615 (616).

54 Vgl. Götz, GmbHR 2005, S. 615 (616).

55 Vgl. Teil 2, Kap. 5, Abschn. F. II. 2. 2.

56 Vgl. Abschn. A. I. 2. 2.

57 Vgl. Teil 2, Kap. 5, Abschn. F. II. 2. 2.

58 Vgl. Abschn. A. I. 2. 1.

Weiterhin kann der Transfer nach Maßgabe der oben erläuterten Gestaltungsgrundsätze so gestaltet werden, dass die **Quoren der §§ 1 Abs. 2a und 3 GrEStG** keine Verwirklichung erfahren.[59] Angesichts der Sachgesamtheitsübertragung bedarf es hierfür typischerweise eines Zurückbehalts oder einer Separation von Anteilen. Daher gelten die oben erläuterten Abstimmungsprinzipien zum Zurückbehalt oder zur Isolation von Grundstücken entsprechend.[60] Im Übrigen finden die Koordinationsgrundsätze für die Übertragung einzelner Beteiligungen auch in diesem Zusammenhang Anwendung.[61] Außerdem ist vorstellbar, dass auch beim Transfer von Beteiligungen **Art und Richtung der Umwandlungsmaßnahme** unter Berücksichtigung der Grunderwerbsteuer bestimmt wird.[62] Hierfür gelten die Koordinationsgrundsätze zur Übertragung einzelner Grundstücke entsprechend.[63]

III. Gestaltungen bei der Übertragung von Mitunternehmeranteilen

1. Gestaltungen bei der Übertragung einzelner Mitunternehmeranteile

1.1. Gestaltungen zur Vermeidung eines zivilrechtlichen Beteiligungsübergangs

Bei der Übertragung eines Mitunternehmeranteils kann man sich zur Vermeidung eines zivilrechtlichen Übergangs darauf beschränken, lediglich das wirtschaftliche Eigentum am Mitunternehmeranteil zu bewegen.[64] Die bloß wirtschaftliche Änderung des Gesellschafterbestandes und die lediglich wirtschaftliche Vereinigung aller Anteile lösen keinen steuerbaren Zuordnungswechsel aus.[65] Eine solche Übertragung des wirtschaftlichen Eigentums bewirkt im Hinblick auf stille Reserven, Verlust- und Zinsvorträge sowie ein Rückbezugswahlrecht keine anderen Steuerwirkungen.

1.2. Gestaltungen zur Separierung des Grundvermögens

Darüber hinaus besteht auch in diesem Zusammenhang die Möglichkeit, das Grundvermögen der betroffenen Mitunternehmerschaft noch vor der Anteilsübertragung aus ihrem Betriebsvermögen zu separieren.[66] Insoweit gelten die oben erläuterten Grundsätze entsprechend.[67]

---

59 Vgl. Teil 2, Kap. 5, Abschn. F. II. 2. 2.

60 Vgl. Abschn. A. I. 2. 1.

61 Vgl. Abschn. A. II. 1. 3.

62 Vgl. Teil 2, Kap. 5, Abschn. F. II. 2. 2.

63 Vgl. Abschn. A. I. 2. 3.

64 Vgl. Teil 2, Kap. 5, Abschn. F. II. 3. 1.

65 Vgl. BFH, Urt. v. 26.02.1975 – II R 130/67, BStBl. II 1975, S. 456; BFH, Urt. v. 10.08.1988 – II R 193/85, BStBl. II 1988, S. 959; P/F-Pahlke, § 1 Rn. 329; Boruttau-Fischer, § 1 Rn. 877; W/M-Pahlke, Anh. 12 Rn. 187.

66 Vgl. Teil 2, Kap. 5, Abschn. F. II. 3. 1.

67 Vgl. Abschn. A. I. 2. 1.

1.3. Gestaltungen zur Vermeidung grunderwerbsteuerlicher Quoren

Daneben ist beim Übergang von Mitunternehmeranteilen ebenso denkbar, den Anteilstransfer so zu strukturieren, dass er nicht die Tatbestandsvoraussetzungen der §§ 1 Abs. 2a und 3 GrEStG erfüllt.[68] Ist die **Personengesellschaft** in diesem Zusammenhang **selbst grundbesitzend**, hat die anteilsübertragende Unternehmung **zur Vermeidung einer steuerbaren Änderung des Gesellschafterbestandes** zwei Handlungsoptionen. Zum einen kann sie vorab so viele Anteile am Gesellschaftsvermögen der grundbesitzenden Personengesellschaft auf einen anderen **Altgesellschafter** übertragen, dass sie anschließend nicht mehr als 94,9 % der Anteile an der grundbesitzenden Personengesellschaft überträgt. Sofern die Einbringung eines solchen Mitunternehmeranteils gegen Gewährung von Gesellschaftsrechten erfolgt, ist sie im Hinblick auf stille Reserven unschädlich.[69] Sie vermindert allerdings die Verrechenbarkeit eines gewerbesteuerlichen Verlustvortrages und eines Zinsvortrages, da sich die Beteiligung der anteilsübertragenden Unternehmung reduziert.[70] Dies ist aber angesichts der anschließenden schädlichen Anteilsübertragung unerheblich. Zum anderen besteht die Möglichkeit, dass die anteilsübertragende Unternehmung eine entsprechend große **Restbeteiligung** zurückbehält. Eine solche Gestaltung löst keine steuerlichen Nachteile aus.

Daneben sind **zur Vermeidung einer Anteilsvereinigung** drei Sachverhaltsmodellierungen denkbar.[71] Zum einen kann die anteilsübertragende Unternehmung auch hierzu eine **Restbeteiligung** an der grundbesitzenden Personengesellschaft zurückbehalten, deren Höhe unmaßgeblich ist. Eine solche Maßnahme ist steuerlich unschädlich.

Zum anderen kann man gewährleisten, dass mindestens **5,1 % der Geschäftsanteile an der Komplementär-GmbH** von konzernfremden Personen oder grunderwerbsteuerlich nicht von der anteilserwerbenden Unternehmung beherrschten Konzerngesellschaften gehalten werden. Im Hinblick auf stille Reserven in diesen Geschäftsanteilen kommt es zu einer Gewinnrealisierung, es sei denn, es greift eine Privilegierung ein. Die größere Gefahr ergibt sich hingegen im Hinblick auf den anschließend zu übertragenen Mitunternehmeranteil. Teilweise wird die Auffassung vertreten, dass die Geschäftsanteile an einer Komplementär-GmbH als wesentliche Betriebsgrundlagen eines solchen Mitunternehmeranteils qualifizieren.[72] Sollte dies zutreffend sein, besteht das Risiko, dass die partielle Übertragung von Geschäftsanteilen auf eine dritte Person im sachlichen und zeitlichen Zusammenhang für die ertragsteuerliche Privilegierung des darauf folgenden Transfer des Mitunternehmeranteils schädlich

68 Vgl. Teil 2, Kap. 5, Abschn. F. II. 3. 1.

69 Vgl. § 24 Abs. 2 UmwStG.

70 Vgl. Teil 2, Kap. 2, Abschn. C. II. 2. 1.

71 Vgl. Teil 2, Kap. 5, Abschn. F. II. 3. 1.

72 Vgl. Schmidt-Wacker, § 15 Rn. 714

ist, da nicht sämtliche wesentliche Betriebsgrundlagen übergehen.[73] Daneben bleiben Verlust- und Zinsvorträge der Komplementär-GmbH angesichts des lediglich erforderlichen Maßes in Höhe von 5,1 % der Geschäftsanteile regelmäßig unberührt. Für ein Rückbezugswahlrecht gelten die Erläuterungen zu stillen Reserven entsprechend. Im Ganzen ist eine solche Gestaltung daher sinnvoll, sofern der grunderwerbsteuerliche Vorteil aus der verhinderten Anteilsvereinigung etwaige Nachteile aus der Realisierung von Gewinn und aus dem Verlust eines Rückbezugswahlrechts übersteigt.

Zum Dritten besteht die Möglichkeit, die grundbesitzende Personengesellschaft noch vor der Übertragung des Mitunternehmeranteils eine konzernfremde Person oder eine nicht beherrschte Konzernunternehmung als **weitere Gesellschafterin** aufnehmen zu lassen. Dabei bewirkt der Beitritt einer konzernfremden Person in der Regel eine partielle Gewinnrealisierung. Wird eine grunderwerbsteuerlich nicht beherrschte Konzernunternehmung eingesetzt, kann der Mitunternehmeranteil auf sie ggf. unter Inanspruchnahme der §§ 20, 24 UmwStG übertragen werden. Zusammengefasst ist eine solche Vorgehensweise deshalb hilfreich, sofern der grunderwerbsteuerliche Vorteil aus der verhinderten Anteilsvereinigung eventuelle Nachteile aus der Aufdeckung stiller Reserven übersteigt.

Wird der **Mitunternehmeranteil an einer Personengesellschaft bewegt, die ihrerseits an einer grundbesitzenden Tochterpersonengesellschaft** beteiligt ist, entsprechen die möglichen Handlungsoptionen auf beiden Ebenen denen bei unmittelbaren Beteiligungen an grundbesitzenden Personengesellschaften. Insofern gelten die oben vorgestellten Koordinationsgrundsätze entsprechend.

Verlagert man schließlich den **Mitunternehmeranteil an einer Personengesellschaft, die ihrerseits an einer grundbesitzenden Kapitalgesellschaft beteiligt ist**, können sich Gestaltungen wiederum auf zwei Ebenen ergeben. Zunächst besteht die Möglichkeit, den Transfer des Mitunternehmeranteils so auszugestalten, dass die anteilserwerbende Unternehmung im Anschluss nicht mehr als 94,9 % der Anteile an der vermittelnden Personengesellschaft (nicht an deren Gesellschaftsvermögen) hält.[74] Die hierfür in Betracht kommenden Sachverhaltsmodellierungen entsprechen denen bei unmittelbaren Beteiligungen an grundbesitzenden Personengesellschaften. Es gelten daher die dort vorgestellten Koordinationsgrundsätze entsprechend.

Alternativ ist denkbar, die Beteiligung der vermittelnden Personengesellschaft an der grundbesitzenden Tochterkapitalgesellschaft in ausreichendem Maße zu reduzieren. Die hierzu denkbaren Gestaltungen entsprechen denen bei unmittelbaren Beteiligungen an grundbesitzenden Kapitalgesellschaften. Daher finden die dort erläuterten Abstimmungsprinzipien gleichermaßen Anwendung.[75]

---

73 Vgl. BFH, Urt. v. 16.12.2004 – IV R 3/03, DStR 2005, S. 554.

74 Vgl. Teil 2, Kap. 5, Abschn. F. II. 3. 1.

75 Vgl. Abschn. A. II. 1. 3.

2. Gestaltungen bei der Mitübertragung eines Mitunternehmeranteils

Zur Vermeidung eines steuerbaren Erwerbsvorgangs eröffnet sich auch in diesem Zusammenhang die Option, das Grundvermögen der betroffenen Personengesellschaft noch vor der Übertragung der Sachgesamtheit aus ihrem Betriebsvermögen zu separieren.[76] Für eine solche Separation gelten die oben erläuterten Koordinationsgrundsätze gleichermaßen.[77] Darüber hinaus ist denkbar, den Transfer so zu gestalten, dass er die Tatbestandsvoraussetzungen der §§ 1 Abs. 2a und 3 GrEStG nicht verwirklicht.[78] Angesichts der Sachgesamtheitsübertragung bedarf es hierfür typischerweise eines Zurückbehalts oder einer Separation von Anteilen. Hierfür gelten die oben erläuterten Abstimmungsprinzipien zum Zurückbehalt oder zur Isolation von Grundstücken entsprechend.[79] Außerdem ist vorstellbar, dass auch beim Transfer von Mitunternehmeranteilen Art und Richtung der Umwandlungsmaßnahme unter Berücksichtigung der Grunderwerbsteuer bestimmt wird.[80] Hierauf finden die Koordinationsgrundsätze zur Übertragung von Grundstücken innerhalb von Sachgesamtheiten entsprechende Anwendung.[81]

B. Gestaltungen zur Generierung einer Privilegierung

I. Gestaltungen bei der Übertragung von Grundbesitz

1. Gestaltungen bei der Übertragung einzelner Grundstücke

Zur Generierung einer Privilegierung ist zunächst denkbar, dass zwischen der übertragenden und der erwerbenden Unternehmung ein **Gesamthandsverhältnis** hergestellt wird.[82] Hierzu muss bei einer abwärts gerichteten Übertragung eine Tochterkapitalgesellschaft in eine Personengesellschaft formgewechselt werden. Bei einer aufwärts gerichteten Übertragung bedarf es ebenfalls einer solchen Umwandlung, falls Grundvermögen aus einer Kapitalgesellschaft verlagert werden soll. Die Privilegierung einer seitwärts gerichteten Übertragung kann schließlich einen Formwechsel der veräußernden und der erwerbenden Schwestergesellschaft in Mitunternehmerschaften erforderlich machen. Solche Formwechsel können ohne Aufdeckung stiller Reserven realisiert werden.[83] Außerdem eröffnen sie ein Rückbezugswahlrecht.[84] Sie machen allerdings die Ermittlung eines Übernahmeergebnisses erforderlich[85] und lassen sämtliche Verlust- und Zinsvorträge der betroffenen Tochterkapitalgesell-

76 Vgl. Teil 2, Kap. 5, Abschn. F. II. 3. 2.
77 Vgl. Abschn. A. I. 2. 1.
78 Vgl. Teil 2, Kap. 5, Abschn. F. II. 3. 2.
79 Vgl. Abschn. A. I. 2. 1.
80 Vgl. Teil 2, Kap. 5, Abschn. F. II. 3. 2.
81 Vgl. Abschn. A. I. 2. 3.
82 Vgl. Teil 2, Kap. 5, Abschn. F. III. 1. 1.
83 Vgl. § 9 S. 1 UmwStG.
84 Vgl. § 2 Abs. 1 UmwStG.
85 Vgl. § 4 Abs. 4 S. 1 UmwStG.

schaft untergehen.[86] Daher sind sie insgesamt nur sinnvoll, sofern der grunderwerbsteuerliche Vorteil etwaige Nachteile aus dem Untergang der Verlust- und Zinsvorträge und aus der Entstehung eines Übernahmeergebnisses übersteigt.

Darüber hinaus kann es notwendig sein, eine möglichst große **Kongruenz** zwischen den Beteiligungsverhältnissen am übertragenen Grundvermögen vor und nach seiner Verlagerung zu generieren.[87] Hierzu muss die Muttergesellschaft ggf. noch weitere Anteile an der jeweiligen Tochtergesellschaft erwerben. Ein solcher Anteilserwerb löst im Hinblick auf stille Reserven typischerweise eine Gewinnrealisierung aus, es sei denn, er kann privilegiert gestaltet werden.[88] Sofern die jeweils übertragende Unternehmung durch die Anteilsübertragung ihre Beteiligung an der Tochtergesellschaft vollständig einbüßt, gehen ein gewerbesteuerlicher Verlustvortrag und ein Zinsvortrag partiell und ein verrechenbarer Verlust vollständig unter. Ein Übernahmeergebnis ist grundsätzlich nicht zu ermitteln. Ein Rückbezugswahlrecht besteht im Regelfall nicht. Sinnvoll ist ein solches Vorgehen daher nur, sofern der steuerliche Vorteil aus der grunderwerbsteuerlichen Privilegierung größer ist als etwaige Nachteile aus der partiellen Aufdeckung stiller Reserven sowie aus einem teilweisen Verlustvortragsuntergang.

Schließlich kann es bei aufwärts und bei seitwärts gerichteten Übertragungen erforderlich sein, die fünfjährige **Frist des § 6 Abs. 4 S. 1 GrEStG** zu beachten.[89] Sie lässt die Privilegierung einer Grundstücksübertragung aus einer Gesamthand entfallen, soweit ein Gesellschafter seinen Anteil an dieser Gesamthand noch keine fünf Jahre innehat. Ein solches Abwarten der Frist ist im Hinblick auf stille Reserven, Verlust- und Zinsvorträge und ein Übernahmeergebnis ohne Relevanz. Sie lässt aber ein Rückbezugswahlrecht faktisch gegenstandslos werden.[90]

2. Gestaltungen bei der Mitübertragung eines Grundstücks

Wird ein Grundstück innerhalb einer Sachgesamtheit mit übertragen, können grundsätzlich die gleichen vorbereitenden Gestaltungen wie beim Transfer einzelner Grundstücke notwendig werden.[91] Daher gelten die oben erläuterten Koordinationsgrundsätze prinzipiell entsprechend.[92] Zu beachten sind lediglich zwei Besonderheiten.

Zum einen hat der **vorbereitende Formwechsel** einer Tochterkapitalgesellschaft auch Auswirkungen auf die anschließende eigentliche Umstrukturierungsmaßnahme. Bei aufwärts und seitwärts gerichteten Übertragungen ist Ausgangspunkt des Ver-

---

86 Vgl. § 4 Abs. 2 S. 2 UmwStG.

87 Vgl. Teil 2, Kap. 5, Abschn. F. III. 1. 1.

88 Vgl. §§ 15 Abs. 1, 20 Abs. 2, 24 Abs. 2 UmwStG.

89 Vgl. Teil 2, Kap. 5, Abschn. F. III. 1. 1.

90 Vgl. Teil 2, Kap. 4, Abschn. A.

91 Vgl. Teil 2, Kap. 5, Abschn. F. III. 1. 2.

92 Vgl. Abschn. B. I. 1.

mögensübergangs nun ggf. eine Personen- und nicht mehr eine Kapitalgesellschaft. Abwärts und seitwärts gerichtete Transfer enden jetzt nicht mehr in einer Kapital-, sondern in einer Personenunternehmung. Daher erfahren die Voraussetzungen zur Fortführung stiller Reserven und zur Inanspruchnahme eines Rückbezugswahlrechts eine Modifikation. Auch die Perpetuierung von Verlust- und Zinsvorträgen sowie die Ermittlung eines Übernahmeergebnisses können hierdurch einer Veränderung unterworfen sein.

Zum anderen gilt Besonderes für **abwärts gerichtete Verschmelzungen und Aufspaltungen**.[93] Grund hierfür ist, dass bei ihnen die einbringenden Gesellschaften im Anschluss an den jeweiligen Transfer untergehen. Dadurch kommt es bereits im Zeitpunkt des Grundstücksübergangs zu einer Anteilsverminderung, die die fünfjährige Behaltefrist des § 5 Abs. 3 GrEStG verletzt und eine Privilegierung von vorneherein unmöglich macht.[94] Bei ihnen kann eine Begünstigung daher nur im Wege wirtschaftlich gleichwertiger Maßnahmen erreicht werden. Dies gelingt, indem man statt einer Verschmelzung eine Betriebseinbringung unter Aufrechterhaltung der einbringenden Gesellschaft vornimmt, statt einer Aufspaltung eine Verlagerung einzelner Teilbetriebe unter Fortführung der betroffenen Unternehmung realisiert und im Übrigen die oben erläuterten Grundsätze zur Privilegierung einzelner Grundstücksübertragungen beachtet. Auch solche Modifikationen können grundlegend andere Auswirkungen in den übrigen Relevanzbereichen der Unternehmensumstrukturierung haben.

II. Gestaltungen bei der Übertragung von Beteiligungen und Mitunternehmeranteilen

Bei der Übertragung von Beteiligungen an grundbesitzenden Kapital- oder Personengesellschaften besteht die zentrale Besonderheit in der Identifikation der jeweils maßgeblichen Übergangsfiktion.[95] § 1 Abs. 2a GrEStG nimmt an, dass das betroffene Grundvermögen von der grundbesitzenden Personengesellschaft mit den bisherigen Gesellschaftern auf eine fiktive grundbesitzende Personengesellschaft mit den neu eingetretenen Gesellschaftern verlagert wird.[96] § 1 Abs. 3 GrEStG geht von einem Grundstückstransfer entweder von der grundbesitzenden Kapitalgesellschaft selbst[97] oder von der anteilsveräußernden oder vermittelnden Unternehmung[98] auf

---

93 Vgl. Teil 2, Kap. 5, Abschn. F. III. 1. 2.

94 Vgl. P/F-Franz, § 5 Rn. 40, 44; K/K/K-Fleischer, § 5 Rn. 9.

95 Vgl. Teil 2, Kap. 5, Abschn. E. II. 2.-3.

96 Vgl. BFH, Urt. v. 27.04.2005 – II R 61/03, BStBl. II 2005, S. 649; Boruttau-Viskorf, § 6 Rn. 27a; Fuhrmann/Demuth, UVR 2006, S. 26 (27); Heine, INF 2005, S. 63 (64); Stoschek/Mies, DStR 2006, S. 221.

97 Vgl. BFH, Urt. v. 31.03.1982 – II R 92/81, BStBl. II 1982, S. 424; FM Bayern, Schr. v. 02.06.2005 – 36 – S 4505 – 012 – 22011/05; FM Baden-Württemberg, Schr. v. 28.04.2005 – 3 – S 4505/18, HaufeIndex: 1349663; P/F-Franz, § 5 Rn. 61; Boruttau-Viskorf, § 5 Rn. 12a; Kroschewski, GmbHR 2001, S. 707 (708).

98 Vgl. BFH, Urt. v. 16.01.2002 – II R 52/00, BFH/NV 2002, S. 1053; FM Bayern, Schr. v.

die anteilserwerbende Unternehmung aus. Unter Berücksichtigung dieser spezifischen Übergangsfiktionen können zur Generierung einer Privilegierung die oben erläuterten Gestaltungen bei Grundstücken gleichermaßen erforderlich werden.[99] Daher gelten die dort vorgestellten Koordinationsgrundsätze entsprechend.[100]

C. Gestaltungen zur Minimierung der Bemessungsgrundlage

I. Gestaltungen zur Minimierung des Kaufpreises

Zur Minimierung der grunderwerbsteuerlichen Bemessungsgrundlage kann es erforderlich werden, als Gegenleistung für Grundbesitz einen möglichst geringen Preis zu vereinbaren, der allerdings nicht nur symbolischen Charakter besitzen darf.[101] Eine solche Maßnahme hat Auswirkungen auf im Grundbesitz vorhandene stille Reserven. Die Vereinbarung eines, wenn auch niedrigen Preises führt zumindest zu einer Teilentgeltlichkeit der Übertragung und damit zu einer partiellen Aufdeckung der stillen Reserven. Erfüllt der Transfer im Übrigen die Voraussetzungen des § 6 Abs. 5 S. 3 EStG, kann er steuerneutral vollzogen werden, soweit er im Übrigen unentgeltlich oder gegen Gewährung von Gesellschaftsrechten erfolgt.[102] Realisiert die Übertragung den Tatbestand einer verdeckten Einlage,[103] ist eine Buchwertfortführung in diesem Maße zulässig.[104] Fehlt es an einer Privilegierung, kommt es ertragsteuerlich zu einer vollständigen Gewinnrealisierung. Bei einer verdeckten Gewinnausschüttung wird bspw. zwischen der Kapitalgesellschaft und ihrem Gesellschafter ein Veräußerungsgeschäft zwischen fremden Dritten fingiert, so dass sämtliche stillen Reserven aufzudecken sind.[105] Verlust- und Zinsvorträge erfahren keine Beeinträchtigung durch die Vereinbarung eines reduzierten Kaufpreises. Insgesamt ist eine solche Sachverhaltsmodellierung daher sinnvoll, sofern der grunderwerbsteuerliche Vorteil größer ist als der Nachteil aus einer eventuellen Gewinnrealisierung.

Ist eine grundbesitzende Sachgesamtheit Gegenstand der Umstrukturierungsmaßnahme, kann es zusätzlich erforderlich werden, den Grundbesitz vorher noch in einer Tochter- oder Schwestergesellschaft zu separieren.[106] Hierfür gelten im ersten Schritt die oben erläuterten Koordinationsgrundsätze zur Separation von Grundvermögen

---

02.06.2005 – 36 – S 4505 – 012 – 22011/05; FM Baden-Württemberg, Schr. v. 28.04.2005 – 3 – S 4505/18, HaufeIndex: 1349663; Boruttau-Viskorf, § 5 Rn. 12a; Kroschewski, GmbHR 2001, S. 707 (708).

99 Vgl. Teil 2, Kap. 5, Abschn. F. III. 1.

100 Vgl. Abschn. B. I.

101 Vgl. Teil 3, Kap. 5, Abschn. F. IV. 1.; BFH, Urt. v. 12.07.2006 – II R 65/04, BFH/NV 2006, S. 2128; BFH, Urt. v. 07.12.1994 – II R 9/92, BStBl. II 1995, S. 268; Stöckel, NWB F. 8, S. 1561 (1562).

102 Vgl. H/H/R-Niehus/Wilke, § 6 Anm. 1453; Schmidt-Wacker, § 15 Rn. 664.

103 Vgl. § 6 Abs. 1 Nr. 5 EStG.

104 Vgl. Teil 2, Kap. 1, Abschn. B. I. 2. 4.

105 Vgl. Wassermeyer, DB 1987, S. 1113 (1119).

106 Vgl. Teil 2, Kap. 5, Abschn. F. IV. I. 2.

aus einer Sachgesamtheit[107] und im zweiten Schritt die im vorangegangenen Absatz vorgestellten Abstimmungsprinzipien.

II. Gestaltungen zur Minimierung des Bedarfswertes

Qualifiziert im Einzelfall der Bedarfswert des Grundvermögens als maßgebliche Bemessungsgrundlage,[108] kann zunächst die maßgebliche Miete für das übergehende Grundvermögen vorab auf bis zu 80 % der üblichen Miete reduzieren werden,[109] soweit dies angesichts der tatsächlichen Umstände des Einzelfalls möglich ist. Eine solche Mietsenkung hat keine essenziellen Auswirkungen auf die übrigen steuerlichen Relevanzbereiche der Unternehmensumstrukturierung.

Darüber hinaus besteht die Möglichkeit, dass ein gemeiner Wert des Grundvermögens nachgewiesen wird, der den Bedarfswert unterschreitet.[110] Auch eine solche Maßnahme lässt die anderen Relevanzbereiche unberührt. Letztlich eröffnet sich in diesem Zusammenhang die Option, den Grundbesitz zunächst von den übrigen Wirtschaftsgütern der zu übertragenden Sachgesamtheit in eine Tochter- oder Schwestergesellschaft zu isolieren und im Anschluss gegen ein minimales, aber ernsthaft vereinbartes Entgelt zu übertragen. Hierfür gelten die oben erläuterten Koordinationsgrundsätze entsprechend.[111]

---

[107] Vgl. Abschn. A. I. 2.

[108] Vgl. Teil 2, Kap. 5, Abschn. F. IV. 1. 2. u. 2.

[109] Vgl. § 146 Abs. 3 Nr. 2 BewG.

[110] Vgl. § 138 Abs. 4 BewG.

[111] Vgl. Abschn. C. I.

Teil 4: Untersuchungsergebnis

Die vorliegende Untersuchung hat in methodischer Hinsicht gezeigt, dass der konzeptionelle **Ansatz der steuerlichen Gestaltungssuche** geeignet ist, um eine steuerliche Erläuterung der Unternehmensumstrukturierung zu erarbeiten, die der maßgebliche Entscheidungsträger anschließend in seinen Entscheidungsprozess integrieren kann. Zur Anfertigung dieser Information erfährt zunächst der Ist-Sachverhalt der Unternehmung eine Aufnahme. Auf der Basis dieser tatsächlichen Feststellungen werden im Anschluss für jeden Relevanzbereich der Unternehmensumstrukturierung die qualitativen und quantitativen Steuerwirkungen dieses Ist-Sachverhaltes ermittelt. Dabei beschreiben die qualitativen Steuerwirkungen den Entstehungsvorgang jeder einzelnen Steuerwirkung. Ihre Quantifizierung erfolgt im Wege der Kapitalwertmethode. Die so gewonnenen Erkenntnisse verdeutlichen dem Entscheidungsträger, welche steuerlichen Folgen die Realisierung der beabsichtigten Umstrukturierungsmaßnahme ohne jede Gestaltungsaktivität auslöst.

Als Kontrapunkt hierzu werden die qualitativen und quantitativen Steuerwirkungen des Soll-Zustandes definiert. Auf diese Weise erhält der Entscheidungsträger Aufklärung darüber, welche Steuerwirkungen der Reorganisationsmaßnahme unter Berücksichtigung der Gesamtsituation der Unternehmung vorteilhaft sind. Dabei qualifiziert als Soll-Zustand die unternehmerische Handlungsalternative, die die Gesamtsteuerbelastung mit dem geringst möglichen Barwert auslöst. Im Falle der Unternehmensumstrukturierung ist dies ein Transfer vom Ausgangs- in den Zielzustand, der keine nachteiligen Steuerwirkungen hervorruft. Welche Steuerwirkungen dabei als ungünstig einzuordnen sind, variiert abhängig vom jeweils betroffenen Relevanzbereich und vom individuell gegebenen Ist-Sachverhalt.

Zeigen sich zwischen Ist- und Soll-Zustand Inkongruenzen, werden anschließend individuelle Teilgestaltungen generiert. Hierzu ist jeweils nach Maßgabe des jeweiligen Gestaltungsauftrages ein Sachverhalt zu modellieren, der die maßgeblichen kritischen Detailvoraussetzungen vermeidet oder verwirklicht. Dabei werden die kritischen Detailvoraussetzungen im Wege eines vierstufigen Vergleichs der Steuerwirkungen von Ist- und Soll-Zustand identifiziert. Die Sachverhaltsmodellierung erfolgt mit Hilfe der steuerlichen Gestaltungsmittel in Form der Sachverhaltsgestaltung im engeren Sinne, der rechtlichen Gestaltung des Sachverhaltes und der Ausübung von Wahlrechten. Die so entwickelten Teilgestaltungen erfahren abschließend eine Koordination, indem Konflikte zwischen ihnen im Wege einer Folgegestaltungssuche aufgelöst werden. Auf diese Weise wird dem Entscheidungsträger verdeutlicht, mit welchen tatsächlichen Modifikationen des bisherigen Umstrukturierungsplans die für seine Unternehmung optimalen Steuerwirkungen verwirklichen werden können.

Neben dieser methodischen Erkenntnis hat die Untersuchung sowohl im Hinblick auf die einzelnen Relevanzbereiche als auch im Hinblick auf die anschließende Gestaltungskoordination **steuerplanerische Gesetzmäßigkeiten** herausgearbeitet, die sich jede steuerliche Annäherung an das Entscheidungsproblem der Unternehmensumstrukturierung nutzbar machen kann. Was dabei den Relevanzbereich der **stillen Reserven** betrifft, ist zunächst zu beachten, dass die Verwirklichung eines der zur Verfügung stehenden Gestaltungsmittel nicht nur den Eintritt einer der drei Primärsteuerwirkungen bewirkt (vollständige, partielle oder keine Gewinnrealisierung). Unmittelbar mit der Realisierung dieser Tatbestände verknüpft sind darüber hinaus stets eine Reihe anderer steuerlicher Konsequenzen. Bspw. hängen die zukünftige Abschreibung eines Wirtschaftsguts sowie der Eintritt des aufnehmenden Betriebsvermögens in steuerliche Behaltefristen vom Maß der Gewinnrealisierung ab. Solche steuerliche Nebenfolgen kann man als **Sekundärsteuerwirkungen** bezeichnen. Ihnen kommt bei der Ermittlung des Ist-Zustandes und der Definition des Soll-Zustandes Bedeutung zu.

Diese Sekundärsteuerwirkungen ergeben sich nicht nur beim Transfer von Einzelwirtschaftsgütern, sondern auch im Rahmen der Übertragung von Sachgesamtheiten. Grund hierfür ist, dass das Ertragsteuerrecht die Verlagerung einer Sachgesamtheit grundsätzlich als zusammengefassten Transfer der in ihr befindlichen Einzelwirtschaftsgüter behandelt. Diese prinzipielle Gleichbehandlung mit dem Transfer von Einzelwirtschaftsgütern erfährt lediglich in dreierlei Hinsicht Ergänzungen oder Modifikationen. Zum einen ergeben sich Besonderheiten angesichts des Sachgesamtheitscharakters des Übertragungsgegenstands, da sich bestimmte Fragestellungen wie die Gewährung von Steuervergünstigungen, die Beibehaltung steuerfreier Rücklagen oder die Einordnung eines originären Geschäftswerts nur in diesem Zusammenhang, nicht aber im Rahmen des Transfers eines Einzelwirtschaftsguts ergeben. Zum anderen ist bei Vorgängen nach dem UmwG dem Umstand Rechnung zu tragen, dass das aufnehmende Betriebsvermögen zivilrechtlich Gesamt- oder Teilrechtsnachfolger des übertragenden Betriebsvermögens wird. Deshalb nimmt das UmwStG in diesen Konstellationen auch bei einer vollständigen oder partiellen Gewinnrealisierung stets den Eintritt des aufnehmenden Betriebsvermögens in die steuerliche Rechtsstellung des abgebenden Betriebsvermögens an. Zum Dritten ordnet das UmwStG für die Fälle des Zwischenwertansatzes im Rahmen der Einzelrechtsnachfolge trotz des damit verbundenen partiellen Veräußerungsgeschäfts ebenfalls den Eintritt des übernehmenden Betriebsvermögens in die steuerliche Rechtsstellung des abgebenden Betriebsvermögens an.

Daneben hat sich herausgestellt, dass der **Soll-Zustand** der Unternehmensumstrukturierung im Hinblick auf stille Reserven mit einer Grundsatz-Ausnahme-Aussage beschrieben werden kann. Grundsätzlich verkörpert ein Transfer zum Buchwert, der weder einen Gesamtplan verwirklicht noch Fristen verletzt oder initiiert, den steuerlichen Soll-Zustand. Dies gilt unabhängig von Transfergegenstand, Transferrichtung und den Rechtsformen der beteiligten Betriebsvermögen. Ausgehend von dieser Grundkonstellation können aus den Sekundärsteuerwirkungen der Gestaltungsmittel Sachverhaltsszenarien deduziert werden, bei denen die Ausgestaltung der Übertragung als vollständig oder partiell gewinnrealisierend ausnahmsweise vorteilhafter ist und damit zum steuerlichen Soll-Zustand wird.

Eine vollständig gewinnrealisierende Übertragung ist steuerlich optimal, sofern sie neben der Generierung von AfA-Potenzial mindestens einen weiteren Steuervorteil generiert, dessen Barwert zusammen mit dem des zusätzlichen AfA-Potenzials den durch die Gewinnrealisierung ausgelösten Steuernachteil im abgebenden Betriebsvermögen übersteigt. Ein solcher weiterer Vorteil kann sich aus der Nutzung von Verlust- respektive Zinsvorträgen, Übernahmeverlusten oder Steuersatzdifferenzen, aus der Vermeidung eines Gesamtplans oder einer in der Zukunft drohenden Wertaufholung sowie aus der Verwendung des Transfergegenstands als Reinvestitionsobjekt gemäß § 6b EStG ergeben.

Eine partielle Gewinnrealisierung ist günstig, sofern sie neben der Generierung von AfA-Potenzial mindestens einen weiteren Steuervorteil hervorbringt, dessen Verwirklichung nur einen begrenzten Betrag stiller Reserven erfordert. Dies ist unter bestimmten Voraussetzungen der Fall, sofern nutzbare Verlust- respektive Zinsvorträge, die für die Übertragung einer § 6b EStG-Rücklage erforderlichen Anschaffungskosten oder ein verwertbarer Übernahmeverlust das vorhandene Maß stiller Reserven nicht erreicht.

Was schließlich die **Generierung von Gestaltungen** zur Angleichung des Soll-Zustandes an den Ist-Zustand stiller Reserven betrifft, hat die Untersuchung gezeigt, dass die Gestaltungssuche mit drei verschiedenen Konstellationen konfrontiert werden kann. Zum einen ist denkbar, dass ein Umstrukturierungssachverhalt von vorneherein so beschaffen ist, dass er den Tatbestand einer begünstigenden Regelung erfüllt. In dieser Situation beschränkt sich die Gestaltungsaktivität darauf, die Verwirklichung aller Tatbestandsvoraussetzungen sicherzustellen, den Vorgang entsprechend zu dokumentieren und zutreffend zu deklarieren. Es handelt sich daher um eine privilegierungs-realisierende Gestaltung.

Zum anderen besteht die Möglichkeit, dass das Ertragsteuerrecht für die jeweilige Umstrukturierungsmaßnahme nach Art des Transfergegenstandes, der Transferrichtung und der Rechtsformen der beteiligten Betriebsvermögen zwar grundsätzlich eine Privilegierung bereithält, die geplante Übertragung eine der Tatbestandsvoraussetzungen dieser Begünstigung jedoch nicht oder nicht vollständig erfüllt. In dieser Konstellation fokussiert sich die Gestaltungsarbeit darauf, den Sachverhalt der Umstrukturierungsmaßnahme so zu modellieren, dass die Verwirklichung des jeweiligen Tatbestandsmerkmals doch noch erreicht wird. Aufgabe des steuerplanerischen Engagements ist hier also eine privilegierungs-adaptive Gestaltung.

Zum Dritten kann die Herausforderung darin bestehen, dass ein Transfer nach der Art seines Transfergegenstandes, seiner Transferrichtung und der Rechtsformen der beteiligten Betriebsvermögen unmittelbar eigentlich keine Begünstigung erfährt. In einer solchen Situation genügt es nicht, den ursprünglich geplanten Sachverhalt an einen vorgegebenen Privilegierungstatbestand anzupassen. Da ein solcher gerade nicht besteht, ist Aufgabe der Gestaltungssuche, zunächst eine begünstigende Abfolge von Regelungen zu generieren, die eine steuerneutrale Übertragung ermöglicht. Der Fokus der Gestaltungssuche richtet sich also hier darauf, eine privilegierungs-kreative Gestaltung zu generieren.

Was daneben den steuerlichen Relevanzbereich der **Verlust- und Zinsvorträge** anbelangt, hat die Arbeit vor allem ergeben, dass als Soll-Zustand anhand einer Steuervergleichsrechnung aus der Perspektive der Gesamtunternehmung zu ermitteln ist, auf welche Weise das in den Verlust- und Zinsvorträgen enthaltene Steuerminderungspotenzial optimal realisiert werden kann. Hierzu bieten sich zwei Handlungsoptionen an. Zum einen ist denkbar, Verlust- oder Zinsvorträge nach Durchführung des Restrukturierungsvorganges mit zukünftigen Gewinnen derselben oder der aufnehmenden Unternehmung zu verrechnen. Steuerlicher Soll-Zustand kann daher ein Transfer sein, der den bestehenden Vortrag aufrechterhält. Zum anderen besteht die Möglichkeit, den Verlust- oder Zinsvortrag noch vor oder mit dem Restrukturierungsvorgang steuerlich zu nutzen. Dabei kann ein Verlustvortrag insbesondere durch eine vollständige oder partielle Gewinnrealisierung in zusätzliches Abschreibungspotenzial transformiert oder durch Verlagerung von Gewinnpotenzial in die verlustträchtige Gesellschaft verbraucht werden. Ein Zinsvortrag kann eine Umwandlung in Zinsaufwand erfahren. Als steuerlicher Soll-Zustand ist daher auch ein Transfer denkbar, bei dem vorhandene Verlust- und Zinsvorträge noch vor der eigentlichen Umstrukturierungsmaßnahme steuerlich vorteilhaft genutzt werden.

Im Rahmen der dabei anzufertigenden Steuervergleichsrechnung sind Bemessungsgrundlagen-, Steuersatz- und Zinseffekte zu berücksichtigen. Untersuchungsgegenstand ist der jeweilige Gewinn, der durch den Ausgleich mit Verlust- oder Zinsvorträgen einer Besteuerung entzogen werden könnte. Was dabei Bemessungsgrundlageneffekte betrifft, sind die Regeln der Mindestbesteuerung von besonderer Bedeutung. Im Hinblick auf Steuersatzeffekte ist relevant, zu welchem Steuersatz der Gewinn ohne einen Verlust- oder Zinsausgleich jeweils der Besteuerung unterworfen werden würde. Was schließlich Zinseffekte angeht, ergibt sich ein anderer Barwert der Steuerentlastung, je nachdem, ob die Verlust- oder Zinsvorträge bereits im Jahr der Umstrukturierung, im Vorjahr oder erst in einem der Folgejahre genutzt werden.

Weiterhin ist im Hinblick auf ein **Übernahmeergebnis** deutlich geworden, dass der anzustrebende **Soll-Zustand** davon abhängt, ob sich im Einzelfall ein Übernahmegewinn oder ein Übernahmeverlust ergibt. Angesichts der hälftigen Steuerpflicht eines Übernahmegewinns beim Vermögensübergang auf eine Personengesellschaft und seiner 5 %-igen Steuerpflicht beim Vermögensübergang auf eine Kapitalgesellschaft ist die Entstehung eines positiven Übernahmeergebnisses stets zu vermeiden. Bei einem Übernahmeverlust gilt es dessen möglichst umfassende steuerliche Abziehbarkeit sicherzustellen.

Überdies ist herausgearbeitet worden, dass diesen Soll-Zuständen mit spezifischen und generellen **Gestaltungen** begegnet werden kann. Ergibt sich ein Übernahmegewinn, weil die übertragende Kapitalgesellschaft über neutrales Vermögen verfügt, bietet sich an, dessen Ansatz mit dem gemeinen Wert durch Implementierung eines deutschen Besteuerungsrechts zu vermeiden, indem das neutrale Vermögen in eine ausländische Tochterkapitalgesellschaft eingebracht wird. Rührt ein Übernahmegewinn aus der Existenz eines Sperrbetrags gemäß § 50c EStG, eröffnet sich die Option, den Ablauf der maßgeblichen Frist abzuwarten, nach der der Sperrbetrag entfällt.

Neben diesen spezifischen Gestaltungsansätzen kommt als generelle Handlungsalternative in Betracht, ein solches Maß an nachträglichen Anschaffungskosten zu generieren, dass der Wertansatz der Beteiligung den steuerlichen Wert des übergehenden Betriebsvermögens erreicht. Dies gelingt im Wege offener oder verdeckter Einlagen in die Kapitalgesellschaft, sofern diese dort unmittelbar zu steuerlichem Aufwand führen. Alternativ ist denkbar, das übergehende Betriebsvermögen so zu mindern, dass sein Wert die Anschaffungskosten der Beteiligung nicht mehr übersteigt. Dies glückt, indem bei der Kapitalgesellschaft Aufwand generiert wird, der ihr Betriebsvermögen noch vor Durchführung der Umwandlungsmaßnahme reduziert. Um den Vorteil aus der Vermeidung des Übernahmegewinns aber nicht sogleich wieder zu egalisieren, ist simultan zu gewährleisten, dass dieser Aufwand nicht an anderer Stelle im Konzern einen korrespondierenden Gewinn auslöst.

Bei einem Vermögensübergang auf eine Kapitalgesellschaft ist angesichts der von § 4 Abs. 4, 5 UmwStG abweichenden Gesetzesformulierung zusätzlich vorstellbar, dass sich ein Übernahmegewinn nur ergibt, weil die übernehmende Gesellschaft nicht alleinige Anteilseignerin der übertragenden Tochterkapitalgesellschaft ist. § 12 Abs. 2 S. 1 UmwStG ordnet in dieser Situation trotzdem den Vergleich des gesamten Werts des übergehenden Betriebsvermögens mit dem Buchwert der nicht 100 %-igen Beteiligung an. In dieser Konstellation eröffnet sich der übernehmenden Kapitalgesellschaft daher die Möglichkeit, noch vor der Umwandlung die übrigen Anteile an der übertragenden Kapitalgesellschaft zu erwerben.

Droht die Entstehung eines Übernahmeverlusts, gilt es, dessen möglichst weitgehende steuerliche Abziehbarkeit zu gewährleisten. Bei einem Übernahmeverlust, der auf eine natürliche Person entfällt, ist daher sicherzustellen, dass er zumindest hälftig geltend gemacht werden kann. Hierzu ist erforderlich, dass die Bezüge gemäß § 7 UmwStG mindestens genauso hoch sind wie der Umwandlungsverlust. Sind entsprechende offene Rücklagen vorhanden, kann es daher sinnvoll sein, auf eine eigentlich geplante Gewinnausschüttung bis zur Durchführung der Umwandlung zu verzichten. Fehlt es an offenen Rücklagen, ist die Aufdeckung stiller Reserven im Betriebsvermögen der übertragenden Kapitalgesellschaft hilfreich. Dadurch kann der Wert des Betriebsvermögens, nach Abzug der auf Ebene der übertragenden Kapitalgesellschaft anfallenden Steuern, so aufgestockt werden, dass er exakt die Summe aus dem Buchwert der Beteiligung und den Kosten des Vermögensübergangs erreicht. Auf diesem Weg gelingt im Ergebnis eine steuerfreie Ausschüttung der generierten Rücklagen.

Daneben bleibt ein Übernahmeverlust unberücksichtigt, soweit bei der Veräußerung der Anteile an der übertragenden Kapitalgesellschaft ein Veräußerungsverlust nach

§ 17 Abs. 2 S. 6 EStG steuerlich nicht abziehbar wäre. Diesem Hindernis kann begegnet werden, indem die betroffenen Anteile vorab in ein Betriebsvermögen eingelegt werden und im Anschluss ein sachlicher und zeitlicher Zusammenhang mit der Umwandlung vermieden wird. Schließlich bleibt ein Übernahmeverlust außer Ansatz, soweit die Anteile an der übertragenden Kapitalgesellschaft innerhalb der letzten fünf Jahre vor dem steuerlichen Übertragungsstichtag entgeltlich erworben wurden. Ist dies der Fall, bietet es sich an, mit der Umwandlung bis zum Ablauf der Fünf-Jahres-Frist abzuwarten.

Was den **steuerlichen Rückbezug** einer Umstrukturierungsmaßnahme betrifft, hat sich im Hinblick auf den anzustrebenden **Soll-Zustand** ergeben, dass es beim Transfer von Einzelwirtschaftsgütern typischerweise ohne Relevanz ist, zu welchem Datum ihre Verlagerung stattfindet. Etwas anderes gilt ausnahmsweise für gewinnrealisierende Übertragungen. Bei ihnen kann es angesichts von Bemessungsgrundlagen-, Steuersatz- und Zinseffekten einen Unterschied machen, ob die stillen Reserven des jeweiligen Wirtschaftsgutes im laufenden Wirtschaftsjahr, im Vorjahr oder im Folgejahr aufgedeckt werden. Deshalb ist vor Durchführung der individuellen Umstrukturierungsmaßnahme eine Steuervergleichsrechnung unter Berücksichtigung dieser drei Effekte vorzunehmen.

Darüber hinaus hat sich gezeigt, dass diese Grundsätze zur Übertragung von Einzelwirtschaftsgütern prinzipiell auch für Umstrukturierungsmaßnahmen mit Sachgesamtheiten gelten. Dabei sind allerdings Besonderheiten zu beachten. Erfolgt der Vermögensübergang während des laufenden Geschäftsjahres, entsteht ein Rumpfwirtschaftsjahr, so dass ein mit Kosten- und Arbeitsaufwand verbundener Zwischenabschluss angefertigt werden muss. Überdies ist bei Übertragungen mit Rückbezug zu beachten, dass ein steuerlicher Rückwirkungszeitraum entsteht, in dem bereits vollzogene Geschäftsvorfälle angesichts der Umwandlung eventuell eine abweichende steuerliche Qualifikation erfahren. Dieser Umstand kann insbesondere bei Vorgängen, die zu einem Wechsel des Besteuerungsregimes führen, Auswirkungen auf die steuerliche Bemessungsgrundlage und den anzuwendenden Steuersatz im Hinblick auf bereits vollzogene Geschäftsvorfälle haben. Außerdem entstehen bei der Übertragung einer Sachgesamtheit neben dem Übertragungsergebnis bei der abgebenden Unternehmung in einigen Konstellationen auch ein Beteiligungskorrekturgewinn, ein Übernahmeergebnis, ein Kapitalertrag gemäß § 7 UmwStG und ein Übernahmefolgegewinn bei der aufnehmenden Gesellschaft. Bei der Erstellung der Steuervergleichsrechnung gilt es, diese steuerlichen Auswirkungen mit einzubeziehen.

Daneben ist im Hinblick auf die **Generierung von Gestaltungen** zur Herbeiführung eines steuerlichen Rückbezuges deutlich geworden, dass sich bei der Übertragung eines Einzelwirtschaftsguts zunächst die Möglichkeit eröffnet, das Wirtschaftsgut nach den Vorschriften des UmwG vom übrigen Vermögen der Unternehmung abzuspalten. Außerdem ist in dieser Konstellation vorstellbar, die Anwendbarkeit der Privilegierungen für Sachgesamtheiten herbeizuführen.

Beim Transfer von Sachgesamtheiten sind Abweichungen zwischen Ist- und Soll-Zustand lediglich bei der Anwachsung, der Realteilung sowie der Einbringung in eine Personengesellschaft im Wege der Einzelrechtsnachfolge vorstellbar. Bei der Anwachsung kann ein Rückbezug mit Hilfe der Grundsätze für kombinierte Einbringungen herbeigeführt werden. Denkbar ist in diesem Zusammenhang insbesondere die Verschmelzung der Komplementär-GmbH als vorletzte Gesellschafterin auf den letzten Anteilseigner der Personengesellschaft, der deren Betriebsvermögen zu übernehmen beabsichtigt. Alternativ besteht die Möglichkeit, die Beteiligung des vorletzten Gesellschafters an der Personengesellschaft im Wege der Spaltung auf den letzten Anteilseigner übergehen zu lassen. Eine geplante Realteilung kann zur Realisierung eines Rückbezuges durch die Kombination eines Formwechsels in eine Kapitalgesellschaft verbunden mit einer anschließenden Aufspaltung dieser Kapitalgesellschaft ersetzt werden. Die Einbringung einer Sachgesamtheit in eine Personengesellschaft gelingt schließlich mit Rückbezug, sofern sie im Wege der Ausgliederung nach dem UmwG verwirklicht wird.

Im Hinblick auf die Gestaltungsgrenze der **Grunderwerbsteuer** hat sich ergeben, dass der **steuerliche Ist-Zustand** bei Transfers mit Einzelwirtschaftsgütern grundsätzlich dem bei der Übertragung von Sachgesamtheiten gleicht. Zu erklären ist dies damit, dass Sachgesamtheitsverlagerungen unter den gleichen Voraussetzungen wie Einzelwirtschaftsgutstransfers einen steuerbaren Erwerbsvorgang auslösen und die Privilegierungsregeln des GrEStG der Art und Weise eines Grundstücksübergangs im Regelfall keine Bedeutung beimessen. Da die §§ 5, 6 GrEStG ausschließlich an die Existenz einer Gesamthandsgemeinschaft, an die Beteiligungsverhältnisse einer solchen Unternehmung sowie an die Eigentumsverhältnisse am bewegten Grundvermögen anknüpfen, ist es im Normalfall ohne Bedeutung, ob sich ein Zuordnungswechsel im Hinblick auf das Grundvermögen aufgrund eines isolierten Grundstückstransfers oder infolge eines Sachgesamtheitsübergangs vollzieht. Eine Ausnahme hierzu bilden lediglich abwärts gerichtete Verschmelzungen und Aufspaltungen einer Kapitalgesellschaft auf eine Personengesellschaft. Grund hierfür ist, dass in diesen Konstellationen die einbringende Unternehmung jeweils im Anschluss an den Transfer untergeht. Dadurch kommt es bereits im Zeitpunkt des Grundstücksübergangs zu einer schädlichen Anteilsverminderung, die die fünfjährige Behaltefrist des § 5 Abs. 3 GrEStG verletzt und eine Privilegierung von vorneherein unmöglich macht.

Daneben hat sich im Hinblick auf die **Generierung von Gestaltungen** gezeigt, dass Handlungsoptionen zur Vermeidung von Grunderwerbsteuer aus den drei Primärtatbestandsmerkmalen deduziert werden können. Zum einen kann der Übergang von Grundvermögen, Kapitalgesellschaftsbeteiligungen und Mitunternehmeranteilen so gestaltet werden, dass sich schon kein steuerbarer Erwerbsvorgang ergibt. Zum anderen ist denkbar, den Transfer so zu strukturieren, dass er den Tatbestand einer Privilegierung verwirklicht. Zum Dritten besteht die Möglichkeit, seine Bemessungsgrundlage zu minimieren.

Dabei gelingt die Vermeidung eines steuerbaren Erwerbsvorgangs bei der Übertragung von Grundstücken insbesondere durch eine Beschränkung auf den Übergang des wirtschaftlichen Eigentums derart, dass das erwerbende Betriebsvermögen zwar besitz- und nutzungsberechtigt wird, aber nicht gleichzeitig an der gesamten Substanz des Grundstücks aufgrund einer gesicherten Rechtsposition partizipiert. Hierzu bietet sich an, den Transfer als Einbringung dem Werte nach oder als Leasingverhältnis auszugestalten. Zur Vermeidung einer gleichzeitigen Partizipation gilt es bei der Einbringung dem Werte nach, dem aufnehmenden Betriebsvermögen weder eine Vollmacht oder Einwilligung zur selbständigen Verfügung über das Grundstück einzuräumen noch eine Option zu gewähren, mit der es die Übertragung des Grundstücks an eine bestimmte Person verlangen kann. Bei der Begründung eines Leasingverhältnisses ist eine Kaufoption zu vereinbaren, die nicht vor Ablauf des Leasingvertrages ausgeübt werden darf.

Bei der Übertragung der Beteiligung an einer grundbesitzenden Kapitalgesellschaft kann ein steuerbarer Erwerbsvorgang in jedem Fall verhindert werden, indem man auf eine zivilrechtliche Eigentumsübertragung verzichtet und ebenfalls lediglich das wirtschaftliche Eigentum an der Beteiligung überträgt. Eine bloß wirtschaftliche Änderung des Gesellschafterbestandes und eine lediglich wirtschaftliche Vereinigung aller Anteile lösen keinen steuerbaren Zuordnungswechsel aus. Darüber hinaus bietet es sich an, das Grundvermögen der betroffenen Gesellschaft noch vor der Anteilsübertragung aus ihrem Betriebsvermögen so zu separieren, dass es von der anschließenden Anteilsübertragung nicht mehr betroffen wird. Soll das Eigentum an der Beteiligung hingegen notwendig zivilrechtlich übergehen und soll die betroffene Gesellschaft auch zwingend ihren Grundbesitz behalten, gilt es den Anteilstransfer so zu strukturieren, dass er die Tatbestandsvoraussetzungen der §§ 1 Abs. 2a und 3 GrEStG vermeidet. Diese Grundsätze gelten entsprechend für den Transfer eines Mitunternehmeranteils an einer grundbesitzenden Personengesellschaft.

Alternativ eröffnet sich die Handlungsoption, die Übertragung eines Grundstücks so zu strukturieren, dass sie eine grunderwerbsteuerliche Privilegierung gemäß den §§ 5, 6 GrEStG erfährt. Hierzu ist zunächst zwischen der übertragenden und der erwerbenden Unternehmung ein Gesamthandsverhältnis herzustellen. Ggf. bedarf es daher des Formwechsels einer beteiligten Tochterkapitalgesellschaft. Im Anschluss ist eventuell eine möglichst große Kongruenz zwischen den Beteiligungsverhältnissen am übertragenen Grundvermögen vor und nach seiner Verlagerung zu generieren. Erforderlichenfalls sind daher die Beteiligungsverhältnisse an den Tochtergesellschaften vor der Grundstücksübertragung noch zu verändern. Schließlich ist die Frist des § 6 Abs. 4 S. 1 GrEStG zu beachten. Sie lässt die Privilegierung einer Grundstücksübertragung aus einer Gesamthand entfallen, soweit ein Gesellschafter seinen Anteil an dieser Gesamthand noch keine fünf Jahre innehat. Ist dies der Fall, muss sichergestellt werden, dass die Grundstücksübertragung nicht vor Ablauf der Frist erfolgt.

Für den Transfer von Beteiligungen und Mitunternehmeranteilen gelten diese Grundsätze zur Generierung einer Privilegierung vollumfänglich entsprechend. Bei der Herstellung der erforderlichen Gesamthandsverhältnisse sind lediglich die Übergangsfiktionen des § 1 Abs. 2a und 3 GrEStG zu berücksichtigen. § 1 Abs. 2a GrEStG nimmt an, dass das betroffene Grundvermögen von der grundbesitzenden Personengesellschaft mit den bisherigen Gesellschaftern auf eine fiktive grundbesitzende Personengesellschaft mit den neu eingetretenen Gesellschaftern verlagert wird. § 1 Abs. 3 GrEStG geht von einem Grundstückstransfer entweder von der grundbesitzenden Kapitalgesellschaft selbst oder von der anteilsveräußernden oder vermittelnden Unternehmung auf die anteilserwerbende Unternehmung aus.

Als dritte Gestaltungsmöglichkeit bietet sich an, die Bemessungsgrundlage eines steuerbaren und steuerpflichtigen Transfers möglichst gering ausfallen zu lassen. Als solche gilt grundsätzlich die für die Grundstücksübertragung erbrachte Gegenleistung, selbst wenn sie außergewöhnlich niedrig ist und weit hinter dem Verkehrswert des Grundstücks zurückbleibt. Daher bietet sich bei Übertragungen zwischen Gesellschaften derselben Unternehmensgruppe an, als Gegenleistung einen möglichst geringen Preis zu vereinbaren.

Bei steuerbaren Änderungen des Gesellschafterbestandes und Anteilsvereinigungen qualifiziert als maßgebliche Bemessungsgrundlage grundsätzlich der Bedarfswert des Grundvermögens. Angesichts dieses Umstandes eröffnen sich in diesen Konstellationen zwei Handlungsalternativen. Zum einen kann der Bedarfswert möglichst niedrig ausgewiesen werden, indem die maßgebliche Miete für das übergehende Grundvermögen vorab auf bis zu 80 % der üblichen Miete reduziert wird. Zum anderen besteht die Möglichkeit, einen gemeinen Wert des übergehenden Grundvermögens nachzuweisen, der den Bedarfswert unterschreitet.

Bei der abschließenden **Koordination der einzelnen Teilgestaltungen** hat sich bewahrheitet, dass die Modifikation des eigentlich geplanten Umstrukturierungsplans zur Optimierung eines steuerlichen Relevanzbereichs in vielen Fällen Steuernachteile in anderen Relevanzbereichen auslöst. Veranschaulichen lässt sich dies am Formwechsel einer Tochterkapitalgesellschaft vor der Übertragung eines Einzelwirtschaftsgutes zur Realisierung einer Buchwertfortführung gemäß § 6 Abs. 5 S. 3 EStG. Ein solcher Formwechsel bewirkt den vollständigen Untergang sämtlicher Verlust- und Zinsvorträge dieser Tochterkapitalgesellschaft. Simultan löst er die Ermittlung eines Übernahmeergebnisses aus, das typischerweise negativ ausfällt und eine Ausschüttung der offenen Rücklagen fingiert. Grunderwerbsteuerlich ist eine solche Umwandlung grundsätzlich unschädlich, da kein Rechtsträgerwechsel stattfindet. Ein Risiko besteht lediglich, falls die Tochtergesellschaft ihrerseits Anteilseignerin einer grundbesitzenden Gesamthand ist und noch eine der fünfjährigen Behaltefristen läuft. Angesichts dieser Steuerwirkungen ist der Formwechsel daher nur vorteilhaft, sofern der mit der Buchwertfortführung verbundene steuerliche Vorteil größer ist als eventuelle Nachteile aus der Vernichtung vorhandener Verlust- und Zinsvorträge, aus der Entstehung eines Übernahmeverlusts samt Rücklagenausschüttungsfiktion sowie aus der Verletzung einer noch nicht abgelaufenen grunderwerbsteuerlichen Frist.

Die vorliegende Untersuchung hat nicht nur Ergebnisse im Hinblick auf den steuerlichen Gestaltungsprozess der Unternehmensumstrukturierung erzielt. Darüber hinaus hat sie am Rande herausgearbeitet, dass die **Revision einzelner Gesetze** sinnvoll ist. Dies gilt insbesondere für die Relevanzbereiche der stillen Reserven, der Verlustvorträge sowie der Grunderwerbsteuer. Dabei könnte es im Hinblick auf **stille Reserven** zunächst hilfreich sein, die Steuerwirkungen einzelner Übertragungen nach dem Maß der individuellen Gewinnrealisierung zu vereinheitlichen. Sofern Gestaltungen eine vollständige Gewinnrealisierung bewirken, sollte in jedem Fall eine Veräußerung angenommen werden, unabhängig davon, ob tatsächlich eine solche gegeben ist oder eine verdeckte Gewinnausschüttung, eine verdeckte Einlage respektive ein sonstiger nicht privilegierter Transfer vorliegt. Sofern Gestaltungen eine Fortführung der Buchwerte ermöglichen, würde es der Vereinfachung dienen, in jedem Fall eine unentgeltliche Übertragung anzunehmen, auch wenn der Transfer gegen Gewährung von Gesellschaftsrechten erfolgt.

Außerdem sollten die Begünstigungen für Sachgesamtheitsübertragungen denen für Einzelwirtschaftsgüter zumindest systematisch angepasst werden. Während § 6 Abs. 5 S. 3 EStG unentgeltliche Transfers und Übertragungen gegen Gewährung von Gesellschaftsrechten gleichbehandelt, privilegieren die §§ 20, 24 UmwStG lediglich Einbringungen gegen Gewährung neuer Anteile. In der Literatur wird zwar die Auffassung vertreten, dass § 6 Abs. 3 EStG nicht nur auf Vorgänge der vorweggenommenen Erbfolge, sondern auch auf unentgeltliche Übertragungen in Personengesellschaften anwendbar ist. Gleichwohl wäre eine entsprechende Ergänzung und Klarstellung der §§ 20, 24 UmwStG hilfreich.

Schließlich hat die Untersuchung verdeutlicht, dass das UmwStG wirtschaftlich identische Vorgänge teilweise abhängig von der im Einzelfall verwendeten zivilrechtlichen Technik sowie von der Richtung der jeweiligen Umstrukturierungsmaßnahme behandelt. Solche Differenzierungen sind angesichts der im Ertragsteuerrecht maßgeblichen wirtschaftlichen Betrachtungsweise nicht überzeugend. Die Gewährung einer Privilegierung sollte sich vielmehr allein danach richten, was Gegenstand eines Transfers ist und zwischen welchen Personen die Übertragung stattfindet.

Im Hinblick auf **Verlust- und Zinsvorträge** erscheint die Existenz unterschiedlicher Voraussetzungen zur Nutzung verrechenbarer Verluste gemäß § 15a EStG sowie zur Verwendung eines gewerbesteuerlichen Verlustvortrages respektive eines Zinsvortrages nicht erforderlich. Hier ist es aus Vereinfachungsgründen sinnvoll, beide Regelungswerke zu vereinheitlichen. Beabsichtigt man hingegen, an einer differenzierenden Behandlung festzuhalten, ist es nach der hier vertretenen Auffassung notwendig, dem Charakter der Gewerbesteuer als Unternehmenssteuer Rechnung zu tragen. Deshalb wäre dann eine Abkehr vom Erfordernis der Unternehmeridentität zu begrüßen.

In **grunderwerbsteuer**licher Hinsicht ist es ratsam, die im Hinblick auf Personengesellschaften missglückte Formulierung des § 1 Abs. 3 GrEStG an die gesellschaftsrechtliche Realität anzupassen. Dass der Gesetzgeber in diesem Zusammenhang, anders als bei Kapitalgesellschaften, nicht den Anteil am Gesellschaftsvermögen, sondern die Anzahl der Gesellschaftsanteile tatsächlich als Maßstab etablieren wollte, ist unwahrscheinlich. Dies verdeutlicht bereits der Umstand, dass unmittelbare Anteilsvereinigungen bei Personengesellschaften denktechnisch nicht möglich sind. Deshalb sollte § 1 Abs. 3 GrEStG wie § 1 Abs. 2a GrEStG bei der Übertragung von Anteilen an Personengesellschaften auch auf den Anteil am Gesellschaftsvermögen abstellen. Im Übrigen wäre es sinnvoll, Grundstücksübertragungen im Konzern insoweit von der Steuer zu befreien, als sich durch sie keine mittelbar veränderte Zurechnung ergibt. Dass Anteilsverlagerungen innerhalb einer Gruppe der Grunderwerbsteuer unterliegen, ohne dass sich dadurch eine wirtschaftliche Veränderung ergibt, überzeugt nicht. Hierdurch werden ökonomisch sinnvolle Restrukturierungen behindert.

Letztlich bietet es sich an, die vorliegende Untersuchung als Grundlage für **weitere Forschungsarbeit** zu verwenden. Denkbar ist insoweit, den vorliegenden Gestaltungsansatz um ein Modul für internationale Umstrukturierungen zu erweitern. Hierzu müssten ergänzend für jeden einzelnen steuerlichen Relevanzbereich die besonderen Implikationen grenzüberschreitender Restrukturierungsmaßnahmen herausgearbeitet werden. Im Anschluss könnten die so gefundenen Teilgestaltungen erneut aufeinander abgestimmt werden.

Literaturverzeichnis

Adolf, Michael, Grunderwerbsteuer bei Organschaftsfällen, GmbHR 2007, S. 1309-1316.

Bader, Axel, Steuergestaltung mit Holdinggesellschaften, 2. Aufl., Herne Berlin 2007.

Bahrs, Enno, Betriebswirtschaftliche Vorteilhaftigkeit von steuerrechtlich bedingten Reinvestitionsrücklagen, BB 2003, S. 568-571.

Bamberg, Günter, Entscheidungstheorie, normative, in: Köhler, Richard/Küpper, Hans-Ulrich/Pfingsten, Andreas (Hrsg.), Handwörterbuch der Betriebswirtschaft, 6. Aufl., Stuttgart 2007, Sp. 383-394.

Bamberg, Günter/Coenenberg, Adolf G./ Krapp, Michael, Betriebswirtschaftliche Entscheidungstheorie, 14. Aufl., München 2008.

Bartelt, Michael, Umfang der gewerbesteuerlich verhafteten stillen Reserven in Fällen des § 18 Abs. 4 UmwStG, DStR 2006, S. 1109-1115.

Bauer, Jörg, Steuergestaltung tut not - Ausgewählte unternehmenspolitische Folgerungen aus der Steuerreform 1990, StbJb. 1988/89, S. 96-120.

Bauernschmitt, Isabel/Blöchle, Daniel, SEStEG: Umwandlung unerwünscht!, BB 2007, S. 743-751.

Baumbach, Adolf/Hueck, Alfred, GmbHG - Gesetz betreffend die Gesellschaft mit beschränkter Haftung - Kommentar, 18. Aufl., München 2006.

Baumhoff, Hubertus, Verlustverwertungsstrategien bei Personengesellschaften, StbJb. 1993/94, S. 267-302.

Baumhoff, Hubertus/Ditz, Xaver/Greinert, Markus, Auswirkungen des Unternehmensteuerreformgesetzes 2008 auf die Besteuerung grenzüberschreitender Funktionsverlagerungen, DStR 2007, S. 1649-1655.

Bea, Franz Xaver, Entscheidungen des Unternehmens, in: Allgemeine Betriebswirtschaftslehre, Band 1: Grundfragen, hrsg. v. Franz Xaver Bea, Birgit Friedl und Marcell Schweitzer, 9. Aufl., Stuttgart 2004, S. 311-420.

Becker, Jan/Loitz, Rüdiger/Stein, Volker, Steueroptimale Verlustnutzung, Wiesbaden 2009.

Beckmann, Klaus, Grunderwerbsteuer bei Umstrukturierungen, GmbHR 1999, S. 217-225

Behrendt, Lars/Arjes, André, Gewerbesteuerliche Unternehmeridentität bei Verschmelzung von Kapitalgesellschaften, DStR 2008, S. 811-813.

Behrendt, Lars/Arjes, André, Das Verhältnis der Ausschüttungsfiktion (§ 7 UmwStG) zur Einlagefiktion (§ 5 UmwStG), DB 2007, S. 824-827.

Behrendt, Lars/Arjes, André/Nogens, Tim, § 8c KStG - Struktur zum Erhalt gewerbesteuerlicher Verlustvorträge, BB 2008, S. 367-369.

Behrens, Stefan, Kommentar zu: BFH, Entscheidung vom 20.07.2005 - II R 30/04, BB 2005, S. 2621-2622.

Behrens, Stefan, Grunderwerbsteuer bei Unternehmensakquisitionen und Umwandlungen, StbJb. 2005/06, S. 317-353.

Behrens, Stefan/Hofmann, Anette, Grunderwerbsteuer auf Umstrukturierungen bei doppelstöckigen Personengesellschaften, DStR 2003, S. 2093-2099.

Behrens, Stefan/Hofmann, Anette, Mittelbare Anteilsübertragungen bei § 1 Abs. 2a GrEStG, UVR 2004, S. 27-34.

Behrens, Stefan/Quatmann, Ansgar, Einbringung von Mitunternehmeranteilen an doppelstöckigen Personengesellschaften nach § 20 UmwStG - Muss Sonderbetriebsvermögen der Obergesellschafter bei der Untergesellschaft mit eingebracht werden?, DStR 2002, S. 481-486.

Behrens, Stefan/Schmitt, Rainer, Übertragung wesentlicher Betriebsgrundlagen im Vorfeld von Einbringungen nach §§ 20, 24 UmwStG, FR 2002, S. 549-558.

Behrens, Stefan/Schmitt, Rainer, Formwechsel und § 6 Abs. 4 Satz 1 GrEStG, UVR 2004, S. 270-276.

Behrens, Stefan/Schmitt, Rainer, Zweiter Anlauf zur Einführung einer Grunderwerbsteuer-Befreiung bei konzerninternen Umstrukturierungen, DB 2005, S. 525-527.

Behrens, Stefan/Schmitt, Rainer, Beteiligung an geschlossenen Immobilienfonds über Treuhandkommanditisten und § 1 Abs. 2a GrEStG, DStR 2005, S. 1429-1433.

Behrens, Stefan/Schmitt, Rainer, Grunderwerbsteuer durch quotenwahrenden Formwechsel einer grundbesitzenden Personengesellschaft mit mindestens 95 %-igem Gesellschafter in eine Kapitalgesellschaft? - Teil 1, UVR 2008, S. 16-21.

Behrens, Stefan/Schmitt, Rainer, Grunderwerbsteuer durch quotenwahrenden Formwechsel einer grundbesitzenden Personengesellschaft mit mindestens 95 %-igem Gesellschafter in eine Kapitalgesellschaft? - Teil 2, UVR 2008, S. 53-57.

Benecke, Andreas/Schnitger, Arne, Letzte Änderungen der Neuregelungen des UmwStG und der Entstrickungsnormen durch das SEStEG, IStR 2007, S. 22-28.

Benz, Sebastian/Rosenberg, Oliver, Einbringungsvorgänge nach dem Regierungsentwurf des SESTEG, BB 2006, Special 8/06, S. 51-77.

Benz, Sebastian/Rosenberg, Oliver, Verlustausgleich/Verlustabzug, Mantelkauf, in: Blumenberg, Jens/Benz, Sebastian (Hrsg.), Die Unternehmensteuerreform 2008 - Erläuterungen und Gestaltungshinweise, Köln 2007.

Berens, Wolfgang/Hoffjan, Andreas/Strauch, Joachim, Planung und Durchführung der Due Diligence in: Berens, Wolfgang/Brauner, Hans U./Strauch, Joachim (Hrsg.), Due Diligence bei Unternehmensakquisitionen, 4. Aufl., Stuttgart 2005, S. 119-171.

Berens, Wolfgang/Delfmann, Werner/Schmitting, Walter, Quantitative Planung - Grundlagen, Fallstudien, Lösungen, 4. Aufl., Stuttgart 2004.

Berg, Hans-Georg, Ausgliederung im Treuhandmodell, FR 2003, S. 903-907.

Berg, Hans-Georg, Kapitalertragsteuer bei Ausschüttungen nach rückwirkender Umwandlung, DStR 1999, S. 1219-1220.

Berg, Hans-Georg/Schmich, Rolf, Die Anwendung von § 8 Abs. 4 KStG bei Anteilsübertragungen im Konzern im Licht der jüngsten Rechtsprechung, DB 2003, S. 1291-1295.

Berg, Hans-Georg/Schmich, Rolf, Die Auswirkungen eines Forderungsverzichts mit Besserungsschein im Rahmen des § 8 Abs. 4 KStG, FR 2004, S. 520-524.

Bergemann, Achim/Markl, Richard/Althof, Michael, Die Gewerbesteuer im Lichte des Regierungsentwurfs zur geplanten Unternehmenssteuerreform 2008 - Die Auswirkungen der geplanten Änderungen für die Praxis, DStR 2007, S. 693-700.

Bergsteiner, Stephan, Umstrukturierung von Personenunternehmen mit Einzelwirtschaftsgütern, Düsseldorf, 2002.

Berninger, Axel, Die Societas Quoad Sortem: Eine Einbringungsform im Personengesellschaftsrecht, Baden-Baden 1994.

Bethmann, Gerhard, Die Problematik der gewerbesteuerlichen Verlustkompensation, StuW 1979, S. 332-342.

Beußer, Thomas, Die Verlustabzugsbeschränkung gem. § 8c KStG im Unternehmensteuerreformgesetz 2008, DB 2007, S. 1549-1553.

Beuthien, Volker, Zur Grunderwerbsteuerneutralität von Umwandlungen, BB 2007, S. 133-136.

Biermann, Frank/Rau, Stefan, Vergleichsgrößen bei der Zuführung neuen Betriebsvermögens nach § 8 Abs. 4 KStG, GmbHR 2002, S. 509-516.

Binz, Hans-Bert/Hagedorn, Frank, „Spaltung" einer Kapitalgesellschaft - einmal anders, DB 2007, S. 765-769.

Bitz, Horst, Gestaltungshinweise für Kommanditisten in Bezug auf die BFH-Rechtsprechung zum Begriff des Kapitalkontos i. S. des § 15a Abs. 1 EStG, GmbHR 1992, S. 285-287.

Blumenberg, Jens/Lechner, Florian, Zinsschranke, in: Blumenberg, Jens/Benz, Sebastian (Hrsg.), Die Unternehmensteuerreform 2008 - Erläuterungen und Gestaltungshinweise, Köln 2007.

Blumenberg, Jens/Schäfer, Karl P., Das SESTEG - Steuer- und gesellschaftsrechtliche Erläuterungen und Gestaltungshinweise, München 2007.

Blumers, Wolfgang, Europäische Umwandlungen mit Teilbetrieben, BB 2008, S. 2041-2045.

Blumers, Wolfgang, Ausgliederung und Spaltung und wesentliche Betriebsgrundlagen, DB 1995, S. 496-500.

Blumers, Wolfgang, Die Teilbetriebe des Umwandlungssteuerrechts, DB 2001, S. 722-726.

Blumers, Wolfgang, Der Teilbetrieb im Aufbau im Umwandlungssteuerrecht, BB 1995, S. 1821-1823.

Blumers, Wolfgang, Ausgliederung und Spaltung und Zuordnung von Wirtschaftsgütern, DB 1996, S. 7-11.

Blumers, Wolfgang, Demerger - Die Spaltung börsennotierter Gesellschaften (national und international), DB 2000, S. 589-594.

Blumers, Wolfgang, Erste Erfahrungen mit dem Spaltungserlaß, DB 1992, S. 1317-1320.

Blumers, Wolfgang/Beinert, Stefanie, Grundregeln für die Optimierung des Unternehmenskaufs nach neuem Umwandlungs (-steuer) recht, DB 1995, S. 1043-1048.

Blümich, EStG KStG GewStG Einkommensteuergesetz Körperschaftsteuergesetz Gewerbesteuergesetz, Kommentar, hrsg. v. Bernd Heuermann, Loseblattwerk, 99. Ergänzungslieferung, Stand: Juni 2008, München.

Böckli, Peter, Steuerumgehung: Qualifikation gegenläufiger Rechtsgeschäfte und normative Gegenprobe, in: Steuerrecht im Rechtsstaat - Festschrift für Francis Cagianut zum 65. Geburtstag (hrsg. v. Ernst Höhn u. Klaus A. Vallender), Bern Stuttgart, 1990, S. 289-314.

Bodden, Guido, Verschmelzung und Formwechsel von Kapitalgesellschaften auf gewerblichen Personengesellschaften nach dem SEStEG (§§ 3-10 UmwStG n. F.), FR 2007, S. 66-76.

Böhme, Sybille/Forster, Eduard, Anwendbarkeit der Trennungstheorie im Rahmen von Übertragungen im Sinne des § 6 Abs. 5 EStG, BB 2003, S. 1979-1987.

Bomhard, Roland/Dettmeier, Michael/Fischer, Peter C., Immobilienerwerb und -veräußerung im Wege des Share-Deal, BB 2003, Beilage 1.

Boorberg, Wolfgang/Boorberg, Axel, Formwechselnde Umwandlung von Personengesellschaften mit Sonderbetriebsvermögen - Fiskalische Fallenstellerei?, DB 2007, S. 1777-1785.

Bordewin, Arno, Gewerbesteuerlicher Verlustabzug bei Umwandlung einer einstöckigen in eine doppelstöckige Kommanditgesellschaft - - Anmerkungen zum BFH-Urteil vom 26.6.1996, VIII R 41/95-, DStR 1996, S. 1594-1596.

Bordewin, Arno/Brandt, Jürgen, Kommentar zum Einkommensteuergesetz EStG, Loseblattwerk, 297. Aktualisierung, Stand: September 2008, Heidelberg.

Boruttau, Ernst Paul, Grunderwerbsteuergesetz Kommentar, 16. Aufl., München 2007.

Brähler, Gernot, Steuerlich optimale Gestaltung von grenzüberschreitenden Umstrukturierungen, Wiesbaden 2006.

Brähler, Gernot, Umwandlungssteuerrecht, 4. Auflage, Wiesbaden 2008.

Brandenberg, Hermann Bernwart, Personengesellschaftsbesteuerung nach dem Unternehmensteuerfortentwicklungsgesetz - Teil I -, DStZ 2002, S. 511-518.

Brandenberg, Hermann Bernwart, Personengesellschaftsbesteuerung nach dem Unternehmensteuerfortentwicklungsgesetz - Teil II -, DStZ 2002, S. 552-559.

Brandenberg, Hermann Bernwart, Personengesellschaftsbesteuerung nach dem Unternehmensteuerfortentwicklungsgesetz - Teil III -, DStZ 2002, S. 595-598.

Brandenberg, Hermann Bernwart, Aktuelle steuerrechtliche Entwicklungen bei der Personengesellschaft, Stbg 2004, S. 65-74.

Brauchlin, Emil, Problemlösungs- und Entscheidungsmethodik, 3. Aufl., Bern Stuttgart 1990.

Brauchlin, Emil/Heene, Robert, Problemlösungs- und Entscheidungsmethodik, 4. Aufl., Bern Stuttgart 1995.

Breiteneicher, Jens, Die Anwachsung als steuerliches Umwandlungsinstrument, DStR 2004, S. 1405-1409.

Breithecker, Volker, Unternehmensumstrukturierung und Besteuerung (www.uni-duisburg.de/FB5/BWL/BWSL/Lehrveranstaltungen/Downloads/St5/SteuernV.pdf), Duisburg 2005.

Breithecker, Volker/Förster, Guido/Förster, Ursula/Klapdor, Ralf, UntStRefG - Unternehmensteuerreformgesetz 2008 Kommentar, Berlin 2007.

Breuninger, Gottfried/Prinz, Ulrich, Ausgewählte Bilanz- und Steuerrechtsfragen von Mezzaninefinanzierungen, DStR 2006, S. 1345-1349.

Bruschke, Gerhard, Grunderwerbsteuerliche Fragen beim Immobilien-Leasing, UVR 2002, S. 122-125.

Bruschke, Gerhard, Die Verwertungsbefugnis nach § 1 Abs. 2 GrEStG, UVR 2006, S. 316-320.

Buciek, Klaus, Anmerkung zu: BFH, Urteil vom 20.08.2003 - I R 61/01, DStZ 2003, S. 853-856, DStZ 2003, S. 856.

Bühner, Rolf/Spindler, Hans-Joachim, Synergieerwartungen bei Unternehmenszusammenschlüssen, DB 1986, S. 601-606.

Butz-Seidl, Annemarie, § 15a EStG und Verlustausgleich durch Leistung einer Einlage, GestStB 1998, S. 15.

Butz-Seidl, Annemarie, Besserungsvereinbarung oder Rangrücktritt - was ist sinnvoller?, GestStB 1998, S. 25.

Campenhausen, Otto v., Steuersubjekt- und -objektgebundene stille Reserven bei Ergänzungsbilanzen nach § 6 Abs. 5 Satz 3 EStG und § 24 UmwStG, DB 2004, S. 1282-1285.

Carlé, Dieter/Bauschatz, Peter, Die durch Kapitalkonten abgebildete Beteiligung an einer Personengesellschaft im Gesellschafts- und Steuerrecht, FR 2002, S. 1153-1163.

Carlé, Dieter/Carlé, Thomas, Ausgleichsfähige statt verrechenbare Verluste durch den Wechsel vom Kommanditisten zum Vollhafter, FR 2001, S. 829-832.

Carlé, Dieter/Carlé, Thomas/Fuhrmann, Claas/Korn, Klaus/Stahl, Rudolf/Strahl, Martin, Umwandlungen - Praxisleitfaden Umwandlung und Einbringung nach deutschem Recht, Bonn Berlin 2007.

Centrale für GmbH, Stellungnahme vom 26.3.2007 zum Gesetzentwurf der Bundesregierung eines Unternehmensteuerreformgesetzes 2008 vom 14.3.2007, GmbHR 2007, S. 421-433.

Claßen, Andrea, Aus der Rechtsprechung des BFH und der Finanzgerichte zur Grunderwerbsteuer im Jahr 2007, UVR 2008, S. 206-211.

Claudy, Björn/Steger, Michael, Einlagen und § 15a EStG - Zur Notwendigkeit eines außerbilanziellen Korrekturpostens, DStR 2004, S. 1504-1509.

Cordes, Martin, Veräußerung von Kapitalgesellschaftsanteilen durch Personengesellschaften und § 6b EStG, StBp 2003, S. 113-118.

Crezelius, Georg, Gewährung von Gesellschaftsrechten bei § 6 Abs. 5 EStG, §§ 20, 24 UmwStG, DB 2004, S. 397-401.

Damas, Jens-Peter/Ungemach, Markus, Schreckgespenst Gesamtplanrechtsprechung?, DStZ 2007, S. 552-560.

Daragan, Hanspeter, Die Einbringung dem Werte nach, in: Arbeitsgemeinschaft der Fachanwälte für Steuerrecht e. V., Bochum (Hrsg.), Der Fachanwalt für Steuerrecht - Festschrift 50 Jahre Arbeitsgemeinschaft der Fachanwälte für Steuerrecht e. V., Herne/Berlin 1999.

Deloitte (Hrsg.), Basel II - Handbuch zur praktischen Umsetzung des neuen Bankenaufsichtsrechts, Berlin 2005.

Desens, Marc, Abgeltungsteuer, Teileinkünfteverfahren – Verschmelzungen vergessen?, FR 2008, S. 943-953.

Dieterlen, Joachim/Henninger, Peter Carl, Vermeidung der Besteuerung einer Anteilsvereinigung ab 2000, GmbH-StB 1999, S. 202-203.

Dieterlen, Joachim/Strnad, Oliver, § 8 Abs. 4 KStG - Vermögenszuführung über Tochtergesellschaften nach dem BMF-Schreiben vom 16.4.1999 (GmbHR 1999, 497), GmbHR 2000, S. 260-264.

Ditz, Xaver, Übertragung von Geschäftschancen bei Funktionsverlagerungen ins Ausland - Darstellung an ausgewählten Beispielen, DStR 2006, S. 1625-1631.

Djanani, Christiana/Brähler, Gernot/Zölch, Sandra, § 8 Abs. 4 KStG und § 12 Abs. 3 Satz 2 UmwStG: Die Verlustfallen bei der Umstrukturierung von Konzernen?, BB 2000, S. 1497-1504.

Domsch, Michel, Personal, in: Vahlens Kompendium der Betriebswirtschaftslehre, Bd. 1, hrsg. v. Michael Bitz, Michel Domsch, Ralf Ewert und Franz W. Wagner, 5. Aufl., München 2005, S. 385-447.

Dörfler, Harald/Vogl, Andreas, Unternehmenssteuerreform 2008: Auswirkung der geplanten Zinsschranke anhand ausgewählter Beispiele, BB 2007, S. 1084-1087.

Dörfler, Harald/Wittkowski, Ansas, Zwischenwertansatz als Instrument zur Verlustnutzung bei Verschmelzungen von Körperschaften, GmbHR 2007, S. 352-357.

Dörfler, Harald/Wittkowski, Ansas, Verschärfung der Verlustnutzung bei Kapitalgesellschaften: Wie § 8 c KStG-E das Kinde mit dem Bade ausschüttet, GmbHR 2007, S. 513-518.

Dörfler, Oliver/Rautenstrauch, Gabriele/Adrian, Gerrit, Verlustnutzung bei Verschmelzung von Körperschaften vor und nach Änderung des § 12 Abs. 3 UmwStG durch das SEStEG, BB 2006, S. 1657-1661.

Dörr, Ingmar/Geibel, Stephan/Fehling, Daniel, Die neue Zinsschranke, NWB F. 4, S. 5199-5216.

Dötsch, Ewald/Jost, Werner F./Pung, Alexandra/Witt, Georg, Die Körperschaftsteuer - Kommentar zum Körperschaftsteuergesetz, Umwandlungssteuergesetz und zu den einkommensteuerrechtlichen Vorschriften der Anteilseignerbesteuerung, Loseblattwerk, 63. Ergänzungslieferung, Stand: Juni 2008, Stuttgart.

Dötsch, Ewald/Patt, Joachim/Pung, Alexandra/Möhlenbrock, Rolf, Umwandlungssteuerrecht: Umstrukturierung von Unternehmen, Verschmelzung, Spaltung, Formwechsel, Einbringung, 6. Aufl., Stuttgart 2007.

Dötsch, Ewald/Pung, Alexandra, SEStEG: Die Änderungen des UmwStG (Teil I), DB 2006, S. 2704-2714.

Dötsch, Ewald/Pung, Alexandra, SEStEG: Die Änderungen des UmwStG (Teil II), DB 2006, S. 2763-2773.

Dötsch, Ewald/Pung, Alexandra, JStG 2007: Die Änderungen des KStG und des GewStG, DB 2007, S. 11-17.

Dötsch, Ewald/Pung, Alexandra, § 8c KStG: Verlustabzugsbeschränkung für Körperschaften, DB 2008, S. 1703-1711.

Dötsch, Ewald/Pung, Alexandra, Die Neuerungen bei der Körperschaftsteuer und bei der Gewerbesteuer durch das Steuergesetzgebungspaket vom Dezember 2003, DB 2004, S. 151-156.

Dreissig, Hildegard, Down-stream merger im deutschen Steuerrecht, DB 1997, S. 1301-1306.

Drüen, Klaus-Dieter, Unternehmerfreiheit und Steuerumgehung, StuW 2008, S. 154-166

Drüen, Klaus-Dieter, "Präzisierung" und "Effektuierung" des 42 AO durch das Jahressteuergesetz 2008?, Ubg 2008, S. 31-38.

Drukarczyk, Jochen, Finanzierung, in: Allgemeine Betriebswirtschaftslehre, Band 3: Leistungsprozess, hrsg. v. Franz Xaver Bea, Erwin Dichtl und Marcell Schweitzer, 8. Aufl., Stuttgart 2002, S. 351-465.

Düll, Alexander/Fuhrmann, Gerd/Eberhard, Martin, Übertragung eines Mitunternehmer- (teil-) anteils bei Vorhandensein von Sonderbetriebsvermögen, DStR 2001, S. 1773-1782.

Eckert, Ute/Kneip, Christoph/Rieke, Ingo, Aktuelle Fragen zur Gewerbesteuer nach Verabschiedung des Steuerentlastungsgesetzes 1999/2000/2002 und der GewStR 1998, INF 1999, S. 225-230.

Eder, Ulrich, Die Grunderwerbsteuer im Konzern, DStR 1994, S. 735-739.

Eggers, Peter H./Fleischer, Heinrich/Wischott, Frank, DStR-Fachliteratur-Auswertung: Grunderwerbsteuer, DStR 1998, S. 1903-1907.

Ehlermann, Christian/Löhr, Wolfgang, Steuerfallen bei mittelbaren Anteilsübertragungen im Konzern, DStR 2003, S. 1509-1514.

Eickhorst, Daniel, Auswirkungen der Unternehmenssteuerreform 2008 auf Krisenunternehmen und ihre Sanierung, BB 2007, S. 1707-1710.

Eilers, Stephan, Fremdfinanzierung im Unternehmen nach der Unternehmenssteuerreform 2008, FR 2007, S. 733-735.

Eilers, Stephan, Zinsschrankenerfahrungen - Sub-prime crisis; Reaktionsgestaltungen; Private Equity Strukturen -, Ubg 2008, S. 197-201.

Eilers, Stephan/Wienands, Hans-Gerd, Konzerninterne Restrukturierungen im Lichte des neuen § 8 Abs. 4 KStG, FR 1998, S. 828-835.

Eisenach, Manfred, Entscheidungsorientierte Steuerplanung, Wiesbaden 1974.

Eisenführ, Franz/Weber, Martin, Rationales Entscheiden, 4. Aufl., Berlin Heidelberg 2003.

Elser, Thomas, Steuergestaltung und Grenzpreisbildung beim Kapitalgesellschaftskauf, Wiesbaden 2000.

Endres, Dieter/Spengel, Christoph/Reister, Timo, Neu Maß nehmen: Auswirkungen der Unternehmensteuerreform 2008, WPg 2007, S. 478-489.

Engl, Richard L., Formularbuch Umwandlungen, München 2004.

Engl, Richard L., Realteilung auch mit Einzelwirtschaftsgütern rückwirkend ab 1.1.2001 nach UntStFG ohne Behaltefrist steuerneutral möglich, DStR 2002, S. 119-122.

Engl, Richard L./Schaflitzl, Andreas, Steuerneutrale Übertragung im Rahmen der Realteilung auch bei Einzelwirtschaftsgütern (§ 16 Abs. 3 Sätze 2 ff. EStG), in: Linklaters Oppenhoff & Rädler, Steueränderungen zum 01.01.2002 im Unternehmensbereich, S. 32-34, DB 2002, Beilage Nr. 1/2002.

Ernst & Young, Körperschaftsteuergesetz, KStG mit Nebenbestimmungen, Kommentar, hrsg. v. der Ernst & Young AG, Loseblattwerk, 65. Ergänzungslieferung, Stand: Juni 2008, Bonn Berlin.

Esters, Florian/Marenbach, Marcus, Die Trennung von GmbH-Gesellschafterstämmen im Vorfeld einer Beteiligung von Finanzinvestoren - gesellschafts- und steuerrechtliche Problempunkte, GmbHR 2003, S. 979-985.

Ettinger, Jochen/Schmitz, Markus, Die erweiterte Anwachsung: Änderungen nach dem SEStEG?, GmbHR 2008, S. 1089-1092.

Fey, Achim/Neyer, Wolfgang, Veränderungssperre für Konzernstrukturen nach steuerneutraler Spaltung?, GmbHR 1999, S. 274-278.

Fey, Achim/Neyer, Wolfgang, Unbegrenzter Verlustabzug trotz Mindestbesteuerung: Umwandlung mit steuerlicher Rückwirkung, DStR 2004, S. 986-989.

Fey, Achim/Neyer, Wolfgang, Verlustnutzung nach Umstrukturierung im Konzern: Auswahl des Reorganisationspfads unter steuerlichen Gesichtspunkten, GmbHR 2000, S. 705-711.

Fichtelmann, Helmar, Abspaltung von Vermögensteilen einer GmbH, GestStB 2004, S. 269.

Fichtelmann, Helmar, Einbringung eines Einzelunternehmens in eine GmbH & Co. KG, GestStB 2003, S. 259.

Fichtelmann, Helmar, Die Umwandlung eines Einzelunternehmens in eine GmbH, GestStB 2002, S. 108.

Finkbeiner, Rolf, Verlustvortrag nach § 10 a GewStG bei wechselnden Gesellschaftern einer Personenhandelsgesellschaft, BB 1997, S. 230-238.

Fischer, Hardy/Wagner, Thomas, Das BMF-Schreiben zur Zinsschranke - Überblick/Bewertung/Verbleibende Gestaltungen, BB 2008, S. 1872-1879.

Fleischer, Heinrich, Die Vermeidung von Grunderwerbsteuer durch steuergünstige Gestaltungen bei der Umstrukturierung von Unternehmen, DStR 1996, S. 1390-1397.

Fleischmann, Michael, Der Zusammenschluß der Daimler Benz AG und der Chrysler Corp. zur DaimlerChrysler AG aus steuerlicher Sicht, DB 1998, S. 1883-1886.

Fleischmann, Michael, Der Merger der Allianz AG und Dresdner Bank AG aus gesellschaftsrechtlicher, wirtschaftlicher und ertragsteuerlicher Sicht, DB 2001, S. 1528-1533.

Forst, Paul, (Steuer-) neutrale Übertragung von Einzelwirtschaftsgütern, EStB 2004, S. 217-220.

Forst, Paul/Frings, Thomas, Die neue Mindestbesteuerung ab 1.1.2004, EStB 2004, S. 80-83.

Forst, Paul/Radmer, Christine, Einbringung von Anteilen an einer Kapitalgesellschaft in eine Kapitalgesellschaft (Anteilstausch), EStB 2007, S. 112-115.

Forst, Paul/Schaaf, Axel, Einbringung von Unternehmensteilen in Kapitalgesellschaften, EStB 2007, S. 458-461.

Förster, Guido, Umstrukturierung deutscher Tochtergesellschaften im Ertragsteuerrecht, Düsseldorf 1991.

Förster, Guido, Übertragung von Wirtschaftsgütern und Gesamtplanrechtsprechung, StbJb. 2004/05, S. 227-253.

Förster, Guido/Felchner, Jan, Weite vs. enge Einlagefiktion bei der Umwandlung von Kapitalgesellschaften in Personenunternehmen, DB 2008, S. 2445-2451.

Förster, Guido/Felchner, Jan, Umwandlung von Kapitalgesellschaften in Personenunternehmen nach dem Referentenentwurf zum SEStEG, DB 2006, S. 1072-1080.

Förster, Guido/Schmidtmann, Dirk, Die Gesamtplanrechtsprechung im Steuerrecht, StuW 2003, S. 114-124.

Förster, Guido/Wendland, Jan, Einbringung von Unternehmensteilen in Kapitalgesellschaften, BB 2007, S. 631-639.

Förster, Ursula, Übertragung von Mitunternehmeranteilen im Ertragsteuerrecht, FR 2002, S. 649-657.

Förster, Ursula, Die steuerneutrale Übertragung von Gewinnen aus der Veräußerung von Anteilen an Kapitalgesellschaften durch Personenunternehmen - Zur geplanten Neuregelung des § 6b Abs. 10 EStG, DStR 2001, S. 1913-1917.

Franz, Matthias/Wegener, Christian, Spaltung von Personengesellschaften im neuen Umwandlungssteuerrecht, Ubg 2008, S. 608-616.

Freikamp, Gerhard, Zur umgekehrten Maßgeblichkeit bei der Übertragung von § 6b-Rücklagen auf reinvestiertes Gesamthandsvermögen, DB 2008, S. 781-787.

Freikamp, Gerhard, Transaktionen i. S. v. § 6 Abs. 5 Satz 3 EStG aus dem Vermögensbereich des Mitunternehmers in den Jahren 1999/2000, BB 2001, S. 2618-2623.

Frey, Johannes/Weissgerber, Arnd, Kommentar zu: FG Münster, Urteil vom 14.02.2000 - 9 K 7835/97 F, GmbHR 2000, S. 737-739, GmbHR 2000, S. 739-741.

Frotscher, Gerrit, Zur "Zuführung neuen Betriebsvermögens" nach § 8 Abs. 4 KStG - Anmerkungen zum BFH-Urteil vom 8.8.2001, I R 29-00, DStR 2002, S. 10-16.

Frotscher, EStG Kommentar zum Einkommensteuergesetz, hrsg. v. Gerrit Frotscher, Loseblattwerk, 145. Ergänzungslieferung, Stand: Juli 2008, Freiburg.

Frotscher/Maas, KStG UmwStG Körperschaftsteuergesetz - Umwandlungssteuergesetz, hrsg. v. Gerrit Frotscher, Loseblattwerk, 93. Ergänzungslieferung, Stand: August 2008, Freiburg.

Frystatzki, Christian, Eigenkapital oder Fremdkapital? - Die Rechtsnatur der Kapitalkonten bei Personengesellschaften, EStB 2006, S. 342-344.

Füger, Rolf/Rieger, Norbert, Das Gesetz zur Fortsetzung der Unternehmenssteuerreform - rückwirkende Änderungen im EStG, KStG und UmwStG, DStR 1997, S. 1427-1440.

Fuhrmann, Claas, Risiken der Nachversteuerung bei der Nachfolge in Mitunternehmeranteile, ErbStB 2003, S. 186-189.

Fuhrmann, Claas, Einzelfragen zum Mantelkauf bei konzerninternen Umstrukturierungen, DB 2001, S. 1690-1693.

Fuhrmann, Claas/Demuth, Ralf, Zur Grunderwerbsteuerbefreiung nach § 6 Abs. 3 GrEStG bei Änderung des Gesellschafterbestandes gemäß § 1 Abs. 2a GrEStG, UVR 2006, S. 26-29.

Funke, Regine, Verlustverrechnung bei Sonderbetriebsvermögen? Praxishinweise und Gestaltungsüberlegungen zu § 15 a EStG, EStB 1999, S. 220-222.

Fußbroich, Pinkas, Verlustverrechnung und Verlustverwertung in der Konzernunternehmung, Lohmar Köln 2001.

Fußbroich, Pinkas, Verlustverrechnung und Verlustverwertung im nationalen Kapitalgesellschaftskonzern, DStR 2002, S. 697-705.

Ganssauge, Karsten/Mattern, Oliver, Der Eigenkapitaltest im Rahmen der Zinsschranke (Teil I), DStR 2008, S. 213-219.

Ganssauge, Karsten/Mattern, Oliver, Der Eigenkapitaltest im Rahmen der Zinsschranke (Teil II), DStR 2008, S. 267-270.

Geerling, Tobias, Verlust nach § 15a EStG bei Umwandlung eines Kommanditisten in der Rechtsform der GmbH, DStR 1996, S. 1715-1719.

Glanegger, Peter/Güroff, Georg, Gewerbesteuergesetz: GewStG Kommentar, 6. Aufl., München 2006.

Gottwald, Stefan, Verstärkte Grunderwerbsteuerbelastungen bei Unternehmensumstrukturierungen - Auswirkungen des Steuerentlastungsgesetzes 1999/2000/2002, BB 2000, S. 69-78.

Gottwald, Stefan, Nachträgliche Grunderwerbsteuerbelastung bei einem Formwechsel von einer Personen- in eine Kapitalgesellschaft - Zugleich Anmerkung zum Urteil des BFH vom 18.12.2002, II R 13/01, DStR 2004, S. 341-345.

Gottwald, Stefan, Grunderwerbsteuerliche Fragen bei der Einbringung von Anteilen an einer Personengesellschaft in eine Personengesellschaft nach § 24 UmwStG, INF 2005, S. 865-867.

Götz, Hellmut, Verkehrsteuern bei Umwandlungsvorgängen, GmbHR 1998, S. 349-355.

Götz, Hellmut, Grunderwerbsteuerliche und organschaftliche Fragen bei Umwandlungen im Konzern, GmbHR 2001, S. 277-282.

Götz, Hellmut, Grunderwerbsteuerliche Fragen bei der Übertragung eines Kommanditanteils an einer GmbH & Co. KG, GmbHR 2005, S. 615-617.

Götz, Hellmut, Grunderwerbsteuerliche Fragen bei der Übertragung von Personengesellschaftsanteilen, BB 2006, S. 578-582.

Grantz, Jürgen, Die Verlustausgleichsbeschränkung nach § 15a EStG - weitere Praxishinweise, GestStB 2006, S. 202.

Grantz, Jürgen/Günther, Karl-Heinz, Erweiterter Verlustausgleich bei "überschießender" Außenhaftung, GestStB 2005, S. 409.

Grantz, Jürgen/Günther, Karl-Heinz, Verlustausgleichsbeschränkungen bei negativem Kapitalkonto - was ist zu beachten?, GestStB 2005, S. 369.

Groh, Manfred, Teilwerteinbringung von betrieblichen Einzelwirtschaftsgütern in Personengesellschaften, DB 2003, S. 1403-1409.

Groh, Manfred, Ist die verdeckte Einlage ein Tauschgeschäft? - Anmerkungen zum BFH-Beschluß vom 9.6.1997 GrS 1/94, DB 1997, S. 1683-1688.

Groh, Manfred, Die Vermögensübertragung auf Schwesterpersonengesellschaften als Lehrstück der Mitunternehmerbesteuerung, DB 2002, S. 1904-1908.

Groh, Manfred, Anschaffungskosten aus Sacheinlagen, FR 1990, S. 528-531.

Groh, Manfred, Realteilung von Personengesellschaften, WPg. 1991, S. 620-626.

Grotherr, Siegfried, Grunderwerbsteuerliche Probleme bei der Umstrukturierung von Unternehmen und Konzernen, BB 1994, S. 1970-1982.

Grotherr, Siegfried, Grundlagen der internationalen Steuerplanung, in: Grotherr, Handbuch der internationalen Steuerplanung, 2. Aufl., Herne Berlin 2003.

Grube, Frank/Altrichter-Herzberg, Torsten, Aktuelles im Bereich von steuerlichen Verlustvorträgen bei Körperschaften im Zusammenhang mit § 8 Abs. 4 KStG, GmbHR 2005, S. 284-287.

Günkel, Manfred/Lieber, Bettina, Grunderwerbsteuerliche Organschaft, in: Herzig (Hrsg.), Organschaft, Stuttgart 2003.

Haarmann, Wilhelm, Der Begriff des Teilbetriebs im deutschen Steuerrecht, in: Wassermeyer, Franz/Mayer, Dieter/Rieger, Norbert (Hrsg.), Umwandlungen im Zivil- und Steuerrecht - Festschrift für Siegfried Widmann zum 65. Geburtstag am 22. Mai 2000, Bonn, Berlin 2000, S. 375-391.

Haberstock, Lothar/Breithecker, Volker, Einführung in die Betriebswirtschaftliche Steuerlehre, 14. Aufl., Berlin 2008.

Hageböke, Jens/Stangl, Ingo, Zur Konzernfreiheit von assoziierten Unternehmen im Rahmen der Zinsschranke, DB 2008, S. 200-202.

Hahne, Klaus D., Die Begünstigung von Beteiligungen an Personengesellschaften bei der "Zinsschranke"- Gestaltungsmöglichkeit zur Erhöhung des steuerlichen Zinsabzugs, DStR 2007, S. 1947-1950.

Hannemann, Susanne, Down-Stream Merger einer Kapitalgesellschaft auf eine Personengesellschaft, DB 2000, S. 2497-2500.

Hannes, Frank/Freeden, Arne von, Der Abschluss eines erbschaftsteuerlich motivierten Poolvertrags unter Berücksichtigung von § 8c KStG, Ubg 2008, S. 624-630.

Hans, Adrian, Zweifelsfragen des UmwStG 2006 - Führt eine handelsrechtliche Mehrabführung zur Besteuerung des „Einbringungsgewinns I"?, BB 2008, S. 26-30.

Haritz, Detlef, Beendigung einer Betriebsaufspaltung durch Umwandlung, BB 2001, S. 861-863.

Haritz, Detlef, Die Langlebigkeit einbringungsgeborener Anteile, GmbHR 2007, S. 169-172.

Haritz, Detlef, Führt die steuerliche Rückwirkung von Umwandlungsfällen auch zum gesellschaftsrechtlichen Rückbezug?, GmbHR 1997, S. 590-593.

Haritz, Detlef/Benkert, Manfred, Umwandlungssteuergesetz Kommentar, 2. Aufl., München 2000.

Haritz, Detlef/Slabon, Gerhard, Zulässigkeit selektiver Buchwertaufstockung im Rahmen des § 3 Satz 1 UmwStG?, FR 1997, S. 168-174.

Haritz, Detlef/Wisniewski, Thomas, Abspaltung von Kapitalgesellschaftsbeteiligungen - Entschärfung der Missbrauchsvorschriften in § 15 Abs. 3 UmwStG, FR 2003, S. 549-552.

Heckschen, Heribert/Simon, Stefan, Umwandlungsrecht : Gestaltungsschwerpunkte der Praxis, Köln 2003.

Heine, Kurt, Die Grunderwerbsteuer bei der Umstrukturierung von Unternehmen, UVR 1998, S. 146-155.

Heine, Kurt, Grunderwerbsteuerfragen beim Immobilien-Leasing, INF 1998, S. 515-519.

Heine, Kurt, Die Verwaltung legt nach: Neuer Anwendungserlaß zu § 1 Abs. 2a GrEStG vom 24.6.1998 (BStBl I S. 925), UVR 1999, S. 16-23.

Heine, Kurt, Erneute Änderung des Grunderwerbsteuergesetzes, UVR 1999, S. 153-157.

Heine, Kurt, Die Gegenleistung bei der Grunderwerbsteuer und die Bewertung nach den allgemeinen Vorschriften des Bewertungsgesetzes, UVR 2000, S. 209-218.

Heine, Kurt, Auch die GmbH im Visier der Grunderwerbsteuer, GmbHR 2000, S. 850-864.

Heine, Kurt, Grunderwerbsteuer bei Übertragung von Anteilen an Personengesellschaften nach § 1 Abs. 2a GrEStG, INF 2000, S. 389-394.

Heine, Kurt, Die Organschaft im Grunderwerbsteuerrecht, UVR 2001, S. 349-355.

Heine, Kurt, Die Gemeinschaft zur gesamten Hand im Grunderwerbsteuerrecht, INF 2001, S. 449-454.

Heine, Kurt, Konsequenzen aus dem Scheitern der Gesetzesinitiative der vormaligen Bundesregierung für grunderwerbsteuerliche Erleichterungen bei der Umstrukturierung im Konzern, UVR 2002, S. 375-386.

Heine, Kurt, Der vorgefasste Plan und das einheitliche Vertragswerk bei GmbH-Anteilsgeschäften im Grunderwerbsteuerrecht, GmbHR 2002, S. 1055-1058.

Heine, Kurt, Herrschende und abhängige Personen sowie Unternehmen und die Organschaft im Grunderwerbsteuerrecht, GmbHR 2003, S. 453-460.

Heine, Kurt, Anteile an Personen- und Kapitalgesellschaften im Sinne des § 1 Abs. 2a und 3 GrEStG, INF 2003, S. 817-820.

Heine, Kurt, Die Steuerbefreiung des § 6 Abs. 3 GrEStG beim fingierten Grundstückserwerb durch Personengesellschaften nach § 1 Abs. 2a GrEStG, INF 2005, S. 63-66.

Heine, Kurt, Steuerpflichtiger Gesellschafterwechsel bei der GmbH durch die Hintertür des § 1 Abs. 2a GrEStG?, GmbHR 2006, S. 350-355.

Heine, Kurt, Gestaltungsmissbrauch bei der Grunderwerbsteuer, INF 2006, S. 866-871.

Heine, Kurt, Gestaltungsberatung bei der Grunderwerbsteuer, INF 2006, S. 506-512.

Heine, Kurt, Immer neue Probleme mit § 1 Abs. 2a GrEStG, UVR 2007, S. 375-378.

Heine, Kurt, Gestaltungsfreiheit contra Missbrauchsabsicht, INF 2007, S. 386-387.

Heinhold, Michael, Betriebliche Steuerplanung mit quantitativen Methoden, München 1979.

Heintges, Sebastian/Kamphaus, Christine/Loitz, Rüdiger, Jahresabschluss nach IFRS und Zinsschranke, DB 2007, S. 1261-1266.

Heinz, Carsten, Umstrukturierungen als Gestaltungsinstrument zur Steuerminimierung im Erb- oder Schenkungsfall, GmbHR 2001, S. 485-494.

Hennrichs, Joachim, Zinsschranke, Eigenkapitalvergleich und IFRS, DB 2007, S. 2101-2107.

Herlinghaus, Andreas, Sacheinbringungen nach dem SEStEG: Verschaffung des wirtschaftlichen Eigentums fällt unter §§ 1 Abs. 3, 20 Abs. 1 UmwStG!, FR 2007, S. 286-290.

Herold, Christian, Verlustnutzung mittels Darlehensgewährung kein Gestaltungsmissbrauch, GestStB 2002, S. 100.

Herrmann/Heuer/Raupach, Einkommensteuer- und Körperschaftsteuergesetz, hrsg. v. Arndt Raupach, Loseblattwerk, 231. Ergänzungslieferung, Stand: Juli 2008, Köln.

Herzberg, Torsten, Ausgewählte Fragen zur Einschränkung der Verlustnutzung nach § 8 Abs. 4 KStG, DStR 2001, S. 553-557.

Herzig, Norbert, Veränderung von Beteiligungsstrukturen im Konzern durch Umwandlung, Einbringung und Veräußerung, in: Schaumburg, Harald, Steuerrecht und steuerorientierte Gestaltungen im Konzern, Köln 1998, S. 85-111.

Herzig, Norbert, Gestaltung steuerorientierter Umstrukturierungen im Konzern, DB 2000, S. 2236-2245.

Herzig, Norbert, Die Gewerbesteuer als dominierende Unternehmensteuer, DB 2007, S. 1541-1543.

Herzig, Norbert, Steuerliche Optimierung der Rechtsform durch Rechtsformwechsel, Stbg 1996, S. 49-66.

Herzig, Norbert/Bohn, Alexander, Modifizierte Zinsschranke und Unternehmensfinanzierung, DB 2007, S. 1-10.

Herzig, Norbert/Förster, Guido, Problembereiche bei der Auf- und Abspaltung von Kapitalgesellschaften nach neuem Umwandlungssteuerrecht, DB 1995, S. 338-349.

Herzig, Norbert/Förster, Guido, Steuerneutrale Umstrukturierung von Konzernen, StuW 1998, S. 99-113.

Herzig, Norbert/Förster, Guido/Förster, Ursula, Gewerbesteuerlicher Verlustvortrag bei Wechseln im Gesellschafterbestand und Umstrukturierung von Personengesellschaften, DStR 1996, S. 1025-1033.

Herzig, Norbert/Liekenbrock, Bernhard, Zinsschranke im Organkreis, DB 2007, S. 2387-2395.

Herzig, Norbert/Lochmann, Uwe/Liekenbrock, Bernhard, Die Zinsschranke im Lichte einer Unternehmensbefragung, DB 2008, S. 593-602.

Herzig, Norbert/Momen, Leila, Die Spaltung von Kapitalgesellschaften im neuen Umwandlungssteuergesetz (Teil I), DB 1994, S. 2157-2162.

Herzig, Norbert/Rieck, Ulrike/Gehring, Nicole, Vermeidung steuerpflichtiger Zuschreibungen bei Beteiligungen an Kapitalgesellschaften, BB 1999, S. 575-579.

Heß, Ines, Die Realteilung einer Personengesellschaft - Anmerkungen zum BMF-Schreiben vom 28.02.2006, DStR 2006, S. 777-782.

Heuermann, Bernd, Vermieten als angemessenes Gestalten, BB 2003, S. 1465-1468.

Hoffmann, Wolf-Dieter, Der Transfer von Einzel-Wirtschaftsgütern gemäß § 6 Abs. 5 EStG nach Verabschiedung des UntStFG, GmbHR 2002, S. 125-134.

Hoffmann, Wolf-Dieter, Unentgeltliche Übertragung eines (Teil-)Betriebs oder Mitunternehmeranteils gemäß § 6 Abs. 3 EStG i. d. F. des UntStFG, GmbHR 2002, S. 236-242.

Hoffmann, Wolf-Dieter, Wege aus dem Wertaufholungs-Obligo, insbes. bei verdeckter Einlage in GmbH, GmbH-StB 2006, S. 341-342.

Hoffmann, Wolf-Dieter, Kommentar zu: BFH, Urteil vom 08.08.2001 - I R 29/00, GmbHR 2001, S. 1121-1123, GmbHR 2001, S. 1123-1125.

Hoffmann, Wolf-Dieter, Forderungsverzicht des Gesellschafters einer Kapitalgesellschaft gegen Besserungsschein bei Gesellschafterwechsel - Anmerkung zum BMF-Schreiben vom 2.12.2003, BStBl I, 648, DStR 2004, 34, DStR 2004, S. 293-299.

Hoffmann, Wolf-Dieter, Verlustverrechnung nach § 15 a EStG, GmbH-StB 2001, S. 210.

Hoffmann, Wolf-Dieter, Beteiligungen an Kapitalgesellschaften als Sanierungsobjekte in der Steuerbilanz, DStR 2002, S. 1233-1240.

Hoffmann, Wolf-Dieter, Die Besserungsvereinbarung als Gestaltungsmittel im Rahmen von Unternehmenssanierungen, DStR 1998, S. 196-198.

Hoffmann, Wolf-Dieter, Die Rückwirkung als Steuergestaltungsinstrument, GmbH-StB 2007, S. 257-259.

Hoffmann, Wolf-Dieter, Erhaltung des Verlustvortrags beim Mantelkauf, GmbH-StB 2000, S. 228.

Hoffmann, Wolf-Dieter/Rüsch, Christian, Die effektiven Steuersätze nach der Zinsschranke, DStR 2007, S. 2079-2084.

Hofmann, Gerda, Grunderwerbsteuervergünstigung bei Übergang eines Grundstücks von Gesamthänder auf Gesamthand, BB 2000, S. 2605-2609.

Hofmann, Gerda, Heterogener Formwechsel und Anteilsvereinigung, UVR 2007, S. 222-224.

Hofmann, Ruth/Hofmann, Gerda, Grunderwerbsteuergesetz Kommentar, 8. Aufl. Herne Berlin 2004.

Hohenlohe, Franz Prinz zu/Rautenstrauch, Gabriele/Adrian, Gerrit, Der Entwurf des SESTEG: Geplante Änderungen bei inländischen Verschmelzungen, GmbHR 2006, S. 623-630.

Homburg, Stefan, Allgemeine Steuerlehre, München 2007.

Homburg, Stefan, Die Zinsschranke - eine beispiellose Steuerinnovation, FR 2007, S. 717-733.

Honert, Jürgen/Geimer, Gregor, Aufgabe des umwandlungssteuerlichen Maßgeblichkeitsgrundsatzes durch das SEStEG, EStB 2007, S. 421-427.

Höreth, Ulrike/Stelzer, Brigitte, Gestaltungsüberlegungen zum Jahresende 2007, BB 2007, S. 2595-2603.

Hörger, Helmut, Ertragsteuerliche Behandlung der Erbengemeinschaft und ihrer Auseinandersetzung - - Anmerkungen zum BMF-Schreiben vom 11.1.1993, DStR 1993, S. 37-46.

Hörger, Helmut/Mentel, Thomas/Schulz, Andreas, Ausgewählte Fragen zum Steuerentlastungsgesetz 1999/2000/2002: Unternehmensumstrukturierungen, DStR 1999, S. 565-576.

Hüffer, Uwe, Aktiengesetz : AktG Kommentar, 8. Aufl., München 2008.

Hundsdoerfer, Jochen/Kiesewetter, Dirk/Sureth, Caren, Forschungsergebnisse der Betriebswirtschaftlichen Steuerlehre – eine Bestandsaufnahme, ZfB 2008, S. 61-139.

Institut der Wirtschaftsprüfer, IDW-HFA 2/1997: Zweifelsfragen der Rechnungslegung bei Verschmelzungen, WPg. 1997, S. 235-240.

Jachmann, Monika, § 6b EStG - quo vadis? - Die gleichbleibende Ratio des § 6b EStG im wechselnden Kontext der §§ 6 III, V und 16 III EStG, DStZ 02, S. 203-215.

Jacobs, Otto H. (Hrsg,), Unternehmensbesteuerung und Rechtsform : Handbuch zur Besteuerung deutscher Unternehmen, 3. Aufl., München 2002.

Jacobsen, Hendrik, Die Methodik steuerlicher Gestaltungssuche, Lohmar, Köln 2007.

Jahndorf, Christian/Reis, Matthias, § 15a EStG und Verlustübernahmen ohne Bareinzahlung, FR 2007, S. 424-426.

Jorde, Thomas R./Wetzel, Frank, Rückwirkung und Interimszeit bei Umwandlungen, BB 1996, S. 1246-1253.

Junker, Abbo/Kamanabrou, Sudabeh, Vertragsgestaltung - Ein Studienbuch, 2. Aufl. München 2007.

Kaeser, Christian, Der "Mantelkauf"- ein Fall für die Altkleidersammlung?, DStR 2005, S. 349-353.

Kaiser, Andreas, Grunderwerbsteuerplanung bei Umstrukturierung und Unternehmenserwerb, Stuttgart 2008.

Kaminski, Bert, Entwurf eines BMF-Schreibens zur Zinsschranke (§ 4h EStG, § 8a KStG), Stbg 2008, S. 196-204.

Kaminski, Bert, Verrechnungspreisbestimmung bei fehlendem Fremdvergleichspreis, Neuwied 2001.

Kaminski, Bert/Strunk, Günther, Besteuerung unternehmerischer Tätigkeit : Grundlagen, Auswirkungen, Beispiele, 2. Aufl., Wiesbaden 2007.

Kanzler, Hans-Joachim, Grundfragen der Besteuerung betrieblicher Veräußerungsgewinne, FR 2003, S. 1-11.

Kempermann, Michael, Neue Rechtsprechung zu § 15a EStG: Einlagen bei negativem Kapitalkonto und Wechsel der Gesellschafterstellung, DStR 2004, S. 1515-1517.

Kempf, Andreas/Hillringhaus, Dieter, § 15a EStG als Hemmschuh bei Unternehmensreorganisationen und Unternehmensverkäufen?, DB 1996, S. 12-14.

Kerssenbrock, Otto-Ferdinand Graf/Rundshagen, Helmut, Die steuerneutrale Übertragung von Betriebsvermögen einer Personengesellschaft auf eine andere Personengesellschaft, insbesondere nach § 24 UmwStG, BB 2004, S. 2490-2497.

Kessler, Wolfgang, Typologie der Betriebsaufspaltung - Treuhandschaft, Mitunternehmerschaft und Vermögensverwaltung, Wiesbaden 1989.

Kessler, Wolfgang, Steuerorientierte Standortwahl für eine Europa-Holding, Köln 1995.

Kessler, Wolfgang/Kröner, Michael/Köhler, Stefan, Konzernsteuerrecht: National - International, 2. Aufl., München 2008.

Kessler, Wolfgang/Schmidt, Wolfgang, Wahlrechte, Automatismen und Wechselwirkungen bei der Umwandlung einer Kapitalgesellschaft in eine Personengesellschaft, DStR 1997, S. 1506-1512.

Kessler, Wolfgang/Weber, Jörg-Andreas/Aberle, Christian, Übertragungsgewinn bei Verschmelzung und vororganschaftliche Verlustvorträge einer Organgesellschaft, Ubg 2008, S. 209-213.

Kirchhof, Paul/Söhn, Hartmut/Mellinghoff, Rudolf (Hrsg.), Einkommensteuergesetz, Kommentar, Loseblattwerk, 189. Ergänzungslieferung, Stand: September 2008, München.

Kirsch, Werner, Entscheidungsprozesse, Zweiter Band, Informationsverarbeitungstheorie des Entscheidungsverhaltens, Wiesbaden 1971.

Klingebiel, Jörg/ Patt, Joachim/Rasche, Ralf/Krause, Torsten, Umwandlungssteuerrecht, 2. Aufl., Stuttgart 2008.

Kloster, Anja/Kloster, Lars, Neues zur Umstrukturierung von Mitunternehmerschaften - Bericht der Bundesregierung zur Fortentwicklung des Unternehmenssteuerrechts, GmbHR 2001, S. 420-424.

Klümpen-Neusel, Claudia, Optimale Nutzung des Steuertarifs für außerordentliche Einkünfte durch Verlustausgleich, GestStB 2004, S. 125.

Kneip, Christoph/Jänisch, Christian, Tax Due Diligence - Steuerrisiken und Steuergestaltungen beim Unternehmenskauf, München 2005.

Knirsch, Deborah, Die antizipierte und realisierte Steuerbelastung von Unternehmen : Auswirkungen einer Investitionsrechnung mit vereinfachter Steuerbemessungsgrundlage, Wiesbaden 2005.

Knirsch, Deborah, Lohnt sich eine detaillierte Steuerplanung für Unternehmen?, ZfbF 2007, S. 487-507.

Knobbe-Keuk, Brigitte, Bilanz- und Unternehmenssteuerrecht, 9. Aufl., Köln 1993.

Köhler, Stefan, Erste Gedanken zur Zinsschranke nach der Unternehmensteuerreform, DStR 2007, S. 597-604.

Kollruss, Thomas, Mantelkauf durch Transformationsmodell, Der Konzern 2003, S. 741-746.

Kollruss, Thomas, KGaA und Zinsschranke - unter besonderer Berücksichtigung der Akquisitionsfinanzierung, BB 2007, S. 1988-1992.

König, Rolf/Sureth, Caren/Magerkurth, Tanja, Ertragsteuerliche Vorteilhaftigkeitsüberlegungen bei der Verschmelzung einer Kapitalgesellschaft auf eine Personengesellschaft, StuB 2001, S. 785-791

König, Rolf/Wosnitza, Michael, Betriebswirtschaftliche Steuerplanungs- und Steuerwirkungslehre, Heidelberg 2004.

König, Wolfgang/Zeidler, Gernot W., Die Behandlung von Steuern bei der Unternehmensbewertung, DStR 1996, S. 1098-1103.

Korn, Einkommensteuergesetz, Kommentar, hrsg. v. Klaus Korn, Dieter Carlé, Rudolf Stahl und Martin Strahl, Loseblattwerk, 42. Ergänzungslieferung, Stand: Juli 2008, Bonn Berlin.

Korn, Klaus, Brennpunkt Buchwertübertragung einzelner Wirtschaftsgüter bei Mitunternehmerschaften, in: Carlé, Dieter/Korn, Klaus/Stahl, Rudolf/Strahl, Martin/Fuhrmann, Claas, Steueränderungen - Orientierung - Beratung - Gestaltung: StÄndG 2001/UntStFG/AVmG/Bauabzugsteuer/StVBG/Familienförderung, Köln 2002.

Korn, Klaus/Strahl, Martin, Reinvestitionsrücklage nach § 6b EStG als Gestaltungsoption bei Umstrukturierungen, Stbg 2002, S. 300-311.

Kossbiel, Hugo, Personalwirtschaft, in: Allgemeine Betriebswirtschaftslehre, Band 3: Leistungsprozess, hrsg. v. Franz Xaver Bea, Erwin Dichtl und Marcell Schweitzer, 8. Aufl., Stuttgart 2002, S. 467-553.

Köster, Oliver, Zinsschranke: Eigenkapitaltest und Bilanzpolitik, BB 2007, S. 2278-2284.

Köster-Böckenförde, Andreas/Clauss, Alexa, Der Begriff des „Betriebs" im Rahmen der Zinsschranke, DB 2008, S. 2213-2216.

Kowallik, Andreas/Merklein, Sandra/Scheipers, Thomas, Ertragsteuerliche Beurteilung der Anwachsung nach den Änderungen des UmwStG aufgrund des SEStEG, DStR 2008, S. 173-178.

Kraft, Gerhard, Steuerplanung bei unternehmerischen Konzentrationsstrategien, DStR 2000, S. 94-101.

Kraft, Gerhard, Gründung und Beendigung nationaler Holdingstrukturen als betriebswirtschaftliches und steuerplanerisches Gestaltungsproblem, DStR 1999, S. 1499-1504.

Kraft, Gerhard/Trübenbach, Katja, Umstrukturierungen außerhalb des Umwandlungssteuerrechts durch Übertragungsmöglichkeiten für einzelne Wirtschaftsgüter, StB 2004, S. 337-342.

Kratz, Peter, Steuerplanung internationaler Unternehmungen System und Methode, Bern 1986.

Kratzsch, Alexander, Die Behandlung von Genussrechten im Steuerrecht, BB 2005, S. 2603-2612.

Krebs, Hans-Joachim, Steuerorientierte Umstrukturierung - Zweifelsfragen zur Spaltung, BB 1998, S. 2082-2083.

Krebs, Hans-Joachim, Missbräuchliche Gestaltungen nach dem Umwandlungssteuererlaß der Finanzverwaltung - mögliche Ausweichgestaltungen (Teil II), BB 1997, S. 2078-2085.

Krebs, Hans-Joachim, Steuerorientierte Umstrukturierung - Handels- und steuerrechtliche Rückwirkung, BB 1998, S. 1609-1611.

Kreft, Volker, Gewerbesteuerlicher Verlustvortrag bei doppelstöckiger Personengesellschaft, GestStB 2001, S. 191.

Kreft, Volker, Aktuelle Probleme bei der Nutzung gewerbesteuerlicher Verlustvorträge, GestStB 2000, S. 89.

Krohn, Dirk/Greulich, Matthias, Ausgewählte Einzelprobleme des neuen Umwandlungssteuerrechts aus der Praxis, DStR 2008, S. 646-656.

Kromer, Christoph, Ertragsteuerlich irrelevante Ausgliederung von Unternehmensteilen bei Kapitalgesellschaften, DStR 2000, S. 2157-2163.

Kröner, Ilse/Bolik, Andreas, Die Anwendung der Zinsschranke bei vermögensverwaltenden und gewerblichen Personengesellschaften, DStR 2008, S. 1309-1315.

Kröner, Michael, Überlegungen zur Verlustnutzung vor dem Hintergrund des Erlaßentwurfs zu §§ 8 Abs. 4 KStG und 12 Abs. 3 Satz 2 UmwStG, DStR 1998, S. 1495-1503.

Kröner, Michael, Verrechnungsbeschränkte Verluste im Ertragsteuerrecht - Materiellrechtliche Grundlagen und systematische Gestaltungssuche, Wiesbaden 1986.

Kröner, Michael, Zur Integration steuerlicher Partialplanungen in die Unternehmensplanung, DB 1984, S. 1409-1415.

Kroschewski, Robert, Differenzierung der Grunderwerbsteuer zwischen Kapital- und Personengesellschaften bei der Umstrukturierung von Unternehmensgruppen, GmbHR 2001, S. 707-712.

Kroschewski, Robert, Grunderwerbsteuer bei der GmbH & Co. KG, GmbHR 2003, S. 757-760.

Krüger, Wilfried, Organisation, in: Allgemeine Betriebswirtschaftslehre, Band 2: Führung, hrsg. v. Franz Xaver Bea, Birgit Friedl und Marcell Schweitzer, 9. Aufl., Stuttgart 2005, S. 140-234.

Kugelmüller-Pugh, Anette, Der "Gesamtplan" im deutschen Steuerrecht - mehr als nur ein plastischer Name?, FR 2007, S. 1139-1148.

Kupke, Thomas/Nestler, Anke, Steuerliche Verlustvorträge bei der Ermittlung von objektivierten Unternehmenswerten - Plädoyer für eine differenzierte Behandlung, BB 2003, S. 2279-2285.

Kürsten, Wolfgang, Finanzierung, in: Vahlens Kompendium der Betriebswirtschaftslehre, Bd. 1, hrsg. v. Michael Bitz, Michel Domsch, Ralf Ewert und Franz W. Wagner, 5. Aufl., München 2005, S. 173-235.

Kußmaul, Heinz, Betriebswirtschaftliche Steuerlehre, 5. Aufl., München 2008.

Kußmaul, Heinz/Richter, Lutz/Tcherveniachki, Vassil, Ausgewählte praktische Problemfelder im Kontext des § 8c KStG, GmbHR 2008, S. 1009-1017.

Kußmaul, Heinz/Ruiner, Christoph/Schnappe, Christian, Ausgewählte Gestaltungsmaßnahmen zur Vermeidung der Anwendung der Zinsschranke, GmbHR 2008, S. 505-514.

Kutt, Florian, Probleme bei der Übertragung des wirtschaftlichen Eigentums bei Einbringungen nach §§ 20 und 24 UmwStG, DB 2006, S. 1132-1135.

Lademann/Söffing/Brockhoff, Kommentar zum Einkommensteuergesetz, Loseblattwerk, 162. Ergänzungslieferung, Stand: September 2008, Stuttgart München Hannover.

Langenfeld, Gerrit, Vertragsgestaltung - Methode - Verfahren - Vertragstypen, 3. Aufl., München 2004.

Larenz, Karl/Canaris, Claus-Wilhelm, Methodenlehre der Rechtswissenschaft (Studienausgabe), 3. Aufl., Berlin Heidelberg 1995.

Lauermann, Hans-Ulrich/Protzen, Peer Daniel, „Anwachsung": Ertragsteuerliche Neutralität bei entschädigungslosem Ausscheiden des nicht am Vermögen der Personengesellschaft beteiligten Komplementärs, DStR 2001, S. 647-649.

Laule, Gerhard, Steuerplanung in Verlustjahren, DStZ 1983, S. 311-319.

Leisner-Egensperger, Anna, Das Verbot der Steuerumgehung nach der Reform des § 42 AO, DStZ 2008, S. 358-365.

Lemaitre, Claus/Schönherr, Frank, Die Umwandlung von Kapitalgesellschaften in Personengesellschaften durch Verschmelzung und Formwechsel nach der Neufassung des UmwStG durch das SEStEG, GmbHR 2007, S. 173-183.

Lenski/Steinberg, Gewerbesteuergesetz, Kommentar, hrsg. v. Viktor Sarrazin, Loseblattwerk, 94. Ergänzungslieferung, Stand: Januar 2008, Köln.

Lenz, Christofer/Gerhard, Torsten, Das "Grundrecht auf steueroptimierende Gestaltung", BB 2007, S. 2429-2434.

Lenz, Martin, Der neue § 8c KStG aus Unternehmenssicht, Ubg 2008, S. 24-30.

Lenz, Martin/Ribbrock, Martin, Versagung des Verlustabzugs bei Anteilseignerwechsel - kritische Analyse des § 8 c KStG in der Fassung des Referentenentwurfs zur Unternehmensteuerreform 2008, BB 2007, S. 587-591.

Ley, Ursula, Die Anwendung von § 15a EStG auf doppelstöckige Personengesellschaften, DStR 2004, S. 1498-1504.

Ley, Ursula, Ausgewählte Fragen und Probleme im Zusammenhang mit Gesellschafterkonten und Ergänzungsbilanzen, StbJb. 2003/04, S. 135-172.

Ley, Ursula, Einbringungen nach §§ 20, 24 UmwStG in der Fassung des SEStEG, FR 2007, S. 109-121.

Ley, Ursula/Bodden, Guido, Verschmelzung und Spaltung von inländischen Kapitalgesellschaften nach dem SEStEG (§§ 11-15 UmwStG n. F.), FR 2007, S. 265-280.

Ley, Ursula/Strahl, Martin, Steuerlicher Handlungsbedarf zum Jahreswechsel 2001/2002, DStR 2001, S. 1997-2013.

Ley, Ursula/Strahl, Martin, Steuerlicher Handlungsbedarf zum Jahreswechsel 2003/2004 (Teil I), DStR 2003, S. 2145-2153.

Linneweh, Klaus, Kreatives Denken - Techniken und Organisation innovativer Prozesse, Karlsruhe 1973.

Lishaut, Ingo van, Grenzfragen zum „Mantelkauf" (§ 8c KStG), FR 2008, S. 789-801.

Lishaut, Ingo van, Steuersenkungsgesetz: Mitunternehmerische Einzelübertragungen i. S. des § 6 Abs. 5 Satz 3ff. EStG n. F., DB 2000, S. 1784-1789.

Lishaut, Ingo van, Einzelübertragung bei Mitunternehmerschaften, DB 2001, S. 1519-1528.

Lishaut, Ingo van, § 15 a EStG nach der Ausgliederung des Sonderbetriebsvermögens, FR 1994, S. 273-284.

Lishaut, Ingo van/Schumacher, Andreas/Heinemann, Peter, Besonderheiten der Zinsschranke bei Personengesellschaften, DStR 2008, S. 2341-2348.

Littmann, Eberhard/Bitz, Horst/Pust, Hartmut (Hrsg.), Das Einkommensteuerrecht, Kommentar zum Einkommensteuerrecht, Loseblattwerk, 80. Ergänzungslieferung, Stand: August 2008, Stuttgart.

Löffler, Christoph, Tax Due Diligence beim Unternehmenskauf, Düsseldorf 2002.

Lüdenbach, Norbert/Hoffmann, Wolf-Dieter, Der IFRS-Konzernabschluss als Bestandteil der Steuerbemessungsgrundlage für die Zinsschranke nach § 4h EStG-E, DStR 2007, S. 636-642.

Luther, Dietmar, Aktuelle Fragen aus der Praxis der Außenprüfung, StBp 1998, S. 103-105.

Mack, Alexandra/Wollweber, Markus, § 42 AO - Viel Lärm um nichts?, DStR 2008, S. 182-186.

Madl, Roland, Umwandlungssteuerrecht, 4. Aufl., Stuttgart 2008.

Mahlow, Christian/Franzen, Ingo, Ertragsteuerliche Berücksichtigung von Gewinnausschüttungen bei der steuerneutralen Umwandlung von Körperschaften auf Körperschaften sowie zur Rückwirkungsfiktion, GmbHR 2000, S. 12-27.

Maiterth, Ralf/Müller, Heiko, Gründung, Umwandlung und Liquidation von Unternehmen im Steuerrecht, München 2001.

Marx, Franz Jürgen, Steuervermeidende Sachverhaltsgestaltungen mittels zivilrechtlicher Vermögenssonderungen : Zur Abfolge von Aktionen der Steuerpflichtigen und Reaktionen von Finanzverwaltung, Rechtsprechung und Gesetzgebung, in: StuW 1990, S. 151-164

Marx, Franz Jürgen, Steuervermeidende Sachverhaltsgestaltungen, Trier 1990

Marx, Franz Jürgen, Der Verlustabzug im Erbfall und die "Rechtsprechung der ruhigen Hand", DB 2001, S. 2364-2369.

Marx, Franz-Jürgen/Nienaber, Mark, Steueroptimaler Einsatz mezzaniner Finanzierungsinstrumente bei personenbezogenen Kapitalgesellschaften, GmbHR 2006, S. 686-694.

Mayer, Jens, Notwendiges Zusammentreffen von § 24 UmwStG und § 6 Abs. 5 EStG, DStR 2003, S. 1553-1559.

Meincke, Jens Peter, Erbschaftsteuer- und Schenkungsteuergesetz Kommentar, 13. Aufl., München 2004.

Menner, Stefan/Broer, Frank, Steuerliche Gestaltungsmöglichkeiten bei Umstrukturierungen im Konzern - Alternativen zur Spaltung von Kapitalgesellschaften unter besonderer Berücksichtigung von Sachdividenden, DB 2003, S. 1075-1080.

Mense, Stefan, Steuerliche Gestaltungsunterstützung: am Beispiel betrieblicher Altersversorgung bei Personalentsendung in das Ausland, Frankfurt a. M. Berlin 1999.

Meyer, Bernd/Ball, Jochen, Bildung von § 6b-Rücklagen: Steueroptimale Ausschöpfung des Gestaltungspotenzials, GestStB 2004, S. 427.

Meyer-Scharenberg, Dirk E., Steuergestaltung durch Umwandlung, Herne 1990.

Michel, Reiner, Finanzplanung und -controlling - Rollierende Disposition der Liquidität, Renningen-Malmsheim 1994.

Middendorf, Oliver/Stegemann, Dieter, Down-Stream merger einer Personenhandelsgesellschaft auf ihre 100%ige Tochterkapitalgesellschaft, DStR 2005, S. 1082-1086.

Middendorf, Oliver/Stegemann, Dieter, Die Zinsschranke nach der geplanten Unternehmenssteuerreform 2008 - Funktionsweise und erste Gestaltungsüberlegungen, INF 2007, S. 305-313.

Mies, Marcel/Greiser, Jana, Die Anwendbarkeit der Vergünstigungsvorschriften der §§ 5 und 6 GrEStG auf die Tatbestände des § 1 Abs. 3 GrEStG, DStR 2008, S. 1319-1323.

Milatz, Jürgen E./Lütticken, Martina, Zeitpunkt der Einbringung einer mehrheitsvermittelnden Beteiligung, GmbHR 2001, S. 560-563.

Mitsch, Bernd, Die grunderwerbsteuerliche Organschaft - Beratungskonsequenzen aus der Verfügung der OFD Münster vom 7.12.2000 insbesondere für Konzernsachverhalte, DB 2001, S. 2165-2170.

Möhlenbrock, Rolf, Detailfragen der Zinsschranke aus Sicht der Finanzverwaltung, Ubg 2008, S. 1-12.

Moog, Rüdiger, Der Verlust des Verlustvortrags bei mittelbaren Beteiligungen, DB 2000, S. 1638-1641.

Müller, Heiko/Maiterth, Ralf, Besteuerung der Umwandlung einer Körperschaft in ein Personenunternehmen nach dem zweiten Teil des UmwStG n. F.: eine ökonomische und steuersystematische Analyse, WPg. 2007, S. 249-259.

Müller, Michael/Stoschek, Uwe, Der Anwendungserlaß der Finanzverwaltung zu § 1 Abs. 2a GrEStG, DStR 1997, S. 1197-1199.

Mutscher, Axel, Fallstricke bei der verdeckten Einlage von steuerverhafteten Wirtschaftsgütern des Privatvermögens in das Betriebsvermögen einer Personengesellschaft, DB 2005, S. 2096-2099.

Nagel, Christian, Die Europäisierung im Umwandlungssteuerrecht - Ein Überblick, EStB 2007, S. 105-111.

Nagel, Christian/Thies, Björn, Die nicht verhältniswahrende Abspaltung als Gestaltungsinstrument im Rahmen von Unternehmenszusammenschlüssen, GmbHR 2004, S. 83-88.

Nagel, Christian/Thies, Björn, Die Übertragung einbringungsgeborener Anteile im Rahmen von Realteilungen, GmbHR 2008, S. 479-482.

Natschke, Thomas, Gestaltungen zur Vermeidung verrechenbarer Verluste nach § 15a EStG, GestStB 1998, S. 9.

Neu, Norbert, Steuerliche Abschreibung und Wertaufholung bei GmbH-Beteiligungen, GmbH-StB 1999, S. 284-290.

Neu, Norbert, Steuerliche Verwertung von GmbH-Verlusten, GmbH-StB 1999, S. 98-103.

Neu, Norbert/Stamm, Andreas, Aktuelles Beratungs-Know-how Personengesellschaftsbesteuerung, DStR 2005, S. 141-149.

Neu, Norbert/Watermeyer, Heinrich J., Steuerlicher Handlungsbedarf zum Jahreswechsel 2002/2003 (Teil II), DStR 2002, S. 2101-2108.

Neumann, Ralf, Die neue Mantelkaufregelung in § 8c KStG, GmbH-StB 2007, S. 249-254.

Neumann, Ralf/Stimpel, Thomas, Ausgewählte Zweifelsfragen zur neuen Verlustabzugsbeschränkung nach § 8c KStG, GmbHR 2007, S. 1194-1201.

Neyer, Wolfgang, Veräußerungssperre nach steuerneutraler Spaltung: Missbrauchsfolgen ohne Missbrauchstatbestand?, DStR 2002, S. 2200-2204.

Neyer, Wolfgang, Direkter und indirekter Gesellschafterwechsel, BB 2004, S. 2379-2381.

Neyer, Wolfgang, Verlustnutzung nach Anteilsübertragung: Die Neuregelung des Mantelkaufs durch § 8 c KStG n. F., BB 2007, S. 1415-1420.

Niehus, Ulrich, Zur Anwendung von Realteilungsgrundsätzen und § 6b EStG auf die Übertragung von Wirtschaftsgütern bei Schwesterpersonengesellschaften, FR 2005, S. 278-285.

Niehus, Ulrich, Zur Realisierung stiller Reserven über gewerblich geprägte Personengesellschaften – zugleich ein Plädoyer zur Abschaffung von § 15 Abs. 3 Nr. 2 EStG, StuW 2008, S. 359-374.

Niehus, Ulrich/Wilke, Helmuth, Maß und Ausmaß von Gewinnrealisierungen bei Übertragungen gegen Teil- oder Mischentgelt im Anwendungsbereich des § 6 Abs. 5 S. 3 EStG, FR 2005, S. 1012-1015.

Niehus, Ulrich/Wilke, Helmuth, Einlagen des Kommanditisten bei negativem Kapitalkonto sowie Haftungsausweitung aufgrund Wechsels der Rechtsstellung, FR 2004, S. 677-685.

Nitzsch, Rüdiger von, Entscheidungstheorie, deskriptive, in: Köhler, Richard/Küpper, Hans-Ulrich/Pfingsten, Andreas (Hrsg.), Handwörterbuch der Betriebswirtschaft, 6. Aufl., Stuttgart 2007, Sp. 375-383.

Noll, Britta Christina, Steuerliche Verluststrategien bei Umwandlungen von Kapitalgesellschaften, Bielefeld 1999.

Oenings, Christoph, Gewerbesteuerliche Verlustverrechnung - Unternehmeridentität i. S. des § 10a GewStG bei atypisch stiller Gesellschaft, DStR 2008, S. 279-285.

Oho, Wolfgang/Remmel, Matthias, Die Abspaltung eines mit Verlusten behafteten Teilbetriebes bei anschließender Anteilsveräußerung im Bank-Konzern, BB 2003, S. 2539-2544.

Olbing, Klaus, Neuerungen für nationale Umwandlungen nach dem SESTEG, GmbH-StB 2007, S. 51-57.

Olbing, Klaus, Sanierung durch Umwandlung - Risiken und Chancen nach dem neuen BMF-Schreiben zum Verlustabzug -, GmbH-StB 1999, S. 198-202.

Olbing, Klaus, Das steuerliche Schicksal von Verlusten bei Umstrukturierungen und anderen Gestaltungen, GmbH-StB 2005, S. 178.

Orth, Manfred, Umwandlung durch Anwachsung (Teil I), DStR 1999, S. 1011-1019.

Orth, Manfred, Umwandlung durch Anwachsung (Teil II), DStR 1999, S. 1053-1061.

Orth, Manfred, Zur 'wirtschaftlichen Identität' einer Kapitalgesellschaft i. S. d. § 8 Abs. 4 KStG, FR 2004, S. 613-629.

Orth, Manfred, in: Müller, Welf/Hense, Burkhard (Hrsg.), Beck'sches Handbuch der GmbH, 3. Aufl., München 2002.

Orth, Manfred, Organschaft und Anwachsung, DStR 2005, S. 1629-1632.

Ortmann-Babel, Martina, Übertragung einer § 6b-Rücklage von einer Kapitalgesellschaft auf eine Personengesellschaft, DB 2008, S. 202-203.

Ostermayer, Franz/Riedel, Hannspeter, Übertragung von Einzelwirtschaftsgütern einschließlich Schulden zwischen Schwestergesellschaften, BB 2003, S. 1305-1309.

Pahlke, Armin/Franz, Willy, Grunderwerbsteuergesetz Kommentar, 3. Aufl., München 2005.

Patt, Joachim, Die wesentliche Betriebsgrundlage als Begriffsmerkmal des Sacheinlagegegenstandes nach § 20 UmwStG, DStR 1998, S. 190-196.

Patt, Joachim, Differenzierende Bestimmung des Begriffs der wensentlichen Betriebsgrundlage von Betrieben, Teilbetrieben und Mitunternehmeranteilen nach § 20 UmwStG, FR 2000, S. 1328-1332.

Patt, Joachim, Die wesentliche Betriebsgrundlage als Begriffsmerkmal des Sacheinlagegegenstandes nach § 20 UmwStG, DStR 1995, S. 1081-1090.

Patt, Joachim, Umwandlung einer Personen- in eine Kapitalgesellschaft, EStB 2005, S. 106-110.

Patt, Joachim/Stimpel, Thomas, Verlustverwertung im Rahmen einer gewerbesteuerlichen Organschaft, FR 2000, S. 705-707

Paulus, Hans-Jürgen, Ziele, Phasen und organisatorische Probleme steuerlicher Entscheidungen in der Unternehmung, Berlin 1978.

Paus, Bernhard, Der rückwirkende Ansatz des gemeinen Werts im Rahmen der Realteilung, FR 2002, S. 866-874.

Paus, Bernhard, Realteilung: Gestaltungsmöglichkeiten und Gefahrenmomente, GestStB 2003, S. 19.

Paus, Bernhard, Chancen und Risiken der Realteilung bei vermögensmäßiger Beteiligung einer GmbH, GestStB 2003, S. 424.

Paus, Bernhard, Einbringung von Betrieben in eine GmbH, EStB 2007, S. 180-185.

Paus, Bernhard, Die neuen Ergänzungsbilanzen bei Übertragung einzelner Wirtschaftsgüter zwischen Personengesellschaft und Gesellschafter, FR 2003, S. 59-70.

Perwein, Sigmund, Übernahmegewinn bei nicht 100 %-iger Beteiligung der übernehmenden Körperschaft und alt-einbringungsgeborene Anteile, GmbHR 2008, S. 747-754.

Pezzer, Heinz-Jürgen, Finanzgerichtsbarkeit im gewaltengeteilten Verfassungsstaat, DStR 2004, S. 525-534.

Picot, Arnold, Organisation, in: Vahlens Kompendium der Betriebswirtschaftslehre, Bd. 1, hrsg. v. Michael Bitz, Michel Domsch, Ralf Ewert und Franz W. Wagner, 5. Aufl., München 2005, S. 43-121.

Pirkl, Cäcilie/Schneck, Horst, Die Qualifikation der Vertriebsfunktion als Teilbetrieb nach dem Umwandlungssteuerrecht, GmbHR 2004, 1274-1278.

Pohl, Carsten, Die Auswirkungen eines Forderungsverzichts mit Besserungsschein im Rahmen des § 8c KStG, DB 2008, S. 1531-1533.

Popp, Matthias, Bewertung ertragsteuerlicher Verlustvorträge im Rahmen der entscheidungsorientierten Unternehmensbewertungslehre, München 1997.

PricewaterhouseCoopers AG (Hrsg.), Reform des Umwandlungssteuerrechts - Auswirkungen des SEStEG auf Reorganisationen und internationale Entstrickungen, Stuttgart 2007.

Prinz, Ulrich, Verluste und Finanzierung: Ausgewählte verlustnutzende Finanzierungsgestaltungen, GmbHR 2004, S. 921-928.

Prinz, Ulrich, Mittelstandsfinanzierung in Zeiten der Zinsschranke, FR 2008, S. 441-448.

Prinz, Ulrich, Gestaltungsmaßnahmen zur steuerlichen Verlustnutzung, FR 1996, S. 769-777.

Prinz, Ulrich/Hick, Christian, Transfer gewerbesteuerlicher Verlustabzüge einer Personengesellschaft durch Anwachsung auf eine Organgesellschaft, GmbHR 2006, S. 841-845

Prinz, Ulrich/Ommerborn, Frank, Neue "Organschaftsfalle" bei Verlusten: Abschn. 68 Abs. 5 GewStR 1998, FR 1999, S. 993-997.

Prinz, Ulrich/Ommerborn, Frank, Nochmals: Verwaltungsseitige "Organschaftsfalle" zu Recht beseitigt!, FR 2000, S. 708.

Psarski, Katharina, Restrukturierungen im Einzel- und im Konzernabschluss - Regelungen nach HGB/DRS, IAS und US-GAAP, Wiesbaden 2004.

Rauenbusch, Bruno, Unternehmensteuerreform 2008: Steuerliche Vorteilhaftigkeit des Formwechsels einer Kapital- in eine Personengesellschaft?, DB 2008, S. 656-664.

Rautenstrauch, Gabriele/Adrian, Gerrit, § 15a EStG bei Anwachsung auf eine Kapitalgesellschaft, DStR 2006, S. 359-362.

Rechenberg, Wolf-Georg Freiherr von, Rückwirkung von Umwandlungsvorgängen im Erbschaftsteuerrecht?, GmbHR 1998, S. 976-979.

Rehbinder, Eckard, Vertragsgestaltung, 2. Aufl., Neuwied 1993.

Reiche, Felix, Zur Einordnung von Beteiligungen als wesentliche Betriebsgrundlagen im Umwandlungssteuerrecht, DStR 2006, S. 1205-1210.

Reiche, Felix, Personengesellschaften im Konzern - Vermögensübertragungen zwischen Schwester-Personengesellschaften, StuB 2006, S. 626-630.

Reiche, Felix/Kroschewski, Robert, Akquisitionsfinanzierungen nach Einführung der Zinsschranke - erste Empfehlungen für die Praxis, DStR 2007, S. 1330-1336.

Reinhardt, Bärbel, Die Einlage quoad sortem und ihre Darstellung in der Handelsbilanz, DStR 1991, S. 588-592.

Reiß, Wolfram, Einbringung von Wirtschaftsgütern des Privatvermögens in das Betriebsvermögen einer Mitunternehmerschaft, DB 2005, S. 358-366.

Rittershaus, Gerald/Teichmann, Christoph, Anwaltliche Vertragsgestaltung - Methodische Anleitung zur Fallbearbeitung im Studium, 2. Aufl., Heidelberg 2003.

Ritzer, Claus/Stangl, Ingo, Organisation von Filialbetrieben als selbständige Gewerbebetriebe, INF 2001, S. 464-467.

Robisch, Martin, Gewerbesteuerlicher Verlustvortrag, BB 1994, S. 1683-1685.

Rödder, Thomas, Ein neues Teilbetriebsverständnis tut not!, DStR 1999, S. 751-752.

Rödder, Thomas, Steuerorientierte Gestaltung von Umstrukturierungen bei Personengesellschaften, StbJb. 1994/95, S. 295-327.

Rödder, Thomas, Gewerbesteuerliche Behandlung einer Personengesellschaft im Rahmen des sog. Treuhandmodells - Zugleich Anmerkung zur Verfügung der OFD Münster vom 16.03.2005, DStR 2005, 744, DStR 2005, S. 955-958.

Rödder, Thomas, Verlustverrechnung im gewerbesteuerlichen Organkreis, DStR 2001, S. 780-782.

Rödder, Thomas, Unternehmenssteuerreformgesetz 2008, Beihefter zu DStR 2007, Heft 40.

Rödder, Thomas, Gestaltungssuche im Ertragssteuerrecht - Entwicklung von Gestaltungsmöglichkeiten und Gestaltungsbeispiele, Wiesbaden 1991.

Rödder, Thomas, Steuerplanungslehre und steuerliche Gestaltungsfindung, BB 1988 Beilage 19, S. 1-11.

Rödder, Thomas, Unternehmenspolitische und im Steuerrecht begründete Grenzen der Steuerplanung, FR 1988, S. 355-360.

Rödder, Thomas/Herlinghaus, Andreas/van Lishaut, Ingo, Umwandlungssteuergesetz Kommentar, Köln 2007.

Rödder, Thomas/Hötzel, Oliver/Mueller-Thuns, Thomas, Unternehmenskauf Unternehmensverkauf - Zivil- und steuerrechtliche Gestaltungspraxis, München 2003.

Rödder, Thomas/Möhlenbrock, Rolf, Die Neuregelung des § 8c KStG betr. Verluste von Kapitalgesellschaften bei Beteiligungserwerben, Ubg 2008, S. 595-607.

Rödder, Thomas/Schumacher, Andreas, Das kommende SEStEG - Teil II: Das geplante neue Umwandlungssteuergesetz - Der Regierungsentwurf eines Gesetzes über steuerliche Begleitmaßnahmen zur Einführung der Europäischen Gesellschaft und zur Änderung weiterer steuerrechtlicher Vorschriften, DStR 2006, S. 1525-1542.

Rödder, Thomas/Schumacher, Andreas, Unternehmenssteuerfortentwicklungsgesetz: Wesentliche Änderungen des verkündeten Gesetzes gegenüber dem Regierungsentwurf, DStR 2002, S. 105-113.

Rödder, Thomas/Schumacher, Andreas, Der Regierungsentwurf eines Gesetzes zur Fortentwicklung des Unternehmenssteuerrechts (Teil I), DStR 2001, S. 1634-1641.

Rödder, Thomas/Schumacher, Andreas, Verschmelzung von Kommanditgesellschaften und § 15a EStG, DB 1998, S. 99-103.

Rödder, Thomas/Schumacher, Andreas, Das SEStEG - Überblick über die endgültige Fassung und die Änderungen gegenüber dem Regierungsentwurf, DStR 2007, S. 369-377.

Rödder, Thomas/Stangl, Ingo, Einbringungsgewinn I: „Automatische" schädliche Einlagenrückgewähr bei Organschaft?, Ubg 2008, S. 39-42.

Rödder, Thomas/Stangl, Ingo, Zur geplanten Zinsschranke, DB 2007, S. 479-484.

Rödder, Thomas/Wochinger, Peter, Konzentration auf Kerngeschäftsfelder im Konzern, FR 2000, S. 1-18.

Rödder, Thomas/Wochinger, Peter, Besteuerung des down-stream-merger, FR 1999, S. 1-14.

Roemer, Manfred, Verwertung von Verlusten bei einer GmbH & Co. KG, INF 1998, S. 545-549.

Rogall, Matthias, Sonderbetriebsvermögen und der Konflikt zwischen Einbringung eines Teilbetriebs und Einbringung eines Teil-Mitunternehmeranteils nach §§ 20 und 24 UmwStG, DB 2005, S. 410-414.

Rogall, Matthias, Ertragsteuerliche Implikationen der nicht verhältniswahrenden Teilung von Personengesellschaften, DStR 2005, S. 992-999.

Rogall, Matthias, Steuerneutrale Bar- und Sachabfindung beim Ausscheiden aus Personengesellschaften - zum Verhältnis von § 6 Abs. 5 EStG zu § 16 EStG, DStR 2006, S. 731-736.

Rogall, Matthias, Die Abspaltung aus Kapitalgesellschaften und die Zuordnung neutralen Vermögens, DB 2006, S. 66-71.

Rogall, Matthias, Einbringungen ins Darlehenskonto von Personengesellschaften im Zusammenhang mit § 24 UmwStG, DB 2007, S. 1215-1220.

Rogall, Matthias/Stangl, Ingo, Die unentgeltliche Übertragung von Mitunternehmeranteilen und Teilmitunternehmeranteilen mit Sonderbetriebsvermögen - Anmerkungen zum BMF-Schreiben vom 3.3.2005, DStR 2005, 475, DStR 2005, S. 1073-1081.

Röhner, Jörg, Die einkommensteuerliche Behandlung der Übertragung von Wirtschaftsgütern bei Mitunternehmerschaften - Theoretische und rechtliche Grundlagen sowie ökonomische Analyse ausgewählter Problemfelder, Hamburg 2003.

Röhner, Jörg, Die bilanzielle Durchführung der Realteilung, StuW 2008, S. 144-153.

Röhrig, Alfred P., Die "neue" Realteilung nach dem UntStFG - Änderungen und Zweifelsfragen auf Grund der Neufassung, EStB 2002, S. 231-235.

Röhrig, Alfred P., Einbringung von WG des PV in eine gewerbliche Personengesellschaft, EStB 2008, S. 216-220.

Röhrig, Alfred P./Doege, Mirko, Das Kapital der Personengesellschaften im Handels- und Ertragsteuerrecht - Begriff, Bedeutung, Gestaltungen, DStR 2006, S. 489-501.

Rolf, Henning/Pankoke, Frank, Gewinnrealisierung und Aufwandsentlastung als Gegenmaßnahmen zur Verlustabzugsbeschränkung innerhalb von Konzernstrukturen, BB 2008, S. 2274-2280.

Rose, Gerd, Besteuerung nach Wahl - Probleme aus der Existenz steuerlicher Rechtswahlmöglichkeiten, Grundsätze für ihre Ausnutzung, StbJb. 1979/80, S. 49-96.

Rosenbach, Georg, Verlustverwertung durch Umstrukturierung, in: Herzig, Norbert (Hrsg.), Steuerorientierte Umstrukturierung von Unternehmen, Stuttgart 1997, S. 163-203.

Roser, Frank, Die Auslegung sog. "alternativer Missbrauchsbestimmungen", FR 2005, S. 178-184.

Roser, Frank, Unveränderte Missverständnisse zu § 6 Abs. 5 EStG bei der Übertragung von Sonderbetriebsvermögen, FR 2002, S. 309-317.

Roser, Frank, Übertragung der § 6b-Rücklage von Kapitalgesellschaften, EStB 2008, S. 177-180.

Roser, Frank, Weitere Unklarheiten beim Mantelkauf, GmbHR 2001, S. 1153-1155.

Roser, Frank, Verlust- (und Zins-) Nutzung nach § 8c KStG, DStR 2008, S. 77-81.

Roser, Frank, Verlustabzüge nach § 8c KStG – ein ernüchterndes Anwendungsschreiben, DStR 2008, S. 1561-1567.

Roth, Günter H./Altmeppen, Holger, GmbHG - Gesetz betreffend die Gesellschaft mit beschränkter Haftung - Kommentar, 5. Aufl., München 2005.

Roth, Tina, Corporate Restructuring - Restrukturierungsrückstellungen in der internationalen Rechnungslegung, Bamberg 2003.

Rupp, Christoph, Die Zinsschranke - Einzelne Problembereiche und Gestaltungsmöglichkeiten, EStB 2007, S. 419-421.

Rupp, Christoph, Die Einbringung von Grundstücken „dem Werte nach", EStB 2007, S. 225-227.

Sagasser, Bernd/Bula, Thomas/Brünger, Thomas, Umwandlungen - Verschmelzung - Spaltung - Formwechsel - Vermögensübertragung, 3. Aufl., München 2002.

Salzmann, Stephan/Loose, Falk, Grunderwerbsteuerneutrale Umstrukturierung im Konzern, DStR 2004, S. 1941-1948.

Salzmann, Stephan/Loose, Falk, Anteilsvereinigung im Sinne des § 1 Abs. 3 Nr. 1 und 2 GrEStG bei Personengesellschaften - Stellungnahme zu Teiche, DStR 2004, 49, DStR 2005, S. 53-54.

Sauter, Thomas/Heurung, Rainer/Babel, Matthias, Stille Reserven und Verlustvorträge bei der Verschmelzung von Kapitalgesellschaften auf eine Personenhandelsgesellschaft, DB 2002, S. 1177-1184.

Schaden, Michael/Käshammer, Daniel, Der Zinsvortrag im Rahmen der Regelungen zur Zinsschranke, BB 2007, S. 2317-2323.

Schaden, Michael/Käshammer, Daniel, Die Neuregelung des § 8a KStG im Rahmen der Zinsschranke, BB 2007, S. 2259-2266.

Schaflitzl, Andreas/Widmayer, Gerhard, Die Besteuerung von Umwandlungen nach dem Regierungsentwurf des SEStEG, BB 2006 Special 8/06, S. 36-51.

Schaum, Wolfgang, Steuerpolitik durch Aufdeckung stiller Reserven: betriebswirtschaftliche Vorteilhaftigkeitsanalyse steuerlich orientierter Gestaltungsmaßnahmen, Düsseldorf 1994.

Scheffler, Wolfram, Ertrag-, Substanz- und Verkehrsteuern, 10. Aufl., Heidelberg 2007.

Scheunemann, Marc P./Socher, Oliver, Zinsschranke beim Leveraged Buy-Out, BB 2007, S. 1144-1151.

Schick, Rainer/Franz, Einiko B., Verlustnutzung bei Umwandlungen trotz § 8c KStG?, DB 2008, S. 1987-1994.

Schierenbeck, Henner, Grundzüge der Betriebswirtschaftslehre, 16. Aufl., München 2003.

Schiessl, Martin/Tschesche, Frank, Grunderwerbsteuerliche Privilegierungen bei Konzernumstrukturierungen, insbesondere nach § 1 Abs. 6 GrEStG, BB 2003, S. 1867-1875.

Schiffers, Joachim, Umstrukturierung mittelständischer Personengesellschaftsgruppen, GmbH-StB 2003, S. 353-359.

Schiffers, Joachim, Steuergestaltung durch Aufdeckung stiller Reserven - Analyse des steuerlichen Entscheidungsprozesses, Wiesbaden 1994.

Schild-Plininger, Petra, Steuerplanung bei Übertragung von Betriebsvermögen auf Kinder - Betriebswirtschaftliche Vorteilhaftigkeitsanalyse möglicher Gestaltungen, München 1996.

Schlicksupp, Helmut, Innovation, Kreativität und Ideenfindung, 6. Aufl., Würzburg 2004.

Schmid, Peter/Dietel, Marco, Praxisfragen bei Anwachsung von Personengesellschaften mit faktischer Rückwirkung, DStR 2008, S. 529-533.

Schmidt, Karsten, Rangrücktritt bei Gesellschafterdarlehen: Problem gebannt?, DB 2006, S. 2503-2506.

Schmidt, Ludwig, EStG - Einkommensteuergesetz - Kommentar, hrsg. v. Walter Drenseck, 27. Aufl., München 2008.

Schmidt, Lutz/Hageböke, Jens, Offene Sacheinlagen als entgeltliche Anschaffungsvorgänge? - Zugleich kritische Anmerkungen u. a. zum BFH-Urteil vom 5.6.2002, I R 6/01, DStR 2003, S. 1813-1818.

Schmidt, Lutz/Hageböke, Jens, Schuldübernahmen als Sanierungsinstrument zur Nutzung von steuerlichen Verlustvorträgen im Konzern - Gestaltungsmöglichkeiten nach dem BFH-Beschluss vom 20. 12. 2001, I B 74/01, DStR 2002, S. 2150-2155.

Schmidt, Wolfgang, Umwandlung einer Kapitalgesellschaft in eine Personengesellschaft: Steuerwirkungen, entscheidungsorientierte Fallanalyse, Düsseldorf 1999.

Schmitt, Joachim, Zielgerichtete, steuerneutrale Umwandlungen zur Verbesserung der handelsrechtlichen Eigenkapitalposition, DStR 2004, S. 936-940.

Schmitt, Joachim/Hörtnagl, Robert/Stratz, Rolf-Christian, Umwandlungsgesetz Umwandlungssteuergesetz Kommentar, 4. Aufl., München 2006.

Schmitt, Joachim/Schlossmacher, Stefan, Einbringungsgeborene Anteile im Umwandlungssteuergesetz 2006, DStR 2008, S. 2242-2247.

Schmidt, Lutz/Sigloch, Jochen/Henselmann, Klaus, Internationale Steuerlehre : Steuerplanung bei grenzüberschreitenden Transaktionen, Wiesbaden 2005.

Schmidt-Fehrenbacher, Volker, Zinsschranke und „Mantelkauf" aus der Sicht der Praxis, Ubg 2008, S. 469-477.

Schmitt, Michael/Franz, Roland, Die Umstrukturierung von Personenunternehmen im Lichte des Berichts zur Fortentwicklung des Unternehmenssteuerrechts, BB 2001, S. 1278-1287.

Schmittat, Karl-Oskar, Einführung in die Vertragsgestaltung, 2. Aufl., München 2005.

Schneeloch, Dieter, Rechtsformwahl und Rechtsformwechsel mittelsständischer Unternehmen : Auswahlkriterien, Steuerplanung, Gestaltungsempfehlungen, 2. Aufl., München 2006.

Schneeloch, Dieter, Besteuerung und betriebliche Steuerpolitik, Bd. 2, Betriebliche Steuerpolitik, 2. Aufl., München 2002.

Schneeloch, Dieter, Gedanken zum Stand und zum Selbstverständnis der Betriebswirtschaftlichen Steuerlehre, in: Siegel, Theodor/Kirchhof, Paul/Schneeloch, Dieter/Schramm, Uwe (Hrsg.), Steuertheorie, Steuerpolitik und Steuerpraxis : Festschrift für Peter Bareis zum 65. Geburtstag, Stuttgart 2005, S. 251-274.

Schneider, Dieter, Steuerlast und Steuerwirkung, Einführung in die steuerliche Betriebswirtschaftslehre, München 2002.

Schneider, Dieter, Investition, Finanzierung und Besteuerung, 7. Aufl., Wiesbaden 1992.

Scholten, Gerd/Griemla, Stefan, Zuordnung von Einzelwirtschaftsgütern zu fiktiven Teilbetrieben nach Tz. 15.09 des UmwSt-Erlasses, DStR 2008, S. 1172-1177.

Schönherr, Frank/Lemaitre, Claus, Gilt die Rückwirkungsfiktion nach dem UmwStG auch für die Bewertung von Wirtschaftsgütern in Gestalt der Anteile des übernehmenden Rechtsträgers?, GmbHR 2005, S. 912-917.

Schreiber, Ulrich, Besteuerung der Unternehmen : eine Einführung in Steuerrecht und Steuerwirkung, 2. Aufl., Berlin 2008.

Schreiber, Ulrich, Steuerplanung, in: Köhler, Richard/Küpper, Hans-Ulrich/Pfingsten, Andreas (Hrsg.), Handwörterbuch der Betriebswirtschaft, 6. Aufl., Stuttgart 2007, Sp. 1679-1688.

Schreiber, Ulrich/Overesch, Michael, Reform der Unternehmensbesteuerung, DB 2007, S. 813-820.

Schröder, Hans-Peter, Der sichere Weg bei der Vertragsgestaltung, Frankfurt a. M., Bern, New York, Paris 1990.

Schröder, Karl-Wilhelm/Pickhardt-Poremba, Natalie, Einbringung von Betriebsvermögen in eine Kapitalgesellschaft durch natürliche Personen nach der Neufassung des Umwandlungssteuerrechts durch das SEStEG - Eine Fallstudie, DB 2007, S. 2166-2172.

Schroer, Achim/Starke, Peter, Die beteiligungshöhenunabhängige Schachtelprivilegierung in der Gewerbesteuer nach Verschmelzungen, FR 2007, S. 488-491.

Schroer, Achim/Starke, Peter/Unterberg, Fred, Der verunglückte § 6 Abs. 5 Satz 5 EStG, FR 2002, S. 875-877.

Schult, Eberhard, Betriebswirtschaftliche Steuerlehre, 4. Aufl., München Wien 2002.

Schulze zur Wiesche, Dieter, Die Übernahme von Verbindlichkeiten bei der Übertragung von Einzelwirtschaftsgütern zwischen dem Betriebs- und dem Gesamthandsvermögen, DB 2004, S. 1388-1390.

Schulze zur Wiesche, Dieter, Gestaltungsmöglichkeiten bei Betriebsveräußerung bzw. Betriebsaufgabe, FR 2002, S. 667-670.

Schulze zur Wiesche, Dieter, Die Übertragung von Einzelwirtschaftsgütern nach dem UntStFG, DStZ 2002, S. 740-747.

Schulze zur Wiesche, Dieter, Die steuerliche Behandlung von Spaltungs- und Ausgliederungsvorgängen im Rahmen von Personengesellschaften, DStZ 2004, S. 366-372.

Schulze zur Wiesche, Dieter, Spaltungs- und Ausgliederungsvorgänge innerhalb von Personengesellschaften, WPg 2006, S.448-456.

Schumacher, Andreas, Aktuelles Beratungs-Know-how Umwandlungssteuerrecht, DStR 2002, S. 2066-2068.

Schumacher, Andreas/Neumann, Ralf, Ausgewählte Zweifelsfragen zur Auf- und Abspaltung von Kapitalgesellschaften und Einbringung von Unternehmensteilen in Kapitalgesellschaften, DStR 2008, S. 325-334.

Schütz, Carsten/Fett, Torsten, Variable oder starre Stichtagsregelungen in Verschmelzungsverträgen?, DB 2002, S. 2696-2699.

Schwedhelm, Rolf, Die Unternehmensumwandlung - Verschmelzung, Spaltung, Formwechsel, Einbringung, 6. Aufl., Köln 2008.

Schwedhelm, Rolf, Formwechsel einer GmbH in eine GmbH & Co. KG nach der Steuerreform, GmbH-StB 1999, S. 106-112.

Schwedhelm, Rolf/Wollenweber, Markus, Typische Beratungsfehler in Umwandlungsfällen und ihre Vermeidung, BB 2008, S. 2208-2211.

Schwedhelm, Rolf/Streck, Michael/Mack, Alexandra, Die Spaltung der GmbH nach neuem Umwandlungsrecht (II), GmbHR 1995, S. 100-108.

Schwetlik, Harald, Umwandlung Kapitalgesellschaft in Personengesellschaft nach dem SEStEG in der Gestaltungspraxis, GmbHR 2007, S. 574-579.

Scott, Cornelia, Due Diligence in der Praxis - Risiken minimieren bei Unternehmenstransaktionen, Wiesbaden 2002.

Seibold, Felix, Zur Anwendung des § 15a EStG bei doppelstöckigen Personengesellschaften, DStR 1998, S. 438-442.

Selg, Carmen, Steuerplanung bei internationaler Unternehmenstätigkeit: Entscheidungen über Rechtsform, Finanzierungs- und Konzernstruktur aus ökonomischer Sicht, Düsseldorf 1998.

Siegmund, Olaf/Ungemach, Markus, Gesamtplanerische Gestaltungen bei Übertragung von Einzelwirtschaftsgütern des Privatvermögens in das betriebliche Gesamthandsvermögen einer Personengesellschaft?, DStZ 2008, S. 762-768.

Sistermann, Christian/Brinkmann, Jan, Verlustuntergang aufgrund konzerninterner Umstrukturierungen - § 8c KStG als Umstrukturierungshindernis?, DStR 2008, S. 897-903.

Sistermann, Christian/Brinkmann, Jan, Rückwirkende Verlustnutzung nach dem JStG 2009, DStR 2008, S. 2455-2457.

Sistermann, Christian/Brinkmann, Jan, Verlustabzugsbeschränkungen nach § 8c KStG – Anmerkungen zum BMF-Schreiben vom 4.7.2008, BB 2008, S. 1928-1936.

Söffing, Günther, Wahlrecht bei der Überführung und Übertragung einzelner Wirtschaftsgüter nach § 6 Abs. 5 EStG, BB 2008, S. 1771.

Söffing, Günter, Umstrukturierung von Betriebsaufspaltungen, DStR 1992, S. 633-637.

Söhn, Hartmut, Einheitliche und gesonderte Feststellungen bei "doppelstöckigen Personengesellschaften", StuW 1999, S. 328-334.

Sontheimer, Jürgen, Vertragsgestaltung und Steuerrecht, München 2001.

Spengel, Christoph/Wiegard, Wolfgang, Deutschland ist ein Hochsteuerland für Unternehmen, DB 2005, S. 516-520.

Spiegelberger, Sebastian/Wälzholz, Eckhard, Die Übertragung und Besteuerung stiller Reserven in der Mitunternehmerschaft - Zugleich eine Stellungnahme zum Bericht des BMF zur Fortentwicklung des Unternehmenssteuerrechts, DStR 2001, S. 1093-1101.

Spindler, Wolfgang, Der „Gesamtplan" in der Rechtsprechung des BFH, DStR 2005, S. 1-5.

Staats, Wendelin/Renger, Stefan, Hebelt ein Logikfehler des Gesetzgebers die Zinsschranke aus?, DStR 2007, S. 1801-1803.

Stahl, Rudolf, Gestaltungsaspekte und Steuerfallen bei der Realteilung einer Mitunternehmerschaft gemäß § 16 Abs. 3 Satz 2 ff. EStG, DStZ 2006, S. 548-554.

Statistisches Bundesamt (Hrsg.), Statistisches Jahrbuch 2007 für die Bundesrepublik Deutschland, Wiesbaden 2007.

Stegemann, Dieter, Treuhandmodell: Ertragsteuerliche Irrelevanz der zivilrechtlich existenten Personengesellschaft als steuerliches Gestaltungsinstrument, INF 2003, S. 629-633.

Stegemann, Dieter, Sofortiger Ausgleich von "15a- Verlusten" bei Umwandlung auf den Allein-Kommanditisten?, GestStB 2004, S. 367.

Stegemann, Dieter, Finanzierung mittelständischer Unternehmensgruppen durch Genussrechtskapital, GestStB 2004, S. 208.

Stegemann, Dieter, Ausgewählte Detailfragen zur Umwandlung doppelstöckiger Personengesellschaften, INF 2004, S. 785-791.

Steiner, Manfred, Konstitutive Entscheidungen, in: Vahlens Kompendium der Betriebswirtschaftslehre, Bd. 1, hrsg. v. Michael Bitz, Michel Domsch, Ralf Ewert und Franz W. Wagner, 5. Aufl., München 2005, S. 57-104.

Stengel, Gerhard, Steuerliche Rückwirkung nach § 2 UmwStG bei der Ausgliederung von Körperschaften, DB 2008, S. 2329-2332.

Stöckel, Reinhard, Gegenleistung bei der Grunderwerbsteuer, NWB Fach 8, S. 1561-1566.

Stöcker, Ernst Erhard, Anmerkung zu: BFH, Urteil vom 05.09.2000 - X R 20/89, DStZ 2001, S. 60-61, DStZ 1991, S. 61.

Stollenwerk, Arnd/Scherff, Susanne, Steuerneutrale Übertragungen durch Immobilien-GmbH, GmbH-StB 2006, S. 71-76.

Storg, Peter, Grunderwerbsteuer durch organisatorische Maßnahmen im Konzern, UVR 2001, S. 139-142.

Stoschek, Uwe/Sommerfeld, Dirk/Mies, Marcel, Grunderwerbsteuer und Immobilienleasingverträge, DStR 2008, S. 2046-2050.

Stoschek, Uwe/Mies, Marcel, Anteilsübertragung gemäß § 1 Abs. 2a GrEStG und Befreiungsvorschriften bei sukzessivem Rückerwerb - Anmerkung zum BFH-Urteil vom 27.04.2005, DStR 2006, S. 221-224.

Stoschek, Uwe/Peter, Alexander, Grunderwerbsteuerbarkeit von Optionsverträgen über Anteile an grundbesitzenden Gesellschaften, DStR 2002, S. 2108-2114.

Strahl, Martin, Brennpunkt Übertragung stiller Reserven nach § 6b EStG, in: Carlé, Dieter/Korn, Klaus/Stahl, Rudolf/Strahl, Martin/Fuhrmann, Claas, Steueränderungen - Orientierung - Beratung - Gestaltung: StÄndG 2001/UntStFG/AVmG/ Bauabzugsteuer/StVBG/Familienförderung, Köln 2002.

Strahl, Martin, Die Bedeutung der Gesamtplanrechtsprechung bei der Umstrukturierung von Personengesellschaften unter steuerneutraler Ausgliederung einzelner Wirtschaftsgüter, FR 2004, S. 929-938.

Strahl, Martin, Die Übertragung stiller Reserven gem. § 6b EStG in der Entwurfsfassung des Unternehmenssteuerfortentwicklungsgesetzes, FR 2001, S. 1154-1162.

Strahl, Martin, Hinweise zur steuerneutralen Übertragung begünstigter Wirtschaftsgüter gemäß § 6b EStG - Gestaltungschancen und Gestaltungsfallen, FR 2005, S. 797-800.

Strahl, Martin, Übertragung von Wirtschaftsgütern bei Personengesellschaften nach den Erlassen der Finanzverwaltung, StbJb. 2005/2006, S. 97-137.

Strahl, Martin, Gewinnrealisierungszwänge aufgrund des "Steuerentlastungsgesetzes 1999/2000/2002" bei Personengesellschaften, FR 1999, S. 628-639.

Streck, Michael/Posdziech, Ortwin, Verschmelzung und Formwechsel nach dem neuen Umwandlungssteuergesetz (II), GmbHR 1995, S. 357-365.

Streck, Michael/Schwedhelm, Rolf, Verlustabzug und Mantelkauf nach der Steuerreform, FR 1989, S. 153-158.

Strunz, Willi, Sale-and-lease-back, DStR 1984, S. 102.

Stuhrmann, Gerd, Zur Realteilung durch Bar- und Sachwertabfindung, DStR 2005, S. 1355-1357.

Suchanek, Markus/Herbst, Christian, Zweifelsfragen und jüngste Entwicklungen im Zusammenhang mit der Anwachsung, Ubg 2008, S. 669-674.

Suchanek, Markus, Verlustabzugsbeschränkung für Körperschaften (§ 8c Abs. 1 KStG): Das BMF-Schreiben v. 4.7.2008 aus Beratersicht, FR 2008, S. 904-909.

Sundermeier, Bernd, Die mehrstöckige Personengesellschaft im Licht des § 15a EStG, DStR 1994, S. 1477-1481.

Teiche, Andreas, Entstehung von Grunderwerbsteuer nach § 1 Abs. 2a und 3 GrEStG bei Umstrukturierungen innerhalb eines Konzerns - Teil I -, UVR 2003, S. 258-269.

Teiche, Andreas, Entstehung von Grunderwerbsteuer nach § 1 Abs. 2a und 3 GrEStG bei Umstrukturierungen innerhalb eines Konzerns - Teil II -, UVR 2003, S. 300-303.

Teiche, Andreas, "Symbolische Kaufpreise" als Bemessungsgrundlage für die GrESt, UVR 2005, S. 115-121.

Teiche, Andreas, Anteilsvereinigung im Sinne des § 1 Abs. 3 Nr. 1 und 2 GrEStG bei Personengesellschaften, DStR 2005, S. 49-52.

Teiche, Andreas, Maßgeblichkeit bei Umwandlungen – trotz SEStEG?, DStR 2008, S. 1757-1763.

Teufel, Tobias, Steuerliche Rechtsformoptimierung - Gestaltungssuche im Gesellschaft-Gesellschafter-Verhältnis, Frankfurt a. M. 2002.

Thiel, Jochen, Die steuerliche Behandlung von Fremdfinanzierungen im Unternehmen, FR 2007, S. 729-733.

Thiel, Jochen/Eversberg, Horst/van Lishaut, Ingo/Neumann, Steffen, Der Umwandlungssteuer-Erlaß 1998, GmbHR 1998, S. 397-443.

Thiele, Konstanze, Stille Reserven in der Rechnungslegung: Vergleich von HGB, US-GAAP und IAS, Wiesbaden 1999.

Thies, Angelika, Spaltung eines international tätigen, börsennotierten Konzerns und die „schädliche Veräußerung" i. S. von § 15 Abs. 3 Sätze 2 bis 5 UmwStG, DB 1999, S. 2179-2183.

Thill, Ingo, Der Übergang von Verlustvorträgen bei Anwachsung einer Personengesellschaft auf eine Kapitalgesellschaft, FR 2006, S. 407-412.

Tinner, Hanspeter, Konzernstruktur und Steuerplanung, Bern Stuttgart 1984.

Töben, Thomas, Die Zinsschranke - Befund und Kritik, FR 2007, S. 739- 746.

Troll Max/Gebel, Dieter/Jülicher, Marc, Erbschaftsteuer- und Schenkungsteuergesetz Kommentar, Loseblattwerk, 36. Ergänzungslieferung, Stand: Juli 2008, München.

Trossen, Nils, Anmerkung zu: FG Berlin, Urt. v. 28.07.2003 - 8 K 8565/00, EFG 2004, S. 70, EFG 2004, S. 71-72.

Ulrich, Stephan/Böhle, Jens, Verschmelzung auf zum Verschmelzungsstichtag nicht existierende Rechtsträger, GmbHR 2006, S. 644-645.

Verweyen, Elke, Grunderwerbsteuer bei konzerninternen Umstrukturierungen - Eine rechtssystematische und verfassungsrechtliche Untersuchung, Köln 2005.

Viskorf, Hermann-Ulrich, Die Gesamthandsgemeinschaft als grunderwerbsteuerrechtlich vorteilhaftes Instrument der Mobilisierung von Grundstücken, DStR 1994, S. 6-11.

Viskorf, Hermann-Ulrich, Grunderwerbsteuer in Umwandlungsfällen, StbJb. 1998/99, S. 97-118.

Viskorf, Hermann-Ulrich, Der nachträgliche Verlust der Steuervergünstigung nach § 5 GrEStG: Die Voraussetzungen des neuen § 5 Abs. 3 GrEStG, DStR 2001, S. 1101-1106.

Viskorf, Stephan/Michel, Bettina, Stimmrechtsübertragungen und vergleichbare Sachverhalte im Rahmen des § 8c KStG, DB 2007, S. 2561-2565.

Vogelbusch, Friedrich, Ausgliederung von kommunalen Krankenhäusern und Pflegeheimen - Grunderwerbsteuerliche Gestaltungshinweise, DB 2004, S. 1391-1394.

Vogt, Gabriele, Gesellschaftssanierung: Erhaltung des Verlustabzugs und dessen Nutzung, DStR 2002, S. 1432-1435.

Voßkuhl, Stefan/Hunsmann, Daniel, Zum Begriff der "Anteile" im Sinne des § 1 Abs. 3 GrEStG und sich hieraus ergebende Gestaltungshinweise, UVR 2005, S. 51-57.

Wachter, Thomas, Steuerliche Sperrfristen bei vorweggenommener Erbfolge (Teil 1), ErbStB 2003, S. 20-23.

Wacker, Roland, Realteilung einer Personengesellschaft, StbJb. 2003/04, S. 81-100.

Wacker, Wilhelm, Steuerliche Verluststrategien der Unternehmung, StbJb. 1975/76, S. 387.

Wacker, Wilhelm H., Steuerplanung im nationalen und transnationalen Unternehmen, Berlin 1979.

Wagner, Franz W., Steuerforschung: Welche Probleme finden Ökonomen interessant, und welche sind relevant?, StuW 2008, S. 97-116.

Wagner, Franz W., Besteuerung, in: Vahlens Kompendium der Betriebswirtschaftslehre, Bd. 2, hrsg. v. Michael Bitz, Michel Domsch, Ralf Ewert und Franz W. Wagner, 5. Aufl., München 2005, S. 407-477.

Wagner, Franz W., Grundfragen und Entwicklungstendenzen der betriebswirtschaftlichen Steuerplanung, BfuP 1984, S. 201-223.

Wagner, Franz W./Dirrigl, Hans, Die Steuerplanung der Unternehmung, Stuttgart New York 1980.

Wagner, Thomas/Fischer, Hardy, Anwendung der Zinsschranke bei Personengesellschaften, BB 2007, S. 1811-1816.

Wassermeyer, Franz, Einige grundsätzliche Überlegungen zur verdeckten Gewinnausschüttung, DB 1987, S. 1113-1120.

Wassermeyer, Franz, Spaltung von Kapitalgesellschaften als steuerliches Gestaltungsinstrument bei der Unternehmensnachfolge, DStR 1993, S. 589-594.

Watermeyer, Heinrich J., Umwandlung einer GmbH & Co. KG in eine GmbH durch Anwachsung, GmbH-StB 2003, S. 96-101.

Watrin, Christoph, Erbschaftsteuerplanung internationaler Familienunternehmen, Düsseldorf 1997.

Wehmeyer, Jochen, Die steuerliche Planung der Unternehmung, Düsseldorf 1967.

Wehrheim, Michael/Nickel, Katrin, Überführungs- und Übertragungsmöglichkeiten nach § 6 Abs. 5 EStG - eine steuersystematische Einordnung, BB 2006, S. 1361-1366.

Weier, Dagmar, Der deutsche Teilbetrieb wird europäisch, DStR 2008, S. 1002-1008.

Weigl, Gerald, Grundlagen eines Unternehmenskaufs insbesondere aus steuerlicher Sicht, BB 2001, S. 2188-2200.

Weilbach, Dietrich, Grunderwerbsteuerfreiheit bei Konzernumstrukturierungen, UVR 2001, S. 389-390.

Weilbach, Dietrich, Die Auswirkungen des vierten Erlasses zu § 1 Abs. 2a GrEStG, UVR 2003, S. 372-374.

Welke, Gernot/Hucht, Anne, Die Ergänzungsbilanz als Mittel zur Zuordnung stiller Reserven, StuB 2002, S. 422-428.

Welling, Berthold, Die Zinsschranke, FR 2007, S. 735-739.

Wendt, Michael, Übertragung von Wirtschaftsgütern zwischen Mitunternehmerschaft und Mitunternehmer, FR 2002, S. 53-66.

Wendt, Michael, Der gesetzlich "wiederhergestellte" Mitunternehmererlass, EStB 2002, S. 137-143.

Wernsmann, Rainer/Desens, Marc, Gleichheitswidrige Gewerbesteuerbelastung durch ein Nichtanwendungsgesetz - Zur Verfassungswidrigkeit des § 18 Abs. 3 UmwStG, DStR 2008, S. 221-228.

Widmann, Siegfried/Mayer, Dieter (Hrsg.), Umwandlungsrecht - Umwandlungsgesetz, Umwandlungssteuergesetz, Spruchverfahrensgesetz, Einbringung, Realteilung, Umsatzsteuer, Grunderwerbsteuer, Vertragsmuster - Kommentar, Loseblattwerk, 101. Ergänzungslieferung, Stand: Juni 2008, Bonn Berlin.

Wienands, Hans-Gerd, Grunderwerbsteuer und konzerninterne Restrukturierungen, DB 1997, S. 1362-1365.

Wiese, Gabriele, § 1 Abs. 2a GrEStG und die "werbende" Personengesellschaft, UVR 2004, S. 58-64.

Wiese, Götz T., Der Untergang des Verlust- und Zinsvortrages bei Körperschaften - Zu § 8c KStG i. d. F. des Regierungsentwurfs eines Unternehmensteuerreformgesetzes 2008, DStR 2007, S. 741-745.

Wiese, Götz T./Klass, Tobias/Möhrle, Tobias, Der Regierungsentwurf zur Unternehmensteuerreform 2008, GmbHR 2007, S. 405-414.

Wild, Michael H./Reinfeld, Till, Das Treuhandmodell - Ein Modell ohne Zukunft?, DB 2005, S. 69-72.

Wild, Michael H./Sustmann, Marco/Papke, Norgard, Gefährdet § 8c KStG bei einem Börsengang die steuerlichen Verlustvorträge der emittierenden Gesellschaft?, DStR 2008, S. 851-856.

Winkeljohann, Norbert/Stegemann, Dieter, Postakquisitorischer Formwechsel in eine Kapitalgesellschaft als steuerliches Gestaltungsinstrument, DStR 2004, S. 544-547.

Winkeljohann, Norbert/Stegemann, Dieter, Anwendbarkeit des § 6 Abs. 5 Satz 3 EStG bei Neugründung von Mitunternehmerschaften und bei Gesellschafterbeitritt, DB 2003, S. 2033-2034.

Winkemann, Thomas, Die Realteilung - eine Zwischenbilanz, BB 2004, S. 130-136.

Wischott, Frank/Schönweiß, Rainer/Fröhlich, Gottfried, Grunderwerbsteuerliche Gestaltungsmöglichkeiten durch wechselseitige Beteiligungen - Wirtschaftliche oder rechtliche Betrachtungsweise im Rahmen der Übertragungsfiktionen?, DStR 2007, S. 833-839.

Wöhe, Günter/Döring, Ulrich, Einführung in die Allgemeine Betriebswirtschaftslehre, 23. Aufl., München 2008.

Wollseiffen, Guido Franz, Steuerplanung bei Verlusten: Verlustausgleich und Verlustabzug im Rahmen der betrieblichen Steuerpolitik, Lohmar Köln 1998.

Zerwas, Peter/Fröhlich, Sebastian, § 8c KStG - Auslegung der neuen Verlustabzugsbeschränkung, DStR 2007, S. 1933-1940.

Zielke, Rainer, Internationale Steuerplanung nach der Unternehmensteuerreform 2008, DB 2007, S. 2781-2791.

Zieren, Wolfgang, Die „Zuschreibungs-Falle", DB 2006, S. 299-303.

Zippelius, Reinhold, Juristische Methodenlehre, 10. Aufl., München 2006.

Entscheidungsverzeichnis

Bundesfinanzhof

Urt. v.	28.06.1960	I 85/60	HFR 1961	S. 13
Urt. v.	27.01.1965	II 60/60 U	BStBl. III 1965	S. 265
Urt. v.	08.12.1965	II 148/62 U	BStBl. III 1966	S. 148
Urt. v.	11.05.1966	II 171/63	BStBl. III 1966	S. 400
Urt. v.	10.06.1969	II R 172/64	BStBl. II 1969	S. 668
Urt. v.	10.03.1970	II R 135/68	BStBl. II 1970	S. 522
Urt. v.	28.04.1970	II 119/65	BStBl. II 1970	S. 670
Urt. v.	27.10.1970	II 72/65	BStBl. II 1971	S. 278
Urt. v.	27.01.1972	II 73/65	BStBl. II 1972	S. 496
Urt. v.	31.05.1972	II R 9/66	BStBl. II 1972	S. 833
Urt. v.	12.12.1973	II R 29/69	BStBl. II 1974	S. 251
Urt. v.	24.07.1974	II R 32/67	BStBl. II 1974	S. 773
Urt. v.	26.02.1975	II R 130/67	BStBl. II 1975	S. 456
Urt. v.	27.08.1975	II R 52/70	BStBl. II 1976	S. 30
Urt. v.	26.02.1976	V R 167/70	BStBl. II 1976	S. 443
Urt. v.	15.07.1976	I R 17/74	BStBl. II 1976	S. 748
Urt. v.	21.10.1976	IV R 210/72	BStBl. II 1977	S. 145
Urt. v.	31.03.1977	IV R 54/72	BStBl. II 1977	S. 415
Urt. v.	28.04.1977	IV R 165/76	BStBl. II 1977	S. 666
Urt. v.	26.10.1977	II R 115/69	BStBl. II 1978	S. 201
Urt. v.	08.11.1978	II R 82/73	BStBl. II 1979	S. 153
Urt. v.	05.11.1980	II R 28/75	BStBl. II 1981	S. 174
Urt. v.	31.03.1982	II R 92/81	BStBl. II 1982	S. 424
Urt. v.	12.01.1983	IV R 177/80	BStBl. II 1983	S. 425
Urt. v.	19.07.1984	IV R 198/81	BFH/NV 1986	S. 77
Urt. v.	18.12.1985	II R 180/83	BStBl. II 1986	S. 417
Urt. v.	29.10.1986	II R 59/85	BStBl. II 1987	S. 133
Urt. v.	05.11.1986	II R 237/85	BStBl. II 1987	S. 225
Urt. v.	10.08.1988	II R 193/85	BStBl. II 1988	S. 959
Urt. v.	14.09.1988	II R 116/85	DStR 1989	S. 145
Urt. v.	14.09.1988	II R 25/86	BFH/NV 1989	S. 732
Urt. v.	01.02.1989	VIII R 33/85	BStBl. II 1989	S. 458
Urt. v.	15.02.1989	II R 4/86	BFH/NV 1990	S. 392
Urt. v.	06.12.1989	II R 95/86	BStBl. II 1990	S. 186
Urt. v.	05.09.1990	X R 20/89	BStBl. II 1991	S. 25
Urt. v.	17.10.1990	II R 55/88	BFH/NV 1991	S. 556
Urt. v.	16.01.1991	II R 38/87	BStBl. II 1991	S. 374

Urt. v.	08.07.1992	XI R 51/89	BStBl. II 1992	S. 946
Urt. v.	01.10.1992	IV R 130/90	BStBl. II 1993	S. 574
Urt. v.	01.12.1992	VIII R 57/90	BStBl. II 1994	S. 607
Beschl. v.	03.05.1993	GrS 3/92	BStBl. II 1993	S. 616
Urt. v.	14.09.1993	VIII R 84/90	BStBl. II 1994	S. 764
Urt. v.	12.01.1994	II R 130/91	BStBl. II 1994	S. 408
Urt. v.	19.01.1994	I R 67/92	BStBl. II 1996	S. 77
Urt. v.	27.01.1994	IV R 137/91	BStBl. II 1994	S. 477
Urt. v.	15.03.1994	XI R 60/89	BFH/NV 1994	S. 899
Urt. v.	27.07.1994	II R 67/91	BFH/NV 1995	S. 269
Urt. v.	07.12.1994	II R 9/92	BStBl. II 1995	S. 268
Urt. v.	11.05.1995	IV R 44/93	BFHE 177	S. 466
Urt. v.	06.12.1995	II R 46/93	BFH/NV 1996	S. 578
Urt. v.	14.12.1995	IV R 106/94	BStBl. II 1996	S. 226
Urt. v.	17.01.1996	II R 47/93	BFH/NV 1996	S. 579
Urt. v.	13.02.1996	VIII R 18/92	BStBl. II 1996	S. 291
Urt. v.	16.02.1996	I R 183/94	BStBl. II 1996	S. 342
Urt. v.	26.06.1996	VIII R 41/95	BStBl. II 1997	S. 179
Urt. v.	04.12.1996	II B 116/96	BStBl. II 1997	S. 661
Urt. v.	05.03.1997	II R 81/94	BFH/NV 1997	S. 613
Urt. v.	13.08.1997	I R 89/96	BStBl. II 1997	S. 829
Urt. v.	10.03.1998	VIII R 76/96	BFH/NV 1998	S. 1412
Urt. v.	10.03.1998	VIII R 76/96	BStBl. II 1999	S. 269
Urt. v.	17.06.1998	II R 35/96	BFH/NV 1998	S. 1527
Urt. v.	30.09.1998	II R 13/96	BFH/NV 1999	S. 666
Urt. v.	13.10.1998	VIII R 78/97	BStBl. II 1999	S. 163
Urt. v.	19.10.1998	VIII R 69/95	BStBl. II 2000	S. 230
Urt. v.	10.03.1999	II R 35/97	BStBl. II 1999	S. 491
Beschl. v.	31.08.1999	VIII B 74/99	DStR 1999	S. 1854
Urt. v.	17.05.2000	II R 47/99	BStBl. II 2000	S. 627
Urt. v.	26.07.2000	II R 33/98	BFH/NV 2001	S. 206
Urt. v.	06.09.2000	IV R 69/99	FR 2001	S. 77
Urt. v.	06.12.2000	VIII R 21/00	BStBl. II 2003	S. 194
Urt. v.	04.04.2001	II R 57/98	BStBl. II 2001	S. 587
Urt. v.	02.05.2001	VIII R 64/93	BFH/NV 2002	S. 10
Urt. v.	08.08.2001	I R 29/00	BStBl. II 2002	S. 392
Urt. v.	08.08.2001	II R 66/98	BStBl. II 2002	S. 156
Urt. v.	17.10.2001	I R 97/00	BFH/NV 2002	S. 240
Urt. v.	11.12.2001	VIII R 58/98	BStBl. 2002	S. 420
Urt. v.	20.12.2001	I B 74/01	BFH/NV 2002	S. 678
Urt. v.	16.01.2002	II R 52/00	BFH/NV 2002	S. 1053
Urt. v.	17.01.2002	V R 37/00	BStBl. II 2002	S. 373

Urt. v.	21.03.2002	IV R 1/01	BFH/NV 2002	S. 1083
Urt. v.	10.07.2002	I R 79/01	BStBl. II 2002	S. 784
Urt. v.	19.08.2002	II B 177/01	BFH/NV 2003	S. 200
Urt. v.	23.10.2002	II R 81/00	BStBl. II 2003	S. 199
Urt. v.	18.12.2002	II R 13/01	BStBl. II 2003	S. 358
Urt. v.	18.12.2002	II R 82/00	BFH/NV 2003	S. 940
Urt. v.	15.01.2003	II R 50/00	BStBl. II 2003	S. 320
Urt. v.	05.02.2003	II R 15/01	BFH/NV 2003	S. 818
Urt. v.	20.02.2003	III R 34/01	FR 2003	S. 658
Beschl. v.	26.02.2003	26.02.2003	BStBl. II 2003	S. 483
Urt. v.	19.03.2003	II B 96/02	BFH/NV 2003	S. 1090
Urt. v.	03.04.2003	V R 63/01	BStBl. II 2004	S. 434
Urt. v.	20.08.2003	I R 81/02	BFH/NV 2004	S. 295
Urt. v.	20.08.2003	I R 61/02	BStBl. II 2004	S. 616
Urt. v.	14.10.2003	VIII R 38/02	BStBl. II 2004	S. 115
Urt. v.	11.02.2004	II R 31/02	BStBl. II 2004	S. 521
Urt. v.	04.05.2004	XI R 7/03	BStBl. II 2004	S. 893
Urt. v.	26.05.2004	I R 112/03	DB 2004	S. 2346
Urt. v.	22.09.2004	II R 45/02	BFH/NV 2005	S. 1137
Urt. v.	10.11.2004	XII R 69/03	FR 2005	S. 488
Urt. v.	01.12.2004	II R 10/02	BFH/NV 2005	S. 1365
Urt. v.	16.12.2004	IV R 3/03	BFH/NV 2005	S. 879
Urt. v.	27.04.2005	II R 61/03	BStBl. II 2005	S. 649
Urt. v.	14.06.2005	VIII R 73/03	BStBl. II 2005	S. 861
Urt. v.	20.07.2005	II R 30/04	BStBl. II 2005	S. 839
Urt. v.	17.01.2006	VIII R 96/04	BFH/NV 2006	S. 885
Urt. v.	14.03.2006	I R 8/05	BStBl. II 2007	S. 602
Urt. v.	15.03.2006	II R 29/04	BFH/NV 2006	S. 1702
Urt. v.	15.03.2006	II R 11/05	BFH/NV 2006	S. 1704
Urt. v.	15.03.2006	II R 28/04	BFH/NV 2006	S. 1586
Urt. v.	12.07.2006	II R 65/04	BFH/NV 2006	S. 2128
Urt. v.	07.11.2006	VIII R 30/05	BFH/NV 2007	S. 1042
Urt. v.	05.06.2007	I R 106/05	BFH/NV 2007	S. 2200
Urt. v.	26.06.2007	IV R 28/06	BFH/NV 2007	S. 1982
Urt. v.	11.10.2007	IV R 38/05	DStR 2008	S. 38
Urt. v.	24.01.2008	IV R 37/06	DB 2008	S. 900
Urt. v.	02.04.2008	II R 53/06	BB 2008	S. 1772
Urt. v.	17.07.2008	I R 77/06	DStR 2008	S. 2001
Urt. v.	07.08.2008	IV R 86/05	BB 2008	S. 2615

Finanzgerichte

FG Baden-Württemberg

Urt. v.	16.06.2005	3 K 210/00	EFG 2005	S. 1794

FG Berlin

Urt. v.	03.09.2002	7 K 7227/01	EFG 2003	S. 186
Urt. v.	28.07.2003	8 K 8565/00	EFG 2004	S. 70

FG Brandenburg

Urt. v.	10.05.2005	3 K 1500/02	DStRE 2005	S. 1359

FG Düsseldorf

Urt. v.	23.11.2000	10 K 3784/96 F	EFG 2001	S. 204

FG Hamburg

Urt. v.	25.03.1993	II 296/91	EFG 1993	S. 734

FG Köln

Urt. v.	26.02.2003	5 K 7923/98	EFG 2004	S. 837
Urt. v.	25.06.2003	5 K 6705/00	EFG 2004	S. 1787
Urt. v.	26.10.2004	1 K 5268/00	DStRE 2005	S. 890

FG Mecklenburg-Vorpommern

Urt. v.	03.06.1998	1 K 212/96	EFG 1998	S. 1352

FG Münster

Urt. v.	16.02.2006	8 K 1785/03 GrE	EFG 2006	S. 1034

FG Rheinland-Pfalz

Urt. v.	25.02.2005	4 K 1777/02	EFG 2005	S. 1144

FG Sachsen

Urt. v.	12.05.2004	5 K 2437/00	Haufelndex:	1277759
Urt. v.	09.09.2008	3 K 1996/06	BB 2008	S. 2679

FG Thüringen

Urt. v.	16.06.2004	I 1401/01	EFG 2005	S. 63

Verzeichnis der Verwaltungsanweisungen

Bundesministerium der Finanzen

Schr. v.	08.12.1986	IV B 7 – S 2742 – 26/86	BB 1987	S. 667
Schr. v.	13.01.1993	IV B 3-S 2190-37/92	BStBl. I 1993	S. 80
Schr. v.	15.12.1993	IV B 2 – S 2241a – 57/93	BStBl. I 1993	S. 976
Schr. v.	15.12.1994	IV B 7 – S 2742a – 63/94	BStBl. I 1995	S. 25
Schr. v.	27.12.1995	IV B 7 – S 2742 – 76/95	BStBl. I 1996	S. 49
Schr. v.	30.05.1997	IV B 2 - S 2241 a 51/93 II	BStBl. I 1997	S. 627
Schr. v.	25.03.1998	IV B 7 - S 1978 - 21/98, IV B 2 - S 1909 - 33/98	BStBl. I 1998	S. 268
Schr. v.	28.09.1998	IV B 7 - S 1978 - 47/98	HaufeIndex	151056
Schr. v.	16.04.1999	IV C 6-S 2745-12/99	BStBl. I 1999	S. 455
Schr. v.	25.02.2000	IV C 2 – S 2171b – 14/00	BStBl. I 2000	S. 372
Schr. v.	29.03.2000	IV C 2-S 2178-4/00	BStBl. I 2000	S. 462
Schr. v.	16.08.2000	IV C 2 - S 1909 - 23/00	BStBl. I 2000	S. 1253
Schr. v.	07.06.2001	IV A 6 - S 2241 - 52/01	BStBl. I 2001	S. 367
Schr. v.	07.02.2002	IV A 6 - S 2241 - 94-01	DStR 2002	S. 635
Schr. v.	17.06.2002	IV A 2 - S 2745 - 8/02	BStBl. I 2002	S. 629
Schr. v.	14.10.2002	IV A 2 – S 2742 – 62/02	BStBl. I 2002	S. 972
Schr. v.	28.03.2003	IV A 2 – S 2750a – 7/03	FR 2003	S. 528
Schr. v.	02.12.2003	IV A 2 – S 2743 – 5/03	BStBl. I 2003	S. 648
Schr. v.	16.12.2003	IV A 2 - S 1978 - 16/03	BStBl. I 2003	S. 786
Schr. v.	05.01.2004	IV A 2 - S - 2750a - 35/03	BStBl. I 2004	S. 44
Schr. v.	26.11.2004	IV B 2 – S 2178 – 2/04	BStBl. I 2004	S. 1190
Schr. v.	03.03.2005	IV B 2 - S 2241 - 14/05	BStBl. I 2005	S. 458
Schr. v.	10.11.2005	IV B 7 – S 2770 – 24/05	BStBl. I 2005	S. 1038
Schr. v.	11.01.2006	IV B 2 - S 2242 - 2/04	BStBl. I 2006	S. 253
Schr. v.	28.02.2006	IV B 2 - S 2242 - 6/06	DStR 2006	S. 426
Schr. v.	14.03.2006	IV B 2-S 2242-7/06	BStBl. I 2006	S. 253
Schr. v.	02.08.2007	IV B 7 – S 2745/0	BStBl. I 2007	S. 627
Schr. v.	04.09.2007	IV B 2 – S 1909/07/0001	BStBl. I 2007	S. 698
Schr. v.	29.02.2008	IV B 2 – S 2139/07/0003	DStR 2008	S. 506
Schr. v.	04.07.2008	IV C 7 – S 2742-a/07/10001	DStR 2008	S. 1427

Schr. v.	04.07.2008	IV C 7 – S 2745-a/08/10001	DB 2008	S. 1598

Schreiben der Finanzministerien, der Finanzsenatoren und der Oberfinanzdirektionen

FM Baden-Württemberg

Schr. v.	19.12.1997	S 4520/2	StEK GrEStG 1983	§ 8 Nr. 17
Schr. v.	14.02.2000	3 - S 4500-43	DStR 2000	S. 430
Schr. v.	07.12.2000	S 3812a/3	ErbSt-Kartei BW	§ 13a ErbStG Karte 3
Schr. v.	14.02.2002	3 - S 4400/15	DB 2002	S. 455
Schr. v.	28.04.2005	3 - S 4505/18	StEK GrEStG 1983	§ 1 Nr. 172
Schr. v.	11.10.2005	3 - S 4501/10	DStR 2005	S. 1903

FM Bayern

Schr. v.	05.02.1999	S 4514 - 21/6 - 3 627	StEK GrEStG 1983	§ 6 Nr. 6
Schr. v.	02.12.1999	36 - S 4501 - 15/27 - 53 426	BStBl. I 1999	S. 991

FinSen Berlin

Schr. v.	21.03.2007	III A - S 2447 - 2/2006	BStBl. I 2007	S. 422

OFD Berlin

Schr. v.	11.11.2002	St 122 - S 2241 - 2/02	DB 2002	S. 1966

FinSen Bremen

Schr. v.	25.10.2002	S-2241 – 5788 – 110	GmbHR 2002	S. 1264
Schr. v.	26.02.2003	S 4501 - 101 - 642	BStBl. I 2003	S. 271

OFD Bremen

Schr. v.	19.10.1995	S 2241a - St 201	BB 1996	S. 900

OFD Chemnitz

Schr. v.	05.02.1998	S 2241a - 8/1 - St 31	DB 1998	S. 903
Schr. v.	20.10.2003	S 2241 - 61/3 - St21	HaufeIndex:	1003460

OFD Düsseldorf

Schr. v.	12.10.2000	G 1422 A - St 131	DB 2000	S. 2247

OFD Frankfurt am Main

Schr. v.	03.07.2000	S 2745 A-22-St II 13	DB 2000	S. 1541
Schr. v.	03.09.2004	S 2170 A - 109 - St II 2.01	BB 2004	S. 2407
Schr. v.	05.10.2004	S 2745 A – 22 – St II 1.01	DStR 2004	S. 1882
Schr. v.	09.01.2008	S 1978 A – 43 – St 52	DStR 2008	S. 408

OFD Hannover

Schr. v.	30.01.2007	S 1978c – 56 – StO 243	DB 2007	S. 888
Schr. v.	30.01.2007	S 1978 – 43 – StO 243	DB 2007	S. 716
Schr. v.	03.03.2008	S 4501 – 1 – StO 261	StEK GrEStG 1983	§ 1 Nr. 184

OFD Karlsruhe

Schr. v.	20.06.2006	S 2241/27-St 111	ESt-Kartei BW § 6 EStG	Fach 5 Nr. 4.1

OFD Koblenz

Schr. v.	23.12.2003	S 2139/S 2139a A	DStR 2004	S. 314
Schr. v.	21.08.2006	S 4505 A - St 35 3	StEK GrEStG 1983	§ 1 Nr. 176
Schr. v.	05.11.2007	S 1978 A – St 33 2	DStR 2008	S. 408

OFD Magdeburg

Schr. v.	04.04.2005	G 1400-13-St 213	DStR 2005	S. 867

OFD Münster

Schr. v.	13.02.2004	aktualisiert am 16.03.2005	DStR 2005	S. 744
Schr. v.	02.04.2004	Kurzinfo. ESt Nr. 12/2004	DStR 2004	S. 1041
Schr. v.	25.10.2004	o. Az.	HaufeIndex:	1257741

Schr. v.	28.05.2008	Kurzinfo. GewSt 002/2008	DStR 2008	S. 1193
Schr. v.	21.05.2008	Kurzinfo. Nr. 001/2008	BB 2008	S. 1552

OFD Nürnberg

Schr. v.	13.11.1997	S 2241 a-31/St 31	BB 1998	S. 44
Schr. v.	09.02.2000	S 1978 b - 3/St 31	HaufeIndex:	320241

OFD Rheinland

Schr. v.	18.12.2007	001/2008	DStR 2008	S. 775
Schr. v.	21.05.2008	Kurzinfo. Nr. 001/2008	BB 2008	S. 1552

FM Saarland

Schr. v.	19.05.2003	B/2 - 2 - 74/2003 - S 2241	DStR 2003	S. 1120
Schr. v.	27.09.2004	B/2 – 1 – 108/2004 – S 2520	IStR 2004	S. 805

Verzeichnis der Gesetze und Gesetzesmaterialien

Gesetzentwurf der Bundesregierung - Entwurf eines Gesetzes zur Änderung des Einkommensteuergesetzes, des Körperschaftsteuergesetzes und anderer Gesetze v. 08.02.1980	BT-Drucks. 8/3648
Gesetzentwurf der Fraktionen der CDU/CSU und der FDP - Entwurf eines Gesetzes zur Änderung des Umwandlungssteuerrechts v. 24.02.1994	BT-Drucks. 12/6885
Gesetzentwurf der Bundesregierung - Entwurf eines Gesetzes zur Fortentwicklung des Unternehmensteuerrechts (Unternehmensteuerfortentwicklungsgesetz - UntStFG) v. 10.09.2001	BT-Drucks. 14/6882
Gesetzentwurf der Bundesregierung - Entwurf eines Gesetzes über steuerliche Begleitmaßnahmen zur Einführung der Europäischen Gesellschaft und zur Änderung weiterer steuerrechtlicher Vorschriften (SEStEG) v. 25.09.2006	BT-Drucks. 16/2710
Gesetzentwurf der Fraktionen der CDU/CSU und SPD - Entwurf eines Unternehmensteuerreformgesetzes 2008 v. 27.03.2007	BT-Drucks. 16/4841
Gesetzentwurf der Bundesregierung - Entwurf eines Gesetzes zur Modernisierung der Rahmenbedingungen für Kapitalbeteiligungen (MoRaKG) v. 07.09.2007	BT-Drucks. 16/6311
Bericht des Finanzausschusses (7. Ausschuss) zu dem Gesetzentwurf der Bundesregierung – Drucksachen 16/10189, 16/10494, 16/10665 Nr. 3 – Entwurf eines Jahressteuergesetz 2009 (JStG 2009) – Bericht der Abgeordneten Olav Gutting und Gabriele Frechen	BT-Drucks. 16/11108
Gesetz zur Änderung kraftfahrzeugsteuerlicher und autobahnmautrechtlicher Vorschriften v. 17.08.2007	BGBl. I 2007, S. 1958